Lógica Formal

Lógica proposicional, lógica de predicados, lógica modal e lógicas não clássicas

Lucien Sina

13.7.2026

Sumário

Prefácio

A lógica formal é um dos fundamentos do pensamento científico. Ela oferece uma linguagem precisa para analisar proposições, conceitos, inferências e demonstrações, criando assim ferramentas de importância central para a matemática, a informática, a filosofia, a linguística e muitas outras disciplinas. Quem compreende as relações lógicas adquire não apenas uma compreensão mais profunda dos sistemas formais, mas também da estrutura dos argumentos e dos próprios limites da inferência.

Este livro pretende oferecer uma introdução compreensível e, ao mesmo tempo, sistemática à lógica formal. Ele se dirige a leitoras e leitores que desejam estudar procedimentos lógicos de maneira básica ou aprofundada, acompanhando-os desde os primeiros conceitos da lógica proposicional, passando pela lógica de predicados, até as lógicas modais e algumas lógicas não clássicas selecionadas. Dá-se especial importância a introduzir os temas não apenas de modo formal, mas também a torná-los visíveis em suas relações mútuas.

No centro deste livro não está apenas o aprendizado de definições e teoremas, mas o desenvolvimento de uma compreensão sólida dos métodos lógicos. Por isso, conceitos centrais como sintaxe, semântica, modelo, consequência, equivalência e forma normal são construídos cuidadosamente e complementados por exemplos, exercícios e soluções. O percurso vai dos fundamentos da inferência formal, passando por procedimentos algorítmicos como resolução e SAT-solvers, até temas mais avançados como teoria de Herbrand, lógica descritiva, lógica epistêmica, lógica fuzzy, lógica default e programação em conjuntos de respostas.

O livro segue uma abordagem didática que combina precisão formal com desenvolvimento gradual. Muitas seções são elaboradas de modo a apresentar não apenas resultados isolados, mas também sua motivação, seu significado e suas aplicações. Assim, a lógica não deve aparecer como uma coleção de regras isoladas, mas como uma área coerente, dotada de uma estrutura interna clara e de grande alcance prático.

Meus agradecimentos vão a todas as pessoas que contribuíram para a elaboração deste livro com sugestões, comentários e observações críticas. Agradeço igualmente às leitoras e aos leitores que se dispõem a empreender esta jornada pela lógica formal, por vezes exigente, mas recompensadora. Comentários, correções e propostas de melhoria são sempre bem-vindos, pois ajudam a tornar o livro mais preciso e melhor.

Desejo uma leitura proveitosa e estimulante.

Lucien Sina

0.1 Introdução e visão geral

A lógica é a disciplina que investiga sistematicamente o raciocínio inferencial. No centro estão as linguagens formais (sintaxe), que estabelecem as regras para a formação de expressões bem formadas, e as semânticas, que atribuem significado a essa sintaxe. Com essas ferramentas, questões relativas à verdade, à consequência lógica e à representação do conhecimento podem ser formuladas e analisadas com precisão. Uma lógica fornece, assim, tanto uma descrição de quais expressões são válidas quanto um modelo de como as proposições devem ser interpretadas em relação a estruturas – os chamados modelos.

0.1.1 Motivação e relevância

O estudo da lógica é central por várias razões. Por um lado, a lógica constitui a base formal da matemática e de muitas áreas da informática. Conceitos como algoritmo, computabilidade e complexidade estão historicamente estreitamente ligados à lógica formal; sua formação conceitual e suas técnicas de demonstração são fundamentais para a compreensão daquilo que pode ser resolvido por meios automáticos. Por outro lado, a lógica possui aplicações diretas: especificação e verificação de software e hardware, representação do conhecimento na inteligência artificial, consultas em bancos de dados, raciocínio automático em provadores de teoremas, bem como modelagem nas formalizações de muitas ciências.

0.1.2 Contexto histórico

A lógica formal moderna tem raízes na filosofia e na matemática dos séculos XIX e XX. Etapas notáveis desse desenvolvimento incluem Frege, Russell e Hilbert, que impulsionaram os sistemas formais e as apresentações axiomáticas, bem como Turing, Church e Gödel, cujos resultados esclareceram a relação entre computabilidade e demonstrabilidade formal. Desses desenvolvimentos surgiram conceitos centrais que ainda hoje constituem o quadro de referência para o tratamento técnico e teórico da lógica.

0.1.3 Objetivos deste livro

Este livro persegue três objetivos complementares:

1. Oferecer uma introdução precisa e autocontida às lógicas mais importantes (lógica proposicional, lógica de predicados, lógicas modais, lógicas não clássicas selecionadas e programação em conjuntos de respostas).

2. Estabelecer a ponte com a informática: são tratados aspectos algorítmicos, questões de decidibilidade e complexidade, bem como procedimentos concre-

tos (por exemplo, SAT-solvers, model checking e programação em conjuntos de respostas).

3. Desenvolver competências metodológicas: formular corretamente, demonstrar por indução (completa e estrutural), bem como lidar com sintaxe e semântica.

0.1.4 Procedimento e estrutura

Neste livro seguimos o seguinte padrão recorrente:

- **Sintaxe**: definimos a linguagem formal por meio de assinatura, termos e fórmulas; apresentamos regras de formação e notações.

- **Semântica**: descrevemos como as fórmulas são interpretadas em estruturas e definimos noções de verdade, satisfatibilidade e validade.

- **Procedimentos de prova e decisão**: para cada lógica, consideramos sistemas usuais de prova (axiomáticos, dedução natural, resolução ou similares), bem como procedimentos algorítmicos e seus limites.

- **Exemplos e aplicações**: ao final de cada capítulo central, tratamos aplicações típicas e propomos exercícios.

0.1.5 A quem se destina este livro?

O livro destina-se a estudantes avançados de graduação e mestrado em informática, matemática e áreas afins, bem como a profissionais que buscam uma compreensão sólida e matematicamente fundamentada da lógica. Pressupõem-se conhecimentos básicos de teoria elementar dos conjuntos, matemática discreta e técnicas de demonstração (em especial indução completa); quando necessário, retomamos brevemente esses fundamentos.

O que este livro não pretende oferecer

Esta obra não é uma coletânea abrangente de exercícios de programação para ferramentas lógicas específicas, nem uma exposição histórica completa de todas as escolas da lógica. Em vez disso, concentra-se nos conceitos formais, em algoritmos típicos e na relação com a prática da informática. Aspectos especializados (por exemplo, a implementação detalhada de SMT-solvers ou SAT-solvers) são tratados apenas na medida em que servem para ilustrar afirmações teóricas.

0.1.6 Objetivos de aprendizagem e orientações de uso

Após a leitura dos seis primeiros capítulos, leitoras e leitores deverão ser capazes de:

- definir linguagens formais e descrever sua semântica em estruturas;

- aplicar técnicas típicas de demonstração da lógica (indução completa e estrutural, prova por contradição, construção direta);
- compreender em seus traços fundamentais procedimentos algorítmicos como resolução SAT e model checking, bem como executar manualmente casos simples;
- reconhecer os limites dos sistemas formais (indecidibilidade, classificação de complexidade) e deles extrair consequências para a informática.

Observações sobre a notação

Procuramos manter uma notação consistente; as convenções centrais são:

- $\mathbb{N}, \mathbb{Z}, \mathbb{R}$ denotam os conjuntos numéricos usuais;
- variáveis proposicionais ou de fórmulas são geralmente denotadas por p, q, r, φ, ψ, e indivíduos por x, y, z;
- para operações com conjuntos, usamos $\cup, \cap, \setminus, \times$;
- quantificadores aparecem na forma $\forall x$ ou $\exists x$.

Próximos passos

Em seguida, apresentamos uma introdução concisa, mas completa, à notação e retomamos a teoria dos conjuntos e a teoria da indução necessárias. Depois disso, começamos com a lógica proposicional e avançamos gradualmente para os temas mais avançados.

Na sequência, encontram-se breves resumos de cada capítulo, que oferecem uma orientação sobre os conteúdos e as competências desenvolvidos nas respectivas seções.

0.1.7 Breves descrições dos capítulos

Nos parágrafos seguintes, oferecemos uma orientação sucinta sobre os temas tratados em cada capítulo e sobre as competências que a leitora ou o leitor deverá adquirir a partir deles.

Capítulo 0 – Introdução e fundamentos. Este capítulo estabelece os fundamentos notacionais e conceituais centrais: teoria dos conjuntos e das relações, funções, princípios de indução, construção de linguagens formais, bem como noções básicas de semântica (modelos, satisfatibilidade, validade, consequência lógica). Ele serve como referência à qual se recorrerá repetidamente nos capítulos seguintes.

Capítulo 1 – Lógica proposicional. A lógica proposicional constitui a porta de entrada para o raciocínio formal: introduzimos variáveis proposicionais e conectivos ("e", "ou", "não", "implica"), definimos a avaliação semântica por meio de tabelas de verdade e tratamos formas normais sintáticas (FNC, FND). Temas importantes são procedimentos de prova (procedimentos baseados em resolução, dedução natural), satisfatibilidade (SAT) e afirmações fundamentais sobre complexidade.

Capítulo 2 – Lógica de predicados. A lógica de predicados amplia a lógica proposicional por meio de quantificadores e predicados, de modo que relações entre indivíduos possam ser expressas. Tratamos assinaturas, estruturas, interpretação de termos e fórmulas, bem como resultados metateóricos centrais (completude, incompletude, Löwenheim–Skolem, questões de decidibilidade) e mostramos suas consequências para a informática (por exemplo, limites da automatização).

Capítulo 3 – Lógicas modais (incl. lógica temporal). As lógicas modais permitem qualificar enunciados por meio de operadores como "possível", "necessário", "sempre" e "eventualmente". Introduzimos a semântica de Kripke, tratamos sistemas modais típicos (K, T, S4, S5) e descrevemos instâncias especiais, como as lógicas temporais (LTL, CTL), bem como suas aplicações em model checking e na especificação de sistemas.

Capítulo 4 – Outras lógicas não clássicas e programação em conjuntos de respostas. Aqui consideramos uma seleção de lógicas não clássicas que representam extensões típicas ou alternativas à lógica clássica: lógica intuicionista, lógica paraconsistente, lógicas multivaloradas e lógica fuzzy, lógicas default e probabilísticas.

Além disso, apresentamos a programação em conjuntos de respostas (Answer Set Programming, ASP) como uma técnica prática de representação do conhecimento e de inferência não monotônica.

Capítulo 5 – Síntese e perspectivas. O capítulo final resume resultados centrais, mostra conexões entre as áreas tratadas e oferece uma breve perspectiva sobre raciocínio automático, temas atuais de pesquisa e aplicações avançadas na informática, na inteligência artificial e na matemática.

Conceitos importantes que reaparecem ao longo deste livro são:

- **Fórmula** – uma expressão sintaticamente bem formada de uma linguagem lógica.
- **Estrutura ou modelo** – uma interpretação que atribui valores aos símbolos da linguagem.
- **Satisfatibilidade** – existência de um modelo que torna uma fórmula verdadeira.
- **Consequência** – relação na qual, a partir de um conjunto de fórmulas, outra fórmula segue logicamente.
- **Model checking** – verificação algorítmica de se uma estrutura é modelo de uma fórmula.

Este livro tem por objetivo oferecer uma introdução precisa e orientada a aplicações às lógicas centrais. Valorizamos a precisão formal, exemplos motivadores e aspectos algorítmicos como computabilidade e complexidade.

0.2 Fundamentos

0.2.1 Notação e teoria dos conjuntos

Usamos a notação usual da teoria dos conjuntos. Se X é um conjunto e x é um objeto, então $x \in X$ significa que x é um elemento de X. Para dois conjuntos X e Y, escrevemos $X \subseteq Y$ quando X é um subconjunto de Y.

Os conjuntos dos números naturais, dos números inteiros e dos números reais são denotados por $\mathbb{N}$, $\mathbb{Z}$ e $\mathbb{R}$.

O produto cartesiano de dois conjuntos X e Y é denotado por $X \times Y$. A potência de um conjunto X é escrita como $\mathcal{P}(X)$ ou 2^X.

Conjuntos, operações e relações

Conjuntos podem ser representados implicitamente por meio de condições de construção. Por exemplo,

$$D = \left\{ x \in \mathbb{N} \;\middle|\; \begin{array}{r} \exists y \in \mathbb{N} : y \mid x \quad \\ \text{e } 1 < y < x \end{array} \right\}$$

é o conjunto de todos os números naturais compostos.

Operações importantes com conjuntos são a união $\cup$, a interseção $\cap$ e a diferença $\setminus$. Para dois conjuntos X, X', vale:

$$X \cup X' = \{\, x \mid x \in X \text{ ou } x \in X' \,\},$$
$$X \cap X' = \{\, x \mid x \in X \text{ e } x \in X' \,\},$$
$$X \setminus X' = \{\, x \mid x \in X \text{ e } x \notin X' \,\}.$$

O produto cartesiano de X e X' é

$$X \times X' \;=\; \{\, (x, x') \mid x \in X,\ x' \in X' \,\}.$$

Mais geralmente, escrevemos $X^n = X \times \cdots \times X$ (n vezes) para o produto cartesiano n-ário.

Uma relação (binária) R entre os conjuntos X e X' é um subconjunto $R \subseteq X \times X'$. Em vez de $(x, x') \in R$, escrevemos ocasionalmente também xRx'. Uma relação n-ária sobre X é um subconjunto de X^n.

Se $R \subseteq X \times X$ (isto é, $X' = X$), definimos:

- R é *reflexiva* se, e somente se, $(x, x) \in R$ vale para todo $x \in X$.
- R é *simétrica* se, e somente se, de $(x, y) \in R$ também se segue $(y, x) \in R$.
- R é *transitiva* se, e somente se, de $(x, y) \in R$ e $(y, z) \in R$ também se segue $(x, z) \in R$.

Se R é reflexiva, simétrica e transitiva, então R é chamada de *relação de equivalência.*

Uma função f é uma aplicação $f : X \to Y$. Para $x \in X$, denotamos por $f(x)$ a imagem de x. Toda função também pode ser entendida como uma relação especial $f \subseteq X \times Y$ que satisfaz a propriedade de funcionalidade: de $(x, y) \in f$ segue-se que não existe $y' \in Y$ com $y' \neq y$ e $(x, y') \in f$.

Seja $f : X \to Y$.

- f é *injetiva* (uma aplicação um-para-um), sse, para todos $x, x' \in X$, de $f(x) = f(x')$ sempre se segue $x = x'$.
- f é *sobrejetiva*, sse, para todo $y \in Y$, existe um $x \in X$ com $f(x) = y$.
- f é *bijetiva*, sse é injetiva e sobrejetiva.

A aplicação inversa f^{-1} é definida, em geral, como uma aplicação para o conjunto das partes:

$$f^{-1} : Y \to \mathcal{P}(X), \qquad f^{-1}(y) = \{\, x \in X \mid f(x) = y \,\}.$$

Se f é uma bijeção, então f^{-1} é uma aplicação $f^{-1} : Y \to X$ e, para cada $y \in Y$, $f^{-1}(y)$ é o único $x \in X$ tal que $f(x) = y$.

Se $f : X \to Y$ e $g : Y \to Z$ são aplicações, então $g \circ f : X \to Z$ denota a composição, definida por $(g \circ f)(x) = g(f(x))$ para todo $x \in X$.

Notação de crescimento. Para funções $f, g : \mathbb{N} \to \mathbb{N}$, escreve-se $g \in O(f)$, sse existem constantes $c > 0$ e $n_0 \in \mathbb{N}$ tais que

$$\forall n \geq n_0 : \quad g(n) \leq c \cdot f(n).$$

Intuitivamente, $g \in O(f)$ significa que g não cresce assintoticamente mais rápido do que f.

0.2.2 Estruturas e semântica

Uma estrutura $\mathcal{A}$ para uma assinatura lógica consiste em um conjunto universo A e em uma interpretação dos símbolos da assinatura. Uma fórmula φ é verdadeira em uma estrutura $\mathcal{A}$ quando vale $\mathcal{A} \models \varphi$.

Conceitos importantes são:

- Satisfatibilidade: existe uma estrutura $\mathcal{A}$ tal que $\mathcal{A} \models \varphi$
- Validade: para todas as estruturas $\mathcal{A}$, vale $\mathcal{A} \models \varphi$
- Consequência lógica: $\Phi \models \psi$

0.2.3 Princípios de indução

Provas por indução são técnicas de demonstração centrais na lógica e na informática teórica. Distinguimos aqui dois tipos usuais: a *indução completa* sobre os números naturais e a *indução estrutural* sobre objetos definidos sintaticamente (termos, fórmulas, árvores). Ambos os procedimentos se baseiam no princípio de estruturas bem ordenadas ou bem fundadas, mas diferem na formulação do passo indutivo.

Indução completa

A indução completa (também chamada de indução simples ou forte, conforme a formulação) aplica-se a afirmações sobre números naturais. Para provar uma afirmação $A(n)$ para todo $n \in \mathbb{N}$, mostra-se:

1. (*base da indução*) $A(1)$ vale (ou $A(0)$, conforme a convenção).

2. (*passo indutivo*) Para um $n > 1$ arbitrário, segue da hipótese de que $A(k)$ vale para todo $k < n$ que também $A(n)$ vale.

A indução completa decorre então do fato de que não pode existir um conjunto de contraexemplos com menor elemento.

Exemplo 0.1. *(Fórmula da soma de Gauss) Para todo $n \in \mathbb{N}$, vale*

$$\sum_{i=1}^{n} i = \frac{n(n+1)}{2}.$$

Demonstração. Base da indução: Para $n = 1$, temos $\sum_{i=1}^{1} i = 1$ e $\frac{1\cdot(1+1)}{2} = 1$. Portanto, a igualdade é verdadeira para $n = 1$.

Passo de indução: Seja $n > 1$ e suponhamos que a fórmula valha para $n - 1$, isto é,

$$\sum_{i=1}^{n-1} i = \frac{(n-1)n}{2}.$$

Então, para n, obtemos:

$$\begin{aligned}\sum_{i=1}^{n} i &= \Big(\sum_{i=1}^{n-1} i\Big) + n \\ &= \frac{(n-1)n}{2} + n \\ &= \frac{n(n-1)+2n}{2} \\ &= \frac{n(n+1)}{2}.\end{aligned}$$

Com isso, o passo indutivo está demonstrado e a afirmação fica provada para todo n. □

Indução estrutural

A indução estrutural é adequada para afirmações sobre objetos definidos recursivamente e também sobre objetos com estrutura de árvore, como termos ou fórmulas. Toma-se a definição recursiva do tipo de objeto como guia: mostra-se a propriedade para os objetos elementares (atômicos) e, em seguida, que a propriedade se preserva ao compor objetos segundo as regras de construção.

Formalmente: seja $\mathcal{F}$ o conjunto das fórmulas de uma linguagem, definido pelas regras

$$\varphi ::= p \mid \neg\varphi \mid (\varphi \wedge \psi) \mid (\varphi \vee \psi)$$

com fórmulas atômicas p. Para mostrar uma propriedade $P(\varphi)$ para todo $\varphi \in \mathcal{F}$, prova-se:

- $P(p)$ para cada fórmula atômica p.
- De $P(\varphi)$ segue $P(\neg\varphi)$.
- De $P(\varphi)$ e $P(\psi)$ segue $P((\varphi \wedge \psi))$ (e analogamente para outros operadores binários).

Exemplo 0.2. *Toda fórmula $\varphi \in \mathcal{F}$ tem apenas um número finito de subfórmulas.*

Demonstração. Provamos a afirmação "*φ tem apenas um número finito de subfórmulas*" para toda $\varphi \in \mathcal{F}$ por indução estrutural.

Base: Seja $\varphi = p$ atômica. Então o conjunto de suas subfórmulas é $\{ p \}$ e, portanto, finito.

Passo indutivo: Suponhamos que, para φ e ψ, o conjunto de suas respectivas subfórmulas seja finito. Então as subfórmulas de $\neg\varphi$ são dadas por $\{\neg\varphi\} \cup \{\text{subfórmulas de } \varphi\}$, isto é, por uma união finita de conjuntos finitos e, portanto, formam um conjunto finito. Para a fórmula composta $(\varphi \wedge \psi)$, vale analogamente que o conjunto de suas subfórmulas

$$\{ (\varphi \wedge \psi) \} \cup \{\text{subfórmulas de } \varphi\} \cup \{\text{subfórmulas de } \psi\}$$

é uma união finita de conjuntos finitos e, portanto, também é finito.

Logo, por indução estrutural, segue que toda $\varphi \in \mathcal{F}$ possui apenas um número finito de subfórmulas. □

Comparação, observações e casos típicos de aplicação

- **Quando usar qual indução?** Use indução completa quando a afirmação estiver formulada para números naturais (ou diretamente sobre $\mathbb{N}$), por exemplo em combinatória, somas ou sequências recursivas. Use indução estrutural quando as afirmações disserem respeito a objetos definidos recursivamente e com estrutura arbórea, como termos, fórmulas, árvores de prova ou árvores sintáticas abstratas.

- **Forma do passo indutivo.** Na indução completa, o passo indutivo normalmente se refere ao predecessor imediato $n - 1$ ou a todos os $k < n$ (indução forte). Na indução estrutural, mostra-se que a propriedade é preservada pelas regras de construção.

- **Pontos em comum.** Ambos os métodos são aplicações do princípio de que não existem sequências infinitas estritamente decrescentes em uma relação bem fundada. Formalmente, ambos podem ser entendidos como casos especiais da indução bem fundada (*well-founded induction*).

- **Dicas práticas.** Formule as afirmações indutivas de modo que a hipótese de indução contenha exatamente as informações necessárias. Na indução estrutural, muitas vezes é recomendável escolher afirmações indutivas fortes (por exemplo, afirmações sobre o conjunto de todas as subestruturas), para que as provas nos casos compostos se tornem mais diretas.

0.3 Estrutura e estilo de textos matemáticos

Os textos matemáticos deste livro seguem uma forma clara e reconhecível: definições e notações fixam conceitos e convenções precisos, exemplos ilustram a intuição, resultados (lemas, proposições, teoremas, corolários) formulam as afirmações centrais, e demonstrações justificam essas afirmações de modo rigoroso. Essa estrutura ajuda a leitora ou o leitor a distinguir rapidamente entre enunciado formal, demonstração e material ilustrativo.

Definições e notações

- **Definições.** Definições formalizam novos conceitos. Elas devem ser concisas, completas e escolhidas de tal modo que as propriedades necessárias possam ser verificadas diretamente.

- **Notações.** Notações reúnem formas abreviadas de escrita (por exemplo, $\mathcal{P}(X)$, $X \times Y$, $O(\cdot)$). As notações devem ser uniformes e reunidas em um lugar de destaque (no início do capítulo ou em um quadro de notações).

Exemplos e ilustrações

Exemplos servem à visualização intuitiva e mostram casos típicos ou contrastantes. Eles devem ser breves, demonstrar o uso de novas definições e, sempre que possível, remeter a exercícios ou aplicações posteriores.

Resultados: lema, proposição, teorema, corolário

- **Lema.** Um resultado auxiliar, usado principalmente na demonstração de outro resultado.
- **Proposição.** Um resultado útil, em geral menos central.
- **Teorema.** Um resultado central e importante.
- **Corolário.** Segue imediatamente de um resultado anterior.

Todos os resultados devem conter uma formulação precisa, quando pertinente as hipóteses, e uma demonstração clara.

Demonstrações

Demonstrações fazem parte da argumentação matemática usual. Demonstrações devem ser, tanto quanto possível, bem estruturadas:

1. Uma breve indicação inicial do que será demonstrado.

2. Se necessário: divisão em casos ou em lemas auxiliares.

3. Ao final, um sinal claro de conclusão (geralmente escrito como □).

Observações, exercícios e indicações bibliográficas

- **Observações** contêm frequentemente informações adicionais, intuições ou generalizações. Elas são mais breves e menos formais.
- **Exercícios** ao final do capítulo consolidam a compreensão.
- **Indicações bibliográficas** remetem a fontes complementares e devem ser bibliograficamente precisas.

Breve exemplo-modelo

Definição 0.3. *Uma aplicação $f : X \to Y$ chama-se* injetiva *se de $f(x) = f(x')$ segue necessariamente $x = x'$.*

Teorema 0.4. *Seja $f : X \to Y$ injetiva e seja $g : Y \to Z$ arbitrária. Então $g \circ f$ é injetiva se, e somente se, g é injetiva sobre a imagem de f.*

Demonstração. A afirmação segue por verificação direta da definição: se $g \circ f$ é injetiva e $g(f(x)) = g(f(x'))$, então vale $f(x) = f(x')$ e, pela injetividade de f, segue $x = x'$. A outra direção é igualmente direta. □

Capítulo 1

Lógica proposicional

1.1 Introdução e visão geral

A lógica proposicional é o sistema formal fundamental por meio do qual enunciados simples e suas conexões lógicas podem ser descritos com precisão. No centro estão as proposições atômicas, cada uma das quais pode assumir exatamente um de dois valores de verdade: verdadeiro ou falso. A partir desses blocos atômicos, formam-se, por meio de conectivos como *e*, *ou* e *não*, fórmulas compostas com as quais também se podem expressar relações lógicas mais complexas.

Apesar de sua sintaxe elementar, a lógica proposicional possui grande alcance. Ela constitui uma base importante para muitas outras áreas da lógica e, ao mesmo tempo, desempenha um papel central na informática, por exemplo na demonstração automática, na análise de circuitos lógicos, na verificação e em métodos da inteligência artificial. É particularmente útil o fato de a lógica proposicional ser completamente formalizada: tanto a formação das fórmulas quanto seu significado podem ser especificados de modo exato.

Este capítulo introduz inicialmente os fundamentos sintáticos e semânticos. Começamos com assinaturas, fórmulas e interpretações e, em seguida, esclarecemos quando uma fórmula é verdadeira sob uma interpretação e o que significa dizer que um conjunto de fórmulas possui um modelo. Depois consideramos o conceito de consequência lógica, bem como a questão de quando uma fórmula segue de outra ou de um conjunto de fórmulas. Com base nisso, investigamos a equivalência lógica de fórmulas e apresentamos regras importantes de transformação, bem como formas normais, que são especialmente relevantes para o processamento algorítmico.

No decorrer do capítulo, voltamo-nos para procedimentos que não apenas descrevem o raciocínio lógico semanticamente, mas também o executam sintaticamente. Entre eles estão cálculos gerais, assim como o cálculo de resolução, que constitui uma ferramenta central da demonstração automática. Por fim, examinamos mais de perto o lado algorítmico da lógica proposicional: em particular, investigamos o problema da satisfatibilidade, mostramos por que ele é teoricamente difícil e conhecemos, com a codificação de Tseitin e o algoritmo DPLL, dois métodos importantes com os quais a satisfatibilidade pode, na prática, ser verificada muitas vezes de modo bastante eficaz.

O capítulo está organizado da seguinte maneira: na subseção 1.1, introduzimos a sintaxe e a semântica da lógica proposicional. Tratamos primeiro de assinaturas, depois de fórmulas, interpretações e modelos. Na subseção 1.2, abordamos propriedades de modelos, o conceito de consequência e a independência da assinatura. Na subseção 1.3, tratamos do tema da equivalência; isso inclui tanto a definição de equivalência lógica quanto transformações equivalentes importantes e a representação de proposições em formas normais. Na subseção 1.4, são apresentados diferentes cálculos para a consequência automática, em especial o cálculo de resolução. Por fim, a subseção 1.5 explica a redução a problemas de satisfatibilidade, a codificação de Tseitin e o algoritmo DPLL como métodos centrais para a solução do problema da satisfatibilidade.

Assim, este capítulo conecta a base conceitual da lógica proposicional a seus procedimentos algorítmicos centrais. Com isso, estabelece a base para tudo o que será necessário, ao longo do livro, sobre raciocínio formal, formas normais e procedimentos automáticos de demonstração.

1.2 Sintaxe e semântica

1.2.1 Introdução

Como toda lógica, a lógica proposicional é definida por dois componentes:

- *Sintaxe:* a descrição das expressões bem formadas (fórmulas), isto é, quais sequências de símbolos são consideradas objetos válidos, e
- *Semântica:* a atribuição de significados (valores de verdade) a essas expressões.

No que segue, introduzimos primeiro assinaturas e fórmulas e, em seguida, definimos a semântica modeloteórica.

1.2.2 Assinaturas

Definição 1.1. *Uma* assinatura proposicional Σ *é um conjunto (finito) de variáveis proposicionais (também chamadas de átomos ou proposições).*

Exemplo 1.2. *Para modelar um sistema de alarme de casa inteligente, pode-se escolher, por exemplo,*

$$\Sigma_{Alarme} = \{Fumaca, Calor, Movimento, Alarme, Aspersor\}.$$

em que os significados pretendidos das variáveis são, por exemplo:

- *Fumaca: fumaça é detectada*
- *Calor: temperatura elevada é detectada*

- *Movimento: movimento na casa é registrado*
- *Alarme: o alarme está disparado*
- *Aspersor: os aspersores estão ativados*

Uma fórmula típica em $L(\Sigma_{Alarme})$ *seria, por exemplo,*

$$(Fumaca \vee Calor) \rightarrow Alarme,$$

que afirma: "Se fumaça ou temperatura elevada é detectada, então o alarme é disparado". ■

1.2.3 Fórmulas

Definição 1.3. *Seja* Σ *uma assinatura proposicional. O conjunto* $L(\Sigma)$ *das* fórmulas *sobre* Σ *é definido indutivamente por:*

1. *toda variável proposicional* $p \in \Sigma$ *é uma fórmula (fórmula atômica);*
2. *se* φ *é uma fórmula, então* $\neg\varphi$ *é uma fórmula;*
3. *se* φ *e* ψ *são fórmulas, então* $(\varphi \wedge \psi)$ *e* $(\varphi \vee \psi)$ *são fórmulas.*

Alternativamente (BNF):

$$\varphi ::= p \mid \neg\varphi \mid (\varphi \wedge \varphi) \mid (\varphi \vee \varphi) \qquad (p \in \Sigma).$$

Notação 1.4. *Usamos as seguintes abreviações e convenções:*

- *Conectivos:* $\neg$ *(negação),* $\wedge$ *(conjunção),* $\vee$ *(disjunção).*

- *A implicação e a equivalência são definidas por* $\varphi \to \psi := \neg\varphi \vee \psi$ *e* $\varphi \leftrightarrow \psi := (\varphi \to \psi) \wedge (\psi \to \varphi)$.
- *Convenção de parênteses:* $\neg$ *tem precedência sobre* $\wedge$, *que tem precedência sobre* $\vee$, *que tem precedência sobre* $\to$, *que tem precedência sobre* $\leftrightarrow$.
- *Um* literal *é ou um átomo* p *ou sua negação* $\neg p$.

Exemplo 1.5. *Com* Σ_{Alarme} *do exemplo acima, as seguintes expressões, por exemplo, são fórmulas em* $L(\Sigma_{Alarme})$*:*

$$(Fumaca \vee Calor) \to Alarme,$$
$$\neg Fumaca \wedge (Alarme \vee Aspersor),$$
$$Movimento \to Alarme.$$

O conjunto dos literais é

$$\mathrm{Lit}(\Sigma_{Alarme}) = \{Fumaca, \neg Fumaca,\ Calor, \neg Calor,\ Movimento, \neg Movimento,\ Alarme, \neg Alarme,\ Aspersor, \neg Aspersor\}.$$

■

1.2.4 Semântica: interpretações, satisfação e modelos

Definição 1.6. *Seja* Σ *uma assinatura. Uma* interpretação *(ou valoração)* ω *sobre* Σ *é uma função* $\omega : \Sigma \to \{verdadeiro, falso\}$. *Chamamos de* $\Omega(\Sigma)$ *o conjunto de todas as interpretações.*

Definição 1.7. *A relação de satisfação* $\models_{\text{LP}} \subseteq \Omega(\Sigma) \times L(\Sigma)$ *é definida indutivamente:*

$$\begin{array}{rcl} \omega \models_{\text{LP}} p & \textit{sse} & \omega(p) = \textit{verdadeiro}, \\ \omega \models_{\text{LP}} \neg\varphi & \textit{sse} & \textit{não } (\omega \models_{\text{LP}} \varphi), \\ \omega \models_{\text{LP}} \varphi \wedge \psi & \textit{sse} & \omega \models_{\text{LP}} \varphi \textit{ e } \omega \models_{\text{LP}} \psi, \\ \omega \models_{\text{LP}} \varphi \vee \psi & \textit{sse} & \omega \models_{\text{LP}} \varphi \textit{ ou } \omega \models_{\text{LP}} \psi. \end{array}$$

Se $\omega \models_{\text{LP}} \varphi$, *então* ω *é chamado de* modelo *de* φ.

Definição 1.8. *Para uma fórmula* φ, *definimos*

$$\text{Mod}_{\text{LP}}(\varphi) = \{\omega \in \Omega(\Sigma) \mid \omega \models_{\text{LP}} \varphi\},$$

o conjunto de todos os modelos de φ. *Além disso,* φ *é* satisfatível *sse* $\text{Mod}_{\text{LP}}(\varphi) \neq \varnothing$, *e* φ *é* válida *(tautologia) sse* $\text{Mod}_{\text{LP}}(\varphi) = \Omega(\Sigma)$.

Explicação. Se φ é uma fórmula e ω é um modelo de φ ($\omega \in \text{Mod}_{\text{LP}}(\varphi)$), então ω pode ser entendido intuitivamente como um *mundo possível* ou como uma *situação* na qual a afirmação φ de fato se verifica. A interpretação ω determina, para cada enunciado atômico $p \in \Sigma$, se p é verdadeiro ou falso nesse mundo; desse modo, ω explica *completamente* por que φ é verdadeira: pela atribuição de valores de verdade aos átomos a partir dos quais φ é construída.

A designação *modelo* enfatiza exatamente esse caráter explicativo: um modelo é um testemunho concreto que prova que uma fórmula é satisfatível. Correspondentemente, o conjunto $\Omega(\Sigma)$ é o conjunto de todos os mundos possíveis (todas as atribuições possíveis), e $\mathrm{Mod}_{\mathrm{LP}}(\varphi)$ consiste naqueles mundos que tornam φ verdadeira.

Dois conceitos breves e úteis:

- *Satisfatibilidade:* A fórmula φ é satisfatível se, e somente se, $\mathrm{Mod}_{\mathrm{LP}}(\varphi) \neq \varnothing$. Um $\omega \in \mathrm{Mod}_{\mathrm{LP}}(\varphi)$ concreto também é chamado de *modelo* ou de *atribuição satisfazente* de φ.

- *Contramodelo:* Para mostrar que uma fórmula φ *não* é válida (não é tautológica), basta indicar um $\omega \in \Omega(\Sigma)$ tal que $\omega \notin \mathrm{Mod}_{\mathrm{LP}}(\varphi)$; tal ω é chamado de *contramodelo*.

Observação 1.9. *Em aplicações (por exemplo, em model checking), encontrar um modelo corresponde frequentemente à demonstração de que um comportamento desejado do sistema pode ocorrer, enquanto fornecer um contramodelo mostra que uma propriedade desejada é violada sob determinadas atribuições.*

Exemplo 1.10. *Considere Σ_{Alarme} e a interpretação ω com $\omega(Fumaca) = true$, $\omega(Calor) = false$, $\omega(Movimento) = true$, $\omega(Alarme) = true$, $\omega(Aspersor) = false$. Então vale, por exemplo, $\omega \models_{\mathrm{LP}} Fumaca$, $\omega \models_{\mathrm{LP}} \neg Calor$, $\omega \models_{\mathrm{LP}} (Fumaca \vee Calor) \to Alarme$ (pois $\omega(Fumaca) = true$ e $\omega(Alarme) = true$), $\omega \models_{\mathrm{LP}} Movimento \to Alarme$ (pois $\omega(Movimento) = true$ e $\omega(Alarme) = true$) e $\omega \models_{\mathrm{LP}} \neg Aspersor$.* ■

1.2.5 Tabelas-verdade

Os conectivos podem ser descritos por meio de tabelas-verdade; segue a representação compacta (1 = verdadeiro, 0 = falso):

φ	ψ	$\varphi \wedge \psi$	$\varphi \vee \psi$	$\neg\varphi$
0	0	0	0	1
0	1	0	1	1
1	0	0	1	0
1	1	1	1	0

Observação 1.11.

- *Se $|\Sigma| = n$, então $|\Omega(\Sigma)| = 2^n$ interpretações.*
- *A indução definicional da semântica (satisfação) é equivalente à especificação direta de uma função de verdade $[\![\cdot]\!]_\omega$.*
- *A semântica modeloteórica é a base para conceitos como* consequência lógica $\Phi \models \psi$ *(toda interpretação que satisfaz todas as fórmulas em Φ também satisfaz ψ).*

1.2.6 Funções de verdade

Definição 1.12. *Seja Σ uma assinatura da lógica proposicional e $\omega \in \Omega(\Sigma)$ uma interpretação. A* função de verdade $[\![\cdot]\!]_\omega : L(\Sigma) \to \{\text{true}, \text{false}\}$ *é definida indutiva-*

mente da seguinte forma:

$$[\![p]\!]_\omega = \omega(p) \quad (p \in \Sigma),$$

$$[\![\neg\varphi]\!]_\omega = \begin{cases} \text{true}, & \textit{se } [\![\varphi]\!]_\omega = \text{false}, \\ \text{false}, & \textit{caso contrário}, \end{cases}$$

$$[\![\varphi \land \psi]\!]_\omega = \begin{cases} \text{true}, & \textit{se } [\![\varphi]\!]_\omega = \text{true } \textit{e } [\![\psi]\!]_\omega = \text{true}, \\ \text{false}, & \textit{caso contrário}, \end{cases}$$

$$[\![\varphi \lor \psi]\!]_\omega = \begin{cases} \text{false}, & \textit{se } [\![\varphi]\!]_\omega = \text{false } \textit{e } [\![\psi]\!]_\omega = \text{false}, \\ \text{true}, & \textit{caso contrário}. \end{cases}$$

Proposição 1.13. *Seja Σ uma assinatura, $\omega \in \Omega(\Sigma)$ uma interpretação e $\varphi \in L(\Sigma)$. Então vale*

$$\omega \models_{\mathrm{LP}} \varphi \quad \textit{sse} \quad [\![\varphi]\!]_\omega = \text{true}.$$

Demonstração. Seja Σ uma assinatura da lógica proposicional, $\omega \in \Omega(\Sigma)$ uma interpretação e $\varphi \in L(\Sigma)$ uma fórmula. Mostramos a equivalência

$$\omega \models_{\mathrm{LP}} \varphi \quad \text{sse} \quad [\![\varphi]\!]_\omega = \text{true}$$

por indução estrutural sobre a fórmula φ.

Base da indução. Seja $\varphi = p$, com $p \in \Sigma$, um átomo. Pela definição da relação de satisfação, vale $\omega \models_{\mathrm{LP}} p$ se, e somente se, $\omega(p) = \text{true}$. Pela definição da função de verdade, temos $[\![p]\!]_\omega = \omega(p)$. Portanto, segue imediatamente que $\omega \models_{\mathrm{LP}} p \iff [\![p]\!]_\omega = \text{true}$.

Passo indutivo. Seja agora φ uma fórmula, e suponha que a afirmação já valha para todas as subfórmulas próprias de φ (hipótese de indução). Consideramos os diferentes casos de construção.

- $\varphi = \neg\psi$.
  $\Rightarrow$: Suponha que $\omega \models_{\text{LP}} \neg\psi$. Então, pela definição, $\omega \not\models_{\text{LP}} \psi$. Pela hipótese de indução, segue que $[\![\psi]\!]_\omega \neq \text{true}$, ou seja, $[\![\psi]\!]_\omega = \text{false}$. Pela definição da função de verdade, temos então $[\![\neg\psi]\!]_\omega = \text{true}$.
  $\Leftarrow$: Suponha que $[\![\neg\psi]\!]_\omega = \text{true}$. Então $[\![\psi]\!]_\omega = \text{false}$. Pela hipótese de indução, segue que $\omega \not\models_{\text{LP}} \psi$ e, portanto, $\omega \models_{\text{LP}} \neg\psi$.

- $\varphi = \psi \wedge \xi$.
  $\Rightarrow$: Suponha que $\omega \models_{\text{LP}} \psi \wedge \xi$. Então vale $\omega \models_{\text{LP}} \psi$ e $\omega \models_{\text{LP}} \xi$. Pela hipótese de indução, temos, portanto, $[\![\psi]\!]_\omega = \text{true}$ e $[\![\xi]\!]_\omega = \text{true}$. Logo, $[\![\psi \wedge \xi]\!]_\omega = \text{true}$.
  $\Leftarrow$: Suponha que $[\![\psi \wedge \xi]\!]_\omega = \text{true}$. Então $[\![\psi]\!]_\omega = \text{true}$ e $[\![\xi]\!]_\omega = \text{true}$. Pela hipótese de indução, segue que $\omega \models_{\text{LP}} \psi$ e $\omega \models_{\text{LP}} \xi$, logo $\omega \models_{\text{LP}} \psi \wedge \xi$.

- $\varphi = \psi \vee \xi$.
  $\Rightarrow$: Suponha que $\omega \models_{\text{LP}} \psi \vee \xi$. Então vale $\omega \models_{\text{LP}} \psi$ ou $\omega \models_{\text{LP}} \xi$. Sem perda de generalidade, seja $\omega \models_{\text{LP}} \psi$. Pela hipótese de indução, temos $[\![\psi]\!]_\omega = \text{true}$, de modo que $[\![\psi \vee \xi]\!]_\omega = \text{true}$. (O outro caso é análogo.)
  $\Leftarrow$: Suponha que $[\![\psi \vee \xi]\!]_\omega = \text{true}$. Então $[\![\psi]\!]_\omega =$

true ou $[\![\xi]\!]_\omega$ = true. Pela hipótese de indução, segue que $\omega \models_{\text{LP}} \psi$ ou $\omega \models_{\text{LP}} \xi$, e, portanto, $\omega \models_{\text{LP}} \psi \vee \xi$.

Como todos os casos de construção foram cobertos, a afirmação segue para toda fórmula φ. □

Os conectivos também podem ser apresentados de forma compacta por meio de tabelas de verdade. Primeiro, a variante com os rótulos true/false:

φ	ψ	$\varphi \wedge \psi$	$\varphi \vee \psi$	$\neg\varphi$
false	false	false	false	true
false	true	false	true	true
true	false	false	true	false
true	true	true	true	false

E aqui a representação compacta em 0/1 (0 = false, 1 = true):

φ	ψ	$\varphi \wedge \psi$	$\varphi \vee \psi$	$\neg\varphi$
0	0	0	0	1
0	1	0	1	1
1	0	0	1	0
1	1	1	1	0

Observação. A definição acima da função de verdade é equivalente à definição indutiva da relação de satisfação $\models_{\text{LP}}$. Em demonstrações, uma ou outra formulação pode ser mais conveniente conforme o contexto: a relação de satisfação enfatiza a perspectiva dos modelos ($\omega \models \varphi$), enquanto a função de verdade indica explicitamente o valor da fórmula em uma interpretação dada ($[\![\varphi]\!]_\omega \in \{\text{true}, \text{false}\}$).

Perspectiva

Na próxima seção, trataremos das formas normais sintáticas, das regras concretas de transformação (por exemplo, FNC, FND) e dos primeiros procedimentos de prova (resolução, dedução natural), que são relevantes tanto do ponto de vista teórico quanto do ponto de vista prático (por exemplo, para SAT-solvers).

1.3 Exercícios com soluções

Exercício 1. Seja a assinatura proposicional $\Sigma = \{P, Q, R, S, T, U\}$. Sejam dados os seguintes objetos:

$$\varphi_1 = S \land \neg(P \leftrightarrow \neg R),$$

$$\omega_2 : P \mapsto \text{true},\ Q \mapsto \text{false},\ R \mapsto \text{true},$$
$$S \mapsto \text{false},\ T \mapsto \text{true},\ U \mapsto \text{false}.$$

e

$$\varphi_3 = \neg T \land \neg(\neg T \lor R).$$

Decida, para as seguintes afirmações, se elas são **verdadeiras** ou **falsas** (justifique brevemente em cada caso):

1. $\neg P \lor R \in L(\Sigma)$.

2. A fórmula indicada

$$\overline{\varphi_1} = \neg S \vee (\neg P \vee \neg R) \wedge (R \vee P) \vee \neg Q$$

é o complemento (a negação) de φ_1.

3. $[\![\neg T \vee (\neg R \leftrightarrow P)]\!]_{\omega_2} = \text{false}$.

4. $|\,\text{Mod}_{\text{LP}}(\varphi_3)| = 0$.

Soluções e explicações.

1. **Verdadeiro.** $\neg P \vee R$ é uma expressão bem formada, construída a partir de átomos de Σ com os conectivos $\neg$ e $\vee$, portanto é uma fórmula em $L(\Sigma)$.

2. **Falso.** A fórmula afirmada não é a negação de φ_1. Em primeiro lugar, ela contém o átomo Q, que não ocorre em φ_1; em segundo lugar, a estrutura sintática de uma negação de $\varphi_1 = S \wedge \neg(P \leftrightarrow \neg R)$ é, pelas leis de De Morgan, equivalente a

$$\neg S \vee \neg\neg(P \leftrightarrow \neg R) = \neg S \vee (P \leftrightarrow \neg R),$$

e não à fórmula complicada indicada, com $\neg Q$ e o termo adicional $(\neg P \vee \neg R) \wedge (R \vee P)$.

3. **Verdadeiro.** Calculamos a fórmula $\neg T \vee (\neg R \leftrightarrow P)$ sob ω_2. Sob ω_2, vale $T = \text{true}$, logo $\neg T = \text{false}$. Além disso, $R = \text{true}$, portanto $\neg R = \text{false}$. Como $P = \text{true}$, a equivalência proposicional $\neg R \leftrightarrow P$ entre false e true tem valor false. Assim, $\neg T \vee (\neg R \leftrightarrow P)$ é igual a false $\vee$ false $=$ false. Portanto, a afirmação está correta.

4. **Verdadeiro.** Simplificamos $\varphi_3 = \neg T \wedge \neg(\neg T \vee R)$. A subfórmula $\neg(\neg T \vee R)$ é equivalente a $\neg\neg T \wedge \neg R$, isto é, a $T \wedge \neg R$. Portanto, $\varphi_3 \equiv \neg T \wedge (T \wedge \neg R)$. Essa fórmula é evidentemente insatisfatível, pois exigiria simultaneamente $\neg T$ e T. Logo, φ_3 não tem *nenhum* modelo e, assim, $|\mathrm{Mod}_{\mathrm{LP}}(\varphi_3)| = 0$.

Comentários:

- (1) A fórmula pertence à linguagem sobre Σ — correto.
- (2) A fórmula de negação indicada está incorreta — ela contém um átomo estranho e não possui a estrutura correta (não é equivalente à negação de φ_1).
- (3) Verdadeiro — a avaliação resulta em false.
- (4) Verdadeiro — φ_3 é contraditória e, portanto, insatisfatível.

Exercício ampliado. Varie a assinatura Σ (por exemplo, usando apenas três átomos) e determine, para todas as $2^{|\Sigma|}$ interpretações, quais fórmulas da Tarefa 1 são verdadeiras. Compare a quantidade de modelos das respectivas fórmulas.

Solução-modelo (exemplo com $\Sigma' = \{P, Q, R\}$)

Escolhemos $\Sigma' = \{P, Q, R\}$ e definimos as fórmulas análogas às da tarefa (adaptação do exercício original à assinatura menor):

$$\begin{aligned}
\varphi_1 &:= Q \wedge \neg(P \leftrightarrow \neg R),\\
\alpha &:= \neg P \vee R,\\
\beta &:= \neg Q \vee ((\neg P \vee \neg R) \wedge (R \vee P)) \quad \text{(candidata a } \neg\varphi_1\text{)},\\
\gamma &:= \neg R \vee (\neg P \leftrightarrow Q),\\
\delta &:= \neg P \wedge \neg(\neg P \vee R).
\end{aligned}$$

A fórmula $(\neg P \vee \neg R) \wedge (R \vee P)$ é equivalente a $(P \leftrightarrow \neg R)$, de modo que β representa exatamente $\neg Q \vee (P \leftrightarrow \neg R)$ — isto é, formalmente, a negação de $\varphi_1 = Q \wedge \neg(P \leftrightarrow \neg R)$.

A tabela-verdade completa (T = true, F = false):

P	Q	R	φ_1	α	β	γ	δ
F	F	F	F	T	T	T	F
F	F	T	F	T	T	F	F
F	T	F	T	T	F	T	F
F	T	T	F	T	T	T	F
T	F	F	F	F	T	T	F
T	F	T	F	T	T	T	F
T	T	F	F	F	T	T	F
T	T	T	T	T	F	F	F

A partir da tabela, obtemos o número de modelos (número de interpretações para as quais a fórmula é verdadeira):

- $|\mathrm{Mod}(\varphi_1)| = 2$ (verdadeira para as atribuições $(P, Q, R) = (F, T, F)$ e (T, T, T))

- $|\operatorname{Mod}(\alpha)| = 6$
- $|\operatorname{Mod}(\beta)| = 6$
- $|\operatorname{Mod}(\gamma)| = 6$
- $|\operatorname{Mod}(\delta)| = 0$ (insatisfatível)

Interpretação e conclusões

- $\alpha = \neg P \vee R$ não é tautológica (não é verdadeira em todas as interpretações), mas é satisfeita em 6 de 8 casos — portanto, é frequente, mas não universalmente válida.
- β, nesta formulação concreta, é de fato logicamente equivalente a $\neg\varphi_1$. Isso pode ser visto algebricamente:
$$\begin{aligned}\neg\varphi_1 &= \neg(Q \wedge \neg(P \leftrightarrow \neg R))\\ &= \neg Q \vee \neg\neg(P \leftrightarrow \neg R)\\ &= \neg Q \vee (P \leftrightarrow \neg R)\end{aligned}$$
e $P \leftrightarrow \neg R$ é equivalente a $(\neg P \vee \neg R) \wedge (R \vee P)$. Portanto, β e $\neg\varphi_1$ têm os mesmos modelos (6 interpretações).
- γ também é verdadeira em 6 interpretações; seu conjunto de modelos difere daquele de α e β em sua composição exata, mas as cardinalidades são iguais (6).

- δ é contraditória: $\delta = \neg P \wedge (P \wedge \neg R)$ (após a transformação) exige simultaneamente P e $\neg P$ — portanto, não possui modelos.

Observação sobre o procedimento (generalização) Para assinaturas arbitrárias Σ com n átomos, pode-se listar de modo análogo todas as 2^n interpretações (ou gerá-las programaticamente) e avaliar cada fórmula automaticamente. O número de modelos de uma fórmula é exatamente o número de linhas da tabela-verdade ou da tabela de avaliação nas quais a fórmula assume o valor true. Para exercícios manuais com $n = 3$ ou $n = 4$, isso é praticamente viável; para valores maiores de n, recomenda-se usar um pequeno script (ou um SAT-solver) para contar os modelos.

1.4 Inferência

Na prática, utilizamos fórmulas lógicas não apenas para descrever estados isolados, mas sobretudo para obter novos conhecimentos a partir de conhecimentos já dados. Por *inferir*, entendemos formalmente a seguinte questão: quais afirmações devem valer em todos os mundos nos quais nossas hipóteses são verdadeiras?

Este capítulo define a noção semântica de consequência, apresenta regras simples de cálculo para conjuntos de modelos e relaciona entre si os conceitos de "modelo", "teoria" e "fecho dedutivo".

1.4.1 Modelos como descrição de situações

Recordemos: para uma assinatura Σ, $\Omega(\Sigma)$ é o conjunto de todas as valorações possíveis das variáveis atômicas. A uma fórmula φ corresponde o conjunto de modelos

$$\mathcal{M}(\varphi) = \{\omega \in \Omega(\Sigma) \mid \omega \models_{\mathrm{LP}} \varphi\},$$

isto é, aquelas valorações que tornam φ verdadeira.

Intuição. Pode-se pensar em $\omega \in \mathcal{M}(\varphi)$ como uma "situação" concreta na qual a descrição φ se aplica. Assim, um modelo explica completamente por que φ é verdadeira: pelos valores de verdade de seus componentes atômicos.

1.4.2 Operações sobre conjuntos de modelos

Os conectivos clássicos correspondem a operações simples sobre conjuntos de modelos. Essas relações são úteis porque permitem transferir argumentos semânticos para o nível das operações com conjuntos.

Proposição 1.14. *Para todas as fórmulas $\varphi, \psi \in L(\Sigma)$, vale*

$$\mathcal{M}(\varphi \wedge \psi) = \mathcal{M}(\varphi) \cap \mathcal{M}(\psi), \qquad \mathcal{M}(\varphi \vee \psi) = \mathcal{M}(\varphi) \cup \mathcal{M}(\psi),$$

$$\mathcal{M}(\neg\varphi) = \Omega(\Sigma) \setminus \mathcal{M}(\varphi).$$

Demonstração. Seja Σ uma assinatura da lógica proposicional e sejam $\varphi, \psi \in L(\Sigma)$ fórmulas. Mostramos as três identidades separadamente, em cada caso provando as duas inclusões.

(1) $\mathcal{M}(\varphi \wedge \psi) = \mathcal{M}(\varphi) \cap \mathcal{M}(\psi)$.
"$\subseteq$": Seja $\omega \in \mathcal{M}(\varphi \wedge \psi)$. Então vale $\omega \models_{\mathrm{LP}} \varphi \wedge \psi$. Pela definição semântica da conjunção, isso significa que valem tanto $\omega \models_{\mathrm{LP}} \varphi$ quanto $\omega \models_{\mathrm{LP}} \psi$. Logo, ω pertence a $\mathcal{M}(\varphi)$ e a $\mathcal{M}(\psi)$; portanto, $\omega \in \mathcal{M}(\varphi) \cap \mathcal{M}(\psi)$.

"$\supseteq$": Seja $\omega \in \mathcal{M}(\varphi) \cap \mathcal{M}(\psi)$. Então valem $\omega \models_{\mathrm{LP}} \varphi$ e $\omega \models_{\mathrm{LP}} \psi$. Pela definição semântica da conjunção, segue daí que $\omega \models_{\mathrm{LP}} \varphi \wedge \psi$, isto é, $\omega \in \mathcal{M}(\varphi \wedge \psi)$.

Das duas direções segue a igualdade desejada.

(2) $\mathcal{M}(\varphi \vee \psi) = \mathcal{M}(\varphi) \cup \mathcal{M}(\psi)$.
"$\subseteq$": Seja $\omega \in \mathcal{M}(\varphi \vee \psi)$. Então $\omega \models_{\mathrm{LP}} \varphi \vee \psi$, isto é, $\omega \models_{\mathrm{LP}} \varphi$ ou $\omega \models_{\mathrm{LP}} \psi$. No primeiro caso, $\omega \in \mathcal{M}(\varphi)$; no segundo caso, $\omega \in \mathcal{M}(\psi)$. Em ambos os casos vale $\omega \in \mathcal{M}(\varphi) \cup \mathcal{M}(\psi)$.

"$\supseteq$": Seja $\omega \in \mathcal{M}(\varphi) \cup \mathcal{M}(\psi)$. Então vale $\omega \models_{\mathrm{LP}} \varphi$ ou $\omega \models_{\mathrm{LP}} \psi$. Em ambos os casos segue imediatamente $\omega \models_{\mathrm{LP}} \varphi \vee \psi$ e, portanto, $\omega \in \mathcal{M}(\varphi \vee \psi)$.

Com isso, esta igualdade também está demonstrada.

(3) $\mathcal{M}(\neg\varphi) = \Omega(\Sigma) \setminus \mathcal{M}(\varphi)$.
Mostramos as duas afirmações $\Omega(\Sigma) = \mathcal{M}(\varphi) \cup \mathcal{M}(\neg\varphi)$ e $\mathcal{M}(\varphi) \cap \mathcal{M}(\neg\varphi) = \varnothing$, das quais segue a afirmação.

Primeiro, seja $\omega \in \Omega(\Sigma)$ arbitrário. Ou $\omega \models_{\mathrm{LP}} \varphi$, ou não. No primeiro caso, $\omega \in \mathcal{M}(\varphi)$. No segundo caso, vale $\omega \models_{\mathrm{LP}} \neg\varphi$ e, portanto, $\omega \in \mathcal{M}(\neg\varphi)$. Assim, $\Omega(\Sigma) \subseteq \mathcal{M}(\varphi) \cup \mathcal{M}(\neg\varphi)$; a inclusão inversa é trivial, logo há igualdade.

Além disso, suponha, para obter uma contradição, que $\omega \in \mathcal{M}(\varphi) \cap \mathcal{M}(\neg\varphi)$. Então valem $\omega \models_{\mathrm{LP}} \varphi$ e $\omega \models_{\mathrm{LP}} \neg\varphi$. Isso, porém, é impossível, pois $\omega \models_{\mathrm{LP}} \neg\varphi$ vale exatamente quando $\omega \not\models_{\mathrm{LP}} \varphi$. Portanto, a interseção é vazia.

De $\Omega(\Sigma) = \mathcal{M}(\varphi) \cup \mathcal{M}(\neg\varphi)$ e $\mathcal{M}(\varphi) \cap \mathcal{M}(\neg\varphi) = \varnothing$ segue imediatamente $\mathcal{M}(\neg\varphi) = \Omega(\Sigma) \setminus \mathcal{M}(\varphi)$.

Assim, as três identidades estão demonstradas. □

Lembrete. Conjunções correspondem a interseções, disjunções a uniões e a negação ao complemento do conjunto de modelos.

Notação 1.15. *Seja Σ uma assinatura da lógica proposicional, seja $\omega \in \Omega(\Sigma)$ uma interpretação proposicional e seja $\Phi \subseteq L(\Sigma)$ um conjunto de fórmulas proposicionais. Se $\omega \models_{\mathrm{LP}} \varphi$ vale para toda $\varphi \in \Phi$, então escrevemos abreviadamente $\omega \models_{\mathrm{LP}} \Phi$ e chamamos ω de* modelo de Φ. *Além disso, definimos*

$$\mathrm{Mod}_{\mathrm{LP}}(\Phi) = \{\omega \in \Omega(\Sigma) \mid \omega \models_{\mathrm{LP}} \Phi\}$$

como o conjunto de todos os modelos de Φ.

Proposição 1.16. *Seja Σ uma assinatura da lógica proposicional e seja $\Phi = \{\varphi_1, \ldots, \varphi_n\} \subseteq L(\Sigma)$ um conjunto finito de fórmulas. Então vale:*

1. $\mathrm{Mod}_{\mathrm{LP}}(\Phi) = \bigcap_{i=1}^{n} \mathrm{Mod}_{\mathrm{LP}}(\varphi_i)$.

2. $\mathrm{Mod}_{\mathrm{LP}}(\Phi) = \mathrm{Mod}_{\mathrm{LP}}(\varphi_1 \wedge (\varphi_2 \wedge (\cdots \wedge \varphi_n) \ldots))$.

Demonstração. (1) Mostramos as duas inclusões.

"$\subseteq$": Seja $\omega \in \mathrm{Mod}_{\mathrm{LP}}(\Phi)$. Então, por definição, vale $\omega \models_{\mathrm{LP}} \varphi_i$ para todo $i = 1, \ldots, n$. Logo, ω pertence a cada $\mathrm{Mod}_{\mathrm{LP}}(\varphi_i)$, e portanto à sua interseção. Assim, $\mathrm{Mod}_{\mathrm{LP}}(\Phi) \subseteq \bigcap_{i=1}^{n} \mathrm{Mod}_{\mathrm{LP}}(\varphi_i)$.

"$\supseteq$": Seja $\omega \in \bigcap_{i=1}^{n} \mathrm{Mod}_{\mathrm{LP}}(\varphi_i)$. Então ω satisfaz cada φ_i, isto é, $\omega \models_{\mathrm{LP}} \Phi$. Portanto, $\omega \in \mathrm{Mod}_{\mathrm{LP}}(\Phi)$, e a inclusão inversa fica estabelecida. Com isso, (1) está demonstrado.

(2) Em virtude de (1), basta mostrar que

$$\bigcap_{i=1}^{n} \mathrm{Mod}_{\mathrm{LP}}(\varphi_i) = \mathrm{Mod}_{\mathrm{LP}}(\varphi_1 \wedge (\varphi_2 \wedge (\cdots \wedge \varphi_n) \ldots)).$$

Isso segue diretamente da aplicação repetida da identidade $\mathrm{Mod}_{\mathrm{LP}}(\alpha \wedge \beta) = \mathrm{Mod}_{\mathrm{LP}}(\alpha) \cap \mathrm{Mod}_{\mathrm{LP}}(\beta)$ (cf. Proposição 1.12). Por indução, obtém-se que o conjunto de modelos da conjunção encadeada corresponde exatamente à interseção de todos os conjuntos de modelos individuais, do que se segue (2). □

Observação 1.17. *As duas afirmações também valem imediatamente para conjuntos infinitos Φ, se interpretarmos o lado direito de (1) como $\bigcap_{\varphi \in \Phi} \mathrm{Mod}_{\mathrm{LP}}(\varphi)$. A representação como uma conjunção finita encadeada em (2) só faz sentido diretamente para Φ finito; para Φ infinito, fala-se formalmente da conjunção (algébrica) de todos os $\varphi \in \Phi$, que em geral não pode ser expressa como* *um termo de fórmula finito, embora seja semanticamente representada pela interseção dos conjuntos de modelos.*

1.4.3 Classes de satisfatibilidade de fórmulas

Muitas questões em lógica dizem respeito a saber se uma fórmula φ pode ser verdadeira em algum caso, se é sempre verdadeira ou se se torna falsa em certas situações. Para isso, introduzimos os seguintes conceitos.

Definição 1.18. *Seja Σ uma assinatura da lógica proposicional e seja $\varphi \in L(\Sigma)$. Denotamos por $\Omega(\Sigma)$ o conjunto de todas as interpretações sobre Σ e definimos $\mathcal{M}(\varphi) = \{\omega \in \Omega(\Sigma) \mid \omega \models_{\mathrm{LP}} \varphi\}$. Então φ é chamada*

1. satisfatível *(satisfiable), se $\mathcal{M}(\varphi) \neq \varnothing$.*
2. insatisfatível *(unsatisfiable), se $\mathcal{M}(\varphi) = \varnothing$.*
3. válida *(tautológica, valid), se $\mathcal{M}(\varphi) = \Omega(\Sigma)$.*
4. falsificável, *se $\mathcal{M}(\varphi) \neq \Omega(\Sigma)$ (isto é, existe uma interpretação que não satisfaz φ).*

Observação 1.19. *Para toda assinatura Σ, vale $\Omega(\Sigma) \neq \varnothing$: existe sempre pelo menos uma valoração das variáveis atômicas (por exemplo, cada variável pode ser atribuída a* false*). As seguintes relações simples baseiam-se nessa observação.*

Proposição 1.20. *Seja Σ uma assinatura da lógica proposicional e seja $\varphi \in L(\Sigma)$. Então valem:*

1. *φ é satisfatível se, e somente se, φ não é insatisfatível.*

2. *φ é válida se, e somente se, φ não é falsificável.*

3. *Se φ é válida, então φ é satisfatível.*

4. *Se φ é insatisfatível, então φ é falsificável.*

5. *φ é válida se, e somente se, $\neg\varphi$ é insatisfatível.*

6. *φ é satisfatível se, e somente se, $\neg\varphi$ é falsificável.*

Demonstração. Provamos as afirmações uma a uma.

(1) Por definição, φ é satisfatível $\iff \mathcal{M}(\varphi) \neq \varnothing$ e φ é insatisfatível $\iff \mathcal{M}(\varphi) = \varnothing$. A primeira afirmação decorre imediatamente da negação lógica dessa condição sobre conjuntos.

(2) φ é válida $\iff \mathcal{M}(\varphi) = \Omega(\Sigma)$. A fórmula φ é falsificável exatamente quando $\mathcal{M}(\varphi) \neq \Omega(\Sigma)$. Portanto, as duas propriedades são negações uma da outra; daí seguem as equivalências.

(3) Se φ é válida, então vale $\mathcal{M}(\varphi) = \Omega(\Sigma)$. Como $\Omega(\Sigma)$ não é vazio, segue que $\mathcal{M}(\varphi) \neq \varnothing$ e, portanto, que φ é satisfatível.

(4) Se φ é insatisfatível, então $\mathcal{M}(\varphi) = \varnothing$. Como $\Omega(\Sigma) \neq \varnothing$, segue que $\mathcal{M}(\varphi) \neq \Omega(\Sigma)$, logo φ é falsificável.

(5) Usamos a identidade $\mathcal{M}(\neg\varphi) = \Omega(\Sigma) \setminus \mathcal{M}(\varphi)$. Então vale

$$\begin{aligned} \neg\varphi \text{ insatisfatível} &\iff \mathcal{M}(\neg\varphi) = \varnothing \\ &\iff \Omega(\Sigma) \setminus \mathcal{M}(\varphi) = \varnothing \\ &\iff \mathcal{M}(\varphi) = \Omega(\Sigma). \end{aligned}$$

isto é, φ é válida. A recíproca segue de modo análogo.
(6) De modo análogo a (5), vale

$$\begin{aligned} \neg\varphi \text{ falsificável} &\iff \mathcal{M}(\neg\varphi) \neq \Omega(\Sigma) \\ &\iff \Omega(\Sigma) \setminus \mathcal{M}(\varphi) \neq \Omega(\Sigma) \\ &\iff \mathcal{M}(\varphi) \neq \varnothing. \end{aligned}$$

Daí segue a equivalência: φ é satisfatível $\iff$ $\neg\varphi$ é falsificável.

Com isso, todos os seis itens estão demonstrados. □

Exemplo 1.21. *Consideremos a assinatura* $\Sigma = \{P, Q\}$. *Uma interpretação* $\omega \in \Omega(\Sigma)$ *atribui a cada átomo um valor de verdade. Ao todo, há quatro interpretações possíveis:*

ω	P	Q
ω_1	false	false
ω_2	false	true
ω_3	true	false
ω_4	true	true

Consideremos agora algumas fórmulas e classifiquemo-las nas classes introduzidas anteriormente.

1. ***Fórmula satisfatível.***

   A fórmula

   $$\varphi_1 := P \wedge Q$$

   é satisfatível, pois é satisfeita, por exemplo, pela interpretação ω_4.

2. ***Fórmula insatisfatível.***

   A fórmula

   $$\varphi_2 := P \wedge \neg P$$

   é insatisfatível, pois nenhuma interpretação pode satisfazer ambas as condições simultaneamente.

3. ***Fórmula válida.***

   A fórmula

   $$\varphi_3 := P \vee \neg P$$

   é verdadeira sob toda interpretação. Portanto, vale

   $$\mathrm{Mod}_{\mathrm{LP}}(\varphi_3) = \Omega(\Sigma),$$

   de modo que φ_3 *é válida.*

4. ***Fórmula falsificável.***

   A fórmula

   $$\varphi_4 := P$$

   é falsificável, pois é falsa, por exemplo, sob as interpretações ω_1 *e* ω_2*.*

Este exemplo simples mostra como as diferentes classes de fórmulas proposicionais se distinguem com base em seus conjuntos de modelos.

1.4.4 Consequência semântica

Queremos agora formalizar quando uma fórmula ψ decorre necessariamente de outra fórmula φ.

Definição 1.22 (Consequência semântica / entailment). *Para $\varphi, \psi \in L(\Sigma)$, escrevemos*

$$\varphi \models \psi \qquad \textit{se} \qquad \mathcal{M}(\varphi) \subseteq \mathcal{M}(\psi).$$

O significado é: se φ vale, então ψ também vale necessariamente. Para conjuntos $\Phi, \Psi \subseteq L(\Sigma)$, definimos analogamente $\Phi \models \Psi$ como $\mathcal{M}(\Phi) \subseteq \mathcal{M}(\Psi)$.

Exemplos (intuitivos).

- De Fumaca ∧ AspersorLigado segue Fumaca.
- De BateriaDescarregada não segue necessariamente Desligado (há modelos em que o aparelho funciona com uma bateria reserva).

Proposição 1.23. *A relação $\models$ é reflexiva e transitiva; para conjuntos, vale a monotonicidade: $\Phi \subseteq \Phi'$ implica* $\mathrm{Cn}(\Phi) \subseteq \mathrm{Cn}(\Phi')$.

Demonstração. Reflexividade: $\mathcal{M}(\varphi) \subseteq \mathcal{M}(\varphi)$ é trivial. Transitividade: de $\mathcal{M}(\varphi) \subseteq \mathcal{M}(\psi)$ e $\mathcal{M}(\psi) \subseteq \mathcal{M}(\chi)$ segue imediatamente $\mathcal{M}(\varphi) \subseteq \mathcal{M}(\chi)$. A monotonicidade segue da definição para conjuntos de fórmulas e da relação natural de inclusão. □

1.4.5 Fechamento dedutivo (O que decorre das premissas?)

Definição 1.24. *Para um conjunto de premissas $\Phi \subseteq L(\Sigma)$, o* fechamento dedutivo *é*

$$\mathrm{Cn}(\Phi) = \{\psi \in L(\Sigma) \mid \Phi \models \psi\}.$$

Ele contém exatamente aquelas fórmulas que decorrem semanticamente de Φ.

Propriedades essenciais.

- $\Phi \subseteq \mathrm{Cn}(\Phi)$ (preservação das premissas).
- Cn é monótono e idempotente: $\mathrm{Cn}(\mathrm{Cn}(\Phi)) = \mathrm{Cn}(\Phi)$.

Proposição 1.25. *Sejam Σ uma assinatura da lógica proposicional, $\varphi \in L(\Sigma)$ uma fórmula proposicional e $\Phi \subseteq L(\Sigma)$ um conjunto de fórmulas proposicionais. Então valem:*

1. $\varphi \in \mathrm{Cn}_\Sigma(\varphi)$.
2. $\Phi \subseteq \mathrm{Cn}_\Sigma(\Phi)$.
3. $\mathrm{Cn}_\Sigma(\varphi) = \mathrm{Cn}_\Sigma(\mathrm{Cn}_\Sigma(\varphi))$.
4. *Para* $\Phi, \Phi' \subseteq L(\Sigma)$, *com* $\Phi \subseteq \Phi'$, *vale* $\mathrm{Cn}_\Sigma(\Phi) \subseteq \mathrm{Cn}_\Sigma(\Phi')$.

Demonstração. Usamos a definição semântica do fechamento dedutivo $\mathrm{Cn}_\Sigma(\cdot)$, isto é, $\psi \in \mathrm{Cn}_\Sigma(\Theta)$ exatamente quando $\mathrm{Mod}_{\mathrm{LP}}(\Theta) \subseteq \mathrm{Mod}_{\mathrm{LP}}(\psi)$.

(1) $\varphi \in \mathrm{Cn}_\Sigma(\varphi)$.

Por definição, vale $\mathrm{Mod}_{\mathrm{LP}}(\varphi) \subseteq \mathrm{Mod}_{\mathrm{LP}}(\varphi)$. Assim, φ é consequência semântica de si mesma; logo, $\varphi \in \mathrm{Cn}_\Sigma(\varphi)$.

(2) $\Phi \subseteq \mathrm{Cn}_\Sigma(\Phi)$.

Seja $\varphi \in \Phi$. Toda interpretação $\omega \in \mathrm{Mod}_{\mathrm{LP}}(\Phi)$ satisfaz, por definição, todas as fórmulas de Φ, em particular φ. Disso se segue que $\mathrm{Mod}_{\mathrm{LP}}(\Phi) \subseteq \mathrm{Mod}_{\mathrm{LP}}(\varphi)$, portanto $\varphi \in \mathrm{Cn}_{\Sigma}(\Phi)$. Como φ era arbitrária, segue-se que $\Phi \subseteq \mathrm{Cn}_{\Sigma}(\Phi)$.

(3) $\mathrm{Cn}_{\Sigma}(\varphi) = \mathrm{Cn}_{\Sigma}(\mathrm{Cn}_{\Sigma}(\varphi))$.

Primeiro, por (2), com $\Phi = \mathrm{Cn}_{\Sigma}(\varphi)$, vale imediatamente $\mathrm{Cn}_{\Sigma}(\varphi) \subseteq \mathrm{Cn}_{\Sigma}(\mathrm{Cn}_{\Sigma}(\varphi))$.

Para a inclusão inversa, seja $\psi \in \mathrm{Cn}_{\Sigma}(\mathrm{Cn}_{\Sigma}(\varphi))$. Então vale semanticamente $\mathrm{Mod}_{\mathrm{LP}}(\mathrm{Cn}_{\Sigma}(\varphi)) \subseteq \mathrm{Mod}_{\mathrm{LP}}(\psi)$. Como, pela definição de $\mathrm{Cn}_{\Sigma}(\varphi)$, toda $\chi \in \mathrm{Cn}_{\Sigma}(\varphi)$ é uma consequência semântica de φ, segue-se que $\mathrm{Mod}_{\mathrm{LP}}(\varphi) \subseteq \mathrm{Mod}_{\mathrm{LP}}(\chi)$ para todo $\chi \in \mathrm{Cn}_{\Sigma}(\varphi)$. Portanto, vale $\mathrm{Mod}_{\mathrm{LP}}(\varphi) \subseteq \bigcap_{\chi \in \mathrm{Cn}_{\Sigma}(\varphi)} \mathrm{Mod}_{\mathrm{LP}}(\chi) = \mathrm{Mod}_{\mathrm{LP}}(\mathrm{Cn}_{\Sigma}(\varphi))$. Combinando isso com a hipótese $\mathrm{Mod}_{\mathrm{LP}}(\mathrm{Cn}_{\Sigma}(\varphi)) \subseteq \mathrm{Mod}_{\mathrm{LP}}(\psi)$, obtemos $\mathrm{Mod}_{\mathrm{LP}}(\varphi) \subseteq \mathrm{Mod}_{\mathrm{LP}}(\psi)$, logo $\psi \in \mathrm{Cn}_{\Sigma}(\varphi)$. Assim, a inclusão inversa está demonstrada.

(4) Monotonicidade: $\Phi \subseteq \Phi' \Rightarrow \mathrm{Cn}_{\Sigma}(\Phi) \subseteq \mathrm{Cn}_{\Sigma}(\Phi')$.

Como $\Phi \subseteq \Phi'$, toda interpretação que satisfaz todas as fórmulas em Φ' também satisfaz automaticamente todas as fórmulas em Φ. Portanto, $\mathrm{Mod}_{\mathrm{LP}}(\Phi') \subseteq \mathrm{Mod}_{\mathrm{LP}}(\Phi)$. Seja agora $\psi \in \mathrm{Cn}_{\Sigma}(\Phi)$; isto é, $\mathrm{Mod}_{\mathrm{LP}}(\Phi) \subseteq \mathrm{Mod}_{\mathrm{LP}}(\psi)$. Pela transitividade das inclusões, segue-se que $\mathrm{Mod}_{\mathrm{LP}}(\Phi') \subseteq \mathrm{Mod}_{\mathrm{LP}}(\psi)$, logo $\psi \in \mathrm{Cn}_{\Sigma}(\Phi')$. Como ψ era arbitrária, obtemos a inclusão afirmada. □

Breve explicação (didática).

- O ponto (1) é a *reflexividade* do fecho dedutivo:

uma hipótese sempre decorre de si mesma.

- O ponto (2) afirma que Cn *preserva* as proposições: tudo o que foi assumido permanece contido no fecho.
- O ponto (3) é a *idempotência*: proposições que já foram fechadas não alteram mais o fecho.
- O ponto (4) é a importante propriedade de *monotonicidade*: mais hipóteses não podem invalidar consequências semânticas anteriores; no máximo, podem acrescentar novas consequências.

Pequeno exemplo. Sejam $\Sigma = \{p, q\}$, $\Phi = \{p\}$ e $\Phi' = \{p, p \to q\}$. Então $\text{Cn}(\Phi)$ contém, entre outras fórmulas, p, enquanto $\text{Cn}(\Phi')$ contém adicionalmente q; portanto, $\text{Cn}(\Phi) \subseteq \text{Cn}(\Phi')$.

Exercício para estudantes. Mostre, usando a definição semântica, que, para quaisquer $\Phi \subseteq L(\Sigma)$, o conjunto $\text{Cn}_\Sigma(\Phi)$ é sempre fechado em relação à conjunção, isto é, que de $\psi_1, \psi_2 \in \text{Cn}_\Sigma(\Phi)$ também se segue $\psi_1 \wedge \psi_2 \in \text{Cn}_\Sigma(\Phi)$.

1.4.6 Teorias e a relação Th/Mod

Definição 1.26. *Para um conjunto de interpretações $M \subseteq \Omega(\Sigma)$, definimos a* teoria *de M como*

$$\text{Th}(M) = \{\varphi \in L(\Sigma) \mid M \subseteq \mathcal{M}(\varphi)\}.$$

Intuitivamente. $\text{Th}(M)$ reúne todas as fórmulas que são verdadeiras em todas as situações de M — isto é, o conhecimento comum e necessário das situações em M.

Teorema 1.27. *Sejam* Σ *uma assinatura da lógica proposicional,* $\varphi \in L(\Sigma)$ *e* $M \subseteq \Omega(\Sigma)$*. Então valem:*

1. $\mathrm{Th}_\Sigma(\mathrm{Mod}_\Sigma(\varphi)) = \mathrm{Cn}_\Sigma(\varphi)$.
2. $\mathrm{Mod}_\Sigma(\mathrm{Th}_\Sigma(M)) \supseteq M$*. Se* M *é* definível, *isto é, se* $M = \mathrm{Mod}_\Sigma(\Psi)$ *para um conjunto* Ψ *de fórmulas, então vale até mesmo* $\mathrm{Mod}_\Sigma(\mathrm{Th}_\Sigma(M)) = M$.
3. $\mathrm{Cn}_\Sigma(\mathrm{Th}_\Sigma(M)) = \mathrm{Th}_\Sigma(M)$.

Demonstração. Recordemos brevemente as definições (perspectiva semântica):

$$\begin{aligned}
\mathrm{Mod}_\Sigma(\Phi) &= \{\omega \in \Omega(\Sigma) \mid \forall \psi \in \Phi : \omega \models \psi\}, \\
\mathrm{Th}_\Sigma(M) &= \{\psi \in L(\Sigma) \mid M \subseteq \mathrm{Mod}_\Sigma(\psi)\}, \\
\mathrm{Cn}_\Sigma(\Phi) &= \{\psi \in L(\Sigma) \mid \mathrm{Mod}_\Sigma(\Phi) \subseteq \mathrm{Mod}_\Sigma(\psi)\}.
\end{aligned}$$

(1) $\mathrm{Th}_\Sigma(\mathrm{Mod}_\Sigma(\varphi)) = \mathrm{Cn}_\Sigma(\varphi)$.

"$\subseteq$". Seja $\psi \in \mathrm{Th}_\Sigma(\mathrm{Mod}_\Sigma(\varphi))$. Então $\mathrm{Mod}_\Sigma(\varphi) \subseteq \mathrm{Mod}_\Sigma(\psi)$, pela definição de Th_Σ. Isso é exatamente a consequência semântica $\varphi \models \psi$; portanto, $\psi \in \mathrm{Cn}_\Sigma(\varphi)$.

"$\supseteq$". Seja $\psi \in \mathrm{Cn}_\Sigma(\varphi)$. Então, por definição, $\mathrm{Mod}_\Sigma(\varphi) \subseteq \mathrm{Mod}_\Sigma(\psi)$. Isso significa que ψ é verdadeira em todos os modelos de φ; logo, ψ pertence, por definição, a $\mathrm{Th}_\Sigma(\mathrm{Mod}_\Sigma(\varphi))$.

Assim, ambas as inclusões foram demonstradas.

(2) $\mathrm{Mod}_\Sigma(\mathrm{Th}_\Sigma(M)) \supseteq M$ (e igualdade no caso de definibilidade).

Seja $\omega \in M$. Para toda $\psi \in \mathrm{Th}_\Sigma(M)$, vale $M \subseteq \mathrm{Mod}_\Sigma(\psi)$ (definição de Th_Σ); em particular, $\omega \in \mathrm{Mod}_\Sigma(\psi)$. Como isso vale para toda $\psi \in \mathrm{Th}_\Sigma(M)$, ω satisfaz o conjunto inteiro $\mathrm{Th}_\Sigma(M)$ e, consequentemente, $\omega \in \mathrm{Mod}_\Sigma(\mathrm{Th}_\Sigma(M))$. Como ω era arbitrário, segue que $M \subseteq \mathrm{Mod}_\Sigma(\mathrm{Th}_\Sigma(M))$.

Igualdade no caso de definibilidade. Suponha que M seja definível, isto é, que $M = \mathrm{Mod}_\Sigma(\Psi)$ para algum conjunto $\Psi \subseteq L(\Sigma)$. Então toda $\psi \in \Psi$ pertence a $\mathrm{Th}_\Sigma(M)$ (seja porque $\Psi \subseteq \mathrm{Th}_\Sigma(M)$, seja diretamente pela definição). Portanto, $\mathrm{Mod}_\Sigma(\mathrm{Th}_\Sigma(M)) \subseteq \mathrm{Mod}_\Sigma(\Psi) = M$. Combinando isso com a inclusão geral $M \subseteq \mathrm{Mod}_\Sigma(\mathrm{Th}_\Sigma(M))$, obtemos a igualdade $\mathrm{Mod}_\Sigma(\mathrm{Th}_\Sigma(M)) = M$.

(3) $\mathrm{Cn}_\Sigma(\mathrm{Th}_\Sigma(M)) = \mathrm{Th}_\Sigma(M)$.

"$\supseteq$". Em geral, vale $\mathrm{Th}_\Sigma(M) \subseteq \mathrm{Cn}_\Sigma(\mathrm{Th}_\Sigma(M))$, pois todo conjunto está contido em seu fecho dedutivo (reflexividade).

"$\subseteq$". Seja $\psi \in \mathrm{Cn}_\Sigma(\mathrm{Th}_\Sigma(M))$. Então $\mathrm{Mod}_\Sigma(\mathrm{Th}_\Sigma(M)) \subseteq \mathrm{Mod}_\Sigma(\psi)$. Por (2), sabemos que $M \subseteq \mathrm{Mod}_\Sigma(\mathrm{Th}_\Sigma(M))$. Combinando as duas inclusões, obtemos $M \subseteq \mathrm{Mod}_\Sigma(\psi)$, logo $\psi \in \mathrm{Th}_\Sigma(M)$ (definição de Th_Σ). Assim, a inclusão inversa foi demonstrada.

Combinadas, as duas direções fornecem a igualdade afirmada. □

1.4.7 Independência em relação a átomos supérfluos

Uma pergunta frequente é se conclusões dependem de variáveis atômicas adicionais que não são usadas na fórmula. A resposta é: se φ e ψ usam apenas átomos de um subconjunto $\Sigma_0 \subseteq \Sigma$, então a relação $\varphi \models \psi$ é independente de extensões da assinatura que apenas acrescentam novos átomos não utilizados. Formalmente, isso pode ser mostrado por um argumento simples de extensão de interpretações: cada interpretação sobre Σ_0 possui exatamente duas extensões para cada novo átomo, as quais não influenciam a verdade das fórmulas originais.

Exemplo 1.28 (A mesma fórmula sobre assinaturas diferentes). *Uma fórmula da lógica proposicional usa, em geral, apenas uma parte dos átomos disponíveis em uma assinatura. Por isso, a mesma fórmula também pode ser considerada em relação a assinaturas diferentes.*

Consideremos a fórmula

$$\varphi := P \to Q.$$

Essa fórmula usa apenas os átomos P e Q. Portanto, ela está bem definida tanto em relação à assinatura

$$\Sigma_1 = \{P, Q\}$$

quanto em relação à assinatura maior

$$\Sigma_2 = \{P, Q, R\}$$

.

A diferença aparece nas interpretações possíveis. Em relação a Σ_1*, há exatamente quatro interpretações, ao passo que, em relação a* Σ_2*, há oito interpretações, pois também é necessário fixar um valor de verdade para* R*.*

No entanto, a verdade da fórmula φ *depende apenas dos átomos* P *e* Q*. Assim, o valor de verdade de* R *não tem influência sobre o fato de uma interpretação satisfazer* φ*.*

Em outras palavras: átomos adicionais da assinatura podem ser irrelevantes para uma fórmula. Esses átomos também são chamados de átomos independentes *ou* supérfluos *para a fórmula em questão.*

Os átomos que ocorrem em uma fórmula. Uma fórmula da lógica proposicional utiliza, em geral, apenas uma parte das variáveis proposicionais de uma assinatura dada. Por isso, em muitas considerações, somente o conjunto das variáveis que de fato ocorrem é relevante.

Notação 1.29. *Seja* Σ *uma assinatura da lógica proposicional e* $\varphi \in L(\Sigma)$ *uma fórmula. Denotamos por* $\Sigma(\varphi)$ *o conjunto das variáveis proposicionais que ocorrem em* φ*. Esse conjunto é definido recursivamente:*

$$\Sigma(\varphi) = \begin{cases} \{x\} & \textit{se } \varphi = x \textit{ com } x \in \Sigma, \\ \Sigma(\psi) & \textit{se } \varphi = \neg\psi, \\ \Sigma(\psi) \cup \Sigma(\psi') & \textit{se } \varphi = \psi \wedge \psi', \\ \Sigma(\psi) \cup \Sigma(\psi') & \textit{se } \varphi = \psi \vee \psi'. \end{cases}$$

Se $\Phi = \{\varphi_1, \ldots, \varphi_n\}$ *é um conjunto de fórmulas, definimos*

$$\Sigma(\Phi) = \Sigma(\varphi_1) \cup \cdots \cup \Sigma(\varphi_n).$$

Assim obtemos o conjunto mínimo de variáveis proposicionais necessário para avaliar uma fórmula de modo significativo.

Exemplos.

$$\Sigma((A \wedge (E \vee \neg C)) \wedge (\neg A \vee D)) = \{A, C, D, E\},$$

$$\Sigma(\{A,\ A \wedge B,\ C \vee \neg D\}) = \{A, B, C, D\}.$$

Em particular, para toda fórmula vale sempre

$$\varphi \in L(\Sigma(\varphi)),$$

isto é, cada fórmula já está definida sobre a menor assinatura que contém todas as suas variáveis.

—

Independência da escolha da assinatura. A verdade de uma fórmula depende apenas das variáveis que de fato ocorrem nela. Portanto, ao acrescentar variáveis adicionais à assinatura, nada se altera nas relações de consequência lógica.

Teorema 1.30. *Seja* Σ *uma assinatura proposicional e sejam* $\varphi, \psi \in L(\Sigma)$ *tais que*

$$\varphi \models_\Sigma \psi.$$

Então, para toda assinatura Σ' *com*

$$\Sigma(\varphi) \cup \Sigma(\psi) \subseteq \Sigma'$$

também vale

$$\varphi \models_{\Sigma'} \psi.$$

Demonstração. Mostramos inicialmente que a adição de novas variáveis proposicionais não altera a relação de consequência.

Passo 1: Extensão da assinatura.

Consideremos inicialmente

$$\Sigma' = \Sigma \cup \{A_{n+1}\}$$

com uma nova variável proposicional A_{n+1}. Então, evidentemente, $\varphi, \psi \in L(\Sigma')$.

Seja $\omega \in \Omega(\Sigma)$. Definimos duas extensões de ω a interpretações sobre Σ':

$$\omega^{\text{true}}(x) = \omega(x) \ (x \in \Sigma), \qquad \omega^{\text{true}}(A_{n+1}) = \text{true},$$

$$\omega^{\text{false}}(x) = \omega(x) \ (x \in \Sigma), \qquad \omega^{\text{false}}(A_{n+1}) = \text{false}.$$

Reciprocamente, a cada interpretação $\omega' \in \Omega(\Sigma')$ corresponde uma restrição a Σ:

$$\overline{\omega'}(x) = \omega'(x) \qquad (x \in \Sigma).$$

Como A_{n+1} não ocorre nem em φ nem em ψ, seu valor de verdade não influencia a avaliação dessas fórmulas. Portanto, vale

$$\text{Mod}_{\Sigma'}(\varphi) = \{\omega^{\text{true}}, \omega^{\text{false}} \mid \omega \in \text{Mod}_{\Sigma}(\varphi)\}. \tag{2.1}$$

Analogamente, vale

$$\text{Mod}_{\Sigma'}(\psi) = \{\omega^{\text{true}}, \omega^{\text{false}} \mid \omega \in \text{Mod}_{\Sigma}(\psi)\}.$$

Da hipótese

$$\text{Mod}_{\Sigma}(\varphi) \subseteq \text{Mod}_{\Sigma}(\psi)$$

segue imediatamente

$$\text{Mod}_{\Sigma'}(\varphi) \subseteq \text{Mod}_{\Sigma'}(\psi),$$

logo

$$\varphi \models_{\Sigma'} \psi.$$

Pela aplicação repetida desse argumento, obtemos

$$\varphi \models_{\Sigma''} \psi \quad \text{para todas as assinaturas } \Sigma'' \text{ com } \Sigma \subseteq \Sigma''.$$

Passo 2: Redução da assinatura.

Agora mostramos que variáveis que não ocorrem nem em φ nem em ψ podem ser removidas da assinatura.

Para isso, seja $x \in \Sigma$ tal que

$$x \notin \Sigma(\varphi) \cup \Sigma(\psi).$$

O valor de verdade de x não desempenha, então, nenhum papel na avaliação de φ e ψ. Pelo mesmo argumento anterior, segue, portanto, de

$$\mathrm{Mod}_{\Sigma}(\varphi) \subseteq \mathrm{Mod}_{\Sigma}(\psi)$$

também

$$\mathrm{Mod}_{\Sigma\setminus\{x\}}(\varphi) \subseteq \mathrm{Mod}_{\Sigma\setminus\{x\}}(\psi).$$

Assim, pode-se remover tal variável da assinatura sem alterar a relação de consequência.

Aplicando esse argumento repetidamente a todas as variáveis que não ocorrem nem em φ nem em ψ, obtém-se finalmente

$$\mathrm{Mod}_{\Sigma(\varphi)\cup\Sigma(\psi)}(\varphi) \subseteq \mathrm{Mod}_{\Sigma(\varphi)\cup\Sigma(\psi)}(\psi),$$

isto é,

$$\varphi \models_{\Sigma(\varphi)\cup\Sigma(\psi)} \psi.$$

Combinando isso com o Passo 1, segue a afirmação. □

Exemplo 1.31 (Dependência da assinatura). *Embora as consequências lógicas dependam apenas das variáveis que ocorrem nas fórmulas, os conceitos* Mod, Cn *e* Th *continuam dependentes da assinatura considerada em cada caso.*

Consideremos a fórmula

$$\varphi := P.$$

Inicialmente, seja a assinatura

$$\Sigma_1 = \{P\}.$$

Então há exatamente duas interpretações. Apenas uma delas satisfaz φ*, a saber, a interpretação com* $P = true$*. Portanto, vale*

$$\mathrm{Mod}_{\Sigma_1}(\varphi) = \{\omega \in \Omega(\Sigma_1) \mid \omega(P) = true\}.$$

Consideremos agora a assinatura maior

$$\Sigma_2 = \{P, Q\}.$$

Nesse caso, há quatro interpretações. Duas delas satisfazem a fórmula φ*, a saber, exatamente aquelas com* $P = true$*, independentemente do valor de verdade de* Q*. Assim, vale*

$$\mathrm{Mod}_{\Sigma_2}(\varphi) = \{\omega \in \Omega(\Sigma_2) \mid \omega(P) = true\}.$$

Portanto, os conjuntos de modelos são diferentes, pois são subconjuntos de espaços de interpretação distintos. Correspondentemente, também os conjuntos $Cn_\Sigma(\varphi)$ *e* $Th_\Sigma(M)$ *dependem da assinatura escolhida.*

1.4.8 Breve lista de verificação para argumentos semânticos

Se você quiser argumentar semanticamente — por exemplo, para mostrar ou refutar $\Phi \models \psi$ — verifique, em sequência:

1. Formule $\mathcal{M}(\Phi)$ (se necessário, por meio de condições).
2. Mostre diretamente que $\mathcal{M}(\Phi) \subseteq \mathcal{M}(\psi)$ ou forneça um contraexemplo $\omega \in \mathcal{M}(\Phi) \setminus \mathcal{M}(\psi)$.
3. Use identidades de conjuntos, como interseção, união ou complemento, para transformar fórmulas semanticamente.

1.4.9 Exercício (curto)

Seja $\Sigma = \{\text{Fumaca}, \text{Calor}, \text{Alarme}\}$ e $\Phi = \{\text{Fumaca} \to \text{Alarme}, \text{Calor} \to \text{Alarme}\}$. Mostre se vale $\Phi \models \text{Fumaca} \vee \text{Calor} \to \text{Alarme}$. *(Dica:* verifique se existe um ω que satisfaz ambas as premissas, mas viola a fórmula de conclusão.)

Observação. Em capítulos posteriores introduziremos sistemas sintáticos de prova (por exemplo, dedução natural, resolução). Duas questões fundamentais tratadas ali são: as regras são *corretas* (sound) em relação ao significado semântico? E são *completas* (complete), isto é, permitem derivar sintaticamente toda consequência semântica?

Observação 1.32 (Observação final). *Embora as consequências lógicas* $\varphi \models \psi$ *dependam apenas das variáveis que de fato ocorrem em* φ *e* ψ, *os conceitos correspondentes de conjuntos de modelos* Mod_Σ, *de fecho dedutivo* Cn_Σ *e de teoria* Th_Σ *continuam dependentes da assinatura. Alterações da assinatura podem, portanto, influenciar a representação e o tamanho dos conjuntos de modelos, sem modificar a própria consequência lógica.*

1.5 Exercícios e soluções: inferência

Exercício A (Assinatura e classificação simples). Seja a assinatura

$$\Sigma = \{A, B, C, D, E\}.$$

Considere as seguintes fórmulas:

$$\begin{aligned}
\varphi_1 &:= A \wedge (B \vee C),\\
\varphi_2 &:= \neg(B \wedge C),\\
\varphi_3 &:= (D \vee A) \wedge \neg D,\\
\varphi_4 &:= \neg(E \vee B).
\end{aligned}$$

Decida, em cada caso, se a afirmação seguinte é verdadeira ou falsa (basta uma breve justificativa):

1. $\neg A \vee B \vee C$ é falsificável.
2. $A \wedge \neg A$ é satisfatível.
3. $(D \vee A) \wedge \neg D \models_\Sigma A$.
4. $\Sigma(\varphi_4) = \{E, B\}$.
5. φ_3 é satisfatível.
6. Quantas interpretações (modelos) de φ_1 existem sobre Σ?

Soluções da Tarefa A.

1. **Verdadeiro.** $\neg A \vee B \vee C$ é *falsificável*, pois existe uma valoração que torna a fórmula falsa: por exemplo, $A = \text{true}, B = \text{false}, C = \text{false}$ (com valores arbitrários para D, E). Sob essa valoração, tem-se $\neg A \vee B \vee C = \text{false}$.
2. **Falso.** $A \wedge \neg A$ é *insatisfatível* (uma contradição). Nenhuma interpretação pode atribuir simultaneamente $A = \text{true}$ e $A = \text{false}$.
3. **Verdadeiro.** Seja $\omega \models (D \vee A) \wedge \neg D$. Então valem $\neg D$ e $D \vee A$, logo A deve ser verdadeira. Assim, toda interpretação que satisfaz $(D \vee A) \wedge \neg D$ também satisfaz A. Portanto, $(D \vee A) \wedge \neg D \models A$.
4. **Verdadeiro.** Evidentemente, em $\varphi_4 = \neg(E \vee B)$ ocorrem apenas os átomos E e B; logo, $\Sigma(\varphi_4) = \{E, B\}$.
5. **Verdadeiro.** $\varphi_3 = (D \vee A) \wedge \neg D$ é satisfatível: por exemplo, a valoração $A = \text{true}, D = \text{false}$ (com os demais átomos arbitrários) satisfaz φ_3.
6. $\varphi_1 = A \wedge (B \vee C)$ exige $A = \text{true}$ e que pelo menos um dos átomos B, C seja verdadeiro. As

possibilidades para (B, C) são $(1,0),(0,1),(1,1)$ — isto é, 3 variantes. Os átomos restantes D, E são livres (2 possibilidades cada), portanto há ao todo $3 \cdot 2^2 = 12$ modelos.

Exercício B (Assinaturas, modelos, consequência). Seja $\Sigma' = \{P, Q, R\}$. São dadas

$$\psi_1 := P \vee Q, \qquad \psi_2 := \neg P \wedge R.$$

1. Dê um exemplo de uma interpretação $\omega \in \Omega(\Sigma')$ tal que $\omega \models \psi_1$, mas $\omega \not\models \psi_2$.
2. Vale $\psi_2 \models_{\Sigma'} R$? Justifique brevemente.
3. Determine $\Sigma(\psi_1)$ e $\Sigma(\psi_2)$.

Soluções do Exercício B.

1. Exemplo: $\omega(P) = \text{true}$, $\omega(Q) = \text{false}$, $\omega(R) = \text{false}$. Então $\psi_1 = P \vee Q$ é verdadeira, enquanto $\psi_2 = \neg P \wedge R$ é falsa (pois $\neg P$ é falsa).
2. **Sim.** Toda interpretação que satisfaz $\psi_2 = \neg P \wedge R$ tem $R = \text{true}$. Portanto, $\psi_2 \models R$.
3. $\Sigma(\psi_1) = \{P, Q\}$, $\Sigma(\psi_2) = \{P, R\}$.

Exercício C (Modelos e teoria). Seja novamente $\Sigma = \{A, B, C, D, E\}$. Seja $M \subseteq \Omega(\Sigma)$ o conjunto de todas as interpretações com $A = \text{true}$ e $B = \text{false}$ (os valores de C, D, E são arbitrários).

1. Construa uma fórmula ou um conjunto de fórmulas Ψ com $\mathrm{Mod}_\Sigma(\Psi) = M$.
2. Descreva brevemente a teoria $\mathrm{Th}_\Sigma(M)$ (em palavras).

Soluções da Tarefa C.

1. Uma escolha simples é $\Psi = \{A, \neg B\}$. Evidentemente, uma interpretação satisfaz Ψ exatamente quando $A =$ true e $B =$ false; portanto, $\mathrm{Mod}_\Sigma(\Psi) = M$.
2. $\mathrm{Th}_\Sigma(M)$ consiste em todas as fórmulas que são verdadeiras em *todas* as interpretações de M. Por exemplo, A, $\neg B$, $A \vee C$ e $A \wedge \neg B$ pertencem à teoria; C não pertence necessariamente a ela (pois C varia em M).

Tarefa D (prova curta / tarefa explicativa). Explique, em uma ou duas frases, por que a relação $\models$ *não* é essencialmente influenciada pela escolha da assinatura Σ, desde que todos os átomos que ocorrem nas fórmulas consideradas estejam contidos na assinatura.

Solução da Tarefa D. A avaliação de uma fórmula utiliza apenas os átomos que nela ocorrem. Se uma assinatura contém átomos adicionais que não ocorrem nas fórmulas, então as interpretações podem ser estendidas ou restringidas dessa maneira, sem alterar a verdade das fórmulas. Portanto, vale

$$\varphi \models_\Sigma \psi \quad \Longleftrightarrow \quad \varphi \models_{\Sigma(\varphi)\cup\Sigma(\psi)} \psi.$$

Observação. Estas tarefas abrangem competências típicas: classificação de fórmulas (satisfatível/insatisfatível/universalmente válida/falsificável), construção concreta de modelos, determinação de $\Sigma(\varphi)$, cálculo com conjuntos de modelos e compreensão básica de $\mathrm{Mod}, \mathrm{Th}, \mathrm{Cn}$.

1.6 Equivalência

Depois de termos introduzido, na seção anterior, o conceito de consequência semântica, consideramos agora uma relação estreitamente relacionada entre fórmulas: a *equivalência*. Duas fórmulas são equivalentes quando possuem os mesmos modelos, isto é, quando expressam a mesma afirmação quanto ao conteúdo, ainda que possam ter aparências sintáticas diferentes. As equivalências permitem substituir fórmulas de modo simplificador e definir formas normais.

1.6.1 Fundamentos

Definição 1.33. *Seja Σ uma assinatura da lógica proposicional. Duas fórmulas $\varphi, \psi \in L(\Sigma)$ chamam-se* equivalentes, *e escreve-se $\varphi \equiv_\Sigma \psi$, exatamente quando*

$$\varphi \models_\Sigma \psi \qquad e \qquad \psi \models_\Sigma \varphi.$$

A caracterização seguinte por meio de conjuntos de modelos é frequentemente mais prática.

Proposição 1.34. *Seja Σ uma assinatura da lógica proposicional e sejam $\varphi, \psi \in L(\Sigma)$. Então vale*

$$\varphi \equiv_\Sigma \psi \quad \iff \quad \mathrm{Mod}_\Sigma(\varphi) = \mathrm{Mod}_\Sigma(\psi).$$

Demonstração. Se $\varphi \equiv_\Sigma \psi$, então de $\varphi \models_\Sigma \psi$ e $\psi \models_\Sigma \varphi$ segue imediatamente $\mathrm{Mod}_\Sigma(\varphi) \subseteq \mathrm{Mod}_\Sigma(\psi)$ e também a inclusão inversa, portanto a igualdade. Reciprocamente, de $\mathrm{Mod}_\Sigma(\varphi) = \mathrm{Mod}_\Sigma(\psi)$ seguem diretamente tanto $\varphi \models_\Sigma \psi$ quanto $\psi \models_\Sigma \varphi$. □

Corolário 1.35. *Seja Σ uma assinatura da lógica proposicional e sejam $\varphi, \psi \in L(\Sigma)$ tais que $\varphi \equiv_\Sigma \psi$. Então, para toda assinatura da lógica proposicional Σ' com $\Sigma(\varphi) \cup \Sigma(\psi) \subseteq \Sigma'$, vale*

$$\varphi \equiv_{\Sigma'} \psi.$$

(No que segue, escreve-se muitas vezes simplesmente $\varphi \equiv \psi$ para $\varphi \equiv_{\Sigma(\varphi)\cup\Sigma(\psi)} \psi$.)

Demonstração. Defina $\Sigma_0 := \Sigma(\varphi) \cup \Sigma(\psi)$ e seja Σ' uma assinatura com $\Sigma_0 \subseteq \Sigma'$. Considere a aplicação de restrição

$$\mathrm{res} : \Omega(\Sigma') \longrightarrow \Omega(\Sigma_0), \qquad \omega' \mapsto \omega'|_{\Sigma_0},$$

que associa a cada interpretação sobre Σ' sua restrição a Σ_0. Para toda fórmula χ com $\Sigma(\chi) \subseteq \Sigma_0$, vale a equivalência evidente

$$\omega' \models_{\Sigma'} \chi \quad \iff \quad \mathrm{res}(\omega') \models_{\Sigma_0} \chi,$$

pois a verdade de χ depende apenas das atribuições dos átomos que ocorrem em χ.

Daí segue, para tais fórmulas χ, a descrição do conjunto de modelos como pré-imagem:

$$\mathrm{Mod}_{\Sigma'}(\chi) = \mathrm{res}^{-1}\left(\mathrm{Mod}_{\Sigma_0}(\chi)\right).$$

Em particular, como $\Sigma(\varphi), \Sigma(\psi) \subseteq \Sigma_0$, vale

$$\mathrm{Mod}_{\Sigma'}(\varphi) = \mathrm{res}^{-1}(\mathrm{Mod}_{\Sigma_0}(\varphi)),$$
$$\mathrm{Mod}_{\Sigma'}(\psi) = \mathrm{res}^{-1}(\mathrm{Mod}_{\Sigma_0}(\psi)).$$

Da hipótese $\varphi \equiv_\Sigma \psi$ segue, pela Proposição 1.32, que $\mathrm{Mod}_{\Sigma_0}(\varphi) = \mathrm{Mod}_{\Sigma_0}(\psi)$. Aplique agora res^{-1} a ambos os lados; como res^{-1} preserva igualdades (e inclusões), segue que

$$\mathrm{Mod}_{\Sigma'}(\varphi) = \mathrm{Mod}_{\Sigma'}(\psi).$$

Pela Proposição 1.32, isso significa exatamente $\varphi \equiv_{\Sigma'} \psi$. □

Proposição 1.36. *Seja Σ uma assinatura da lógica proposicional. A relação $\equiv_\Sigma$ é uma relação de equivalência em $L(\Sigma)$, isto é, ela é*

1. *reflexiva: $\varphi \equiv_\Sigma \varphi$,*
2. *simétrica: $\varphi \equiv_\Sigma \psi \Rightarrow \psi \equiv_\Sigma \varphi$,*
3. *transitiva: $\varphi \equiv_\Sigma \psi$ e $\psi \equiv_\Sigma \chi \Rightarrow \varphi \equiv_\Sigma \chi$.*

Demonstração. As afirmações decorrem diretamente da definição de $\varphi \equiv_\Sigma \psi$ como reciprocidade da relação de consequência semântica; alternativamente, isso também decorre da caracterização por conjuntos de modelos, pois a igualdade de conjuntos é uma relação de equivalência. □

Um resultado importante e muito útil afirma que subfórmulas equivalentes podem ser substituídas livremente sem alterar a semântica. Formulamos isso por meio de uma operação de substituição.

Definição 1.37 (Substituição). *Seja Σ uma assinatura e sejam $\varphi, \psi, \psi' \in L(\Sigma)$. A notação $\varphi[\psi \mapsto \psi']$ designa a fórmula que se obtém de φ quando* todas *as ocorrências de ψ em φ são substituídas simultaneamente por ψ'. Formalmente, isso é definido de modo recursivo sobre a estrutura de φ (casos atômicos, negação, conjunção, disjunção).*

Lema 1.38 (Lema da substituição). *Seja Σ uma assinatura e sejam $\varphi, \psi, \psi' \in L(\Sigma)$ com $\psi \equiv_\Sigma \psi'$. Então vale*

$$\varphi \equiv_\Sigma \varphi[\psi \mapsto \psi'].$$

Demonstração. Mostramos a afirmação por indução estrutural sobre a fórmula φ.

Base da indução. Se φ é um átomo $p \in \Sigma$, então há dois casos:

- Se $\varphi = \psi$, então $\varphi[\psi \mapsto \psi'] = \psi'$ e $\varphi \equiv \varphi[\psi \mapsto \psi']$ segue da hipótese $\psi \equiv \psi'$.
- Se $\varphi \neq \psi$, então $\varphi[\psi \mapsto \psi'] = \varphi$ e a afirmação é trivial.

Passo indutivo. Suponha que a afirmação já tenha sido demonstrada para todas as subfórmulas próprias de φ. Consideramos os casos conforme a forma externa de φ:

- $\varphi = \neg\xi$. Então $\varphi[\psi \mapsto \psi'] = \neg(\xi[\psi \mapsto \psi'])$. Pela hipótese de indução, $\xi \equiv \xi[\psi \mapsto \psi']$, portanto $\mathrm{Mod}(\xi) = \mathrm{Mod}(\xi[\psi \mapsto \psi'])$. Os conjuntos de modelos de $\neg\xi$ e de $\neg(\xi[\psi \mapsto \psi'])$ são, respectivamente, os complementos desses conjuntos; portanto, também são iguais, logo $\neg\xi \equiv \neg(\xi[\psi \mapsto \psi'])$.
- $\varphi = \xi_1 \wedge \xi_2$. Então $\varphi[\psi \mapsto \psi'] = \xi_1[\psi \mapsto \psi'] \wedge \xi_2[\psi \mapsto \psi']$. Pela hipótese de indução, $\xi_i \equiv \xi_i[\psi \mapsto \psi']$ para $i = 1, 2$. Como o conjunto de modelos de uma conjunção é a interseção dos conjuntos de modelos dos conjuntivos, segue a igualdade dos conjuntos de modelos e, portanto, a equivalência.
- $\varphi = \xi_1 \vee \xi_2$. De modo análogo ao caso anterior, sendo que o conjunto de modelos de uma disjunção é a união dos conjuntos de modelos dos disjuntivos.

Em todos os casos, o conjunto de modelos permanece igual após a substituição; assim, vale $\varphi \equiv \varphi[\psi \mapsto \psi']$. □

Exemplo 1.39. *Considere a assinatura $\Sigma_{Alarme} = \{Fumaca, Calor, Movimento, Alarme, Aspersor\}$. Como demonstração da regra de De Morgan, escolhemos as fórmulas*

$$\neg(Alarme \vee Aspersor) \qquad e \qquad \neg Alarme \wedge \neg Aspersor.$$

Justificação semântica: Para uma interpretação $\omega \in \Omega(\Sigma_{Alarme})$, *vale*

$$\begin{aligned}\omega \models \neg(Alarme \vee Aspersor) &\iff \neg(\omega \models Alarme \\ &\qquad ou\ \omega \models Aspersor) \\ &\iff \neg(\omega \models Alarme) \\ &\qquad e\ \neg(\omega \models Aspersor) \\ &\iff \omega \models \\ &\qquad (\neg Alarme \wedge \neg Aspersor\end{aligned}$$

Daí segue imediatamente

$$\neg(Alarme \vee Aspersor) \equiv \neg Alarme \wedge \neg Aspersor,$$

isto é, a equivalência de De Morgan para a assinatura de alarmes. ■

Em resumo: a equivalência é a identidade semântica natural entre fórmulas e permite regras de substituição seguras (substituição de subfórmulas equivalentes). No próximo subitem, apresentamos mais detalhadamente equivalências concretas importantes e as formas normais usuais (FNN, FNC, FND).

1.6.2 Equivalências específicas

Proposição 1.40. *Seja* Σ *uma assinatura da lógica proposicional e sejam* $\varphi, \psi, \xi \in L(\Sigma)$. *Valem as seguintes equivalências:*

1. $\varphi \wedge \varphi \equiv \varphi$ *(idempotência de* $\wedge$*)*
2. $\varphi \vee \varphi \equiv \varphi$ *(idempotência de* $\vee$*)*
3. $\neg\neg\varphi \equiv \varphi$ *(dupla negação)*
4. $\varphi \wedge \psi \equiv \psi \wedge \varphi$ *(comutatividade de* $\wedge$*)*
5. $\varphi \vee \psi \equiv \psi \vee \varphi$ *(comutatividade de* $\vee$*)*
6. $\varphi \wedge (\psi \wedge \xi) \equiv (\varphi \wedge \psi) \wedge \xi$ *(associatividade de* $\wedge$*)*
7. $\varphi \vee (\psi \vee \xi) \equiv (\varphi \vee \psi) \vee \xi$ *(associatividade de* $\vee$*)*
8. $\varphi \wedge (\psi \vee \xi) \equiv (\varphi \wedge \psi) \vee (\varphi \wedge \xi)$ *(distributividade de* $\wedge$*)*
9. $\varphi \vee (\psi \wedge \xi) \equiv (\varphi \vee \psi) \wedge (\varphi \vee \xi)$ *(distributividade de* $\vee$*)*
10. $\varphi \wedge (\varphi \vee \psi) \equiv \varphi$ *(absorção de* $\wedge$*)*
11. $\varphi \vee (\varphi \wedge \psi) \equiv \varphi$ *(absorção de* $\vee$*)*
12. $\neg(\varphi \wedge \psi) \equiv \neg\varphi \vee \neg\psi$ *(lei de De Morgan 1)*
13. $\neg(\varphi \vee \psi) \equiv \neg\varphi \wedge \neg\psi$ *(lei de De Morgan 2)*
14. $\varphi \rightarrow \psi \equiv \neg\psi \rightarrow \neg\varphi$ *(contraposição)*

Demonstração. Demonstramos as afirmações semanticamente: seja sempre $\omega \in \Omega(\Sigma)$ uma interpretação arbitrária. Cada equivalência segue do fato de que, para todo ω, o lado esquerdo é verdadeiro se, e somente se, o lado direito é verdadeiro; disso decorre a igualdade dos conjuntos de modelos.

1. $\varphi \wedge \varphi \equiv \varphi$.
   $\omega \models \varphi \wedge \varphi \iff (\omega \models \varphi \text{ e } \omega \models \varphi) \iff \omega \models \varphi$.

2. $\varphi \vee \varphi \equiv \varphi$.
   $\omega \models \varphi \vee \varphi \iff (\omega \models \varphi \text{ ou } \omega \models \varphi) \iff \omega \models \varphi$.

3. $\neg\neg\varphi \equiv \varphi$.
   $\omega \models \neg\neg\varphi \iff \neg(\omega \models \neg\varphi) \iff \omega \models \varphi$.

4. $\varphi \wedge \psi \equiv \psi \wedge \varphi$.
   $\omega \models \varphi \wedge \psi \iff (\omega \models \varphi \text{ e } \omega \models \psi) \iff \omega \models \psi \wedge \varphi$.

5. $\varphi \vee \psi \equiv \psi \vee \varphi$. Análogo a (4), com $\vee$.

6. $\varphi \wedge (\psi \wedge \xi) \equiv (\varphi \wedge \psi) \wedge \xi$.
   $\omega \models \varphi \wedge (\psi \wedge \xi) \iff \omega \models \varphi \text{ e } (\omega \models \psi \text{ e } \omega \models \xi)$, o que é equivalente a $(\omega \models \varphi$ e $\omega \models \psi)$ e $\omega \models \xi$, portanto a $\omega \models (\varphi \wedge \psi) \wedge \xi$.

7. $\varphi \vee (\psi \vee \xi) \equiv (\varphi \vee \psi) \vee \xi$. Análogo a (6), com $\vee$.

8. $\varphi \wedge (\psi \vee \xi) \equiv (\varphi \wedge \psi) \vee (\varphi \wedge \xi)$.
   "$\subseteq$": Se $\omega \models \varphi \wedge (\psi \vee \xi)$, então $\omega \models \varphi$ e $\omega \models \psi \vee \xi$. Se $\omega \models \psi$, então $\omega \models \varphi \wedge \psi$; caso contrário, $\omega \models \xi$ e $\omega \models \varphi \wedge \xi$. Em ambos os casos, $\omega \models (\varphi \wedge \psi) \vee (\varphi \wedge \xi)$.
   "$\supseteq$": Se $\omega \models (\varphi \wedge \psi) \vee (\varphi \wedge \xi)$, então vale $\omega \models \varphi \wedge \psi$ ou $\omega \models \varphi \wedge \xi$; em ambos os casos segue que $\omega \models \varphi$ e $\omega \models \psi \vee \xi$, portanto $\omega \models \varphi \wedge (\psi \vee \xi)$. Logo, há igualdade.

9. $\varphi \vee (\psi \wedge \xi) \equiv (\varphi \vee \psi) \wedge (\varphi \vee \xi)$.
   "$\subseteq$": Se $\omega \models \varphi \vee (\psi \wedge \xi)$, então, caso $\omega \models \varphi$, valem

$\omega \models \varphi \vee \psi$ e $\omega \models \varphi \vee \xi$; caso $\omega \models \psi \wedge \xi$, isso também ocorre. Portanto, $\omega \models (\varphi \vee \psi) \wedge (\varphi \vee \xi)$.
"$\supseteq$": Se $\omega \models (\varphi \vee \psi) \wedge (\varphi \vee \xi)$, então, caso $\omega \models \varphi$, segue imediatamente $\omega \models \varphi \vee (\psi \wedge \xi)$. Caso $\omega \not\models \varphi$, das duas disjunções devem seguir $\omega \models \psi$ e $\omega \models \xi$; logo $\omega \models \psi \wedge \xi$ e, portanto, $\omega \models \varphi \vee (\psi \wedge \xi)$. Logo, há igualdade.

10. $\varphi \wedge (\varphi \vee \psi) \equiv \varphi$.
Se $\omega \models \varphi \wedge (\varphi \vee \psi)$, então $\omega \models \varphi$. Reciprocamente: $\omega \models \varphi$ implica $\omega \models \varphi \vee \psi$ e, portanto, também $\omega \models \varphi \wedge (\varphi \vee \psi)$.

11. $\varphi \vee (\varphi \wedge \psi) \equiv \varphi$. Análogo a (10).

12. $\neg(\varphi \wedge \psi) \equiv \neg\varphi \vee \neg\psi$.
$\omega \models \neg(\varphi \wedge \psi) \iff \neg(\omega \models \varphi \wedge \psi) \iff \neg(\omega \models \varphi$ e $\omega \models \psi) \iff (\neg\omega \models \varphi)$ ou $(\neg\omega \models \psi) \iff \omega \models \neg\varphi \vee \neg\psi$.

13. $\neg(\varphi \vee \psi) \equiv \neg\varphi \wedge \neg\psi$. Análogo a (12).

14. $\varphi \to \psi \equiv \neg\psi \to \neg\varphi$.
Usamos $\varphi \to \psi \equiv \neg\varphi \vee \psi$. Então

$$\begin{aligned}
\varphi \to \psi &\equiv \neg\varphi \vee \psi \\
&\equiv \neg\varphi \vee \neg\neg\psi \quad \text{(dupla negação)} \\
&\equiv \neg\neg\psi \vee \neg\varphi \quad (\vee \text{ é comutativo}) \\
&\equiv \neg\psi \to \neg\varphi.
\end{aligned}$$

Assim, os conjuntos de modelos coincidem.

Com isso, todas as equivalências mencionadas estão demonstradas. □

Notação 1.41 (Uso de parênteses em conjunções/disjunções). *Em virtude da Proposição 1.38 (4) e (6), a colocação concreta dos parênteses em conjunções aninhadas é semanticamente irrelevante. Por isso, no que segue, omitiremos os parênteses em conjunções puras; por exemplo,*

$$\begin{aligned} \varphi &= (\psi_1 \wedge \psi_2) \wedge (\psi_3 \wedge (\psi_4 \wedge \psi_5)) \\ &\textit{escrevemos abreviadamente como} \\ &= \psi_1 \wedge \psi_2 \wedge \psi_3 \wedge \psi_4 \wedge \psi_5. \end{aligned}$$

De modo análogo (em virtude da Proposição 1.38 (5) e (7)), omitiremos os parênteses em disjunções aninhadas.

Recordemos os conceitos de *contradição* e *tautologia*: para uma assinatura Σ e $\varphi \in L(\Sigma)$, vale

$$\begin{aligned} \varphi \text{ é uma contradição} &\iff \mathrm{Mod}_\Sigma(\varphi) = \varnothing, \\ \varphi \text{ é uma tautologia} &\iff \mathrm{Mod}_\Sigma(\varphi) = \Omega(\Sigma). \end{aligned}$$

Proposição 1.42. *Seja Σ uma assinatura da lógica proposicional e sejam $\varphi, \psi \in L(\Sigma)$.*

1. *Se φ e ψ são contradições, então vale $\varphi \equiv \psi$.*

2. *Se φ e ψ são tautologias, então vale $\varphi \equiv \psi$.*

Em palavras: quaisquer duas contradições (possivelmente sintaticamente distintas) são equivalentes, e o mesmo vale para quaisquer duas tautologias.

Demonstração. Usamos a caracterização da equivalência pela igualdade dos conjuntos de modelos (Prop. 1.32): $\varphi \equiv \psi$ se, e somente se, $\mathrm{Mod}_\Sigma(\varphi) = \mathrm{Mod}_\Sigma(\psi)$.

(1) Seja φ uma contradição e seja ψ uma contradição. Então, por definição, $\mathrm{Mod}_\Sigma(\varphi) = \varnothing$ e $\mathrm{Mod}_\Sigma(\psi) = \varnothing$. Portanto, $\mathrm{Mod}_\Sigma(\varphi) = \mathrm{Mod}_\Sigma(\psi)$; logo, $\varphi \equiv \psi$.

(2) Seja φ uma tautologia e seja ψ uma tautologia. Então, por definição, $\mathrm{Mod}_\Sigma(\varphi) = \Omega(\Sigma)$ e $\mathrm{Mod}_\Sigma(\psi) = \Omega(\Sigma)$. Portanto, $\mathrm{Mod}_\Sigma(\varphi) = \mathrm{Mod}_\Sigma(\psi)$; logo, $\varphi \equiv \psi$.

Assim, ambas as afirmações estão demonstradas. □

Notação 1.43. *Como todas as contradições (a menos de variantes sintáticas) têm o mesmo conjunto de modelos, introduzimos o símbolo $\bot$ para uma contradição arbitrária e escrevemos, abreviadamente,*

$$\varphi \equiv \bot$$

quando φ é uma contradição. De modo análogo, usamos $\top$ para uma tautologia arbitrária e escrevemos

$$\varphi \equiv \top$$

quando φ é uma tautologia.

Proposição 1.44. *Sejam Σ uma assinatura proposicional e $\varphi \in L(\Sigma)$ uma fórmula. Então valem:*

1. $\top \models_{\mathrm{LP}} \varphi \iff \varphi \equiv \top$.
2. $\varphi \models_{\mathrm{LP}} \bot \iff \varphi \equiv \bot$.
3. $\varphi \models_{\mathrm{LP}} \top$.
4. $\bot \models_{\mathrm{LP}} \varphi$.

Demonstração. Sejam Σ uma assinatura e $\varphi \in L(\Sigma)$.

(1) $\top \models_{\mathrm{LP}} \varphi \iff \varphi \equiv \top$.
Por definição, vale $\top \models_{\mathrm{LP}} \varphi$ exatamente quando

$$\mathrm{Mod}_{\Sigma}(\top) \subseteq \mathrm{Mod}_{\Sigma}(\varphi).$$

Como $\mathrm{Mod}_{\Sigma}(\top) = \Omega(\Sigma)$, isso é equivalente a $\mathrm{Mod}_{\Sigma}(\varphi) = \Omega(\Sigma)$, isto é, precisamente a $\varphi \equiv \top$.

(2) $\varphi \models_{\mathrm{LP}} \bot \iff \varphi \equiv \bot$.
Analogamente, $\varphi \models_{\mathrm{LP}} \bot$ exatamente quando

$$\mathrm{Mod}_{\Sigma}(\varphi) \subseteq \mathrm{Mod}_{\Sigma}(\bot).$$

Como $\mathrm{Mod}_{\Sigma}(\bot) = \varnothing$, isso é equivalente a $\mathrm{Mod}_{\Sigma}(\varphi) = \varnothing$, isto é, a $\varphi \equiv \bot$.

(3) $\varphi \models_{\mathrm{LP}} \top$.
Como $\mathrm{Mod}_{\Sigma}(\top) = \Omega(\Sigma)$ e, para toda fórmula, vale $\mathrm{Mod}_{\Sigma}(\varphi) \subseteq \Omega(\Sigma)$, segue imediatamente que $\mathrm{Mod}_{\Sigma}(\varphi) \subseteq \mathrm{Mod}_{\Sigma}(\top)$, portanto $\varphi \models_{\mathrm{LP}} \top$.

(4) $\bot \models_{\mathrm{LP}} \varphi$.
Como $\mathrm{Mod}_{\Sigma}(\bot) = \varnothing$ e o conjunto vazio é subconjunto de todo conjunto, vale $\varnothing \subseteq \mathrm{Mod}_{\Sigma}(\varphi)$ para toda φ. Daí segue $\bot \models_{\mathrm{LP}} \varphi$.

$\square$

Observação. *A afirmação (4) é a conhecida regra* ex falso quodlibet *("do falso segue-se qualquer coisa"), também chamada de* princípio da explosão*: uma contradição implica semanticamente qualquer fórmula.*

Notação 1.45. *Se vale $\top \models_{\mathrm{LP}} \varphi$ para uma fórmula φ (isto é, $\top \equiv \varphi$), então também escrevemos, de forma abreviada,*

$$\varnothing \models_{\mathrm{LP}} \varphi \qquad \textit{ou simplesmente} \qquad \models_{\mathrm{LP}} \varphi.$$

Aqui, $\varnothing$ é entendido como o conjunto vazio de fórmulas. Para ele, vale

$$\mathrm{Mod}_\Sigma(\varnothing) = \Omega(\Sigma) = \mathrm{Mod}_\Sigma(\top).$$

A proposição seguinte (teorema da dedução) torna preciso em que sentido a inferência semântica no meta-nível coincide com sua formulação no nível-objeto como implicação.

Teorema 1.46 (Teorema da dedução)**.** *Seja Σ uma assinatura da lógica proposicional e sejam $\varphi, \psi \in L(\Sigma)$. Então vale*

$$\varphi \models_{\mathrm{LP}} \psi \quad \Longleftrightarrow \quad \models_{\mathrm{LP}} \varphi \to \psi.$$

Demonstração. Mostramos a equivalência por meio de uma série de transformações semânticas usuais (entendendo $\varphi \to \psi$ como $\neg\varphi \vee \psi$).

$$
\begin{aligned}
& \varphi \models_{\text{LP}} \psi \\
\iff\ & \text{Mod}_\Sigma(\varphi) \subseteq \text{Mod}_\Sigma(\psi) \qquad \text{(definição de } \models_{\text{LP}}\text{)} \\
\iff\ & \forall \omega \in \Omega(\Sigma) :\ \omega \in \text{Mod}_\Sigma(\varphi) \Rightarrow \omega \in \text{Mod}_\Sigma(\psi) \\
\iff\ & \forall \omega \in \Omega(\Sigma) :\ \neg(\omega \in \text{Mod}_\Sigma(\varphi)) \ \vee\ \omega \in \text{Mod}_\Sigma(\psi) \\
\iff\ & \forall \omega \in \Omega(\Sigma) :\ \omega \in \text{Mod}_\Sigma(\neg\varphi) \ \vee\ \omega \in \text{Mod}_\Sigma(\psi) \\
\iff\ & \Omega(\Sigma) = \text{Mod}_\Sigma(\neg\varphi) \cup \text{Mod}_\Sigma(\psi) \\
\iff\ & \Omega(\Sigma) = \text{Mod}_\Sigma(\neg\varphi \vee \psi) \\
\iff\ & \models_{\text{LP}}\ \neg\varphi \vee \psi \\
\iff\ & \models_{\text{LP}}\ \varphi \to \psi.
\end{aligned}
$$

Nesses passos, usamos que, para toda interpretação ω, a afirmação "$\omega \notin \text{Mod}_\Sigma(\varphi)$ ou $\omega \in \text{Mod}_\Sigma(\psi)$" exprime exatamente que ω é um modelo de $\neg\varphi \vee \psi$; a igualdade subsequente com $\Omega(\Sigma)$ diz que $\neg\varphi \vee \psi$ é uma tautologia, o que é equivalente a $\models_{\text{LP}} \varphi \to \psi$. Com isso, a afirmação está demonstrada. □

Observação 1.47. *O teorema da dedução explica por que a inferência semântica $\varphi \models \psi$ pode frequentemente ser expressa pela tautologia (da linguagem-objeto) $\varphi \to \psi$.*

Do ponto de vista semântico, dizer que "de φ segue ψ" significa exatamente que a implicação $\varphi \to \psi$ é verdadeira em toda interpretação possível. Em outras palavras: $\varphi \to \psi$ é uma tautologia.

Essa relação é utilizada com frequência tanto em demonstrações teóricas quanto em reduções práticas (por exemplo, na formulação de sistemas de prova).

1.6.3 Formas normais

No processamento automático de fórmulas lógicas, variantes sintáticas muitas vezes dificultam a implementação eficiente de algoritmos (por exemplo, SAT-solvers, resolução e manipulação simbólica). Por essa razão, é usual transformar fórmulas em uma *forma normal* padronizada. As três formas normais mais importantes na lógica proposicional são a *forma normal de negação* (FNN), a *forma normal conjuntiva* (FNC) e a *forma normal disjuntiva* (FND). Nesta seção, apresentamos definições precisas, mostramos por que toda fórmula pode ser transformada em uma fórmula equivalente nessas formas e fornecemos provas construtivas breves, bem como receitas de transformação.

Definição 1.48. *Seja Σ uma assinatura proposicional. Uma fórmula $\varphi \in L(\Sigma)$ está em* forma normal de negação (FNN) *se, e somente se,*

- *ocorrem apenas os conectivos $\neg, \wedge, \vee$; e*
- *em toda subfórmula da forma $\neg\psi$, a fórmula ψ é uma variável proposicional atômica.*

Teorema 1.49 (Existência de uma FNN). *Para toda fórmula $\varphi \in L(\Sigma)$ existe uma fórmula ψ em FNN tal que $\varphi \equiv \psi$.*

Demonstração construtiva. Substituímos inicialmente todas as ocorrências de $\rightarrow$ e $\leftrightarrow$ por

$$\varphi \rightarrow \psi \equiv \neg\varphi \vee \psi, \qquad \varphi \leftrightarrow \psi \equiv (\varphi \rightarrow \psi) \wedge (\psi \rightarrow \varphi).$$

Após esse passo, a fórmula contém apenas os conectivos $\neg, \wedge, \vee$.

Altura de negação como medida. Para uma fórmula χ, definimos a *altura de negação* $h(\chi)$ como o número máximo de sinais de negação consecutivos que aparecem imediatamente antes de uma subfórmula não atômica. (Caso nenhuma tal cadeia ocorra, tomamos $h(\chi) = 0$.)

Substituição local por meio de De Morgan e substituição. Se χ contém uma subfórmula da forma $\neg(\xi \wedge \xi')$ ou $\neg(\xi \vee \xi')$, substituímos essa subfórmula pela forma de De Morgan correspondente:

$$\neg(\xi \wedge \xi') \equiv \neg\xi \vee \neg\xi', \qquad \neg(\xi \vee \xi') \equiv \neg\xi \wedge \neg\xi'.$$

Pelo lema da substituição (Lema 1.36), essa substituição é admissível em qualquer ponto da fórmula, e obtemos uma fórmula equivalente χ'.

Diminuição da medida. Em cada substituição desse tipo, a altura de negação diminui estritamente: a cadeia externa de negações considerada é distribuída sobre os operandos internos, de modo que $h(\chi') < h(\chi)$. Portanto, nenhuma substituição pode aumentar a altura de negação.

Terminação. Como $h(\chi)$ é uma medida inteira não negativa, a aplicação repetida dos passos de substituição acima conduz, após um número finito de passos, a uma fórmula χ^* com $h(\chi^*) = 0$. Em χ^*, portanto, todas as negações aparecem apenas imediatamente antes de proposições atômicas — logo, χ^* é uma fórmula em forma normal negativa (FNN).

Correção. Cada etapa de substituição é equivalente, pois se baseia nas regras de De Morgan (Proposição 1.38 (12),(13)) e é admissível pelo lema da substituição. Pela transitividade da equivalência, obtemos finalmente $\varphi \equiv \chi^*$.

Assim, o algoritmo descrito, que termina, fornece construtivamente uma fórmula equivalente em FNN. □

Definição 1.50. *Seja Σ como acima. Um* literal *é ou um átomo $p \in \Sigma$ ou sua negação $\neg p$. Uma* cláusula *é uma fórmula disjuntiva $l_1 \vee \cdots \vee l_m$ de literais (também se admite $m = 1$). Uma fórmula está na* forma normal conjuntiva (FNC) *exatamente quando é uma conjunção de cláusulas:*

$$\varphi = C_1 \wedge \cdots \wedge C_n, \qquad C_i \text{ cláusulas.}$$

Teorema 1.51 (Existência de uma FNC). *Toda fórmula $\varphi \in L(\Sigma)$ é equivalente a uma fórmula ψ em FNC.*

Demonstração (existência da FNC / algoritmo construtivo). Primeiro colocamos a fórmula dada φ em forma normal negativa (FNN) — veja o Teorema 1.47. Assim, a fórmula resultante contém apenas os conectivos $\wedge, \vee, \neg$, e todas as negações aparecem imediatamente antes de fórmulas atômicas. Mostramos agora, por indução estrutural sobre a estrutura de uma fórmula em FNN, que para toda fórmula em FNN existe uma fórmula equivalente em forma normal conjuntiva (FNC).

Base da indução. Se φ é um literal (isto é, uma fórmula atômica p ou $\neg p$), então φ já é uma cláusula (cláusula unitária) e, portanto, está em FNC.

Hipótese de indução. Para todas as subfórmulas próprias de estrutura menor, a afirmação é verdadeira: para cada uma dessas subfórmulas existe uma fórmula equivalente em FNC.

Passo de indução. Seja φ uma fórmula em FNN.

- $\varphi = \psi \wedge \xi$. Pela hipótese de indução, existem equivalentes em FNC $\psi \equiv \bigwedge_{i=1}^{n} C_i^{\psi}$ e $\xi \equiv \bigwedge_{j=1}^{m} C_j^{\xi}$ (conjunções de cláusulas). Então

$$\varphi \equiv \Big(\bigwedge_{i=1}^{n} C_i^{\psi}\Big) \wedge \Big(\bigwedge_{j=1}^{m} C_j^{\xi}\Big) = \bigwedge_{k} C_k,$$

isto é, uma conjunção de cláusulas e, portanto, uma FNC.

- $\varphi = \psi \vee \xi$. Novamente pela hipótese de indução, sejam $\psi \equiv \bigwedge_{i=1}^{n} C_i^{\psi}$ e $\xi \equiv \bigwedge_{j=1}^{m} C_j^{\xi}$, em que todos os C_i^{ψ}, C_j^{ξ} são cláusulas (disjunções de literais). Usamos repetidamente as leis distributivas para obter uma conjunção de cláusulas. Para duas cláusulas $C = \bigvee_{a=1}^{r} \ell_a$ e $D = \bigvee_{b=1}^{s} \ell'_b$, vale trivialmente que $C \vee D$ já é uma cláusula. O caso decisivo é o de uma disjunção de duas conjunções:

$$\Big(\bigwedge_{i=1}^{n} C_i^{\psi}\Big) \vee \Big(\bigwedge_{j=1}^{m} C_j^{\xi}\Big) \equiv \bigwedge_{i=1}^{n} \bigwedge_{j=1}^{m} (C_i^{\psi} \vee C_j^{\xi}).$$

(Essa transformação segue da aplicação repetida da regra $(A \wedge B) \vee (C \wedge D) \equiv (A \vee C) \wedge (A \vee D) \wedge (B \vee C) \wedge (B \vee D)$ e de sua generalização para n, m.) Como, para cláusulas C_i^{ψ} e C_j^{ξ}, a disjunção $C_i^{\psi} \vee C_j^{\xi}$ é novamente uma cláusula, o lado direito resulta em uma conjunção de cláusulas — portanto, em uma FNC.

Caso com negação diante de uma fórmula em FNC:

Suponha que ψ já esteja em FNC, isto é,

$$\psi = \bigwedge_{i=1}^{n} C_i, \qquad \text{em que} \qquad C_i = \bigvee_{j=1}^{m_i} \ell_{i,j}$$

para literais $\ell_{i,j}$. Consideramos agora $\varphi = \neg\psi$ e transformamos φ, passo a passo, em uma fórmula equivalente em FNC.

$$\begin{aligned} \varphi = \neg\Big(\bigwedge_{i=1}^{n} C_i\Big) &\overset{\text{De Morgan}}{\equiv} \bigvee_{i=1}^{n} \neg C_i \\ = \bigvee_{i=1}^{n} \neg\Big(\bigvee_{j=1}^{m_i} \ell_{i,j}\Big) &\overset{\text{De Morgan}}{\equiv} \bigvee_{i=1}^{n} \Big(\bigwedge_{j=1}^{m_i} \neg\ell_{i,j}\Big). \end{aligned}$$

Assim, φ aparece inicialmente como uma disjunção de conjunções (forma normal disjuntiva, FND). Escreva

$$\widetilde{C}_i := \bigwedge_{j=1}^{m_i} \neg\ell_{i,j} \qquad (i = 1, \ldots, n),$$

portanto $\varphi \equiv \bigvee_{i=1}^{n} \widetilde{C}_i$, com $\widetilde{C}_i$ como termo (conjunção de literais). Por meio de aplicações repetidas das leis distributivas (distribuição de $\vee$ sobre $\wedge$), essa disjunção de conjunções pode ser convertida em uma conjunção de disjunções. Mais precisamente, vale:

$$\bigvee_{i=1}^{n} \widetilde{C}_i \equiv \bigwedge_{k_1=1}^{m_1} \bigwedge_{k_2=1}^{m_2} \cdots \bigwedge_{k_n=1}^{m_n} \bigvee_{i=1}^{n} \neg \ell_{i,k_i}.$$

As cláusulas resultantes têm, cada uma, a forma

$$\widehat{C}_{k_1,\dots,k_n} = \bigvee_{i=1}^{n} \neg \ell_{i,k_i}, \qquad k_i \in \{1, \dots, m_i\},$$

isto é: cada cláusula surge escolhendo-se, de cada $\widetilde{C}_i$ original, exatamente um literal $\neg \ell_{i,k_i}$ e conectando esses n literais disjuntivamente. A FNC completa é então a conjunção de todas essas cláusulas.

Observação. Esse passo de transformação é correto e fornece uma FNC genuína, mas o número de cláusulas é, em geral, $\prod_{i=1}^{n} m_i$ — pode ocorrer, portanto, uma explosão exponencial do tamanho da fórmula. Por razões práticas, em implementações usam-se frequentemente técnicas alternativas (por exemplo, a transformação de Tseitin) para evitar esse problema de crescimento explosivo.

Terminação e correção. A indução é conduzida sobre a estrutura finita da fórmula; por isso, cada passo é bem definido e, após um número finito de passos, obtém-se uma fórmula em FNC. Cada transformação baseia-se em regras equivalentes (De Morgan, associatividade, comutatividade, distributividade etc.), de modo que a correção (isto é, a equivalência com a fórmula inicial) é preservada.

Observação sobre a complexidade. Note que a aplicação repetida das leis distributivas pode, no pior caso, levar a um aumento exponencial do tamanho da fórmula. Por razões práticas e algorítmicas, usa-se por isso frequentemente a transformação de Tseitin: ela fornece, em tempo linear ou polinomial, uma FNC *equisatisfatível* com variáveis auxiliares adicionais (sendo aqui o objetivo, muitas vezes, reduções a SAT). Para provas teóricas de existência, porém, basta a transformação construtiva em FNC indicada acima. □

Definição 1.52. *Um* termo *é uma conjunção de literais* $l_1 \wedge \cdots \wedge l_k$. *Uma fórmula está em* forma normal disjuntiva (FND) *se, e somente se, ela é uma disjunção de termos:*

$$\varphi = T_1 \vee \cdots \vee T_n, \qquad T_i \text{ termos.}$$

Teorema 1.53 (Existência de uma FND)**.** *Seja Σ uma assinatura proposicional e seja $\varphi \in L(\Sigma)$. Então existe uma fórmula ψ em forma normal disjuntiva (FND) tal que $\varphi \equiv \psi$.*

Demonstração. Apresentamos uma derivação construtiva em dois passos.

1. Transformação para FNN. Primeiro substituímos todas as ocorrências de $\to$ e $\leftrightarrow$ por suas definições

$$\varphi \to \psi \equiv \neg\varphi \vee \psi, \qquad \varphi \leftrightarrow \psi \equiv (\varphi \to \psi) \wedge (\psi \to \varphi),$$

e, em seguida, com o auxílio das regras de De Morgan e da dupla negação, deslocamos as negações para o interior:

$$\neg(\alpha \wedge \beta) \equiv \neg\alpha \vee \neg\beta, \qquad \neg(\alpha \vee \beta) \equiv \neg\alpha \wedge \neg\beta, \qquad \neg\neg\alpha \equiv \alpha.$$

Cada aplicação dessas transformações preserva a equivalência e reduz a profundidade máxima de aninhamento de negações diante de subfórmulas não atômicas; portanto, o processo termina e fornece uma fórmula equivalente φ_{fnn} em forma normal negativa (FNN), isto é, com negações apenas imediatamente antes de átomos.

2. Construção da FND (indução sobre a estrutura de φ_{fnn}). Mostramos, por indução estrutural, que toda fórmula em FNN é equivalente a uma FND.

Base da indução. Se θ é um literal (um átomo p ou $\neg p$), então θ já é um termo (uma conjunção com exatamente um literal) e, portanto, uma FND trivial.

Passo indutivo. Seja agora θ uma fórmula em FNN e suponhamos que a afirmação valha para todas as subfórmulas próprias de estrutura menor. Há três casos:

- $\theta = \alpha \vee \beta$. Pela hipótese de indução, existem FNDs $\alpha \equiv \bigvee_{i=1}^{m} T_i$ e $\beta \equiv \bigvee_{j=1}^{n} S_j$ com termos T_i, S_j. Então
$$\theta \equiv \bigvee_{i=1}^{m} T_i \;\vee\; \bigvee_{j=1}^{n} S_j,$$

isto é, uma disjunção de termos e, portanto, está em FND.

- $\theta = \alpha \wedge \beta$. Pela hipótese de indução, existem FNDs $\alpha \equiv \bigvee_{i=1}^{m} T_i$ e $\beta \equiv \bigvee_{j=1}^{n} S_j$. Pela regra da distributividade, obtemos de modo equivalente

$$(\bigvee_{i=1}^{m} T_i) \wedge (\bigvee_{j=1}^{n} S_j) \equiv \bigvee_{i=1}^{m} \bigvee_{j=1}^{n} (T_i \wedge S_j).$$

  Como a conjunção de dois termos é novamente um termo, o lado direito é uma disjunção de termos, logo está em FND.

- Os casos restantes (literais, já tratados) estão cobertos, pois em FNN ocorrem apenas literais, $\vee$ e $\wedge$.

Assim, a indução fornece, para toda fórmula em FNN, uma FND equivalente. Combinando isso com o passo 1, segue a afirmação para fórmulas arbitrárias φ.

□

Observação (complexidade). A transformação construtiva pode, no pior caso, crescer exponencialmente (a distribuição leva a combinações numerosas). Para aplicações práticas (por exemplo, reduções SAT), usa-se frequentemente a *transformação de Tseitin*, que, com variáveis auxiliares adicionais, fornece uma FNC *equi-satisfatível* com apenas aumento linear do tamanho da fórmula.

Notação (conjuntos de cláusulas / conjuntos de termos). Uma FNC pode ser escrita de modo compacto como um conjunto de cláusulas, por exemplo:

$$A \wedge (\neg B \vee C) \wedge (\neg B \vee D) \quad \widehat{=} \quad \{\{A\}, \{\neg B, C\}, \{\neg B, D\}\}.$$

Analogamente, uma FND pode ser notada como um conjunto de termos (cada um deles visto como um conjunto de literais).

Exemplos.

1. De Morgan (exemplo de FNN, sistema de alarme):

$$\neg(\text{Alarme} \vee \text{Aspersor}) \equiv \neg\text{Alarme} \wedge \neg\text{Aspersor}.$$

2. Conversão para FNC (exemplo breve):

$$\varphi = \neg(A \wedge B) \vee \neg(C \vee D) \overset{\text{FNN}}{\equiv} (\neg A \vee \neg B) \vee (\neg C \wedge \neg D)$$

$$\equiv (\neg A \vee \neg B \vee \neg C) \wedge (\neg A \vee \neg B \vee \neg D),$$

portanto, uma FNC: conjunção de duas cláusulas.

3. Conversão para FND (exemplo breve):

$$(A \vee B) \wedge C \equiv (A \wedge C) \vee (B \wedge C).$$

portanto, uma FND como disjunção de dois termos.

Observações.

- FNC e FND são úteis para tarefas diferentes: FNC, por exemplo, para SAT/resolução; FND, para enumeração explícita de modelos e testes simples de satisfatibilidade.
- A aplicação direta das regras distributivas pode crescer exponencialmente; por isso, na prática, usa-se frequentemente:
  - a transformação de Tseitin (introdução de variáveis auxiliares) para fórmulas compactas em FNC; ou
  - normalização gradual e heurísticas que ajudam a evitar explosões combinatórias.
- Do ponto de vista didático, o conceito de FNN ajuda como etapa intermediária: primeiro deslocam-se as negações de modo controlado para o interior; depois, aplica-se a transformação distributiva.

Com isso, a teoria básica das formas normais está completa — as regras concretas de transformação (De Morgan, dupla negação, distributividade, absorção etc.) já foram reunidas na Seção 1.5.2 e constituem as ferramentas com as quais as equivalências aqui afirmadas podem ser realizadas construtivamente.

1.6.4 Exercícios e soluções — equivalência

Considere a assinatura proposicional

$$\Sigma = \{K, B, C, D, E, G, H, I\}$$

e as expressões

$$\varphi_4 = \neg((K \vee D) \wedge D), \qquad \psi_4 = K \vee D.$$

Decida, para cada uma das seguintes afirmações, se ela é *verdadeira* ou *falsa*. Dê breves justificativas.

1. $\neg\neg K \wedge G \wedge H \equiv_\Sigma (G \vee E) \wedge (\neg K \to D \vee G)$.
2. $I \wedge I \wedge D$ é um termo.
3. $(E \vee K \wedge H) \wedge D \vee \neg D \wedge \neg E \wedge (\neg K \vee \neg H) \vee \neg E$ está em FNN.
4. $\varphi_4 \equiv_\Sigma \psi_4$ e ψ_4 está em FNC.

Soluções e breves explicações

1. **Falso.** $\neg\neg K \wedge G \wedge H$ (isto é: K, G e H) *implica* $(G \vee E) \wedge (\neg K \to D \vee G)$: como G é verdadeiro, $G \vee E$ é verdadeiro; como $\neg K$ é falso, a implicação $\neg K \to D \vee G$ é automaticamente verdadeira. A recíproca, porém, não vale (por exemplo, $(G \vee E) \wedge (\neg K \to D \vee G)$ não satisfaz necessariamente K ou H). Portanto, há apenas uma inferência unilateral, não uma equivalência.
2. **Verdadeiro.** Um *termo* é, por definição, uma conjunção de literais. $I \wedge I \wedge D$ é uma conjunção de literais atômicos (a idempotência elimina, se necessário, uma duplicata), portanto é um termo.

3. **Verdadeiro.** Na fórmula dada, as negações ocorrem apenas imediatamente antes de proposições atômicas ($\neg D$, $\neg E$, $\neg K$, $\neg H$); além disso, são usados somente os conectivos $\wedge, \vee$. Assim, a fórmula está em forma normal de negação (FNN). (Observação: em caso de parentização ambígua, convém esclarecer a sintaxe exata; aqui valem as regras usuais de precedência $\neg > \wedge > \vee$.)

4. $\psi_4 = K \vee D$ está **em FNC**, pois uma única cláusula (disjunção de literais) é uma FNC admissível (uma conjunção com uma cláusula). A afirmação $\varphi_4 \equiv \psi_4$, porém, é **falsa**. De fato,

$$\varphi_4 = \neg((K \vee D) \wedge D) \equiv \neg D$$

(pois $(K \vee D) \wedge D \equiv D$ por absorção), logo $\varphi_4 \equiv \neg D$, enquanto $\psi_4 \equiv K \vee D$. Como contraexemplo: a interpretação que atribui false a todos os átomos torna φ_4 true (pois $\neg D = \neg\text{false} = \text{true}$), mas torna ψ_4 false. Portanto, não há equivalência.

Breve feedback (resumo):

- (1) Falso — apenas consequência unilateral ($\models$), não igualdade dos conjuntos de modelos.
- (2) Verdadeiro — conjunção de literais.
- (3) Verdadeiro — as negações aparecem apenas diante de átomos; somente $\wedge, \vee$ são usados.

- (4) Parcialmente verdadeiro: ψ_4 está em FNC, mas $\varphi_4 \not\equiv \psi_4$.

Outras breves questões de verificação

1. Seja $\Sigma = \{C, E, F, G, I\}$. Vale $\neg\neg(C \vee I) \in \text{Lit}(\Sigma)$?
   Resposta: $\neg\neg(C \vee I)$ *não* é um literal.
   Justificativa: Por definição, um literal é uma proposição atômica p ou sua negação simples $\neg p$. A fórmula $\neg\neg(C \vee I)$ é a dupla negação de uma *disjunção* e não tem a forma p nem a forma $\neg p$. Portanto, não é um literal.

2. Seja $\Sigma = \{J, K, B, C, F, G, I\}$. $\neg(C \wedge C \wedge I) \wedge G$ é uma cláusula?
   Resposta: $\neg(C \wedge C \wedge I) \wedge G$ *não* é uma cláusula.
   Justificativa: Uma cláusula é uma disjunção de literais $(l_1 \vee \cdots \vee l_n)$. A fórmula dada é uma *conjunção* $(\neg(C \wedge C \wedge I)) \wedge G$. Pelas leis de De Morgan, vale $\neg(C \wedge C \wedge I) \equiv \neg C \vee \neg I$; assim, a fórmula inteira é equivalente a $(\neg C \vee \neg I) \wedge G$, isto é, a uma conjunção formada por uma disjunção e um átomo. Portanto, ela não é uma disjunção pura de literais nem tem a forma de uma única cláusula.

3. Para o mesmo $\Sigma = \{J, K, B, C, F, G, I\}$: $J \vee B \wedge \neg F \wedge \neg I$ está em FND?
   Resposta: Sim, a fórmula está em FND.

Justificativa: Pela prioridade usual dos operadores ($\neg > \wedge > \vee$), lê-se a fórmula como

$$J \vee (B \wedge \neg F \wedge \neg I).$$

Trata-se de uma disjunção de dois termos: o primeiro termo é o literal J, e o segundo termo é a conjunção $B \wedge \neg F \wedge \neg I$. Uma disjunção desse tipo, formada por termos, corresponde exatamente à definição de uma FND.

4. Seja

$$\varphi_4 = K \wedge \neg(F \to K), \qquad \psi_4 = F \wedge \neg K \wedge K$$

sobre $\Sigma = \{J, K, B, C, F, G, I\}$. Vale $\varphi_4 \equiv_\Sigma \psi_4$ e ψ_4 está em FNC?
Resposta: Sim — $\varphi_4 \equiv \psi_4$ e ψ_4 está em FNC.
Justificativa: Primeiro, fazemos a transformação:

$$\begin{aligned} F \to K &\equiv \neg F \vee K, \\ \neg(F \to K) &\equiv \neg(\neg F \vee K) \\ &\equiv F \wedge \neg K. \end{aligned}$$

Portanto,

$$\varphi_4 = K \wedge (F \wedge \neg K) \equiv F \wedge K \wedge \neg K.$$

Do mesmo modo,

$$\psi_4 = F \wedge \neg K \wedge K.$$

Ambas as fórmulas são, portanto, equivalentes à conjunção $F \wedge (K \wedge \neg K)$, que é uma contradição (isto é, $\bot$). Assim, φ_4 e ψ_4 são equivalentes. Além disso, ψ_4 é uma conjunção de literais (três cláusulas unitárias), portanto uma conjunção de cláusulas; logo, está em FNC.

1.7 Consideração algorítmica

Neste capítulo, voltamo-nos para questões concretas da lógica proposicional motivadas por uma perspectiva algorítmica. No centro está a questão de saber quais problemas lógicos podem, em princípio, ser decididos por algoritmos e quão difíceis são tais decisões (no sentido de tempo de execução e complexidade). Do ponto de vista prático, interessa-nos sobretudo a questão de como determinar automaticamente se uma fórmula decorre de outra ou se uma fórmula possui algum modelo. As subseções tratam (i) dos principais problemas de decisão, (ii) dos cálculos formais para a inferência sintática e (iii) do cálculo de resolução como ferramenta central e prática; começamos aqui por (i).

1.7.1 Problemas de inferência

Formulamos as questões relevantes como *problemas de decisão*. Um problema de decisão fornece, para uma entrada bem definida (também chamada de *instância*), a resposta Sim ou Não. Se a resposta para uma instância é

Sim, chamamos essa instância de *positiva*; caso contrário, de *negativa*.

Os três problemas-padrão da lógica proposicional que consideramos são os seguintes:

Infer. Entrada: fórmulas $\varphi, \psi \in L(\Sigma)$.
Saída: Sim exatamente quando $\varphi \models_{\text{LP}} \psi$.

Taut. Entrada: fórmula $\varphi \in L(\Sigma)$.
Saída: Sim exatamente quando $\varphi \equiv \top$ (isto é, φ é uma tautologia).

Sat. Entrada: fórmula $\varphi \in L(\Sigma)$.
Saída: Sim exatamente quando $\varphi \not\equiv \bot$ (isto é, φ é satisfatível).

Os três problemas estão estreitamente relacionados: uma instância de inferência (φ, ψ) pode ser expressa pela questão de tautologicidade da fórmula $\varphi \to \psi$ ou, respectivamente, pela questão de satisfatibilidade da fórmula $\varphi \land \neg\psi$. Isso torna o tratamento dos problemas mais claro: um algoritmo eficiente para qualquer um dos três pode ser transformado em um algoritmo para os outros dois.

Exemplo 1.54. *Consideramos algumas instâncias típicas dos problemas Infer, Taut e Sat.*

- *Para* $(A \land B, A)$, *vale:*

$$A \land B \models_{\text{LP}} A,$$
$$A \land B \to A \text{ é uma tautologia},$$
$$(A \land B) \land \neg A \text{ é insatisfatível.}$$

Trata-se, portanto, de uma instância positiva de **Infer** *e de* **Taut**, *mas de uma instância negativa de* **Sat**.

- *Para* $(A \vee B, A)$, *vale:*

$$A \vee B \not\models_{\mathrm{LP}} A,$$
$$A \vee B \to A \textit{ não é uma tautologia},$$
$$(A \vee B) \wedge \neg A \textit{ é satisfatível.}$$

Trata-se, portanto, de uma instância negativa de **Infer** *e de* **Taut**, *mas de uma instância positiva de* **Sat**.

- *Para* $((A \vee B) \wedge (A \vee \neg B), A)$, *vale:*

$$(A \vee B) \wedge (A \vee \neg B) \models_{\mathrm{LP}} A,$$
$$(A \vee B) \wedge (A \vee \neg B) \to A \textit{ é uma tautologia.}$$

enquanto

$$(A \vee B) \wedge (A \vee \neg B) \wedge \neg A$$

é insatisfatível. Assim, trata-se novamente de uma instância positiva de **Infer** *e de* **Taut**, *bem como de uma instância negativa de* **Sat**.

Proposição 1.55. *Seja* Σ *uma assinatura proposicional e sejam* $\varphi, \psi \in L(\Sigma)$. *As seguintes afirmações são equivalentes:*

1. *(φ, ψ) é uma instância positiva de* Infer *(isto é, $\varphi \models_{\mathrm{LP}} \psi$).*

2. *$\varphi \to \psi$ é uma tautologia (instância positiva de* Taut*).*

3. *$\varphi \wedge \neg\psi$ é insatisfatível (instância negativa de* Sat*).*

Demonstração. Mostramos as três implicações sucessivamente.

(1) ⇒ (2). Se $\varphi \models_{\mathrm{LP}} \psi$, então, pelo teorema da dedução, segue que $\models_{\mathrm{LP}} \varphi \to \psi$; portanto, $\varphi \to \psi$ é uma tautologia.

(2) ⇒ (3). Se $\varphi \to \psi$ é tautológica, então $\neg(\varphi \to \psi)$ é insatisfatível. Como $\neg(\varphi \to \psi)$ é equivalente a $\varphi \wedge \neg\psi$, segue que $\varphi \wedge \neg\psi$ é insatisfatível.

(3) ⇒ (1). Se $\varphi \wedge \neg\psi$ é insatisfatível, então $\neg(\varphi \wedge \neg\psi)$ é tautológica. Mas $\neg(\varphi \wedge \neg\psi) \equiv \varphi \to \psi$; logo, $\models_{\mathrm{LP}} \varphi \to \psi$ e, portanto, $\varphi \models_{\mathrm{LP}} \psi$. □

Como os três problemas podem ser reduzidos uns aos outros, a pesquisa algorítmica frequentemente se concentra em Sat — o problema da satisfatibilidade.

Um algoritmo ingênuo

Um algoritmo de decisão elementar, mas ineficiente, para Sat percorre todas as interpretações possíveis:

Algoritmo NaiveSAT.
Entrada: $\varphi \in L(\Sigma)$.

Saída: 'Sim' sse φ é satisfatível.

1. Para todo $\omega \in \Omega(\Sigma)$, faça:
2. Se $\omega \models_{\text{LP}} \varphi$, devolva 'Sim'.
3. Fim do laço.
4. Devolva 'Não'.

A correção é imediata: um modelo é encontrado exatamente quando a fórmula é satisfatível. A desvantagem prática é clara: no pior caso, é necessário verificar $2^{|\Sigma|}$ interpretações, o que é exponencial no número de proposições atômicas.

Lema 1.56. *Sejam Σ uma assinatura, $\varphi \in L(\Sigma)$ e $\omega \in \Omega(\Sigma)$. A verificação de $\omega \models_{\text{LP}} \varphi$ pode ser decidida em tempo determinístico polinomial (no comprimento de φ).*

Esboço. A fórmula φ pode ser avaliada em forma de árvore: as fórmulas atômicas são avaliadas por ω e os conectivos $\wedge, \vee, \neg$ podem ser avaliados de baixo para cima em tempo linear (com respeito ao tamanho da fórmula). □

Dificuldade de Sat

O algoritmo ingênuo mostra apenas que Sat é fácil (embora custoso) de implementar. Formalmente, porém, o problema é de fato difícil: pelo teorema de Cook, Sat é NP-completo. Em outras palavras: sob a hipótese amplamente aceita de que P $\neq$ NP, não há algoritmo determinístico polinomial que resolva Sat em todos os casos. Da relação mostrada acima segue ainda que Infer e Taut (complementares) também são problemas difíceis: mais precisamente, Infer e Taut são coNP-completos.

Observação. Apesar dessa afirmação negativa de complexidade, existem na prática SAT-solvers muito eficazes (CDCL, variantes de DPLL, procedimentos heurísticos e incrementais), que resolvem muitas instâncias realistas em pouco tempo. A dificuldade teórica, portanto, não exclui algoritmos úteis para casos práticos; ela afirma apenas algo sobre o pior comportamento possível.

1.7.2 Cálculos — procedimentos sintáticos de inferência

A relação semântica $\models_{\mathrm{LP}}$ indica precisamente quando uma fórmula se segue de outra ($\varphi \models_{\mathrm{LP}} \psi \iff \mathrm{Mod}_\Sigma(\varphi) \subseteq \mathrm{Mod}_\Sigma(\psi)$), mas é pouco adequada para o cálculo prático de conclusões. Os cálculos oferecem uma alternativa sintática: permitem gerar novas fórmulas a partir de uma fórmula (ou de um conjunto de fórmulas), por meio da aplicação de regras de transformação e de inferência, sem considerar o conjunto de todas as interpretações. A seguir, apresentamos os conceitos formais, um pequeno cálculo de exemplo e observações sobre correção e completude.

Definição 1.57. *Seja Σ uma assinatura da lógica pro-*

posicional. Um cálculo proposicional $\vdash$ *para* Σ *é uma relação* $\vdash \subseteq L(\Sigma) \times L(\Sigma)$.

Definição 1.58. *Seja* X *um conjunto de variáveis (metalógicas). Uma* regra de inferência *sobre* X *tem a forma*

$$\frac{\varphi_1, \ldots, \varphi_n}{\psi}\,[r] \qquad \textit{com } \varphi_i, \psi \in L(X).$$

As variáveis em X *são marcadores de posição: para aplicar a regra a fórmulas concretas, usa-se uma substituição* $\sigma : X \to L(\Sigma)$.

Definição 1.59. *Seja* $r = \dfrac{\varphi_1, \ldots, \varphi_n}{\psi}$ *uma regra sobre* $X = \{x_1, \ldots, x_m\}$. *Para um conjunto de fórmulas* $\Phi \subseteq L(\Sigma)$, *dizemos que* r *é aplicável a* Φ *com a substituição* σ *se, e somente se,* $\varphi_i[x_j \mapsto \sigma(x_j)] \in \Phi$ *para todo* i. *A aplicação produz o conjunto ampliado*

$$\Phi' = \Phi \cup \{\psi[x_j \mapsto \sigma(x_j) \,:\, 1 \leq j \leq m]\},$$

e escrevemos, abreviadamente, $\Phi \xrightarrow{r,\sigma} \Phi'$.

Notação. Quando σ é determinada de modo inequívoco pelo contexto, omitimos a indicação de σ e escrevemos apenas $\Phi \xrightarrow{r} \Phi'$.

Consideramos agora um pequeno e útil conjunto de regras R, que representa muitas transformações elementares:

$$\frac{\alpha \wedge \beta}{\alpha} \quad [\text{CONJ}_1]$$

$$\frac{\alpha \wedge \beta}{\beta} \quad [\text{CONJ}_2]$$

$$\frac{\alpha \vee \beta}{\beta \vee \alpha} \quad [\text{COM}]$$

$$\frac{\alpha \vee (\beta \vee \gamma)}{(\alpha \vee \beta) \vee \gamma} \quad [\text{ASSOC}]$$

$$\frac{\alpha \vee (\beta \wedge \gamma)}{(\alpha \vee \beta) \wedge (\alpha \vee \gamma)} \quad [\text{DIST}]$$

$$\frac{\neg\neg\alpha}{\alpha} \quad [\text{DNE}]$$

$$\frac{\neg(\alpha \vee \beta)}{\neg\alpha \wedge \neg\beta} \quad [\text{DM1}]$$

$$\frac{\neg(\alpha \wedge \beta)}{\neg\alpha \vee \neg\beta} \quad [\text{DM2}]$$

No que segue, chamaremos esse conjunto de regras simplesmente de R_1. As regras modelam equivalências semânticas conhecidas (De Morgan, distributividade, dupla negação etc.), bem como a possibilidade de decompor conjunções.

Exemplo 1.60. *Sejam* $\Sigma = \{p, q, r\}$ *e* $\Phi = \{(p \wedge q), (\neg q \vee r) \wedge s\}$. *Com* $[\text{CONJ}_1]$ *(substituição* $\alpha \mapsto p$, $\beta \mapsto q$*), vale*

$$\Phi \longrightarrow_{[\text{CONJ}_1]} \Phi \cup \{p\}.$$

Em seguida, com $[\text{CONJ}_1]$ *(aplicada a* $(\neg q \vee r) \wedge s$*), obtém-se* $\Phi \cup \{p, \neg q \vee r\}$.

Definição 1.61. *Seja* R *um conjunto de regras. A relação de derivação associada a* R*, também chamada* *de cálculo R, é definida por: $\varphi \vdash_R \psi$ se, e somente se, existe uma sequência finita de aplicações de regras*

$$\{\varphi\} \longrightarrow_{r_1,\sigma_1} \Phi_1 \longrightarrow_{r_2,\sigma_2} \Phi_2 \longrightarrow \cdots \longrightarrow_{r_n,\sigma_n} \Phi_n$$

com $\psi \in \Phi_n$.

Definição 1.62. *Um cálculo $\vdash$ chama-se*

1. correto, *se $\varphi \vdash \psi$ sempre implica $\varphi \models_{\mathrm{LP}} \psi$;*

2. completo, *se $\varphi \models_{\mathrm{LP}} \psi$ sempre implica $\varphi \vdash \psi$.*

Proposição 1.63. *O cálculo $\vdash_{R_1}$ é correto: toda fórmula ψ derivável de φ por meio de R_1 satisfaz $\varphi \models_{\mathrm{LP}} \psi$.*

Demonstração. Suponha que $\varphi \vdash_{R_1} \psi$ seja obtido por uma sequência de aplicações de regras de R_1, isto é, existem $\Phi_0 = \{\varphi\}$, $\Phi_1, \ldots, \Phi_n$ tais que $\Phi_{i-1} \stackrel{r_i,\sigma_i}{\longrightarrow} \Phi_i$ e $\psi \in \Phi_n$. Mostramos, por indução sobre o número de aplicações i, que toda fórmula em Φ_i segue logicamente de φ, isto é, $\Phi_i \subseteq \mathrm{Cn}_\Sigma(\{\varphi\})$.

Para $i = 0$, tem-se $\Phi_0 = \{\varphi\} \subseteq \mathrm{Cn}_\Sigma(\{\varphi\})$. No passo indutivo, consideramos a última aplicação de regra $\Phi_{i-1} \stackrel{r_i,\sigma_i}{\longrightarrow} \Phi_i$. A regra r_i é uma das regras listadas em R_1; cada uma dessas regras é semanticamente válida, isto é, a conclusão é semanticamente justificada pelas premissas (por exemplo, de $\alpha \wedge \beta$ segue semanticamente α). Como, pela hipótese de indução, todas as premissas em Φ_{i-1} já são consequências semânticas de φ, segue também que a fórmula conclusiva obtida pela regra segue semanticamente de φ. Portanto, $\Phi_i \subseteq \mathrm{Cn}_\Sigma(\{\varphi\})$. Por fim, $\psi \in \Phi_n$ implica $\psi \in \mathrm{Cn}_\Sigma(\{\varphi\})$, logo $\varphi \models_{\mathrm{LP}} \psi$. □

Não completude de R_1. O cálculo R_1 é, em geral, *não* completo. Um exemplo clássico:

$$(p \lor \neg q) \land (p \lor q) \models_{\mathrm{LP}} p,$$

pois toda interpretação que satisfaz $(p \lor \neg q)$ e $(p \lor q)$ deve tornar p verdadeira. Ainda assim, p não pode ser necessariamente gerada a partir de $(p \lor \neg q) \land (p \lor q)$ pelas regras de R_1, pois R_1 não contém uma regra direta para a análise combinatória de casos em disjunções (uma regra semelhante à resolução). Isso motiva cálculos mais fortes, capazes de captar essa combinatória, como a *resolução*, que trataremos na seção seguinte.

Resumo e observações.

- Cálculos são ferramentas que aproximam ou caracterizam exatamente relações semânticas ($\models$) por meio de manipulações puramente sintáticas.
- A correção é relativamente fácil de obter (as regras devem ser semanticamente justificadas).
- A completude é mais difícil — regras adicionais (por exemplo, resolução ou regras de distinção de casos) são geralmente necessárias para captar sintaticamente todas as consequências semânticas.
- Em procedimentos práticos (autômatos/SAT-solvers, provadores de teoremas), combinam-se frequentemente transformações em forma normal com uma aplicação eficiente das regras, orientada pelo problema.

1.7.3 Cálculo de resolução

Os cálculos apresentados até aqui mostraram que muitas vezes é conveniente transformar primeiro as fórmulas em uma forma sintática simples (por exemplo, em FNC / forma de conjunto de cláusulas) e só então trabalhar com poucas regras bem escolhidas. O cálculo de resolução é um procedimento tipicamente desse tipo, particularmente eficiente e, ao mesmo tempo, poderoso: ele requer apenas *uma* regra central (a regra de resolução) e, para a lógica proposicional, é correto e completo como procedimento de refutação para satisfatibilidade.

Definição 1.64 (Forma de conjunto de cláusulas). *Uma fórmula φ está em forma de conjunto de cláusulas quando é representada como um conjunto $\varphi = \{C_1, \ldots, C_n\}$ de cláusulas (cada uma delas uma disjunção de literais). Identificamos uma cláusula C com o conjunto de seus literais.*

Definição 1.65 (Resolvente / regra de resolução). *Seja ℓ um literal (por exemplo, p ou $\neg p$). Se C_1, C_2 são duas cláusulas com $\ell \in C_1$ e $\overline{\ell} \in C_2$ (onde $\overline{\ell}$ denota a forma complementar de ℓ, isto é, $\overline{p} = \neg p$ e $\overline{\neg p} = p$), então*

$$\mathrm{Res}_\ell(C_1, C_2) := (C_1 \setminus \{\ell\}) \ \cup \ (C_2 \setminus \{\overline{\ell}\})$$

é chamada de resolvente *de C_1 e C_2 em relação a ℓ. A regra de derivação correspondente (metalogicamente) é:*

$$\frac{C_1\,,\ C_2}{\mathrm{Res}_\ell(C_1, C_2)}\ [\mathrm{Res}].$$

Uma cláusula com exatamente um literal é chamada de cláusula unitária*; a derivação de uma cláusula unitária é chamada de resolução unitária.*

Exemplos.

$$\begin{aligned}
&\mathrm{Res}_p(\{p, q\}, \{\neg p, r\}) = \{q, r\},\\
&\mathrm{Res}_q(\{p, q\}, \{\neg q\}) = \{p\},\\
&\mathrm{Res}_p(\{p\}, \{\neg p\}) = \varnothing \quad \text{(cláusula vazia)}.
\end{aligned}$$

A cláusula vazia $\varnothing$ é semanticamente uma *contradição* (nenhuma valoração pode satisfazê-la). Portanto, o objetivo de um procedimento de resolução é gerar, a partir de uma forma de conjunto de cláusulas Φ, tantas cláusulas novas quanto possível por aplicações repetidas da regra de resolução; se, nesse processo, a cláusula vazia for obtida, então Φ é insatisfatível.

Proposição 1.66 (Correção da regra de resolução). *Sejam C_1, C_2 cláusulas e seja ℓ um literal com $\ell \in C_1$ e $\overline{\ell} \in C_2$. Então vale semanticamente*

$$\{C_1, C_2\} \models_{\mathrm{LP}} \mathrm{Res}_\ell(C_1, C_2).$$

Em particular, a resolução não pode transformar um conjunto satisfatível de cláusulas em um conjunto insatisfatível.

Demonstração. Seja ω uma interpretação tal que $\omega \models C_1$ e $\omega \models C_2$. Como $\omega \models C_1$, existe um literal $L \in C_1$ tal que $\omega \models L$. Se $L \neq \ell$, então $L \in \mathrm{Res}_\ell(C_1, C_2)$ e, portanto,

$\omega \models \mathrm{Res}_\ell(C_1, C_2)$. Se $L = \ell$, então $\omega \not\models \overline{\ell}$; como $\omega \models C_2$, deve haver então outro literal $L' \in C_2 \setminus \{\overline{\ell}\}$ que seja verdadeiro. Assim, existe $L' \in C_2 \setminus \{\overline{\ell}\}$ com $\omega \models L'$. Nesse caso, $L' \in \mathrm{Res}_\ell(C_1, C_2)$ e novamente $\omega \models \mathrm{Res}_\ell(C_1, C_2)$. Logo, toda interpretação comum de C_1 e C_2 também satisfaz a resolvente, do que segue a afirmação. □

Corolário 1.67. *Se Φ é um conjunto de cláusulas e $C_1, C_2 \in \Phi$ admitem uma resolução aplicável, então Φ é equivalente a $\Phi \cup \{\mathrm{Res}_\ell(C_1, C_2)\}$ (extensão semântica sem perda de modelos).*

Demonstração. Defina $R := \mathrm{Res}_\ell(C_1, C_2)$. Vale

$$\mathrm{Mod}_\Sigma(\Phi \cup \{R\}) = \mathrm{Mod}_\Sigma(\Phi) \cap \mathrm{Mod}_\Sigma(\{R\}),$$

pois o conjunto de modelos de uma união de fórmulas corresponde à interseção dos respectivos conjuntos de modelos. Como $C_1, C_2 \in \Phi$, segue imediatamente da definição de $\mathrm{Mod}_\Sigma(\Phi)$ que

$$\mathrm{Mod}_\Sigma(\Phi) \subseteq \mathrm{Mod}_\Sigma(\{C_1, C_2\}).$$

Da correção da regra de resolução (ver a proposição acima), segue que

$$\mathrm{Mod}_\Sigma(\{C_1, C_2\}) \subseteq \mathrm{Mod}_\Sigma(\{R\}).$$

Combinando essas inclusões, obtemos

$$\mathrm{Mod}_\Sigma(\Phi) \subseteq \mathrm{Mod}_\Sigma(\{R\}),$$

e, portanto,

$$\mathrm{Mod}_\Sigma(\Phi) \cap \mathrm{Mod}_\Sigma(\{R\}) = \mathrm{Mod}_\Sigma(\Phi).$$

Assim, conclui-se que

$$\mathrm{Mod}_\Sigma(\Phi \cup \{R\}) = \mathrm{Mod}_\Sigma(\Phi),$$

isto é, Φ e $\Phi \cup \{R\}$ têm os mesmos modelos. Isso demonstra a afirmação. □

Notação abreviada Quando fica claro pelo contexto quais cláusulas e qual literal são usados em uma resolução, escrevemos de forma abreviada

$$\Phi \xrightarrow{\text{RES}} \Phi'$$

para uma única etapa de aplicação da regra de resolução, e

$$\Phi \xrightarrow{\text{RES}} \cdots \xrightarrow{\text{RES}} \Phi'$$

para uma sequência de resoluções que leva do conjunto de cláusulas Φ a Φ'. Se nenhuma outra resolução for aplicável, chamamos o conjunto de cláusulas resultante de *completamente resolvido*. Em notas breves, também escrevemos simplesmente $\Phi \rightsquigarrow \Phi'$.

Toda fórmula ϕ pode ser resolvida de modo único, completo e terminante.

Proposição 1.68. *Seja Σ uma assinatura proposicional e seja φ um conjunto de cláusulas sobre Σ. Suponhamos* *que existam duas sequências de resolução*

$$\varphi \xrightarrow{\text{RES}} \varphi_1 \xrightarrow{\text{RES}} \cdots \xrightarrow{\text{RES}} \varphi_n,$$
$$\varphi \xrightarrow{\text{RES}} \varphi'_1 \xrightarrow{\text{RES}} \cdots \xrightarrow{\text{RES}} \varphi'_m.$$

tais que tanto φ_n *quanto* φ'_m *estejam completamente resolvidos. Então vale* $\varphi_n = \varphi'_m$.

Demonstração. Mostramos primeiro a inclusão $\varphi_n \subseteq \varphi'_m$. A outra direção segue então exatamente pelo mesmo argumento, com os papéis trocados; disso resulta a igualdade desejada.

Observemos primeiro: em cada aplicação individual da regra de resolução, uma nova cláusula é *acrescentada*; nenhuma cláusula antiga é removida. Portanto, vale sempre $\varphi \subseteq \varphi_i$ e $\varphi \subseteq \varphi'_j$ para todos os passos intermediários resultantes φ_i, φ'_j.

Provamos $\varphi_n \subseteq \varphi'_m$ por indução sobre n.

Base da indução. Seja $n = 1$. Seja $C \in \varphi_1$. Então há dois casos:

- $C \in \varphi$. Como vale $\varphi \subseteq \varphi'_m$, segue que $C \in \varphi'_m$.
- $C \notin \varphi$. Então C foi produzido, na única resolução, como resolvente $C = \text{Res}_\ell(C', C'')$ com $C', C'' \in \varphi$. Como $\varphi \subseteq \varphi'_m$, também C' e C'' pertencem a φ'_m. Como φ'_m está completamente resolvido, ele contém, para cada par de cláusulas, também suas resolventes; portanto, $\text{Res}_\ell(C', C'') = C$ pertence a φ'_m.

Com isso, a base da indução está demonstrada.

Passo indutivo. Suponhamos que a afirmação tenha sido demonstrada para todas as sequências de comprimento $< n$ e consideremos uma sequência de comprimento n com estágio final φ_n. Seja $C \in \varphi_n$. Se $C \in \varphi_{n-1}$, então $C \in \varphi'_m$ segue pela hipótese de indução. Se $C \notin \varphi_{n-1}$, então C foi produzido na última aplicação como resolvente $C = \mathrm{Res}_\ell(D_1, D_2)$, com $D_1, D_2 \in \varphi_{n-1}$. Pela hipótese de indução, D_1, D_2 pertencem a φ'_m; novamente, pela completude de φ'_m (fechamento sob resolução), segue que também $C = \mathrm{Res}_\ell(D_1, D_2) \in \varphi'_m$ vale. Assim, todos os casos estão cobertos e $C \in \varphi'_m$.

Logo, segue que $\varphi_n \subseteq \varphi'_m$. Trocando os papéis de φ_n e φ'_m, obtém-se simetricamente $\varphi'_m \subseteq \varphi_n$. Portanto, no total, vale $\varphi_n = \varphi'_m$. □

Proposição 1.69 (Finitude / terminação). *Seja Σ uma assinatura finita e seja Φ um conjunto de cláusulas sobre Σ. Todo processo completo de resolução deixa, após um número finito de passos, de gerar novas cláusulas; portanto, o processo sempre termina.*

Demonstração. Uma cláusula é determinada pela escolha, para cada átomo $p \in \Sigma$, de decidir se p ocorre em forma positiva, em forma negativa, em ambas as formas ou em nenhuma das duas formas literais. Para cada átomo, essas possibilidades são finitas (exatamente quatro casos); logo, existem ao todo no máximo $4^{|\Sigma|}$ cláusulas distintas sobre Σ. Cada aplicação da regra de resolução ou não acrescenta nenhuma cláusula nova (pois a resolvente já estava presente), ou acrescenta uma cláusula ainda não existente. Como o número de cláusulas distintas possíveis é finito, esse procedimento não pode gerar indefinidamente novas cláusulas. Após um número finito de passos, todas as resolventes possíveis já foram geradas e o processo está concluído: alcançou-se um conjunto de cláusulas completamente resolvido. □

Teorema 1.70 (Caracterização da satisfatibilidade por resolução). *Seja* Σ *uma assinatura proposicional e seja* $\varphi \in L(\Sigma)$ *uma fórmula em forma de conjunto de cláusulas. Seja, além disso,* $\varphi \rightsquigarrow \varphi'$ *uma sequência completamente resolvida (isto é,* φ' *é obtida a partir de* φ *por aplicações finitas da regra de resolução e, depois disso, não pode mais ser resolvida). Então vale*

$$\varphi \text{ é satisfatível} \quad \Longleftrightarrow \quad \varnothing \notin \varphi'.$$

Em particular, φ *é insatisfatível se, e somente se, em um passo de resolução é gerada a cláusula vazia.*

Demonstração. Primeiro observamos que cada resolvente acrescentada por resolução não altera o conjunto de modelos (proposição sobre a correção da regra de resolução). Portanto, temos $\varphi \equiv \varphi'$ e, consequentemente, $\mathrm{Mod}_\Sigma(\varphi) = \mathrm{Mod}_\Sigma(\varphi')$.

"$\Leftarrow$": Se $\varnothing \in \varphi'$, então φ' é obviamente insatisfatível, pois um conjunto de cláusulas que contém a cláusula vazia não possui modelo. Como $\varphi \equiv \varphi'$, também φ é insatisfatível.

"⇒": Suponha agora que φ seja insatisfatível. Mostramos que então necessariamente vale $\varnothing \in \varphi'$. A prova é por indução completa sobre $n := |\Sigma|$.

Base da indução ($n = 0$). Se $|\Sigma| = 0$, há apenas a situação atômica: ou $\varphi = \varnothing$ (nesse caso, φ é satisfatível), ou $\varphi = \{\varnothing\}$ (nesse caso, φ já é insatisfatível e $\varnothing \in \varphi$). Pela hipótese de que φ é insatisfatível, segue imediatamente que $\varnothing \in \varphi'$.

Passo indutivo. Seja $n \geq 0$ e suponha que a afirmação valha para todas as assinaturas de tamanho n. Seja Σ tal que $|\Sigma| = n + 1$ e seja φ um conjunto de cláusulas insatisfatível sobre Σ. Escolha um átomo arbitrário $x \in \Sigma$ e construa os dois conjuntos de cláusulas sobre $\Sigma \setminus \{x\}$

$$\varphi_x := \{\, C \setminus \{x\} \mid C \in \varphi,\ \neg x \notin C \,\},$$
$$\varphi_{\neg x} := \{\, C \setminus \{\neg x\} \mid C \in \varphi,\ x \notin C \,\}.$$

Intuitivamente, φ_x corresponde à fórmula que surge quando se assume x como verdadeiro (as cláusulas satisfeitas por $\neg x$ desaparecem; nas demais, removem-se as ocorrências de x). Analogamente, $\varphi_{\neg x}$ é a fórmula sob a hipótese de que x é falso.

Como φ é insatisfatível, nem φ_x nem $\varphi_{\neg x}$ podem ser satisfeitos (por exemplo, se φ_x fosse satisfatível, então um modelo de φ_x poderia ser completado para um modelo de φ definindo $\omega(x) = \text{false}$). Assim, φ_x e $\varphi_{\neg x}$ também são insatisfatíveis e estão sobre a assinatura menor $\Sigma \setminus \{x\}$. Pela hipótese de indução, portanto, para resultados completamente resolvidos $\varphi_x \rightsquigarrow \psi_x$ e $\varphi_{\neg x} \rightsquigarrow \psi_{\neg x}$, deve valer $\varnothing \in \psi_x$ e $\varnothing \in \psi_{\neg x}$.

Mostramos agora que desses fatos já se segue que, em uma resolução completa de φ, a cláusula vazia deve ser gerada. A cláusula vazia é obtida a partir de resolventes; a indução fornece que, nas respectivas sequências completamente resolvidas de φ_x e de $\varphi_{\neg x}$, existem resoluções que geram a cláusula vazia. Cada cláusula usada na resolução de φ_x provém ou diretamente de φ, ou de uma cláusula da forma $C \setminus \{x\}$ com $C \in \varphi$ (e analogamente para $\varphi_{\neg x}$). Disso se conclui que, com as mesmas cláusulas iniciais em φ (dadas as possibilidades de resolução sobre x ou sobre $\neg x$), pode-se primeiro derivar, na resolução de φ, a cláusula unitária $\{x\}$ ou $\{\neg x\}$; pois, se em φ_x uma sequência de resoluções a partir de $C_1 \setminus \{x\}, \ldots, C_m \setminus \{x\}$ produz a cláusula vazia, então as cláusulas iniciais correspondentes ocorrem em φ sem alteração ou com o literal adicional x, e, pela aplicação repetida da regra de resolução, obtém-se finalmente em φ a cláusula unitária $\{x\}$. Analogamente, a derivação de $\{\neg x\}$ segue da resolução que gera a cláusula vazia em $\varphi_{\neg x}$.

Portanto, se em uma resolução (completa) de φ ambas as cláusulas unitárias $\{x\}$ e $\{\neg x\}$ são deriváveis, então sua resolução produz a cláusula vazia. Como φ' é completamente resolvido, φ' contém todas as cláusulas deriváveis de φ; logo, deve seguir $\varnothing \in \varphi'$.

Assim está demonstrado: da insatisfatibilidade de φ segue $\varnothing \in \varphi'$. Combinando isso com a primeira direção, obtemos a caracterização equivalente

$$\varphi \text{ é satisfatível} \iff \varnothing \notin \varphi'.$$

□

Exemplo 1.71 (Interrupção antecipada na resolução — um exemplo breve e alternativo). *Considere a assinatura* $\Sigma = \{P, Q, R\}$ *e o conjunto de cláusulas*

$$\Phi = \{\{P, Q\},\ \{\neg P\},\ \{\neg Q\}\}.$$

Aplicamos agora a resolução passo a passo (a resolvente gerada em cada etapa é destacada):

$$\begin{aligned}
&\Phi = \{\{P, Q\},\ \{\neg P\},\ \{\neg Q\}\} \\
&\quad \xrightarrow{\text{RES}} \{\{P, Q\},\ \{\neg P\},\ \{\neg Q\},\ \underbrace{\{Q\}}_{\text{Res}_{\neg P}(\{P,Q\},\{\neg P\})}\} \\
&\quad \xrightarrow{\text{RES}} \{\{P, Q\},\ \{\neg P\},\ \{\neg Q\},\ \{Q\},\ \underbrace{\varnothing}_{\text{Res}_{\neg Q}(\{Q\},\{\neg Q\})}\}.
\end{aligned}$$

As duas resoluções são, em detalhe:

$$\text{Res}_{\neg P}(\{P, Q\}, \{\neg P\}) = \{Q\}, \qquad \text{Res}_{\neg Q}(\{Q\}, \{\neg Q\}) = \varnothing.$$

Assim, já após dois passos produzimos um subconjunto Φ'' *de resolventes (isto é, o lado direito da última linha) que contém a cláusula vazia, ou seja,* $\varnothing \in \Phi''$*. Pela observação de que qualquer resolução completa posterior* *apenas acrescenta novas resolventes, temos sempre* $\Phi'' \subseteq \Phi'$ *para qualquer resultado completamente resolvido* Φ' *de* Φ. *Consequentemente, também vale* $\varnothing \in \Phi'$ *e, pelo teorema da resolução,* Φ *é insatisfatível.*

Observação. *Este exemplo mostra o princípio prático:* não é necessário calcular sempre todas as resolventes possíveis. *Assim que a cláusula vazia aparece em algum ponto da sequência de resolução, pode-se interromper o procedimento — a fórmula inicial é então definitivamente insatisfatível. Na prática, isso frequentemente economiza muito esforço computacional.*

Definição 1.72 (Derivabilidade por resolução). *Seja* Σ *uma assinatura da lógica proposicional e sejam* $\varphi, \psi \in L(\Sigma)$. *Seja* ξ *uma fórmula em forma de conjunto de cláusulas com* $\xi \equiv \varphi \wedge \neg\psi$ *e seja* ξ' *um resultado completamente resolvido com* $\xi \rightsquigarrow \xi'$ *(cf. o teorema sobre a caracterização da satisfatibilidade via resolução). Escrevemos*

$$\varphi \vdash_{\text{Res}} \psi \qquad \textit{sse} \qquad \varnothing \in \xi'.$$

Isto é: ψ *é derivável de* φ *por resolução se, e somente se, na resolução de* $\varphi \wedge \neg\psi$ *é gerada a cláusula vazia.*

Corolário 1.73 (Correção e completude do cálculo de resolução). *A relação* $\vdash_{\text{Res}}$ *é correta e completa para a lógica proposicional, isto é, para todos* $\varphi, \psi \in L(\Sigma)$ *vale*

$$\varphi \vdash_{\text{Res}} \psi \iff \varphi \models_{\text{LP}} \psi.$$

Demonstração. Sejam $\varphi, \psi \in L(\Sigma)$ arbitrárias e seja ξ, como acima, um conjunto de cláusulas com $\xi \equiv \varphi \wedge \neg\psi$, bem como $\xi \rightsquigarrow \xi'$ um resultado completamente resolvido.

Correção. Suponha que $\varphi \vdash_{\mathrm{Res}} \psi$. Então $\varnothing \in \xi'$, logo ξ (e, portanto, $\varphi \wedge \neg\psi$) é insatisfatível. Se segue que $\varphi \wedge \neg\psi \equiv \bot$, então $\varphi \wedge \neg\psi$ não possui modelos. Assim, pela caracterização da consequência semântica (dedução/proposição sobre Infer/Taut/Sat), vale $\varphi \models_{\mathrm{LP}} \psi$.

Completude. Suponha que $\varphi \models_{\mathrm{LP}} \psi$. Então $\varphi \wedge \neg\psi$ é insatisfatível. Pelo teorema da resolução (teorema sobre a caracterização da satisfatibilidade via resolução), uma resolução completa sobre um conjunto de cláusulas equivalente gera necessariamente a cláusula vazia, isto é, para o conjunto de cláusulas ξ equivalente a $\varphi \wedge \neg\psi$ vale $\xi \rightsquigarrow \xi'$ com $\varnothing \in \xi'$. Portanto, $\varphi \vdash_{\mathrm{Res}} \psi$.

Das duas direções segue a afirmação. □

Observação. Formalmente, a aplicação prática de $\vdash_{\mathrm{Res}}$ depende de transformar $\varphi \wedge \neg\psi$ em um conjunto de cláusulas (equivalente) (existência de uma FNC / forma de conjunto de cláusulas). Na prática, utiliza-se para isso uma tradução de Tseitin ou uma tradução semelhante, a fim de manter controláveis os custos da transformação.

Exemplo 1.74.

$$\Sigma = \{A, B, C\}, \qquad \varphi = (A \vee B) \wedge (\neg A \vee C), \qquad \psi = B \vee C.$$

Justificação semântica. *Seja ω uma interpretação arbitrária tal que $\omega \models \varphi$.*

- *Se* $\omega(A) = true$*, então, por causa de* $\neg A \lor C$*, também deve valer* $\omega(C) = true$*; logo,* $\omega \models B \lor C$*.*
- *Se* $\omega(A) = false$*, então, por causa de* $A \lor B$*, deve valer* $\omega(B) = true$*; logo, novamente* $\omega \models B \lor C$*.*

Em ambos os casos vale $\omega \models B \lor C$*. Portanto,* $\varphi \models_{\mathrm{LP}} \psi$*.*

Resolução (prova sintática). *Considere* $\xi = \varphi \land \neg\psi$*. Como* $\neg\psi = \neg(B \lor C) = \neg B \land \neg C$*,* ξ *já está na forma de conjunto de cláusulas:*

$$\xi = \{\,\{A, B\},\ \{\neg A, C\},\ \{\neg B\},\ \{\neg C\}\,\}.$$

Agora aplicamos a resolução passo a passo:

$$\begin{aligned} \{A, B\},\ \{\neg B\} &\implies \mathrm{Res}_B(\{A, B\}, \{\neg B\}) = \{A\}, \\ \{A\},\ \{\neg A, C\} &\implies \mathrm{Res}_A(\{A\}, \{\neg A, C\}) = \{C\}, \\ \{C\},\ \{\neg C\} &\implies \mathrm{Res}_C(\{C\}, \{\neg C\}) = \varnothing. \end{aligned}$$

Como a cláusula vazia $\varnothing$ *é derivável,* ξ *é insatisfatível. De* $\xi \equiv \varphi \land \neg\psi$*, segue então*

$$\varphi \vdash_{\mathrm{Res}} \psi.$$

Conclusão. *Neste exemplo, as perspectivas semântica e sintática coincidem:*

$$\varphi \models_{\mathrm{LP}} \psi \iff \varphi \vdash_{\mathrm{Res}} \psi.$$

1.7.4 Exercícios e soluções

Considere a assinatura proposicional

$$\Sigma = \{J, K, A, C, D, G, I\}$$

e o conjunto de cláusulas

$$\varphi_3 = \left\{\begin{array}{l}\{J, C, \neg I\}, \{G, \neg J\}, \{\neg A, G, \neg I\}, \\ \{J, \neg A, \neg I\}, \{A, \neg D, G\}, \\ \{C, G, \neg I\}, \{J, \neg D, G, \neg I\}\end{array}\right\}.$$

Decida, para cada uma das seguintes afirmações, se ela é verdadeira ou falsa.

1. $\{K, \neg G\}$ e $\{K, I\}$ são resolúveis.
2. $\{\neg A\}$ e $\{A, \neg D\}$ são resolúveis.
3. φ_3 está completamente resolvido.
4. $\{\{J, \neg C\}, \{\neg G\}, \{A, \neg C, G\}, \{K, G\}, \{\neg K, G\}\} \not\equiv \bot$.

Soluções.

1. **Falso.** As duas cláusulas contêm K, mas não contêm nenhum par de literais complementares. Para uma resolução, seria necessário que em uma cláusula ocorresse L e, na outra, $\neg L$. Esse não é o caso aqui.

2. **Verdadeiro.** As cláusulas são resolúveis pelo literal A. Vale

$$\text{Res}_{\neg A}(\{\neg A\}, \{A, \neg D\}) = \{\neg D\}.$$

Portanto, a regra de resolução é aplicável.

3. **Falso.** O conjunto de cláusulas ainda não está completamente resolvido. De fato, ainda são possíveis outras resoluções, por exemplo

$$\text{Res}_{J}(\{J, \neg D, G, \neg I\}, \{G, \neg J\}) = \{\neg D, G, \neg I\}.$$

Assim, ainda é possível gerar pelo menos uma nova resolvente.

4. **Falso.** A fórmula é insatisfatível; portanto, vale em particular

$$\begin{aligned} \{\{J, \neg C\}, \{\neg G\}, \{A, \neg C, G\},& \\ \{K, G\}, \{\neg K, G\}\} &\equiv \bot \end{aligned}$$

Pode-se derivar a cláusula vazia, por exemplo, da seguinte forma:

$$\begin{aligned} \text{Res}_{\neg K}(\{\neg K, G\}, \{K, G\}) &= \{G\}, \\ \text{Res}_{\neg G}(\{\neg G\}, \{A, \neg C, G\}) &= \{A, \neg C\} \end{aligned}$$

e, em seguida,

$$\begin{aligned} \text{Res}_{\neg G}(\{\neg G\}, \{K, G\}) &= \{K\}, \\ \text{Res}_{\neg G}(\{\neg G\}, \{\neg K, G\}) &= \{\neg K\} \end{aligned}$$

finalmente,

$$\text{Res}_{\neg K}(\{\neg K\}, \{K\}) = \varnothing.$$

Com isso, o conjunto de cláusulas é insatisfatível e, portanto, equivalente a $\bot$.

Breve feedback.

- (1) Não há par de literais complementares.
- (2) A resolução sobre A produz $\{\neg D\}$.
- (3) Ainda não está completamente resolvido; há outros resolventes possíveis.
- (4) Insatisfatível, pois a cláusula vazia é derivável.

1.8 Solucionadores SAT

Consideramos agora o problema algorítmico da satisfatibilidade para fórmulas da lógica proposicional. No centro estão os chamados solucionadores SAT, isto é, procedimentos que decidem se uma fórmula é satisfatível. O algoritmo clássico DPLL constitui a base de muitas implementações modernas. Antes de conhecê-lo, porém, precisamos ainda de uma ferramenta importante: a equivalência quanto à satisfatibilidade. Ela permite transformar ou simplificar fórmulas de tal modo que sua satisfatibilidade permaneça inalterada. Isso é particularmente útil quando fórmulas devem ser convertidas para a forma normal conjuntiva.

Na subseção seguinte, introduzimos primeiro o conceito de equivalência quanto à satisfatibilidade e mostramos, por meio de exemplos simples, como fórmulas podem ser modificadas de maneira satisfatibilidade-equivalente. Em seguida, voltamo-nos à codificação de Tseitin, com a qual fórmulas podem ser transformadas eficientemente em FNC. Por fim, apresentamos o algoritmo DPLL como procedimento básico de busca para SAT.

1.8.1 Equivalência quanto à satisfatibilidade

Duas fórmulas são chamadas equivalentes quanto à satisfatibilidade quando não podem ser distinguidas em relação à sua satisfatibilidade: ou ambas são satisfatíveis, ou ambas são insatisfatíveis. Diferentemente do que ocorre na equivalência lógica, portanto, não se exige que as duas fórmulas tenham o mesmo valor de verdade sob toda interpretação, mas apenas que exista ou não exista algum modelo.

Definição 1.75. *Seja Σ uma assinatura proposicional e sejam $\varphi, \psi \in L(\Sigma)$. Então φ e ψ são chamadas* equivalentes quanto à satisfatibilidade, *escrito*

$$\varphi \cong_\Sigma \psi,$$

se vale

$$\mathrm{Mod}_\Sigma^{PL}(\varphi) \neq \emptyset \;\Leftrightarrow\; \mathrm{Mod}_\Sigma^{PL}(\psi) \neq \emptyset.$$

De modo abreviado, também escrevemos $\varphi \cong \psi$, desde que esteja claro pelo contexto qual assinatura está sendo considerada.

Todas as fórmulas logicamente equivalentes são automaticamente também equivalentes quanto à satisfatibilidade. A recíproca, porém, não vale em geral: duas fórmulas podem ter a mesma satisfatibilidade, mas significados semânticos diferentes.

Exemplo 1.76. *Uma forma muito simples de equivalência quanto à satisfatibilidade surge pela renomeação de variáveis. Seja* Σ *uma assinatura proposicional, seja* $\varphi \in L(\Sigma)$ *e sejam* $p, q \in \Sigma$ *escolhidos de modo que* p *ocorra em* φ*, mas* q *não. Então vale*

$$\varphi \cong \varphi[p \mapsto q].$$

Por exemplo, seja

$$\varphi = (P \wedge (\neg R \vee S)) \wedge (\neg P \vee T)$$

e, a partir dela, obtida pela substituição de P *por* Q*,*

$$\varphi[P \mapsto Q] = (Q \wedge (\neg R \vee S)) \wedge (\neg Q \vee T).$$

De cada modelo de φ *obtém-se imediatamente um modelo de* $\varphi[P \mapsto Q]$*, bastando escolher o valor de verdade de* Q *de modo correspondente ao de* P*. Reciprocamente, a construção funciona da mesma maneira. Assim, ambas as fórmulas são equivalentes quanto à satisfatibilidade, mas, em geral, não são logicamente equivalentes.*

Para fórmulas em forma de conjunto de cláusulas, uma simplificação particularmente útil é a *eliminação de literais puros.* Um literal é chamado *puro* quando seu literal de negação não ocorre em nenhum lugar da fórmula dada. Nesse caso, pode-se eliminar todas as cláusulas em que esse literal ocorre sem alterar a satisfatibilidade.

Proposição 1.77. *Seja* Σ *uma assinatura proposicional, seja* $\varphi \in L(\Sigma)$ *uma fórmula em forma de conjunto de cláusulas e seja* $l \in \mathrm{Lit}(\Sigma)$. *Se* $l \notin C$ *para todo* $C \in \varphi$, *então vale*

$$\varphi \cong \{\, C \in \varphi \mid \bar{l} \notin C \,\}.$$

Demonstração. Seja

$$\varphi' := \{\, C \in \varphi \mid \bar{l} \notin C \,\}.$$

Sem perda de generalidade, seja $l = x$ para algum $x \in \Sigma$, de modo que $\bar{l} = \neg x$. O caso $l = \neg x$ segue de maneira análoga.

Devemos mostrar que:

$$\mathrm{Mod}_{\Sigma}^{PL}(\varphi) \neq \emptyset \;\Leftrightarrow\; \mathrm{Mod}_{\Sigma}^{PL}(\varphi') \neq \emptyset.$$

- Se $\omega \in \mathrm{Mod}_{\Sigma}^{PL}(\varphi)$, então, como $\varphi' \subseteq \varphi$, também temos $\omega \in \mathrm{Mod}_{\Sigma}^{PL}(\varphi')$.

- Reciprocamente, se $\omega \in \mathrm{Mod}_{\Sigma}^{PL}(\varphi')$, definimos uma interpretação $\omega' \in \Omega(\Sigma)$ por

  $$\omega'(y) = \omega(y) \quad \forall y \in \Sigma \setminus \{x\}, \qquad \omega'(x) = \text{false}.$$

  Mostramos que $\omega' \models^{PL} \varphi$.

  Para isso, seja $C \in \varphi$. Se $\bar{l} = \neg x \in C$, então segue que $\omega' \models^{PL} C$, pois $\omega'(x) = \text{false}$. Se $\bar{l} \notin C$, então $C \in \varphi'$. Como $l = x$ não ocorre em nenhuma cláusula de φ, em particular nem x nem $\neg x$ ocorrem em C. Portanto, ω e ω' coincidem em todas as variáveis que ocorrem em C. Como $\omega \models^{PL} C$, segue também que $\omega' \models^{PL} C$.

Assim, $\omega' \in \mathrm{Mod}_{\Sigma}^{PL}(\varphi)$ e, portanto,

$$\mathrm{Mod}_{\Sigma}^{PL}(\varphi) \neq \emptyset.$$

Logo, vale $\varphi \cong \varphi'$. □

Em outras palavras: se uma variável ocorre em um conjunto de cláusulas apenas com uma polaridade, então as cláusulas correspondentes podem ser removidas sem risco. Exatamente essa observação será explorada sistematicamente mais adiante em procedimentos SAT.

Exemplo 1.78. *Consideremos o conjunto de cláusulas*

$$\psi = \{\{P, R\}, \{\neg P, S\}, \{S, T\}, \{\neg T, U\}, \{S, U\}\}.$$

Aqui, S é um literal puro, pois $\neg S$ não ocorre em ψ. Portanto, podemos eliminar as cláusulas que contêm S e obtemos

$$\psi' = \{\{P, R\}, \{\neg T, U\}\}.$$

Vale $\psi \cong \psi'$. De fato, ψ' é satisfatível, por exemplo, por uma valoração com

$$\omega(P) = \omega(R) = \omega(U) = \text{true}, \qquad \omega(T) = \text{false},$$

e a variável S pode então ser acrescentada arbitrariamente, por exemplo como verdadeira, de modo que também ψ seja satisfeita.

A equivalência quanto à satisfatibilidade é, portanto, uma ferramenta fundamental para o pré-processamento de instâncias SAT. Ela permite simplificar fórmulas sem alterar a resposta à pergunta pela satisfatibilidade. Na próxima subseção, mostramos como essa ideia pode ser usada sistematicamente, por meio da codificação de Tseitin, para a transformação em FNC.

1.8.2 A codificação de Tseitin

Ao trabalhar com procedimentos de resolução, a forma normal conjuntiva é particularmente prática. A ideia mais imediata de transformar uma fórmula qualquer em FNC simplesmente pela aplicação repetida das equivalências da Seção 1.5.3 tem, contudo, uma desvantagem: a fórmula resultante pode tornar-se muito mais longa do que a fórmula original. Para procedimentos algorítmicos, isso é desfavorável, pois o aumento sintático pode ser exponencial no pior caso.

Para tornar esse problema mais preciso, introduzimos primeiro uma medida simples de tamanho.

Definição 1.79 (Comprimento de uma fórmula)**.** *Seja* Σ *uma assinatura proposicional e* $\varphi \in L(\Sigma)$*. O compri-*

mento $|\varphi|$ é definido indutivamente por

$$|\varphi| := \begin{cases} 1, & se\ \varphi = x \in \Sigma, \\ 1 + |\psi|, & se\ \varphi = \neg\psi, \\ 1 + |\psi| + |\psi'|, & se\ \varphi = \psi \wedge \psi', \\ 1 + |\psi| + |\psi'|, & se\ \varphi = \psi \vee \psi'. \end{cases}$$

Aqui contamos apenas os conectivos $\neg$, $\wedge$ e $\vee$. Fórmulas com $\rightarrow$ ou $\leftrightarrow$ são previamente reduzidas a esses conectivos por meio de suas definições.

Exemplo 1.80. *Consideremos uma assinatura um pouco menor*

$$\Sigma_{\text{Casa}} = \{Porta, Janela, Luz\}.$$

Então vale, por exemplo,

$$|\neg(Porta \vee Janela)| = 4, \qquad |(Porta \wedge \neg Janela) \vee Luz| = 6.$$

Para a fórmula

$$(Porta \vee Janela) \wedge \neg Luz$$

obtemos, pela definição de comprimento:

$$|Porta \vee Janela| = 3, \qquad |\neg Luz| = 2,$$

logo, no total,

$$|(Porta \vee Janela) \wedge \neg Luz| = 1 + 3 + 2 = 6.$$

A conversão ingênua para FNC pode causar um forte aumento do tamanho da fórmula. Isso se torna especialmente claro na família

$$\varphi_n = (A_1 \wedge B_1) \vee (A_2 \wedge B_2) \vee \cdots \vee (A_n \wedge B_n).$$

O comprimento de φ_n cresce apenas linearmente em n, mas uma aplicação ingênua das leis distributivas leva a uma FNC com um número exponencial de cláusulas: para cada escolha de exatamente um átomo de cada par (A_i, B_i), surge uma cláusula própria. O resultado é, portanto, muito mais longo do que a fórmula inicial.

Para procedimentos práticos, por isso, é mais conveniente usar outra ideia: não se substitui cada subfórmula diretamente por sua FNC equivalente; em vez disso, introduzem-se novas variáveis auxiliares para as subfórmulas. Essas novas variáveis "guardam" o valor de verdade da subfórmula correspondente. Desse modo, obtém-se uma fórmula em FNC que não é necessariamente equivalente à fórmula inicial, mas é *equisatisfatível* com ela: as duas fórmulas são satisfatíveis exatamente nos mesmos casos.

Essa construção é chamada *codificação de Tseitin.*

Exemplo 1.81. *Consideremos a fórmula*

$$\varphi = (Alarme \wedge (Sensor \vee \neg Energia)) \vee (\neg Alarme \wedge Sirene).$$

Uma transformação ingênua em FNC faria a fórmula crescer fortemente. Em vez disso, introduzimos novas variáveis auxiliares para as subfórmulas. Por exemplo, podemos marcar as seguintes subfórmulas:

$$\begin{aligned}\varphi_1 &= \varphi,\\ \varphi_2 &= Alarme \wedge (Sensor \vee \neg Energia),\\ \varphi_3 &= \neg Alarme \wedge Sirene.\end{aligned}$$

bem como

$$\begin{aligned}\varphi_4 &= Alarme,\\ \varphi_5 &= Sensor \vee \neg Energia,\\ \varphi_6 &= \neg Alarme,\\ \varphi_7 &= Sirene.\end{aligned}$$

Para isso, introduzimos novas variáveis proposicionais

$$Q_1, \ldots, Q_7$$

e fixamos a estrutura da fórmula por meio de equivalências:

$$Q_1 \leftrightarrow (Q_2 \vee Q_3), \qquad Q_2 \leftrightarrow (Q_4 \wedge Q_5), \qquad Q_3 \leftrightarrow (Q_6 \wedge Q_7),$$

$$\begin{aligned}Q_4 &\leftrightarrow Alarme,\\ Q_5 &\leftrightarrow (Sensor \vee \neg Energia),\\ Q_6 &\leftrightarrow \neg Alarme,\\ Q_7 &\leftrightarrow Sirene.\end{aligned}$$

Por fim, exigimos ainda que a variável-raiz Q_1 *seja verdadeira. Assim, obtemos uma FNC que não é necessariamente equivalente a* φ*, mas que é satisfatível exatamente quando* φ *também é satisfatível.*

Definição 1.82 (Codificação de Tseitin). *Seja* Σ *uma assinatura proposicional e seja* $\varphi \in L(\Sigma)$. *Definimos a codificação de Tseitin* $T(\varphi)$ *de modo que ela use uma nova variável para cada subfórmula relevante. Nesse processo, a variável-raiz da codificação deve ser posta como verdadeira.*

Conceitualmente, isso é feito de maneira recursiva: para cada subfórmula ψ, *introduz-se uma nova variável* x_ψ, *e acrescentam-se cláusulas que descrevem a relação entre* x_ψ *e as subfórmulas imediatas de* ψ. *Para os casos básicos e para os três conectivos, obtêm-se os seguintes blocos:*

$$
\begin{aligned}
T_X(x, y) &= (\neg x \vee y) \wedge (x \vee \neg y)\\
T_X(x, \neg\psi) &= (\neg x \vee \neg x') \wedge (x \vee x')\\
&\quad \wedge\ T_{X\cup\{x'\}}(x', \psi),\\[1ex]
T_X(x, \psi \wedge \psi') &= (\neg x \vee x') \wedge (\neg x \vee x'')\\
&\quad \wedge\ (\neg x' \vee \neg x'' \vee x)\\
&\quad \wedge\ T_{X\cup\{x',x''\}}(x', \psi)\\
&\quad \wedge\ T_{X\cup\{x',x''\}\cup\Sigma(\xi)}(x'', \psi'),\\[1ex]
T_X(x, \psi \vee \psi') &= (\neg x' \vee x) \wedge (\neg x'' \vee x)\\
&\quad \wedge\ (\neg x \vee x' \vee x'')\\
&\quad \wedge\ T_{X\cup\{x',x''\}}(x', \psi)\\
&\quad \wedge\ T_{X\cup\{x',x''\}\cup\Sigma(\xi)}(x'', \psi').
\end{aligned}
$$

Aqui, x', x'' *são, em cada caso, variáveis novas. A*

codificação completa é então obtida por

$$T(\varphi) = x_\varphi \wedge T_{\Sigma(\varphi)\cup\{x_\varphi\}}(x_\varphi, \varphi).$$

em que

$$x \notin \Sigma(\varphi), \qquad x', x'' \notin X, \qquad \varphi = y \in \Sigma.$$

Teorema 1.83 (Codificação de Tseitin)**.** *Seja Σ uma assinatura da lógica proposicional e seja $\varphi \in L(\Sigma)$. Então $T(\varphi)$ está em forma normal conjuntiva e vale*

$$\varphi \sim T(\varphi).$$

Aqui, $\varphi \sim T(\varphi)$ significa que φ e $T(\varphi)$ são equisatisfatíveis.

Demonstração. Mostramos primeiro que $T(\varphi)$ está em FNC. Isso segue diretamente da definição recursiva da codificação de Tseitin:

- Para fórmulas atômicas,

  $$T_X(x, y) = (\neg x \vee y) \wedge (x \vee \neg y)$$

  já é uma conjunção de cláusulas.

- As fórmulas $T_X(x, \neg\psi)$, $T_X(x, \psi\wedge\psi')$ e $T_X(x, \psi\vee\psi')$ são obtidas, em cada caso, como conjunções de cláusulas e de outras expressões da forma $T(\cdot, \cdot)$.

- Como a codificação é definida recursivamente sobre subfórmulas, a indução sobre a estrutura de φ mostra que todos os blocos que ocorrem já estão em FNC.

- Por fim, também

  $$T(\varphi) = x_\varphi \wedge T_{\Sigma(\varphi)\cup\{x_\varphi\}}(x_\varphi, \varphi)$$

  é uma conjunção de cláusulas, portanto também está em FNC.

Agora mostramos a equisatisfatibilidade. Ponha

$$\Sigma' := \Sigma(T(\varphi)).$$

Então, inicialmente, vale

$$\mathrm{Mod}_{\Sigma'}(\varphi) \neq \varnothing \quad \Longrightarrow \quad \mathrm{Mod}_{\Sigma'}(T(\varphi)) \neq \varnothing.$$

Para isso, seja dado $\omega \in \Omega(\Sigma')$ com $\omega \models \varphi$. Definimos uma extensão ω' de ω às variáveis auxiliares que ocorrem adicionalmente em $T(\varphi)$ por

$$\omega'(A_i) = \omega(A_i) \qquad (i = 1, \ldots, n),$$

e, para cada nova variável x_ψ introduzida em $T(\varphi)$ para uma subfórmula ψ,

$$\omega'(x_\psi) = [\![\psi]\!]_\omega.$$

Mostramos por indução estrutural sobre as subfórmulas ψ de φ que

$$\omega'(x_\psi) = [\![\psi]\!]_\omega$$

vale para todas as subfórmulas ψ. Para fórmulas atômicas, isso é imediato pela definição de ω'. Para negação, conjunção e disjunção, a afirmação segue em cada caso da forma recursiva da codificação de Tseitin: as cláusulas correspondentes impõem exatamente a tabela-verdade do respectivo conectivo. Assim, ω' satisfaz todas as equivalências entre variáveis auxiliares e subfórmulas que ocorrem em $T(\varphi)$; portanto, $\omega' \models T(\varphi)$. Logo, $T(\varphi)$ é satisfatível.

Para a direção recíproca

$$\mathrm{Mod}_{\Sigma'}(T(\varphi)) \neq \varnothing \quad \Longrightarrow \quad \mathrm{Mod}_{\Sigma'}(\varphi) \neq \varnothing$$

seja agora dado $\omega \in \Omega(\Sigma')$ com $\omega \models T(\varphi)$. Mostramos novamente por indução estrutural sobre as subfórmulas ψ de φ que

$$\omega \models x_\psi \quad \Longleftrightarrow \quad \omega \models \psi.$$

A base da indução para fórmulas atômicas segue diretamente das cláusulas

$$(\neg x_p \vee p) \quad \text{e} \quad (x_p \vee \neg p),$$

que, juntas, expressam exatamente $x_p \leftrightarrow p$. No passo indutivo, consideramos as três formas possíveis de uma subfórmula:

- Se $\psi = \neg\xi$, então $T(\varphi)$ impõe a equivalência $x_\psi \leftrightarrow \neg x_\xi$.
- Se $\psi = \xi \wedge \xi'$, então $T(\varphi)$ impõe a equivalência $x_\psi \leftrightarrow (x_\xi \wedge x_{\xi'})$.
- Se $\psi = \xi \vee \xi'$, então $T(\varphi)$ impõe a equivalência $x_\psi \leftrightarrow (x_\xi \vee x_{\xi'})$.

Em todos os casos, segue da hipótese de indução que

$$\omega \models x_\psi \iff \omega \models \psi.$$

Em particular, isso vale para a subfórmula-raiz $\psi = \varphi$. Como $T(\varphi)$ contém a cláusula unitária x_φ e supomos $\omega \models T(\varphi)$, segue que $\omega \models x_\varphi$. Logo, também $\omega \models \varphi$, e portanto φ é satisfatível.

Combinando as duas direções, obtemos

$$\varphi \sim T(\varphi).$$

□

Proposição 1.84. *Seja Σ uma assinatura proposicional e seja $\varphi \in L(\Sigma)$. Então o comprimento da codificação de Tseitin cresce, no máximo, linearmente:*

$$|T(\varphi)| \in O(|\varphi|).$$

Observação 1.85. *A codificação de Tseitin é tão importante para aplicações algorítmicas porque evita a explosão exponencial da transformação ingênua para a forma normal conjuntiva (FNC). Para a questão da satisfatibilidade, basta, portanto, usar no lugar da fórmula inicial uma FNC equissatisfatível com novas variáveis auxiliares.*

Observação 1.86. *Do ponto de vista algorítmico, poderemos, portanto, frequentemente supor tacitamente no que segue que as fórmulas estão em FNC ou já se encontram na forma de conjuntos de cláusulas. É precisamente essa perspectiva que é particularmente útil para o cálculo de resolução.*

1.8.3 O algoritmo DPLL

O algoritmo DPLL é um procedimento recursivo de busca para o problema da satisfatibilidade em forma de conjunto de cláusulas. A ideia básica é simples: escolhe-se uma variável proposicional ainda não fixada e consideram-se os dois casos em que ela é verdadeira ou falsa. Desse modo, obtém-se uma árvore de busca. Para que a busca não se ramifique desnecessariamente, realizam-se em cada passo duas simplificações naturais: cláusulas unitárias são propagadas e literais puros são removidos.

Proposição 1.87 (Ramificação segundo um literal). *Seja Φ um conjunto de cláusulas sobre uma assinatura Σ e seja $x \in \Sigma$. Então vale:*

$$\begin{aligned} \mathrm{Mod}_\Sigma(\Phi) \neq \varnothing \iff & \mathrm{Mod}_\Sigma(\Phi \cup \{\{x\}\}) \neq \varnothing \\ \textit{ou} \quad & \mathrm{Mod}_\Sigma(\Phi \cup \{\{\neg x\}\}) \neq \varnothing. \end{aligned}$$

Demonstração. Toda interpretação torna verdadeiro x ou torna verdadeiro $\neg x$. Portanto, se Φ é satisfatível, então algum modelo de Φ satisfaz $\{x\}$ ou $\{\neg x\}$. Reciprocamente, é claro que toda valoração satisfatória de $\Phi \cup \{\{x\}\}$ ou $\Phi \cup \{\{\neg x\}\}$ também é um modelo de Φ. □

Propagação unitária. Se um conjunto de cláusulas contém uma cláusula unitária $\{l\}$, então podemos eliminar todas as cláusulas que contêm l e, em todas as demais cláusulas, remover o literal complementar $\neg l$. Essa simplificação não altera a satisfatibilidade.

Pela correção da regra de resolução (Proposição 1.64), vale:

Corolário 1.88. *Seja* Φ *um conjunto de cláusulas. Então* Φ *é equivalente quanto à satisfatibilidade ao conjunto de fórmulas obtido de* Φ *por propagação unitária completa.*

Eliminação de literais puros. Se um literal l ocorre em um conjunto de cláusulas, mas seu complemento $\neg l$ não, então podemos remover todas as cláusulas que contêm l. Também essa simplificação não altera a satisfatibilidade.

Pela Proposição 1.85 sobre a ramificação segundo um literal, vale:

Corolário 1.89. *Seja* Φ *um conjunto de cláusulas. Então* Φ *é equivalente quanto à satisfatibilidade ao conjunto de fórmulas obtido de* Φ *por eliminação completa de literais puros.*

As duas simplificações são executadas primeiro em cada passo recursivo do procedimento DPLL. Em seguida, verificam-se as seguintes condições de parada:

- Se não resta nenhuma cláusula, isto é, $\Phi = \varnothing$, então a fórmula é satisfatível.
- Se Φ contém a cláusula vazia $\varnothing$, então a fórmula é insatisfatível.

Se nenhuma das duas condições se aplica, escolhe-se um literal l e a busca prossegue nos dois ramos $\Phi \cup \{\{l\}\}$ e $\Phi \cup \{\{\neg l\}\}$.

Teorema 1.90 (Correção do DPLL). *Seja* Σ *uma assinatura da lógica proposicional e seja* Φ *um conjunto de cláusulas sobre* Σ*. Então vale:*

$$\Phi \text{ é satisfatível} \quad \Longleftrightarrow \quad \mathsf{DPLL}(\Phi) = \mathsf{\textit{Sim}}.$$

Demonstração. Mostramos as duas direções. A ideia é que os dois passos de simplificação

$$\mathsf{UnitProp} \qquad \text{e} \qquad \mathsf{LitElim}$$

não alteram a satisfatibilidade, e que a subsequente distinção de casos segundo um literal decompõe completamente a satisfatibilidade em dois subcasos.

Conduzimos a demonstração por indução sobre o número de variáveis proposicionais que ainda ocorrem no conjunto de cláusulas atual.

Preparação. Para um conjunto de cláusulas Φ, denote-se

$$\Phi^* := \mathsf{LitElim}(\mathsf{UnitProp}(\Phi)).$$

Pelos corolários anteriores, vale:

$$\Phi \sim \Phi^*.$$

Em particular, Φ é satisfatível se, e somente se, Φ^* é satisfatível.

Base da indução. Se Φ não contém mais variáveis proposicionais, então, após a aplicação de $\mathsf{UnitProp}$ e $\mathsf{LitElim}$, só pode ocorrer uma das duas situações:

$$\Phi^* = \varnothing \qquad \text{ou} \qquad \varnothing \in \Phi^*.$$

No primeiro caso, Φ^* é satisfatível e o DPLL devolve Sim. No segundo caso, há uma contradição e o DPLL devolve $\mathsf{Não}$. Com isso, a afirmação está demonstrada para o caso base.

Passo de indução. Suponha que a afirmação esteja demonstrada para todos os conjuntos de cláusulas que contêm menos de n variáveis proposicionais distintas, e seja agora Φ um conjunto de cláusulas com n variáveis. Defina novamente, em primeiro lugar,

$$\Phi^* := \mathsf{LitElim}(\mathsf{UnitProp}(\Phi)).$$

Se $\Phi^* = \varnothing$, então Φ é satisfatível e o DPLL devolve imediatamente Sim. Se $\varnothing \in \Phi^*$, então Φ é insatisfatível e o DPLL devolve $\mathsf{Não}$. Resta, portanto, o caso em que não vale nem $\Phi^* = \varnothing$ nem $\varnothing \in \Phi^*$.

Então o DPLL escolhe um literal l cujo complemento também ocorre em Φ^* e considera as duas extensões

$$\Phi^* \cup \{\{l\}\} \qquad \text{e} \qquad \Phi^* \cup \{\{\neg l\}\}.$$

Pela Proposição 1.85, Φ^* é satisfatível se, e somente se, pelo menos um dos dois conjuntos de cláusulas é satisfatível. Pela aplicação subsequente de $\mathsf{UnitProp}$ e $\mathsf{LitElim}$, em ambos os casos pelo menos a variável de l ou de $\neg l$ é fixada; portanto, os dois conjuntos de cláusulas resultantes contêm, cada um, estritamente menos variáveis distintas do que Φ^*. Assim, podemos aplicar a hipótese de indução aos dois chamados recursivos.

Se, portanto, um dos dois chamados recursivos é satisfatível, então o DPLL devolve Sim nesse chamado e, consequentemente, também para Φ. Reciprocamente: se o DPLL devolve Sim para Φ, então um dos dois chamados recursivos deve devolver Sim; logo, pela hipótese de indução, pelo menos um dos dois ramos é satisfatível e, portanto, também Φ^* e, assim, Φ são satisfatíveis.

Com isso, está demonstrado que:

$$\Phi \text{ é satisfatível} \quad \Longleftrightarrow \quad \mathsf{DPLL}(\Phi) = \mathsf{Sim}.$$

□

Heurística. A escolha do literal na ramificação não influencia a correção, mas pode influenciar significativamente o tempo de execução. Na prática, usam-se por isso heurísticas, por exemplo o literal que ocorre com maior frequência ou aquele que afeta o maior número possível de cláusulas.

Exemplo 1.91 (Um exemplo satisfatível). *Consideremos o conjunto de cláusulas*

$$\Phi = \{\{P, Q\}, \{\neg P, R\}, \{\neg Q, R\}, \{\neg R, S\}\}.$$

O literal S ocorre apenas positivamente. A eliminação de literais puros remove, portanto, a cláusula $\{\neg R, S\}$. Resta

$$\Phi_1 = \{\{P, Q\}, \{\neg P, R\}, \{\neg Q, R\}\}.$$

Se escolhermos agora R, então, no ramo $R =$ verdadeiro, a fórmula se simplifica imediatamente para

$$\{\{P, Q\}\}$$

Uma nova escolha de P fornece então o conjunto vazio de cláusulas, isto é, uma valoração satisfatória. Por exemplo,

$$\begin{aligned}\omega(P) &= \textit{verdadeiro},\\ \omega(R) &= \textit{verdadeiro},\\ \omega(S) &= \textit{verdadeiro}\end{aligned}$$

e $\omega(Q) = $ *arbitrário definem um modelo de* Φ.

Exemplo 1.92 (Um exemplo insatisfatível). *Consideremos o conjunto de cláusulas*

$$\Psi = \{\{P, Q\}, \{P, \neg Q\}, \{\neg P, Q\}, \{\neg P, \neg Q\}\}.$$

Não há nem cláusulas unitárias nem literais puros. Se escolhermos P, então ambos os ramos levam à insatisfatibilidade:

- *No ramo* $P = $ *verdadeiro, restam as cláusulas* $\{Q\}$ *e* $\{\neg Q\}$. *Daí surge a cláusula vazia.*
- *No ramo* $P = $ *falso, obtêm-se igualmente* $\{Q\}$ *e* $\{\neg Q\}$ *e, portanto, novamente a cláusula vazia.*

Assim, Ψ *é insatisfatível e o DPLL devolve* Não.

Árvores de busca. Para fins de visualização, os chamados recursivos são frequentemente representados como uma árvore de busca: cada nó contém o conjunto de cláusulas atualmente considerado, e cada aresta é rotulada com a hipótese escolhida. Uma folha marcada com $\top$ indica satisfatibilidade, enquanto uma folha marcada com $\bot$ indica insatisfatibilidade. Dessa forma, todo o percurso do procedimento pode ser apresentado de maneira clara.

Observação 1.93. *O algoritmo DPLL é a base de muitos SAT-solvers modernos. Na prática, são empregadas técnicas adicionais, como aprendizado de cláusulas, heurísticas mais refinadas e retrocesso não cronológico. A ideia fundamental, porém, permanece a mesma: busca sistemática combinada com simplificação consequente.*

1.8.4 Exercícios e soluções

Considere a assinatura proposicional

$$\Sigma = \{K, F, G, H, I\}$$

e as seguintes expressões:

$$\begin{aligned}\varphi_2 &= \neg(F \wedge \neg H),\\ \psi_2 &= \{\, Q_1 \leftrightarrow \neg Q_2,\ Q_4 \leftrightarrow \neg Q_5,\ Q_3 \leftrightarrow F,\\ &\qquad Q_2 \leftrightarrow Q_3 \wedge Q_4,\ Q_5 \leftrightarrow H \,\}.\end{aligned}$$

$$\begin{aligned}\varphi_3 &= \{\{\neg F\}, \{\neg H\}, \{K, F\}\},\\ \varphi_3' &= \{\{\neg F\}, \{\neg H\}, \{K, F\}\}.\end{aligned}$$

$$\begin{aligned}\varphi_4 &= \{\{\neg G, \neg H\}, \{G, H\}, \{\neg H\}, \{\neg K, \neg G\}\},\\ \varphi_4' &= \{\{\neg G, \neg H\}, \{G, H\}, \{\neg H\}\}.\end{aligned}$$

Decida, para cada uma das afirmações seguintes, se ela é verdadeira ou falsa.

1. Vale $|\neg\neg(\neg F \land H)| = 5$.
2. ψ_2 é a codificação de Tseitin de φ_2.
3. $\mathsf{UnitProp}(\varphi_3) = \varphi_3'$.
4. $\mathsf{LitElim}(\varphi_4) = \varphi_4'$.

Soluções.

1. **Falso.** Vale

$$\begin{aligned} |\neg F| &= 2, \\ |\neg F \land H| &= 1 + 2 + 1 = 4, \\ |\neg\neg(\neg F \land H)| &= 1 + 1 + 4 = 6. \end{aligned}$$

   Portanto, o comprimento indicado não é 5, mas 6.

2. **Falso.** Em uma codificação de Tseitin, a variável-raiz, que representa toda a fórmula inicial, deve ser adicionalmente exigida como verdadeira. Aqui falta, portanto, a cláusula unitária ou a exigência correspondente a Q_1. Assim, ψ_2 não é uma codificação de Tseitin completa de φ_2.

3. **Falso.** Da cláusula unitária $\{\neg F\}$, segue por propagação unitária completa que, na cláusula

$\{K, F\}$, o literal F é removido. Surge, portanto, a cláusula $\{K\}$. Assim,

$$\mathsf{UnitProp}(\varphi_3) = \{\{\neg F\}, \{\neg H\}, \{K\}\},$$

e não φ_3'.

4. **Verdadeiro.** O literal $\neg K$ ocorre em φ_4 apenas negativamente e, portanto, é um literal puro. Na eliminação de literais puros, são removidas todas as cláusulas que contêm $\neg K$. Aqui, trata-se exatamente da cláusula $\{\neg K, \neg G\}$. Resta, portanto,

$$\mathsf{LitElim}(\varphi_4) = \{\{\neg G, \neg H\}, \{G, H\}, \{\neg H\}\} = \varphi_4'.$$

Feedback breve.

- (1) O comprimento é contado sintaticamente, não segundo transformações equivalentes.
- (2) Para Tseitin, é necessária a variável-raiz como exigência adicional.
- (3) A propagação unitária gera aqui, adicionalmente, a cláusula $\{K\}$.
- (4) Exatamente o literal puro $\neg K$ é eliminado.

Capítulo 2

Lógica de predicados

2.1 Introdução e visão geral

A lógica de predicados amplia a lógica proposicional ao permitir que não apenas proposições inteiras sejam tratadas como unidades indivisíveis, mas também que a estrutura interna das proposições se torne visível. Com isso, propriedades de objetos e relações entre objetos podem ser expressas com precisão. Em vez de apenas registrar se uma proposição completa é verdadeira ou falsa, torna-se possível formular também *qual* objeto possui determinada propriedade e *como* diferentes objetos se relacionam entre si.

Um exemplo simples é a proposição

> "Toda máquina da linha de produção que está ligada possui pelo menos um sensor ativo."

Aqui, a estrutura da proposição aparece claramente: trata-se de objetos do tipo máquina, de uma propriedade como "estar ligada" e de uma relação entre máquina e sensor. Proposições desse tipo só podem ser descritas pelos meios da lógica proposicional de modo trabalhoso ou até mesmo inadequado. A lógica de predicados resolve essa limitação ao introduzir variáveis, funções, relações e quantificadores.

Os blocos elementares dessa lógica são, em primeiro lugar, os *termos*, com os quais se designam objetos do mundo considerado ou se constroem objetos a partir de outros. Com base neles, formulam-se *proposições atômicas*, por exemplo, que um objeto possui determinada propriedade ou que vários objetos estão em uma relação entre si. Com os quantificadores $\forall$ e $\exists$, pode-se finalmente expressar que uma proposição vale para todos os objetos ou para pelo menos um objeto. É justamente essa quantificação que torna a lógica de predicados consideravelmente mais expressiva do que a lógica proposicional.

Com essa maior expressividade, contudo, também aumenta a complexidade teórica. Muitas questões que são bem tratáveis na lógica proposicional tornam-se, na lógica de predicados, fundamentalmente mais difíceis ou até indecidíveis. Por isso, na lógica, frequentemente se consideram não apenas a própria linguagem formal, mas também subáreas e restrições adequadas. É exatamente nesse ponto que se mostra a importância especial da lógica de predicados: por um lado, ela é suficientemente rica para modelar muitos fatos matemáticos e informáticos;

por outro, é também suficientemente exigente para tornar visíveis limites centrais dos procedimentos automáticos.

Como já ocorria na lógica proposicional, também aqui distinguimos claramente entre sintaxe e semântica. A sintaxe estabelece quais fórmulas podem ser formadas. A semântica descreve como essas fórmulas devem ser interpretadas em uma dada estrutura. Tais estruturas atribuem significado aos símbolos da linguagem e determinam, assim, quando uma fórmula é satisfeita. Com base nisso, podem-se novamente investigar modelos, consequência, equivalência e satisfatibilidade. Muitos desses conceitos aparecerão ao longo do capítulo de forma análoga, mas consideravelmente mais rica.

Este capítulo está organizado da seguinte maneira: na Subseção 2.1, introduzimos a sintaxe e a semântica da lógica de predicados de primeira ordem. Esclarecemos como termos, fórmulas e estruturas são constituídos e como a verdade em uma estrutura deve ser compreendida. Na Subseção 2.2, investigamos a equivalência lógica de fórmulas e consideramos em que sentido a lógica de predicados é independente da assinatura escolhida. Na Subseção 2.3, tratamos das formas normais e mostramos como fórmulas podem ser transformadas em formas-padrão adequadas. Em seguida, na Subseção 2.4, examinamos o princípio da resolução para a lógica de predicados, um instrumento importante para o raciocínio automático. Na Subseção 2.5, conhecemos a lógica descritiva $\mathcal{ALC}$, que constitui um formalismo lógico particularmente importante e próximo da prática. Por fim, na Subseção 2.6, voltamo-nos para a lógica de predicados de segunda ordem e comparamos seu poder expressivo com o da primeira ordem.

O objetivo do capítulo é construir os conceitos e procedimentos fundamentais de tal modo que a lógica de predicados apareça não apenas como uma teoria abstrata, mas como uma ferramenta precisa para modelar, analisar e processar automaticamente situações complexas.

2.2 Sintaxe e semântica

A lógica de predicados de primeira ordem amplia a lógica proposicional por meio de uma estrutura linguística consideravelmente mais fina. Enquanto a lógica proposicional trata proposições inteiras apenas como blocos indivisíveis, a lógica de predicados permite falar sobre *objetos*, *propriedades* e *relações entre objetos*. Desse modo, situações da matemática, da informática e de muitas outras áreas podem ser descritas com muito mais precisão.

Um exemplo simples é a frase:

> "Todo servidor ativo possui pelo menos uma porta aberta."

Aqui não se trata apenas de saber se a afirmação inteira é verdadeira ou falsa, mas de identificar quais objetos estão sendo considerados no domínio em questão e quais propriedades ou relações valem entre eles. Afirmações desse tipo só podem ser captadas de modo muito grosseiro pelos meios da lógica proposicional; na lógica de predicados, porém, podem ser formuladas direta e estruturadamente.

A linguagem da lógica de predicados é composta por vários tipos de símbolos. Alguns símbolos designam propriedades ou relações, outros representam funções ou objetos fixos. A eles se acrescentam variáveis, com as quais podemos falar genericamente sobre objetos, bem como quantificadores como "para todo" e "existe". Termos servem para nomear objetos dentro da linguagem ou para compô-los a partir de outros objetos. Fórmulas surgem então desses termos por meio de expressões relacionais e conectivos lógicos.

Como na lógica proposicional, também aqui distinguimos claramente entre *sintaxe* e *semântica*. A sintaxe descreve como termos e fórmulas bem formados são construídos. A semântica descreve como essas fórmulas devem ser interpretadas em uma estrutura concreta. Tal estrutura determina de que domínio provêm os objetos e como os símbolos utilizados devem ser entendidos. Somente por meio dessa interpretação se estabelece quando uma fórmula é verdadeira.

No decorrer desta seção, procederemos passo a passo. Na subseção 2.1.1, introduzimos inicialmente as assinaturas, isto é, o vocabulário da linguagem. Em seguida, explicamos na subseção 2.1.2 como os termos são construídos e como devem ser lidos. A subseção 2.1.3 trata da formação de fórmulas, em particular do papel dos quantificadores. Por fim, na subseção 2.1.4 desenvolvemos a semântica: explicamos o que é uma estrutura, como os termos são avaliados e quando uma fórmula é satisfeita em uma estrutura.

O objetivo desta seção é criar a base para compreender a lógica de predicados não apenas como um sistema formal de símbolos, mas como uma ferramenta precisa com a qual se podem modelar de modo rigoroso afirmações sobre objetos e suas relações. Esses fundamentos serão utilizados repetidamente nas seções seguintes, tanto em questões semânticas quanto em considerações algorítmicas e lógicas posteriores.

2.2.1 Assinaturas

Na lógica proposicional, os símbolos básicos da linguagem ainda eram muito simples: cada proposição atômica aparecia por si mesma. Na lógica de predicados, a situação é mais rica. Aqui distinguimos entre símbolos que descrevem relações ou propriedades e símbolos com os quais se compõem objetos a partir de outros objetos. Esse vocabulário linguístico é chamado precisamente de *assinatura* ou também de *vocabulário*.

Uma assinatura determina, portanto, quais símbolos não lógicos estão disponíveis e quantos argumentos cada um desses símbolos exige. Assim, uma assinatura é o primeiro componente de toda linguagem da lógica de predicados: ela determina sobre o que se pode falar.

Definição 2.1 (Assinatura). *Uma assinatura da lógica de predicados é uma tupla*

$$\Sigma = \langle \mathrm{Pred}_\Sigma, \mathrm{Fun}_\Sigma, \mathrm{Ary}_\Sigma \rangle,$$

em que

- Pred_Σ *é um conjunto de símbolos de predicado,*
- Fun_Σ *é um conjunto de símbolos de função e*
- Ary_Σ *associa a cada símbolo* $S \in \mathrm{Pred}_\Sigma \cup \mathrm{Fun}_\Sigma$ *sua* aridade $\mathrm{Ary}_\Sigma(S) \in \mathbb{N}_0$.

Símbolos com aridade 0 chamam-se *constantes*. Eles se comportam, portanto, como objetos nomeados.

Convenções. Para facilitar a leitura, usamos normalmente a seguinte forma de notação:

- símbolos de predicado são escritos geralmente como $P, Q, R, \ldots$ ou $P_1, P_2, \ldots$,
- símbolos de função, geralmente como $f, g, h, \ldots$ ou $f_1, f_2, \ldots$,
- constantes, geralmente como $a, b, c, \ldots$.

Para assinaturas, usamos, como antes, a letra Σ, bem como $\Lambda, \Sigma_1, \Sigma_2, \ldots$

Notação conjuntista. Frequentemente escrevemos uma assinatura de forma mais abreviada como um conjunto com indicação de aridade, por exemplo

$$\Sigma = \{P/2,\ f/1,\ c/0\}.$$

Com isso, queremos dizer que Σ contém um símbolo de predicado binário P, um símbolo de função unário

f e uma constante c. Essa notação é cômoda, mas não substitui completamente a descrição por tupla: sem contexto, nem sempre é possível reconhecer diretamente, a partir de tal conjunto, quais símbolos são predicados e quais são funções. Por isso, mantemos as regras de notação acima.

Exemplo 2.2. *Consideramos algumas assinaturas típicas:*

$$\Sigma_{\text{Graph}} = \{E/2,\ a/0,\ b/0\},$$

em que E é uma relação binária para arestas e a, b são duas constantes. Além disso, seja

$$\Sigma_{\text{Arith}} = \{< /2,\ 0/0,\ s/1,\ +/2\},$$

em que $<$ é um predicado binário, 0 uma constante, s um símbolo funcional unário e $+$ um símbolo funcional binário.

Por que a aridade é importante. O mesmo símbolo só pode ocorrer de maneira significativa em diferentes assinaturas se tiver nelas a mesma aridade e o mesmo tipo. Assim, por exemplo, um símbolo binário $f/2$ é algo diferente de um símbolo unário $f/1$. A aridade, portanto, não é um detalhe decorativo adicional, mas pertence essencialmente ao significado do símbolo.

Definição 2.3 (Subassinatura e interseção)**.** *Sejam*

$$\Sigma = \langle \text{Pred}_\Sigma, \text{Fun}_\Sigma, \text{Ary}_\Sigma \rangle \quad e \quad \Lambda = \langle \text{Pred}_\Lambda, \text{Fun}_\Lambda, \text{Ary}_\Lambda \rangle$$

duas assinaturas.

- *Escrevemos* $\Sigma \subseteq \Lambda$ *se*

$$\mathrm{Pred}_\Sigma \subseteq \mathrm{Pred}_\Lambda, \qquad \mathrm{Fun}_\Sigma \subseteq \mathrm{Fun}_\Lambda,$$

  e, para todo símbolo $S \in \mathrm{Pred}_\Sigma \cup \mathrm{Fun}_\Sigma$, *vale:*

$$\mathrm{Ary}_\Sigma(S) = \mathrm{Ary}_\Lambda(S).$$

  Uma subassinatura contém, portanto, todos os seus símbolos na assinatura maior com aridade inalterada.

- *A interseção* $\Sigma \cap \Lambda$ *é a assinatura que contém exatamente os símbolos que ocorrem em ambas as assinaturas e que nelas possuem a mesma aridade:*

$$\mathrm{Pred}_{\Sigma\cap\Lambda} = \{\, P \in \mathrm{Pred}_\Sigma \cap \mathrm{Pred}_\Lambda \mid \mathrm{Ary}_\Sigma(P) = \mathrm{Ary}_\Lambda(P) \,\}.$$

$$\mathrm{Fun}_{\Sigma\cap\Lambda} = \{f \in \mathrm{Fun}_\Sigma \cap \mathrm{Fun}_\Lambda \mid \mathrm{Ary}_\Sigma(f) = \mathrm{Ary}_\Lambda(f)\}.$$

  Para todos os símbolos de $\Sigma \cap \Lambda$, *a aridade fica então univocamente determinada.*

Exemplo 2.4. *Consideramos as assinaturas*

$$\Sigma_1 = \{E/2,\ a/0,\ s/1\},$$
$$\Sigma_2 = \{E/2,\ a/0,\ t/1\},$$
$$\Sigma_3 = \{E/2,\ a/0,\ s/2\}.$$

Então vale:

- $\Sigma_1 \subseteq \Sigma_1 \cup \Sigma_2$, *pois todos os símbolos ocorrem com a mesma aridade.*

- $\Sigma_1 \nsubseteq \Sigma_3$, *porque s também ocorre ali, mas com outra aridade.*

- $\Sigma_1 \cap \Sigma_2 = \{E/2,\ a/0\}$.

- $\Sigma_1 \cap \Sigma_3 = \{E/2,\ a/0\}$, *pois s, devido à aridade diferente, não é incluído na interseção.*

Resumo. A assinatura fixa o inventário linguístico da lógica de predicados. Ela determina, portanto, quais relações, funções e constantes podem ser usadas na teoria considerada. Nas próximas subseções, construiremos sobre esse vocabulário e, a partir dele, desenvolveremos termos, fórmulas e, por fim, a semântica da lógica de predicados.

2.2.2 Termos e variáveis

Antes de construirmos fórmulas da lógica de predicados, precisamos primeiro estabelecer como se fala, em geral, sobre os objetos do mundo considerado. Para isso servem os *termos*. Um termo é, por assim dizer, uma expressão que designa um objeto: diretamente, por meio de uma variável ou de uma constante, ou indiretamente, pela aplicação de um símbolo funcional a termos já disponíveis.

O papel das variáveis é especialmente importante nesse contexto. Uma variável representa inicialmente um objeto arbitrário e só mais tarde recebe um valor concreto por meio de uma interpretação. Intuitivamente, portanto, podemos pensar nas variáveis como espaços reservados. Os termos, por sua vez, permitem formar novas designações de objetos a partir desses espaços reservados ou de constantes.

Definição 2.5 (Termos). *Seja* Σ *uma assinatura e seja* V *um conjunto enumeravelmente infinito de variáveis. O conjunto dos* Σ*-termos sobre* V*, denotado por* $\mathrm{Term}(\Sigma)$*, é definido indutivamente por:*

(T0) Toda variável de V *é um* Σ*-termo.*

(T1) Se f *é um símbolo funcional de* Σ *com* $\mathrm{Ary}(f) = n$ *e se* $t_1, \ldots, t_n$ *já são* Σ*-termos, então também*

$$f(t_1, \ldots, t_n)$$

é um Σ*-termo.*

Constantes, nesse sentido, nada mais são do que símbolos funcionais de aridade 0. Estritamente falando, portanto, toda constante também seria um termo da forma $c()$. Por razões de legibilidade, porém, escrevemos simplesmente c e tratamos constantes como termos simples próprios. Juntamente com as variáveis, chamamos tais termos de *termos simples*. Todos os termos que surgem pela aplicação de um símbolo funcional são chamados *termos compostos* ou *termos complexos*.

Exemplo 2.6. *Seja*

$$\Sigma = \{P/1,\ R/2,\ f/1,\ g/2,\ h/3,\ a/0,\ b/0\}.$$

Então, por exemplo, as seguintes expressões são termos de Σ*:*

$$x, \qquad a, \qquad f(x), \qquad h(a,x,b), \qquad g(f(x),a).$$

Por outro lado, a expressão

$$R(g(x,a),b)$$

não *é um termo, pois* R *é aqui um símbolo de predicado, e não um símbolo de função. Do mesmo modo,*

$$h(x,a)$$

não é um termo, porque o símbolo de função h *espera três argumentos nessa assinatura, e não dois.*

Observação importante. Na lógica proposicional, já havíamos usado o conceito de *termo* em outro contexto, a saber, para conjunções de literais na FND. Trata-se de outro uso, historicamente consolidado, da mesma palavra. No respectivo contexto, porém, fica claro qual significado está sendo empregado.

Por que o conjunto de variáveis é fixado. O conjunto dos termos depende formalmente do conjunto de variáveis V escolhido. No restante do texto, porém, trabalharemos sempre com o mesmo conjunto de variáveis, previamente fixado e enumeravelmente infinito. Por isso, em geral não mencionaremos V separadamente.

Observação 2.7. *Termos são os blocos de construção com os quais se podem nomear e compor objetos na lógica de predicados. Somente com base neles surgem, posteriormente, as fórmulas atômicas e, por fim, a linguagem completa das fórmulas.*

2.2.3 Fórmulas

Termos denotam objetos. Fórmulas colocam esses objetos em relação uns com os outros ou lhes atribuem propriedades. Somente pela combinação de enunciados atômicos, conectivos lógicos e quantificadores surge a linguagem propriamente dita da lógica de predicados.

Intuitivamente, pode-se conceber uma fórmula como uma sentença construída logicamente sobre um mundo considerado. Um bloco atômico afirma, por exemplo, que um objeto possui determinada propriedade ou que dois objetos se encontram em determinada relação. Com o auxílio de $\wedge$, $\vee$, $\neg$, $\forall$ e $\exists$, podem-se formar enunciados mais complexos a partir deles.

Definição 2.8 (Fórmulas). *Seja* Σ *uma assinatura. O conjunto das* Σ*-fórmulas, escrito* $\mathrm{FO}(\Sigma)$*, é definido indutivamente do seguinte modo:*

(FO0) Se P *é um símbolo de predicado de* Σ *com* $\mathrm{Ary}(P) = n$ *e* $t_1, \ldots, t_n$ *são* Σ*-termos, então*

$$P(t_1, \ldots, t_n)$$

é uma Σ*-fórmula.*

(FO1) Se φ e ψ são Σ-fórmulas, então também

$$(\varphi \wedge \psi) \qquad e \qquad (\varphi \vee \psi)$$

são Σ-fórmulas.

(FO2) Se φ é uma Σ-fórmula, então também

$$\neg\varphi$$

é uma Σ-fórmula.

(FO3) Se φ é uma Σ-fórmula e x é uma variável, então também

$$\forall x\, \varphi \qquad e \qquad \exists x\, \varphi$$

são Σ-fórmulas.

Fórmulas atômicas da forma $P(t_1, \ldots, t_n)$ também são chamadas de *enunciados atômicos.* Suas negações, como na lógica proposicional, são chamadas de *literais.* Fórmulas que surgem pela aplicação de (FO1) a (FO3) são chamadas de *fórmulas complexas.* Fórmulas da forma $\forall x\, \varphi$ ou $\exists x\, \varphi$ são chamadas de *fórmulas quantificadas.* Os símbolos $\wedge, \vee, \neg, \forall, \exists$ são os blocos lógicos que determinam a construção das fórmulas.

Como na lógica proposicional, também aqui usamos abreviações:

$$(\varphi \to \psi) \;:=\; (\neg\varphi \vee \psi), \qquad (\varphi \leftrightarrow \psi) \;:=\; (\varphi \to \psi) \wedge (\psi \to \varphi).$$

Dependendo do contexto, também contamos $\to$ e $\leftrightarrow$ entre os conectivos.

Exemplo 2.9. *Consideremos a assinatura*

$$\Sigma = \{\,\text{EstacaoDeTrabalho}/1,\ \text{conectado}/2,\ \text{Servidor}/0,\ \text{localizado\_em}/2,\ \text{root}/0\,\}.$$

Então, por exemplo, as seguintes expressões são fórmulas de Σ*:*

- $\forall x\,(\text{EstacaoDeTrabalho}(x) \rightarrow \exists y\,\text{conectado}(x, y))$
- Servidor
- $\text{localizado\_em}(\text{root}, \text{root})$

Intuitivamente, a primeira fórmula poderia ser lida assim: "Toda estação de trabalho está conectada a pelo menos um outro objeto."

Em contrapartida, não são fórmulas de Σ*, por exemplo:*

- $\exists x\,\text{conectado}(x)$, *pois* conectado *é aqui binário,*
- $\forall x\,\text{EstacaoDeTrabalho}(x) \wedge \text{root}$, *se faltarem os parênteses e a estrutura, por isso, não for inequívoca,*
- $\text{conectado}(\text{root})$, *pois o predicado recebe argumentos de menos.*

Parênteses e legibilidade. A definição formal exige que expressões complexas estejam parentizadas de modo inequívoco. Na prática, porém, isso rapidamente tornaria a escrita difícil de ler. Por isso, convencionamos regras de precedência que permitem escrever fórmulas de maneira mais simples.

Notação 2.10. *Usamos as seguintes prioridades:*

- $\forall$, $\exists$ *e* $\neg$ *têm a maior prioridade.*
- $\wedge$ *tem prioridade maior que* $\vee$*.*
- $\rightarrow$ *tem prioridade menor que* $\vee$*.*
- $\leftrightarrow$ *tem a menor prioridade.*
- *Omitimos parênteses externos quando isso não altera o significado.*
- *Parênteses podem ser omitidos quando a fórmula permanece inequívoca pelas prioridades de precedência.*
- *Quando vários quantificadores aparecem em sequência, podemos escrever o ponto apenas uma vez ou omiti-lo completamente, por exemplo*

$$\forall x \, \forall y \, \varphi \quad \text{em vez de} \quad \forall x. \forall y. \, \varphi.$$

Assim, podemos, por exemplo, interpretar a cadeia de símbolos

$$\forall x \, \text{Arbeitsstation}(x) \vee \neg \text{verbunden}(x, \text{root}) \wedge \text{Server}$$

de modo inequívoco como

$$(\forall x \, \text{Arbeitsstation}(x)) \vee (\neg \text{verbunden}(x, \text{root}) \wedge \text{Server})$$

.

Variáveis livres e ligadas. Variáveis podem, dentro de uma fórmula, estar ligadas por um quantificador ou ocorrer livremente. A diferença é importante: variáveis ligadas são relevantes apenas dentro do escopo do seu quantificador, enquanto variáveis livres representam objetos ainda não determinados.

Exemplo 2.11. *Na fórmula*

$$\forall x\,(\mathrm{EstacaoDeTrabalho}(x) \to \mathrm{conectado}(x, y))$$

x é ligada, enquanto y ocorre livremente. Em contrapartida, em

$$\mathrm{conectado}(u, v) \to \forall u\,\mathrm{Servidor}$$

a primeira ocorrência de u é livre e a segunda é ligada.

Definição 2.12 (Variáveis livres e ligadas, subfórmulas). *Para um termo t, seja $\mathrm{Var}(t)$ o conjunto das variáveis que ocorrem em t. Para uma fórmula φ, definimos o conjunto das variáveis livres $\mathrm{FV}(\varphi)$ e das variáveis ligadas $\mathrm{BV}(\varphi)$ recursivamente, como de costume:*

$$\mathrm{FV}(P(t_1, \ldots, t_n)) = \mathrm{Var}(t_1) \cup \cdots \cup \mathrm{Var}(t_n),$$

$$\mathrm{FV}(\varphi \wedge \psi) = \mathrm{FV}(\varphi) \cup \mathrm{FV}(\psi), \qquad \mathrm{FV}(\neg\varphi) = \mathrm{FV}(\varphi),$$

$$\mathrm{FV}(\forall x\,\varphi) = \mathrm{FV}(\varphi) \setminus \{x\}, \qquad \mathrm{FV}(\exists x\,\varphi) = \mathrm{FV}(\varphi) \setminus \{x\},$$

e de modo correspondente para $\mathrm{BV}(\varphi)$. Denotamos por $\mathrm{TF}(\varphi)$ o conjunto das subfórmulas de φ.

Definição 2.13 (Sentenças). *Uma fórmula* $\varphi \in \mathrm{FO}(\Sigma)$ *chama-se* fechada *ou* sentença *quando não possui variáveis livres, isto é, quando*

$$\mathrm{FV}(\varphi) = \varnothing.$$

Denotamos por $\mathrm{FOSent}(\Sigma)$ *o conjunto de todas as* Σ-*sentenças.*

Assinatura de uma fórmula. Nem toda fórmula utiliza todos os símbolos de uma assinatura. Por isso, denotamos por $\mathrm{Sig}(\varphi)$ o conjunto de todos os símbolos de predicados e de funções que efetivamente ocorrem em φ. Uma fórmula φ é compatível com uma assinatura Σ quando

$$\mathrm{Sig}(\varphi) \subseteq \Sigma.$$

Isso será importante mais adiante, quando relacionarmos fórmulas e estruturas.

Observação 2.14. *O conceito de variável livre é a chave para compreender fórmulas da lógica de predicados: ele mostra quais partes de uma fórmula já estão "fixadas" e quais ainda dependem de uma interpretação posterior. É precisamente por isso que, no próxima subseção, distinguimos com cuidado entre fórmulas com variáveis livres e sentenças fechadas.*

2.2.4 Semântica

A sintaxe estabelece *como* as expressões da lógica de predicados são construídas. A semântica responde à questão propriamente conceitual: *o que significam* essas expressões em um mundo concreto? Para isso, precisamos de estruturas matemáticas nas quais os símbolos de uma assinatura recebem uma interpretação. Só então podemos perguntar de modo significativo se uma fórmula é verdadeira.

De maneira intuitiva, uma estrutura pode ser entendida como um modelo de uma determinada situação. Em um banco de dados, por exemplo, os elementos do domínio representam registros ou objetos, os predicados representam tabelas e os símbolos de função representam cálculos ou associações. Em uma estrutura da teoria dos grafos, os elementos do domínio representam vértices, e um predicado binário representa a relação de arestas.

Definição 2.15 (Estrutura). *Seja Σ uma assinatura. Uma Σ-estrutura é uma tupla*

$$\mathcal{A} = \langle A, \{P^{\mathcal{A}}\}_{P \in \mathrm{Pred}_\Sigma}, \{f^{\mathcal{A}}\}_{f \in \mathrm{Fun}_\Sigma} \rangle,$$

tal que:

- *$A \neq \varnothing$ é um conjunto não vazio. Ele é chamado de* domínio, conjunto subjacente *ou* universo *da estrutura.*

- *Para cada símbolo de predicado $P \in \Sigma$ com $\mathrm{Ary}(P) = n$, tem-se que $P^{\mathcal{A}} \subseteq A^n$ é uma relação n-ária.*

- *Para cada símbolo de função $f \in \Sigma$ com $\mathrm{Ary}(f) = n$, tem-se que $f^{\mathcal{A}} : A^n \to A$ é uma função n-ária.*

Denotamos por Struct(Σ) *o conjunto de todas as* Σ-*estruturas.*

Nesse contexto, constantes são apenas símbolos de função de aridade 0. Elas são, portanto, interpretadas como elementos fixamente designados do domínio.

Exemplo 2.16. *Consideramos uma assinatura para um pequeno modelo de campus:*

$$\Sigma_{\text{Campus}} = \{\text{sala}/1,\ \text{conectada}/2,\ \text{cafe}/0,\ \text{andar}/1\}.$$

Aqui, sala(x) *deve expressar que* x *é uma sala;* conectada(x, y), *que duas salas estão diretamente conectadas;* cafe, *uma sala fixa; e* andar(x), *o andar ao qual uma sala pertence.*

Atribuições. A estrutura fixa o significado dos símbolos não lógicos. Para as variáveis, precisamos adicionalmente de uma atribuição que associe a cada símbolo de variável um elemento do domínio.

Definição 2.17 (Atribuição). *Seja* Σ *uma assinatura e* $\mathcal{A}$ *uma* Σ-*estrutura. Uma atribuição para* $\mathcal{A}$ *é uma função*

$$\beta : V \to A,$$

que associa a cada variável um elemento do domínio.

Como nas fórmulas ocorrem apenas finitamente muitas variáveis, na prática frequentemente especificamos as atribuições apenas parcialmente. Para uma variável x e um elemento $a \in A$, a expressão

$$\beta[x \mapsto a]$$

denota a atribuição que coincide com β em todos os pontos, exceto pelo fato de enviar x para a. Para várias variáveis, escrevemos de modo análogo

$$\beta[x_1 \mapsto a_1, \ldots, x_n \mapsto a_n].$$

Definição 2.18 (Interpretação). *Uma Σ-interpretação é uma tupla*

$$I = \langle \mathcal{A}, \beta \rangle,$$

em que $\mathcal{A}$ é uma Σ-estrutura e β é uma atribuição para $\mathcal{A}$.

Avaliação de termos. Termos denotam elementos do domínio. Seu significado depende da interpretação considerada.

Definição 2.19 (Avaliação de termos). *Seja $I = \langle \mathcal{A}, \beta \rangle$ uma Σ-interpretação. Então a avaliação $[\![\cdot]\!]_I$ sobre termos é dada por*

$$[\![x]\!]_I = \beta(x) \qquad \textit{para uma variável } x,$$

$$[\![c]\!]_I = c^{\mathcal{A}} \qquad \textit{para uma constante } c,$$

$$[\![f(t_1, \ldots, t_n)]\!]_I = f^{\mathcal{A}}([\![t_1]\!]_I, \ldots, [\![t_n]\!]_I)$$

para um termo composto $f(t_1, \ldots, t_n)$.

Exemplo 2.20. *Seja $\mathcal{A}$ uma estrutura com domínio*

$$A = \{\text{Escritório}, \text{Laboratório}, \text{Arquivo}, \text{Cozinha}\},$$

e seja m uma constante com $m^{\mathcal{A}}$ = Escritório. *Além disso, seja $u/1$ um símbolo de função com o significado "o andar imediatamente acima". Se $\beta(x) =$* Laboratório, *então vale*

$$[\![m]\!]_I = \text{Escritório} \quad e \quad [\![u(x)]\!]_I = u^{\mathcal{A}}(\text{Laboratório}).$$

Avaliação de fórmulas. Uma fórmula atômica é verdadeira exatamente quando a tupla formada por seus termos pertence à relação correspondente. Os conectivos lógicos e os quantificadores são então avaliados de acordo com seu significado.

Definição 2.21 (Avaliação de fórmulas). *Seja $I = \langle \mathcal{A}, \beta \rangle$ uma Σ-interpretação. Então a cada Σ-fórmula φ é atribuído um valor de verdade em* {verdadeiro, falso}*:*

$$[\![P(t_1, \ldots, t_n)]\!]_I = \text{verdadeiro}$$
$$\iff \quad ([\![t_1]\!]_I, \ldots, [\![t_n]\!]_I) \in P^{\mathcal{A}},$$

$$[\![\varphi \land \psi]\!]_I = \text{verdadeiro}$$
$$\iff \quad [\![\varphi]\!]_I = \text{verdadeiro } e \ [\![\psi]\!]_I = \text{verdadeiro},$$

$$[\![\varphi \lor \psi]\!]_I = \text{verdadeiro}$$
$$\iff \quad [\![\varphi]\!]_I = \text{verdadeiro } ou \ [\![\psi]\!]_I = \text{verdadeiro},$$

$$\llbracket \neg\varphi \rrbracket_I = \text{verdadeiro}$$
$$\iff \quad \llbracket \varphi \rrbracket_I = \text{falso},$$

$$\llbracket \exists x\, \varphi \rrbracket_I = \text{verdadeiro}$$
$$\iff \quad \exists a \in A : \ \llbracket \varphi \rrbracket_{\langle \mathcal{A}, \beta[x \mapsto a] \rangle} = \text{verdadeiro},$$

$$\llbracket \forall x\, \varphi \rrbracket_I = \text{verdadeiro}$$
$$\iff \quad \forall a \in A : \ \llbracket \varphi \rrbracket_{\langle \mathcal{A}, \beta[x \mapsto a] \rangle} = \text{verdadeiro}.$$

Para as abreviações $\rightarrow$ e $\leftrightarrow$, vale correspondentemente:

$$\llbracket \varphi \rightarrow \psi \rrbracket_I = \text{verdadeiro} \quad \iff \quad \llbracket \neg\varphi \vee \psi \rrbracket_I = \text{verdadeiro},$$

$$\llbracket \varphi \leftrightarrow \psi \rrbracket_I = \text{verdadeiro}$$
$$\iff \quad \llbracket \varphi \rightarrow \psi \rrbracket_I = \text{verdadeiro}$$
$$\text{e } \llbracket \psi \rightarrow \varphi \rrbracket_I = \text{verdadeiro}.$$

Exemplo 2.22. *Consideremos uma estrutura para um pequeno cenário de biblioteca:*

$$A = \{\text{SalaLeitura}, \text{Estante1}, \text{Estante2}, \text{Entrada}\}.$$

Seja z uma constante com $z^{\mathcal{A}} = \text{Entrada}$, $B/1$ o predicado "é uma área com livros" e $N/2$ a relação "fica ao lado de". Definimos

$$B^{\mathcal{A}} = \{\text{Estante1}, \text{Estante2}\},$$

$$N^{\mathcal{A}} = \{(\text{Entrada}, \text{SalaLeitura}),$$
$$(\text{SalaLeitura}, \text{Estante1})\}.$$

Então a fórmula

$$\exists x\,(B(x) \land N(z,x))$$

não é verdadeira: para $x =$ SalaLeitura, *vale* $N(z,x)$, *mas* SalaLeitura $\notin B^{\mathcal{A}}$*; já para as estantes, vale* $B(x)$, *mas não* $N(z,x)$. *Do mesmo modo,*

$$\forall x\,(B(x) \to N(z,x))$$

é falsa, pois para $x =$ Estante1 *vale* $B(x)$, *mas não* $N(z,x)$.

Conceito de modelo. Uma interpretação é chamada de modelo de uma fórmula quando essa fórmula é verdadeira nela. Assim, os conceitos conhecidos da lógica proposicional podem ser transferidos quase sem alterações.

Definição 2.23 (Modelo, satisfatibilidade e validade universal). *Seja* Σ *uma assinatura e seja* φ *uma fórmula sobre* Σ.

- *Uma interpretação sobre* Σ I *chama-se* modelo *de* φ, *se vale* $[\![\varphi]\!]_I =$ true.
- φ *chama-se* satisfatível sobre Σ, *se possui pelo menos um modelo sobre* Σ.
- φ *chama-se* insatisfatível sobre Σ, *se não possui nenhum modelo sobre* Σ.

- φ *chama-se* universalmente válida sobre Σ, *se toda interpretação sobre* Σ *é um modelo de* φ.

Se uma fórmula é satisfatível, também a chamamos de consistente. *Se ela é insatisfatível, também a chamamos de* contraditória *ou* inconsistente. *Uma fórmula universalmente válida também é chamada de* tautologia.

Observação 2.24. *Também na lógica de predicados, portanto, separa-se claramente sintaxe e semântica: a sintaxe diz como as fórmulas são construídas; a semântica diz quando elas são verdadeiras em uma estrutura. A diferença em relação à lógica proposicional consiste no fato de que, aqui, não são apenas valores de verdade atribuídos a fórmulas atômicas que importam, mas estruturas inteiras, relações, funções e atribuições que determinam o significado.*

2.2.5 Exercícios e soluções

Exercício 1. Considere a assinatura da lógica de predicados

$$\Sigma = \{P/1,\ i/1,\ e/0,\ b/0\}$$

e a fórmula

$$\varphi_4 = \neg(\exists x\, P(x) \vee P(b)).$$

Decida, para cada uma das seguintes afirmações, se ela é verdadeira ou falsa.

1. $\Sigma_1 = \{P/1, i/1\}$ é uma subassinatura de Σ.
2. e é um termo de Σ.
3. $P(y)$ é uma fórmula atômica.
4. x ocorre livre em φ_4.

Soluções do Exercício 1.

1. **Verdadeiro.** Todos os símbolos de Σ_1 também ocorrem em Σ, e com a mesma aridade.
2. **Verdadeiro.** e é um símbolo de constante, isto é, um símbolo de função de aridade 0; portanto, e é um termo.
3. **Verdadeiro.** Como P é um símbolo de predicado unário e y é um termo, $P(y)$ é uma fórmula atômica.
4. **Falso.** A ocorrência de x está no escopo de $\exists x$ e, portanto, é ligada. Em φ_4 não ocorrem variáveis livres; logo, vale $\mathrm{FV}(\varphi_4) = \varnothing$.

Exercício 2. Considere a assinatura da lógica de predicados

$$\Sigma = \{P/2,\ R/2,\ i/2,\ h/2,\ f/2,\ b/0\}$$

e a fórmula

$$\varphi_4 = \neg\forall z.(\neg\neg\exists v.\,(R(v,y) \wedge P(z,u))).$$

Decida, para cada uma das seguintes afirmações, se ela é verdadeira ou falsa.

1. Vale $\mathrm{Sig}(\varphi_1) = \Sigma_1$ para $\varphi_1 = \neg R(v, b)$ e

$$\Sigma_1 = \{P/2,\ R/2,\ i/2,\ b/0\}.$$

2. $\exists w\,(\neg P(v, w))$ é uma fórmula de Σ.

3. $\exists z\, R(x, i(b, z))$ é uma fórmula quantificada.

4. z ocorre livre em φ_4.

Soluções do Exercício 2.

1. **Falso.** Em $\varphi_1 = \neg R(v, b)$ ocorrem apenas o símbolo de predicado $R/2$ e a constante $b/0$. Portanto, a assinatura da fórmula é

$$\mathrm{Sig}(\varphi_1) = \{R/2,\ b/0\},$$

e não Σ_1.

2. **Verdadeiro.** A expressão é uma fórmula válida de Σ. Ela é bem formada, e todos os símbolos não lógicos que nela ocorrem, isto é, o símbolo de predicado P, pertencem a Σ. As variáveis v e w são usadas, respectivamente, como livre e ligada da maneira sintática usual, o que não prejudica a boa formação da fórmula.

3. **Verdadeiro.** A fórmula começa com um quantificador existencial e, portanto, é uma fórmula quantificada.

4. **Falso.** A ocorrência de z está no escopo do quantificador externo $\forall z$ e, portanto, é ligada. As variáveis livres em φ_4 são u e y, isto é,

$$\mathrm{FV}(\varphi_4) = \{u, y\}.$$

Breve feedback.

- Uma subassinatura deve conter todos os símbolos com a mesma aridade.
- Uma expressão é uma fórmula de Σ exatamente quando é bem formada e usa apenas símbolos de Σ.
- Uma expressão atômica tem a forma $P(t_1, \ldots, t_n)$.
- Uma variável é livre exatamente quando não é ligada por um quantificador.
- Na assinatura de uma fórmula, contam apenas os símbolos que efetivamente ocorrem nela.

2.3 Coincidência, equivalência e substituição

Nesta seção investigamos algumas propriedades fundamentais da lógica de predicados que são centrais para o trabalho posterior com formas normais, substituições e classes de modelos. Uma ideia orientadora importante é a seguinte: para a avaliação semântica de uma fórmula, são relevantes apenas os símbolos que de fato ocorrem nela. Do mesmo modo, a verdade de uma fórmula com variáveis livres depende apenas da atribuição dessas variáveis; todas as demais variáveis não desempenham papel algum nesse contexto.

Essas observações não são apenas intuitivamente plausíveis, mas podem ser formuladas e demonstradas com precisão. É exatamente isso que ocorre no lema da coincidência. Com base nele, consideraremos em seguida a equivalência lógica, as substituições e, por fim, as classes de modelos. A subseção seguinte fornece primeiro a base técnica para esses passos posteriores.

2.3.1 Lema da coincidência

Intuitivamente, é claro: se duas interpretações coincidem em todos os símbolos que são efetivamente usados em uma fórmula, então elas não podem avaliar essa fórmula de maneiras diferentes. O mesmo vale para a atribuição das variáveis: somente as variáveis livres de uma fórmula são semanticamente relevantes; as variáveis ligadas são, de todo modo, "encobertas" pelos quantificadores.

Exemplo 2.25. *Consideremos a fórmula*

$$\varphi = \exists u \, \forall v \, R(u, v)$$

e a fórmula atômica

$$\psi = R(u, v).$$

Ambas as fórmulas contêm apenas o símbolo predicativo binário R, bem como as variáveis u e v, sendo que φ não possui variáveis livres.

Seja agora

$$A_1 = \{1, 2, 3, 4\},$$
$$R^{\mathcal{A}_1} = \{(1,1), (1,2), (1,3), (1,4), (3,1)\}.$$

e seja β_1 uma atribuição com $\beta_1(u) = 2$ e $\beta_1(v) = 4$. Então $\langle \mathcal{A}_1, \beta_1 \rangle$ não é um modelo de ψ, pois $(2,4) \notin R^{\mathcal{A}_1}$. Em contrapartida, a mesma interpretação é um modelo de φ, pois podemos escolher, por exemplo, o valor 1 para u, e então, para todo $v \in A_1$, vale: $R(1, v)$.

Consideremos agora uma segunda interpretação

$$A_2 = \{1, 2, 3, 4\}, \qquad R^{\mathcal{A}_2} = R^{\mathcal{A}_1}, \qquad S^{\mathcal{A}_2} = \{3, 4\},$$

com uma atribuição $\beta_2(u) = 3$, $\beta_2(v) = 1$. O símbolo adicional S não desempenha nenhum papel para φ. Também aqui φ é verdadeira, embora a atribuição das variáveis tenha sido escolhida de modo diferente.

No teorema seguinte, resumimos essa observação em forma geral.

Teorema 2.26 (Lema da coincidência). *Sejam Σ e Λ duas assinaturas. Além disso, sejam $I_1 = \langle \mathcal{A}_1, \beta_1 \rangle$ uma*

Σ-interpretação e $I_2 = \langle \mathcal{A}_2, \beta_2 \rangle$ uma Λ-interpretação. Suponha que ambas as interpretações tenham o mesmo domínio e coincidam em todos os símbolos de $\Sigma \cap \Lambda$. Então vale:

1. *Se t é um termo de $\Sigma \cap \Lambda$ e $\beta_1(x) = \beta_2(x)$ vale para todo $x \in \mathrm{Var}(t)$, então*

$$[\![t]\!]_{I_1} = [\![t]\!]_{I_2}.$$

2. *Se φ é uma fórmula de $\Sigma \cap \Lambda$ e $\beta_1(x) = \beta_2(x)$ vale para todo $x \in \mathrm{FV}(\varphi)$, então*

$$I_1 \models^{\mathrm{FO}}_{\Sigma} \varphi \quad \textit{se, e somente se,} \quad I_2 \models^{\mathrm{FO}}_{\Lambda} \varphi.$$

Demonstração. Mostramos ambas as afirmações simultaneamente por indução estrutural.

Quanto a (1): Fazemos indução sobre a construção do termo t.

- Se $t = x$ é uma variável, então, pela hipótese, vale

$$[\![t]\!]_{I_1} = \beta_1(x) = \beta_2(x) = [\![t]\!]_{I_2}.$$

- Se $t = c$ é uma constante, então c é interpretada do mesmo modo em ambas as interpretações. Portanto, vale

$$[\![t]\!]_{I_1} = c^{\mathcal{A}_1} = c^{\mathcal{A}_2} = [\![t]\!]_{I_2}.$$

- Se $t = f(t_1, \ldots, t_n)$, então a hipótese de indução fornece

$$[\![t_i]\!]_{I_1} = [\![t_i]\!]_{I_2} \qquad \text{para todo } i = 1, \ldots, n.$$

Como f é interpretada do mesmo modo em ambas as interpretações, segue que

$$[\![f(t_1, \ldots, t_n)]\!]_{I_1} = [\![f(t_1, \ldots, t_n)]\!]_{I_2}.$$

Com isso, a afirmação (1) está demonstrada.

Para (2): Fazemos indução sobre a construção da fórmula φ.

- Se $\varphi = P(t_1, \ldots, t_n)$ é atômica, então (1) garante que a avaliação dos termos coincide em ambas as interpretações. Como, além disso, P é interpretado do mesmo modo nas duas estruturas, segue que

$$I_1 \models^{\mathrm{FO}}_{\Sigma} \varphi \quad \text{se, e somente se,} \quad I_2 \models^{\mathrm{FO}}_{\Lambda} \varphi.$$

- Se $\varphi = \psi_1 \wedge \psi_2$ ou $\varphi = \psi_1 \vee \psi_2$, então a afirmação segue imediatamente da hipótese de indução e da definição dos conectivos.

- Se $\varphi = \neg\psi$, então a afirmação também segue diretamente da hipótese de indução e da semântica da negação.

- Se $\varphi = \forall x\, \psi$, então a verificação da verdade depende apenas de saber se ψ é verdadeira sob todas as possíveis substituições de x. Como as duas interpretações coincidem em todas as variáveis livres relevantes para ψ e o domínio é o mesmo, a hipótese de indução fornece o mesmo valor de verdade para cada substituição. Portanto, vale a equivalência afirmada.

- O caso $\varphi = \exists x\, \psi$ é análogo.

Com isso, também está demonstrada a afirmação (2). □

Observação 2.27. *Em palavras, o lema da coincidência afirma o seguinte: para a avaliação semântica de uma fórmula, são relevantes apenas os símbolos que nela ocorrem e suas variáveis livres. Todo o restante pode ser modificado arbitrariamente sem alterar o valor de verdade da fórmula.*

2.3.2 Equivalência

Nem toda fórmula é nova quanto ao seu conteúdo. Muitas vezes, duas fórmulas se diferenciam apenas por sua forma exterior, mas descrevem exatamente os mesmos modelos. Não queremos tratar tais fórmulas como diferentes, e sim como *logicamente equivalentes*. Isso é especialmente importante porque, mais adiante, transformaremos fórmulas de modo sistemático com o auxílio de regras de equivalência.

Definição 2.28 (Equivalência lógica). *Seja Σ uma assinatura. Duas fórmulas Σ-formais φ e ψ chamam-se* logicamente equivalentes, *escrito*

$$\varphi \equiv_\Sigma \psi,$$

se, para toda interpretação Σ-formal I, vale:

$$[\![\varphi]\!]_I = [\![\psi]\!]_I.$$

Exemplo 2.29. *As duas fórmulas*

$$\forall x\, \text{Espaço}(x) \qquad e \qquad \forall x\, (\text{Espaço}(x) \wedge \text{Espaço}(x))$$

são logicamente equivalentes. Em termos de conteúdo, elas exigem exatamente o mesmo: que todo objeto do domínio seja um espaço. A segunda fórmula apenas repete essa exigência desnecessariamente.

Localidade da equivalência. Para a questão de saber se duas fórmulas são equivalentes, é irrelevante sob qual assinatura suficientemente grande nós as consideramos. O decisivo é apenas como elas são avaliadas nos símbolos que são relevantes para elas. Chamamos essa observação de *localidade* da equivalência lógica.

Proposição 2.30 (Localidade). *Sejam Σ e Λ duas assinaturas, e sejam φ e ψ duas fórmulas sobre $\Sigma \cap \Lambda$. Então vale*

$$\varphi \equiv_\Sigma \psi \quad \Longleftrightarrow \quad \varphi \equiv_\Lambda \psi.$$

Demonstração. Mostramos primeiro a direção

$$\varphi \equiv_\Sigma \psi \implies \varphi \equiv_\Lambda \psi.$$

A direção inversa segue então pela troca dos papéis de Σ e Λ.

Suponhamos, portanto, que $\varphi \equiv_\Sigma \psi$ valha, e seja $J = \langle B, \beta' \rangle$ uma Λ-interpretação arbitrária. Consideramos agora uma Σ-interpretação $I = \langle A, \beta \rangle$ com o mesmo domínio que J, de modo que ambas as interpretações coincidam em todos os símbolos de $\Sigma \cap \Lambda$. Para os símbolos que ocorrem apenas em uma das duas assinaturas, podemos escolher interpretações arbitrárias.

Como φ e ψ usam apenas símbolos de $\Sigma \cap \Lambda$, o lema da coincidência fornece imediatamente:

$$I \models_\Sigma \varphi \iff J \models_\Lambda \varphi,$$

e, do mesmo modo,

$$I \models_\Sigma \psi \iff J \models_\Lambda \psi.$$

Como, por hipótese, vale $\varphi \equiv_\Sigma \psi$, segue daí que

$$I \models_\Sigma \varphi \iff I \models_\Sigma \psi.$$

Reunindo essas equivalências, obtemos então

$$J \models_\Lambda \varphi \iff J \models_\Lambda \psi.$$

Como J era arbitrária, segue que

$$\varphi \equiv_\Lambda \psi.$$

A direção inversa é demonstrada da mesma maneira, apenas com as assinaturas trocadas. Com isso, a afirmação está provada. □

Observação 2.31. *A afirmação significa: assim que ambas as fórmulas possuem os mesmos símbolos efetivamente utilizados, não faz diferença para sua equivalência se as consideramos em uma assinatura menor ou em uma assinatura maior.*

Transformações clássicas. Na lógica proposicional já conhecemos muitas equivalências, e elas continuam válidas também na lógica de predicados. Elas podem ser utilizadas como regras algébricas familiares ao transformar fórmulas.

Proposição 2.32 (Equivalências fundamentais)**.** *Sejam* φ, ψ, χ *fórmulas da lógica de predicados. Então valem:*

Idempotência:

$$\varphi \wedge \varphi \equiv \varphi,$$
$$\varphi \vee \varphi \equiv \varphi.$$

Comutatividade:

$$\varphi \wedge \psi \equiv \psi \wedge \varphi,$$
$$\varphi \vee \psi \equiv \psi \vee \varphi.$$

Associatividade:

$$(\varphi \wedge \psi) \wedge \chi \equiv \varphi \wedge (\psi \wedge \chi),$$

$$(\varphi \vee \psi) \vee \chi \equiv \varphi \vee (\psi \vee \chi).$$

Leis de De Morgan:

$$\neg(\varphi \wedge \psi) \equiv \neg\varphi \vee \neg\psi,$$
$$\neg(\varphi \vee \psi) \equiv \neg\varphi \wedge \neg\psi.$$

Distributividade:

$$\varphi \vee (\psi \wedge \chi) \equiv (\varphi \vee \psi) \wedge (\varphi \vee \chi),$$
$$\varphi \wedge (\psi \vee \chi) \equiv (\varphi \wedge \psi) \vee (\varphi \wedge \chi).$$

Eliminação da dupla negação:

$$\neg\neg\varphi \equiv \varphi.$$

Demonstração. Demonstramos a afirmação mostrando, para cada uma das fórmulas indicadas, que, sob uma interpretação arbitrária, ela possui o mesmo valor de verdade que o respectivo lado direito da equivalência afirmada. Para isso, seja I uma interpretação arbitrária.

Idempotência. Como os conectivos são avaliados semanticamente de modo verofuncional, vale

$$[\![\varphi \wedge \varphi]\!]_I = [\![\varphi]\!]_I \wedge [\![\varphi]\!]_I = [\![\varphi]\!]_I.$$

Portanto, $\varphi \wedge \varphi \equiv \varphi$. Analogamente, obtém-se

$$[\![\varphi \vee \varphi]\!]_I = [\![\varphi]\!]_I \vee [\![\varphi]\!]_I = [\![\varphi]\!]_I,$$

logo $\varphi \vee \varphi \equiv \varphi$.

Comutatividade. Temos

$$[\![\varphi \wedge \psi]\!]_I = [\![\varphi]\!]_I \wedge [\![\psi]\!]_I = [\![\psi]\!]_I \wedge [\![\varphi]\!]_I = [\![\psi \wedge \varphi]\!]_I.$$

Disso segue que $\varphi \wedge \psi \equiv \psi \wedge \varphi$. O caso de $\vee$ é análogo:

$$[\![\varphi \vee \psi]\!]_I = [\![\varphi]\!]_I \vee [\![\psi]\!]_I = [\![\psi]\!]_I \vee [\![\varphi]\!]_I = [\![\psi \vee \varphi]\!]_I.$$

Associatividade. Obtemos

$$\begin{aligned}[\![(\varphi \wedge \psi) \wedge \chi]\!]_I &= ([\![\varphi]\!]_I \wedge [\![\psi]\!]_I) \wedge [\![\chi]\!]_I \\ &= [\![\varphi]\!]_I \wedge ([\![\psi]\!]_I \wedge [\![\chi]\!]_I) \\ &= [\![\varphi \wedge (\psi \wedge \chi)]\!]_I.\end{aligned}$$

Logo, $(\varphi \wedge \psi) \wedge \chi \equiv \varphi \wedge (\psi \wedge \chi)$. O caso de $\vee$ segue da mesma maneira.

Regras de De Morgan. Temos

$$[\![\neg(\varphi \wedge \psi)]\!]_I = \neg([\![\varphi]\!]_I \wedge [\![\psi]\!]_I) = \neg[\![\varphi]\!]_I \vee \neg[\![\psi]\!]_I = [\![\neg\varphi \vee \neg\psi]\!]_I.$$

Disso segue que $\neg(\varphi \wedge \psi) \equiv \neg\varphi \vee \neg\psi$. Analogamente, obtemos

$$[\![\neg(\varphi \vee \psi)]\!]_I = \neg([\![\varphi]\!]_I \vee [\![\psi]\!]_I) = \neg[\![\varphi]\!]_I \wedge \neg[\![\psi]\!]_I = [\![\neg\varphi \wedge \neg\psi]\!]_I.$$

Distributividade. Aqui utilizamos a distributividade clássica das operações booleanas:

$$[\![\varphi \vee (\psi \wedge \chi)]\!]_I = [\![\varphi]\!]_I \vee ([\![\psi]\!]_I \wedge [\![\chi]\!]_I)$$

$$= ([\![\varphi]\!]_I \vee [\![\psi]\!]_I) \wedge ([\![\varphi]\!]_I \vee [\![\chi]\!]_I)$$
$$= [\![(\varphi \vee \psi) \wedge (\varphi \vee \chi)]\!]_I.$$

Portanto, $\varphi\vee(\psi\wedge\chi) \equiv (\varphi\vee\psi)\wedge(\varphi\vee\chi)$. Analogamente, vale

$$[\![\varphi \wedge (\psi \vee \chi)]\!]_I = [\![(\varphi \wedge \psi) \vee (\varphi \wedge \chi)]\!]_I.$$

Dupla negação. Por fim, vale

$$[\![\neg\neg\varphi]\!]_I = \neg(\neg[\![\varphi]\!]_I) = [\![\varphi]\!]_I.$$

Portanto, $\neg\neg\varphi \equiv \varphi$.

Como os valores de verdade coincidem em toda interpretação arbitrária I, seguem as equivalências lógicas indicadas. □

Exemplo 2.33. *Com essas regras, podemos, por exemplo, transformar a fórmula*

$$\neg(\text{Sala}(x) \wedge \text{conectado}(x, y))$$

em

$$\neg\text{Sala}(x) \vee \neg\text{conectado}(x, y).$$

Transformações desse tipo serão importantes mais adiante, especialmente no estudo das formas normais e da resolução.

Tautologias e contradições. Também os casos especiais familiares da lógica proposicional se transferem diretamente.

Proposição 2.34 (Fórmulas tautológicas e contraditórias). *Seja φ uma fórmula da lógica de predicados, $\bot$ uma fórmula contraditória e $\top$ uma fórmula universalmente válida. Então valem:*

$$\varphi \vee \neg\varphi \equiv \top, \qquad \varphi \wedge \neg\varphi \equiv \bot,$$
$$\varphi \wedge \bot \equiv \bot, \qquad \varphi \vee \top \equiv \top,$$
$$\varphi \wedge \top \equiv \varphi, \qquad \varphi \vee \bot \equiv \varphi.$$

Demonstração. Mostramos cada afirmação comparando, para uma interpretação arbitrária I, as avaliações dos dois lados. Escrevemos $[\![\psi]\!]_I$ para o valor de verdade da fórmula ψ sob I.

Seja, portanto, I arbitrária. Por hipótese, vale

$$[\![\top]\!]_I = \text{true} \quad \text{e} \quad [\![\bot]\!]_I = \text{false}.$$

(1) **Tautologia.** Vale

$$[\![\varphi \vee \neg\varphi]\!]_I = [\![\varphi]\!]_I \vee \neg[\![\varphi]\!]_I.$$

Como, para todo valor de verdade booleano a, vale a igualdade $a \vee \neg a = \text{true}$, segue que

$$[\![\varphi \vee \neg\varphi]\!]_I = \text{true} = [\![\top]\!]_I.$$

Logo, $\varphi \vee \neg\varphi \equiv \top$.

(2) Contradição elementar. Analogamente, obtemos

$$[\![\varphi \wedge \neg\varphi]\!]_I = [\![\varphi]\!]_I \wedge \neg[\![\varphi]\!]_I.$$

Para todo valor de verdade booleano a, vale $a \wedge \neg a = \text{false}$. Portanto,

$$[\![\varphi \wedge \neg\varphi]\!]_I = \text{false} = [\![\bot]\!]_I.$$

Logo, $\varphi \wedge \neg\varphi \equiv \bot$.

(3) Elementos absorventes. Primeiro:

$$[\![\varphi \wedge \bot]\!]_I = [\![\varphi]\!]_I \wedge [\![\bot]\!]_I = [\![\varphi]\!]_I \wedge \text{false} = \text{false} = [\![\bot]\!]_I.$$

Logo, $\varphi \wedge \bot \equiv \bot$.

Além disso:

$$[\![\varphi \vee \top]\!]_I = [\![\varphi]\!]_I \vee [\![\top]\!]_I = [\![\varphi]\!]_I \vee \text{true} = \text{true} = [\![\top]\!]_I.$$

Logo, $\varphi \vee \top \equiv \top$.

(4) Elementos neutros. Temos

$$[\![\varphi \wedge \top]\!]_I = [\![\varphi]\!]_I \wedge [\![\top]\!]_I = [\![\varphi]\!]_I \wedge \text{true} = [\![\varphi]\!]_I.$$

Disso segue que $\varphi \wedge \top \equiv \varphi$.

Por fim:

$$[\![\varphi \vee \bot]\!]_I = [\![\varphi]\!]_I \vee [\![\bot]\!]_I = [\![\varphi]\!]_I \vee \text{false} = [\![\varphi]\!]_I.$$

Logo, $\varphi \vee \bot \equiv \varphi$.

Como as avaliações coincidem em toda interpretação arbitrária I, seguem as equivalências lógicas afirmadas.

$\square$

Equivalências com quantificadores. No caso dos quantificadores, é preciso observar com um pouco mais de cuidado. Algumas transformações são sempre admissíveis; outras, apenas quando uma variável não ocorre livremente na subfórmula correspondente.

Proposição 2.35 (Equivalências com quantificadores). *Sejam φ e ψ fórmulas da lógica de predicados. Então valem:*

$$\varphi \equiv \forall x\, \varphi \qquad \textit{se } x \notin \mathrm{FV}(\varphi), \tag{1}$$
$$\varphi \equiv \exists x\, \varphi \qquad \textit{se } x \notin \mathrm{FV}(\varphi), \tag{2}$$
$$\forall x\, \varphi \equiv \neg\exists x\, \neg\varphi \tag{3}$$
$$\exists x\, \varphi \equiv \neg\forall x\, \neg\varphi \tag{4}$$
$$\forall x\, \forall y\, \varphi \equiv \forall y\, \forall x\, \varphi \tag{5}$$
$$\exists x\, \exists y\, \varphi \equiv \exists y\, \exists x\, \varphi \tag{6}$$
$$(\forall x\, \varphi) \wedge (\forall x\, \psi) \equiv \forall x\, (\varphi \wedge \psi) \tag{7}$$
$$(\exists x\, \varphi) \vee (\exists x\, \psi) \equiv \exists x\, (\varphi \vee \psi) \tag{8}$$

Demonstração. Mostramos as oito equivalências uma a uma. Seja sempre $I = \langle A, \beta \rangle$ uma interpretação arbitrária.

(1) e (2): Suponhamos primeiro que $x \notin \mathrm{FV}(\varphi)$. Então o valor de verdade de φ não depende da atribuição da variável x. Portanto, para todo $a \in A$, vale

$$[\![\varphi]\!]_{\langle A, \beta[x \mapsto a] \rangle} = [\![\varphi]\!]_I.$$

Com isso obtemos

$$\begin{aligned}
&[\![\forall x\, \varphi]\!]_I = \text{true} \\
&\qquad \iff \forall a \in A:\ [\![\varphi]\!]_{\langle A,\beta[x\mapsto a]\rangle} = \text{true} \\
&\qquad \iff [\![\varphi]\!]_I = \text{true}.
\end{aligned}$$

Logo, $\varphi \equiv \forall x\, \varphi$. Exatamente o mesmo raciocínio também fornece

$$\begin{aligned}
&[\![\exists x\, \varphi]\!]_I = \text{true} \\
&\qquad \iff \exists a \in A:\ [\![\varphi]\!]_{\langle A,\beta[x\mapsto a]\rangle} = \text{true} \\
&\qquad \iff [\![\varphi]\!]_I = \text{true}.
\end{aligned}$$

logo $\varphi \equiv \exists x\, \varphi$.

(3) e (4): Para a quantificação universal, vale

$$[\![\forall x\, \varphi]\!]_I = \text{true} \iff \forall a \in A:\ [\![\varphi]\!]_{\langle A,\beta[x\mapsto a]\rangle} = \text{true}.$$

Isso ocorre exatamente quando não existe nenhum $a \in A$ tal que

$$[\![\varphi]\!]_{\langle A,\beta[x\mapsto a]\rangle} = \text{false}.$$

Pela semântica da negação, isso é equivalente a

$$\neg\exists a \in A:\ [\![\neg\varphi]\!]_{\langle A,\beta[x\mapsto a]\rangle} = \text{true},$$

isto é, a

$$[\![\neg\exists x\, \neg\varphi]\!]_I = \text{true}.$$

Daí segue

$$\forall x\, \varphi \equiv \neg\exists x\, \neg\varphi.$$

A segunda equivalência

$$\exists x\, \varphi \equiv \neg \forall x\, \neg \varphi$$

segue de modo análogo, ou diretamente pela troca de $\forall$ por $\exists$.

(5) e (6): Consideremos primeiro os quantificadores universais. Vale

$$\begin{aligned}&[\![\forall x\, \forall y\, \varphi]\!]_I = \text{true}\\ &\qquad \iff \forall a \in A\ \forall b \in A:\ [\![\varphi]\!]_{\langle A, \beta[x \mapsto a,\, y \mapsto b]\rangle} = \text{true}.\end{aligned}$$

Como a ordem dos dois quantificadores universais não desempenha nenhum papel, isso é equivalente a

$$\forall b \in A\ \forall a \in A:\ [\![\varphi]\!]_{\langle A, \beta[y \mapsto b, x \mapsto a]\rangle} = \text{true},$$

isto é, a

$$[\![\forall y\, \forall x\, \varphi]\!]_I = \text{true}.$$

Portanto, vale

$$\forall x\, \forall y\, \varphi \equiv \forall y\, \forall x\, \varphi.$$

Para os quantificadores existenciais vale o mesmo raciocínio:

$$\begin{aligned}&[\![\exists x\, \exists y\, \varphi]\!]_I = \text{true}\\ &\qquad \iff \exists a \in A\ \exists b \in A:\ [\![\varphi]\!]_{\langle A, \beta[x \mapsto a,\, y \mapsto b]\rangle} = \text{true}.\end{aligned}$$

e isso ocorre exatamente quando

$$\exists b \in A\ \exists a \in A:\ [\![\varphi]\!]_{\langle A, \beta[y \mapsto b, x \mapsto a]\rangle} = \text{true},$$

logo

$$\exists y\, \exists x\, \varphi \equiv \exists x\, \exists y\, \varphi.$$

(7): Vale que

$$[\![(\forall x\, \varphi) \wedge (\forall x\, \psi)]\!]_I = \text{true}$$

se, e somente se, tanto

$$[\![\forall x\, \varphi]\!]_I = \text{true} \quad \text{quanto} \quad [\![\forall x\, \psi]\!]_I = \text{true}$$

valem. Pela semântica do quantificador universal, isso é equivalente a que, para todo $a \in A$, valha

$$[\![\varphi]\!]_{\langle A, \beta[x \mapsto a]\rangle} = \text{true} \quad \text{e} \quad [\![\psi]\!]_{\langle A, \beta[x \mapsto a]\rangle} = \text{true}.$$

Isso, por sua vez, ocorre se, e somente se, para todo $a \in A$, vale

$$[\![\varphi \wedge \psi]\!]_{\langle A, \beta[x \mapsto a]\rangle} = \text{true},$$

isto é, se, e somente se,

$$[\![\forall x\, (\varphi \wedge \psi)]\!]_I = \text{true}.$$

Daí segue que

$$(\forall x\, \varphi) \wedge (\forall x\, \psi) \equiv \forall x\, (\varphi \wedge \psi).$$

(8): Analogamente, obtém-se

$$[\![(\exists x\, \varphi) \vee (\exists x\, \psi)]\!]_I = \text{true}$$

se, e somente se, ou $[\![\exists x\, \varphi]\!]_I = \text{true}$ ou $[\![\exists x\, \psi]\!]_I = \text{true}$ vale. Isso é equivalente a dizer que existe um $a \in A$ tal que

$$[\![\varphi \vee \psi]\!]_{\langle A, \beta[x \mapsto a]\rangle} = \text{true},$$

isto é, se, e somente se,

$$[\![\exists x\, (\varphi \vee \psi)]\!]_I = \text{true}.$$

Portanto, vale

$$(\exists x\, \varphi) \vee (\exists x\, \psi) \equiv \exists x\, (\varphi \vee \psi).$$

Como I era arbitrária, todas as oito equivalências valem em geral. □

Proposição 2.36 (Deslocamento de quantificadores sobre $\wedge$ e $\vee$). *Sejam φ e ψ fórmulas da lógica de predicados, e seja x uma variável com $x \notin \mathrm{FV}(\psi)$. Então valem as seguintes equivalências:*

$$\begin{aligned}
(\forall x\, \varphi) \wedge \psi &\equiv \forall x\, (\varphi \wedge \psi), \\
(\exists x\, \varphi) \wedge \psi &\equiv \exists x\, (\varphi \wedge \psi), \\
(\forall x\, \varphi) \vee \psi &\equiv \forall x\, (\varphi \vee \psi), \\
(\exists x\, \varphi) \vee \psi &\equiv \exists x\, (\varphi \vee \psi).
\end{aligned}$$

Demonstração. A primeira equivalência decorre diretamente de (1) e (7) da proposição anterior:

$$(\forall x\, \varphi) \wedge \psi \equiv (\forall x\, \varphi) \wedge (\forall x\, \psi) \equiv \forall x\, (\varphi \wedge \psi),$$

pois $x \notin \mathrm{FV}(\psi)$.

Para a segunda equivalência, seja $I = \langle \mathcal{A}, \beta \rangle$ uma interpretação arbitrária. Como $x \notin \mathrm{FV}(\psi)$, uma reatribuição de x não altera o valor de verdade de ψ. Portanto, vale:

$$\begin{aligned} I \models (\exists x\, \varphi) \wedge \psi &\iff \exists a \in A:\ I[x \mapsto a] \models \varphi \text{ e } \\ &\qquad I[x \mapsto a] \models \psi \\ &\iff \exists a \in A:\ I[x \mapsto a] \models (\varphi \wedge \psi) \\ &\iff I \models \exists x\, (\varphi \wedge \psi). \end{aligned}$$

Para as duas afirmações sobre disjunções, argumenta-se de modo análogo: como $x \notin \mathrm{FV}(\psi)$, o valor de verdade de ψ permanece inalterado sob uma mudança da atribuição de x. Portanto, vale

$$I \models (\forall x\, \varphi) \vee \psi \iff I \models \forall x\, (\varphi \vee \psi),$$

e, do mesmo modo,

$$I \models (\exists x\, \varphi) \vee \psi \iff I \models \exists x\, (\varphi \vee \psi).$$

Com isso, as quatro equivalências estão demonstradas.

□

Exemplo 2.37. *A fórmula*

$$\forall x\, \exists y\, \mathrm{conectado}(x, y)$$

significa: para cada objeto há um objeto adequado com o qual ele está conectado. A ordem dos dois quantificadores não pode ser invertida aqui, pois

$$\exists y\, \forall x\, \mathrm{conectado}(x, y)$$

é, em geral, algo muito diferente: significaria que existe um único objeto que está na relação escolhida com todos os outros.

Exemplo 2.38. *Também as duas fórmulas seguintes não são, em geral, equivalentes:*

$$(\forall x\, \text{Sala}(x)) \vee (\forall x\, \text{conectado}(x, z))$$

e

$$\forall x\, (\text{Sala}(x) \vee \text{conectado}(x, z)).$$

A primeira fórmula afirma que ou todos os objetos são salas, ou todos os objetos estão conectados com z. A segunda fórmula exige apenas que cada objeto possua pelo menos uma das duas propriedades.

Observação 2.39. *As afirmações desta seção fornecem o instrumento formal com o qual poderemos, mais adiante, transformar fórmulas de modo sistemático. Especialmente importante é distinguir entre aquilo que sempre vale e aquilo que só é admissível sob uma condição adicional relativa às variáveis livres.*

Exemplo 2.40. *A seguinte equivalência não vale, em geral:*

$$\forall x\, \exists y\, \varphi \;\not\equiv\; \exists y\, \forall x\, \varphi.$$

Mostramos isso por meio de uma contraestrutura. Seja Σ a assinatura com um símbolo de predicado binário R, e seja

$$\mathcal{A} = \langle A, R^{\mathcal{A}} \rangle \quad \textit{com} \quad A = \{0, 1\}, \qquad R^{\mathcal{A}} = \{(0,0), (1,1)\}.$$

Considere a fórmula

$$\varphi(x,y) := R(x,y).$$

Então vale:

$$\mathcal{A} \models \forall x\, \exists y\, R(x,y),$$

pois, para $x = 0$, pode-se escolher $y = 0$, e, para $x = 1$, pode-se escolher $y = 1$.

Por outro lado, vale

$$\mathcal{A} \not\models \exists y\, \forall x\, R(x,y),$$

pois não existe um único $y \in A$ que torne simultaneamente verdadeiras as duas condições

$$R(0,y) \quad e \quad R(1,y)$$

Para $y = 0$, embora $R(0,0)$ seja verdadeira, $R(1,0)$ é falsa; para $y = 1$, embora $R(1,1)$ seja verdadeira, $R(0,1)$ é falsa.

Logo,

$$\forall x\, \exists y\, R(x,y) \not\equiv \exists y\, \forall x\, R(x,y).$$

Assim, a suposta permutabilidade do quantificador universal com o quantificador existencial é falsa em geral.

Exemplo 2.41. *Também as duas equivalências seguintes não valem em geral:*

$$(\forall x\, \varphi) \vee (\forall x\, \psi) \not\equiv \forall x\, (\varphi \vee \psi),$$

$$(\exists x\, \varphi) \wedge (\exists x\, \psi) \not\equiv \exists x\, (\varphi \wedge \psi).$$

Mostramos isso por meio de uma contra-interpretação comum. Seja Σ a assinatura com dois símbolos de predicado unários P e Q, e seja

$$\mathcal{A} = \langle A, P^{\mathcal{A}}, Q^{\mathcal{A}} \rangle, \quad \text{com} \quad \begin{aligned} A &= \{0,1\}, \\ P^{\mathcal{A}} &= \{0\}, \\ Q^{\mathcal{A}} &= \{1\}. \end{aligned}$$

Consideremos agora as fórmulas

$$\varphi(x) := P(x) \qquad e \qquad \psi(x) := Q(x).$$

Então, para a primeira equivalência, vale:

$$\mathcal{A} \not\models \forall x\, P(x) \quad e \quad \mathcal{A} \not\models \forall x\, Q(x),$$

logo

$$\mathcal{A} \not\models (\forall x\, P(x)) \vee (\forall x\, Q(x)).$$

Por outro lado, para todo $a \in A$, pelo menos uma das duas afirmações $P(a)$ ou $Q(a)$ é verdadeira. Portanto, vale

$$\mathcal{A} \models \forall x\, (P(x) \vee Q(x)).$$

Assim,

$$(\forall x\, P(x)) \vee (\forall x\, Q(x)) \not\equiv \forall x\, (P(x) \vee Q(x)).$$

Para a segunda equivalência, obtemos:

$$\mathcal{A} \models \exists x\, P(x) \quad e \quad \mathcal{A} \models \exists x\, Q(x),$$

pois $P^{\mathcal{A}} = \{0\}$ *e* $Q^{\mathcal{A}} = \{1\}$*. Logo, vale*

$$\mathcal{A} \models (\exists x\, P(x)) \wedge (\exists x\, Q(x)).$$

Mas não existe nenhum $a \in A$ *para o qual valham simultaneamente* $P(a)$ *e* $Q(a)$*; portanto,*

$$\mathcal{A} \not\models \exists x\, (P(x) \wedge Q(x)).$$

Com isso, também

$$(\exists x\, P(x)) \wedge (\exists x\, Q(x)) \not\equiv \exists x\, (P(x) \wedge Q(x)).$$

Portanto, as duas equivalências são falsas em geral.

2.3.3 Substituição

Substituições são, na lógica de predicados, o análogo daquilo que na lógica proposicional se conhece como substituição direcionada de variáveis. A diferença essencial, porém, é que na lógica de predicados temos não apenas variáveis, mas também termos compostos como objetos de substituição. Por isso, é preciso proceder com especial cuidado no caso de variáveis ligadas, para que não surja uma ligação não intencional de variáveis livres.

Substituições.

Definição 2.42 (Substituição). *Seja* Σ *uma assinatura. Uma substituição* Σ *é uma função*

$$\sigma : V \to \mathrm{Term}(\Sigma)$$

com a propriedade de que $\sigma(x) = x$ *vale para todas as variáveis* $x \in V$*, exceto para um número finito delas.*

O conjunto

$$\mathrm{Dom}(\sigma) := \{x \in V \mid \sigma(x) \neq x\}$$

chama-se domínio efetivo *de* σ*. O conjunto das variáveis que ocorrem em* σ *é denotado por*

$$\mathrm{Var}(\sigma) := \{x \in V \mid x \in \mathrm{Var}(\sigma(y)) \textit{ para algum } y \in \mathrm{Dom}(\sigma)\}.$$

Em geral, escrevemos substituições na forma

$$\sigma = \{x_1 \mapsto t_1, \ldots, x_n \mapsto t_n\}.$$

Com isso, queremos dizer a função que envia cada x_i para t_i e mantém todas as outras variáveis inalteradas.

Exemplo 2.43. *A substituição*

$$\sigma = \{x \mapsto g(z, a),\ y \mapsto f(z)\}$$

substitui a variável x *pelo termo* $g(z, a)$ *e a variável* y *pelo termo* $f(z)$*. Todas as demais variáveis permanecem inalteradas. Aqui temos* $\mathrm{Dom}(\sigma) = \{x, y\}$ *e* $\mathrm{Var}(\sigma) = \{z\}$.

Frequentemente, altera-se uma substituição apenas em um único ponto. Para isso, escrevemos:

$$\sigma[x \mapsto t],$$

em que $\sigma[x \mapsto t]$ denota a substituição que envia x para t e, no restante, coincide com σ.

Aplicação de substituições. Uma substituição atua sobre termos e fórmulas por meio da substituição simultânea de todas as ocorrências livres das variáveis envolvidas.

Definição 2.44 (Aplicação de uma substituição). *Sejam* Σ *uma assinatura e* σ *uma substituição* Σ*.*

- *Para um termo* Σ t*, definimos* $\sigma(t)$ *indutivamente por*
  - $\sigma(x) = \sigma(x)$ *para* $x \in \mathrm{Dom}(\sigma)$,
  - $\sigma(x) = x$ *para* $x \notin \mathrm{Dom}(\sigma)$,
  - $\sigma(f(t_1, \dots, t_n)) = f(\sigma(t_1), \dots, \sigma(t_n))$.
- *Para uma fórmula* Σ φ*, definimos* $\sigma(\varphi)$ *indutivamente por*
  - $\sigma(P(t_1, \dots, t_n)) = P(\sigma(t_1), \dots, \sigma(t_n))$,
  - $\sigma(\psi \wedge \chi) = \sigma(\psi) \wedge \sigma(\chi)$,
  - $\sigma(\psi \vee \chi) = \sigma(\psi) \vee \sigma(\chi)$,
  - $\sigma(\neg\psi) = \neg\sigma(\psi)$.
- *No caso de quantificadores, é preciso prestar atenção às variáveis ligadas:*
  - *Se* $\varphi = \forall x\, \psi$ *e* $x \notin \mathrm{Var}(\sigma)$*, definimos*

    $$\sigma(\varphi) = \forall x\, \sigma(\psi).$$

  - *Se* $\varphi = \exists x\, \psi$ *e* $x \notin \mathrm{Var}(\sigma)$*, definimos*

    $$\sigma(\varphi) = \exists x\, \sigma(\psi).$$

- *Se, por outro lado,* $x \in \mathrm{Var}(\sigma)$*, escolhemos uma variável fresca* $u \notin \mathrm{Var}(\sigma) \cup \mathrm{FV}(\psi)$ *e definimos*

$$\sigma(\forall x\, \psi) = \forall u\, \sigma[x \mapsto u](\psi),$$
$$\sigma(\exists x\, \psi) = \exists u\, \sigma[x \mapsto u](\psi).$$

Os dois últimos casos impedem que uma variável livre da imagem da substituição seja subitamente capturada por um quantificador.

Exemplo 2.45. *Consideremos a assinatura*

$$\Sigma = \{P/2,\ f/1,\ a/0\}$$

e a fórmula

$$\varphi = \exists y\, P(x, f(y)).$$

Além disso, seja

$$\sigma = \{x \mapsto f(y)\}.$$

Então y *não pode simplesmente permanecer no interior de* φ*, pois* y *já ocorre em* $\sigma(x) = f(y)$*. Por isso, a variável ligada é primeiro renomeada de modo fresco, e obtemos*

$$\sigma(\varphi) = \exists u\, P(f(y), f(u)).$$

Substituição em interpretações. Substituições não alteram a estrutura em si, mas apenas a atribuição das variáveis.

Definição 2.46 (Substituição de uma interpretação). *Sejam* Σ *uma assinatura,* σ *uma* Σ*-substituição e* $I = \langle A, \beta \rangle$ *uma* Σ*-interpretação. Então definimos uma nova atribuição* β^σ *por*

$$\beta^\sigma(x) := [\![\sigma(x)]\!]_I.$$

A interpretação correspondente é escrita como

$$\sigma(I) := \langle A, \beta^\sigma \rangle.$$

Exemplo 2.47. *Seja*

$$\begin{aligned} \Sigma &= \{P/1, c/0\}, \\ A &= \{0, 1\}, \\ P^{\mathcal{A}} &= \{1\}, \\ c^{\mathcal{A}} &= 1. \end{aligned}$$

e $\beta(x) = 0$*. Então*

$$[\![P(x)]\!]_{\langle \mathcal{A}, \beta \rangle} = \text{false}.$$

Para a substituição $\sigma = \{x \mapsto c\}$*, porém, vale*

$$\beta^\sigma(x) = [\![c]\!]_{\langle \mathcal{A}, \beta \rangle} = 1,$$

logo $\sigma(\langle \mathcal{A}, \beta \rangle)$ *é um modelo de* $P(x)$*. Ao mesmo tempo,*

$$\sigma(P(x)) = P(c),$$

e também essa fórmula é verdadeira em $\langle \mathcal{A}, \beta \rangle$*.*

O lema da substituição. A afirmação central diz que a substituição sintática e a avaliação semântica são compatíveis entre si.

Teorema 2.48 (Lema da substituição). *Sejam Σ uma assinatura, I uma Σ-interpretação e σ uma Σ-substituição. Então vale:*

1. *Para todo Σ-termo t, vale*

$$[\![\sigma(t)]\!]_I = [\![t]\!]_{\sigma(I)}.$$

2. *Para toda Σ-fórmula φ, vale*

$$I \models_\Sigma \sigma(\varphi) \iff \sigma(I) \models_\Sigma \varphi.$$

Demonstração. Escrevemos $I = \langle A, \beta \rangle$ e denotamos por β^σ a atribuição induzida por σ, isto é,

$$\beta^\sigma(x) := [\![\sigma(x)]\!]_I \qquad \text{para todo } x \in V.$$

Assim, $\sigma(I) = \langle A, \beta^\sigma \rangle$.

(1) Termos. Mostramos a afirmação por indução estrutural sobre a construção de t.

Caso $t = x$ (variável). Então, por definição, vale

$$[\![\sigma(x)]\!]_I = \beta^\sigma(x) = [\![x]\!]_{\sigma(I)}.$$

Caso $t = c$ (constante). Como substituições afetam apenas variáveis, temos $\sigma(c) = c$. Logo,

$$[\![\sigma(c)]\!]_I = [\![c]\!]_I = c^A = [\![c]\!]_{\sigma(I)}.$$

Caso $t = f(t_1, \ldots, t_n)$. Pela hipótese de indução, vale

$$[\![\sigma(t_i)]\!]_I = [\![t_i]\!]_{\sigma(I)} \qquad \text{para todo } i = 1, \ldots, n.$$

Como σ não altera a interpretação dos símbolos de função, f é interpretado da mesma maneira em I e em $\sigma(I)$. Portanto, segue

$$\begin{aligned} [\![\sigma(f(t_1, \ldots, t_n))]\!]_I &= [\![f(\sigma(t_1), \ldots, \sigma(t_n))]\!]_I \\ &= f^A([\![\sigma(t_1)]\!]_I, \ldots, [\![\sigma(t_n)]\!]_I) \\ &= f^A([\![t_1]\!]_{\sigma(I)}, \ldots, [\![t_n]\!]_{\sigma(I)}) \\ &= [\![f(t_1, \ldots, t_n)]\!]_{\sigma(I)}. \end{aligned}$$

Com isso, (1) está demonstrado.

(2) Fórmulas. Também aqui argumentamos por indução estrutural sobre φ.

Caso em que $\varphi = P(t_1, \ldots, t_n)$ *é atômica.* Então, pelo item (1), segue que:

$$\begin{aligned} &[\![\sigma(P(t_1, \ldots, t_n))]\!]_I = \text{true} \\ &\qquad \iff ([\![\sigma(t_1)]\!]_I, \ldots, [\![\sigma(t_n)]\!]_I) \in P^A. \end{aligned}$$

$$\begin{aligned} &\iff ([\![t_1]\!]_{\sigma(I)}, \ldots, [\![t_n]\!]_{\sigma(I)}) \in P^A \\ &\iff [\![P(t_1, \ldots, t_n)]\!]_{\sigma(I)} = \text{true}. \end{aligned}$$

Conectivos. Os casos $\wedge$, $\vee$ e $\neg$ são imediatos, pois sua semântica é verofuncional. Por exemplo:

$$[\![\sigma(\psi \wedge \chi)]\!]_I = \text{true} \iff [\![\sigma(\psi)]\!]_I = \text{true e } [\![\sigma(\chi)]\!]_I = \text{true}.$$

Pela hipótese de indução, isso é equivalente a

$$[\![\psi]\!]_{\sigma(I)} = \text{true e } [\![\chi]\!]_{\sigma(I)} = \text{true},$$

portanto, a

$$[\![\psi \wedge \chi]\!]_{\sigma(I)} = \text{true}.$$

Quantificadores. Tratamos, a título de exemplo, o quantificador existencial. O quantificador universal é análogo.

Se $x \notin \mathrm{Var}(\sigma)$, então

$$\sigma(\exists x\, \psi) = \exists x\, \sigma(\psi).$$

Logo, vale

$$\begin{aligned}
[\![\sigma(\exists x\, \psi)]\!]_I = \text{true} &\iff \exists a \in A :\ [\![\sigma(\psi)]\!]_{\langle A, \beta[x \mapsto a]\rangle} = \text{true} \\
&\quad \text{(semântica do quantificador existencial)} \\
&\iff \exists a \in A :\ [\![\psi]\!]_{\sigma(\langle A, \beta[x \mapsto a]\rangle)} = \text{true} \\
&\quad \text{(hipótese de indução para } \psi\text{)} \\
&\iff \exists a \in A :\ [\![\psi]\!]_{\langle A, \beta^\sigma[x \mapsto a]\rangle} = \text{true} \\
&\quad \text{(lema da coincidência)} \\
&\iff [\![\exists x\, \psi]\!]_{\sigma(I)} = \text{true}.
\end{aligned}$$

No caso $x \in \mathrm{Var}(\sigma)$, temos

$$\sigma(\exists x\, \psi) = \exists u\, \sigma[x \mapsto u](\psi),$$

em que $u \notin \mathrm{Var}(\sigma) \cup \mathrm{FV}(\psi)$ é escolhido como uma variável fresca. Obtém-se então a mesma argumentação, pois a variável fresca u não produz nenhuma ligação indesejada de variáveis e a hipótese de indução é aplicável a $\sigma[x \mapsto u](\psi)$.

Assim, no total, vale

$$[\![\sigma(\varphi)]\!]_I = \text{true} \quad \Longleftrightarrow \quad [\![\varphi]\!]_{\sigma(I)} = \text{true}.$$

Isto é precisamente

$$I \models_\Sigma \sigma(\varphi) \quad \Longleftrightarrow \quad \sigma(I) \models_\Sigma \varphi.$$

Com isso, ambas as afirmações estão demonstradas. □

Proposição 2.49. *Seja Σ uma assinatura, sejam φ, ψ duas fórmulas de Σ e seja σ uma substituição. Se*

$$\varphi \equiv_\Sigma \psi,$$

então também vale

$$\sigma(\varphi) \equiv_\Sigma \sigma(\psi).$$

Demonstração. Seja I uma interpretação arbitrária de Σ. Pelo lema da substituição, vale

$$I \models_\Sigma \sigma(\varphi) \quad \Longleftrightarrow \quad \sigma(I) \models_\Sigma \varphi,$$

e, analogamente,

$$I \models_\Sigma \sigma(\psi) \quad \Longleftrightarrow \quad \sigma(I) \models_\Sigma \psi.$$

Como se pressupõe $\varphi \equiv_\Sigma \psi$, vale

$$\sigma(I) \models_\Sigma \varphi \quad \Longleftrightarrow \quad \sigma(I) \models_\Sigma \psi.$$

Daí segue, em conjunto,

$$I \models_\Sigma \sigma(\varphi) \quad \Longleftrightarrow \quad I \models_\Sigma \sigma(\psi).$$

Logo, $\sigma(\varphi)$ e $\sigma(\psi)$ são logicamente equivalentes. □

Renomeações de variáveis. Um caso especial importante são as substituições que apenas renomeiam variáveis.

Definição 2.50 (Renomeação de variáveis). *Uma renomeação de variáveis é uma função $\nu : V \to V$ tal que $\nu(x) = x$ vale para todas as variáveis $x \in V$, exceto finitamente muitas.*

Tais renomeações não alteram a semântica, desde que apenas variáveis ligadas sejam afetadas.

Proposição 2.51. *Sejam Σ uma assinatura e φ uma fórmula de Σ. Então valem:*

$$\forall x\, \varphi \equiv_\Sigma \forall y\, \nu(\varphi), \qquad \exists x\, \varphi \equiv_\Sigma \exists y\, \nu(\varphi),$$

caso $y \notin \mathrm{FV}(\varphi)$ e ν envie a variável x para y.

Demonstração. Mostramos apenas a primeira equivalência; a segunda segue pelo mesmo argumento. Seja, portanto, $\nu = \{x \mapsto y\}$ e $y \notin \mathrm{FV}(\varphi)$.

Escolha um símbolo de constante novo $c \notin \Sigma$. Para cada $a \in A$, denotamos por $\mathcal{A}_a$ a expansão de $\mathcal{A}$ pela interpretação $c^{\mathcal{A}_a} = a$, enquanto todos os símbolos de Σ são interpretados exatamente como em $\mathcal{A}$.

Além disso, definimos

$$\sigma = \{x \mapsto c\} \qquad \text{e} \qquad \tau = \{y \mapsto c\}.$$

Então, para toda valoração β e todo $a \in A$, vale:

$$\sigma(\langle \mathcal{A}_a, \beta \rangle) = \langle \mathcal{A}_a, \beta[x \mapsto a] \rangle,$$
$$\tau(\langle \mathcal{A}_a, \beta \rangle) = \langle \mathcal{A}_a, \beta[y \mapsto a] \rangle.$$

Isso decorre imediatamente da definição da substituição que atua sobre interpretações.

Consideremos agora, primeiro, a expressão do lado esquerdo:

$$\begin{aligned}
\langle \mathcal{A}, \beta \rangle \models \forall x\, \varphi \iff & \forall a \in A : \\
& \langle \mathcal{A}, \beta[x \mapsto a] \rangle \models \varphi \\
& \text{(semântica do quantificador universal)} \\
\iff & \forall a \in A : \\
& \sigma(\langle \mathcal{A}_a, \beta \rangle) \models \varphi \\
& \text{(lema da coincidência, pois } c \notin \Sigma(\varphi)) \\
\iff & \forall a \in A : \\
& \langle \mathcal{A}_a, \beta \rangle \models \sigma(\varphi) \\
& \text{(lema da substituição).}
\end{aligned}$$

Para a expressão do lado direito, obtemos analogamente:

$$\begin{aligned}
\langle \mathcal{A}, \beta \rangle \models \forall y\, \nu(\varphi) \iff & \forall a \in A : \\
& \langle \mathcal{A}, \beta[y \mapsto a] \rangle \models \nu(\varphi) \\
& \text{(semântica do quantificador universal)} \\
\iff & \forall a \in A : \\
& \tau(\langle \mathcal{A}_a, \beta \rangle) \models \nu(\varphi) \\
& \text{(lema da coincidência, pois } c \notin \Sigma(\varphi)) \\
\iff & \forall a \in A : \\
& \langle \mathcal{A}_a, \beta \rangle \models \tau(\nu(\varphi)) \\
& \text{(lema da substituição).}
\end{aligned}$$

Agora, $\tau \circ \nu = \{x \mapsto c\} = \sigma$. Portanto, também vale

$$\tau(\nu(\varphi)) = \sigma(\varphi).$$

Assim, ambas as fórmulas possuem exatamente os mesmos modelos; portanto, segue que

$$\forall x\, \varphi \equiv_\Sigma \forall y\, \nu(\varphi).$$

A quantificação existencial é tratada de modo completamente análogo; basta substituir a semântica de $\forall$ pela de $\exists$. □

Exemplo 2.52. *As fórmulas*

$$\forall x\, P(x, z) \qquad e \qquad \forall u\, P(u, z)$$

são equivalentes, desde que u ainda não ocorra livremente na fórmula. A situação é diferente no caso de variáveis *livres: as fórmulas $P(x)$ e $P(y)$ em geral não são equivalentes, pois seu valor de verdade depende de atribuições distintas da variável livre.*

Substituição de subfórmulas. Não apenas variáveis, mas também subfórmulas inteiras podem ser substituídas por subexpressões equivalentes.

Definição 2.53 (Substituição de subfórmulas)**.** *Sejam φ e κ fórmulas, e seja $H \in \mathrm{TF}(\varphi)$ uma subfórmula de φ. Então $\varphi[H \mapsto \kappa]$ denota a fórmula obtida ao substituir todas as ocorrências de H em φ por κ.*

Proposição 2.54. *Seja Σ uma assinatura, seja φ uma fórmula sobre Σ e seja $H \in \mathrm{TF}(\varphi)$ uma subfórmula. Se*

$$H \equiv_\Sigma \kappa,$$

então vale

$$\varphi \equiv_\Sigma \varphi[H \mapsto \kappa].$$

Demonstração. Mostramos inicialmente que, para toda interpretação I sobre Σ, vale:

$$[\![\varphi]\!]_I = [\![\varphi[H \mapsto \kappa]]\!]_I.$$

Daí segue imediatamente $\varphi \equiv_\Sigma \varphi[H \mapsto \kappa]$.

Se $\varphi = H$, então

$$\varphi[H \mapsto \kappa] = \kappa,$$

e a afirmação segue diretamente da hipótese $H \equiv_\Sigma \kappa$.

No que segue, podemos portanto supor que $\varphi \neq H$. Provamos agora a afirmação por indução estrutural sobre a construção de φ.

(FO0) Caso atômico. Seja $\varphi = P(t_1, \ldots, t_n)$ atômica. Então H só pode ser a fórmula inteira φ própria, pois fórmulas atômicas não possuem subfórmulas próprias. Isso contradiz a suposição $\varphi \neq H$. Portanto, esse caso não ocorre.

(FO1) Caso dos conectivos. Seja $\varphi = \psi \otimes \chi$ com $\otimes \in \{\wedge, \vee\}$. Então a hipótese de indução fornece

$$\psi \equiv_\Sigma \psi[H \mapsto \kappa] \qquad \text{e} \qquad \chi \equiv_\Sigma \chi[H \mapsto \kappa].$$

Logo, para toda interpretação I, vale:

$$[\![\psi]\!]_I = [\![\psi[H \mapsto \kappa]]\!]_I \qquad \text{e} \qquad [\![\chi]\!]_I = [\![\chi[H \mapsto \kappa]]\!]_I.$$

Como a função de valores de verdade para $\wedge$ e $\vee$ é definida componente a componente, segue que

$$[\![\varphi]\!]_I = [\![\varphi[H \mapsto \kappa]]\!]_I.$$

Portanto, vale $\varphi \equiv_\Sigma \varphi[H \mapsto \kappa]$.

(FO2) Negação. Seja $\varphi = \neg\psi$. Da hipótese de indução obtemos

$$\psi \equiv_\Sigma \psi[H \mapsto \kappa].$$

Logo, para toda interpretação I, vale:

$$[\![\psi]\!]_I = [\![\psi[H \mapsto \kappa]]\!]_I.$$

Pela definição da negação, segue então que

$$[\![\varphi]\!]_I = [\![\varphi[H \mapsto \kappa]]\!]_I.$$

Assim, também neste caso temos $\varphi \equiv_\Sigma \varphi[H \mapsto \kappa]$.

(FO3) Caso dos quantificadores. Seja $\varphi = Qx\,\psi$ com $Q \in \{\forall, \exists\}$. Pela hipótese de indução, vale

$$\psi \equiv_\Sigma \psi[H \mapsto \kappa].$$

Seja agora $I = \langle \mathcal{A}, \beta \rangle$ uma interpretação arbitrária. Então, para toda atribuição $a \in A$, vale:

$$[\![\psi]\!]_{\langle \mathcal{A}, \beta[x \mapsto a] \rangle} = [\![\psi[H \mapsto \kappa]]\!]_{\langle \mathcal{A}, \beta[x \mapsto a] \rangle}.$$

Com isso, os valores de verdade das fórmulas $Qx\,\psi$ e $Qx\,\psi[H \mapsto \kappa]$ coincidem sob I. Logo, vale

$$[\![\varphi]\!]_I = [\![\varphi[H \mapsto \kappa]]\!]_I.$$

No conjunto, segue portanto, para todas as interpretações I, que

$$[\![\varphi]\!]_I = [\![\varphi[H \mapsto \kappa]]\!]_I.$$

Logo, vale

$$\varphi \equiv_\Sigma \varphi[H \mapsto \kappa].$$

□

2.3.4 Classes de modelos

Até aqui, consideramos fórmulas sempre relativamente a *interpretações*, isto é, a uma estrutura juntamente com uma valoração das variáveis. Para muitos fins, porém, é mais natural trabalhar diretamente com *estruturas*. A razão é simples: uma estrutura fixa o significado dos símbolos não lógicos e, no caso de fórmulas sem variáveis livres, o valor de verdade já não depende de uma valoração concreta.

As variáveis livres de uma fórmula comportam-se semanticamente como variáveis implicitamente quantificadas universalmente. É precisamente essa observação que agora reunimos de modo sistemático.

Definição 2.55 (Satisfação estrutural e classe de modelos). *Seja* Σ *uma assinatura e seja* φ *uma fórmula de* Σ.

Para uma estrutura $\mathcal{A}$ *de* Σ, *escrevemos*

$$\mathcal{A} \models_{\Sigma}^{\mathrm{FO}} \varphi$$

exatamente quando

$$\langle \mathcal{A}, \beta \rangle \models_{\Sigma}^{\mathrm{FO}} \varphi$$

vale para toda *valoração* β *associada a* $\mathcal{A}$.

O conjunto de todas as estruturas de Σ *que satisfazem* φ *é denotado por*

$$\mathrm{MK}_{\Sigma}^{\mathrm{FO}}(\varphi) = \{\mathcal{A} \in \mathrm{Struct}(\Sigma) \mid \mathcal{A} \models_{\Sigma}^{\mathrm{FO}} \varphi\}.$$

Esse conjunto chama-se a classe de modelos de φ sobre Σ.

Para comparação: o conjunto das interpretações de Σ *que satisfazem* φ *é descrito por*

$$\mathrm{Mod}_{\Sigma}^{\mathrm{FO}}(\varphi) = \{I \mid I \text{ é uma interpretação de } \Sigma \text{ e } I \models_{\Sigma}^{\mathrm{FO}} \varphi\}$$

No que se segue, porém, consideraremos na maioria das vezes a classe de modelos $\mathrm{MK}_{\Sigma}^{\mathrm{FO}}(\varphi)$.

A definição diz, em palavras: uma estrutura satisfaz uma fórmula exatamente quando a fórmula é verdadeira sob *toda* valoração possível. No caso de fórmulas fechadas, isto é, fórmulas sem variáveis livres, essa distinção é particularmente cômoda, pois então nenhuma valoração desempenha mais qualquer papel.

Proposição 2.56. *Seja* φ *uma fórmula de* Σ *com*

$$\mathrm{FV}(\varphi) = \{x_1, \ldots, x_n\}.$$

Então, para toda estrutura $\mathcal{A}$ *de* Σ*, vale:*

$$\mathcal{A} \models_{\Sigma}^{\mathrm{FO}} \varphi \iff \mathcal{A} \models_{\Sigma}^{\mathrm{FO}} \forall x_1 \cdots \forall x_n \, \varphi.$$

Demonstração. Mostramos as duas direções.

„$\Rightarrow$“: Suponhamos que $\mathcal{A} \models_{\Sigma}^{\mathrm{FO}} \varphi$. Então vale $\langle \mathcal{A}, \beta \rangle \models_{\Sigma}^{\mathrm{FO}} \varphi$ para toda valoração β em $\mathcal{A}$. Em particular, isso continua valendo após qualquer alteração dos valores de $x_1, \ldots, x_n$. Logo,

$$\langle \mathcal{A}, \beta \rangle \models_{\Sigma}^{\mathrm{FO}} \forall x_1 \cdots \forall x_n \, \varphi$$

para toda valoração β, e portanto $\mathcal{A} \models_{\Sigma}^{\text{FO}} \forall x_1 \cdots \forall x_n \, \varphi$.

„$\Leftarrow$“: Suponhamos que $\mathcal{A} \models_{\Sigma}^{\text{FO}} \forall x_1 \cdots \forall x_n \, \varphi$. Seja β uma valoração arbitrária em $\mathcal{A}$. Então vale

$$\langle \mathcal{A}, \beta \rangle \models_{\Sigma}^{\text{FO}} \forall x_1 \cdots \forall x_n \, \varphi.$$

Pela semântica do quantificador universal, segue que

$$\langle \mathcal{A}, \beta \rangle \models_{\Sigma}^{\text{FO}} \varphi$$

vale. Como β era arbitrária, segue que $\mathcal{A} \models_{\Sigma}^{\text{FO}} \varphi$.

Com isso, a afirmação está demonstrada. □

Exemplo 2.57. *Consideramos a assinatura $\Sigma = \{E/2\}$ e lemos $E(x, y)$ como "de x parte uma aresta para y". Então temos, por exemplo, as duas fórmulas*

$$\varphi := \forall x \, \exists y \, E(x, y) \qquad e \qquad \psi := \exists x \, \forall y \, \neg E(y, x).$$

A fórmula φ descreve exatamente os grafos nos quais cada vértice possui um sucessor. A fórmula ψ descreve exatamente os grafos nos quais existe um vértice sem aresta de entrada.

Consideremos agora duas estruturas:

$$\mathcal{G}_1 = \langle G_1, E^{\mathcal{G}_1} \rangle$$

$$\begin{aligned} \textit{com} \quad G_1 &= \{a, b, c\}, \\ E^{\mathcal{G}_1} &= \{(a, b), (b, c), (c, a)\}. \end{aligned}$$

e

$$\mathcal{G}_2 = \langle G_2, E^{\mathcal{G}_2} \rangle$$

$$\begin{aligned} \textit{com} \quad G_2 &= \{d, e, f, g\}, \\ E^{\mathcal{G}_2} &= \{(d, e), (d, f), (d, g)\}. \end{aligned}$$

Então vale:

$$\mathcal{G}_1 \models^{\mathrm{FO}}_{\Sigma} \varphi, \qquad \mathcal{G}_1 \not\models^{\mathrm{FO}}_{\Sigma} \psi,$$

pois, no ciclo $a \to b \to c \to a$, todo vértice possui um sucessor, mas nenhum vértice está sem aresta de entrada.

Para $\mathcal{G}_2$, vale o contrário:

$$\mathcal{G}_2 \not\models^{\mathrm{FO}}_{\Sigma} \varphi, \qquad \mathcal{G}_2 \models^{\mathrm{FO}}_{\Sigma} \psi,$$

pois e, f, g não possuem sucessor, enquanto d não possui aresta de entrada.

As duas fórmulas têm, portanto, classes de modelos diferentes.

Corolário 2.58 (Invariância sob renomeação de variáveis). *Seja Σ uma assinatura, φ uma fórmula de Σ e $\nu : V \to V$ uma renomeação de variáveis. Então vale*

$$\mathrm{MK}^{\mathrm{FO}}_{\Sigma}(\varphi) = \mathrm{MK}^{\mathrm{FO}}_{\Sigma}(\nu(\varphi)).$$

Corolário 2.59 (Fórmulas fechadas e classes de modelos). *Sejam φ e ψ fórmulas fechadas de Σ. Então vale*

$$\varphi \equiv_{\Sigma} \psi \quad \Longleftrightarrow \quad \mathrm{MK}^{\mathrm{FO}}_{\Sigma}(\varphi) = \mathrm{MK}^{\mathrm{FO}}_{\Sigma}(\psi).$$

Corolário 2.60 (Classes de modelos de fórmulas fechadas). *Sejam φ, ψ sentenças fechadas de Σ. Então valem:*

$$\mathrm{MK}^{\mathrm{FO}}_{\Sigma}(\varphi \wedge \psi) = \mathrm{MK}^{\mathrm{FO}}_{\Sigma}(\varphi) \cap \mathrm{MK}^{\mathrm{FO}}_{\Sigma}(\psi),$$
$$\mathrm{MK}^{\mathrm{FO}}_{\Sigma}(\varphi \vee \psi) = \mathrm{MK}^{\mathrm{FO}}_{\Sigma}(\varphi) \cup \mathrm{MK}^{\mathrm{FO}}_{\Sigma}(\psi),$$
$$\mathrm{MK}^{\mathrm{FO}}_{\Sigma}(\neg\varphi) = \mathrm{Struct}(\Sigma) \setminus \mathrm{MK}^{\mathrm{FO}}_{\Sigma}(\varphi),$$
$$\mathrm{MK}^{\mathrm{FO}}_{\Sigma}(\varphi \to \psi) = \mathrm{MK}^{\mathrm{FO}}_{\Sigma}(\neg\varphi) \cup \mathrm{MK}^{\mathrm{FO}}_{\Sigma}(\psi).$$

Demonstração. Todas as afirmações seguem imediatamente da semântica dos conectivos e da definição de satisfação estrutural. No caso de fórmulas fechadas, a verdade de uma fórmula em uma estrutura independe de uma valoração, de modo que as operações semânticas se transferem diretamente para as classes de modelos. □

2.3.5 Exercícios e soluções

Considere a assinatura da lógica de predicados

$$\Sigma = \{P/2, R/2, Q/2, g/1, f/1, i/2, h/2, c/0\}.$$

Considere as seguintes expressões:

$$\begin{aligned}
\varphi_1 &= \forall v\,(\neg\neg Q(g(h(v,c)),u)),\\
\psi_1 &= \forall v\,(\neg\neg\neg Q(g(h(v,c)),u)),\\
\varphi_2 &= \neg\neg\forall y\,(\neg Q(y,z)),\\
\psi_2 &= \neg\forall z\,(\neg\neg\neg\forall y\,(\neg Q(y,z))),\\
\sigma_3 &= \{u \mapsto c,\ z \mapsto h(c,w)\},\\
\varphi_4 &= \forall z\, R(i(h(c,z),c),v)\ \vee\ \neg\neg Q(x,i(c,c)),\\
\psi_4 &= \forall z\, R(i(h(c,z),c),c)\ \vee\ \neg\neg Q(x,i(c,c)),\\
\sigma_4 &= \{x \mapsto w,\ v \mapsto c\}.
\end{aligned}$$

Decida, para cada uma das afirmações seguintes, se ela é verdadeira ou falsa.

1. Vale $\varphi_1 \equiv \psi_1$.
2. Vale $\varphi_2 \equiv \psi_2$.

3. σ_3 é uma substituição em Σ.
4. Vale $\sigma_4(\varphi_4) = \psi_4$.

Soluções.

1. **Falso.** As fórmulas não são equivalentes. Em φ_1, sob o quantificador universal, há uma dupla negação; portanto, a parte interna é equivalente a
$$Q(g(h(v, c)), u).$$
Em ψ_1, por outro lado, há uma tripla negação; portanto, a parte interna é equivalente a
$$\neg Q(g(h(v, c)), u).$$
Assim, as duas fórmulas têm, em geral, significados diferentes.
2. **Falso.** Estas duas fórmulas também não são equivalentes. A razão é que z ocorre livremente em φ_2 e, por isso, não pode simplesmente ser deslocado para o escopo de um quantificador sem alterar a semântica. A fórmula ψ_2 liga z, enquanto z permanece livre em φ_2.
3. **Verdadeiro.** σ_3 é uma substituição sobre Σ. Em particular,
$$\mathrm{Dom}(\sigma_3) = \{u, z\}$$
é finito, e tanto o termo $\sigma_3(u) = c$ quanto o termo $\sigma_3(z) = h(c, w)$ são termos de Σ.

4. **Falso.** A substituição $\sigma_4(\varphi_4)$ não foi realizada corretamente, pois a ocorrência de x na disjunção à direita também deve ser substituída. O correto é

$$\sigma_4(\varphi_4) = \forall z\, R(i(h(c,z),c),c) \;\vee\; \neg\neg Q(w,i(c,c)).$$

Em ψ_4, porém, x permanece inalterado. Portanto, $\sigma_4(\varphi_4) \neq \psi_4$.

Breve comentário. Em (1) e (2), o ponto decisivo é a semântica da negação e dos quantificadores: uma negação adicional dentro da fórmula altera o significado, e a simples transformação de uma ocorrência livre em uma ocorrência ligada também altera a fórmula. Em (3), basta verificar que apenas um número finito de variáveis é afetado e que as imagens de substituição são termos válidos de Σ. Em (4), toda variável livre pertencente a $\mathrm{Dom}(\sigma_4)$ deve de fato ser substituída; variáveis ligadas permanecem intactas.

2.4 Formas normais e resolução básica

Nas seções anteriores, desenvolvemos a sintaxe e a semântica da lógica de predicados e também estabelecemos como variáveis ligadas e livres podem ser tratadas de modo rigoroso. Agora nos voltamos para uma questão particularmente importante para os métodos de prova: como transformar fórmulas da lógica de predicados de tal maneira que sua estrutura lógica se torne mais clara e possa ser manipulada mecanicamente por um procedimento de resolução?

A ideia fundamental é a mesma da lógica proposicional, mas na lógica de predicados surgem dificuldades adicionais. Quantificadores, ligação de variáveis e símbolos de função tornam necessário introduzir primeiro formas normais adequadas. Em seguida, mostraremos que fórmulas podem ser colocadas em uma forma na qual sua satisfatibilidade pode ser muito bem investigada por meio dos chamados modelos de Herbrand. Com base nisso, obteremos finalmente um procedimento de resolução para a lógica de predicados, que chamaremos de *resolução básica.*

O percurso desta seção está organizado em quatro passos: primeiro, estendemos a semântica de fórmulas individuais para conjuntos de fórmulas. Depois, introduzimos formas normais como a forma prenex e a forma de Skolem, e precisaremos a forma das cláusulas com as quais trabalharemos. No terceiro passo, consideramos estruturas de Herbrand como modelos canônicos para fórmulas adequadas em forma de Skolem. Por fim, utilizamos essa preparação para derivar, a partir do teorema de Herbrand, um procedimento de resolução para a lógica de predicados.

2.4.1 Semântica para conjuntos de fórmulas

Até aqui, consideramos satisfação e validade sempre apenas para fórmulas individuais. Para a resolução, porém, é mais natural trabalhar não apenas com uma fórmula, mas com conjuntos inteiros de fórmulas. Semanticamente, isso não representa um verdadeiro novo começo: um conjunto de fórmulas é satisfeito exatamente quando cada um de seus elementos é satisfeito.

Notação 2.61 (Semântica para conjuntos de fórmulas). *Seja* Σ *uma assinatura,* A *uma* Σ*-estrutura,* β *uma atribuição em* A *e* F *um conjunto de* Σ*-fórmulas. Então escrevemos*

$$\langle A, \beta\rangle \models_{\Sigma}^{\mathrm{FO}} F \;\Leftrightarrow\; \forall \varphi \in F : \langle A, \beta\rangle \models_{\Sigma}^{\mathrm{FO}} \varphi$$

e, do mesmo modo,

$$A \models_{\Sigma}^{\mathrm{FO}} F \;\Leftrightarrow\; \forall \varphi \in F : A \models_{\Sigma}^{\mathrm{FO}} \varphi$$

Se

$$\langle A, \beta\rangle \models_{\Sigma}^{\mathrm{FO}} F$$

vale, chamamos $\langle A, \beta\rangle$ *de* Σ-modelo *de* F*. Correspondentemente, uma estrutura* A *é chamada de modelo de* F *se*

$$A \models_{\Sigma}^{\mathrm{FO}} F$$

vale.

A classe de modelos *de* F *é escrita como*

$$\mathcal{M}_{\Sigma}^{\mathrm{FO}}(F) = \{\, A \in \mathrm{Str}(\Sigma) \mid A \models_{\Sigma}^{\mathrm{FO}} F \,\}$$

Além disso, para dois conjuntos de Σ*-fórmulas* F *e* G*, definimos:*

$$F \equiv_{\Sigma} G \;:\Longleftrightarrow\; \forall\ \Sigma\text{-}\textit{interpretações}\ I :$$
$$I \models_{\Sigma}^{\mathrm{FO}} F \;\Leftrightarrow\; I \models_{\Sigma}^{\mathrm{FO}} G$$

Para uma fórmula individual φ, escrevemos abreviadamente $F \equiv_\Sigma \varphi$ em vez de $F \equiv_\Sigma \{\varphi\}$.

Definição 2.62. *Seja Σ uma assinatura e F um conjunto de Σ-fórmulas. Então dizemos que:*

- *F é* satisfatível, *se existe um Σ-modelo de F;*
- *F é* insatisfatível, *se F não possui nenhum Σ-modelo;*
- *F é* universalmente válido, *se toda Σ-interpretação é um modelo de F.*

A próxima proposição reúne algumas propriedades imediatas, mas úteis.

Proposição 2.63. *Seja Σ uma assinatura. Para todos os conjuntos de sentenças de Σ F, G e todas as sentenças de Σ φ, ψ, vale:*

1. $F \equiv_\Sigma G$ *se, e somente se,* $\mathcal{M}_\Sigma^{\mathrm{FO}}(F) = \mathcal{M}_\Sigma^{\mathrm{FO}}(G)$.
2. $\mathcal{M}_\Sigma^{\mathrm{FO}}(\{\varphi\}) = \mathcal{M}_\Sigma^{\mathrm{FO}}(\varphi)$.
3. $\mathcal{M}_\Sigma^{\mathrm{FO}}(\{\varphi \wedge \psi\}) = \mathcal{M}_\Sigma^{\mathrm{FO}}(\{\varphi, \psi\})$.
4. $\mathcal{M}_\Sigma^{\mathrm{FO}}(F \cup G) = \mathcal{M}_\Sigma^{\mathrm{FO}}(F) \cap \mathcal{M}_\Sigma^{\mathrm{FO}}(G)$.
5. $\mathcal{M}_\Sigma^{\mathrm{FO}}(F) = \bigcap_{\varphi \in F} \mathcal{M}_\Sigma^{\mathrm{FO}}(\varphi)$.

Demonstração. Todas as afirmações seguem diretamente da definição da classe de modelos. Em particular, (5) nada mais é do que a formulação de que uma estrutura satisfaz F exatamente quando satisfaz cada fórmula individual de F. As demais afirmações são reformulações simples desse fato. □

Uma diferença importante em relação à lógica proposicional consiste no fato de que, na lógica de predicados, nem sempre uma coleção de fórmulas pode ser substituída por uma única fórmula. Em outras palavras: existem conjuntos F de fórmulas de Σ para os quais não existe nenhuma fórmula φ tal que $F \equiv_\Sigma \varphi$.

Exemplo 2.64. *Um exemplo clássico é o conjunto de fórmulas*

$$F = \Big\{ \exists x_1 \ldots \exists x_n \bigwedge_{1 \le i < j \le n} x_i \neq x_j \;\Big|\; n \in \mathbb{N},\ n \geq 1 \Big\}.$$

Esse conjunto expressa que existem arbitrariamente muitos elementos dois a dois distintos, isto é, que a estrutura é infinita. No entanto, uma única fórmula de primeira ordem não pode caracterizar exatamente essa propriedade; isso decorre do teorema da compacidade.

2.4.2 Formas normais

Como na lógica proposicional, também na lógica de predicados as formas normais são um recurso útil. Elas tornam as fórmulas mais claras e colocam sua estrutura lógica em uma forma especialmente adequada para transformações posteriores e demonstrações subsequentes. No caso livre de quantificadores, podemos adotar diretamente as formas normais já conhecidas; além disso, para fórmulas com quantificadores, precisamos em particular da forma prenex e da forma de Skolem.

Primeiro, recordemos que uma *cláusula* é uma disjunção de literais. Assim, se

$$K = L_1 \vee \cdots \vee L_n$$

é uma tal disjunção, chamamos K de cláusula. Como de costume, também entendemos uma cláusula como o conjunto de seus literais.

Definição 2.65. *Sejam Σ uma assinatura e φ uma fórmula Σ livre de quantificadores. Dizemos então que φ está*

- em forma normal negativa (FNN), *se as negações ocorrem apenas imediatamente antes de átomos;*
- em forma normal conjuntiva (FNC), *se φ é uma conjunção de cláusulas;*
- em forma normal disjuntiva (FND), *se φ é uma disjunção de conjunções de literais.*

Para fórmulas livres de quantificadores, podemos usar as mesmas transformações da lógica proposicional. Por isso, a proposição seguinte é imediatamente plausível.

Proposição 2.66. *Sejam Σ uma assinatura e φ uma fórmula Σ livre de quantificadores. Então existe, em cada caso, uma fórmula Σ equivalente a φ em* forma normal negativa, *em* forma normal conjuntiva *e em* forma normal disjuntiva.

Nos passos seguintes, interessa-nos sobretudo compreender como quantificadores e variáveis livres podem ser organizados. Para isso, introduzimos primeiro dois conceitos.

Definição 2.67. *Seja* Σ *uma assinatura e seja* φ *uma* Σ*-fórmula. Dizemos que* φ *é*

- regularizada, *se nenhuma variável ocorre simultaneamente livre e ligada e se nenhuma variável é ligada por dois quantificadores diferentes;*
- em forma prenex, *se existe uma fórmula sem quantificadores* ψ *e quantificadores* $Q_1, \ldots, Q_n \in \{\forall, \exists\}$ *tais que*
$$\varphi = Q_1 x_1 \cdots Q_n x_n . \psi.$$

A ideia da forma prenex é simples: todos os quantificadores são deslocados para o início, enquanto o núcleo sem quantificadores da fórmula permanece no interior. Desse modo, a estrutura de ligação torna-se claramente visível.

Exemplo 2.68. *Consideremos as três fórmulas seguintes:*

$$\begin{aligned} &(1) \quad \forall x\,(R(x) \land \exists y\, S(y)),\\ &(2) \quad \forall x\, R(x) \land \exists x\, S(x),\\ &(3) \quad \exists u\, \forall v\,(R(u) \land S(v)). \end{aligned}$$

A fórmula em (1) está purificada, mas não está em forma prenex. A fórmula em (2) não está nem purificada nem em forma prenex. A fórmula em (3) está tanto purificada quanto em forma prenex.

Em geral, toda fórmula pode ser transformada, por meio da renomeação de variáveis ligadas e do deslocamento dos quantificadores, em uma fórmula purificada equivalente em forma prenex.

Proposição 2.69. *Sejam* Σ *uma assinatura e* φ *uma* Σ*-fórmula. Então vale:*

1. *Existe uma* Σ*-fórmula purificada equivalente a* φ*.*

2. *Existe uma* Σ*-fórmula purificada em forma prenex equivalente a* φ*.*

Esboço da demonstração. Para a parte (1), renomeiam-se as variáveis ligadas de modo que não ocorram colisões com variáveis livres nem ligações duplicadas. Para isso, basta garantir que a nova variável não apareça em nenhum outro lugar da fórmula.

Para a parte (2), começa-se com uma fórmula purificada. Se ela ainda não estiver em forma prenex, procura-se uma subfórmula na qual um quantificador ainda esteja dentro de uma conjunção, disjunção ou negação, e desloca-se esse quantificador para fora por meio das equivalências usuais. Ao repetir esse passo, os quantificadores passam, pouco a pouco, para o início da fórmula. Como, a cada etapa, a fórmula se aproxima mais da forma prenex, o procedimento termina após um número finito de passos. □

Exemplo 2.70. *Consideremos a fórmula*

$$\varphi \;=\; \neg(\forall y\, T(x, f(y)) \vee U(x)) \;\vee\; \exists x\, \forall z\, V(g(x), z)$$

sobre a assinatura $\Sigma = \{T/2, U/1, V/2, f/1, g/1\}$. *Primeiro purificamos a fórmula: a variável livre* x *no lado esquerdo e a variável ligada* x *no lado direito são separadas por renomeação. Obtemos, por exemplo,*

$$\varphi \equiv_\Sigma \neg(\forall u\, T(x, f(u)) \vee U(x)) \;\vee\; \exists w\, \forall z\, V(g(w), z).$$

Agora deslocamos os quantificadores gradualmente para fora. Primeiro transformamos o quantificador universal negado em um quantificador existencial:

$$\neg(\forall u\, T(x, f(u)) \vee U(x)) \equiv_\Sigma \exists u\, \neg(T(x, f(u)) \vee U(x)).$$

Depois disso, os quantificadores da parte direita são deslocados para fora. Ao final, obtemos uma fórmula equivalente em forma prenex purificada, por exemplo,

$$\exists u\, \exists w\, \forall z \Big(\neg(T(x, f(u)) \vee U(x)) \;\vee\; V(g(w), z)\Big).$$

Para procedimentos de resolução, precisamos agora de uma forma especial na qual não ocorram mais quantificadores existenciais.

Definição 2.71. *Seja* Σ *uma assinatura e seja* φ *uma* Σ*-fórmula. Dizemos que* φ *está* em forma de Skolem *se* φ *está purificada e em forma prenex, e contém apenas quantificadores universais.*

Nem toda fórmula é equivalente a uma fórmula em forma de Skolem. O teorema subjacente à skolemização afirma, porém, que é possível eliminar os quantificadores existenciais de modo que a satisfatibilidade seja preservada.

Definição 2.72. *Sejam φ e ψ duas Σ-fórmulas. Dizemos que φ e ψ são* equisatisfatíveis *se vale:*

φ é satisfatível se, e somente se, ψ é satisfatível.

A transformação para a forma de Skolem consiste em dois passos: primeiro, coloca-se a fórmula em forma prenex purificada. Em seguida, substitui-se cada variável quantificada existencialmente por uma nova expressão funcional que depende exatamente das variáveis universais anteriores.

Proposição 2.73. *Para toda Σ-fórmula existe uma fórmula equisatisfatível em forma de Skolem, podendo-se, nesse processo, ampliar a assinatura por novos símbolos funcionais.*

Demonstração. Seja χ uma Σ-fórmula. Pela proposição anterior, existe uma fórmula φ equivalente a χ em forma prenex purificada. Seja Λ a assinatura que contém Σ e todos os símbolos funcionais de que precisamos para a skolemização de φ.

Pelo *lema da coincidência* (Teorema 2.26), vale:

$$\chi \text{ é } \Sigma\text{-satisfatível} \iff \chi \text{ é } \Lambda\text{-satisfatível.}$$

Além disso, pela localidade (Proposição 2.30), segue que φ e χ também são equisatisfatíveis sob Λ.

Portanto, basta mostrar que φ possui uma forma de Skolem equisatisfatível.

Indução sobre o número de quantificadores existenciais em φ:

Base da indução: Se φ não contém nenhum quantificador existencial, então φ já está em forma de Skolem. Nesse caso, definimos $\varphi^s := \varphi$, e a equisatisfatibilidade é satisfeita diretamente.

Passo indutivo: Seja φ uma fórmula com pelo menos um quantificador existencial. Então podemos escrever φ como

$$\varphi = \forall x_1 \cdots \forall x_n \exists y\, \psi,$$

onde ψ é novamente uma fórmula (que pode ela própria conter quantificadores). Para a skolemização, substituímos y por um novo símbolo funcional f de aridade n:

$$\varphi' := \forall x_1 \cdots \forall x_n\, \psi[y \mapsto f(x_1, \ldots, x_n)].$$

Caso φ seja satisfatível: Seja $I = \langle A, \beta \rangle$ um modelo de φ. Então, para toda tupla $(a_1, \ldots, a_n) \in A^n$, vale:

$$\langle A, \beta[x_1 \mapsto a_1, \ldots, x_n \mapsto a_n] \rangle \models_\Sigma^{\mathrm{FO}} \exists y\, \psi.$$

Isto significa que existe uma testemunha $b \in A$ tal que

$$\langle A, \beta[x_1 \mapsto a_1, \ldots, x_n \mapsto a_n,\, y \mapsto b] \rangle \models_\Sigma^{\mathrm{FO}} \psi.$$

Interpretamos agora f de modo que valha $f(a_1, \ldots, a_n) := b$. Pelo *lema da substituição* (Teorema 2.48), obtemos

$$\begin{aligned}&\langle A, \beta[x_1 \mapsto a_1, \ldots, x_n \mapsto a_n]\rangle \\ &\quad \models^{\mathrm{FO}}_{\mathcal{L}} \psi[y \mapsto f(x_1, \ldots, x_n)] = \varphi'\end{aligned}$$

Assim, I, estendido à assinatura ampliada Λ, é um modelo de φ'. Logo, φ' é satisfatível.

Caso φ' seja satisfatível: Seja $I' = \langle A, \beta\rangle$ um modelo de φ'. Então, para todos $a_1, \ldots, a_n \in A$, vale:

$$\langle A, \beta[x_1 \mapsto a_1, \ldots, x_n \mapsto a_n]\rangle \models^{\mathrm{FO}}_{\mathcal{L}} \psi[y \mapsto f(x_1, \ldots, x_n)].$$

Aplicando novamente o *lema da substituição*, segue:

$$\langle A, \beta[x_1 \mapsto a_1, \ldots, x_n \mapsto a_n, y \mapsto f(x_1, \ldots, x_n)]\rangle \models^{\mathrm{FO}}_{\mathcal{L}} \psi.$$

Daí segue imediatamente que I' também é um modelo de φ; portanto, φ é satisfatível.

Conclusão da indução: A fórmula φ' contém um quantificador existencial a menos que φ. Pela hipótese de indução, existe portanto uma forma de Skolem φ^s equisatisfatível a φ'. Assim, φ^s também é equisatisfatível a φ e, finalmente, a χ.

Consequentemente, para toda Σ-fórmula χ existe uma fórmula equisatisfatível em forma de Skolem, podendo a assinatura ser, se necessário, ampliada por novos símbolos funcionais. □

Exemplo 2.74. *Consideramos a fórmula*

$$\exists y\, \forall x\, \exists z\, (P(y) \wedge Q(x,z)).$$

A primeira variável existencial y é substituída por um novo símbolo constante c. A segunda variável existencial z depende da variável universal anterior x e, por isso, é substituída por um novo símbolo funcional unário $h(x)$. Assim obtemos uma fórmula em forma de Skolem equisatisfatível:

$$\forall x\, (P(c) \wedge Q(x, h(x))).$$

Frequentemente, também é conveniente eliminar variáveis livres. Isso é feito vinculando-as existencialmente.

Proposição 2.75. *Seja Σ uma assinatura e seja φ uma Σ-fórmula com*

$$FV(\varphi) = \{x_1, \ldots, x_n\}.$$

Então a fórmula

$$\exists x_1 \cdots \exists x_n\, \varphi$$

é fechada e equisatisfatível a φ.

Demonstração. Seja φ uma Σ-fórmula com as variáveis livres

$$FV(\varphi) = \{x_1, \ldots, x_n\}.$$

Consideramos a fórmula fechada

$$\exists x_1 \cdots \exists x_n\, \varphi.$$

Devemos mostrar que essa fórmula é equisatisfatível a φ.

Ideia: Ao introduzir quantificadores existenciais para todas as variáveis livres, tornamos φ fechada sem alterar as estruturas satisfatíveis. Toda valoração que satisfaz φ pode servir como testemunha para os quantificadores existenciais; inversamente, toda fórmula fechada satisfatível fornece automaticamente uma valoração para φ.

Direção 1: φ satisfatível $\Longrightarrow \exists x_1 \cdots \exists x_n \, \varphi$ satisfatível

Suponhamos que φ seja satisfatível. Então existe um modelo $I = \langle A, \beta \rangle$ sobre a assinatura Σ tal que

$$\langle A, \beta \rangle \models^{\text{FO}} \varphi.$$

Como β já atribui valores em A a todas as variáveis livres de φ, podemos usar esses valores diretamente como testemunhas para os quantificadores existenciais. Concretamente, isso significa que

$$\langle A, \beta[x_1 \mapsto \beta(x_1), \ldots, x_n \mapsto \beta(x_n)] \rangle \models^{\text{FO}} \varphi.$$

Pela semântica dos quantificadores existenciais, segue imediatamente que

$$\langle A, \beta \rangle \models^{\text{FO}} \exists x_1 \cdots \exists x_n \, \varphi.$$

Logo, $\exists x_1 \cdots \exists x_n \, \varphi$ é satisfatível.

Direção 2: $\exists x_1 \cdots \exists x_n \, \varphi$ satisfatível $\Longrightarrow \varphi$ satisfatível

Suponhamos que a fórmula fechada $\exists x_1 \cdots \exists x_n \, \varphi$ seja satisfatível. Então existe um modelo $I = \langle A, \beta \rangle$ sobre Σ tal que

$$\langle A, \beta \rangle \models^{\text{FO}} \exists x_1 \cdots \exists x_n \, \varphi.$$

Pela definição da semântica dos quantificadores existenciais, existem elementos $a_1, \ldots, a_n \in A$ tais que

$$\langle A, \beta[x_1 \mapsto a_1, \ldots, x_n \mapsto a_n] \rangle \models^{\mathrm{FO}} \varphi.$$

A valoração que define $x_i \mapsto a_i$ fornece, portanto, um modelo de φ. Assim, φ é satisfatível.

Conclusão: Como ambas as direções foram demonstradas, vale

$$\varphi \text{ satisfatível} \iff \exists x_1 \cdots \exists x_n \, \varphi \text{ satisfatível.}$$

Portanto, a fórmula $\exists x_1 \cdots \exists x_n \, \varphi$ é fechada e equisatisfatível a φ. □

Por fim, chegamos à forma de que precisamos para a resolução básica.

Definição 2.76. *Seja Σ uma assinatura e seja φ uma fórmula sobre Σ. Dizemos que φ está* em forma clausal matricial *se φ é fechada, está em forma de Skolem e sua parte livre de quantificadores está em forma normal conjuntiva.*

Assim, se

$$\varphi = \forall x_1 \cdots \forall x_n \, (C_1 \wedge \cdots \wedge C_m)$$

está em forma clausal matricial, então escrevemos frequentemente φ, de modo abreviado, como

$$\{C_1, \ldots, C_m\}.$$

Aqui, cada C_i é uma cláusula.

Teorema 2.77. *Para toda fórmula φ sobre Σ, existe uma fórmula equisatisfatível em forma clausal matricial, podendo a assinatura ser estendida, se necessário, por novos símbolos de função.*

Demonstração. Seja φ uma fórmula sobre Σ. Queremos construir uma fórmula equisatisfatível em forma clausal matricial, eventualmente estendendo a assinatura por novos símbolos de função.

Passo 1: Skolemização. Primeiro aplicamos a Proposição 2.73. Ela afirma que toda fórmula φ sobre Σ possui uma fórmula equisatisfatível ψ em forma de Skolem. Nesse processo, a assinatura Σ pode ser ampliada para uma assinatura estendida $\mathcal{L}$, a fim de conter as funções de Skolem necessárias. A forma de Skolem ψ tem a vantagem de que todos os quantificadores existenciais já foram eliminados, de modo que restam apenas quantificadores universais diante da matriz.

Passo 2: Fechamento da fórmula. Para que possamos aplicar a forma clausal matricial de modo adequado, a fórmula deve ser fechada. Pela Proposição 2.75, podemos transformar ψ de modo que ela seja fechada, sem alterar sua satisfatibilidade. Concretamente, todas as variáveis livres são ligadas por quantificadores existenciais (cf. Proposição 2.76), garantindo que mais adiante possamos trabalhar com uma matriz propriamente dita.

Passo 3: Forma normal conjuntiva da matriz. A matriz de ψ é a parte livre de quantificadores da fórmula. Seja essa matriz χ. Pela Proposição 2.26, toda fórmula livre de quantificadores χ pode ser transformada em uma forma normal conjuntiva equisatisfatível χ'. A forma normal conjuntiva é uma conjunção de disjunções de literais, isto é, exatamente a forma de que precisamos para a forma clausal matricial.

Passo 4: Inserção da forma normal conjuntiva. Substituímos em ψ a matriz original χ pela forma normal conjuntiva χ'. Como χ e χ' são equisatisfatíveis, a fórmula inteira continua equisatisfatível a φ. A fórmula resultante tem agora a forma

$$\forall x_1 \ldots \forall x_n \, \chi',$$

em que χ' está em forma normal conjuntiva. Assim, obtivemos uma forma clausal matricial.

Conclusão: Construímos, portanto, a partir de φ, uma fórmula em forma clausal matricial em quatro passos:

1. skolemização de todos os quantificadores existenciais (Proposição 2.73),
2. fechamento da fórmula (Proposição 2.75),
3. transformação da matriz em forma normal conjuntiva (Proposição 2.26),
4. reinserção da matriz em forma normal na fórmula.

Como cada uma dessas transformações preserva a satisfatibilidade, a fórmula resultante em forma clausal matricial é equisatisfatível a φ.

Assim, para toda fórmula sobre Σ, existe uma fórmula equisatisfatível em forma clausal matricial, podendo a assinatura ser estendida, se necessário, por novos símbolos de função. $\square$

Exemplo 2.78. *A fórmula*

$$\forall x\, \exists y\, (R(x) \to S(x, y))$$

inicialmente não está em forma clausal matricial. Após a transformação para a forma de Skolem, obtém-se

$$\forall x\, (\neg R(x) \vee S(x, h(x))),$$

e esta já é uma fórmula em forma clausal matricial, pois a parte livre de quantificadores é uma cláusula. A representação clausal correspondente é simplesmente

$$\{\{\neg R(x),\, S(x, h(x))\}\}.$$

2.4.3 Modelos de Herbrand

Para a resolução básica, é decisivo um tipo especial de estrutura na qual os termos já não aparecem apenas como meros designadores, mas constituem eles próprios os elementos do domínio. A ideia é bastante natural: em vez de avaliar uma fórmula em uma estrutura abstrata, consideramos primeiro todos os termos que podem ser formados com a assinatura. Esses termos tornam-se então os "blocos de construção" do modelo.

Definição 2.79. *Um* Σ*-termo chama-se* Σ-termo fechado *se não contém variáveis. Assim, um termo fechado consiste apenas em constantes e símbolos de função.*

O conjunto de todos os Σ*-termos fechados chama-se* universo de Herbrand *associado a* Σ *e é denotado por*

$$\mathrm{GT}(\Sigma) = \{\, t \in \mathrm{Term}(\Sigma) \mid t \textit{ é um } \Sigma\textit{-termo fechado} \,\}.$$

Exemplo 2.80. *Consideremos as assinaturas*

$$\Sigma_1 = \{a/0, f/1, g/2\} \qquad e \qquad \Sigma_2 = \{c/0\}.$$

Então o universo de Herbrand de Σ_1 *já é infinito:*

$$\begin{aligned}\mathrm{GT}(\Sigma_1) = \{&a,\ f(a),\ f(f(a)),\ f(f(f(a))),\ \ldots,\\ &g(a,a),\ g(f(a),a),\ g(a,f(a)),\ \ldots\}.\end{aligned}$$

Em contrapartida,

$$\mathrm{GT}(\Sigma_2) = \{c\}.$$

Assim, quanto mais símbolos de função uma assinatura possui, maior tende a ser, tipicamente, o universo de Herbrand correspondente.

Se uma assinatura não contém nenhuma constante, então GT(Σ) é vazio. Para nossas aplicações posteriores, porém, isso não representa uma restrição séria: pelo lema da coincidência, podemos, se necessário, ampliar a assinatura com uma constante nova, sem alterar substancialmente a satisfatibilidade das fórmulas consideradas.

Passemos agora às próprias estruturas de Herbrand. A ideia central é que a interpretação dos símbolos de função já está fixada de antemão: um termo composto é interpretado simplesmente pela montagem sintática dos termos fechados correspondentes.

Definição 2.81. *Seja Σ uma assinatura que contém pelo menos uma constante. Uma Σ-estrutura*

$$H = \langle H, P^H, \ldots, f^H, \ldots \rangle$$

chama-se estrutura de Herbrand *se satisfaz as seguintes condições:*

- *O domínio H é exatamente o universo de Herbrand* $\mathrm{GT}(\Sigma)$.
- *Cada símbolo de constante c é interpretado pelo termo fechado correspondente, isto é, por $c^H = c$.*
- *Cada símbolo de função n-ário f é interpretado na estrutura de Herbrand de tal modo que, para toda atribuição $\beta\colon \mathrm{Var} \to H$, vale:*

$$[\![f(t_1, \ldots, t_n)]\!]_{\langle H,\beta\rangle} = f\big([\![t_1]\!]_{\langle H,\beta\rangle}, \ldots, [\![t_n]\!]_{\langle H,\beta\rangle}\big).$$

Assim, os únicos graus de liberdade de uma estrutura de Herbrand residem na interpretação dos símbolos de predicado.

Exemplo 2.82. *Seja novamente $\Sigma_1 = \{a/0, f/1, g/2\}$. Uma possível estrutura de Herbrand H sobre Σ_1 é dada* *por*

$$\begin{aligned} H &= \mathrm{GT}(\Sigma_1), \\ f^H(t) &= f(t), \\ g^H(s,t) &= g(s,t), \\ a^H &= a. \end{aligned}$$

e, por exemplo,

$$P^H = \{\, a,\ f(a),\ g(a,a) \,\}$$

para um símbolo de predicado unário $P/1$. Se escolhêssemos outra estrutura de Herbrand sobre a mesma assinatura, o domínio, bem como a interpretação dos símbolos de função e de constante, permaneceriam os mesmos; apenas o conjunto P^H poderia diferir.

Uma *interpretação de Herbrand* é uma interpretação $\langle H, \beta \rangle$ na qual H é uma estrutura de Herbrand. Uma estrutura de Herbrand H chama-se *modelo de Herbrand* de uma fórmula φ quando vale $H \models^{\mathrm{FO}} \varphi$.

Para fórmulas em forma de Skolem, a existência de um modelo de Herbrand é particularmente importante. De fato, para tais fórmulas, a satisfatibilidade é exatamente o mesmo que a existência de um modelo de Herbrand.

Proposição 2.83. *Seja Σ uma assinatura que contém pelo menos uma constante, e seja φ uma sentença Σ fechada em forma de Skolem. Então vale:*

$$\varphi \text{ é satisfatível} \iff \varphi \text{ possui um modelo de Herbrand.}$$

Demonstração. Seja

$$\varphi = \forall x_1 \cdots \forall x_n \, \psi$$

com parte livre de quantificadores ψ.

A direção da direita para a esquerda é imediata: se φ possui um modelo de Herbrand, então φ possui um modelo em geral; logo, φ é satisfatível.

Para a outra direção, suponhamos que φ seja satisfatível. Então existe uma estrutura Σ A tal que

$$A \models^{\mathrm{FO}} \varphi.$$

Construímos a partir dela uma estrutura de Herbrand H.

O domínio de H é o universo de Herbrand $\mathrm{GT}(\Sigma)$. Os símbolos de constantes e de funções são interpretados sintaticamente em H, isto é, de modo que termos fundamentais em H sejam avaliados por si mesmos. Para cada símbolo de predicado k-ário P, definimos

$$P^H = \{(t_1, \ldots, t_k) \in \mathrm{GT}(\Sigma)^k \mid A \models^{\mathrm{FO}} P(t_1, \ldots, t_k)\}.$$

Agora definimos a aplicação

$$\pi : \mathrm{GT}(\Sigma) \to A, \qquad \pi(t) = [\![t]\!]_A.$$

Para cada atribuição β em H, pomos

$$\beta^A := \pi \circ \beta.$$

Mostramos primeiro a seguinte afirmação auxiliar:

Afirmação auxiliar. Para toda fórmula livre de quantificadores θ e toda atribuição β em H, vale

$$\langle H, \beta \rangle \models^{\mathrm{FO}} \theta \iff \langle A, \beta^A \rangle \models^{\mathrm{FO}} \theta.$$

Provamos esta afirmação por indução sobre a construção de θ.

Caso 1: θ é atômica, isto é, $\theta = P(t_1, \ldots, t_k)$. Então basta mostrar que, para todo termo t, vale

$$\pi\Big(\llbracket t \rrbracket_{\langle H, \beta \rangle}\Big) = \llbracket t \rrbracket_{\langle A, \beta^A \rangle}.$$

Isto decorre por indução sobre a construção de t: para variáveis, a afirmação é imediata pela definição de β^A; para constantes, o mesmo vale; e, no caso de uma expressão funcional, usa-se a interpretação sintática dos símbolos funcionais em H. Portanto, para fórmulas atômicas, vale exatamente que

$$\langle H, \beta \rangle \models^{\mathrm{FO}} P(t_1, \ldots, t_k),$$

se e somente se

$$\langle A, \beta^A \rangle \models^{\mathrm{FO}} P(t_1, \ldots, t_k).$$

Caso 2: $\theta = \neg\theta_1$. Então a afirmação segue diretamente da hipótese de indução e da semântica da negação.

Caso 3: $\theta = \theta_1 \wedge \theta_2$. Então

$$\langle H, \beta \rangle \models^{\mathrm{FO}} \theta_1 \wedge \theta_2$$

vale se e somente se ambas as fórmulas θ_1 e θ_2 são satisfeitas em $\langle H, \beta\rangle$. Pela hipótese de indução, isso ocorre se e somente se ambas as fórmulas também são satisfeitas em $\langle A, \beta^A\rangle$. Logo, a afirmação também vale para conjunções.

Caso 4: $\theta = \theta_1 \vee \theta_2$. A prova é análoga ao caso da conjunção.

Com isso, a afirmação auxiliar está demonstrada.

Agora mostramos que H satisfaz a fórmula φ. Para isso, seja β uma atribuição arbitrária em H. Como vale $A \models^{\text{FO}} \forall x_1 \cdots \forall x_n\, \psi$, segue em particular que

$$\langle A, \beta^A\rangle \models^{\text{FO}} \psi.$$

Pela afirmação auxiliar, obtemos daí

$$\langle H, \beta\rangle \models^{\text{FO}} \psi.$$

Como β era arbitrária, segue que

$$H \models^{\text{FO}} \forall x_1 \cdots \forall x_n\, \psi.$$

Portanto, H é um modelo de Herbrand de φ.

Assim, fica demonstrado que:

$$\varphi \text{ é satisfatível} \iff \varphi \text{ possui um modelo de Herbrand.}$$

□

Exemplo 2.84. *Consideremos a assinatura*

$$\Sigma = \{a/0, f/1, R/1\}$$

e a fórmula

$$\forall x\,(R(x) \vee R(f(x))).$$

Uma estrutura de Herbrand sobre Σ *tem como domínio*

$$\{a, f(a), f(f(a)), f(f(f(a))), \dots\}.$$

Se, por exemplo,

$$R^H = \{a, f(f(a)), f(f(f(f(a))))\}$$

for escolhido, então H *não é um modelo da fórmula, pois para* $x = f(a)$ *tanto* $R(f(a))$ *quanto* $R(f(f(a)))$ *seriam falsos. Se, por outro lado, escolhermos* R^H *de modo que, para cada termo básico, pelo menos ele próprio ou seu sucessor por* f *pertença a* R^H*, então a fórmula é satisfeita. O exemplo mostra o quanto a satisfação em uma estrutura de Herbrand depende da interpretação dos predicados.*

2.4.4 Teorema de Herbrand

Os modelos de Herbrand do subitem anterior são particularmente úteis, pois reduzem a questão semântica da satisfatibilidade a um nível puramente sintático. O próximo passo consiste em deixar de considerar diretamente uma fórmula em forma de Skolem e, em vez disso, reunir todas as suas possíveis instâncias básicas. É exatamente daí que surge a expansão de Herbrand.

Definição 2.85. *Seja* Σ *uma assinatura que contém pelo menos uma constante, e seja*

$$\varphi = \forall x_1 \cdots \forall x_n\, \psi$$

uma sentença fechada de Σ *em forma de Skolem, em que* ψ *é livre de quantificadores. Então*

$$\mathrm{HE}(\varphi) = \{\psi[x_1 \mapsto t_1, \ldots, x_n \mapsto t_n] \mid t_1, \ldots, t_n \in \mathrm{GT}(\Sigma)\}$$

chama-se a expansão de Herbrand *de* φ*.*

A substituição de variáveis por termos básicos também é chamada de instanciação básica *ou, abreviadamente,* aterramento.

A expansão de Herbrand contém, portanto, todas as fórmulas que se obtêm a partir da matriz de φ ao substituir, independentemente umas das outras, as variáveis universalmente quantificadas por termos básicos arbitrários.

Exemplo 2.86. *Consideremos a assinatura*

$$\Sigma = \{a/0, f/1, R/2\}$$

e a sentença

$$\varphi = \forall x \, \forall y \, R(x, f(y)).$$

Então a expansão de Herbrand começa com as instâncias

$$\begin{gathered} R(a, f(a)), \quad R(a, f(f(a))), \\ R(f(a), f(a)), \quad R(f(a), f(f(a))), \\ \ldots \end{gathered}$$

Mais precisamente,

$$\mathrm{HE}(\varphi) = \{\, R(t_1, f(t_2)) \mid t_1, t_2 \in \mathrm{GT}(\Sigma) \,\}.$$

Para uso posterior, muitas vezes é útil traduzir a expansão de Herbrand para uma forma puramente proposicional. Para isso, substitui-se cada átomo que ocorre por um novo símbolo de predicado 0-ário.

Definição 2.87. *Seja ψ uma fórmula livre de quantificadores. Denotamos por*

$$\mathrm{Atom}(\psi) = \{\mu \in \mathrm{TF}(\psi) \mid \mu \textit{ é um átomo}\}$$

o conjunto de suas subfórmulas atômicas.

A expansão de Herbrand proposicional *de φ é o conjunto*

$$\begin{aligned}\mathrm{AHE}(\varphi) = \{&\psi[\mu_1 \mapsto A_{\mu_1}, \ldots, \mu_m \mapsto A_{\mu_m}] \mid \\ &\psi \in \mathrm{HE}(\varphi),\ \mathrm{Atom}(\psi) = \{\mu_1, \ldots, \mu_m\}\}.\end{aligned}$$

em que, para cada átomo μ, é introduzido um novo símbolo de predicado 0-ário A_μ.

A denominação *proposicional* é justificada porque as fórmulas assim obtidas já não contêm variáveis nem símbolos de função. Todos os predicados que ocorrem são 0-ários e se comportam semanticamente como variáveis proposicionais: são verdadeiros ou falsos.

Exemplo 2.88. *Para a fórmula do exemplo anterior, obtém-se*

$$\mathrm{AHE}(\varphi) = \{\, A_{R(a,f(a))},\ A_{R(a,f(f(a)))},\ A_{R(f(a),f(a))}, \ldots\}.$$

Isso fica ainda mais claro no caso de uma matriz um pouco mais rica, por exemplo

$$\psi = P(a) \vee \neg Q(f(a)).$$

Então resulta a fórmula proposicional

$$A_{P(a)} \vee \neg A_{Q(f(a))}.$$

A relação entre satisfatibilidade e expansão de Herbrand é estreita.

Proposição 2.89. *Seja Σ uma assinatura que contém pelo menos uma constante, e seja φ uma sentença Σ-fechada em forma de Skolem. Então vale:*

$$\begin{aligned} \varphi \textit{ é satisfatível} &\iff \mathrm{HE}(\varphi) \textit{ é satisfatível} \\ &\iff \mathrm{AHE}(\varphi) \textit{ é satisfatível.} \end{aligned}$$

Demonstração. Escrevemos

$$\varphi = \forall x_1 \cdots \forall x_n\, \psi$$

com parte livre de quantificadores ψ.

Pela subseção anterior, φ é satisfatível se, e somente se, φ possui um modelo de Herbrand. Para uma estrutura de Herbrand H, porém, vale:

$$H \models^{\mathrm{FO}} \forall x_1 \cdots \forall x_n\, \psi$$

se, e somente se, para todos os termos fechados $t_1, \ldots, t_n \in \mathrm{GT}(\Sigma)$ vale:

$$H \models^{\mathrm{FO}} \psi[x_1 \mapsto t_1, \ldots, x_n \mapsto t_n].$$

Isso é exatamente a afirmação de que H é um modelo de $\mathrm{HE}(\varphi)$. Portanto,

$$\varphi \text{ satisfatível} \iff \mathrm{HE}(\varphi) \text{ satisfatível.}$$

Na expansão proposicional de Herbrand, substitui-se apenas cada átomo por um novo símbolo de predicado 0-ário. Com isso, a verdade de um átomo fechado é codificada diretamente como a verdade do símbolo 0-ário correspondente. Portanto, uma estrutura de Herbrand é modelo de HE(φ) se, e somente se, a interpretação proposicional correspondente é modelo de AHE(φ). Consequentemente, também vale

$$\mathrm{HE}(\varphi) \text{ satisfatível} \iff \mathrm{AHE}(\varphi) \text{ satisfatível.}$$

□

Com isso, podemos agora formular o teorema de Herbrand propriamente dito.

Teorema 2.90 (Teorema de Herbrand). *Seja* Σ *uma assinatura que contém pelo menos uma constante, e seja* φ *uma sentença* Σ *fechada em forma de Skolem. Então vale:*

1. φ *é satisfatível se, e somente se, todo subconjunto finito de* AHE(φ) *é satisfatível.*

2. φ *é insatisfatível se, e somente se, existe um subconjunto finito insatisfatível de* AHE(φ).

Demonstração. Pela proposição precedente, φ é satisfatível se, e somente se, AHE(φ) é satisfatível. Portanto, basta mostrar o seguinte:

Um conjunto de fórmulas livres de quantificadores sobre predicados 0-ários é satisfatível se, e somente se, todo subconjunto finito dele é satisfatível.

A direção da esquerda para a direita é imediata: se um conjunto é satisfatível, então todo subconjunto seu é satisfatível, em particular todo subconjunto finito.

Para a direção inversa, suponhamos que todo subconjunto finito de AHE(φ) seja satisfatível. Escrevemos os símbolos de predicado 0-ários que ocorrem em AHE(φ) como

$$A_1, A_2, A_3, \ldots$$

em uma ordem fixa.

Construímos agora, indutivamente, uma sequência crescente de conjuntos

$$\Phi_0 \subseteq \Phi_1 \subseteq \Phi_2 \subseteq \cdots$$

com $\Phi_0 :=$ AHE(φ) e com a propriedade de que todo subconjunto finito de Φ_i permanece satisfatível.

Suponha que Φ_{i-1} já esteja definido. Consideramos então o símbolo A_i. Nesse caso, pelo menos uma das duas afirmações seguintes vale:

- todo subconjunto finito de $\Phi_{i-1} \cup \{A_i\}$ é satisfatível,
- todo subconjunto finito de $\Phi_{i-1} \cup \{\neg A_i\}$ é satisfatível.

De fato, se ambas as extensões tivessem subconjuntos finitos insatisfatíveis adequados, então a união desses subconjuntos já forneceria um subconjunto finito insatisfatível de Φ_{i-1}, em contradição com a hipótese de indução.

Definimos, portanto,

$$\Phi_i := \begin{cases} \Phi_{i-1} \cup \{A_i\}, & \text{se todo subconjunto finito de} \\ & \Phi_{i-1} \cup \{A_i\} \text{ é satisfatível,} \\ \Phi_{i-1} \cup \{\neg A_i\}, & \text{caso contrário.} \end{cases}$$

Assim, em cada passo é preservada a propriedade de que todo subconjunto finito de Φ_i é satisfatível.

Tomemos agora

$$\Phi := \bigcup_{i \in \mathbb{N}} \Phi_i.$$

Então todo subconjunto finito de Φ já está contido em algum dos conjuntos Φ_i e, portanto, é satisfatível. Além disso, para cada A_i vale que exatamente uma das duas fórmulas A_i ou $\neg A_i$ pertence a Φ.

Definimos agora uma estrutura B com domínio $\{b\}$, estipulando, para cada símbolo de predicado 0-ário A_i, que:

$$A_i^B = \begin{cases} \{()\}, & \text{se } A_i \in \Phi, \\ \emptyset, & \text{se } \neg A_i \in \Phi. \end{cases}$$

Mostramos agora que vale $B \models^{\text{FO}} \Phi$.

Suponhamos que isso não fosse o caso. Então existe uma fórmula $\alpha \in \Phi$ tal que $B \not\models^{\text{FO}} \alpha$. Seja

$$\{A_{i_1}, \ldots, A_{i_m}\}$$

o conjunto dos símbolos de predicado 0-ários que ocorrem em α. Então

$$\Delta := \{\alpha\} \cup \{A_{i_j} \mid A_{i_j} \in \Phi\} \cup \{\neg A_{i_j} \mid \neg A_{i_j} \in \Phi\}$$

é um subconjunto finito de Φ e, portanto, é satisfatível. Seja I um modelo de Δ. Então I e B coincidem em todos os símbolos que ocorrem em α. Pelo lema da coincidência já demonstrado, segue daí que

$$I \models^{\mathrm{FO}} \alpha \quad \Longleftrightarrow \quad B \models^{\mathrm{FO}} \alpha.$$

Como $B \not\models^{\mathrm{FO}} \alpha$, segue também que $I \not\models^{\mathrm{FO}} \alpha$, em contradição com o fato de que I é um modelo de Δ. Logo, deve valer

$$B \models^{\mathrm{FO}} \Phi.$$

Com isso, Φ é satisfatível; portanto, $\mathrm{AHE}(\varphi)$ também é satisfatível. Juntamente com a proposição anterior, segue que

$$\begin{aligned}\varphi \text{ é satisfatível} \quad &\Longleftrightarrow \quad \mathrm{AHE}(\varphi) \text{ é satisfatível}\\ &\Longleftrightarrow \quad \text{todo subconjunto finito de } \mathrm{AHE}(\varphi)\\ &\text{é satisfatível.}\end{aligned}$$

A afirmação (2) é a forma contrapositiva de (1). □

Exemplo 2.91. *Consideramos a fórmula*

$$\varphi = \forall x\,(P(x) \vee \neg P(f(x)))$$

sobre a assinatura $\Sigma = \{a/0, f/1, P/1\}$. *Então* $\mathrm{HE}(\varphi)$ *contém, entre outras, as fórmulas*

$$\begin{aligned}&P(a) \vee \neg P(f(a)),\\ &P(f(a)) \vee \neg P(f(f(a))),\\ &P(f(f(a))) \vee \neg P(f(f(f(a)))),\\ &\ldots\end{aligned}$$

Mesmo uma pequena subcoleção finita dessa expansão de Herbrand pode ser suficiente para derivar uma contradição. É precisamente nisso que reside a força do teorema de Herbrand: para mostrar a insatisfatibilidade de uma fórmula, basta encontrar uma coleção finita adequada de instâncias fundamentais.

2.4.5 Resolução básica

O teorema de Herbrand mostra que a insatisfatibilidade de uma fórmula em forma de Skolem já pode tornar-se visível em um conjunto finito de instâncias básicas. É exatamente essa ideia que utilizamos em um procedimento de resolução na lógica de predicados: primeiro colocamos a fórmula em forma clausular matricial, depois instanciamos todas as variáveis universalmente quantificadas por termos básicos e, por fim, aplicamos a resolução proposicional às cláusulas assim obtidas.

O objetivo do procedimento é o seguinte problema de decisão:

Unsat(FO)	Entrada: Σ-fórmula φ,
	Saída: Sim exatamente quando φ é insatisfatível.

Definição 2.92. *Seja $M = \{C_1, \ldots, C_m\}$ um conjunto de cláusulas em representação clausular matricial. Então denotamos por*

$$\mathrm{HE}(M) = \mathrm{HE}(C_1) \cup \cdots \cup \mathrm{HE}(C_m)$$

a expansão de Herbrand de M *e por*

$$\mathrm{AHE}(M) = \mathrm{AHE}(C_1) \cup \cdots \cup \mathrm{AHE}(C_m)$$

a expansão proposicional de Herbrand de M.

Nesse caso, cada conjunto de cláusulas em $\mathrm{HE}(M)$ *é um conjunto de instâncias básicas das cláusulas originais, e em* $\mathrm{AHE}(M)$ *todas as fórmulas atômicas são substituídas por novos símbolos de predicado 0-ários.*

Exemplo 2.93. *Consideramos a fórmula*

$$\varphi = \forall x\,(\neg P(x) \vee P(f(x))) \;\wedge\; P(a) \;\wedge\; \neg P(f(f(a)))$$

sobre a assinatura $\Sigma = \{a/0, f/1, P/1\}$. *Ela já se encontra em forma clausular matricial, e a representação clausular correspondente é*

$$M = \{\{\neg P(x), P(f(x))\}, \{P(a)\}, \{\neg P(f(f(a)))\}\}.$$

Então $\mathrm{HE}(M)$ *contém, entre outras, as cláusulas*

$$\{\neg P(a), P(f(a))\}, \qquad \{\neg P(f(a)), P(f(f(a)))\},$$
$$\{P(a)\}, \qquad \{\neg P(f(f(a)))\}.$$

A expansão de Herbrand proposicional $\mathrm{AHE}(M)$ *é obtida a partir disso substituindo-se os átomos, por exemplo, por* $A_{P(a)}$, $A_{P(f(a))}$, $A_{P(f(f(a)))}$ *etc.*

A proposição seguinte explica por que, para a resolução básica, podemos tratar subconjuntos finitos arbitrários da expansão de Herbrand proposicional por meio da resolução proposicional.

Proposição 2.94. *Seja Σ uma assinatura que contém pelo menos uma constante, e seja M um conjunto de cláusulas em representação clausular matricial. Então toda coleção finita*

$$K \subseteq \mathrm{AHE}(M)$$

é insatisfatível como conjunto de fórmulas da lógica de predicados se, e somente se, K é insatisfatível como conjunto de cláusulas proposicionais.

Demonstração. Seja $K \subseteq \mathrm{AHE}(M)$ finito. Então K contém apenas um número finito de símbolos de predicado 0-ários. Escrevemos esses símbolos como

$$A_1, \ldots, A_n.$$

Como em K não ocorrem variáveis nem símbolos de função, cada fórmula de K já é uma cláusula proposicional sobre a assinatura $\mathrm{Sig}(K) = \{A_1, \ldots, A_n\}$.

Mostramos primeiro: se K é satisfatível na lógica de predicados, então K também é satisfatível na lógica proposicional. Para isso, seja $I = \langle A, \beta \rangle$ um modelo de K. Pelo lema da coincidência, podemos restringir a assinatura a $\mathrm{Sig}(K)$ sem alterar a satisfatibilidade de K. Definimos agora uma valoração proposicional ω_I por

$$\omega_I(A_\mu) = \begin{cases} \text{verdadeiro}, & \text{se } I \models^{\mathrm{FO}} \mu, \\ \text{falso}, & \text{caso contrário.} \end{cases}$$

Como cada fórmula de K consiste apenas em símbolos de predicado 0-ários, seu valor de verdade em I coincide exatamente com o valor de verdade da cláusula proposicional correspondente sob ω_I. Portanto, ω_I é um modelo proposicional de K.

Para a direção inversa, suponhamos que K seja satisfatível na lógica proposicional. Seja ω uma valoração proposicional tal que $\omega \models K$. Definimos uma Σ-estrutura A_ω com domínio unitário

$$A = \{a\}$$

e, para cada símbolo de predicado 0-ário A_μ que ocorre em K, definimos

$$A_\mu^{A_\omega} = \begin{cases} \{()\}, & \text{se } \omega(A_\mu) = \text{true}, \\ \emptyset, & \text{se } \omega(A_\mu) = \text{false}. \end{cases}$$

Então, para cada cláusula de K, seu valor de verdade em A_ω coincide exatamente com seu valor de verdade proposicional sob ω. Consequentemente, $A_\omega \models^{\text{FO}} K$.

Assim, a satisfatibilidade de K na lógica de predicados e sua satisfatibilidade na lógica proposicional são equivalentes. □

Juntamente com o Teorema 1.68, segue agora que um conjunto finito $K \subseteq \text{AHE}(M)$ é insatisfatível se, e somente se, a cláusula vazia pode ser derivada de K por resolução proposicional.

Com base nisso, podemos agora formular o procedimento de resolução básica.

Definição 2.95 (Procedimento de resolução fundamental). *A entrada é uma fórmula* Σ φ.

1. *Primeiro, transforme φ em uma fórmula equissatisfatível em forma clausular matricial e escreva sua representação por cláusulas como M.*

2. *Inicialize $K := \emptyset$.*

3. *Percorra, uma após a outra, as cláusulas de* AHE(M) *e, em cada caso, defina*

$$K := K \cup \{C\}.$$

4. *Verifique, após cada passo, se K é insatisfatível proposicionalmente, isto é, se a cláusula vazia pode ser derivada de K por resolução proposicional.*

5. *Em caso afirmativo, devolva **Sim**. Caso contrário, prossiga com a próxima cláusula.*

Teorema 2.96. *O procedimento de resolução fundamental devolve, para a entrada de uma fórmula Σ φ, **Sim** se, e somente se, φ é insatisfatível.*

Demonstração. Seja M a representação por cláusulas de uma fórmula equissatisfatível a φ em forma clausular matricial.

*Se o procedimento devolve **Sim**, então φ é insatisfatível.* Nesse caso, existe um conjunto finito $K \subseteq$ AHE(M) que é proposicionalmente insatisfatível. Pela proposição anterior, K também é insatisfatível na lógica de predicados. Logo, AHE(M) é insatisfatível. Pelo teorema de

Herbrand, segue daí que M é insatisfatível e, portanto, também φ é insatisfatível.

*Se φ é insatisfatível, então o procedimento devolve **Sim**.* Então, pelo teorema de Herbrand, já existe uma parte finita de AHE(M) que é insatisfatível. Como o procedimento incorpora passo a passo todas as cláusulas de AHE(M), essa parte finita acabará por estar completamente contida em K. Para esse K finito, a completude proposicional da resolução fornece a cláusula vazia. Portanto, o procedimento devolve **Sim**.

Assim, fica demonstrado que o procedimento de resolução fundamental devolve **Sim** se, e somente se, φ é insatisfatível. □

Exemplo 2.97. *Consideramos novamente*

$$\varphi = \forall x\,(\neg P(x) \vee P(f(x))) \;\wedge\; P(a) \;\wedge\; \neg P(f(f(a))).$$

As cláusulas básicas relevantes são

$$\{\neg P(a), P(f(a))\}, \qquad \{\neg P(f(a)), P(f(f(a)))\},$$
$$\{P(a)\}, \qquad \{\neg P(f(f(a)))\}.$$

Por resolução proposicional, obtemos sucessivamente

$$\{P(a)\},\ \{P(f(a))\},\ \{P(f(f(a)))\},\ \emptyset.$$

Assim, já existe um subconjunto finito de AHE(M) *que é insatisfatível, e o procedimento reconhece a insatisfatibilidade da fórmula inicial.*

2.4.6 Exercícios e soluções

Considere a assinatura da lógica de predicados

$$\Sigma = \{Q/2, S/1, f/2, i/1, b/0, c/0\}$$

bem como as seguintes expressões:

$$\varphi_1 = Q(c, u) \land \neg Q(f(c, x), z),$$

$$\varphi_2 = \exists x\, (\neg Q(c, y) \lor \exists z\, \forall u\, Q(z, u)),$$

$$\varphi_3 = \forall y\, \exists w\, \forall u\, \neg(\neg\neg Q(u, i(w)) \land S(y)),$$

$$\psi_3 = \forall y\, \forall u\, \neg(\neg\neg Q(u, i(s(y))) \land S(y)),$$

$$\varphi_4 = \forall z\, \forall u\, (S(i(u)) \land S(i(i(z)))).$$

Decida, para cada uma das seguintes afirmações, se ela é verdadeira ou falsa:

1. φ_1 está em FNN.
2. φ_2 está em forma prenexa purificada.
3. ψ_3 é a skolemização de φ_3.
4. φ_4 está em forma matricial.

Solução.

1. **Verdadeiro.** Em φ_1, as negações ocorrem apenas imediatamente antes de átomos. Portanto, φ_1 está em forma normal de negação.

2. **Falso.** A fórmula não está em forma prenexa purificada, pois nem todos os quantificadores foram deslocados para o início.

3. **Verdadeiro.** ψ_3 é a skolemização de φ_3. Em particular, ψ_3 está em forma prenexa purificada e não contém nenhum quantificador existencial.

4. **Verdadeiro.** φ_4 é fechada, está em forma de Skolem e sua parte livre de quantificadores está em forma normal conjuntiva. Portanto, φ_4 está em forma matricial.

2.5 Consequências e resolução

Nesta seção, começamos com a resolução na lógica de predicados. A ideia fundamental é a mesma da resolução na lógica proposicional: a partir de duas cláusulas com literais complementares, forma-se uma nova cláusula, chamada resolvente. A diferença é que, na lógica de predicados, tratamos variáveis e termos sistematicamente por meio de substituições. Com isso, as provas muitas vezes se tornam consideravelmente mais curtas, pois não é necessário substituir completamente as cláusulas por instâncias básicas, mas apenas especializá-las tanto quanto for necessário.

Para desenvolver esse procedimento de modo rigoroso, precisamos primeiro de uma formulação precisa da consequência lógica na lógica de predicados. Em seguida, consideramos substituições e propriedades gerais da consequência. Depois, introduzimos a unificação, a partir da qual será construída a resolução na lógica de predicados. A correção e a completude do procedimento serão posteriormente demonstradas por meio da consequência lógica e da insatisfatibilidade.

2.5.1 Consequência lógica

Como na lógica proposicional, também na lógica de predicados definimos a consequência lógica como uma relação entre um conjunto de fórmulas e uma única fórmula.

Definição 2.98. *Seja* Σ *uma assinatura. A relação de consequência lógica para* Σ *é a relação*

$$\models^{\mathrm{FO}}_{\Sigma} \subseteq \mathcal{P}(\mathrm{FO}(\Sigma)) \times \mathrm{FO}(\Sigma)$$

com o seguinte significado: para todo conjunto $F \subseteq \mathrm{FO}(\Sigma)$ *e toda fórmula-*Σ φ*, vale*

$$F \models^{\mathrm{FO}}_{\Sigma} \varphi$$

se, e somente se, todo modelo-Σ *de* F *também é um modelo-*Σ *de* φ.

Caso $F \models^{\mathrm{FO}}_{\Sigma} \varphi$ *valha, dizemos que* φ *segue logicamente de* F*. Para duas fórmulas-*Σ φ *e* ψ*, escrevemos abreviadamente*

$$\varphi \models^{\mathrm{FO}}_{\Sigma} \psi$$

para

$$\{\varphi\} \models^{\mathrm{FO}}_{\Sigma} \psi.$$

Por causa do lema da coincidência, a assinatura não é essencial em muitas situações, e então escrevemos simplesmente $\models^{\text{FO}}$.

Exemplo 2.99. *Consideramos as seguintes consequências:*

$$\{P(a),\, P(a) \rightarrow Q(a)\} \models^{\text{FO}} Q(a)$$

e

$$\forall x\, P(x) \models^{\text{FO}} \exists x\, P(x).$$

No primeiro caso, a consequência é uma aplicação direta do modus ponens. O segundo caso mostra que, na lógica de predicados, de uma afirmação universalmente válida também pode seguir-se uma afirmação existencial, desde que o domínio das estruturas não seja vazio.

Em sentenças, a consequência lógica comporta-se de modo semelhante ao da lógica proposicional. Duas observações simples, mas muito úteis, dizem respeito a substituições e implicações.

Primeiro, consideramos a influência das substituições sobre conjuntos de sentenças.

Proposição 2.100. *Seja* σ *uma substituição e seja* F *um conjunto de* Σ*-sentenças. Então vale*

$$F \models^{\text{FO}} \psi \quad \textit{para todo } \psi \in \sigma(F).$$

Demonstração. Seja $I = \langle A, \beta \rangle$ um modelo arbitrário de F. Então I é um modelo de cada fórmula individual $\varphi \in F$. Como φ é uma sentença, seu valor de verdade não depende da valoração; portanto, em particular, para toda valoração β',

$$\langle A, \beta' \rangle \models^{\mathrm{FO}} \varphi.$$

Aplicando isso à valoração induzida por σ e usando o lema da substituição, obtemos

$$I \models^{\mathrm{FO}} \sigma(\varphi).$$

Isso vale para todo $\varphi \in F$. Logo, I também é um modelo de $\sigma(F)$. Disso segue que

$$F \models^{\mathrm{FO}} \psi \quad \text{para todo } \psi \in \sigma(F).$$

□

O próximo teorema é a forma, na lógica de predicados, do teorema da dedução.

Teorema 2.101. *Seja F um conjunto de Σ-sentenças e sejam φ, ψ duas Σ-sentenças. Então vale*

$$F \cup \{\varphi\} \models^{\mathrm{FO}} \psi \quad \Longleftrightarrow \quad F \models^{\mathrm{FO}} (\varphi \to \psi).$$

Demonstração. Argumentamos por meio de classes de modelos. Inicialmente,

$$F \cup \{\varphi\} \models^{\mathrm{FO}} \psi$$

vale exatamente quando toda estrutura em

$$\mathrm{MK}^{\mathrm{FO}}_{\Sigma}(F \cup \{\varphi\})$$

também é um modelo de ψ. Agora vale

$$\mathrm{MK}_{\Sigma}^{\mathrm{FO}}(F \cup \{\varphi\}) = \mathrm{MK}_{\Sigma}^{\mathrm{FO}}(F) \cap \mathrm{MK}_{\Sigma}^{\mathrm{FO}}(\varphi).$$

Portanto, a afirmação acima é equivalente a dizer que, para toda estrutura A com $A \models^{\mathrm{FO}} F$ e $A \models^{\mathrm{FO}} \varphi$, também vale $A \models^{\mathrm{FO}} \psi$. Isso, por sua vez, ocorre exatamente quando, para toda estrutura A com $A \models^{\mathrm{FO}} F$, vale:

$$A \models^{\mathrm{FO}} \varphi \to \psi.$$

Assim, está demonstrado que

$$F \cup \{\varphi\} \models^{\mathrm{FO}} \psi \quad \Longleftrightarrow \quad F \models^{\mathrm{FO}} (\varphi \to \psi).$$

□

A relação entre consequência lógica e insatisfatibilidade é especialmente importante para a resolução.

Teorema 2.102. *Seja F um conjunto de Σ-sentenças e seja φ uma Σ-sentença. Então vale*

$$F \models^{\mathrm{FO}} \varphi \quad \Longleftrightarrow \quad F \cup \{\neg\varphi\} \textit{ é insatisfatível.}$$

Demonstração. Primeiro, suponhamos que $F \cup \{\neg\varphi\}$ seja insatisfatível. Então não há nenhuma estrutura que seja ao mesmo tempo modelo de F e de $\neg\varphi$. Logo, toda estrutura que satisfaz F é automaticamente um modelo de φ. É precisamente isso que significa

$$F \models^{\mathrm{FO}} \varphi.$$

Reciprocamente, suponhamos que valha $F \models^{\mathrm{FO}} \varphi$. Então toda estrutura que satisfaz F também é um modelo de φ. Consequentemente, não pode haver nenhuma estrutura que satisfaça simultaneamente F e $\neg\varphi$. Portanto,

$$F \cup \{\neg\varphi\}$$

é insatisfatível.

Com isso, ambas as direções estão demonstradas. □

Exemplo 2.103. *Um exemplo útil de aplicação é a consequência*

$$\forall x\,(P(x) \to Q(x)),\ P(a) \models^{\mathrm{FO}} Q(a).$$

Pelo teorema anterior, isso é equivalente a dizer que o conjunto

$$\{\forall x\,(P(x) \to Q(x)),\ P(a),\ \neg Q(a)\}$$

é insatisfatível. É exatamente nesse ponto que a resolução na lógica de predicados entrará em cena mais adiante: ela procura produzir sistematicamente, a partir de tais conjuntos, uma contradição na forma da cláusula vazia.

2.5.2 Unificação

Na resolução básica, trabalhamos com cláusulas completamente instanciadas. Isso é muito intuitivo para uma primeira abordagem, mas muitas vezes é desnecessariamente grosseiro. Na resolução da lógica de predicados, queremos, portanto, deixar variáveis nas cláusulas e instanciar apenas aquilo que é realmente necessário para um único passo de resolução. É exatamente para isso que precisamos da *unificação*.

A ideia fundamental é simples: duas expressões devem ser modificadas por meio de uma substituição de tal modo que, depois disso, sejam sintaticamente iguais. Quando isso é possível, dizemos que as expressões são *unificáveis*. Particularmente importante é o caso em que se encontra uma substituição tão geral quanto possível, isto é, uma substituição que fixa apenas o que é realmente necessário e ainda permite especializações posteriores.

Definição 2.104. *Sejam A e B expressões, isto é, termos ou fórmulas atômicas. Uma substituição σ chama-se* unificador *de A e B se*

$$\sigma(A) = \sigma(B)$$

vale. Se existe tal unificador, então A e B são chamados unificáveis.

Também transferimos o conceito para conjuntos de termos: uma substituição σ é um unificador de um conjunto F de expressões se todas as expressões de $\sigma(F)$ são sintaticamente iguais.

Exemplo 2.105. *Consideremos as duas fórmulas atômicas*

$$A_1 = P(f(x), g(y), a) \qquad e \qquad A_2 = P(f(b), g(c), a).$$

Então

$$\sigma = \{x \mapsto b,\ y \mapsto c\}$$

é um unificador, pois vale

$$\sigma(A_1) = P(f(b), g(c), a) = \sigma(A_2).$$

Em contrapartida,

$$B_1 = P(x, f(x)) \qquad e \qquad B_2 = P(f(y), y)$$

não são unificáveis. Pois toda substituição que transforma x no termo $f(y)$ exigiria, ao mesmo tempo, no segundo argumento, que $f(x)$ e y se tornassem iguais. Isso levaria a uma equação da forma

$$y = f(f(y))$$

e nenhuma equação desse tipo pode ser satisfeita por um termo finito.

Unificadores não são únicos. Por isso, muitas vezes nos interessa um unificador que fixe o mínimo possível.

Definição 2.106. *Um unificador σ de duas expressões A e B chama-se* unificador mais geral *ou* MGU *(*most general unifier*), se, para todo unificador τ de A e B, existe uma substituição ρ tal que*

$$\tau = \rho \circ \sigma.$$

Em outras palavras: todo outro unificador surge de σ por uma especialização adicional.

Exemplo 2.107. *Para as expressões*

$$C_1 = P(h(x), f(y, z)) \qquad e \qquad C_2 = P(h(f(a)), f(b, z))$$

temos que

$$\sigma = \{x \mapsto f(a),\ y \mapsto b\}$$

é um MGU. A variável z nem precisa ser instanciada. Em contrapartida, por exemplo,

$$\tau = \{x \mapsto f(a),\ y \mapsto b,\ z \mapsto c\}$$

também é um unificador, mas não é o mais geral, pois surge de σ por uma especialização adicional.

Para a resolução na lógica de predicados, precisamos de um procedimento que calcule um MGU, caso tal unificador exista. O algoritmo clássico de Robinson trabalha passo a passo, da esquerda para a direita, eliminando a primeira divergência sintática ainda visível.

1. Comece com a substituição vazia $\sigma := \emptyset$.
2. Compare $\sigma(A)$ e $\sigma(B)$.
3. Se ambas as expressões forem iguais, devolva σ.
4. Procure a primeira posição em que $\sigma(A)$ e $\sigma(B)$ diferem.
5. Se nessa posição ocorrerem dois símbolos de função distintos ou duas constantes distintas, então A e B não são unificáveis.
6. Caso contrário, nessa posição aparece uma variável v e, do outro lado, um termo t.

7. Se v ocorre em t, interrompa o procedimento: nesse caso não há unificador (*occur-check*).

8. Caso contrário, estenda a substituição por $v \mapsto t$ e defina
$$\sigma := \{v \mapsto t\} \circ \sigma.$$
Em seguida, retorne ao passo 2.

Proposição 2.108. *O algoritmo de unificação de Robinson é correto e completo. Isto é: se duas expressões A_1, A_2 são unificáveis, então o algoritmo fornece um unificador mais geral (MGU); se elas não são unificáveis, então ele devolve „não unificável“.*

Demonstração. Sejam A_1, A_2 as entradas do algoritmo. Escrevemos
$$\sigma_0 = \mathrm{id}$$
para a substituição vazia e denotamos por
$$\sigma_{k+1} = \gamma_k \circ \sigma_k$$
a substituição que, no k-ésimo passo, é obtida por uma substituição da forma
$$\gamma_k = \{v_k \mapsto t_k\}.$$
Além disso, definimos
$$B_k := \sigma_k(A_1), \qquad C_k := \sigma_k(A_2).$$

Terminação. Enquanto o algoritmo ainda não tiver terminado, B_k e C_k diferem em uma primeira posição, lida da esquerda para a direita. No k-ésimo passo, exatamente essa primeira posição de divergência é eliminada pela escolha de γ_k. Todas as posições anteriores permanecem inalteradas, pois nelas B_k e C_k já eram iguais e a mesma substituição é aplicada a ambas as expressões. Assim, a primeira posição em que há diferença se desloca estritamente para a direita a cada passo bem-sucedido. Como A_1 e A_2 são expressões finitas, isso só pode ocorrer um número finito de vezes. Portanto, o algoritmo termina, a menos que antes disso interrompa em um caso de „não unificável".

Correção no caso de sucesso. Se o algoritmo termina com uma substituição σ_n, então, pela condição de parada,

$$\sigma_n(A_1) = \sigma_n(A_2).$$

Logo, por definição, σ_n é um unificador de A_1 e A_2.

Generalidade da substituição encontrada. Mostramos agora que σ_n é, de fato, um unificador mais geral. Para isso, provamos por indução sobre os passos executados a afirmação mais forte:

Para todo unificador θ de A_1 e A_2, existe uma substituição τ_k tal que

$$\theta = \tau_k \circ \sigma_k.$$

Base da indução: Para $k = 0$, temos $\sigma_0 = \mathrm{id}$. Então vale trivialmente

$$\theta = \theta \circ \mathrm{id},$$

de modo que a afirmação é satisfeita com $\tau_0 = \theta$.

Passo de indução: Suponhamos que a afirmação valha para σ_k. Consideremos o passo seguinte, com

$$\sigma_{k+1} = \gamma_k \circ \sigma_k, \qquad \gamma_k = \{v_k \mapsto t_k\}.$$

Seja θ um unificador arbitrário de A_1 e A_2. Pela hipótese de indução, existe uma substituição τ_k tal que

$$\theta = \tau_k \circ \sigma_k.$$

Então τ_k é um unificador de B_k e C_k, pois

$$\tau_k(B_k) = \theta(A_1) = \theta(A_2) = \tau_k(C_k).$$

Como γ_k elimina a primeira posição de divergência entre B_k e C_k, nessa posição aparecem uma variável v_k e um termo t_k. Como τ_k é um unificador, vale

$$\tau_k(v_k) = \tau_k(t_k).$$

De $v_k \notin \mathrm{Var}(t_k)$ segue agora que τ_k se fatoriza por meio de uma substituição τ_{k+1} que coincide com τ_k em todas as variáveis, exceto em v_k, e que, além disso, atribui $v_k \mapsto \tau_k(t_k)$. Então vale

$$\tau_k = \tau_{k+1} \circ \gamma_k.$$

Consequentemente, obtemos

$$\theta = \tau_k \circ \sigma_k = (\tau_{k+1} \circ \gamma_k) \circ \sigma_k = \tau_{k+1} \circ (\gamma_k \circ \sigma_k) = \tau_{k+1} \circ \sigma_{k+1}.$$

Com isso, o passo de indução está demonstrado.

Após um número finito de passos, existe portanto, para todo unificador θ, uma substituição τ_n tal que

$$\theta = \tau_n \circ \sigma_n.$$

Logo, σ_n é um unificador mais geral.

Não unificabilidade. O algoritmo só pode interromper com „não unificável" em dois casos:

1. Na primeira posição em que há diferença, aparecem, dos dois lados, constantes distintas ou símbolos de função distintos. Nesse caso, nenhuma substituição poderia igualar essa posição, pois substituições modificam apenas variáveis. Portanto, não existe unificador.

2. O teste de ocorrência falha: pretende-se substituir uma variável v_k por um termo t_k no qual o próprio v_k ocorre. Suponhamos, apesar disso, que existisse um unificador θ. Então deveria valer

   $$\theta(v_k) = \theta(t_k)$$

   Como v_k ocorre em t_k, o termo $\theta(t_k)$ conteria $\theta(v_k)$ como subtermo próprio. Isso é impossível para termos finitos. Logo, também neste caso não pode existir nenhum unificador.

Daí segue: se A_1 e A_2 são unificáveis, então o algoritmo termina com um unificador mais geral; se não são unificáveis, então ele retorna corretamente „não unificável". □

Exemplo 2.109. *Executamos o algoritmo para*

$$A_1 = P(f(x),\ g(y,y),\ h(z)),$$
$$A_2 = P(f(g(a)),\ g(b,b),\ h(c))$$

Primeiro comparamos as duas expressões na primeira posição. Ali aparece, em A_1, a variável x e, em A_2, o termo $g(a)$. Portanto, definimos

$$\sigma_1 = \{x \mapsto g(a)\}.$$

Então obtemos

$$\sigma_1(A_1) = P(f(g(a)),\ g(y,y),\ h(z))$$

e

$$\sigma_1(A_2) = P(f(g(a)),\ g(b,b),\ h(c)).$$

Agora comparamos a segunda posição. Em $\sigma_1(A_1)$ aparece a variável y e em $\sigma_1(A_2)$ o termo b. Portanto, estendemos para

$$\sigma_2 = \{y \mapsto b\} \circ \sigma_1.$$

Então vale

$$\sigma_2(A_1) = P(f(g(a)),\ g(b,b),\ h(z))$$

e

$$\sigma_2(A_2) = P(f(g(a)),\ g(b,b),\ h(c)).$$

Por fim, comparamos a terceira posição. Em $\sigma_2(A_1)$ aparece a variável z e em $\sigma_2(A_2)$ o termo c. Assim, definimos

$$\sigma_3 = \{z \mapsto c\} \circ \sigma_2.$$

Com isso obtemos

$$\sigma_3(A_1) = \sigma_3(A_2) = P(f(g(a)),\, g(b,b),\, h(c)).$$

Logo,

$$\sigma_3 = \{x \mapsto g(a),\ y \mapsto b,\ z \mapsto c\}$$

é um unificador de A_1 *e* A_2*. Pela proposição anterior,* σ_3 *é até mesmo um unificador mais geral.*

Exemplo 2.110. *O conceito também pode ser transferido para conjuntos de expressões. Uma substituição* σ *unifica um conjunto* F *se* $\sigma(F)$ *contém exatamente um elemento. Por exemplo,*

$$\sigma = \{x \mapsto a,\ z \mapsto f(a)\}$$

é um unificador para o conjunto

$$\{\, h(x,z),\ h(a,f(x)),\ h(a,f(a))\,\},$$

pois, sob σ*, todas as três expressões tornam-se*

$$h(a,f(a)).$$

De fato, neste caso σ *é até mesmo um unificador mais geral.*

2.5.3 Resolução na lógica de predicados

Depois de termos conhecido, nas seções anteriores, a expansão de Herbrand e o teorema de Herbrand, podemos agora passar à resolução propriamente dita na lógica de predicados. A ideia fundamental é a mesma que na lógica proposicional: duas cláusulas devem ser combinadas por meio de literais complementares. A diferença decisiva é que, na lógica de predicados, não precisamos primeiro fundamentar completamente todos os termos; podemos deixar as variáveis em aberto e instanciá-las apenas quando isso for necessário para o passo de resolução considerado. Com isso, as provas tornam-se muito mais curtas e, ao mesmo tempo, mais estruturadas.

O conceito técnico central, nesse contexto, é a unificação. Dois literais só podem ser resolvidos quando suas partes atômicas podem ser tornadas sintaticamente iguais por meio de uma substituição. A substituição necessária para isso é escolhida da forma mais geral possível, isto é, como um unificador mais geral.

Definição 2.111. *Uma cláusula é um conjunto finito de literais; como de costume, ela é lida como a disjunção de seus literais. Duas cláusulas C_1 e C_2 são chamadas* disjuntas em variáveis *quando nenhuma variável ocorre em ambas as cláusulas. Por meio da renomeação de variáveis ligadas, sempre podemos obter essa situação.*

Definição 2.112. *Sejam C_1 e C_2 duas cláusulas disjuntas em variáveis. Além disso, sejam*

$$H_1 = \nu_1(C_1) \qquad e \qquad H_2 = \nu_2(C_2)$$

duas variantes de C_1 e C_2, geradas por renomeações de variáveis, que continuam sendo disjuntas em variáveis. Sejam $L_1 \in H_1$ e $\neg L_2 \in H_2$ dois literais cujas partes *atômicas são unificáveis, e seja σ um unificador mais geral dessas duas partes atômicas.*

Então

$$R = \sigma(H_1 \setminus \{L_1\}) \cup \sigma(H_2 \setminus \{\neg L_2\})$$

é chamada uma resolvente da lógica de predicados *de C_1 e C_2.*

A definição diz, em termos intuitivos: primeiro tornamos as duas cláusulas disjuntas em variáveis, depois igualamos os literais complementares escolhidos por meio de uma MGU e mantemos todos os demais literais após a aplicação da mesma substituição.

Exemplo 2.113. *Consideramos as cláusulas*

$$C_1 = \{\neg P(x),\ Q(x),\ T(a)\},$$
$$C_2 = \{P(f(y)),\ S(y)\}.$$

Os pares de literais $\neg P(x)$ e $P(f(y))$ são unificáveis pelo unificador mais geral

$$\sigma = \{x \mapsto f(y)\}.$$

A resolvente correspondente é então

$$R = \sigma(\{Q(x), T(a)\}) \cup \sigma(\{S(y)\}) = \{Q(f(y)),\ T(a),\ S(y)\}.$$

O próximo resultado mostra que um passo de resolução é logicamente correto.

Lema 2.114 (Lema da resolução). *Sejam C_1 e C_2 duas cláusulas e seja R uma resolvente da lógica de predicados de C_1 e C_2. Então vale*

$$\mathrm{MK}_\Sigma^{\mathrm{FO}}(\{C_1, C_2\}) \subseteq \mathrm{MK}_\Sigma^{\mathrm{FO}}(R).$$

Em particular, de toda satisfação comum de C_1 e C_2 segue também a satisfação da resolvente.

Demonstração. Sejam $H_1 = \nu_1(C_1)$ e $H_2 = \nu_2(C_2)$ duas variantes com variáveis disjuntas de C_1 e C_2. Além disso, sejam $L_1 \in H_1$ e $\neg L_2 \in H_2$ os literais complementares usados na resolução, e seja σ um unificador mais geral de suas partes atômicas. Então

$$R = \sigma(H_1 \setminus \{L_1\}) \cup \sigma(H_2 \setminus \{\neg L_2\}).$$

Seja agora A uma Σ-estrutura tal que

$$A \models^{\mathrm{FO}} C_1 \qquad \text{e} \qquad A \models^{\mathrm{FO}} C_2.$$

Como renomeações de variáveis não alteram a satisfatibilidade, vale também

$$A \models^{\mathrm{FO}} H_1 \qquad \text{e} \qquad A \models^{\mathrm{FO}} H_2.$$

Mostramos agora que $A \models^{\mathrm{FO}} R$ vale.

Para isso, seja β uma atribuição arbitrária. De $A \models^{\mathrm{FO}} H_1$ e $A \models^{\mathrm{FO}} H_2$ segue, em particular, que

$$\langle A, \beta^\sigma \rangle \models^{\mathrm{FO}} H_1 \qquad \text{e} \qquad \langle A, \beta^\sigma \rangle \models^{\mathrm{FO}} H_2,$$

onde β^σ denota a atribuição induzida por σ. Pelo lema da substituição, obtemos daí

$$\langle A, \beta\rangle \models^{\mathrm{FO}} \sigma(H_1) \qquad \text{e} \qquad \langle A, \beta\rangle \models^{\mathrm{FO}} \sigma(H_2).$$

Suponhamos que $\langle A, \beta\rangle \not\models^{\mathrm{FO}} R$. Então todos os literais de

$$\sigma(H_1 \setminus \{L_1\}) \cup \sigma(H_2 \setminus \{\neg L_2\})$$

seriam falsos sob β. Como $\sigma(H_1)$ e $\sigma(H_2)$ são, cada uma, disjunções de literais, os dois literais selecionados $\sigma(L_1)$ e $\sigma(\neg L_2) = \neg\sigma(L_2)$ teriam então de ser verdadeiros. Como σ é um unificador, vale, porém, $\sigma(L_1) = \sigma(L_2)$. Assim, teríamos simultaneamente

$$\langle A, \beta\rangle \models^{\mathrm{FO}} \sigma(L_1) \qquad \text{e} \qquad \langle A, \beta\rangle \models^{\mathrm{FO}} \neg\sigma(L_1),$$

uma contradição.

Consequentemente, deve valer $\langle A, \beta\rangle \models^{\mathrm{FO}} R$. Como β era arbitrária, segue-se que $A \models^{\mathrm{FO}} R$. Com isso, está mostrado que

$$\mathrm{MK}_\Sigma^{\mathrm{FO}}(\{C_1, C_2\}) \subseteq \mathrm{MK}_\Sigma^{\mathrm{FO}}(R).$$

□

O lema da resolução é o teorema de correção para um único passo de resolução. Para a completude, precisamos adicionalmente de um chamado lema de levantamento (lifting lemma). Intuitivamente, ele afirma: todo passo de resolução proposicional em instâncias fundamentais pode ser levantado para um passo de resolução na lógica de predicados.

Lema 2.115 (Lema de levantamento). *Sejam* C_1 *e* C_2 *duas cláusulas e sejam* σ_1, σ_2 *substituições tais que* $\sigma_1(C_1)$ *e* $\sigma_2(C_2)$ *sejam instâncias fundamentais. Se* R' *é uma resolvente proposicional de* $\sigma_1(C_1)$ *e* $\sigma_2(C_2)$*, então existem uma substituição* τ *e uma resolvente da lógica de predicados* R *de* C_1 *e* C_2 *tais que*

$$R' = \tau(R).$$

Demonstração. Sejam

$$\sigma_1(C_1) = C_1' = \{A_0, \ldots, A_n\},$$
$$\sigma_2(C_2) = C_2' = \{B_0, \ldots, B_m\}.$$

as duas cláusulas fundamentais. Sem perda de generalidade, supomos que $B_0 = \neg A_0$ e que

$$R' = \{A_1, \ldots, A_n, B_1, \ldots, B_m\}$$

é a resolvente proposicional.

Além disso, podemos supor que C_1 e C_2 sejam disjuntas quanto às variáveis; caso contrário, primeiro renomeamos as variáveis. Como C_1 e C_2 são disjuntas quanto às variáveis, existe uma substituição σ' tal que

$$\sigma'(C_1) = C_1' \qquad \text{e} \qquad \sigma'(C_2) = C_2'.$$

Sejam agora $A \in C_1$ e $\neg B \in C_2$ os literais usados na resolvente, isto é, $\sigma'(A) = A_0$ e $\sigma'(B) = B_0$. Como R' é uma resolvente proposicional, vale

$$\sigma'(A) = \sigma'(B).$$

Assim, as partes atômicas de A e B são unificáveis. Pela proposição sobre o algoritmo de Robinson, essa unificação possui um unificador mais geral σ. Logo,

$$R = \sigma(C_1 \setminus \{A\}) \cup \sigma(C_2 \setminus \{\neg B\})$$

é uma resolvente da lógica de predicados de C_1 e C_2.

Como σ' é um unificador de A e B e σ é um unificador mais geral, existe uma substituição τ tal que

$$\sigma' = \tau \circ \sigma.$$

Portanto, segue imediatamente que

$$R' = \tau(R).$$

□

Exemplo 2.116. *Consideramos as cláusulas*

$$C_1 = \{\neg R(x),\, T(x),\, U(a)\},$$
$$C_2 = \{R(g(y)),\, V(y)\}.$$

Os dois literais complementares $\neg R(x)$ *e* $R(g(y))$ *são unificáveis. Um unificador mais geral é*

$$\sigma = \{x \mapsto g(y)\}.$$

Assim,

$$R = \sigma(\{T(x), U(a)\}) \cup \sigma(\{V(y)\}) = \{T(g(y)),\, U(a),\, V(y)\}$$

é uma resolvente da lógica de predicados de C_1 *e* C_2.

Para visualizar o lema do levantamento, instanciamos agora, por exemplo, y pela constante a. Obtemos então as cláusulas básicas

$$\{\, \neg R(g(a)),\, T(g(a)),\, U(a) \,\} \qquad e \qquad \{\, R(g(a)),\, V(a) \,\}.$$

No nível da lógica proposicional, a partir delas é derivável a resolvente

$$\{\, T(g(a)),\, U(a),\, V(a) \,\}$$

Exatamente essa cláusula também é obtida quando se instancia a resolvente da lógica de predicados $R = \{T(g(y)), U(a), V(y)\}$ *por* $y \mapsto a$.

Podemos agora reunir iterativamente todas as cláusulas alcançáveis por resolução. Para isso, definimos, para uma coleção de cláusulas K: A coleção $\mathrm{Res}(K)$ consiste em todas as resolventes da lógica de predicados de pares de K.

$$\mathrm{Res}_0(K) = K, \qquad \mathrm{Res}_{k+1}(K) = \mathrm{Res}_k(K) \cup \mathrm{Res}(\mathrm{Res}_k(K)),$$

e

$$\mathrm{Res}_\infty(K) = \bigcup_{k \in \mathbb{N}} \mathrm{Res}_k(K).$$

A coleção $\mathrm{Res}_\infty(K)$ contém, portanto, todas as cláusulas que podem ser obtidas a partir de K após um número finito de passos de resolução.

Exemplo 2.117. *Consideramos o conjunto de cláusulas*

$$K = \{\{\neg S(x),\, T(x)\},\ \{S(g(a))\},\ \{\neg T(g(a))\}\}.$$

Primeiro, aplicamos resolução a

$$\{\neg S(x), T(x)\} \quad e \quad \{S(g(a))\}.$$

Os literais complementares $\neg S(x)$ *e* $S(g(a))$ *são unificáveis pelo unificador* $x \mapsto g(a)$. *Assim, obtemos como resolvente*

$$\{T(g(a))\}.$$

Agora aplicamos resolução a essa cláusula com $\{\neg T(g(a))\}$. *Os literais* $T(g(a))$ *e* $\neg T(g(a))$ *são complementares, e sua resolvente é a cláusula vazia*

$$\emptyset.$$

Portanto, K *é contraditório na lógica de predicados.*

O resultado central de completude pode agora ser formulado da seguinte forma.

Teorema 2.118 (Teorema da resolução). *Seja* Σ *uma assinatura e seja* φ *uma fórmula sobre* Σ. *Então* φ *é insatisfatível se, e somente se, para a representação por cláusulas* M *da forma clausal matricial de* φ *vale:*

$$\emptyset \in \mathrm{Res}_\infty(M).$$

Demonstração. Mostramos as duas direções.

Se $\emptyset \in \mathrm{Res}_\infty(M)$, *então* φ *é insatisfatível.* Pelo lema da resolução, cada passo individual de resolução preserva a propriedade de que a classe de modelos não aumenta. Assim, para todo $k \in \mathbb{N}$, vale:

$$\mathrm{MK}_\Sigma^{\mathrm{FO}}(M) = \mathrm{MK}_\Sigma^{\mathrm{FO}}(\mathrm{Res}_k(M)).$$

Consequentemente, também temos

$$\mathrm{MK}_{\Sigma}^{\mathrm{FO}}(M) = \mathrm{MK}_{\Sigma}^{\mathrm{FO}}(\mathrm{Res}_{\infty}(M)).$$

Se agora $\emptyset \in \mathrm{Res}_{\infty}(M)$, então

$$\mathrm{MK}_{\Sigma}^{\mathrm{FO}}(\emptyset) = \emptyset.$$

Logo, também $\mathrm{MK}_{\Sigma}^{\mathrm{FO}}(M) = \emptyset$; portanto, M é insatisfatível. Como M é equissatisfatível a φ, segue a insatisfatibilidade de φ.

Se φ é insatisfatível, então vale $\emptyset \in \mathrm{Res}_{\infty}(M)$. Pelo teorema de Herbrand, existe um conjunto finito $K \subseteq \mathrm{AHE}(M)$ que é insatisfatível. Esse conjunto é um conjunto finito de cláusulas proposicionais. Pelo teorema da resolução da lógica proposicional, existe, portanto, uma prova por resolução proposicional de K até a cláusula vazia.

Com o lema de levantamento, cada passo de resolução proposicional pode ser levantado a um passo de resolução na lógica de predicados. Portanto, toda a prova proposicional pode ser transferida, passo a passo, para uma prova na lógica de predicados. Assim, para algum k adequado, vale:

$$\emptyset \in \mathrm{Res}_k(M),$$

e, com mais razão,

$$\emptyset \in \mathrm{Res}_{\infty}(M).$$

□

Por fim, formulamos o cálculo de resolução propriamente dito para fórmulas.

Definição 2.119. *Para Σ-fórmulas* φ *e* ψ*, escrevemos*

$$\varphi \vdash_{\text{Res}} \psi$$

exatamente quando, para a representação clausular M *da forma clausular matricial de*

$$\varphi \wedge \neg\psi$$

vale:

$$\emptyset \in \text{Res}_{\infty}(M).$$

Proposição 2.120. *Para todas as Σ-fórmulas* φ *e* ψ*, vale:*

$$\varphi \models^{\text{FO}} \psi \quad \Longleftrightarrow \quad \varphi \vdash_{\text{Res}} \psi.$$

Demonstração. Pelo teorema sobre insatisfatibilidade e consequência (Teorema 2.103), vale

$$\varphi \models^{\text{FO}} \psi \quad \Longleftrightarrow \quad \varphi \wedge \neg\psi \text{ é insatisfatível.}$$

Pelo teorema da resolução, isso ocorre exatamente quando, para a representação clausular M da forma clausular matricial de $\varphi \wedge \neg\psi$, vale:

$$\emptyset \in \text{Res}_{\infty}(M).$$

Mas, por definição, isso é precisamente a afirmação $\varphi \vdash_{\text{Res}} \psi$. □

2.5.4 Teorema da completude de Gödel

Na seção anterior vimos que a resolução na lógica de predicados é correta e completa para fórmulas individuais: de toda consequência semântica pode ser obtida uma prova por resolução. Para as aplicações, porém, em geral não se tem apenas uma fórmula isolada, mas todo um conjunto de premissas. Por isso, estendemos agora o conceito de resolução a conjuntos de fórmulas.

A ideia decisiva é simples: uma prova por resolução é sempre finita. Portanto, no caso de um conjunto de fórmulas, podemos recorrer apenas a subconjuntos finitos. A questão essencial é, então, saber se a restrição a subconjuntos finitos é forte demais. A resposta é não; é exatamente isso que o seguinte teorema da compacidade estabelece.

Definição 2.121. *Seja Σ uma assinatura e seja F um conjunto de fórmulas de Σ. Escrevemos*

$$F \vdash_{\mathrm{Res}} \varphi$$

se, e somente se, existe um subconjunto finito $F' \subseteq F$ tal que

$$\bigwedge_{\psi \in F'} \psi \vdash_{\mathrm{Res}} \varphi.$$

Em outras palavras: F prova φ no cálculo de resolução se já for suficiente um subconjunto finito de F juntamente com φ.

Naturalmente, é necessário admitir apenas subconjuntos finitos: por um lado, toda fórmula tem comprimento finito; por outro, também as provas por resolução bem-sucedidas consistem sempre em apenas um número finito de passos.

Teorema 2.122 (Teorema da compacidade / teorema da finitude). *Seja Σ uma assinatura finita e seja F um conjunto enumerável de fórmulas de Σ. Então vale:*

1. *F é satisfatível se, e somente se, todo subconjunto finito de F é satisfatível.*

2. *F é insatisfatível se, e somente se, F possui um subconjunto finito insatisfatível.*

Demonstração. Seja

$$F = \{\varphi_1, \varphi_2, \varphi_3, \dots\}.$$

A afirmação (2) é a forma contrapositiva de (1); portanto, basta demonstrar (1).

A implicação da esquerda para a direita é imediata: se F é satisfatível, então naturalmente também todo subconjunto de F é satisfatível, em particular todo subconjunto finito.

Mostremos agora a implicação inversa. Suponhamos, portanto, que todo subconjunto finito de F seja satisfatível. Para cada fórmula φ_i, escolhemos, de acordo com o Teorema 2.73, uma fórmula $\varphi_i^{\text{Skolem}}$ em forma de Skolem que seja equisatisfatível a φ_i. Para diferentes valores de i, usamos sempre símbolos funcionais novos, de modo que as formas de Skolem individuais não interfiram umas nas outras.

Para cada subconjunto finito

$$G = \{\psi_1, \ldots, \psi_n\} \subseteq F$$

consideramos a conjunção

$$\chi_G := \bigwedge_{j=1}^{n} \psi_j^{\text{Skolem}}.$$

Como cada ψ_j^{Skolem} é equisatisfatível a ψ_j e os símbolos funcionais adicionais foram escolhidos como novos para fórmulas distintas, χ_G é satisfatível.

Consideremos agora o conjunto de todas as expansões de Herbrand proposicionais dessas conjunções de Skolem finitas:

$$\Psi_0 := \bigcup_{\substack{G \subseteq F \\ G \text{ finito}}} \text{AHE}(\chi_G).$$

Todo subconjunto finito de Ψ_0 já está contido em um dos conjuntos $\text{AHE}(\chi_G)$ e, portanto, é satisfatível. Pelo mesmo raciocínio usado na demonstração do teorema de Herbrand (Teorema 2.90), segue que Ψ_0 é satisfatível.

Seja agora I um modelo de Ψ_0. A partir de I, construímos, exatamente como na demonstração da proposição sobre a expansão de Herbrand proposicional (Proposição 2.89), uma estrutura de Herbrand H. Então vale:

$$H \models^{\text{FO}} \chi_G$$

para todo subconjunto finito $G \subseteq F$. De fato, Ψ_0 contém a expansão de Herbrand proposicional de cada fórmula desse tipo χ_G.

Assim, H satisfaz todo subconjunto finito de F. Como cada φ_i está contida em um subconjunto finito adequado de F, segue até mesmo que

$$H \models^{\mathrm{FO}} \varphi_i \qquad \text{para todo } i \in \mathbb{N}.$$

Logo, H é um modelo de F. Portanto, F é satisfatível.

Com isso, (1) está demonstrado, e (2) segue imediatamente por contraposição. □

Teorema 2.123 (Teorema da completude de Gödel). *Seja Σ uma assinatura finita. Então, para todo conjunto enumerável de fórmulas de Σ F e toda fórmula de Σ φ, vale:*

$$F \models^{\mathrm{FO}} \varphi \iff F \vdash_{\mathrm{Res}} \varphi.$$

Demonstração. Mostramos separadamente as duas direções.

Direção "⇒". Suponha que $F \models^{\mathrm{FO}} \varphi$. Pelo Teorema 2.103, isto é equivalente a dizer que

$$F \cup \{\neg\varphi\}$$

é insatisfatível. Pelo teorema da compacidade, existe, portanto, uma subcoleção finita $F' \subseteq F$ tal que

$$F' \cup \{\neg\varphi\}$$

é insatisfatível. Novamente pelo Teorema 2.103, segue daí que

$$\bigwedge_{\psi \in F'} \psi \models^{\mathrm{FO}} \varphi.$$

Para conjuntos finitos de fórmulas, porém, já mostramos na Proposição 2.121 que a consequência semântica coincide exatamente com a derivabilidade por resolução. Logo, vale

$$\bigwedge_{\psi \in F'} \psi \vdash_{\text{Res}} \varphi.$$

Pela definição de $\vdash_{\text{Res}}$ para conjuntos, segue imediatamente que

$$F \vdash_{\text{Res}} \varphi.$$

Direção "⇐". Suponha que $F \vdash_{\text{Res}} \varphi$. Então existe uma subcoleção finita $F' \subseteq F$ tal que

$$\bigwedge_{\psi \in F'} \psi \vdash_{\text{Res}} \varphi.$$

Pela Proposição 2.121, temos então

$$\bigwedge_{\psi \in F'} \psi \models^{\text{FO}} \varphi.$$

Como $\bigwedge_{\psi \in F'} \psi$ é logicamente equivalente a F', segue que

$$F' \models^{\text{FO}} \varphi.$$

Como $F' \subseteq F$, vale então, a fortiori,

$$F \models^{\text{FO}} \varphi.$$

Assim, a equivalência está demonstrada. □

Em geral, o teorema da compacidade e o teorema da completude de Gödel também valem para conjuntos não enumeráveis de fórmulas. A demonstração correspondente, porém, requer ferramentas adicionais da teoria dos conjuntos, às quais retornaremos mais adiante.

2.5.5 Fechos dedutivos e teorias

Depois de termos introduzido a consequência lógica para conjuntos de fórmulas, é natural considerar não apenas consequências isoladas, mas também conjuntos inteiros fechados por consequência lógica. É exatamente isso que conduz aos conceitos de fecho dedutivo e de teoria. Esses conceitos são particularmente importantes para a discussão posterior da completude e para a transição aos resultados de Gödel.

No que segue, escrevemos

$$\mathrm{FOSent}(\Sigma)$$

para a coleção de todas as fórmulas fechadas sobre Σ, isto é, de todas as sentenças sobre Σ.

Definição 2.124. *Seja Σ uma assinatura. O* fecho dedutivo *de um conjunto $F \subseteq \mathrm{FO}(\Sigma)$ é o conjunto*

$$\mathrm{Cn}_\Sigma(F) = F \cup \{\varphi \in \mathrm{FOSent}(\Sigma) \mid F \models^{\mathrm{FO}} \varphi\}.$$

Assim, acrescentam-se a F todas as sentenças que seguem logicamente de F.

Um conjunto $F \subseteq \mathrm{FO}(\Sigma)$ *chama-se* dedutivamente fechado *se*

$$F = \mathrm{Cn}_\Sigma(F).$$

Uma Σ-teoria *é um conjunto dedutivamente fechado de sentenças sobre* Σ.

Assim, uma teoria é precisamente um conjunto de sentenças que já contém todas as suas consequências lógicas. Nesse sentido, uma teoria é uma coleção "fechada" de fórmulas.

Frequentemente escreve-se simplesmente Cn em vez de Cn_Σ, quando a assinatura está clara pelo contexto. Do mesmo modo, costuma-se falar abreviadamente de uma teoria quando se quer dizer uma Σ-teoria.

Proposição 2.125. *Para toda assinatura* Σ, *o operador* Cn_Σ *satisfaz as seguintes propriedades para todos* $F, F_1, F_2 \in \mathcal{P}(\mathrm{FO}(\Sigma))$*:*

1. $F \subseteq \mathrm{Cn}_\Sigma(F)$ *(Extensividade),*
2. $\mathrm{Cn}_\Sigma(F) = \mathrm{Cn}_\Sigma(\mathrm{Cn}_\Sigma(F))$ *(Idempotência),*
3. *de* $F_1 \subseteq F_2$ *segue* $\mathrm{Cn}_\Sigma(F_1) \subseteq \mathrm{Cn}_\Sigma(F_2)$ *(Monotonicidade).*

Demonstração. Mostramos as três afirmações separadamente.

(1) Extensividade. Pela definição do operador de fechamento, vale

$$\mathrm{Cn}_\Sigma(F) = F \cup \{\varphi \in \mathrm{FOSent}(\Sigma) \mid F \models^{\mathrm{FO}} \varphi\}.$$

Assim, F já está contido em $\mathrm{Cn}_\Sigma(F)$ como primeiro componente da união. Portanto, segue que

$$F \subseteq \mathrm{Cn}_\Sigma(F).$$

(2) Idempotência. Primeiro mostramos que

$$\mathrm{Cn}_\Sigma(F) \subseteq \mathrm{Cn}_\Sigma(\mathrm{Cn}_\Sigma(F)).$$

Isso é claro, pois todo conjunto sempre reencontra, em seu fechamento, suas próprias consequências lógicas: de $\mathrm{Cn}_\Sigma(F) \models^{\mathrm{FO}} \psi$ segue diretamente, pela definição, $\psi \in \mathrm{Cn}_\Sigma(\mathrm{Cn}_\Sigma(F))$.

Para a inclusão inversa, seja agora

$$\varphi \in \mathrm{Cn}_\Sigma(\mathrm{Cn}_\Sigma(F)).$$

Então vale ou $\varphi \in \mathrm{Cn}_\Sigma(F)$, e terminamos, ou

$$\mathrm{Cn}_\Sigma(F) \models^{\mathrm{FO}} \varphi.$$

Portanto, basta mostrar que todo modelo de F também é um modelo de $\mathrm{Cn}_\Sigma(F)$. Para isso, seja A uma Σ-estrutura com $A \models^{\mathrm{FO}} F$. Devemos mostrar que A também satisfaz todo elemento de $\mathrm{Cn}_\Sigma(F)$.

Se $\psi \in \mathrm{Cn}_\Sigma(F)$, então há, pela definição, duas possibilidades: ou $\psi \in F$, caso em que $A \models^{\mathrm{FO}} \psi$ vale imediatamente, ou $F \models^{\mathrm{FO}} \psi$. No segundo caso, toda estrutura que satisfaz F, em particular também A, satisfaz a fórmula ψ. Portanto, no total, vale

$$A \models^{\mathrm{FO}} \mathrm{Cn}_\Sigma(F).$$

Com isso, de $\mathrm{Cn}_\Sigma(F) \models^{\mathrm{FO}} \varphi$ segue imediatamente

$$F \models^{\mathrm{FO}} \varphi,$$

logo

$$\varphi \in \mathrm{Cn}_\Sigma(F).$$

Assim,

$$\mathrm{Cn}_\Sigma(\mathrm{Cn}_\Sigma(F)) \subseteq \mathrm{Cn}_\Sigma(F)$$

está demonstrado. Juntamente com a primeira inclusão, segue a idempotência.

(3) Monotonicidade. Sejam $F_1 \subseteq F_2$ e

$$\varphi \in \mathrm{Cn}_\Sigma(F_1).$$

Então, novamente, vale ou $\varphi \in F_1$ ou $F_1 \models^{\mathrm{FO}} \varphi$.

No primeiro caso, como $F_1 \subseteq F_2$, temos imediatamente $\varphi \in F_2$ e, portanto,

$$\varphi \in \mathrm{Cn}_\Sigma(F_2).$$

No segundo caso, seja A uma Σ-estrutura arbitrária com $A \models^{\mathrm{FO}} F_2$. Então, por $F_1 \subseteq F_2$, também vale $A \models^{\mathrm{FO}} F_1$. De $F_1 \models^{\mathrm{FO}} \varphi$ segue então $A \models^{\mathrm{FO}} \varphi$. Como A era arbitrária, vale

$$F_2 \models^{\mathrm{FO}} \varphi,$$

logo $\varphi \in \mathrm{Cn}_\Sigma(F_2)$.

Em ambos os casos, segue portanto que

$$\mathrm{Cn}_\Sigma(F_1) \subseteq \mathrm{Cn}_\Sigma(F_2).$$

Com isso, extensividade, idempotência e monotonicidade estão demonstradas. □

Teorias são, em geral, infinitas. Por isso, muitas vezes é interessante considerar teorias que, em um sentido tão forte quanto possível, já estejam completamente decididas.

Definição 2.126. *Uma* Σ*-teoria* T *chama-se* completa *se, para toda* Σ*-fórmula* φ*, vale:*

$$T \models^{\mathrm{FO}} \varphi \quad \textit{ou} \quad T \models^{\mathrm{FO}} \neg\varphi.$$

Intuitivamente, isso significa: para cada fórmula, a teoria já decide se ela vale ou se não vale. Em teorias completas, portanto, nenhuma distinção semântica adicional é mais possível.

Um resultado central é que toda coleção consistente de sentenças pode ser estendida a uma teoria completa desse tipo.

Lema 2.127 (Lema de Lindenbaum)**.** *Toda coleção consistente de sentenças pode ser estendida, pelo acréscimo de sentenças adequadas, a uma teoria consistente e completa.*

A completude de uma teoria não deve ser confundida com a completude de um cálculo de resolução. Nesse caso, trata-se da questão de saber se toda consequência semântica também é sintaticamente derivável. Aqui, pelo contrário, "completa" significa que a própria teoria contém uma decisão para cada fórmula.

Além do operador de fecho sobre conjuntos de fórmulas, considera-se também o *operador de teoria* correspondente sobre classes de estruturas.

Definição 2.128. *Seja Σ uma assinatura. Por*

$$\mathrm{Th}_\Sigma : \mathcal{P}(\mathrm{Struct}(\Sigma)) \to \mathcal{P}(\mathrm{FOSent}(\Sigma))$$

denotamos a função

$$\begin{aligned}\mathrm{Th}_\Sigma(M) = \{&\varphi \in \mathrm{FOSent}(\Sigma) \mid \\ &\textit{para todo } I \in M \textit{ vale } I \models^{\mathrm{FO}} \varphi\}.\end{aligned}$$

O conjunto $\mathrm{Th}_\Sigma(M)$ *chama-se a* teoria de M.

Intuitivamente, $\mathrm{Th}_\Sigma(M)$ reúne exatamente as sentenças que são verdadeiras em todas as estruturas de M. Assim, $\mathrm{Th}_\Sigma(M)$ é a descrição semântica de M no nível das sentenças.

A relação entre Cn_Σ e Th_Σ expressa a mesma ideia fundamental já encontrada na lógica proposicional: de um lado, as consequências lógicas; de outro, as verdades comuns de uma classe de modelos, ambas estreitamente articuladas por meio da conexão de Galois. Para nossos propósitos, é sobretudo importante que, a partir de um conjunto de sentenças, sua teoria volte a produzir um conjunto dedutivamente fechado. Do mesmo modo, uma teoria pode ser entendida como o conjunto de todas as sentenças sustentadas por sua classe de modelos.

Teorema 2.129 (Relação entre Cn_Σ e Th_Σ)**.** *Seja Σ uma assinatura. Entre o operador de fecho* Cn_Σ *e o operador de teoria* Th_Σ *existe a mesma relação estreita que na lógica proposicional: de um conjunto de sentenças obtêm-se exatamente suas consequências lógicas, e de uma classe* *de estruturas obtêm-se exatamente as sentenças que valem em todas essas estruturas.*

Formalmente, para todos os conjuntos de sentenças de Σ $F \in \mathcal{P}(\mathrm{FO}(\Sigma))$ *e todos os conjuntos de estruturas de* Σ $M \in \mathcal{P}(\mathrm{Struct}(\Sigma))$, *vale:*

1. $\mathrm{Th}_\Sigma(\mathrm{MK}_\Sigma^{\mathrm{FO}}(F)) = \mathrm{Cn}_\Sigma(F)$,
2. $\mathrm{MK}_\Sigma^{\mathrm{FO}}(\mathrm{Th}_\Sigma(M)) = M$,
3. $\mathrm{Cn}_\Sigma(\mathrm{Th}_\Sigma(M)) = \mathrm{Th}_\Sigma(M)$.

Em particular, $\mathrm{Th}_\Sigma(M)$ *é dedutivamente fechado.*

Demonstração. Usamos as definições

$$\mathrm{MK}_\Sigma^{\mathrm{FO}}(F) = \{\, \mathcal{A} \in \mathrm{Struct}(\Sigma) \mid \mathcal{A} \models^{\mathrm{FO}} F \,\},$$

$$\mathrm{Th}_\Sigma(M) = \{\, \varphi \in \mathrm{FOSent}(\Sigma) \mid \forall \mathcal{A} \in M :\ \mathcal{A} \models^{\mathrm{FO}} \varphi \,\}.$$

bem como

$$\mathrm{Cn}_\Sigma(F) = F \cup \{\, \varphi \in \mathrm{FOSent}(\Sigma) \mid F \models^{\mathrm{FO}} \varphi \,\}.$$

(1) Mostramos inicialmente que

$$\mathrm{Th}_\Sigma(\mathrm{MK}_\Sigma^{\mathrm{FO}}(F)) \subseteq \mathrm{Cn}_\Sigma(F).$$

Seja, então,

$$\varphi \in \mathrm{Th}_\Sigma(\mathrm{MK}_\Sigma^{\mathrm{FO}}(F)).$$

Então, por definição, toda estrutura em $\mathrm{MK}_\Sigma^{\mathrm{FO}}(F)$ satisfaz φ. Portanto, segue que

$$\mathrm{MK}_\Sigma^{\mathrm{FO}}(F) \models^{\mathrm{FO}} \varphi.$$

Como as estruturas em $\mathrm{MK}_\Sigma^{\mathrm{FO}}(F)$ são exatamente aquelas que satisfazem F, isto não é outra coisa senão

$$F \models^{\mathrm{FO}} \varphi.$$

Logo, $\varphi \in \mathrm{Cn}_\Sigma(F)$.

Para a inclusão inversa, seja agora

$$\varphi \in \mathrm{Cn}_\Sigma(F).$$

Então vale ou $\varphi \in F$ ou $F \models^{\mathrm{FO}} \varphi$. No primeiro caso, toda estrutura em $\mathrm{MK}_\Sigma^{\mathrm{FO}}(F)$ satisfaz imediatamente a fórmula φ; no segundo caso, a mesma afirmação segue diretamente de $F \models^{\mathrm{FO}} \varphi$. Portanto,

$$\varphi \in \mathrm{Th}_\Sigma(\mathrm{MK}_\Sigma^{\mathrm{FO}}(F)).$$

Assim, vale a igualdade

$$\mathrm{Th}_\Sigma(\mathrm{MK}_\Sigma^{\mathrm{FO}}(F)) = \mathrm{Cn}_\Sigma(F).$$

(2) Primeiro mostramos, em geral,

$$M \subseteq \mathrm{MK}_\Sigma^{\mathrm{FO}}(\mathrm{Th}_\Sigma(M)).$$

Para isso, seja $\mathcal{A} \in M$. Pela definição de $\mathrm{Th}_\Sigma(M)$, $\mathcal{A}$ satisfaz toda fórmula de $\mathrm{Th}_\Sigma(M)$. Portanto, vale

$$\mathcal{A} \models^{\mathrm{FO}} \mathrm{Th}_\Sigma(M),$$

e, com isso,

$$\mathcal{A} \in \mathrm{MK}_\Sigma^{\mathrm{FO}}(\mathrm{Th}_\Sigma(M)).$$

Assim, a inclusão está provada.

O fato de que, em geral, possa ocorrer até mesmo uma inclusão estrita não é casual: o conjunto $\mathrm{Th}_\Sigma(M)$ não descreve a classe concreta M em si mesma, mas apenas as sentenças que valem em todas as estruturas de M. Portanto, outras estruturas podem satisfazer as mesmas sentenças e, assim, também pertencer a $\mathrm{MK}_\Sigma^{\mathrm{FO}}(\mathrm{Th}_\Sigma(M))$.

A igualdade vale exatamente quando M é uma classe elementar, isto é, quando é da forma

$$M = \mathrm{MK}_\Sigma^{\mathrm{FO}}(F)$$

para algum conjunto de sentenças F.

Se $M = \mathrm{MK}_\Sigma^{\mathrm{FO}}(F)$ *para algum conjunto de sentenças* F, então a parte (1) fornece

$$\begin{aligned} \mathrm{MK}_\Sigma^{\mathrm{FO}}(\mathrm{Th}_\Sigma(M)) &= \mathrm{MK}_\Sigma^{\mathrm{FO}}(\mathrm{Th}_\Sigma(\mathrm{MK}_\Sigma^{\mathrm{FO}}(F))) \\ &= \mathrm{MK}_\Sigma^{\mathrm{FO}}(\mathrm{Cn}_\Sigma(F)). \end{aligned}$$

Como F e $\mathrm{Cn}_\Sigma(F)$ têm os mesmos modelos, segue que

$$\mathrm{MK}_\Sigma^{\mathrm{FO}}(\mathrm{Cn}_\Sigma(F)) = \mathrm{MK}_\Sigma^{\mathrm{FO}}(F) = M.$$

Reciprocamente, todo conjunto da forma

$$\mathrm{MK}_\Sigma^{\mathrm{FO}}(\mathrm{Th}_\Sigma(M))$$

é, por definição, novamente uma classe de modelos, portanto uma classe elementar. Assim, se

$$\mathrm{MK}_\Sigma^{\mathrm{FO}}(\mathrm{Th}_\Sigma(M)) = M,$$

então M é ela própria uma classe elementar.

(3) Inicialmente, pela extensividade do operador de fecho, vale

$$\mathrm{Th}_\Sigma(M) \subseteq \mathrm{Cn}_\Sigma(\mathrm{Th}_\Sigma(M)).$$

Resta mostrar a inclusão inversa. Seja, portanto,

$$\varphi \in \mathrm{Cn}_\Sigma(\mathrm{Th}_\Sigma(M)).$$

Então vale ou $\varphi \in \mathrm{Th}_\Sigma(M)$ ou

$$\mathrm{Th}_\Sigma(M) \models^{\mathrm{FO}} \varphi.$$

No segundo caso, toda estrutura que satisfaz todas as sentenças de $\mathrm{Th}_\Sigma(M)$ também satisfaz φ. Em particular, isso vale para toda estrutura de M; logo,

$$\varphi \in \mathrm{Th}_\Sigma(M).$$

Daí segue que

$$\mathrm{Cn}_\Sigma(\mathrm{Th}_\Sigma(M)) \subseteq \mathrm{Th}_\Sigma(M).$$

Juntamente com a primeira inclusão, obtemos

$$\mathrm{Cn}_\Sigma(\mathrm{Th}_\Sigma(M)) = \mathrm{Th}_\Sigma(M).$$

Logo, $\mathrm{Th}_\Sigma(M)$ é dedutivamente fechada.

□

O ponto especialmente importante aqui é o seguinte: quando se parte de uma classe de estruturas e se reúnem todas as sentenças válidas nela, obtém-se novamente uma teoria dedutivamente fechada. É precisamente isso que torna as teorias um objeto central da investigação modeloteórica.

No desenvolvimento posterior, precisaremos desses conceitos para preparar de modo rigoroso a passagem da consequência lógica, pelo teorema da completude, até os teoremas da incompletude de Gödel.

Axioma da escolha e lema de Zorn: fundamentos das extensões maximais

Para a demonstração do *lema de Lindenbaum* em sua plena generalidade, precisamos de um recurso da teoria dos conjuntos que vai além dos conceitos lógicos utilizados até agora. O ponto decisivo não é a sintaxe das fórmulas, mas a existência de *extensões maximais* — um conceito central em muitos contextos matemáticos. É aqui que entram em cena o *axioma da escolha* e o *lema de Zorn*, dois princípios que, embora não sejam demonstráveis de modo construtivo, tornaram-se indispensáveis na matemática moderna.

Conceitos fundamentais: ordem, cadeia e maximalidade

Definição 2.130 (Ordem parcial, cadeia, elemento maximal). *Seja $(P, \leq)$ um conjunto parcialmente ordenado, isto é, um conjunto P munido de uma relação $\leq$ reflexiva, transitiva e antissimétrica.*

- *Um subconjunto* $C \subseteq P$ *chama-se* cadeia *se, para todos* $x, y \in C$, *vale* $x \leq y$ *ou* $y \leq x$. *Uma cadeia é, portanto, um subconjunto* totalmente ordenado *(ou* linear*) de* P.

- *Um elemento* $m \in P$ *chama-se* maximal *se não existe nenhum elemento* $p \in P$ *tal que* $m < p$ *(isto é, não existe nenhum* p *com* $m \leq p$ *e* $m \neq p$*).*

Exemplo 2.131. *Considere o conjunto* $P = \mathcal{P}(\mathbb{N})$ *de todos os subconjuntos dos números naturais, ordenado pela inclusão* $\subseteq$. *Uma cadeia em* P *é uma família de conjuntos que são comparáveis dois a dois (por exemplo,* $\{1\}, \{1,2\}, \{1,2,3\}, \ldots$*). Um elemento maximal em* P *seria, por exemplo, o próprio* $\mathbb{N}$, *caso ele pertença a uma família dada.*

Os princípios centrais

Axioma 2.132 (Axioma da escolha (AC))**.** *Para toda família* $\mathcal{F} = \{A_i \mid i \in I\}$ *de conjuntos não vazios, existe uma* função de escolha $f : I \to \bigcup_{i \in I} A_i$, *de modo que, para todo* $i \in I$, *valha:* $f(i) \in A_i$.

Observação 2.133. *O axioma da escolha é um* princípio de existência, *não de construção. Ele garante a existência de uma função de escolha, sem fornecer uma regra explícita de como essa função deve ser construída. Essa é uma diferença central em relação às abordagens construtivas na matemática.*

Lema 2.134 (Lema de Zorn (ZL)). *Seja* $(P, \leq)$ *um conjunto não vazio parcialmente ordenado. Se toda cadeia em* P *possui uma* cota superior *em* P, *então existe em* P *um elemento maximal.*

Observação 2.135. *O lema de Zorn não é um teorema no sentido usual, mas um* princípio de maximalidade *na teoria dos conjuntos. Ele é equivalente ao axioma da escolha e permite, em muitos contextos, demonstrar a existência de objetos maximais sem precisar indicá-los explicitamente.*

Teorema 2.136 (Teorema da boa ordenação). *Todo conjunto* M *pode ser* bem ordenado, *isto é, existe uma ordem linear* $\leq$ *sobre* M, *de modo que todo subconjunto não vazio de* M *possua um* menor elemento.

Exemplo 2.137. *Os números naturais* $\mathbb{N}$ *já são bem ordenados (pela ordem usual). Os números reais* $\mathbb{R}$ *também podem ser bem ordenados, embora não pela ordem usual — para isso, é necessário o axioma da escolha.*

Equivalência dos princípios

Na *teoria dos conjuntos de Zermelo-Fraenkel (ZF)*, as seguintes afirmações são equivalentes:

1. o *axioma da escolha (AC)*,
2. o *lema de Zorn (ZL)*,
3. o *teorema da boa ordenação.*

Demonstração. A equivalência desses princípios é um resultado central da teoria moderna dos conjuntos. Esboçamos a prova das implicações mais importantes:

- **AC $\Rightarrow$ ZL:** Seja $(P, \leq)$ um conjunto parcialmente ordenado no qual toda cadeia possui uma cota superior. Construímos um elemento maximal do seguinte modo:

    1. Considere o conjunto $\mathcal{F}$ de todas as *funções de escolha parciais* sobre P (isto é, subconjuntos de P que formam uma cadeia e são ordenados por inclusão).
    2. Aplique o axioma da escolha para selecionar um elemento de cada conjunto não vazio (por exemplo, uma cota superior para cada cadeia).
    3. Com o *lema de Zorn*, obtém-se uma cadeia maximal em P cuja cota superior é um elemento maximal.

- **ZL $\Rightarrow$ AC:** Seja $\mathcal{F} = \{A_i \mid i \in I\}$ uma família de conjuntos não vazios.

    1. Considere o conjunto $\mathcal{P}$ de todas as *funções de escolha parciais* sobre $\mathcal{F}$, isto é, funções $f : J \to \bigcup_{i \in J} A_i$ para subconjuntos $J \subseteq I$.
    2. $\mathcal{P}$ é parcialmente ordenado por inclusão.
    3. Toda cadeia em $\mathcal{P}$ possui uma cota superior (sua união).

4. Pelo lema de Zorn, existe uma função de escolha parcial maximal $f : I \to \bigcup_{i \in I} A_i$, que se estende a uma função de escolha sobre toda a família $\mathcal{F}$.

- **ZL ⇒ teorema da boa ordenação:**

1. Seja M um conjunto. Considere o conjunto $\mathcal{W}$ de todas as boas ordenações sobre subconjuntos de M, parcialmente ordenado por inclusão.
2. Toda cadeia em $\mathcal{W}$ possui uma cota superior (sua união).
3. Pelo lema de Zorn, existe uma boa ordenação maximal sobre um subconjunto $N \subseteq M$.
4. Pode-se mostrar que deve valer $N = M$, pois, caso contrário, N poderia ser estendido por mais um elemento.

□

Importância para a lógica: lema de Lindenbaum e completude

A equivalência desses princípios é de importância fundamental para a lógica, pois garante a existência de *extensões maximamente consistentes* – um instrumento central para a demonstração do *lema de Lindenbaum*:

Teorema 2.138 (Ideia do lema de Lindenbaum). *Toda coleção consistente de sentenças* Γ *em uma linguagem* $\mathcal{L}$ *pode ser estendida a uma teoria* Γ^* consistente e completa.

Demonstração. • Considere o conjunto $\mathcal{T}$ de todos os superconjuntos consistentes de Γ, parcialmente ordenado pela inclusão.

- Toda cadeia em $\mathcal{T}$ possui uma cota superior (sua união).

- Pelo lema de Zorn (ou pelo axioma da escolha), existe um conjunto consistente maximal $\Gamma^* \in \mathcal{T}$.

- Γ^* é completa, pois, para toda fórmula φ, deve valer ou $\varphi \in \Gamma^*$ ou $\neg\varphi \in \Gamma^*$ (caso contrário, Γ^* poderia ser estendida por φ ou por $\neg\varphi$, em contradição com a maximalidade).

□

A existência de tais teorias maximamente consistentes é a chave para a *construção de Henkin* e, portanto, para a demonstração do *teorema da completude de Gödel*:

- O lema de Lindenbaum fornece teorias maximamente consistentes.

- Na construção de Henkin, elas são estendidas por novas constantes até formar uma *teoria de Henkin*.

- A partir da teoria de Henkin, constrói-se um *modelo canônico*.

- Segue-se o teorema da completude de Gödel: uma teoria Γ é satisfatível se, e somente se, é consistente.

Resumo: Por que esses princípios são indispensáveis

O axioma da escolha, o lema de Zorn e o teorema da boa ordenação não são meros recursos técnicos, mas *pilares fundamentais da matemática moderna.* Eles permitem demonstrar a existência de objetos maximais, mesmo quando estes não podem ser construídos explicitamente. Na lógica, são indispensáveis para:

- a demonstração do *lema de Lindenbaum* e, com isso, da completude da lógica de predicados,
- a construção de modelos para teorias,
- o tratamento de conjuntos infinitos na teoria dos modelos.

Sem esses princípios, a fundamentação da matemática e da lógica clássicas não seria possível — uma circunstância que ressalta seu papel central.

2.5.6 Lema de Lindenbaum: existência de teorias maximais consistentes

Lema 2.139 (Lema de Lindenbaum). *Seja* $\Gamma \subseteq \mathrm{FOSent}(\mathcal{L})$ *um conjunto consistente de sentenças. Então existe uma teoria maximal consistente e completa* Γ^* *tal que*

$$\Gamma \subseteq \Gamma^*.$$

Demonstração. Consideramos o conjunto

$$\mathcal{T} = \{\Delta \subseteq \mathrm{FOSent}(\mathcal{L}) \mid \Gamma \subseteq \Delta \text{ e } \Delta \text{ é consistente}\},$$

isto é, o conjunto de todas as extensões consistentes de Γ, ordenado por inclusão. Como Γ é consistente, temos $\Gamma \in \mathcal{T}$; portanto, $\mathcal{T}$ não é vazio.

Seja agora $C \subseteq \mathcal{T}$ uma cadeia. Mostramos que

$$\Sigma := \bigcup_{\Delta \in C} \Delta$$

é novamente um elemento de $\mathcal{T}$, formando assim uma cota superior de C. Evidentemente, $\Gamma \subseteq \Sigma$, pois cada $\Delta \in C$ já contém Γ. Resta mostrar a consistência de Σ.

Suponhamos que Σ fosse inconsistente. Então existiria um subconjunto finito

$$\{\varphi_1, \ldots, \varphi_n\} \subseteq \Sigma$$

que já seria inconsistente. Como Σ é a união de uma cadeia, todas as fórmulas $\varphi_1, \ldots, \varphi_n$ pertencem a algum mesmo $\Delta \in C$. Como $\Delta \in \mathcal{T}$, Δ é consistente; logo, todo subconjunto finito de Δ também é consistente. Isso é uma contradição. Portanto, Σ é consistente e, assim,

$$\Sigma \in \mathcal{T}.$$

Consequentemente, toda cadeia em $\mathcal{T}$ possui uma cota superior.

Pelo lema de Zorn, $\mathcal{T}$ possui, portanto, um elemento maximal Γ^*. Por definição, Γ^* é consistente e contém Γ.

Resta mostrar que Γ^* é completa. Seja, para isso, φ uma fórmula arbitrária de $\mathcal{L}$. Mostraremos que

$$\varphi \in \Gamma^* \quad \text{ou} \quad \neg\varphi \in \Gamma^*.$$

Suponhamos que isso não ocorra. Então tanto

$$\Gamma^* \cup \{\varphi\} \qquad \text{quanto} \qquad \Gamma^* \cup \{\neg\varphi\}$$

são superconjuntos próprios de Γ^*. Pela maximalidade de Γ^*, ambos os conjuntos devem ser inconsistentes.

Da inconsistência de $\Gamma^* \cup \{\varphi\}$ segue, pelo teorema da dedução,

$$\Gamma^* \vdash \neg\varphi.$$

Do mesmo modo, da inconsistência de $\Gamma^* \cup \{\neg\varphi\}$ segue

$$\Gamma^* \vdash \varphi.$$

Assim, Γ^* seria ela própria inconsistente, em contradição com a escolha de Γ^* como elemento de $\mathcal{T}$. Logo, para toda fórmula φ, deve valer:

$$\varphi \in \Gamma^* \quad \text{ou} \quad \neg\varphi \in \Gamma^*.$$

Portanto, Γ^* é completa.

Em suma, Γ^* é, portanto, uma teoria maximal consistente e completa com $\Gamma \subseteq \Gamma^*$. □

Importância para a lógica

O lema de Lindenbaum é um ponto de partida central para os resultados posteriores de completude. Em particular, ele constitui a base para

- a *construção de Henkin*, pela qual se obtém um modelo para uma teoria consistente,
- a prova do *teorema da completude de Gödel*,
- e o tratamento de conjuntos infinitos de fórmulas na teoria dos modelos.

Ele mostra que teorias consistentes podem ser estendidas a teorias maximais consistentes e completas, independentemente da cardinalidade da linguagem. Com isso, estabelece-se um componente essencial da semântica clássica da lógica de predicados.

2.5.7 Construção de Henkin

O lema de Lindenbaum fornece, para cada conjunto consistente de sentenças, uma teoria maximal consistente e completa. Para a construção de modelos, porém, isso ainda não é suficiente. O passo adicional decisivo consiste em incorporar *testemunhas* para afirmações existenciais: se uma teoria afirma que existe um objeto com certa propriedade, então também deve haver, na linguagem, um termo que nomeie esse objeto. É exatamente isso que a construção de Henkin realiza.

A ideia básica é simples, mas muito eficaz: para cada afirmação existencial, introduz-se um novo símbolo de função que fornece uma testemunha concreta. Desse modo, a interpretação posterior dos termos torna-se uma candidata natural a modelo.

Definição 2.140. *Seja $\mathcal{L}$ uma linguagem da lógica de predicados de primeira ordem. Para cada fórmula de $\mathcal{L}$*

$$\exists x\, \varphi(x, \bar{y})$$

com as possíveis variáveis livres adicionais $\bar{y} = y_1, \ldots, y_n$, introduzimos um novo símbolo de função n-ário f_φ, que ainda não ocorre em $\mathcal{L}$. Se $n = 0$, então f_φ é um novo símbolo de constante.

A linguagem assim estendida é denotada por $\mathcal{L}^{\mathrm{H}}$.

A cada fórmula existencial desse tipo corresponde agora o respectivo *axioma de Henkin*

$$\forall \bar{y}\, (\exists x\, \varphi(x, \bar{y}) \to \varphi(f_\varphi(\bar{y}), \bar{y})).$$

Esse axioma diz: se, para os parâmetros $\bar{y}$, existe de fato uma testemunha para $\exists x\, \varphi(x, \bar{y})$, então o termo nomeado por $f_\varphi(\bar{y})$ é uma tal testemunha.

Definição 2.141. *Seja $\Gamma \subseteq \mathrm{FOSent}(\mathcal{L})$ uma teoria. A* extensão de Henkin *de Γ é a teoria*

$$\Gamma^{\mathrm{H}} = \Gamma \cup \Big\{\forall \bar{y}\, (\exists x\, \varphi(x, \bar{y}) \to \varphi(f_\varphi(\bar{y}), \bar{y})) \\ \mid\ \exists x\, \varphi(x, \bar{y}) \in \mathrm{FO}(\mathcal{L})\Big\}.$$

em que, para cada fórmula existencial, escolhe-se um novo símbolo de função f_φ como acima.

Intuitivamente, isso significa: na linguagem estendida, cada afirmação existencial é equipada com uma testemunha sintática. Essa é exatamente a propriedade de que precisaremos mais adiante para a interpretação por termos. Com efeito, na estrutura de termos, os novos símbolos são lidos diretamente como construções a partir de seus parâmetros, de modo que afirmações existenciais podem ser justificadas por termos efetivamente existentes.

Exemplo 2.142. *Consideremos a fórmula*

$$\forall y\, \exists x\, R(x, y).$$

Para essa fórmula, introduzimos um novo símbolo de função unário f_R e acrescentamos à teoria o axioma de Henkin

$$\forall y\, R(f_R(y), y).$$

Pois a afirmação

$$\forall y\, \exists x\, R(x, y)$$

é agora testemunhada pelo fato de que, para cada y, o termo $f_R(y)$ está disponível como candidato concreto para um x adequado.

Se a fórmula já for fechada, por exemplo

$$\exists x\, P(x),$$

então basta um novo símbolo constante c_P e o axioma de Henkin

$$\exists x\, P(x) \to P(c_P).$$

A construção de Henkin, portanto, complementa uma teoria não apenas com decisões completas, mas também com os meios linguísticos necessários para a posterior construção de modelos. Na próxima seção, combinaremos essa ideia com o lema de Lindenbaum e, a partir disso, obteremos o teorema de Henkin.

2.5.8 Teorema de Henkin

A construção de Henkin da seção anterior fornece, para afirmações existenciais, testemunhas adequadas na forma de novos símbolos funcionais ou constantes. Junto com o lema de Lindenbaum, obtemos daí um modelo a partir de uma teoria consistente. Para linguagens com igualdade, é necessária adicionalmente uma construção por quociente, a fim de interpretar corretamente a igualdade. Para não sobrecarregar as ideias essenciais, consideraremos a seguir, inicialmente, o caso sem igualdade.

Teorema 2.143 (Teorema de Henkin). *Seja $\mathcal{L}$ uma linguagem da lógica de predicados de primeira ordem e seja*

$$\Gamma \subseteq \mathrm{FOSent}(\mathcal{L})$$

um conjunto consistente de sentenças. Então, após uma extensão de Henkin da linguagem, existe uma teoria de Henkin maximal consistente e completa

$$\Delta \supseteq \Gamma,$$

cuja interpretação de termos é um modelo de Δ. Em particular, Γ é satisfatível.

Demonstração. Primeiro estendemos, como descrito na construção de Henkin, a linguagem $\mathcal{L}$ por novos símbolos funcionais de testemunha e, se necessário, por um novo símbolo constante, de modo que cada afirmação existencial na linguagem estendida possua uma testemunha sintática adequada. Denotamos por Γ^{H} a teoria de Henkin assim obtida. Ela é consistente e contém Γ.

Pelo lema de Lindenbaum, existe uma teoria maximal consistente e completa

$$\Delta \supseteq \Gamma^{\mathrm{H}}.$$

Como Δ é maximal consistente, ela é, em particular, dedutivamente fechada.

Definimos agora a interpretação de termos $\mathcal{T}^{\Delta}$ de Δ:

- O domínio de $\mathcal{T}^{\Delta}$ é o conjunto de todos os termos fechados da linguagem estendida.
- Cada símbolo constante é interpretado pelo termo fechado correspondente.
- Cada símbolo funcional é avaliado sintaticamente, isto é, por composição de termos.
- Um símbolo de predicado P vale exatamente para uma tupla de termos fechados $(t_1, \ldots, t_n)$ quando o átomo $P(t_1, \ldots, t_n)$ pertence a Δ.

Mostramos agora o lema da verdade: para toda fórmula $\varphi(\bar{x})$ e toda valoração s das variáveis livres por termos fechados, vale

$$\varphi[s] \in \Delta \quad \Longrightarrow \quad \mathcal{T}^{\Delta}, s \models^{\mathrm{FO}} \varphi.$$

A prova procede por indução sobre a estrutura de φ.

Caso atômico. Se φ é um átomo, então a afirmação segue imediatamente da definição da interpretação dos predicados em $\mathcal{T}^{\Delta}$.

Negação. Suponha que $\neg\psi[s] \in \Delta$. Como Δ é completa, segue que $\psi[s] \notin \Delta$. Se tivéssemos $\mathcal{T}^{\Delta}, s \models^{\text{FO}} \psi$, então, pela hipótese de indução, valeria $\psi[s] \in \Delta$, em contradição com a constatação anterior. Portanto, $\mathcal{T}^{\Delta}, s \models^{\text{FO}} \neg\psi$.

Conjunção. Suponha que $(\psi \wedge \chi)[s] \in \Delta$. Como Δ é dedutivamente fechada, seguem daí $\psi[s] \in \Delta$ e $\chi[s] \in \Delta$. Pela hipótese de indução, portanto, temos

$$\mathcal{T}^{\Delta}, s \models^{\text{FO}} \psi \qquad \text{e} \qquad \mathcal{T}^{\Delta}, s \models^{\text{FO}} \chi,$$

logo $\mathcal{T}^{\Delta}, s \models^{\text{FO}} \psi \wedge \chi$.

Disjunção. Suponha que $(\psi \vee \chi)[s] \in \Delta$. Se nem $\psi[s]$ nem $\chi[s]$ pertencessem a Δ, então, pela completude de Δ, ambas as negações $\neg\psi[s]$ e $\neg\chi[s]$ pertenceriam a Δ. Mas disso também se seguiria $\neg(\psi \vee \chi)[s] \in \Delta$, em contradição com a consistência de Δ. Logo, pelo menos uma das duas fórmulas $\psi[s]$ ou $\chi[s]$ pertence a Δ. Pela hipótese de indução, portanto, ψ ou χ é verdadeira em $\mathcal{T}^{\Delta}$, e, consequentemente, também $\psi \vee \chi$.

Quantificador universal. Suponha que $(\forall x\, \psi)[s] \in \Delta$. Então, pela dedutividade de Δ, segue que, para todo termo fechado t, também vale

$$\psi[s[x \mapsto t]] \in \Delta$$

Pela hipótese de indução, portanto, para todo termo fechado t, também temos

$$\mathcal{T}^{\Delta}, s[x \mapsto t] \models^{\mathrm{FO}} \psi.$$

Assim, $\mathcal{T}^{\Delta}, s$ satisfaz o quantificador universal $\forall x\, \psi$.

Quantificador existencial. Suponha que $(\exists x\, \psi)[s] \in \Delta$. Pela construção de Henkin, Δ contém o axioma de Henkin correspondente, em particular a fórmula

$$\forall \bar{y}(\exists x\, \psi(x, \bar{y}) \to \psi(f_{\psi}(\bar{y}), \bar{y})),$$

onde f_{ψ} é o novo símbolo funcional testemunha para $\exists x\, \psi$. Após a aplicação à valoração s e por modus ponens, segue que

$$\psi[s(x \mapsto f_{\psi}(\bar{y}))] \in \Delta.$$

A hipótese de indução fornece, portanto,

$$\mathcal{T}^{\Delta}, s[x \mapsto f_{\psi}(\bar{y})] \models^{\mathrm{FO}} \psi.$$

Logo, vale

$$\mathcal{T}^{\Delta}, s \models^{\mathrm{FO}} \exists x\, \psi.$$

Com isso, o lema da verdade está demonstrado. Em particular, vale para toda fórmula de Δ que ela é verdadeira em $\mathcal{T}^{\Delta}$. Portanto, $\mathcal{T}^{\Delta}$ é um modelo de Δ.

Como $\Gamma \subseteq \Delta$, $\mathcal{T}^{\Delta}$ é, em particular, também um modelo de Γ. Assim, Γ é satisfatível.

Juntamente com o teorema da correção da lógica de predicados já demonstrado, obtemos agora imediatamente o teorema da completude de Gödel em sua forma geral: um conjunto de sentenças é semanticamente insatisfatível se, e somente se, conduz sintaticamente a uma contradição. □

Observação 2.144 (Igualdade). *No argumento acima, supusemos que a linguagem não contém um símbolo de igualdade. Se a linguagem contém igualdade, então a interpretação dos termos deve ser ajustada de modo correspondente.*

Nesse caso, define-se sobre o conjunto dos termos fechados uma relação de equivalência por

$$t_1 \sim t_2 \iff t_1 = t_2 \in \Delta.$$

O domínio do modelo consiste então nas classes de equivalência dos termos fechados. Funções e relações são interpretadas de maneira bem definida sobre essas classes.

Com essa construção, obtém-se também no caso com igualdade um modelo da teoria. O teorema da completude vale, portanto, sem restrições também para linguagens com igualdade.

2.5.9 O teorema da completude de Gödel

No que segue, usamos a construção de Henkin desenvolvida anteriormente e o teorema de Henkin para demonstrar diretamente o teorema da completude de Gödel. Diferentemente da versão anterior, renunciamos aqui à redução por meio do teorema da compacidade. Em vez disso, a insatisfatibilidade de $\Gamma \cup \{\neg\varphi\}$ é transformada diretamente em uma refutação sintática, que pode ser formulada, por meio da Proposição 2.121, como uma derivação por resolução.

Teorema 2.145 (Teorema da completude de Gödel). *Seja $\mathcal{L}$ uma linguagem da lógica de predicados de primeira ordem e seja $\Gamma \subseteq \mathrm{FOSent}(\mathcal{L})$ um conjunto de sentenças. Então, para toda sentença φ, vale:*

$$\Gamma \models^{\mathrm{FO}} \varphi \iff \Gamma \vdash_{\mathrm{Res}} \varphi.$$

Demonstração. Mostramos separadamente as duas direções.

Direção "$\Rightarrow$". Suponhamos que $\Gamma \models^{\mathrm{FO}} \varphi$. Então não pode existir um modelo que satisfaça todas as sentenças de Γ e, ao mesmo tempo, satisfaça $\neg\varphi$. Logo, o conjunto

$$\Gamma \cup \{\neg\varphi\}$$

é insatisfatível.

Pelo teorema de Henkin, todo conjunto consistente de sentenças possui um modelo. Portanto, $\Gamma \cup \{\neg\varphi\}$ deve ser inconsistente.

Para a forma clausular matricial M associada a $\Gamma \cup \{\neg\varphi\}$, segue agora, pela Proposição 2.121 ou, equivalentemente, pelo teorema da resolução ali utilizado, que a cláusula vazia é derivável:

$$\emptyset \in \mathrm{Res}^{\infty}(M).$$

Por definição, isso significa exatamente que

$$\Gamma \vdash_{\mathrm{Res}} \varphi.$$

Direção "⇐". Suponhamos que $\Gamma \vdash_{\mathrm{Res}} \varphi$. Então a forma clausular matricial M de $\Gamma \cup \{\neg\varphi\}$ é refutável. Pela correção do cálculo de resolução, segue que

$$\Gamma \cup \{\neg\varphi\}$$

é insatisfatível. Assim, nenhum modelo de Γ pode satisfazer simultaneamente $\neg\varphi$, e portanto vale

$$\Gamma \models^{\mathrm{FO}} \varphi.$$

Com isso, a equivalência está demonstrada. □

O teorema da compacidade

O teorema da completude demonstrado anteriormente permite obter o teorema da compacidade da lógica de predicados de maneira elegante, como uma consequência direta.

Teorema 2.146 (Teorema da compacidade). *Seja $\mathcal{L}$ uma linguagem da lógica de predicados de primeira ordem e seja $\Gamma \subseteq \mathrm{FOSent}(\mathcal{L})$ um conjunto de sentenças. Então vale:*

Γ é satisfatível se, e somente se, todo subconjunto finito $\Gamma_0 \subseteq \Gamma$ é satisfatível.

Demonstração. A implicação da esquerda para a direita é imediatamente clara: se Γ é satisfatível, então Γ possui um modelo, e todo tal modelo também satisfaz qualquer subconjunto $\Gamma_0 \subseteq \Gamma$.

Para a implicação inversa, suponhamos que todo subconjunto finito $\Gamma_0 \subseteq \Gamma$ seja satisfatível, e mostremos que também Γ é satisfatível.

Suponha, por contradição, que Γ fosse insatisfatível. Então, em particular,

$$\Gamma \models^{\mathrm{FO}} \bot.$$

Pelo teorema da completude de Gödel, segue daí que

$$\Gamma \vdash_{\mathrm{Res}} \bot.$$

Pela definição de derivação por resolução, existe então um subconjunto finito $\Gamma_0 \subseteq \Gamma$ para o qual já vale

$$\Gamma_0 \vdash_{\mathrm{Res}} \bot$$

.

Pela correção do cálculo de resolução, Γ_0 é, portanto, insatisfatível. Isso contradiz a hipótese de que todo subconjunto finito de Γ é satisfatível.

Logo, Γ deve ser satisfatível. □

2.5.10 Do teorema da completude aos teoremas da incompletude

Com o teorema da completude de Gödel, estabelecemos uma relação central entre a sintaxe e a semântica da lógica de predicados: uma fórmula é logicamente válida se, e somente se, é demonstrável. Nesse sentido, a lógica de predicados é completa: todas as afirmações semanticamente verdadeiras também podem ser derivadas sintaticamente.

É decisivo compreender, porém, que essa afirmação se refere exclusivamente à própria lógica, e não a teorias matemáticas concretas. É exatamente nesse ponto que entram os teoremas da incompletude de Gödel. Enquanto o teorema da completude ressalta a força expressiva e a capacidade dos sistemas formais de prova, os teoremas da incompletude revelam limites fundamentais desses sistemas.

Para evitar mal-entendidos, distinguimos, portanto, dois conceitos diferentes de completude:

- **Completude semântica (Gödel, teorema da completude):** Um cálculo é completo quando toda fórmula verdadeira em todos os modelos também é demonstrável, isto é,

$$\models \varphi \Rightarrow \vdash \varphi.$$

- **Completude sintática (teorias):** Uma teoria T é chamada completa quando, para toda fórmula φ, vale ou $T \vdash \varphi$ ou $T \vdash \neg\varphi$.

O teorema da completude de Gödel garante a primeira propriedade para a lógica de predicados. Os teoremas da incompletude de Gödel mostram, contudo, que teorias suficientemente expressivas e recursivamente enumeráveis (como, por exemplo, a aritmética formalizada) não podem possuir a segunda propriedade, desde que sejam consistentes.

Em particular, o primeiro teorema da incompletude afirma que, em toda teoria desse tipo, existem afirmações verdadeiras, mas indemonstráveis. O segundo teorema da incompletude reforça esse resultado ao mostrar que uma tal teoria não pode demonstrar a sua própria consistência.

Para a formulação precisa e a demonstração desses resultados, precisamos de uma série de novos conceitos que ultrapassam a consideração puramente lógica feita até aqui. Central é a capacidade de codificar objetos sintáticos (como fórmulas e provas) dentro da própria aritmética e de falar sobre eles. Isso conduz aos seguintes conceitos fundamentais:

- **Teorias formalizadas e aritmética:** Consideramos teorias suficientemente fortes para expressar afirmações elementares sobre números naturais.

- **Conjuntos recursivos e recursivamente enumeráveis:** Esses conceitos tornam preciso quando um conjunto de fórmulas (por exemplo, os axiomas ou os teoremas demonstráveis de uma teoria) pode ser descrito algoritmicamente.

- **Numeração de Gödel:** Uma codificação sistemática de fórmulas, termos e provas por meio de números naturais, de modo que afirmações sintáticas possam ser formuladas aritmeticamente.

- **Representabilidade de relações:** A possibilidade de expressar, no interior da aritmética, propriedades como "x é o código de Gödel de uma prova de φ".
- **Autorreferência e teorema do ponto fixo:** Técnicas com as quais se constroem fórmulas que falam sobre sua própria demonstrabilidade.
- **Consistência e ω-consistência:** Noções mais refinadas de ausência de contradição, relevantes para a formulação precisa dos teoremas da incompletude.

A passagem da completude para a incompletude marca, assim, uma mudança de perspectiva: enquanto até aqui investigamos o que é, em princípio, demonstrável na lógica, voltamo-nos agora à questão de quais afirmações devem permanecer, em princípio, indemonstráveis no interior de teorias formais concretas.

No que se segue, desenvolveremos as ferramentas técnicas necessárias e, em seguida, apresentaremos as provas dos dois teoremas da incompletude de Gödel.

Teorias formalizadas e aritmética

Antes de tudo, precisamos precisar em que quadro os resultados seguintes serão formulados. Os teoremas da incompletude de Gödel não dizem respeito a teorias arbitrárias, mas àquelas que são suficientemente fortes para expressar a aritmética elementar dos números naturais. Com isso, queremos dizer que a teoria é capaz de formalizar afirmações básicas sobre os números naturais e suas operações aritméticas simples.

Por isso, consideraremos a seguir teorias formalizadas T em uma assinatura adequada, que contenha, em particular, constantes e funções para descrever a aritmética, como 0, uma função sucessor, bem como operações como adição e multiplicação. Tais teorias permitem formular e investigar formalmente relações aritméticas elementares.

Essa incorporação da aritmética é decisiva: ela tornará possível, mais adiante, codificar objetos sintáticos como fórmulas, termos e provas por meio de números naturais e expressar suas propriedades dentro da própria teoria. Dessa maneira, a teoria pode, em certo sentido, falar sobre sua própria sintaxe.

No passo seguinte, precisaremos o que significa dizer que uma tal teoria é descrita de modo efetivo. Para isso, introduziremos os conceitos de recursividade e de enumerabilidade recursiva.

Recursividade e enumerabilidade recursiva

Depois de estabelecer em que quadro aritmético trabalhamos, perguntamos agora de que maneira a teoria subjacente é efetivamente dada. Para o tratamento posterior dos teoremas da incompletude, não basta que uma teoria possua axiomas formais; é necessário, além disso, que esse conjunto de axiomas seja descritível de maneira precisa e efetiva. É exatamente aqui que entram em cena os conceitos de recursividade e de enumerabilidade recursiva.

No que se segue, consideraremos inicialmente conjuntos de números naturais. Mais adiante, por meio de uma codificação adequada, também poderemos tratar objetos sintáticos como fórmulas e provas como números naturais.

Definição 2.147. *Um conjunto $A \subseteq \mathbb{N}$ é chamado* recursivo *ou* decidível *se existe um procedimento que, para cada número $n \in \mathbb{N}$, decide após um número finito de passos se vale ou não $n \in A$.*

De modo equivalente, existe uma função característica computável

$$\chi_A : \mathbb{N} \to \{0, 1\},$$

em que $\chi_A(n) = 1$ vale exatamente quando $n \in A$.

Definição 2.148. *Um conjunto $A \subseteq \mathbb{N}$ é chamado* recursivamente enumerável *(na informática, também chamado de semidecidível) se existe um procedimento que enumera todos os elementos de A em uma lista possivelmente infinita. Repetições são permitidas, e não é necessário decidir se um dado n não pertence a A.*

Equivalentemente: existe um procedimento que, com entrada n, para após um número finito de passos exatamente quando $n \in A$.

Intuitivamente, isso significa: conjuntos recursivos podem ser *decididos*; conjuntos recursivamente enumeráveis podem ao menos ser *encontrados* ou *percorridos*, mas, em geral, não podem ser decididos completamente. Todo conjunto recursivo é recursivamente enumerável, mas a recíproca não vale em geral.

Para nossos propósitos, essa distinção é de importância central. Uma teoria formal não deve consistir apenas em uma mera coleção de axiomas; seus axiomas devem ser descritos de modo efetivo. Por isso, exigiremos mais adiante que o conjunto de axiomas de tal teoria seja ao menos recursivamente enumerável. Assim, torna-se em princípio possível investigar seus teoremas de maneira sistemática e conceber as provas como objetos finitos e verificáveis.

Até aqui, porém, falamos apenas de conjuntos de números naturais. Para os teoremas da incompletude de Gödel, precisamos agora aprender a codificar os próprios objetos sintáticos – isto é, fórmulas, termos e provas – como números naturais. É precisamente essa codificação que a numeração de Gödel fornece, à qual nos voltaremos na próxima seção.

Numeração de Gödel

A ideia central consiste agora em considerar os objetos sintáticos não apenas como cadeias formais de símbolos, mas em codificá-los eles próprios como números naturais. Esse é o passo decisivo que permitirá, mais adiante, formular afirmações sobre fórmulas e provas com o auxílio da aritmética.

Como nossas linguagens formais consistem apenas em um número finito de símbolos, e como toda fórmula e toda prova são construídas a partir de uma sequência finita desses símbolos, cada uma dessas cadeias pode ser descrita de modo unívoco por um número natural. Uma codificação desse tipo chama-se *numeração de Gödel.*

Definição 2.149. *Uma* numeração de Gödel *é uma codificação efetiva e injetiva dos objetos sintáticos de uma linguagem formal – por exemplo, de símbolos, termos, fórmulas e provas – por números naturais.*

Para cada objeto sintático x*, denotamos seu código por* $\ulcorner x \urcorner$.

Intuitivamente, isso significa o seguinte: a cada símbolo da linguagem atribuímos inicialmente um número natural. Uma sequência finita de símbolos, como um termo, uma fórmula ou uma prova, pode então ser codificada por um único número natural. Há diversas maneiras de escolher tal codificação; o ponto importante não é a forma concreta da numeração, mas o fato de ela ser unívoca e efetiva.

Nesse contexto, as seguintes propriedades são de particular interesse:

- A partir de um código, deve ser possível recuperar o objeto sintático subjacente.
- Deve ser possível decidir ou calcular efetivamente se um número representa o código de um símbolo, de um termo, de uma fórmula ou de uma prova.

- Operações sintáticas como "a última parte da fórmula", "é uma prova de" ou "decorre de" devem poder ser reproduzidas no nível dos códigos.

Com isso, a sintaxe torna-se tratável aritmeticamente. Aquilo que antes era uma estrutura puramente linguística ou simbólica passa agora a estar disponível em forma numérica. Esse é o passo decisivo para o método de Gödel: assim que fórmulas e provas são codificadas como números, torna-se possível começar a falar sobre esses códigos no interior da própria aritmética.

No passo seguinte, portanto, precisamos mostrar que tais propriedades e relações sintáticas codificadas podem de fato ser expressas na aritmética. É exatamente esse o conteúdo da próxima seção.

Representabilidade na aritmética

Por meio da numeração de Gödel, objetos sintáticos como fórmulas e provas podem ser concebidos como números naturais. Com isso, porém, ainda não se garante que a própria aritmética possa falar sobre esses objetos. É precisamente para isso que precisamos da noção de representabilidade: uma teoria aritmética deve ser capaz de expressar certas propriedades e relações sobre os números de Gödel de seus objetos sintáticos.

Recordemos que denotamos por $\overline{n}$ o *numeral* correspondente a um número natural n, isto é, o termo aritmético que representa esse número na teoria T. Dependendo da assinatura, esse termo pode ser, por exemplo, $S(S(\ldots S(0)\ldots))$, com n aplicações do sucessor.

Definição 2.150. *Seja T uma teoria formalizada da aritmética e seja $R \subseteq \mathbb{N}^k$ uma relação k-ária sobre os números naturais.*

Dizemos que R é representável em T *se existe uma fórmula $\varphi_R(x_1, \ldots, x_k)$ na linguagem de T tal que, para todos $n_1, \ldots, n_k \in \mathbb{N}$, vale:*

- *Se $R(n_1, \ldots, n_k)$ é verdadeira, então T prova a instância*
$$T \vdash \varphi_R(\overline{n_1}, \ldots, \overline{n_k}).$$
- *Se $R(n_1, \ldots, n_k)$ não é verdadeira, então T prova a negação*
$$T \vdash \neg\varphi_R(\overline{n_1}, \ldots, \overline{n_k}).$$

Essa forma de representabilidade significa, portanto, que a teoria T não consegue apenas tratar casos concretos isolados, mas também captar a relação em questão por meio de uma fórmula uniforme. Intuitivamente: a teoria reconhece, a partir dos códigos, se uma determinada propriedade sintática está presente ou não.

Para nossos propósitos, isso é de importância central, pois muitas relações sintáticas entre fórmulas e provas são de fato descritíveis aritmeticamente. Assim, por exemplo, a relação

> "x é o código de Gödel de uma prova correta
> da fórmula com código de Gödel y"

pode ser expressa por uma fórmula aritmética. De modo correspondente, também se pode formular a relação segundo a qual um número é o código de uma fórmula bem formada, uma fórmula se segue de outras fórmulas por uma regra admissível, ou uma prova possui determinada estrutura em uma posição específica.

A importância dessa observação é evidente: tão logo a relação "é uma prova de" seja aritmeticamente representável, o próprio conceito de demonstrabilidade pode ser formalizado no interior da aritmética. A partir da relação de prova surge então um predicado de prova, que permite à teoria falar sobre suas próprias derivações.

Com isso, alcançamos a ponte técnica decisiva. A numeração de Gödel traduziu a sintaxe em números; a representabilidade garante agora que esses números possam ser interpretados e investigados de modo significativo dentro da aritmética. No passo seguinte, essa possibilidade será utilizada para construir fórmulas que falam sobre sua própria demonstrabilidade. Para isso, precisamos do *teorema da autorreferência*, ou, equivalentemente, do *teorema do ponto fixo*.

Autorreferência e teorema do ponto fixo

Os conceitos desenvolvidos até aqui – numeração de Gödel e representabilidade – permitem agora formular com precisão uma ideia especialmente profunda da análise lógica: uma teoria formal pode fazer afirmações sobre suas próprias afirmações. Isso abre a possibilidade da autorreferência, isto é, de fórmulas que se referem indiretamente a si mesmas.

A ideia básica é a seguinte. Uma vez que fórmulas e provas estejam codificadas por números naturais e propriedades sintáticas se tornem aritmeticamente representáveis, é possível construir fórmulas cujo conteúdo aritmético se refere ao código de Gödel da própria fórmula. Desse mecanismo surge o chamado ponto fixo: para cada propriedade adequada, existe uma sentença que afirma exatamente essa propriedade de seu próprio código.

Teorema 2.151 (Teorema do ponto fixo / teorema diagonal). *Seja T uma teoria formalizada da aritmética suficientemente forte, capaz de representar as relações sintáticas necessárias para a numeração de Gödel. Então vale:*

Para toda fórmula $\varphi(x)$ com exatamente uma variável livre, existe uma sentença ψ tal que

$$T \vdash \psi \leftrightarrow \varphi(\ulcorner \psi \urcorner).$$

Em outras palavras: para cada propriedade desse tipo $\varphi(x)$, pode-se construir uma sentença ψ que afirma que ela própria possui a propriedade φ.

O ponto decisivo é a representabilidade da função de substituição diagonal; é precisamente aí que uma operação sintática se transforma em uma afirmação aritmética.

Demonstração. A ideia da prova é construir uma fórmula que faça referência ao seu próprio código de Gödel. Para isso, consideramos inicialmente a seguinte operação sintática:

Para cada número natural n, seja $\mathrm{diag}(n)$ o código de Gödel da fórmula que resulta da fórmula com código n ao substituir a variável livre pelo numeral $\overline{n}$. Como essa operação é efetiva, ela é aritmeticamente representável. Existe, portanto, uma fórmula

$$\mathrm{Diag}(x, y)$$

com a propriedade de que T pode provar, para cada n:

$$T \vdash \mathrm{Diag}(\overline{n}, \overline{\mathrm{diag}(n)}).$$

Além disso, $\mathrm{Diag}(x, y)$ é funcional, isto é: para cada x existe exatamente um y tal que $\mathrm{Diag}(x, y)$ vale.

Seja agora $\varphi(x)$ uma fórmula arbitrária com exatamente uma variável livre. Definimos uma nova fórmula

$$\theta(x) \;:=\; \exists y \, (\mathrm{Diag}(x, y) \wedge \varphi(y)).$$

Seja então

$$m := \ulcorner \theta \urcorner$$

o código de Gödel de θ, e ponhamos

$$\psi := \theta(\overline{m}).$$

Então ψ é uma sentença, isto é, uma fórmula sem variáveis livres.

Mostramos agora que vale $T \vdash \psi \leftrightarrow \varphi(\ulcorner\psi\urcorner)$.
Primeiro, pela definição de ψ:

$$\psi \equiv \exists y\,(\mathrm{Diag}(\overline{m}, y) \wedge \varphi(y)).$$

Por outro lado, diag(m) é exatamente o código de Gödel da fórmula $\theta(\overline{m})$, isto é, precisamente o código de Gödel de ψ. Portanto, vale

$$\mathrm{diag}(m) = \ulcorner\psi\urcorner.$$

Pela representabilidade de diag, T prova em particular

$$T \vdash \mathrm{Diag}(\overline{m}, \overline{\ulcorner\psi\urcorner}).$$

Como Diag(x, y) representa o gráfico de uma função, $\overline{\ulcorner\psi\urcorner}$ é o valor unicamente determinado que corresponde a $\overline{m}$. Assim, a fórmula existencial

$$\exists y\,(\mathrm{Diag}(\overline{m}, y) \wedge \varphi(y))$$

é equivalente em T a

$$\varphi(\ulcorner\psi\urcorner).$$

Logo, segue que

$$T \vdash \psi \leftrightarrow \varphi(\ulcorner\psi\urcorner).$$

Com isso, está demonstrada a propriedade de ponto fixo afirmada. □

Esse teorema é a forma formal da autorreferência. Ele não diz que uma fórmula fala "por acaso" sobre si mesma, mas que se pode produzir tal fórmula de modo sistemático e controlado. A construção se baseia no fato de que a teoria pode falar sobre códigos de fórmulas e de que se pode inserir o número da própria fórmula em uma fórmula.

Intuitivamente, pode-se compreender o teorema do ponto fixo como uma espécie de substituição diagonal: começa-se com uma fórmula $\varphi(x)$ que faz uma afirmação sobre um código x e, em seguida, substitui-se o lugar livre de tal modo que, ao final, a fórmula seja aplicada ao seu próprio código. Com isso, surge uma sentença que apreende a si mesma em forma aritmética.

Esse teorema é especialmente importante porque fornece a base decisiva para a autorreferencialidade do tipo gödeliano. Se escolhermos, por exemplo, como $\varphi(x)$ a afirmação "a fórmula codificada por x não é demonstrável", obtemos uma sentença G com

$$T \vdash G \leftrightarrow \neg \mathrm{Dem}_T(\ulcorner G \urcorner),$$

isto é, uma sentença que diz que ela própria não é demonstrável. É precisamente por esse caminho que surge o núcleo do primeiro teorema da incompletude de Gödel.

Também para o segundo teorema da incompletude o teorema do ponto fixo desempenha um papel central, pois nele se constrói uma sentença que diz respeito à consistência da teoria e que, ao mesmo tempo, está vinculada de maneira adequada à sua própria demonstrabilidade.

Assim, o teorema do ponto fixo constitui a última preparação técnica para os teoremas da incompletude propriamente ditos. No passo seguinte, podemos agora formular a primeira afirmação fundamental de limite: em teorias suficientemente fortes, efetivamente descritas e consistentes, existem sentenças verdadeiras, mas indemonstráveis.

2.5.11 Os teoremas da incompletude de Gödel

Depois de termos estabelecido os pressupostos necessários, voltamo-nos agora para as afirmações de limite propriamente ditas. Os teoremas da incompletude de Gödel assinalam uma diferença profunda entre aquilo que pode ser expresso em uma teoria formal e aquilo que pode ser plenamente demonstrado nela.

Convém recordar: o teorema da completude de Gödel diz respeito à própria lógica de predicados. Ele afirma que toda sentença logicamente válida também é demonstrável. Os teoremas da incompletude, por sua vez, não se referem à lógica enquanto tal, mas a teorias formalizadas da aritmética que sejam suficientemente fortes. Eles mostram que tais teorias, desde que sejam consistentes e efetivamente descritíveis, não podem captar completamente todas as verdades aritméticas.

O *primeiro teorema da incompletude de Gödel* afirma, informalmente: em toda teoria da aritmética suficientemente forte, consistente e efetivamente axiomatizada, existem sentenças verdadeiras que, nessa teoria, não podem ser nem demonstradas nem refutadas. Tal teoria é, portanto, incompleta.

O *segundo teorema da incompletude de Gödel* torna essa afirmação mais forte: uma teoria desse tipo não pode demonstrar sua própria consistência no interior da própria teoria, desde que ela seja de fato consistente.

A ideia fundamental por trás dos dois teoremas baseia-se na autorreferência. Com o auxílio do teorema do ponto fixo, pode-se construir uma sentença que afirma, em sentido informal: "Não sou demonstrável." Para o primeiro teorema da incompletude, isso conduz a uma sentença que — desde que a teoria seja consistente — é verdadeira, mas indemonstrável. Para o segundo teorema, utiliza-se uma forma semelhante de autorreferência para mostrar que a teoria não pode demonstrar sua própria consistência.

As seções seguintes apresentam agora as formulações precisas e as demonstrações desses dois resultados fundamentais.

O primeiro teorema da incompletude de Gödel

Preparamos agora todos os pressupostos essenciais: uma teoria da aritmética suficientemente forte, uma descrição efetiva de seus axiomas, a numeração de Gödel dos objetos sintáticos, a representabilidade das relações aritméticas na teoria, bem como o teorema do ponto fixo. Com esses meios, pode-se mostrar que uma tal teoria não consegue captar de modo completo suas verdades aritméticas.

A ideia fundamental é simples, mas profunda: constrói-se uma sentença que afirma, em termos de seu significado, que ela própria não é demonstrável. Se a teoria é consistente, então essa sentença não pode ser demonstrável; sob a hipótese clássica de Gödel da ω-consistência, segue-se até mesmo que sua negação também não é demonstrável. Com isso, a teoria é incompleta.

Teorema 2.152 (Primeiro teorema da incompletude de Gödel)**.** *Seja T uma teoria da aritmética consistente, recursivamente enumerável e suficientemente forte. Então existe uma sentença G_T da linguagem de T que não é demonstrável em T.*

Se, além disso, T é ω-consistente, então também $\neg G_T$ não é demonstrável em T. Em particular, nesse caso T é incompleta.

Demonstração. Denotamos por

$$\mathrm{Dem}_T(x, y)$$

uma fórmula aritmética que expressa que x é o código de Gödel de uma demonstração correta, em T, da fórmula cujo código de Gödel é y. Pela representabilidade da relação de demonstração, essa fórmula está disponível em T.

Além disso, definimos o predicado de demonstrabilidade correspondente por

$$\mathrm{Prov}_T(y) \ := \ \exists x \, \mathrm{Dem}_T(x, y).$$

Com o auxílio do teorema do ponto fixo, obtemos agora uma sentença G_T tal que

$$T \vdash G_T \leftrightarrow \neg\mathrm{Prov}_T(\ulcorner G_T \urcorner).$$

Essa sentença diz, portanto, exatamente aquilo que queríamos expressar informalmente: "G_T não é demonstrável."

Primeiro mostramos que G_T não é demonstrável. Suponhamos, com efeito, que $T \vdash G_T$. Então existe uma demonstração concreta de G_T em T; seja n o seu código de Gödel. Como a relação de demonstração é aritmeticamente representável, T também pode demonstrar, para esse código concreto, que n é de fato um código de demonstração de G_T, isto é,

$$T \vdash \mathrm{Dem}_T(\overline{n}, \ulcorner G_T \urcorner).$$

Daí segue, em particular,

$$T \vdash \mathrm{Prov}_T(\ulcorner G_T \urcorner).$$

Por outro lado, a equação de ponto fixo, juntamente com $T \vdash G_T$, também fornece

$$T \vdash \neg\mathrm{Prov}_T(\ulcorner G_T \urcorner).$$

Logo, T seria contraditória. Como T é consistente, a suposição $T \vdash G_T$ não pode ocorrer. Portanto,

$$T \nvdash G_T.$$

Resta considerar a negação. Suponhamos que $T \vdash \neg G_T$. Então, de

$$T \vdash G_T \leftrightarrow \neg \mathrm{Prov}_T(\ulcorner G_T \urcorner)$$

segue inicialmente

$$T \vdash \mathrm{Prov}_T(\ulcorner G_T \urcorner),$$

isto é,

$$T \vdash \exists x \, \mathrm{Dem}_T(x, \ulcorner G_T \urcorner).$$

Mas agora vale, para cada $n \in \mathbb{N}$ concreto: se n não é o código de uma demonstração de G_T, então a afirmação

$$\neg \mathrm{Dem}_T(\overline{n}, \ulcorner G_T \urcorner)$$

é verdadeira e, pela representabilidade da relação de demonstração, é demonstrável em T. Como não pode haver nenhuma demonstração efetiva de G_T, cada uma dessas afirmações é demonstrável em T. Assim, T demonstra cada instância individual

$$\neg \mathrm{Dem}_T(\overline{n}, \ulcorner G_T \urcorner) \qquad \text{para todo } n \in \mathbb{N}.$$

Assim, no caso de $T \vdash \exists x \, \mathrm{Dem}_T(x, \ulcorner G_T \urcorner)$, temos uma forma proposicional cuja negação é demonstrada para cada numeral concreto. Isso contradiz a ω-consistência de T.

Portanto, também deve valer $T \nvdash \neg G_T$. Com isso está demonstrado que G_T é indecidível em T; em particular, T é incompleta. □

Observação 2.153. *Em apresentações mais modernas, substitui-se muitas vezes a ω-consistência pela hipótese mais simples de consistência, usando-se, em vez da sentença de Gödel, uma sentença de Rosser adequada. Para a linha aqui seguida, porém, a formulação clássica de Gödel é particularmente transparente, pois torna imediatamente visível o papel da autorreferência, da demonstrabilidade e da consistência.*

No passo seguinte, tornamos o resultado mais forte: uma teoria desse tipo não apenas contém sentenças aritméticas indemonstráveis, mas também não pode provar, dentro da própria teoria, a sua própria consistência. Isso conduz ao *segundo teorema da incompletude de Gödel.*

O segundo teorema da incompletude de Gödel

O primeiro teorema da incompletude mostra que uma teoria da aritmética suficientemente forte, recursivamente enumerável e consistente não pode decidir todas as verdades aritméticas. O segundo teorema vai ainda mais longe: ele mostra que uma teoria desse tipo não pode provar a sua própria consistência dentro da própria teoria. É precisamente esse ponto que torna visível, de modo especialmente impressionante, o limite dos sistemas formais.

Para formular isso com precisão, fixamos primeiro a afirmação formal da consistência. Se $\text{Prov}_T(y)$ é o predicado de demonstrabilidade da teoria T, escrevemos

$$\text{Con}(T) \;:=\; \neg\text{Prov}_T(\ulcorner 0 = 1 \urcorner),$$

isto é: „Não existe uma demonstração em T da afirmação $0 = 1$". Essa fórmula é a formalização aritmética da consistência de T.

Teorema 2.154 (Segundo teorema da incompletude de Gödel). *Seja T uma teoria da aritmética consistente, recursivamente enumerável e suficientemente forte. Então vale*

$$T \nvdash \text{Con}(T).$$

Em particular, T não pode provar a sua própria consistência.

Demonstração. Usamos a sentença de Gödel G_T construída na seção anterior, que possui a propriedade

$$T \vdash G_T \leftrightarrow \neg\text{Prov}_T(\ulcorner G_T \urcorner).$$

Essa sentença diz, portanto, exatamente: „G_T não é demonstrável."

A observação decisiva é agora que a consistência de T, no interior da própria teoria, é suficientemente forte para fundamentar a não demonstrabilidade de G_T.

Formalmente, isso significa: de Con(T) segue, em T, a afirmação de que não existe demonstração de G_T. Em outras palavras, pode-se mostrar dentro de T que:

$$T \vdash \mathrm{Con}(T) \to \neg \mathrm{Prov}_T(\ulcorner G_T \urcorner).$$

Juntamente com a equação de ponto fixo para G_T, obtemos portanto

$$T \vdash \mathrm{Con}(T) \to G_T.$$

Suponhamos agora que $T \vdash \mathrm{Con}(T)$. Então, por modus ponens, segue imediatamente

$$T \vdash G_T.$$

Mas isso contradiz o primeiro teorema da incompletude de Gödel, segundo o qual G_T precisamente não é demonstrável em uma teoria consistente T. Portanto, a suposição $T \vdash \mathrm{Con}(T)$ não pode ser correta. Consequentemente, vale

$$T \nvdash \mathrm{Con}(T).$$

Com isso, fica demonstrado que uma teoria suficientemente forte, recursivamente enumerável e consistente não pode demonstrar a sua própria consistência. □

Observação 2.155. *Em exposições mais modernas, essa demonstração é frequentemente formulada por meio de condições gerais de derivabilidade para o predicado de demonstrabilidade. Para a apresentação aqui adotada, contudo, basta a ideia central: o primeiro teorema da* *incompletude fornece uma sentença que expressa a sua própria indemonstrabilidade; o segundo teorema mostra que já a demonstração da própria consistência seria forte demais e, por isso, não é possível no interior da própria teoria.*

Consequências da incompletude gödeliana

Os dois teoremas da incompletude de Gödel não são apenas resultados técnicos sobre teorias formais, mas assinalam um limite fundamental daquilo que pode ser alcançado no interior de um sistema axiomático suficientemente forte. Sua importância, portanto, vai muito além da teoria da prova em sentido estrito e diz respeito aos fundamentos da lógica, da matemática e – de maneira indireta – também da informática.

Em primeiro lugar, pode-se registrar uma consequência essencial no plano da lógica: para teorias da aritmética suficientemente fortes, recursivamente enumeráveis e consistentes, a completude em sentido forte não é alcançável. Sempre existem afirmações aritméticas que são verdadeiras, mas que não podem ser demonstradas no interior do sistema. Do mesmo modo, o sistema não pode demonstrar internamente a sua própria ausência de contradição. A teoria formal permanece, assim, necessariamente incompleta e não pode ser ao mesmo tempo suficientemente forte, efetivamente descritível e completa.

Para a matemática, esse resultado teve consequências

filosóficas de amplo alcance. Ele atingiu especialmente o programa perseguido por Hilbert, que buscava assegurar toda a matemática por meio de um sistema axiomático completo, consistente e justificável por métodos finitários. Gödel mostrou que tal objetivo, em sua forma original, não é alcançável: assim que o sistema consegue expressar suficientemente a aritmética elementar, surgem afirmações que, em princípio, permanecem fora de sua força demonstrativa. Com isso, o ideal hilbertiano de um fundamento último e completamente fechado deixou de ser sustentável nessa forma.

Isso não significa, porém, que a axiomática formal perca importância. Ao contrário, modificou-se o modo de olhar para os fundamentos da matemática. Em vez de um único sistema definitivo, passaram ao primeiro plano programas mais diferenciados, como a investigação de teorias mais fracas, provas de consistência relativa, teoria da prova, teoria dos modelos e teoria da recursão. Também na própria aritmética surgiram sistemas axiomáticos que levam conscientemente em conta os limites gödelianos e procuram lidar com eles da maneira mais precisa possível. Assim, os teoremas da incompletude não encerraram a pesquisa sobre fundamentos, mas a conduziram a novos caminhos produtivos.

Para a informática e para a teoria da computabilidade, as consequências são igualmente profundas. Gödel mostrou que há limites de princípio para a apreensão algorítmica da verdade matemática. Nem toda afirmação semanticamente verdadeira é mecanicamente decidível ou demonstrável. Com isso, os teoremas da incompletude mantêm uma relação estreita com questões de computabilidade, decidibilidade e complexidade. Eles tornam visível que, mesmo em contextos formalizados com grande precisão, nem todos os problemas podem ser completamente dominados por meios algorítmicos.

Resumo 2.156.
- *Em teorias formais suficientemente fortes, há afirmações verdadeiras, mas indemonstráveis.*
- *Uma teoria desse tipo não pode demonstrar internamente a sua própria consistência.*
- *O ideal clássico de um sistema axiomático completo e definitivo não é alcançável em sua forma original.*
- *Esses resultados não levaram ao fim da pesquisa sobre fundamentos, mas a abordagens novas e mais diferenciadas.*

Os teoremas da incompletude de Gödel constituem, assim, um ponto de transição: por um lado, mostram os limites da demonstrabilidade formal; por outro, preparam o olhar para a perspectiva algorítmica. É precisamente aí que se inicia a próxima seção, na qual trataremos da computabilidade e da complexidade de problemas lógicos.

2.5.12 Computabilidade e complexidade

Depois dos teoremas da incompletude, coloca-se uma outra questão fundamental: quais problemas lógicos podem, afinal, ser resolvidos por algoritmos, e quão custosa é essa resolução no caso favorável? Na lógica proposicional, os problemas centrais de decisão ainda eram tratáveis. Para a lógica de predicados de primeira ordem, porém, o quadro muda de modo fundamental: alguns problemas continuam sendo semidecidíveis, outros são indecidíveis, e apenas em casos especiais é possível indicar adicionalmente uma estimativa de complexidade.

Consideramos inicialmente três problemas clássicos de decisão da lógica de predicados de primeira ordem.

Definição 2.157. *Os problemas* TAUT(FO), SAT(FO) *e* INFER(FO) *são definidos da seguinte maneira:*

- TAUT(FO) *Entrada: uma fórmula* Σ φ *Saída: „Sim"se, e somente se,* φ *é válida em todas as estruturas, isto é, se é uma tautologia da lógica de predicados de primeira ordem.*
- SAT(FO) *Entrada: uma fórmula* Σ φ *Saída: „Sim"se, e somente se,* φ *é satisfatível.*
- INFER(FO) *Entrada: duas fórmulas* Σ φ, ψ *Saída: „Sim"se, e somente se, vale* $\varphi \models_{\mathrm{FO}} \psi$.

Para problemas desse tipo, distinguimos três noções fundamentais de computabilidade.

Definição 2.158. *Um problema é chamado* decidível *quando existe um algoritmo que, para toda entrada,* *responde corretamente, após um número finito de passos, com „Sim"ou „Não".*

Ele é chamado semidecidível *quando existe um algoritmo que termina para toda entrada cuja resposta seja „Sim", ao passo que, para entradas cuja resposta seja „Não", possivelmente nunca para.*

Ele é chamado indecidível *quando não existe nenhum procedimento de decisão.*

Para a lógica de predicados de primeira ordem, a situação é consideravelmente mais difícil do que para a lógica proposicional: os problemas semânticos, em geral, já não são plenamente decidíveis. Ainda assim, o lado das provas permanece parcialmente acessível, pois, com o auxílio de um cálculo completo, é possível ao menos semidecidir enunciados válidos por meio de uma busca sistemática de provas.

Teorema 2.159. *Os problemas* TAUT(FO) *e* INFER(FO) *são semidecidíveis, mas indecidíveis. O problema* SAT(FO) *não é semidecidível.*

Esboço da prova. A semidecidibilidade de TAUT(FO) decorre do teorema da completude: se uma fórmula é válida, então ela possui uma prova em um cálculo completo, e tais provas podem ser enumeradas efetivamente. O mesmo vale para INFER(FO), pois $\varphi \models_{\text{FO}} \psi$ ocorre exatamente quando a fórmula $(\varphi \to \psi)$ é válida.

A indecidibilidade de TAUT(FO) é um resultado clássico de Church e Turing. Como INFER(FO) já contém a validade como caso especial, esse problema também é indecidível.

Para SAT(FO), vale o seguinte: a insatisfatibilidade de uma fórmula é semidecidível, pois é equivalente à validade de sua negação. Se SAT(FO) também fosse semidecidível, então tanto um problema quanto seu complemento seriam semidecidíveis; logo, SAT(FO) seria decidível. Isso contradiz a indecidibilidade dos problemas de validade correspondentes. □

Além da pergunta sobre *se* um problema é computável, interessa também, no caso decidível, a pergunta sobre *quão custosa* é a computação. Para isso, considera-se a complexidade do problema.

Um exemplo particularmente importante é o model checking para estruturas finitas.

Definição 2.160. *MODELCHECKING Entrada: uma estrutura finita $\mathcal{A}$ e uma fórmula φ Saída: „Sim"exatamente quando vale $\mathcal{A} \models_{\mathrm{FO}} \varphi$.*

Teorema 2.161. *O problema MODELCHECKING para estruturas finitas pertence a* PSPACE.

Esboço da prova. A fórmula é avaliada recursivamente de acordo com sua estrutura sintática. Para isso, basta essencialmente armazenar a subfórmula atual, uma atribuição para as variáveis livres e o caminho de recursão atual. Essas informações podem ser gerenciadas com espaço polinomial. Portanto, o problema pertence a PSPACE. □

Para estruturas infinitas, a situação é consideravelmente mais complexa. Se, para uma estrutura fixa previamente dada $\mathcal{A}$, consideramos o problema de decidir se uma fórmula de entrada é verdadeira em $\mathcal{A}$, então falamos do problema de decisão da estrutura $\mathcal{A}$:

Problema de decisão de $\mathcal{A}$

Entrada: fórmula φ

Saída: Sim sse $\mathcal{A} \models_{\mathrm{FO}} \varphi$.

Para estruturas arbitrárias, não há aqui um padrão uniforme de resposta: algumas estruturas possuem uma teoria decidível, outras não. Para estruturas suficientemente expressivas, em particular para estruturas aritméticas, esse problema é, contudo, indecidível. Nesse sentido, Church e Turing mostraram que não existe um algoritmo geral que decida a verdade de sentenças de primeira ordem em todas as estruturas suficientemente fortes.

Com isso, obtém-se o seguinte quadro geral: na lógica de predicados de primeira ordem, os problemas semânticos centrais em geral não são decidíveis. Quando a decidibilidade pode ser alcançada, isso frequentemente ocorre apenas ao custo de um esforço algorítmico elevado.

Diante desse pano de fundo, apresentam-se duas perspectivas opostas, mas igualmente naturais. Por um lado, pode-se restringir de modo direcionado os recursos expressivos da lógica, a fim de obter novamente fragmentos mais controláveis e decidíveis. Um exemplo importante disso é a lógica descritiva, desenvolvida especialmente para a representação estruturada do conhecimento.

Por outro lado, pode-se aumentar ainda mais a força expressiva, ultrapassando as possibilidades da lógica de predicados de primeira ordem. Isso conduz à lógica de predicados de segunda ordem, que é substancialmente mais poderosa, mas que, em contrapartida, está sujeita a limitações ainda mais fortes quanto à decidibilidade e à computabilidade.

As seções seguintes retomam essas duas direções: primeiro, consideramos, com a lógica descritiva, uma restrição bem definida da lógica de predicados; em seguida, com a lógica de predicados de segunda ordem, uma de suas extensões centrais.

2.5.13 Exercícios e soluções

A seguir, retomamos os conceitos centrais de unificação e da regra de resolução por meio de alguns pequenos exemplos. Em cada caso, deve-se decidir se a afirmação indicada é verdadeira ou falsa. Como lembrete: conjuntos de cláusulas são aqui entendidos como universalmente fechados.

1. Considere a assinatura da lógica de predicados

$$\Sigma = \{P/2, S/1, Q/1, h/1, f/1, i/1, e/0\}.$$

Observe também as seguintes expressões:

$$L_1 = P(v, u), \qquad L_1' = P(e, e),$$

$$C_2 = \{\neg P(e,v)\}, \qquad C_2' = \{\neg S(f(f(v))), Q(w)\},$$

$$\begin{aligned}K_3 = \{&\{\neg P(f(v),e), \neg Q(x)\},\\ &\{P(i(z),w)\},\\ &\{\neg P(e,h(f(y)))\},\\ &\{Q(u)\}\}.\end{aligned}$$

$$\begin{aligned}K_4 = \{&\{\neg Q(f(v)), Q(w)\},\\ &\{P(e,x), Q(i(v))\},\\ &\{P(e,z), \neg S(u)\}\}.\end{aligned}$$

Decida, para cada uma das afirmações seguintes, se ela é verdadeira ou falsa.

(a) L_1 e L_1' são unificáveis.

(b) C_2 e C_2' são resolvíveis.

(c) Vale $K_3 = \mathrm{Res}_\infty(K_3)$.

(d) Vale $K_4 \models_{\mathrm{FO}} \neg Q(z)$.

Solução.

(a) **Verdadeiro.** Os dois literais têm o mesmo símbolo de predicado e a mesma aridade. Uma substituição unificadora é

$$\sigma = \{v \mapsto e,\ u \mapsto e\}.$$

Com isso, vale

$$P(v,u)\sigma = P(e,e) = P(e,e)\sigma.$$

Portanto, L_1 e L_1' são unificáveis. Como os dois termos já se tornam idênticos, σ é até mesmo um MGU.

(b) **Falso.** Para uma resolução, devem existir dois literais complementares cujos átomos subjacentes sejam unificáveis. Em

$$C_2 = \{\neg P(e, v)\},$$
$$C_2' = \{\neg S(f(f(v))), Q(w)\}.$$

ocorre em C_2 apenas um literal negativo de P, enquanto C_2' não contém nem um literal positivo de P nem um literal negativo de Q. Portanto, não há nenhum par de literais complementares que possa ser resolvido. Assim, C_2 e C_2' não são resolvíveis.

(c) **Falso.** O conjunto de cláusulas K_3 ainda não está fechado sob resolução. Por exemplo, as cláusulas

$$\{\neg P(f(v), e), \neg Q(x)\} \quad \text{e} \quad \{Q(u)\}$$

podem ser resolvidas no literal Q. Com a substituição $\sigma = \{x \mapsto u\}$, obtém-se o resolvente

$$\{\neg P(f(v), e)\}.$$

Esse novo resolvente não pertence a K_3. Logo, vale

$$K_3 \neq \mathrm{Res}_\infty(K_3).$$

(d) **Falso.** A fórmula $\neg Q(z)$ não é uma consequência lógica de K_4. Basta um contramodelo no qual K_4 seja satisfatível e, ao mesmo tempo, $Q(z)$ possa ser verdadeira.

Considere, por exemplo, uma estrutura com domínio unitário $\{a\}$, na qual

$$\begin{aligned} e^{\mathcal{A}} &= a, \\ P^{\mathcal{A}} &= \{(a,a)\}, \\ Q^{\mathcal{A}} &= \{a\}, \\ S^{\mathcal{A}} &= \emptyset. \end{aligned}$$

e todas as funções são interpretadas como constantes em a. Então todas as três cláusulas de K_4 são satisfeitas:

$$\begin{aligned} &\neg Q(f(v)) \vee Q(w), \\ &P(e,x) \vee Q(i(v)), \\ &P(e,z) \vee \neg S(u). \end{aligned}$$

pois, em cada caso, pelo menos um disjunto é verdadeiro. Ao mesmo tempo, $Q(z)$ é verdadeira sob a valoração $z \mapsto a$, de modo que $\neg Q(z)$ é falsa. Consequentemente, vale

$$K_4 \not\models_{\mathrm{FO}} \neg Q(z).$$

As tarefas mostram mais uma vez os três níveis centrais do método de resolução: primeiro, a unificação decide sobre a aplicabilidade de uma resolução; em seguida, verifica-se quais novas cláusulas são geradas; por fim, com o auxílio de contramodelos adequados, é possível refutar consequências semânticas.

A seguir, retomamos novamente a unificação, a resolução e a verificação semântica de conjuntos de cláusulas por meio de alguns pequenos exemplos. Decida, em cada caso, se a afirmação é verdadeira ou falsa.

Considere a assinatura da lógica de predicados

$$\Sigma = \{S/2, P/1, Q/1, g/1, f/1, i/1, a/0\}.$$

Observe também as seguintes expressões:

$$L_1 = S(f(a), a), \qquad L_1' = S(x, x),$$

$$\sigma_1 = \{y \mapsto a,\ w \mapsto f(g(i(g(i(a)))))\},$$

$$C_2 = \{Q(u), P(y), \neg P(i(i(w)))\},$$
$$C_2' = \{Q(w), \neg Q(y)\}.$$

$$K_3 = \{\{\neg Q(v), \neg S(w, i(u))\}, \{\neg Q(y)\}\},$$

$$K_4 = \{\{\neg Q(z), \neg P(i(g(f(z))))\}, \{Q(x)\}, \{Q(v)\}, \{Q(f(g(i(y))))\}\}.$$

Exercício. Decida, para cada uma das afirmações seguintes, se ela é verdadeira ou falsa.

1. σ_1 é um MGU para L_1 e L'_1.
2. C_2 e C'_2 são resolvíveis.
3. Vale $K_3 = \text{Res}_\infty(K_3)$.
4. K_4 é insatisfatível.

Solução.

1. **Falso.** Os dois literais

   $$L_1 = S(f(a), a), \qquad L'_1 = S(x, x)$$

   não são unificáveis. Pois, a partir da primeira posição de argumento, seria necessário obter

   $$x = f(a)$$

   e, ao mesmo tempo, a partir da segunda,

   $$x = a.$$

   Assim, teria de valer $f(a) = a$, o que não é possível na linguagem dada. Portanto, não existe nenhum unificador, e σ_1 certamente não pode ser um MGU.

2. **Verdadeiro.** As cláusulas C_2 e C'_2 contêm literais complementares, a saber, $Q(u)$ e $\neg Q(y)$. Como as duas cláusulas não são disjuntas em variáveis, primeiro renomeamos as variáveis em C'_2, por exemplo por meio de

   $$\nu(w) = w_1, \qquad \nu(y) = y_1.$$

Então obtemos

$$C_2'\nu = \{Q(w_1), \neg Q(y_1)\}.$$

Agora $Q(u)$ e $\neg Q(y_1)$ são unificáveis, por exemplo com o MGU

$$\theta = \{u \mapsto y_1\}.$$

O resolvente é então

$$\{P(y), \neg P(i(i(w))), Q(w_1)\}.$$

Logo, C_2 e C_2' são resolvíveis.

3. **Verdadeiro.** No conjunto de cláusulas

$$K_3 = \{\{\neg Q(v), \neg S(w, i(u))\}, \{\neg Q(y)\}\}$$

ocorrem exclusivamente literais negativos. Para uma resolução, porém, é necessário um par de literais complementares, isto é, um literal positivo e um literal negativo com o mesmo predicado. Tal par não ocorre aqui. Portanto, nenhum outro passo de resolução é possível, e vale

$$K_3 = \mathrm{Res}_\infty(K_3).$$

4. **Falso.** O conjunto de cláusulas K_4 é satisfatível. Basta apresentar um contramodelo.

Considere, para isso, uma estrutura de um único elemento $\mathcal{A}$ com domínio $\{a\}$, na qual

$$\begin{aligned} a^{\mathcal{A}} &= a, \\ f^{\mathcal{A}}(a) &= a, \\ g^{\mathcal{A}}(a) &= a, \\ i^{\mathcal{A}}(a) &= a. \end{aligned}$$

bem como

$$Q^{\mathcal{A}} = \{a\}, \qquad P^{\mathcal{A}} = \emptyset.$$

Então as cláusulas de K_4 são satisfeitas:

- $\neg Q(z) \vee \neg P(i(g(f(z))))$ é verdadeira para todo z, pois $\neg P(\dots)$ é sempre verdadeira.
- As cláusulas $\{Q(x)\}$, $\{Q(v)\}$ e $\{Q(f(g(i(y))))\}$ são verdadeiras, pois $Q^{\mathcal{A}}$ vale para o único elemento.

Logo, K_4 é satisfatível e, portanto, não é insatisfatível.

Os exemplos mostram novamente o procedimento típico na resolução: primeiro verifica-se se existe de fato um par de literais complementares unificável; em seguida, decide-se se outros passos de resolução são possíveis; e, por fim, pode-se mostrar com um modelo adequado que um conjunto de cláusulas permanece satisfatível.

2.6 Lógica descritiva

Na lógica geral de predicados de primeira ordem, já vimos que muitos dos problemas fundamentais ou não são decidíveis de modo algum, ou só podem ser tratados com elevado custo algorítmico. Por isso, é natural limitar conscientemente a expressividade da lógica, a fim de recuperar propriedades computacionais mais favoráveis. Esses recortes deliberadamente restringidos são chamados *fragmentos* da lógica de predicados. Conforme o campo de aplicação, eles frequentemente aparecem em uma notação própria, mas continuam podendo ser expressos por meio de fórmulas da lógica de predicados de primeira ordem.

Entre os exemplos mais importantes desses fragmentos estão as *lógicas descritivas*. Elas servem para representar formalmente conhecimento sobre *conceitos*, *indivíduos* e *relações* entre indivíduos. São especialmente valiosas em todos os contextos nos quais conteúdos de conhecimento não devem apenas ser armazenados, mas também avaliados sistematicamente, por exemplo em ontologias, sistemas de representação do conhecimento ou aplicações semânticas da informática.

Neste subcapítulo, consideramos ALC (*Attributive Concept Description Language with Complements*) como um exemplo fundamental de uma lógica descritiva desse tipo. ALC é expressiva o suficiente para modelar muitas relações típicas de conhecimento, mas permanece estruturada de modo tão claro que suas propriedades semânticas e algorítmicas ainda podem ser investigadas com precisão.

Conceitos típicos são, por exemplo, „Pessoa“, „Departamento“ou „Evento“; papéis típicos são, por exemplo, „trabalha em“, „participa de“ou „dirige“.

Em bases de conhecimento desse tipo, podem-se formular, por exemplo, perguntas como as seguintes:

- Existe uma pessoa que trabalha em um departamento dirigido por ela mesma?
- Toda disciplina que uma pessoa frequenta pertence a algum departamento?
- Existe um departamento no qual nenhuma pessoa dirigente atua?

No decorrer da exposição, veremos que fórmulas da lógica de descrição podem ser traduzidas em sentenças da lógica de predicados de primeira ordem. A ALC combina, assim, uma notação legível e próxima das aplicações com uma semântica formal precisa.

2.6.1 Conceitos, papéis e sua interpretação

Assim como na lógica proposicional e na lógica de predicados de primeira ordem, também na lógica de descrição distinguimos entre sintaxe e semântica. Primeiro estabelecemos quais componentes linguísticos estão disponíveis; em seguida, explicamos como esses componentes devem ser lidos em uma interpretação.

Intuitivamente, um *conceito* descreve um conjunto de indivíduos. Assim, por exemplo, o conceito *Estudante* pode designar o conjunto de todos os estudantes. Um *papel*, por sua vez, descreve uma relação entre dois indivíduos, por exemplo *orienta*, quando um indivíduo é orientado por outro. Além disso, usamos *nomes de indivíduos*, com os quais certos objetos distinguidos podem ser designados.

Definição 2.162. *Uma* assinatura ALC *é uma tupla*

$$\Gamma = \langle K, R, O \rangle,$$

em que $K = \{A_1, \ldots, A_n\}$ *é um conjunto finito de símbolos de conceitos,* $R = \{R_1, \ldots, R_m\}$ *é um conjunto finito de símbolos de papéis e* $O = \{a_1, \ldots, a_k\}$ *é um conjunto finito de nomes de indivíduos.*

As descrições de conceitos da ALC sobre uma assinatura são construídas indutivamente.

Definição 2.163. *Seja* $\Gamma = \langle K, R, O \rangle$ *uma assinatura ALC. Então as descrições de conceitos da ALC sobre* Γ *são formadas indutivamente do seguinte modo:*

(ALC0) $\top$ *e* $\bot$ *são descrições de conceitos da ALC.*

(ALC1) Todo símbolo de conceito $A \in K$ *é uma descrição de conceito da ALC.*

(ALC2) Se C *e* D *são descrições de conceitos da ALC, então* $C \sqcap D$ *e* $C \sqcup D$ *também são descrições de conceitos da ALC.*

(*ALC3*) *Se* C *é uma descrição de conceito da* ALC, *então* $\neg C$ *também é uma descrição de conceito da* ALC.

(*ALC4*) *Se* C *é uma descrição de conceito da* ALC *e* $R \in R$ *é um símbolo de papel, então* $\forall R.C$ *e* $\exists R.C$ *também são descrições de conceitos da* ALC.

O símbolo $\top$ denota o conceito universal, isto é, o conjunto de todos os indivíduos do domínio considerado, e $\bot$ denota o conceito vazio. Descrições de conceitos das formas (ALC0) e (ALC1) chamam-se *atômicas*; todas as demais chamam-se *complexas*. Lemos os símbolos $\sqcap$, $\sqcup$ e $\neg$ como conjunção de conceitos, disjunção de conceitos e negação de conceitos. As expressões $\forall R.C$ e $\exists R.C$ chamam-se, respectivamente, restrição universal e restrição existencial.

O significado dessas construções é bastante natural. A expressão $C \sqcap D$ descreve exatamente os indivíduos que pertencem tanto a C quanto a D. A expressão $C \sqcup D$ designa aqueles indivíduos que pertencem a pelo menos um dos dois conceitos. $\neg C$ abrange todos os indivíduos que não pertencem a C. Com $\forall R.C$ designamos os indivíduos cujos sucessores por R pertencem exclusivamente a C. Em contrapartida, $\exists R.C$ descreve os indivíduos que estão ligados por R a pelo menos um indivíduo de C.

Um exemplo torna isso mais claro. Para a assinatura

$$K = \{Estudante, Professor, Aula\},$$
$$R = \{orienta, ministra\}.$$

temos que

$$Estudante \sqcap \exists\, orienta.Professor$$

descreve o conjunto de todos os indivíduos que são estudantes e são orientados por pelo menos um professor. A expressão

$$\forall\, ministra.Aula$$

designa, por outro lado, todos os indivíduos que, por meio do papel *ministra*, estão relacionados apenas com aulas.

Passemos agora à semântica. Uma interpretação determina quais objetos estão presentes no domínio e de que modo os símbolos da assinatura se referem a esses objetos.

Definição 2.164. *Seja* $\Gamma = \langle K, R, O\rangle$ *uma assinatura* $\mathcal{ALC}$. *Uma* interpretação *para* Γ *é um par*

$$\mathcal{I} = \langle \Delta^{\mathcal{I}}, \cdot^{\mathcal{I}}\rangle,$$

em que $\Delta^{\mathcal{I}}$ *é um conjunto não vazio e* $\cdot^{\mathcal{I}}$ *realiza as seguintes atribuições:*

- *a cada símbolo de conceito* $A \in K$, *um conjunto* $A^{\mathcal{I}} \subseteq \Delta^{\mathcal{I}}$,
- *a cada símbolo de papel* $r \in R$, *uma relação* $r^{\mathcal{I}} \subseteq \Delta^{\mathcal{I}} \times \Delta^{\mathcal{I}}$,
- *a cada nome de indivíduo* $a \in O$, *um elemento* $a^{\mathcal{I}} \in \Delta^{\mathcal{I}}$.

O conjunto $\Delta^{\mathcal{I}}$ chama-se *domínio* de $\mathcal{I}$ e contém os objetos sobre os quais se fala. Relativamente a esse domínio, os símbolos da assinatura são interpretados: cada símbolo de conceito é entendido como um subconjunto de $\Delta^{\mathcal{I}}$, cada símbolo de papel como uma relação binária sobre $\Delta^{\mathcal{I}}$, e cada nome de indivíduo designa um elemento determinado de $\Delta^{\mathcal{I}}$.

Descrições conceituais complexas são avaliadas recursivamente sob uma interpretação.

Definição 2.165. *Seja* $\mathcal{I} = \langle \Delta^{\mathcal{I}}, \cdot^{\mathcal{I}} \rangle$ *uma interpretação. Então o significado de uma descrição conceitual é determinado pelas seguintes regras:*

$$\top^{\mathcal{I}} = \Delta^{\mathcal{I}}, \qquad \bot^{\mathcal{I}} = \emptyset,$$

$$(C \sqcap D)^{\mathcal{I}} = C^{\mathcal{I}} \cap D^{\mathcal{I}}, \qquad (C \sqcup D)^{\mathcal{I}} = C^{\mathcal{I}} \cup D^{\mathcal{I}},$$

$$(\neg C)^{\mathcal{I}} = \Delta^{\mathcal{I}} \setminus C^{\mathcal{I}},$$

$$(\forall R.C)^{\mathcal{I}} = \{a \in \Delta^{\mathcal{I}} \mid \forall b \in \Delta^{\mathcal{I}} : \ (a, b) \in R^{\mathcal{I}} \Rightarrow b \in C^{\mathcal{I}}\},$$

$$(\exists R.C)^{\mathcal{I}} = \{a \in \Delta^{\mathcal{I}} \mid \exists b \in \Delta^{\mathcal{I}} : \ (a, b) \in R^{\mathcal{I}} \wedge b \in C^{\mathcal{I}}\}.$$

Essa semântica corresponde diretamente à intuição conjuntista. $\top$ representa todo o domínio, $\bot$ a coleção vazia, $\sqcap$ a interseção, $\sqcup$ a união e $\neg$ o complemento relativo ao domínio. A restrição universal $\forall R.C$ reúne todos os indivíduos cujos sucessores por R pertencem apenas a C. A restrição existencial $\exists R.C$, por sua vez, reúne aqueles indivíduos que estão ligados por R a pelo menos um elemento de C.

Um pequeno exemplo esclarece as definições. Consideremos uma universidade com os indivíduos *anna*, *ben*, *clara*, *aula1* e *aula2*. Então poderia valer:

$$Estudante^{\mathcal{I}} = \{anna, ben\}, \qquad Professor^{\mathcal{I}} = \{clara\},$$

$$supervisionadoPor^{\mathcal{I}} = \{(anna, clara), (ben, clara)\}.$$

Então, por exemplo, *anna* pertence a

$$\exists\, supervisionadoPor.Professor,$$

pois ela é supervisionada por *clara*. Portanto, *anna* também pertence ao conceito

$$Estudante \sqcap \exists\, supervisionadoPor.Professor.$$

Em contrapartida, *clara* só pertence a esse conceito se, além disso, for interpretada como estudante.

Na próxima seção, veremos como o conhecimento sobre indivíduos pode ser expresso em ALC e como relações gerais entre conceitos podem ser formalizadas.

Conhecimento sobre indivíduos

Até aqui, conhecemos os blocos básicos da lógica descritiva como descrições gerais de conceitos e de papéis. Agora nos voltamos ao conhecimento sobre objetos concretos. Em ALC, não se podem apenas descrever conceitos gerais, mas também registrar afirmações sobre indivíduos particulares. Tais afirmações dizem respeito ou à pertença de um indivíduo a um conceito, ou a uma relação entre dois indivíduos.

Chamamos as afirmações do primeiro tipo de *atribuições de conceito.* Assim, por exemplo,

$$Estudante(emma)$$

expressa que o indivíduo *emma* é estudante. As afirmações do segundo tipo chamam-se *atribuições de papel.* Assim, por exemplo,

$$frequenta(emma, seminario1),$$

significa que *emma* frequenta o objeto *seminario1.* Um conjunto finito de afirmações desse tipo descreve conhecimento concreto sobre objetos individuais; tal conjunto é chamado de *ABox.* O nome vem de *assertion*, isto é, de uma asserção sobre indivíduos.

Definição 2.166. *Seja* $\Gamma = \langle K, R, O \rangle$ *uma assinatura de* ALC.

- *Para cada nome de indivíduo* $a \in O$ *e cada descrição de conceito* C *sobre* Γ, *a expressão* $C(a)$ *chama-se uma* atribuição de conceito.

- *Para todos os nomes de indivíduos* $a, b \in O$ *e cada símbolo de papel* $R \in R$, *a expressão* $R(a, b)$ *chama-se uma* atribuição de papel.

Um conjunto finito de atribuições de conceito e de atribuições de papel sobre Γ *chama-se uma* ABox *sobre* Γ.

É importante observar que, em uma ABox, não precisam ocorrer apenas conceitos atômicos. Descrições compostas de conceitos também podem aparecer como conteúdo de uma atribuição de conceito. Com isso, já é possível formular afirmações bastante refinadas sobre indivíduos particulares.

Um exemplo torna isso claro. Consideremos uma assinatura de ALC com os símbolos de conceito

$$K = \{Estudante, Docente, Seminário, Biblioteca\}$$

e os símbolos de papel

$$R = \{frequenta, ministra, utiliza\}.$$

Então uma ABox poderia conter, por exemplo, as seguintes asserções:

$$\begin{aligned} A = \{&Estudante(emma), Docente(lina), Seminário(seminario1\\ &frequenta(emma, seminario1),\\ &ministra(lina, seminario1),\\ &\exists\, frequenta.Seminário(emma),\\ &\exists\, utiliza.Biblioteca(lina)\} \end{aligned}$$

As duas últimas entradas mostram que atribuições de conceito também podem conter descrições complexas de conceitos. A asserção

$$\exists\, frequenta.Seminário(emma)$$

não diz apenas que *emma* frequenta alguma coisa, mas, mais precisamente, que *emma* frequenta pelo menos um seminário. De modo correspondente,

$$\exists\, utiliza.Biblioteca(lina),$$

significa que *lina* está ligada a pelo menos uma biblioteca por meio do papel *utiliza*.

Passemos agora à semântica dessas asserções. Uma interpretação satisfaz uma ABox exatamente quando todas as asserções nela contidas são verdadeiras nessa interpretação.

Definição 2.167. *Sejam* $\Gamma = \langle K, R, O\rangle$ *uma assinatura* ALC *e* $\mathcal{I} = \langle \Delta^{\mathcal{I}}, \cdot^{\mathcal{I}}\rangle$ *uma interpretação para* Γ. *Para cada asserção de conceito* $C(a)$ *e cada asserção de papel* $R(a,b)$ *sobre* Γ, *definimos:*

$$\mathcal{I} \models_{\mathrm{ALC}} C(a) \quad \textit{se, e somente se,} \quad a^{\mathcal{I}} \in C^{\mathcal{I}},$$

$$\mathcal{I} \models_{\mathrm{ALC}} R(a,b) \quad \textit{se, e somente se,} \quad (a^{\mathcal{I}}, b^{\mathcal{I}}) \in R^{\mathcal{I}}.$$

Uma interpretação $\mathcal{I}$ *satisfaz uma ABox* A, *escrito* $\mathcal{I} \models_{\mathrm{ALC}} A$, *se* $\mathcal{I} \models_{\mathrm{ALC}} F$ *vale para todo* $F \in A$.

Em algumas aplicações exige-se, além disso, que nomes individuais distintos designem também elementos distintos do domínio. Essa hipótese adicional chama-se *Unique Name Assumption* (UNA), ou hipótese dos nomes únicos. Neste capítulo, não a utilizamos. Assim, nomes diferentes podem, em princípio, referir-se ao mesmo indivíduo.

Um exemplo mostra como as definições atuam em conjunto. Consideremos uma interpretação $\mathcal{I}$ com o domínio

$$\Delta^{\mathcal{I}} = \{\mathit{emma}, \mathit{lina}, \mathit{seminario1}, \mathit{biblioteca1}\},$$

na qual

$$\begin{aligned}
\mathit{Estudante}^{\mathcal{I}} &= \{\mathit{emma}\},\\
\mathit{Docente}^{\mathcal{I}} &= \{\mathit{lina}\},\\
\mathit{Seminário}^{\mathcal{I}} &= \{\mathit{seminario1}\},\\
\mathit{Biblioteca}^{\mathcal{I}} &= \{\mathit{biblioteca1}\},\\
\mathit{frequenta}^{\mathcal{I}} &= \{(\mathit{emma}, \mathit{seminario1})\},\\
\mathit{ministra}^{\mathcal{I}} &= \{(\mathit{lina}, \mathit{seminario1})\},\\
\mathit{utiliza}^{\mathcal{I}} &= \{(\mathit{lina}, \mathit{biblioteca1})\}.
\end{aligned}$$

Então $\mathcal{I}$ satisfaz a ABox A. Em particular, vale, por exemplo,

$$\mathcal{I} \models_{\mathrm{ALC}} \exists \mathit{frequenta}.\mathit{Seminário}(\mathit{emma}),$$

pois *emma* está ligada, por meio do papel *frequenta*, a um indivíduo interpretado como seminário. Do mesmo modo,

$$\mathcal{I} \models_{\mathrm{ALC}} \exists\, \mathit{utiliza}.\mathit{Biblioteca}(\mathit{lina})$$

é satisfeita, pois *lina* está relacionada com *biblioteca1* pelo papel *utiliza*.

ABox reúnem, portanto, conhecimento concreto sobre objetos individuais. No próximo passo, voltamo-nos para o conhecimento mais geral sobre a relação entre conceitos e papéis, isto é, para afirmações que não dizem respeito apenas a indivíduos isolados, mas a classes inteiras e às suas relações.

Conhecimento terminológico

Com a ABox, descrevemos conhecimento sobre indivíduos concretos, por exemplo, pessoas, eventos ou objetos particulares, juntamente com suas propriedades e relações imediatas. Muitas vezes, porém, uma descrição factual desse tipo não é suficiente. Em muitas aplicações, queremos também registrar conhecimento mais geral, isto é, afirmações sobre como os conceitos se relacionam entre si, quais noções incluem outras e quais noções se mostram equivalentes. Esse conhecimento geral, relativo a conceitos, é armazenado em uma *TBox*.

Afirmações terminológicas vinculam, portanto, conceitos entre si. Elas indicam, por exemplo, que todo membro de um conceito também pertence a outro conceito, ou que dois conceitos descrevem exatamente os mesmos indivíduos. Tais afirmações são chamadas *axiomas terminológicos*.

Definição 2.168. *Seja* $\Gamma = \langle K, R, O \rangle$ *uma assinatura* ALC*. Para todas as descrições de conceitos* C *e* D *sobre* Γ*,*

$$C \sqsubseteq D \qquad e \qquad C \equiv D$$

são chamadas axiomas terminológicos.

Um conjunto finito de axiomas terminológicos sobre Γ *é chamado* TBox *sobre* Γ.

Axiomas da forma $C \sqsubseteq D$ são chamados *inclusões*. Eles expressam que todo indivíduo de C também pertence a D; intuitivamente, C é, portanto, um subconceito de D. Axiomas da forma $C \equiv D$ são chamados *equivalências*. Eles afirmam que ambas as descrições de conceitos abrangem exatamente o mesmo conjunto de indivíduos.

Frequentemente, basta construir TBoxes apenas a partir de inclusões. Isso não representa uma restrição, pois toda equivalência

$$C \equiv D$$

pode ser substituída pelas duas inclusões

$$C \sqsubseteq D \qquad \text{e} \qquad D \sqsubseteq C$$

correspondentes.

Semanticamente, uma afirmação de TBox significa que os conjuntos denotados pelas descrições de conceitos envolvidas estão em uma determinada relação entre si.

Definição 2.169. *Seja* $\Gamma = \langle K, R, O \rangle$ *uma assinatura* ALC *e seja* $\mathcal{I} = \langle \Delta^{\mathcal{I}}, \cdot^{\mathcal{I}} \rangle$ *uma interpretação para* Γ. *Para descrições de conceitos* C *e* D *sobre* Γ, *definimos:*

$$\mathcal{I} \models_{\text{ALC}} C \sqsubseteq D \quad \textit{se, e somente se,} \quad C^{\mathcal{I}} \subseteq D^{\mathcal{I}},$$

$$\mathcal{I} \models_{\mathrm{ALC}} C \equiv D \quad \textit{se, e somente se,} \quad C^{\mathcal{I}} = D^{\mathcal{I}}.$$

Uma interpretação $\mathcal{I}$ satisfaz uma TBox T, escrito $\mathcal{I} \models_{\mathrm{ALC}} T$, se $\mathcal{I} \models_{\mathrm{ALC}} F$ vale para todo axioma terminológico $F \in T$.

Equivalências são especialmente úteis porque permitem definir novos conceitos a partir de conceitos já conhecidos. Desse modo, o conhecimento não apenas pode ser reunido, mas também organizado de forma estruturada. Uma TBox funciona então como um vocabulário formal, no qual os conceitos são delimitados com precisão e relacionados entre si.

Um exemplo do contexto universitário ilustra isso. Consideremos os conceitos

$$Estudante,\ Docente,\ Avaliação,\ Ativo,$$

bem como os papéis

$$cursa,\ ministra,\ avalia.$$

Então uma TBox poderia conter, por exemplo, os seguintes axiomas terminológicos:

$$Ativo \equiv Estudante \sqcup Docente,$$

$$Estudante \sqsubseteq \exists\, cursa.Avaliação,$$

$$Docente \sqsubseteq \forall\, ministra.Ativo,$$

$$Avaliação \sqsubseteq \exists\, avalia.Docente.$$

A primeira equivalência estabelece que as pessoas ativas são exatamente estudantes e docentes. A segunda inclusão afirma que todo estudante cursa ao menos uma avaliação. A terceira inclusão descreve docentes como pessoas que ministram apenas atividades relevantes ativas. A quarta inclusão afirma, por fim, que toda avaliação é avaliada por um docente.

Consideremos, por exemplo, uma interpretação na qual *maria* é entendida como estudante, *prof_schmidt* como docente e *prova1* como avaliação. Se, além disso,

$$(maria, prova1) \in cursa^{\mathcal{I}}$$
$$\text{e } (prova1, prof\_schmidt) \in avalia^{\mathcal{I}}$$

vale, então essa interpretação satisfaz as partes correspondentes da TBox. Desse modo, a TBox não descreve fatos individuais, mas relações estruturais gerais entre conceitos.

ABox e TBox complementam-se, assim, de maneira natural: a ABox contém fatos sobre indivíduos concretos, enquanto a TBox contém conhecimento geral sobre os conceitos envolvidos. No próximo passo, veremos como ambas podem ser reunidas e quais tipos de consultas podem ser formulados a tais bases de conhecimento.

Bases de conhecimento e consultas

ABoxes e TBoxes captam diferentes tipos de conhecimento: a ABox descreve fatos concretos sobre indivíduos particulares, ao passo que a TBox registra relações gerais entre conceitos. Na prática, ambos os componentes são usados em conjunto. Uma tal combinação é chamada de *base de conhecimento*. Ela contém, portanto, tanto conhecimento factual individual quanto conhecimento terminológico de fundo.

Definição 2.170. *Seja* $\Gamma = \langle K, R, O \rangle$ *uma assinatura ALC. Uma* base de conhecimento ALC *sobre* Γ *é um par*

$$\mathcal{K} = \langle \mathcal{A}, \mathcal{T} \rangle,$$

em que $\mathcal{A}$ *é uma ABox sobre* Γ *e* $\mathcal{T}$ *é uma TBox sobre* Γ.

Uma interpretação $\mathcal{I}$ chama-se *modelo* de uma base de conhecimento $\mathcal{K} = \langle \mathcal{A}, \mathcal{T} \rangle$ se satisfaz tanto a ABox $\mathcal{A}$ quanto a TBox $\mathcal{T}$. Para isso, escrevemos

$$\mathcal{I} \models_{\mathrm{ALC}} \mathcal{K}.$$

Sobre bases de conhecimento, podem-se agora formular diferentes tipos de consultas. Tais consultas são formuladas como problemas de decisão. Em cada caso, interessa saber se uma determinada relação semântica vale para todos os modelos da base de conhecimento ou se um conceito pode sequer ocorrer na situação de conhecimento dada.

Definição 2.171. *Seja* $\mathcal{K} = \langle \mathcal{A}, \mathcal{T} \rangle$ *uma base de conhecimento ALC.*

- *Uma descrição de conceito C chama-se* satisfatível em $\mathcal{K}$ *se existe um modelo $\mathcal{I}$ de $\mathcal{K}$ tal que*

$$C^{\mathcal{I}} \neq \emptyset.$$

- *Duas descrições de conceitos C e D chamam-se* disjuntas em relação a $\mathcal{K}$ *se, para todo modelo $\mathcal{I}$ de $\mathcal{K}$, vale:*

$$C^{\mathcal{I}} \cap D^{\mathcal{I}} = \emptyset.$$

- *Para um axioma terminológico X, escrevemos*

$$\mathcal{K} \models_{\mathrm{ALC}} X,$$

se todo modelo de $\mathcal{K}$ também satisfaz X.

Consultas típicas a uma base de conhecimento ALC são, em especial, as seguintes.

- **Subsunção** Entrada: uma base de conhecimento $\mathcal{K} = \langle \mathcal{A}, \mathcal{T} \rangle$ e duas descrições de conceitos C, D. Pergunta: vale $\mathcal{K} \models_{\mathrm{ALC}} C \sqsubseteq D$?

- **Satisfatibilidade de conceitos** Entrada: uma base de conhecimento $\mathcal{K} = \langle \mathcal{A}, \mathcal{T} \rangle$ e uma descrição de conceito C. Pergunta: C é satisfatível em $\mathcal{K}$?

- **Equivalência** Entrada: uma base de conhecimento $\mathcal{K} = \langle \mathcal{A}, \mathcal{T} \rangle$ e duas descrições de conceitos C, D. Pergunta: vale $\mathcal{K} \models_{\mathrm{ALC}} C \equiv D$?

- **Disjunção** Entrada: uma base de conhecimento $\mathcal{K} = \langle \mathcal{A}, \mathcal{T} \rangle$ e duas descrições de conceitos C, D. Pergunta: C e D são disjuntos em relação a $\mathcal{K}$?

Um exemplo no contexto universitário mostra como ABox e TBox interagem. Consideremos os conceitos

$$\textit{Estudante}, \ \textit{Docente}, \ \textit{Módulo}, \ \textit{Prova}$$

bem como os papéis

$$\textit{cursa}, \ \textit{ministra}, \ \textit{avalia}.$$

Uma TBox possível é:

$$\textit{Estudante} \equiv \textit{Pessoa} \sqcap \exists\, \textit{cursa}.\textit{Módulo},$$

$$\textit{Docente} \equiv \textit{Pessoa} \sqcap \exists\, \textit{ministra}.\textit{Módulo},$$

$$\textit{Prova} \sqsubseteq \exists\, \textit{avalia}.\textit{Docente}.$$

Para isso, a ABox poderia conter os seguintes fatos:

$$\begin{aligned}\mathcal{A} = \{ & \textit{Pessoa}(\textit{emma}),\\ & \textit{Pessoa}(\textit{lina}),\\ & \textit{Módulo}(\textit{logica1}),\\ & \textit{cursa}(\textit{emma}, \textit{logica1}),\\ & \textit{ministra}(\textit{lina}, \textit{logica1}),\\ & \textit{Prova}(\textit{prova1}),\\ & \textit{avalia}(\textit{prova1}, \textit{lina})\}\end{aligned}$$

Então a base de conhecimento descreve, por exemplo, que *emma* é uma estudante, que *lina* é uma docente e que *prova1* é uma prova avaliada por uma docente. A TBox fornece o conhecimento geral de fundo, enquanto a ABox fornece as instâncias concretas.

É especialmente importante observar que as consultas mencionadas estão estreitamente relacionadas entre si. Muitos problemas podem ser reduzidos à subsunção.

Proposição 2.172. *Seja* $\Gamma = \langle K, R, O \rangle$ *uma assinatura ALC. Para toda base de conhecimento ALC* $\mathcal{K}$ *sobre* Γ *e para todas as descrições de conceitos* C, D *sobre* Γ*, vale:*

1. $\mathcal{K} \models_{\text{ALC}} C \equiv D$ *se, e somente se,*
$$\mathcal{K} \models_{\text{ALC}} C \sqsubseteq D \quad e \quad \mathcal{K} \models_{\text{ALC}} D \sqsubseteq C.$$
2. C *e* D *são disjuntos em relação a* $\mathcal{K}$ *se, e somente se,*
$$\mathcal{K} \models_{\text{ALC}} C \sqcap D \sqsubseteq \bot.$$
3. C *é insatisfatível em* $\mathcal{K}$ *se, e somente se,*
$$\mathcal{K} \models_{\text{ALC}} C \sqsubseteq \bot.$$

Demonstração. As afirmações seguem imediatamente das definições semânticas.

1. $C \equiv D$ significa, por definição, que em todo modelo de $\mathcal{K}$ os conjuntos $C^{\mathcal{I}}$ e $D^{\mathcal{I}}$ são iguais. Isso é equivalente a valerem, respectivamente, $C^{\mathcal{I}} \subseteq D^{\mathcal{I}}$ e $D^{\mathcal{I}} \subseteq C^{\mathcal{I}}$, isto é, exatamente as duas afirmações de subsunção.

2. C e D são disjuntos em relação a $\mathcal{K}$ se, e somente se, para todo modelo $\mathcal{I}$ de $\mathcal{K}$ vale

$$C^{\mathcal{I}} \cap D^{\mathcal{I}} = \emptyset.$$

   Como, porém,

$$(C \sqcap D)^{\mathcal{I}} = C^{\mathcal{I}} \cap D^{\mathcal{I}} \quad \text{e} \quad \bot^{\mathcal{I}} = \emptyset,$$

   isso ocorre exatamente quando

$$(C \sqcap D)^{\mathcal{I}} \subseteq \bot^{\mathcal{I}}$$

   vale para todos os modelos $\mathcal{I}$ de $\mathcal{K}$, isto é, exatamente quando $\mathcal{K} \models_{\text{ALC}} C \sqcap D \sqsubseteq \bot$.

3. C é insatisfatível em $\mathcal{K}$ se, e somente se, não existe modelo $\mathcal{I}$ de $\mathcal{K}$ com $C^{\mathcal{I}} \neq \emptyset$. Isso é equivalente a dizer que, para todo modelo $\mathcal{I}$ de $\mathcal{K}$, vale

$$C^{\mathcal{I}} = \emptyset,$$

   ou seja,

$$C^{\mathcal{I}} \subseteq \bot^{\mathcal{I}}.$$

   Portanto, exatamente $\mathcal{K} \models_{\text{ALC}} C \sqsubseteq \bot$ está satisfeito.

□

Essas relações são muito importantes na prática, pois mostram que muitas questões podem ser reduzidas a uma tarefa central de verificação. Por isso, tanto na teoria quanto nas implementações, a subsunção é frequentemente a tarefa computacional fundamental.

Quanto à complexidade, vale finalmente um resultado notável: os problemas de subsunção, satisfatibilidade de conceitos, equivalência e disjunção são PSPACE-completos para ALC. Assim, embora ALC seja consideravelmente mais manejável do que a lógica completa de predicados de primeira ordem, ela ainda assim não é trivialmente computável.

Relações com a lógica de predicados de primeira ordem

Uma vantagem essencial da lógica descritiva ALC consiste no fato de que ela pode ser incorporada de modo claro à lógica de predicados de primeira ordem. Com isso, torna-se visível que ALC, embora possua uma linguagem própria e orientada a aplicações, semanticamente não se encontra fora da lógica clássica de predicados. Para a tradução, bastam até mesmo duas variáveis, por exemplo x e y. Intuitivamente, isso é suficiente porque, nas descrições de conceitos, alterna-se sempre apenas entre um indivíduo atualmente considerado e seus sucessores diretos por meio de um papel.

Lemos símbolos de conceitos como predicados unários, símbolos de papéis como predicados binários e nomes de indivíduos como constantes. Para traduzir descrições de conceitos em fórmulas da lógica de predicados, usamos uma aplicação π que depende do indivíduo considerado em cada caso. Para isso, escrevemos π_x ou π_y, respectivamente.

Definição 2.173. *Seja* $\Gamma = \langle K, R, O\rangle$ *uma assinatura* ALC*. A tradução de descrições de conceitos* ALC *para fórmulas da lógica de predicados de primeira ordem é definida recursivamente pelas seguintes regras:*

$$\pi_x(\top) = x = x, \qquad \pi_x(\bot) = x \neq x,$$

$$\pi_x(A) = A(x) \qquad (A \in K),$$
$$\pi_x(C \sqcap D) = \pi_x(C) \wedge \pi_x(D),$$
$$\pi_x(C \sqcup D) = \pi_x(C) \vee \pi_x(D)$$
$$\pi_x(\neg C) = \neg \pi_x(C),$$
$$\pi_x(\forall R.C) = \forall y\, (R(x,y) \rightarrow \pi_y(C)),$$
$$\pi_x(\exists R.C) = \exists y\, (R(x,y) \wedge \pi_y(C)).$$

As regras correspondentes para π_y *são obtidas trocando-se os papéis das variáveis.*

A tradução pode ser ilustrada diretamente por meio de exemplos. Para a descrição de conceito

$$Pessoa \sqcap \exists\, cursa.Módulo$$

obtém-se, por exemplo,

$$\begin{aligned}&\pi_x(Pessoa \sqcap \exists\, cursa.Módulo)\\ &= Pessoa(x) \wedge \exists y\, (cursa(x,y) \wedge Módulo(y))\end{aligned}$$

De modo análogo,

$$\forall\, ministra.Seminário$$

torna-se

$$\forall y\,(ministra(x,y) \rightarrow Seminário(y)).$$

Vê-se assim claramente que a lógica descritiva, em seu conteúdo, não tem nada de misterioso: ela apenas utiliza uma forma linguisticamente mais compacta para enunciados que já podem ser expressos na lógica de predicados.

Também TBoxes e ABoxes podem ser traduzidas sistematicamente. Para isso, interpretamos a mesma assinatura no sentido da lógica de predicados: símbolos de conceitos tornam-se predicados unários, símbolos de papéis tornam-se predicados binários e nomes de indivíduos tornam-se constantes.

Definição 2.174. *Seja $\mathcal{T} = \{C_1 \sqsubseteq D_1, \ldots, C_n \sqsubseteq D_n\}$ uma TBox sobre Γ. Então definimos*

$$\pi(\mathcal{T}) = \bigwedge_{i=1}^{n} \forall x\,(\pi_x(C_i) \rightarrow \pi_x(D_i)).$$

Seja $\mathcal{A}$ uma ABox sobre Γ. Então estabelecemos

$$\pi(\mathcal{A}) = \left(\bigwedge_{C(a)\in\mathcal{A}} \pi_x(C)[x \mapsto a]\right) \wedge \left(\bigwedge_{R(a,b)\in\mathcal{A}} R(a,b)\right).$$

Para uma base de conhecimento ALC $\mathcal{K} = \langle \mathcal{A}, \mathcal{T} \rangle$, *definimos por fim*

$$\pi(\mathcal{K}) = \pi(\mathcal{A}) \wedge \pi(\mathcal{T}).$$

Um pequeno exemplo do contexto universitário esclarece a ideia. Consideremos a TBox

$$\begin{aligned}\mathcal{T} = \{&\mathit{Estudante} \sqsubseteq \mathit{Pessoa} \sqcap \exists\, \mathit{cursa}.\mathit{Módulo},\\ &\mathit{Tutor} \equiv \mathit{Pessoa} \sqcap \forall\, \mathit{orienta}.\mathit{Estudante}\}\end{aligned}$$

e a ABox

$$\begin{aligned}\mathcal{A} = \{&\mathit{Pessoa}(\mathit{eva}),\\ &\mathit{Módulo}(\mathit{logica1}),\\ &\mathit{cursa}(\mathit{eva}, \mathit{logica1}),\\ &\mathit{Tutor}(\mathit{maria})\}.\end{aligned}$$

Então a primeira inclusão da TBox expressa que todo estudante é uma pessoa que cursa pelo menos um módulo. A segunda afirmação da TBox diz que um tutor é uma pessoa que orienta apenas estudantes. A ABox fornece, para isso, instâncias concretas.

A utilidade da tradução reside no fato de que podemos reduzir questões semânticas da lógica descritiva a questões da lógica de predicados. Em particular, valem as seguintes correspondências.

Lema 2.175 (Lema de correspondência). *Seja* $\Gamma = \langle K, R, O \rangle$ *uma assinatura ALC, seja*

$$\mathcal{I} = \langle \Delta^{\mathcal{I}}, \cdot^{\mathcal{I}} \rangle$$

uma interpretação ALC para Γ*, e seja* $\mathcal{J}$ *a estrutura de lógica de predicados associada a* $\mathcal{I}$*, com o mesmo domínio, as mesmas interpretações dos símbolos de conceito como predicados unários, dos símbolos de papel como predicados binários e dos nomes individuais como constantes.*

Então, para todo $d \in \Delta^{\mathcal{I}}$ *e toda descrição de conceito* E *sobre* Γ*, vale:*

$$d \in E^{\mathcal{I}} \iff \mathcal{J} \models \pi_x(E)[x \mapsto d].$$

Demonstração. Provamos a afirmação por indução estrutural sobre a construção de E.

Caso 1: $E = \top$**.** Então, por definição,

$$\top^{\mathcal{I}} = \Delta^{\mathcal{I}}.$$

Logo, para todo $d \in \Delta^{\mathcal{I}}$, vale:

$$d \in \top^{\mathcal{I}}.$$

Por outro lado,

$$\pi_x(\top) = x = x,$$

portanto $\mathcal{J}$ satisfaz a fórmula $\pi_x(\top)[x \mapsto d]$, pois sempre vale $d = d$. Assim, a afirmação é correta.

Caso 2: $E = \bot$**.** Então,

$$\bot^{\mathcal{I}} = \emptyset.$$

Logo, para nenhum $d \in \Delta^{\mathcal{I}}$ vale:

$$d \in \bot^{\mathcal{I}}.$$

Por outro lado,

$$\pi_x(\bot) = x \neq x,$$

e essa fórmula não é satisfatível sob nenhuma atribuição. Portanto, também aqui vale a equivalência desejada.

Caso 3: $E = A$ com $A \in K$. Então, pela definição da interpretação, vale:

$$d \in A^{\mathcal{I}} \quad \Longleftrightarrow \quad d \in A^{\mathcal{J}}.$$

Por outro lado,

$$\pi_x(A) = A(x),$$

isto é, ela é verdadeira em $\mathcal{J}$ sob a atribuição $x \mapsto d$ exatamente quando vale $d \in A^{\mathcal{J}}$. Com isso, a afirmação está demonstrada.

Caso 4: $E = C \sqcap D$. Pela hipótese de indução, vale

$$d \in C^{\mathcal{I}} \Longleftrightarrow \mathcal{J} \models \pi_x(C)[x \mapsto d]$$

e

$$d \in D^{\mathcal{I}} \Longleftrightarrow \mathcal{J} \models \pi_x(D)[x \mapsto d].$$

Além disso,

$$(C \sqcap D)^{\mathcal{I}} = C^{\mathcal{I}} \cap D^{\mathcal{I}}.$$

Portanto, vale

$$\begin{aligned} d \in (C \sqcap D)^{\mathcal{I}} &\Longleftrightarrow d \in C^{\mathcal{I}} \text{ e } d \in D^{\mathcal{I}} \\ &\Longleftrightarrow \mathcal{J} \models \pi_x(C)[x \mapsto d] \\ &\qquad \text{e } \mathcal{J} \models \pi_x(D)[x \mapsto d] \end{aligned}$$

Isto é equivalente a

$$\mathcal{J} \models \pi_x(C) \wedge \pi_x(D)[x \mapsto d],$$

ou seja, a

$$\mathcal{J} \models \pi_x(C \sqcap D)[x \mapsto d].$$

Caso 5: $E = C \sqcup D$**.** Novamente, a hipótese de indução fornece:

$$\begin{aligned} d \in C^{\mathcal{I}} &\iff \mathcal{J} \models \pi_x(C)[x \mapsto d], \\ d \in D^{\mathcal{I}} &\iff \mathcal{J} \models \pi_x(D)[x \mapsto d] \end{aligned}$$

Como

$$(C \sqcup D)^{\mathcal{I}} = C^{\mathcal{I}} \cup D^{\mathcal{I}},$$

vale

$$\begin{aligned} d \in (C \sqcup D)^{\mathcal{I}} &\iff d \in C^{\mathcal{I}} \\ &\qquad \text{ou } d \in D^{\mathcal{I}} \\ &\iff \mathcal{J} \models \pi_x(C)[x \mapsto d] \\ &\qquad \text{ou } \mathcal{J} \models \pi_x(D)[x \mapsto d] \end{aligned}$$

Isto é equivalente a

$$\mathcal{J} \models \pi_x(C) \vee \pi_x(D)[x \mapsto d],$$

ou seja, a

$$\mathcal{J} \models \pi_x(C \sqcup D)[x \mapsto d].$$

Caso 6: $E = \neg C$**.** Pela hipótese de indução, vale

$$d \in C^{\mathcal{I}} \iff \mathcal{J} \models \pi_x(C)[x \mapsto d].$$

Além disso,

$$(\neg C)^{\mathcal{I}} = \Delta^{\mathcal{I}} \setminus C^{\mathcal{I}}.$$

Daí segue que

$$\begin{aligned} d \in (\neg C)^{\mathcal{I}} &\iff d \notin C^{\mathcal{I}} \\ &\iff \mathcal{J} \not\models \pi_x(C)[x \mapsto d] \\ &\iff \mathcal{J} \models \neg\pi_x(C)[x \mapsto d] \end{aligned}$$

Logo, vale

$$\mathcal{J} \models \pi_x(\neg C)[x \mapsto d].$$

Caso 7: $E = \forall R.C$. Por definição, vale

$$(\forall R.C)^{\mathcal{I}} = \{a \in \Delta^{\mathcal{I}} \mid \forall b \in \Delta^{\mathcal{I}} : \ (a, b) \in R^{\mathcal{I}} \Rightarrow b \in C^{\mathcal{I}}\}.$$

Assim, para $d \in \Delta^{\mathcal{I}}$, temos:

$$d \in (\forall R.C)^{\mathcal{I}} \iff \forall b \in \Delta^{\mathcal{I}} : \ (d, b) \in R^{\mathcal{I}} \Rightarrow b \in C^{\mathcal{I}}.$$

Pela hipótese de indução, vale para todo $b \in \Delta^{\mathcal{I}}$:

$$b \in C^{\mathcal{I}} \iff \mathcal{J} \models \pi_y(C)[y \mapsto b].$$

Portanto, a condição acima é equivalente a

$$\forall b \in \Delta^{\mathcal{I}} : \ (d, b) \in R^{\mathcal{I}} \Rightarrow \mathcal{J} \models \pi_y(C)[y \mapsto b].$$

Esta é exatamente a condição de verdade para

$$\mathcal{J} \models \forall y \, (R(x, y) \to \pi_y(C)) [x \mapsto d],$$

ou seja, para

$$\mathcal{J} \models \pi_x(\forall R.C)[x \mapsto d].$$

Caso 8: $E = \exists R.C$. Analogamente, vale

$$(\exists R.C)^{\mathcal{I}} = \{a \in \Delta^{\mathcal{I}} \mid \exists b \in \Delta^{\mathcal{I}} : \ (a,b) \in R^{\mathcal{I}} \wedge b \in C^{\mathcal{I}}\}.$$

Portanto:

$$d \in (\exists R.C)^{\mathcal{I}} \iff \exists b \in \Delta^{\mathcal{I}} : \ (d,b) \in R^{\mathcal{I}} \wedge b \in C^{\mathcal{I}}.$$

Pela hipótese de indução para C, isto é equivalente a

$$\exists b \in \Delta^{\mathcal{I}} : \ (d,b) \in R^{\mathcal{I}} \wedge \mathcal{J} \models \pi_y(C)[y \mapsto b].$$

Esta é exatamente a condição de verdade para

$$\mathcal{J} \models \exists y \left(R(x,y) \wedge \pi_y(C)\right)[x \mapsto d],$$

isto é, para

$$\mathcal{J} \models \pi_x(\exists R.C)[x \mapsto d].$$

Com isso, todos os casos foram demonstrados. Portanto, para toda descrição de conceito E e todo $d \in \Delta^{\mathcal{I}}$, vale:

$$d \in E^{\mathcal{I}} \quad \iff \quad \mathcal{J} \models \pi_x(E)[x \mapsto d].$$

□

Teorema 2.176. *Seja $\mathcal{K} = \langle \mathcal{A}, \mathcal{T} \rangle$ uma base de conhecimento ALC sobre a assinatura $\Gamma = \langle K, R, O \rangle$, e sejam C, D descrições de conceitos sobre Γ. Por $\pi_x(\cdot)$, $\pi(\mathcal{A})$, $\pi(\mathcal{T})$ e $\pi(\mathcal{K}) = \pi(\mathcal{A}) \wedge \pi(\mathcal{T})$ denotamos a tradução para a lógica de predicados definida nesta seção. Então vale:*

1. *C é satisfatível em $\mathcal{K}$ se, e somente se, $\pi_x(C) \wedge \pi(\mathcal{K})$ é satisfatível.*

2. *$\mathcal{K} \models_{\text{ALC}} C \sqsubseteq D$ se, e somente se, $\pi_x(C) \wedge \neg\pi_x(D) \wedge \pi(\mathcal{K})$ é insatisfatível.*

Demonstração. Usamos a correspondência introduzida nesta seção entre interpretações ALC e estruturas da lógica de predicados: símbolos de conceitos são interpretados como predicados unários, símbolos de papéis como predicados binários e nomes de indivíduos como constantes; em ambos os lados, é usado o mesmo domínio.

Além disso, utilizamos o lema de correspondência recém-demonstrado.

(1) *"$\Rightarrow$":* Suponha que C seja satisfatível em $\mathcal{K}$. Então existem uma interpretação ALC I e um elemento $d \in \Delta^I$ tais que $I \models_{\text{ALC}} \mathcal{K}$ e $d \in C^I$. Seja J a estrutura da lógica de predicados correspondente a I. Como I é um modelo de $\mathcal{K}$, a estrutura J satisfaz a fórmula $\pi(\mathcal{K})$. De $d \in C^I$, segue pelo lema de correspondência que

$$J \models \pi_x(C)[x \mapsto d].$$

Portanto, J satisfaz a conjunção $\pi_x(C) \wedge \pi(\mathcal{K})$, e assim essa fórmula é satisfatível.

"$\Leftarrow$": Reciprocamente, suponha que $\pi_x(C) \wedge \pi(\mathcal{K})$ seja satisfatível. Então existem uma estrutura da lógica de predicados J e uma valoração s tais que

$$J \models \pi_x(C) \wedge \pi(\mathcal{K}).$$

Em particular, vale

$$J \models \pi(\mathcal{K}) \quad \text{e} \quad J \models \pi_x(C)[x \mapsto s(x)].$$

A estrutura J pode ser vista como uma interpretação ALC I, usando-se o mesmo domínio e interpretando-se os predicados e as constantes como acima. De $J \models \pi(\mathcal{K})$ segue então que $I \models_{\text{ALC}} \mathcal{K}$. Além disso, a partir de

$$J \models \pi_x(C)[x \mapsto s(x)]$$

o lema de correspondência fornece a afirmação

$$s(x) \in C^I.$$

Logo, C é satisfatível em $\mathcal{K}$.

(2) *"⇒":* Suponhamos que $\mathcal{K} \models_{\text{ALC}} C \sqsubseteq D$. Então, para todo modelo I de $\mathcal{K}$, vale:

$$C^I \subseteq D^I.$$

Assim, não existem um modelo I de $\mathcal{K}$ e um elemento $d \in \Delta^I$ tais que

$$d \in C^I \quad \text{e} \quad d \notin D^I.$$

Se a fórmula $\pi_x(C) \wedge \neg\pi_x(D) \wedge \pi(\mathcal{K})$ fosse satisfatível, então existiriam uma estrutura da lógica de predicados J e uma valoração s tais que

$$J \models \pi(\mathcal{K}),$$
$$J \models \pi_x(C)[x \mapsto s(x)],$$
$$J \models \neg\pi_x(D)[x \mapsto s(x)].$$

Essa estrutura corresponderia a uma interpretação ALC I com $I \models_{\text{ALC}} \mathcal{K}$ e

$$s(x) \in C^I \quad \text{e} \quad s(x) \notin D^I,$$

em contradição com $C^I \subseteq D^I$. Portanto,

$$\pi_x(C) \wedge \neg\pi_x(D) \wedge \pi(\mathcal{K})$$

é insatisfatível.

"⇐": Suponhamos agora que $\pi_x(C) \wedge \neg\pi_x(D) \wedge \pi(\mathcal{K})$ seja insatisfatível. Mostraremos que então vale $\mathcal{K} \models_{\text{ALC}} C \sqsubseteq D$. Para isso, tomemos um modelo arbitrário I de $\mathcal{K}$ e um elemento arbitrário $d \in C^I$. Seja J a estrutura da lógica de predicados correspondente a I. Então, de $I \models_{\text{ALC}} \mathcal{K}$, segue também

$$J \models \pi(\mathcal{K}).$$

De $d \in C^I$ segue, pelo lema de correspondência,

$$J \models \pi_x(C)[x \mapsto d].$$

Se, além disso, fosse $d \notin D^I$, então também valeria

$$J \models \neg\pi_x(D)[x \mapsto d]$$

. Assim, porém, $\pi_x(C) \wedge \neg\pi_x(D) \wedge \pi(\mathcal{K})$ seria satisfatível, em contradição com a hipótese. Logo, deve valer sempre $d \in D^I$. Como I e d eram arbitrários, segue

$$C^I \subseteq D^I$$

para todos os modelos I de $\mathcal{K}$; portanto, $\mathcal{K} \models_{\text{ALC}} C \sqsubseteq D$. □

Assim, ALC não é apenas uma linguagem autônoma de representação do conhecimento, mas também um fragmento bem definido da lógica de predicados de primeira ordem. É precisamente essa incorporação que explica por que muitas propriedades algorítmicas da lógica descritiva podem ser investigadas posteriormente com os meios da lógica clássica.

Outras lógicas descritivas

ALC é um exemplo particularmente intuitivo e, ao mesmo tempo, bastante típico de uma lógica descritiva. Ela já contém os principais componentes lógicos para a descrição de conceitos e relações. Justamente por isso, constitui um bom ponto de partida para compreender o panorama das lógicas descritivas: dependendo da aplicação, a linguagem é ampliada ou restringida de modo direcionado, a fim de obter maior poder expressivo ou melhores propriedades algorítmicas.

Uma restrição simples, mas frequentemente útil, é a lógica AL. Ela corresponde, em essência, à ALC sem negação geral sobre conceitos. Linguagens reduzidas desse tipo são, em algumas situações, mais fáceis de tratar, pois oferecem menos possibilidades de autorreferência indireta e de formação de conceitos opostos complexos. Na prática, essa forma de restrição é especialmente interessante quando se deseja obter uma estrutura com regras de inferência tão claras quanto possível.

Por outro lado, há numerosas extensões que aumentam o poder expressivo de ALC. Um tipo importante dessas extensões diz respeito às *restrições de cardinalidade*. Com elas, pode-se especificar quantos sucessores um indivíduo pode ou deve ter por meio de um papel. Assim, é possível formular expressões como:

$$\geq 2\, orienta \qquad \text{ou} \qquad \leq 3\, cursa.$$

No primeiro caso, a expressão descreve todos os indivíduos que estão ligados a pelo menos dois outros indivíduos por meio do papel *orienta*. No segundo caso, são capturados aqueles indivíduos que estão relacionados, por meio de *cursa*, com no máximo três objetos.

Ainda mais expressivas são as chamadas *restrições numéricas qualificadas*. Aqui não se conta apenas o número de sucessores, mas também se restringe a qual conceito esses sucessores devem pertencer. Assim,

$$\geq 2\, cursa.Módulo$$

descreve todos os estudantes que cursam pelo menos dois módulos. Analogamente,

$$\leq 1\, orientadoPor.Professor$$

representa todas as pessoas que são orientadas por no máximo um professor. Tais construções são muito úteis em aplicações, pois permitem expressar diretamente restrições estruturais.

Outra extensão diz respeito aos *nominais*. Trata-se de conceitos unitários da forma

$$\{a\},$$

isto é, conceitos que contêm exatamente o objeto designado pelo nome individual a. Os nominais permitem incorporar objetos conhecidos individuais diretamente em descrições de conceitos. Assim, pode-se usar, por exemplo, o conceito

$$\exists\, orientadoPor.\{maria\}$$

para descrever todos os indivíduos que são alcançados, pela relação *orientadoPor*, exatamente a partir do objeto designado por *maria*. Para a representação do conhecimento, isso é especialmente prático quando certos objetos-chave devem ser explicitamente marcados.

Também do lado dos papéis há generalizações importantes. Uma construção frequentemente utilizada é o *papel inverso*. Para um papel R, escreve-se

$$R^-$$

para a relação inversa. Semanticamente, isso significa:

$$(R^-)^{\mathcal{I}} = \{(b, a) \mid (a, b) \in R^{\mathcal{I}}\}.$$

Se, por exemplo, *orientadoPor* é o papel entre orientadores e orientandos, então o papel inverso $orientadoPor^-$ descreve a perspectiva oposta, isto é, "é-orientado-por". Tais inversões são especialmente úteis quando se deseja avaliar a mesma base de conhecimento a partir de diferentes pontos de vista.

Além dos construtores de conceitos e de papéis, também desempenha papel importante a relação entre os próprios papéis. Para isso, utiliza-se frequentemente uma *RBox*. Nela podem aparecer afirmações como

$$R \sqsubseteq S$$

o que significa que toda relação R é também uma relação S. Em um contexto universitário, poder-se-ia estabelecer, por exemplo, que toda relação *orienta* é ao mesmo tempo uma relação *aconselha*. Outra propriedade importante é a *transitividade* de um papel. Se um papel R é transitivo, então de $(a, b) \in R^{\mathcal{I}}$ e $(b, c) \in R^{\mathcal{I}}$ segue sempre também $(a, c) \in R^{\mathcal{I}}$. Isso é frequentemente adequado em relações como *eParteDe* ou *ePreRequisitoPara*.

Os nomes de muitas lógicas de descrição são compostos a partir dessas extensões. Assim, um acréscimo como N indica restrições numéricas, Q indica restrições numéricas qualificadas, O indica nominais, I indica papéis inversos, H indica hierarquias de papéis e S indica transitividade. Desse modo, surge toda uma família de lógicas orientadas a diferentes exigências. Conforme se acrescentam ou se omitem certos componentes, altera-se consideravelmente o equilíbrio entre expressividade e computabilidade.

É justamente essa diversidade que torna as lógicas de descrição tão importantes na prática. Em ontologias e na Web Semântica, elas são empregadas em muitas variantes. Um sistema padronizado conhecido nesse contexto é a *OWL* (*Web Ontology Language*), que se baseia em ideias das lógicas de descrição e é utilizada em ferramentas como o *Protégé*. As lógicas de descrição formam, assim, uma ponte entre a precisão lógica e a representação do conhecimento voltada para aplicações.

Exercícios e soluções

No que segue, exercitamos a sintaxe e a semântica de ALC, bem como a tradução para a lógica de predicados, por meio de um pequeno exemplo. Decida, em cada caso, se a afirmação é verdadeira ou falsa.

Considere a assinatura ALC $\Gamma = (K, R, O)$ com

$$K = \{E, D, B\}, \qquad R = \{T\}, \qquad O = \{d, e, h, c\},$$

bem como a interpretação $\mathcal{I}$ para Γ com

$$\Delta^{\mathcal{I}} = \{d, e, h, c\},$$

$$E^{\mathcal{I}} = \{e, h\}, \qquad D^{\mathcal{I}} = \{d\}, \qquad B^{\mathcal{I}} = \{e, c\},$$
$$T^{\mathcal{I}} = \{(e, d), (d, d), (e, h), (e, c)\}.$$

Além disso, seja

$$\varphi_4 = \forall y \, (T(x, y) \to E(y)) \lor \neg D(x).$$

Exercício. Decida, para cada uma das afirmações seguintes, se ela é verdadeira ou falsa.

1. $\exists T.B \sqcap \neg D$ é uma descrição de conceito ALC sobre Γ.

2. $(\neg\exists T.(E \sqcap B))^{\mathcal{I}} = \{d, e, h, c\}$.

3. $\mathcal{I} \models_{\mathrm{ALC}} E \sqsubseteq D$.

4. $\pi_x(\forall T.E \sqcup \neg D) = \varphi_4$.

Solução.

1. **Verdadeiro.** As expressões $\exists T.B$ e $\neg D$ são ambas descrições de conceito em ALC: $\exists T.B$ é uma restrição existencial, e $\neg D$ é a negação de um símbolo de conceito. Como ALC é fechada sob conjunção de conceitos, também

$$\exists T.B \sqcap \neg D$$

é uma descrição de conceito ALC bem formada sobre Γ.

2. **Verdadeiro.** Primeiro determinamos a expressão interna:

$$E^{\mathcal{I}} \cap B^{\mathcal{I}} = \{e, h\} \cap \{e, c\} = \{e\}.$$

Agora verificamos se existe um par em $T^{\mathcal{I}}$ cujo segundo componente pertença a esse conjunto. Os pares de T são

$$(e, d),\ (d, d),\ (e, h),\ (e, c).$$

Nenhum desses pares termina em e. Portanto, vale

$$(\exists T.(E \sqcap B))^{\mathcal{I}} = \emptyset.$$

Assim, temos

$$(\neg\exists T.(E \sqcap B))^{\mathcal{I}} = \Delta^{\mathcal{I}} \setminus \emptyset = \{d, e, h, c\}.$$

3. **Falso.** Para que $E \sqsubseteq D$ fosse satisfeito, deveria valer:

$$E^{\mathcal{I}} \subseteq D^{\mathcal{I}}.$$

Aqui, porém,

$$E^{\mathcal{I}} = \{e, h\}, \qquad D^{\mathcal{I}} = \{d\}.$$

Em particular, vale $e \in E^{\mathcal{I}}$, mas $e \notin D^{\mathcal{I}}$. Logo,

$$E^{\mathcal{I}} \nsubseteq D^{\mathcal{I}},$$

e, portanto,

$$\mathcal{I} \not\models_{\text{ALC}} E \sqsubseteq D.$$

4. **Verdadeiro.** Primeiro traduzimos as duas partes separadamente:

$$\pi_x(\forall T.E) = \forall y\,(T(x, y) \rightarrow E(y)),$$

$$\pi_x(\neg D) = \neg D(x).$$

Como a tradução preserva a disjunção por meio de $\vee$, segue que

$$\pi_x(\forall T.E \sqcup \neg D) = \forall y\,(T(x, y) \rightarrow E(y)) \vee \neg D(x).$$

Isso é exatamente φ_4.

As tarefas mostram como sintaxe, semântica e tradução em ALC estão estreitamente relacionadas: primeiro, verifica-se a boa formação de uma expressão; em seguida, calcula-se seu significado em uma interpretação; e, por fim, quando necessário, traduz-se a expressão para uma fórmula da lógica de predicados.

2.7 Lógica de predicados de segunda ordem

Neste último trecho do capítulo, ampliamos a lógica de predicados de primeira ordem para uma linguagem consideravelmente mais forte: a lógica de predicados de segunda ordem. A diferença decisiva consiste em que podemos quantificar não apenas sobre objetos individuais do domínio, mas também sobre conjuntos, relações e, de modo geral, sobre predicados. Com isso, a lógica ganha uma expressividade muito maior; ao mesmo tempo, porém, muitas propriedades metateóricas tornam-se mais difíceis do que na primeira ordem.

Essa lógica desempenha um papel importante na informática, sobretudo na teoria da complexidade descritiva. Nela se investiga quais classes de problemas computáveis podem ser caracterizadas por meio de fórmulas lógicas. Antes de chegarmos a esse ponto, introduzimos primeiro a sintaxe e a semântica da lógica de predicados de segunda ordem e esclarecemos, por meio de alguns exemplos, a diferença em relação à primeira ordem.

2.7.1 Sintaxe e semântica

Como na lógica de predicados de primeira ordem, também aqui trabalhamos com assinaturas, isto é, com símbolos de predicado, de função e de constante, cujo significado só é determinado por uma interpretação. A diferença propriamente dita em relação à primeira ordem não está nesses símbolos, mas na própria linguagem: além das variáveis para indivíduos, surgem agora variáveis para relações, bem como quantificações sobre essas variáveis.

Na primeira ordem, as variáveis representam elementos individuais do domínio. Na segunda ordem, acrescentam-se variáveis que representam relações. A essas variáveis de segunda ordem associamos uma aridade fixa. Assim, uma variável de segunda ordem unária representa um conjunto de objetos, uma variável de segunda ordem binária representa uma relação binária, e assim por diante.

Intuitivamente, pode-se pensar nisso da seguinte maneira: na primeira ordem, pergunta-se, por exemplo, se existe determinado objeto com uma propriedade. Na segunda ordem, pode-se perguntar adicionalmente se existe um conjunto com uma certa propriedade ou se uma própria relação satisfaz determinadas condições.

Definição 2.177. *Seja Σ uma assinatura. O conjunto das fórmulas da lógica de predicados de segunda ordem sobre Σ é definido indutivamente. Aqui, $x, y, z, \ldots$ são variáveis de primeira ordem e $X, Y, Z, \ldots$ são variáveis* *de segunda ordem, sendo que cada variável de segunda ordem possui uma aridade fixa.*

As Σ-fórmulas de segunda ordem são formadas do seguinte modo:

- *Se P é um símbolo de predicado de Σ com aridade n e se $t_1, \ldots, t_n$ são Σ-termos, então*

  $$P(t_1, \ldots, t_n)$$

  é uma fórmula de segunda ordem.

- *Se X é uma variável de segunda ordem com aridade n e se $t_1, \ldots, t_n$ são Σ-termos, então*

  $$X(t_1, \ldots, t_n)$$

  é uma fórmula de segunda ordem.

- *Se φ e ψ são fórmulas de segunda ordem, então também*

  $$(\varphi \wedge \psi), \qquad (\varphi \vee \psi)$$

  são fórmulas de segunda ordem.

- *Se φ é uma fórmula de segunda ordem, então também*

  $$\neg\varphi$$

  é uma fórmula de segunda ordem.

- *Se x é uma variável de primeira ordem e φ é uma fórmula de segunda ordem, então também*

  $$\forall x\, \varphi \qquad e \qquad \exists x\, \varphi$$

  são fórmulas de segunda ordem.

- *Se X é uma variável de segunda ordem e φ é uma fórmula de segunda ordem, então também*

$$\forall X\,\varphi \qquad e \qquad \exists X\,\varphi$$

são fórmulas de segunda ordem.

Toda fórmula da lógica de predicados de primeira ordem é, portanto, automaticamente também uma fórmula de segunda ordem. A segunda ordem estende a primeira sem modificá-la.

A semântica é complementada de modo correspondente. Além de uma estrutura, precisamos agora também de uma valoração para as variáveis de segunda ordem. Uma tal valoração associa a cada variável de primeira ordem um elemento do domínio e a cada variável de segunda ordem uma relação da aridade adequada sobre o domínio.

Definição 2.178. *Seja Σ uma assinatura e seja A uma Σ-estrutura com universo $|A|$. Uma* valoração de segunda ordem *é uma função*

$$\gamma : (V \cup V_2) \to |A| \cup \bigcup_{n\in\mathbb{N}_0} \mathcal{P}(|A|^n),$$

que atribui a cada variável de primeira ordem um elemento de $|A|$ e a cada variável de segunda ordem X de aridade n uma relação n-ária sobre $|A|$.

Se γ é uma valoração e x uma variável de primeira ordem, escrevemos $\gamma[x \mapsto a]$ para a valoração que difere *de γ apenas por enviar x para a. Se X é uma variável de segunda ordem e R uma relação adequada, escrevemos $\gamma[X \mapsto R]$ para a valoração modificada de modo correspondente.*

Chamamos um par $\langle A, \gamma \rangle$, formado por uma estrutura e uma valoração, de *interpretação* para fórmulas de segunda ordem.

A avaliação das fórmulas é feita recursivamente. Para fórmulas atômicas, verifica-se novamente se a relação correspondente vale na estrutura; para quantificadores sobre variáveis de segunda ordem, quantifica-se agora sobre todos os subconjuntos ou relações adequados do domínio.

Definição 2.179. *Seja Σ uma assinatura e seja $\mathcal{I} = \langle A, \gamma \rangle$ uma interpretação. Então a cada fórmula φ é atribuído seu valor de verdade $[\![\varphi]\!]_\mathcal{I} \in \{\text{true}, \text{false}\}$ por:*

$$[\![P(t_1, \ldots, t_n)]\!]_\mathcal{I} = \text{true} \iff ([\![t_1]\!]_\mathcal{I}, \ldots, [\![t_n]\!]_\mathcal{I}) \in P^A$$

$$[\![X(t_1, \ldots, t_n)]\!]_\mathcal{I} = \text{true} \iff ([\![t_1]\!]_\mathcal{I}, \ldots, [\![t_n]\!]_\mathcal{I}) \in \gamma(X)$$

$$[\![\varphi \wedge \psi]\!]_\mathcal{I} = \text{true} \iff [\![\varphi]\!]_\mathcal{I} = \text{true } \textit{e } [\![\psi]\!]_\mathcal{I} = \text{true}$$

$$[\![\varphi \vee \psi]\!]_\mathcal{I} = \text{true} \iff [\![\varphi]\!]_\mathcal{I} = \text{true } \textit{ou } [\![\psi]\!]_\mathcal{I} = \text{true}$$

$$
\begin{aligned}
&[\![\neg\varphi]\!]_{\mathcal{I}} = \text{true} \\
&\quad \Longleftrightarrow [\![\varphi]\!]_{\mathcal{I}} = \text{false} \\
&[\![\exists x\, \varphi]\!]_{\mathcal{I}} = \text{true} \\
&\quad \Longleftrightarrow \exists a \in |A| : [\![\varphi]\!]_{\langle A, \gamma[x \mapsto a]\rangle} = \text{true} \\
&[\![\forall x\, \varphi]\!]_{\mathcal{I}} = \text{true} \\
&\quad \Longleftrightarrow \forall a \in |A| : [\![\varphi]\!]_{\langle A, \gamma[x \mapsto a]\rangle} = \text{true} \\
&[\![\exists X\, \varphi]\!]_{\mathcal{I}} = \text{true} \\
&\quad \Longleftrightarrow \exists R \subseteq |A|^{\mathrm{Ary}(X)} : [\![\varphi]\!]_{\langle A, \gamma[X \mapsto R]\rangle} = \text{true} \\
&[\![\forall X\, \varphi]\!]_{\mathcal{I}} = \text{true} \\
&\quad \Longleftrightarrow \forall R \subseteq |A|^{\mathrm{Ary}(X)} : [\![\varphi]\!]_{\langle A, \gamma[X \mapsto R]\rangle} = \text{true}
\end{aligned}
$$

A segunda ordem quantifica, portanto, não apenas sobre elementos individuais, mas também sobre relações arbitrárias da aridade adequada no domínio. Isso torna a linguagem consideravelmente mais poderosa do que a de primeira ordem. Ao mesmo tempo, é exatamente isso que explica por que muitas propriedades metateóricas se tornam mais difíceis: com a quantificação sobre conjuntos e relações, pode-se falar de maneira muito mais forte e também mais indireta.

Um exemplo simples ilustra a expressividade adicional. Consideremos uma assinatura com um predicado unário P e a fórmula

$$\exists X (\exists x\, X(x) \land \forall x\, (X(x) \to P(x))).$$

Essa fórmula afirma: existe um subconjunto não vazio dos elementos que satisfazem P. Na lógica de primeira ordem, isso não pode ser expresso da mesma forma sem recursos adicionais, pois nela não se pode quantificar sobre conjuntos.

Outro exemplo vem da teoria dos grafos. Seja E um símbolo relacional binário. Então

$$\exists X\, \forall x\, \forall y\, (E(x,y) \to (X(x) \leftrightarrow \neg X(y)))$$

descreve a propriedade de que o grafo é bicolorível: existe uma decomposição dos vértices em um conjunto X e seu complemento, de modo que cada aresta conecta os dois lados. Enunciados desse tipo mostram bem como a quantificação de segunda ordem pode surgir naturalmente em problemas estruturais.

Na próxima seção veremos que essa maior expressividade tem seu preço. A lógica de predicados de segunda ordem é substancialmente mais poderosa do que a de primeira ordem, mas também é muito mais difícil de tratar do ponto de vista algorítmico.

2.7.2 Propriedades e expressividade

A lógica de predicados de segunda ordem amplia a de primeira ordem em apenas um ponto; justamente esse ponto, porém, altera muitos aspectos de maneira fundamental: agora podemos quantificar não só sobre elementos do domínio, mas também sobre conjuntos e relações. Com isso, grande parte da mecânica sintática familiar permanece preservada, ao passo que o poder expressivo aumenta consideravelmente.

Em primeiro lugar, vale observar que muitas das propriedades formais conhecidas da lógica de predicados de primeira ordem podem ser transferidas sem alteração para a segunda ordem. Isso diz respeito, em particular, às regras usuais de transformação para conectivos e quantificadores, ao lema da substituição, ao lema da coincidência e à dependência local em relação às atribuições. Nesta seção, portanto, concentrar-nos-emos naquelas propriedades que são novas na segunda ordem ou que nela se comportam de modo diferente do que na primeira ordem.

Também para quantificadores de segunda ordem valem as dualidades e regras de permutação familiares, desde que nenhuma variável seja capturada.

Proposição 2.180. *Valem as seguintes equivalências:*

1. $\exists X\, \varphi \equiv \neg\forall X\, \neg\varphi$,
2. $\varphi \equiv \forall X\, \varphi$, *se* $X \notin FV(\varphi)$,
3. $\forall X\, \varphi \equiv \neg\exists X\, \neg\varphi$,
4. $\varphi \equiv \exists X\, \varphi$, *se* $X \notin FV(\varphi)$,
5. $\forall X \forall Y\, \varphi \equiv \forall Y \forall X\, \varphi$,
6. $\forall X(\varphi \wedge \psi) \equiv (\forall X\, \varphi) \wedge (\forall X\, \psi)$,
7. $\exists X \exists Y\, \varphi \equiv \exists Y \exists X\, \varphi$,

8. $\exists X(\varphi \vee \psi) \equiv (\exists X\, \varphi) \vee (\exists X\, \psi)$.

Demonstração. Mostramos cada equivalência diretamente por meio da semântica dos quantificadores de segunda ordem.

(1) Seja $I = \langle A, \gamma \rangle$ uma interpretação arbitrária. Então vale:

$$I \models \exists X.\, \varphi$$

se, e somente se, existe uma relação $S \subseteq A^{\mathrm{Ary}(X)}$ tal que

$$\langle A, \gamma[X \mapsto S] \rangle \models \varphi.$$

Isso ocorre se, e somente se, *não* ocorre que, para todas as relações $S \subseteq A^{\mathrm{Ary}(X)}$, valha

$$\langle A, \gamma[X \mapsto S] \rangle \models \neg\varphi,$$

isto é, se, e somente se,

$$I \models \neg\forall X.\, \neg\varphi.$$

(2) Seja $X \notin FV(\varphi)$. Então o valor de verdade de φ não depende da atribuição de X. Portanto, para toda relação $S \subseteq A^{\mathrm{Ary}(X)}$, vale:

$$\langle A, \gamma \rangle \models \varphi \iff \langle A, \gamma[X \mapsto S] \rangle \models \varphi.$$

Assim, vale:

$$\langle A, \gamma \rangle \models \varphi \iff \langle A, \gamma \rangle \models \forall X.\, \varphi.$$

(3) Seja $I = \langle A, \gamma \rangle$. Então vale:

$$I \models \forall X.\, \varphi$$

se, e somente se, para todas as relações $S \subseteq A^{\mathrm{Ary}(X)}$, vale

$$\langle A, \gamma[X \mapsto S] \rangle \models \varphi.$$

Isso ocorre se, e somente se, não existe nenhuma relação $S \subseteq A^{\mathrm{Ary}(X)}$ tal que

$$\langle A, \gamma[X \mapsto S] \rangle \models \neg\varphi,$$

isto é, se, e somente se,

$$I \models \neg\exists X.\, \neg\varphi.$$

(4) Seja novamente $X \notin FV(\varphi)$. Então, para toda relação $S \subseteq A^{\mathrm{Ary}(X)}$, vale:

$$\langle A, \gamma \rangle \models \varphi \quad \Longleftrightarrow \quad \langle A, \gamma[X \mapsto S] \rangle \models \varphi.$$

Em particular, existe uma tal relação S, de modo que

$$\langle A, \gamma \rangle \models \exists X.\, \varphi$$

vale exatamente quando

$$\langle A, \gamma \rangle \models \varphi.$$

(5) Seja $I = \langle A, \gamma \rangle$. Então vale:

$$I \models \forall X \forall Y.\, \varphi$$

se, e somente se, para todas as relações $S \subseteq A^{\text{Ary}(X)}$ e todas as relações $T \subseteq A^{\text{Ary}(Y)}$, vale:

$$\langle A, \gamma[X \mapsto S, Y \mapsto T] \rangle \models \varphi.$$

Como a escolha de S e T é independente, isso é equivalente a:

$$I \models \forall Y \forall X.\, \varphi.$$

(6) Seja $I = \langle A, \gamma \rangle$. Então vale:

$$I \models \forall X (\varphi \wedge \psi)$$

se, e somente se, para todas as relações $S \subseteq A^{\text{Ary}(X)}$, vale:

$$\langle A, \gamma[X \mapsto S] \rangle \models \varphi \wedge \psi.$$

Isso ocorre se, e somente se, para todo S, tanto

$$\langle A, \gamma[X \mapsto S] \rangle \models \varphi \quad \text{quanto} \quad \langle A, \gamma[X \mapsto S] \rangle \models \psi$$

valem, isto é, se, e somente se,

$$I \models (\forall X.\, \varphi) \wedge (\forall X.\, \psi).$$

(7) Seja $I = \langle A, \gamma \rangle$. Então vale:

$$I \models \exists X \exists Y.\, \varphi$$

se, e somente se, existem relações $S \subseteq A^{\text{Ary}(X)}$ e $T \subseteq A^{\text{Ary}(Y)}$ tais que

$$\langle A, \gamma[X \mapsto S, Y \mapsto T] \rangle \models \varphi.$$

Como a existência de S e T é independente, isso é equivalente a:

$$I \models \exists Y \exists X . \varphi.$$

(8) Seja $I = \langle A, \gamma \rangle$. Então vale:

$$I \models \exists X(\varphi \vee \psi)$$

se, e somente se, existe uma relação $S \subseteq A^{\mathrm{Ary}(X)}$ tal que

$$\langle A, \gamma[X \mapsto S] \rangle \models \varphi \vee \psi.$$

Isso ocorre se, e somente se, ou

$$\langle A, \gamma[X \mapsto S] \rangle \models \varphi \quad \text{ou} \quad \langle A, \gamma[X \mapsto S] \rangle \models \psi$$

vale, isto é, se, e somente se,

$$I \models (\exists X . \varphi) \vee (\exists X . \psi).$$

□

Ainda mais interessante é o fato de que, na segunda ordem, as próprias relações e funções podem ser tratadas como objetos. Essa é uma razão essencial para a maior expressividade dessa lógica.

Proposição 2.181. *Seja X uma variável de segunda ordem n-ária e seja Y uma variável de segunda ordem $(n+1)$-ária. Então, para toda fórmula φ na qual Y não ocorre, vale:*

$$\forall x \, \exists X \, \varphi \equiv \exists Y \, \forall x \, \varphi',$$

onde φ' é obtida a partir de φ substituindo-se cada átomo da forma $X(t_1, \ldots, t_n)$ por $Y(x, t_1, \ldots, t_n)$.

Demonstração. Provamos a equivalência semântica. Para isso, seja sempre $I = \langle A, \gamma \rangle$ uma interpretação arbitrária (uma estrutura juntamente com uma valoração de segunda ordem). Usamos a semântica dos quantificadores de segunda ordem como nas definições anteriores.

"⇒": Suponha que $I \models \forall x\, \exists X.\, \varphi$. Pela semântica, isso significa que, para todo $a \in A$, existe uma relação

$$S_a \subseteq A^n$$

(mais precisamente, S_a tem a aridade de X) tal que

$$\langle A, \gamma[X \mapsto S_a] \rangle \models \varphi \quad \text{sob a atribuição } x \mapsto a.$$

(Em suma: para cada a existe um S_a tal que $I[X \mapsto S_a, x \mapsto a] \models \varphi$.)

Construímos agora uma única relação $(n+1)$-ária $R \subseteq A \times A^n$ por

$$R \;:=\; \{\, (a, \bar{t}) \in A \times A^n \mid \bar{t} \in S_a \,\}.$$

Defina $\gamma' := \gamma[Y \mapsto R]$. Mostramos que, para todo $a \in A$, vale

$$\langle A, \gamma'[x \mapsto a] \rangle \models \varphi'.$$

De fato: em φ', todas as ocorrências de $X(u_1, \ldots, u_n)$ foram substituídas por $Y(x, u_1, \ldots, u_n)$. Para um a fixo e para uma tupla $\bar{t}$, vale $Y(a, \bar{t})$ em $\langle A, \gamma' \rangle$ se, e somente se, $(a, \bar{t}) \in R$, isto é, se, e somente se, $\bar{t} \in S_a$. Portanto, sob a atribuição $x \mapsto a$, a verdade de cada afirmação atômica que, em φ, depende de um átomo do tipo $X(\ldots)$ é, em φ', equivalente à verdade da afirmação correspondente com a valoração $X \mapsto S_a$. Para todas as demais subfórmulas atômicas (que não contêm X), nada se altera (e, por hipótese, Y não ocorre em φ). Da premissa $I[X \mapsto S_a, x \mapsto a] \models \varphi$ segue, portanto, imediatamente que $\langle A, \gamma'[x \mapsto a]\rangle \models \varphi'$. Como isso vale para todo $a \in A$, obtemos $\langle A, \gamma'\rangle \models \forall x.\varphi'$, logo $I \models \exists Y\, \forall x.\, \varphi'$ (a relação R recém-construída serve aqui como testemunha).

"$\Leftarrow$": Suponha que $I \models \exists Y\, \forall x.\, \varphi'$. Então existe uma relação $(n+1)$-ária $R \subseteq A \times A^n$ tal que

$$\langle A, \gamma[Y \mapsto R]\rangle \models \forall x.\, \varphi'.$$

Para cada $a \in A$, definimos a relação n-ária

$$S_a := \{\, \bar{t} \in A^n \mid (a, \bar{t}) \in R \,\}.$$

Como $\langle A, \gamma[Y \mapsto R]\rangle \models \forall x.\varphi'$, vale para todo $a \in A$:

$$\langle A, \gamma[Y \mapsto R, x \mapsto a]\rangle \models \varphi'.$$

Pela construção de φ' e de S_a, segue agora, de modo análogo ao argumento anterior, que a verdade de φ' sob a valoração $Y \mapsto R$ e a atribuição $x \mapsto a$ corresponde exatamente à verdade de φ sob a valoração $X \mapsto S_a$ e a atribuição $x \mapsto a$. Assim, para todo $a \in A$, vale:

$$\langle A, \gamma[X \mapsto S_a, x \mapsto a]\rangle \models \varphi.$$

Daí segue, pela definição da semântica, que $\langle A, \gamma\rangle \models \forall x\, \exists X.\, \varphi$, isto é, $I \models \forall x\, \exists X.\, \varphi$.

Como ambas as direções foram demonstradas, segue a equivalência desejada

$$\forall x\,\exists X.\,\varphi \;\equiv\; \exists Y\,\forall x.\,\varphi'.$$

□

Em princípio, fórmulas da lógica de predicados de segunda ordem podem ser transformadas em uma forma normal na qual todos os quantificadores de segunda ordem aparecem no início. Dizemos que uma fórmula de segunda ordem está em *forma prenexa de segunda ordem* quando tem a forma

$$Q_1X_1\,Q_2X_2\,\cdots\,Q_nX_n.\,\psi$$

em que cada Q_i é $\forall$ ou $\exists$, e ψ não contém mais quantificadores de segunda ordem. Quantificadores de primeira ordem ainda podem ocorrer em ψ.

Com as equivalências da Proposição 2.180, bem como com a regra de comutação da Proposição 2.181, toda fórmula de segunda ordem pode ser transformada em uma fórmula equivalente dessa forma.

Com o auxílio da quantificação de segunda ordem, também é possível expressar propriedades que não são diretamente formuláveis na primeira ordem. Um exemplo clássico é a afirmação de que uma relação caracteriza a igualdade:

$$\mathrm{Eq}(=) \;:=\; \forall x \forall y \Big(x = y \leftrightarrow \forall X\,(X(x) \rightarrow X(y)) \Big).$$

Assim, a igualdade pode ser descrita internamente, na segunda ordem, de uma maneira muito robusta. Do mesmo modo, funções podem ser codificadas por relações que são totais e funcionais. Portanto, é possível simular variáveis funcionais por meio de relações adequadas, desde que seus grafos sejam considerados como conjuntos de tuplas.

Proposição 2.182. *Para toda fórmula φ da lógica de predicados de segunda ordem, existe uma fórmula equivalente da lógica de predicados de segunda ordem em forma prenexa de segunda ordem.*

Demonstração. Mostramos como construir, a partir de uma fórmula arbitrária φ, uma fórmula equivalente na forma prenexa exigida. Para isso, é permitido usar livremente as equivalências das Proposições 2.180 e 2.181, bem como as regras usuais de renomeação de variáveis ligadas (para evitar colisões de nomes). A ideia da prova é construtiva: deslocamos gradualmente todos os quantificadores de segunda ordem para fora, até que todos os quantificadores de segunda ordem estejam no início; dentro da fórmula podem permanecer quantificadores de primeira ordem. Como toda fórmula contém apenas um número finito de quantificadores, o procedimento termina.

1. Redução a uma forma adequada:
Primeiro colocamos φ em uma forma na qual as negações ocorrem apenas diante de fórmulas atômicas (forma normal de negação) e na qual todas as variáveis ligadas são duas a duas distintas (por meio da renomeação siste-

mática de variáveis ligadas). Ambas as condições podem ser obtidas pelas equivalências conhecidas (dupla negação, De Morgan, renomeação de variáveis ligadas); esses passos não alteram a estrutura relativa aos quantificadores de segunda ordem, mas facilitam o procedimento posterior.

2. Procedimento para extrair quantificadores de segunda ordem:
Repetimos o passo seguinte enquanto ainda houver, na fórmula, um quantificador de segunda ordem no interior de um operador lógico ou no interior de um quantificador de primeira ordem.

Considere uma subfórmula da forma

$$\tau \quad = \quad \Phi(\,Q_2X.\,\psi\,)$$

em que $Q_2 \in \{\forall, \exists\}$ é um quantificador de *segunda* ordem e $\Phi(\,\cdot\,)$ é uma fórmula de contexto que representa ou uma conexão booleana (conjunção/disjunção/negação) ou um quantificador de primeira ordem ($\forall x$ ou $\exists x$). Levamos $Q_2X.\psi$, por meio das seguintes transformações semanticamente justificadas, a uma posição na qual ele aparece como "externo":

1. *Caso Φ seja uma conexão booleana:*
   Utilizam-se as equivalências da Proposição 2.180, por exemplo

$$\forall X.(\alpha \wedge \beta) \equiv (\forall X.\alpha) \wedge (\forall X.\beta)$$
$$\exists X.(\alpha \vee \beta) \equiv (\exists X.\alpha) \vee (\exists X.\beta)$$

bem como comutatividade/associatividade, para puxar Q_2X gradualmente para fora através dos conectivos booleanos. Pela aplicação repetida dessas regras, todo quantificador SO pode ser extraído através de conjunções/disjunções sem alterar a semântica. (Ao atravessar uma negação, usa-se a dualidade $\exists X.\varphi \equiv \neg\forall X.\neg\varphi$ ou, respectivamente, $\forall X.\varphi \equiv \neg\exists X.\neg\varphi$.)

2. *Caso Φ seja um quantificador de primeira ordem, por exemplo $\forall x$ ou $\exists x$:*
Aqui usamos a Proposição 2.181 e as regras de dualidade da Proposição 2.180 para levar o quantificador SO à posição desejada. Há os seguintes casos, que permitem transformações semanticamente justificadas:

   - Se a subfórmula é da forma $\forall x.\, Q_2X.\, \psi$ e $Q_2 = \exists$, aplica-se a Proposição 2.181:

   $$\forall x\, \exists X.\, \psi \;\equiv\; \exists Y\, \forall x.\, \psi',$$

   em que ψ' surge pela substituição de cada átomo $X(t_1, \ldots, t_n)$ por $Y(x, t_1, \ldots, t_n)$ (eventualmente após renomear variáveis ligadas). Assim, o quantificador SO $\exists X$ foi puxado para antes do quantificador FO $\forall x$ (porém como $\exists Y$, com aridade aumentada de n para $n+1$).

   - Se a subfórmula é $\exists x.\, Q_2X.\, \psi$ e $Q_2 = \exists$, então é possível permutar os quantificadores existenciais:

$$\exists x\, \exists X.\, \psi \;\equiv\; \exists X\, \exists x.\, \psi,$$

pois tanto x quanto X existem independentemente; assim, X foi puxado um nível para fora.

- Se a subfórmula é $\exists x.\, \forall X.\, \psi$, escreve-se inicialmente $\forall X.\psi \equiv \neg\exists X.\neg\psi$ (Proposição 2.180), de modo que o caso anteriormente tratado se torne aplicável; após a transformação, retorna-se novamente pela dualidade.
- Transformações análogas valem quando a quantificação FO externa é $\forall x$ e o quantificador SO interno é $\forall X$ ou $\exists X$ — usa-se a combinação de dualidade (Prop. 2.180) e Prop. 2.181, eventualmente após renomear variáveis ligadas, para levar o quantificador SO à posição externa desejada.

O ponto importante é que cada uma dessas aplicações preserva a semântica e — se necessário — as variáveis ligadas são renomeadas para evitar colisões.

3. Terminação e resultado:
Cada passo desloca pelo menos um quantificador de segunda ordem uma posição mais para fora (atravessando uma barreira de conectivo ou de quantificador). Como φ contém apenas um número finito de quantificadores

de segunda ordem, o procedimento termina após um número finito de aplicações. Ao final, obtém-se uma fórmula equivalente a φ, na qual nenhum quantificador de segunda ordem ocorre mais no interior de um operador lógico ou de um quantificador de primeira ordem, isto é, todos os quantificadores de segunda ordem ficam no início. Assim, a fórmula resultante tem a forma desejada

$$Q_1X_1\, Q_2X_2\, \ldots\, Q_mX_m.\, \psi(X_1, \ldots, X_m),$$

em que ψ não contém mais quantificadores de segunda ordem. (Quantificadores de primeira ordem podem permanecer em ψ; a definição de "forma prenex de segunda ordem" exige apenas que todos os quantificadores de segunda ordem estejam no início.)

4. Frescor das variáveis / convenção de nomes: Durante o procedimento, garantimos sempre que as variáveis ligadas sejam renomeadas de modo que não surjam colisões (nem entre variáveis de primeira ordem, nem entre variáveis de segunda ordem). Isso é sempre possível pelo procedimento padrão, pois apenas um número finito de nomes ocorre em φ.

Com isso, mostramos construtivamente como, a partir de qualquer fórmula de segunda ordem, pode-se obter uma fórmula equivalente em forma prenex de segunda ordem. □

Particularmente importante é a possibilidade de captar propriedades globais de estruturas. Pode-se, por exemplo, expressar que uma estrutura é finita dizendo que toda autoaplicação injetiva também deve ser sobrejetiva. Por outro lado, também se pode caracterizar a infinitude exigindo uma aplicação injetiva, mas não sobrejetiva. Fórmulas desse tipo não são possíveis, nessa forma, na primeira ordem.

Um exemplo elegante vem da teoria dos grafos. Considere uma relação binária E como a relação de arestas de um grafo. Então, na segunda ordem, pode-se formular que o grafo é bipartido: existe um conjunto de vértices X tal que toda aresta liga um vértice de X a um vértice fora de X. Assim, a segunda ordem permite não apenas afirmações sobre vértices ou arestas individuais, mas também sobre subconjuntos do grafo como um todo.

A maior força expressiva, contudo, tem um preço. Em primeiro lugar, perde-se a compacidade.

Teorema 2.183. *A lógica de predicados de segunda ordem não é compacta.*

Demonstração. Para cada $n \in \mathbb{N}$, seja $\chi_{\geq n}$ a fórmula que afirma que o domínio contém pelo menos n elementos distintos:

$$\chi_{\geq n} := \exists x_1 \cdots \exists x_n \bigwedge_{1 \leq i < j \leq n} x_i \neq x_j.$$

Consideremos agora, além disso, uma fórmula de segunda ordem Fin que expressa que o domínio é finito. Uma fórmula desse tipo está disponível na segunda ordem, pois a finitude pode ser caracterizada pelo comportamento de todas as funções injetivas.

O conjunto

$$\Gamma := \{\mathrm{Fin}, \chi_{\geq 1}, \chi_{\geq 2}, \chi_{\geq 3}, \dots\}$$

é insatisfatível, pois Fin exige um domínio finito, enquanto todas as fórmulas $\chi_{\geq n}$ em conjunto impõem cardinalidades finitas arbitrariamente grandes. Toda subcoleção finita de Γ, porém, é satisfatível: se ela contém apenas $\chi_{\geq 1}, \dots, \chi_{\geq k}$, então basta um domínio com exatamente k elementos. Portanto, a lógica não é compacta. □

Ainda mais forte é a afirmação negativa sobre o aspecto algorítmico. Na segunda ordem, os problemas semânticos centrais de decisão não são apenas difíceis, mas, em princípio, nem sequer semidecidíveis.

Teorema 2.184. *Os problemas* TAUT(SO), SAT(SO) *e* INFER(SO) *são indecidíveis e não semidecidíveis.*

Esboço da demonstração. A segunda ordem é suficientemente forte para falar sobre conjuntos, relações e, portanto, sobre amplas partes da estrutura aritmética e combinatória. Com isso, problemas indecidíveis conhecidos podem ser reduzidos a questões semânticas da segunda ordem. Ao contrário do que ocorre na primeira ordem, não há, portanto, nenhum mecanismo algorítmico completo de busca que semidecida de modo confiável tautologias, satisfatibilidade ou consequência lógica. □

Com isso, torna-se particularmente claro o campo de tensão fundamental da lógica de predicados de segunda ordem: ela é substancialmente mais expressiva do que a primeira ordem, mas justamente por isso perde propriedades centrais desejáveis, como compacidade e controlabilidade algorítmica. Um cálculo de resolução no sentido em que o conhecemos para a primeira ordem não existe aqui.

Na prática, essa elevada expressividade é, ainda assim, extremamente útil, por exemplo sempre que se deseja formular propriedades estruturais de objetos inteiros ou de relações. Para a demonstrabilidade automática geral, porém, a segunda ordem é poderosa demais. Por isso, em aplicações, investigam-se frequentemente fragmentos adequados, que oferecem um equilíbrio melhor entre expressividade e computabilidade.

2.7.3 Lógica e complexidade descritiva

A complexidade descritiva investiga quais classes de complexidade podem ser caracterizadas por fórmulas lógicas. O ponto de vista é, nesse caso, inverso ao da teoria clássica da complexidade: em vez de perguntar como um problema é calculado por uma máquina, pergunta-se que tipo de lógica é capaz de descrever exatamente os problemas do mesmo grau de dificuldade. Isso é particularmente interessante para problemas de decisão sobre estruturas finitas, por exemplo sobre grafos, relações ou bancos de dados finitos.

$$
\begin{aligned}
\text{P} &= \text{a classe dos problemas que} \\
&\quad\ \text{são decidíveis deterministicamente} \\
&\quad\ \text{em tempo polinomial,} \\
\text{NP} &= \text{a classe dos problemas cujas} \\
&\quad\ \text{instâncias positivas podem ser verificadas} \\
&\quad\ \text{em tempo polinomial,} \\
\text{coNP} &= \text{a classe dos problemas cujas} \\
&\quad\ \text{instâncias negativas podem ser verificadas} \\
&\quad\ \text{em tempo polinomial.}
\end{aligned}
$$

Essas classes constituem pontos de referência centrais da informática. A classe P representa problemas que são bem controláveis do ponto de vista algorítmico, enquanto NP e coNP já podem ser consideravelmente mais difíceis.

Para a classe NP existe uma caracterização lógica particularmente elegante. Nela, a segunda ordem da lógica desempenha o papel decisivo: primeiro quantifica-se sobre relações adequadas e, em seguida, formula-se apenas uma afirmação de primeira ordem sobre essas relações.

Definição 2.185. *Uma fórmula da forma*

$$\exists X_1 \, \exists X_2 \cdots \exists X_n \, \psi,$$

em que ψ *não contém quantificadores de segunda ordem, chama-se* fórmula SO existencial *ou, abreviadamente,* fórmula $\exists$SO.

Tais fórmulas são especialmente naturais quando, por exemplo, em um grafo, primeiro se escolhe um conjunto adequado de vértices ou arestas e depois se verifica se essa escolha satisfaz determinada propriedade. Um padrão típico é, portanto: „Adivinhe uma estrutura e depois verifique a propriedade."

Teorema 2.186 (Teorema de Fagin). *Em estruturas finitas, vale o seguinte: exatamente os problemas de decisão em* NP *podem ser caracterizados por uma fórmula* $\exists SO$.

O significado desse teorema é notável: aquilo que, na teoria da complexidade, é entendido como tempo polinomial não determinístico corresponde, do ponto de vista lógico, exatamente à quantificação existencial sobre relações. Obtém-se, assim, uma ponte entre dificuldade algorítmica e poder expressivo lógico.

Um exemplo clássico é a pergunta se um grafo finito possui um ciclo hamiltoniano. Logicamente, pode-se primeiro adivinhar uma relação para as arestas escolhidas ou para a ordem dos vértices e, em seguida, verificar se exatamente essa escolha descreve um percurso fechado que passa por todos os vértices. Portanto, o problema pertence a NP e pode, correspondentemente, ser formulado como uma propriedade ∃SO.

Pela dualidade entre instâncias positivas e negativas, obtém-se a contraparte para coNP.

Definição 2.187. *Uma fórmula da forma*

$$\forall X_1 \forall X_2 \cdots \forall X_n \psi,$$

em que ψ *não contém quantificadores de segunda ordem, chama-se* fórmula SO universal *ou, abreviadamente,* fórmula ∀SO.

Corolário 2.188. *Em estruturas finitas, vale o seguinte: exatamente os problemas de decisão em* coNP *podem ser caracterizados por uma fórmula ∀SO.*

Para a classe P, a situação é consideravelmente mais sutil. Justamente porque P representa os problemas solucionáveis de modo praticamente eficiente, uma caracterização lógica seria especialmente desejável. Até hoje, porém, não se conhece uma caracterização lógica de P que seja geralmente aceita. Há até conjecturas segundo as quais uma tal caracterização, na forma esperada, talvez nem exista; nesse contexto, costuma-se fazer referência à conjectura de Gurevich.

A complexidade descritiva mostra, assim, de maneira muito clara, quão estreitamente lógica e informática estão relacionadas: a quantificação lógica sobre relações pode expressar exatamente aquele tipo de adivinhação e verificação não determinísticas que é central na teoria da complexidade. Ao mesmo tempo, ela torna visível que poder expressivo e computabilidade frequentemente se encontram em uma relação de tensão.

2.7.4 Exercícios e soluções

A seguir, exercitamos a sintaxe e a semântica da lógica de predicados de segunda ordem por meio de alguns pequenos exemplos. O objetivo principal é classificar corretamente as fórmulas, compreender seu significado em uma estrutura concreta e reconhecer a expressividade adicional da segunda ordem. Decida, em cada caso, se a afirmação é verdadeira ou falsa.

Considere a assinatura

$$\Sigma = \{P/1, E/2, c/0\}$$

bem como a Σ-estrutura $\mathcal{A}$ com

$$|A| = \{a, b, c\}, \qquad c^{\mathcal{A}} = a,$$

$$P^{\mathcal{A}} = \{a, b\}, \qquad E^{\mathcal{A}} = \{(a,b), (b,c), (c,a)\}.$$

Além disso, sejam dadas as seguintes fórmulas:

$$\psi_1 = \exists X (\exists x\, X(x) \wedge \forall x\, (X(x) \to P(x))),$$

$$\psi_2 = \forall X \Big((\forall x\, (X(x) \to P(x))) \to \exists x\, X(x) \Big),$$

$$\psi_3 = \exists X\, \forall x\, \forall y\, (E(x,y) \to (X(x) \leftrightarrow \neg X(y))),$$

$$\psi_4 = \forall X\, (X(c) \to P(c)).$$

Exercício. Decida, para cada uma das seguintes afirmações, se ela é verdadeira ou falsa.

1. ψ_1 é uma fórmula $\exists$SO.

2. $\mathcal{A} \models \psi_2$.

3. $\mathcal{A} \models \psi_3$.

4. ψ_4 é logicamente equivalente a $P(c)$.

Solução.

1. **Verdadeiro.** A fórmula ψ_1 começa com exatamente um quantificador de segunda ordem, a saber, $\exists X$, e na parte restante da fórmula não aparecem outros quantificadores de segunda ordem. Portanto, ela tem a forma de uma fórmula existencial de segunda ordem. Os quantificadores $\exists x$ e $\forall x$ são apenas quantificadores de primeira ordem e são irrelevantes para essa classificação.

2. **Falso.** A fórmula

$$\psi_2 = \forall X \Big((\forall x\, (X(x) \to P(x))) \to \exists x\, X(x) \Big)$$

afirma que todo subconjunto de $P^{\mathcal{A}}$ é não vazio. Isso, porém, é impossível, pois também podemos escolher o conjunto vazio como interpretação de X. Para $X = \emptyset$, temos de fato

$$\forall x\, (X(x) \to P(x))$$

verdadeira, mas

$$\exists x\, X(x)$$

falsa. Logo, a implicação é falsa para essa interpretação, e portanto vale, no total,

$$\mathcal{A} \not\models \psi_2.$$

3. **Falso.** A fórmula

$$\psi_3 = \exists X \, \forall x \, \forall y \, (E(x,y) \to (X(x) \leftrightarrow \neg X(y)))$$

expressa que os vértices do grafo descrito por E podem ser divididos em duas classes, de modo que cada aresta ligue vértices pertencentes a classes distintas. Essa é precisamente a propriedade da 2-colorabilidade.

Entretanto, o grafo descrito por $E^{\mathcal{A}}$ é um triângulo:

$$(a,b), \; (b,c), \; (c,a).$$

Um triângulo não é 2-colorível. Pois, de $a \in X$, segue de $(a,b) \in E^{\mathcal{A}}$ que deve valer $b \notin X$; disso segue, por $(b,c) \in E^{\mathcal{A}}$, que deve valer $c \in X$; por fim, $(c,a) \in E^{\mathcal{A}}$ exige que valha $a \notin X$. Isso contradiz a hipótese $a \in X$. Portanto,

$$\mathcal{A} \not\models \psi_3.$$

4. **Verdadeiro.** A fórmula

$$\psi_4 = \forall X \, (X(c) \to P(c))$$

é logicamente equivalente a $P(c)$.

Com efeito, se vale $P(c)$, então $X(c) \to P(c)$ é verdadeira para toda interpretação de X, logo também é verdadeira $\forall X\,(X(c) \to P(c))$. Reciprocamente, se $P(c)$ não vale, escolha-se $X = \{c^{\mathcal{A}}\}$. Então $X(c)$ é verdadeira, mas $P(c)$ é falsa; portanto, $X(c) \to P(c)$ é falsa e, consequentemente, também $\forall X\,(X(c) \to P(c))$ é falsa. Assim, no total, vale:

$$\forall X\,(X(c) \to P(c)) \equiv P(c).$$

As tarefas mostram o modo de pensar típico na lógica de predicados de segunda ordem: primeiro, reconhece-se a forma de uma expressão; em seguida, verifica-se sua semântica em uma estrutura concreta; por fim, utiliza-se a quantificação adicional sobre relações para expressar propriedades que não são formuláveis na primeira ordem, ou pelo menos não da mesma forma.

Capítulo 3

Lógica modal

A lógica proposicional investiga como proposições com os valores de verdade „verdadeiro" e „falso" podem ser combinadas. Na lógica modal, acrescenta-se uma nova camada: não apenas *o que* é dito, mas também *sob quais condições* ou *em que sentido* isso vale torna-se parte da investigação. Assim, distinguimos, por exemplo, entre aquilo que é necessário, aquilo que é apenas possível, aquilo que é permitido ou proibido e aquilo que alguém sabe, acredita ou considera possível.

Mesmo frases simples do cotidiano mostram por que tal refinamento é útil:

- Ainda pode chover hoje à noite.
- Uma senha não deve ser repassada.
- Depois que o interruptor for pressionado, a lâmpada deve acender.

- Anna sabe que o trem parte às 8 horas.

Em todos esses exemplos, não se trata apenas do valor de verdade de uma proposição, mas de uma classificação conceitual adicional. É precisamente esse conteúdo adicional que a lógica modal torna descritível de modo preciso.

Neste capítulo, examinamos três áreas centrais de aplicação da lógica modal. Em primeiro lugar, estudamos a lógica modal geral, na qual conceitos modais como possibilidade e necessidade são introduzidos formalmente. Em segundo lugar, voltamo-nos para as lógicas temporais, com as quais se podem expressar proposições sobre cursos temporais, processos e estados futuros. Em terceiro lugar, tratamos das lógicas epistêmicas, isto é, lógicas do conhecimento, da crença e da distribuição de informações entre vários agentes.

A lógica modal geral constitui a base de todas as demais variantes. Ela não está restrita a um único domínio de aplicação, mas fornece um quadro formal para diferentes tipos de proposições modais. Exemplos típicos são proposições da forma „necessariamente vale φ“ ou „é possível que φ“. Essa forma abstrata básica é introduzida na Seção 3.1. Ali também encontramos as condições semânticas de enquadramento, em particular os chamados quadros de Kripke e sua interpretação.

As lógicas temporais, por sua vez, descrevem como proposições se modificam ao longo do tempo. Aqui interessa, por exemplo, saber se algo vale em todo estado futuro, se algo pode ocorrer em algum momento ou se um sistema possui permanentemente uma determinada propriedade. Tais lógicas são especialmente úteis na informática, por exemplo na especificação e verificação de programas e sistemas técnicos. Na Seção 3.2, introduzimos a lógica temporal linear (LTL), enquanto a Seção 3.3 trata da computation tree logic (CTL), na qual desenvolvimentos futuros podem se ramificar. Em seguida, uma comparação entre ambas as perspectivas é feita na Seção 3.3.4.

Por fim, as lógicas epistêmicas investigam estados de conhecimento e de crença. Aqui já não se pergunta apenas se uma proposição é verdadeira, mas também quem sabe o quê, quem possui qual informação e de que modo estado informacional e comunicação se influenciam mutuamente. Exemplos são proposições como „o agente *a* sabe que o recurso está livre“ ou „Alice considera possível que Bob tenha recebido a mensagem“. A Seção 3.4 trata de diferentes abordagens epistêmicas. Primeiro são apresentados os fundamentos da interpretação epistêmica da lógica modal, antes de, na Seção 3.4.2, serem considerados sistemas multiagentes. Por fim, a Seção 3.4.3 introduz a Public Announcement Logic (PAL), com a qual se podem formalizar anúncios públicos de informação e suas consequências para o conhecimento.

As raízes da lógica modal remontam a muito longe. Já na filosofia antiga e medieval se discutiam questões relativas à necessidade, à possibilidade e à contingência. Contudo, o tratamento formal hoje usual desenvolveu-se sobretudo no século XX e recebeu um impulso decisivo com a semântica de mundos possíveis. Com isso, a lógica modal tornou-se uma ferramenta flexível, que desempenha um papel igualmente relevante na filosofia, na linguística, na informática, na inteligência artificial e na informática teórica.

Com este capítulo, a lógica modal não deve aparecer apenas como mais uma subárea formal, mas como uma extensão natural da lógica: tão logo proposições deixem de ser avaliadas apenas segundo serem verdadeiras ou falsas, e passem também a ser consideradas quanto a serem possíveis, necessárias, permitidas, conhecidas ou temporalmente vinculadas, abre-se um meio formal de expressão claramente mais rico.

3.1 Lógica modal geral

A lógica modal geral amplia a lógica proposicional por meio de expressões com as quais se podem captar formalmente a *possibilidade* e a *necessidade*. Enquanto a lógica proposicional pergunta apenas se uma fórmula é verdadeira ou falsa, a lógica modal permite, além disso, perguntar *em que sentido* uma proposição vale. Assim, pode-se distinguir, por exemplo, entre uma proposição que deve valer em todos os casos concebíveis e uma proposição que pode valer apenas em alguns casos.

Leituras típicas são, por exemplo:

- „É necessário que o alarme seja acionado.“
- „É possível que o trem esteja atrasado.“

- „É necessário que, a partir de um estado inicial seguro, nunca se alcance um estado de erro."

Os dois operadores modais que utilizamos neste capítulo são o símbolo *Box* $\Box$, para necessidade, e o símbolo *Diamond* $\Diamond$, para possibilidade. Assim, pode-se ler $\Box\varphi$, por exemplo, como „φ vale necessariamente" e $\Diamond\varphi$ como „φ é possível".

3.1.1 Sintaxe e semântica

A linguagem da lógica modal constrói-se diretamente sobre a lógica proposicional. Aos conectivos já conhecidos acrescentam-se dois novos operadores, a saber, $\Box$ e $\Diamond$.

Definição 3.1 (Sintaxe da lógica modal). *Seja* Σ *uma assinatura proposicional. O conjunto das fórmulas da lógica modal sobre* Σ*, abreviadamente* $\mathrm{LM}(\Sigma)$*, é definido indutivamente pelas seguintes regras:*

$$
\begin{array}{ll}
\text{(LM0)} & A \in \Sigma \;\Rightarrow\; A \in \mathrm{LM}(\Sigma), \\
\text{(LM1)} & \varphi, \psi \in \mathrm{LM}(\Sigma) \;\Rightarrow\; (\varphi \vee \psi) \in \mathrm{LM}(\Sigma), \\
\text{(LM2)} & \varphi, \psi \in \mathrm{LM}(\Sigma) \;\Rightarrow\; (\varphi \wedge \psi) \in \mathrm{LM}(\Sigma), \\
\text{(LM3)} & \varphi \in \mathrm{LM}(\Sigma) \;\Rightarrow\; \neg\varphi \in \mathrm{LM}(\Sigma), \\
\text{(LM4)} & \varphi \in \mathrm{LM}(\Sigma) \;\Rightarrow\; \Box\varphi \in \mathrm{LM}(\Sigma), \\
\text{(LM5)} & \varphi \in \mathrm{LM}(\Sigma) \;\Rightarrow\; \Diamond\varphi \in \mathrm{LM}(\Sigma).
\end{array}
$$

As regras (LM0) a (LM3) são conhecidas da lógica proposicional. Uma fórmula da forma A chama-se *atômica*. Todas as fórmulas que não são atômicas chamamos de *complexas.* Um *literal* é uma fórmula atômica ou a negação de uma fórmula atômica.

Os conectivos $\wedge$, $\vee$ e $\neg$ são lidos do mesmo modo que na lógica proposicional. O que há de novo são os operadores modais. A leitura usual é:

$\Box\varphi$ "φ vale em todos os casos relevantes"

$\Diamond\varphi$ "φ vale em pelo menos um caso relevante"

O significado preciso de „relevante“ só é determinado pela semântica.

Como na lógica proposicional, usamos as abreviações

$$\varphi \to \psi := \neg\varphi \vee \psi$$
$$\text{e} \quad \varphi \leftrightarrow \psi := (\varphi \to \psi) \wedge (\psi \to \varphi)$$

Para a colocação de parênteses, valem as convenções conhecidas da lógica proposicional. Além disso, $\Box$, $\Diamond$ e $\neg$ têm precedência sobre $\wedge$ e $\vee$. Em particular,

$$\Box A \vee B$$

deve ser lida como

$$(\Box A) \vee B$$

e não como $\Box(A \vee B)$.

Exemplo 3.2. *As seguintes fórmulas são admissíveis, e sua leitura intuitiva é:*

$\Diamond(\Box A \wedge B)$

É possível que A valha necessariamente

e, ao mesmo tempo, B valha.

$\Box\Diamond B$

Necessariamente, B é possível.

$\Diamond A \to \Box B$

Se A é possível, então B vale necessariamente.

$\Box A \to \Diamond B$

Se A vale necessariamente, então B é possível.

A semântica da lógica modal já não é verofuncional em sentido estrito. Interpretações proposicionais simples, portanto, não são suficientes. Em vez disso, trabalhamos com vários estados, entre os quais é especificada uma relação de acessibilidade. Cada estado traz consigo uma valoração proposicional. Desse modo, a mesma proposição pode ser avaliada de maneiras diferentes em estados distintos.

Definição 3.3 (Estrutura de Kripke). *Seja Σ uma assinatura proposicional. Uma* estrutura de Kripke *sobre Σ é uma tripla*

$$\mathcal{K} = \langle W, R, V \rangle,$$

em que

- *W é um conjunto não vazio de estados,*
- *$R \subseteq W \times W$ é uma relação sobre W, que chamamos de* relação de acessibilidade,

- *$V : W \to \mathcal{P}(\Sigma)$ é uma função que associa a cada estado exatamente as variáveis proposicionais que nele são consideradas verdadeiras.*

Para um estado $w \in W$, escrevemos

$$R(w) = \{\, w' \in W \mid (w, w') \in R \,\}$$

para o conjunto dos estados acessíveis a partir de w.

A função V, portanto, não descreve diretamente os valores de verdade de fórmulas individuais, mas, inicialmente, apenas quais proposições atômicas valem em um estado. Variáveis proposicionais que não estão contidas em $V(w)$ são, consequentemente, consideradas falsas em w.

Observação 3.4. *O nome „relação de acessibilidade" deve ser entendido semanticamente. A relação R não diz simplesmente quais nós de um grafo estão conectados, mas quais estados devem ser considerados na avaliação de operadores modais a partir da perspectiva de um estado dado.*

Como as fórmulas não são avaliadas apenas em uma estrutura, mas sempre relativamente a um estado distinguido, trabalhamos com estruturas de Kripke *marcadas.*

Definição 3.5 (Estrutura de Kripke marcada)**.** *Uma* estrutura de Kripke marcada *para Σ é um par*

$$\langle \mathcal{K}, w \rangle,$$

em que $\mathcal{K} = \langle W, R, V \rangle$ é uma estrutura de Kripke sobre Σ e $w \in W$ é um estado de $\mathcal{K}$.

Agora definimos a avaliação de fórmulas.

Definição 3.6 (Avaliação). *Seja* Σ *uma assinatura proposicional e* $\langle \mathcal{K}, w \rangle$ *uma estrutura de Kripke marcada para* Σ, *em que* $\mathcal{K} = \langle W, R, V \rangle$. *A função de avaliação*

$$[\![\cdot]\!]_{\langle \mathcal{K},w \rangle}$$

atribui a cada fórmula de LM(Σ) *um valor de verdade em* $\{\mathsf{true}, \mathsf{false}\}$, *de acordo com:*

$$
\begin{aligned}
[\![A]\!]_{\langle \mathcal{K},w \rangle} = \mathsf{true} &\iff A \in V(w) \\
[\![\neg\varphi]\!]_{\langle \mathcal{K},w \rangle} = \mathsf{true} &\iff [\![\varphi]\!]_{\langle \mathcal{K},w \rangle} = \mathsf{false} \\
[\![\varphi \wedge \psi]\!]_{\langle \mathcal{K},w \rangle} = \mathsf{true} &\iff [\![\varphi]\!]_{\langle \mathcal{K},w \rangle} = \mathsf{true} \textit{ e} \\
&\qquad [\![\psi]\!]_{\langle \mathcal{K},w \rangle} = \mathsf{true} \\
[\![\varphi \vee \psi]\!]_{\langle \mathcal{K},w \rangle} = \mathsf{true} &\iff [\![\varphi]\!]_{\langle \mathcal{K},w \rangle} = \mathsf{true} \textit{ ou} \\
&\qquad [\![\psi]\!]_{\langle \mathcal{K},w \rangle} = \mathsf{true} \\
[\![\Box\varphi]\!]_{\langle \mathcal{K},w \rangle} = \mathsf{true} &\iff \forall w' \in R(w) : [\![\varphi]\!]_{\langle \mathcal{K},w' \rangle} = \mathsf{true} \\
[\![\Diamond\varphi]\!]_{\langle \mathcal{K},w \rangle} = \mathsf{true} &\iff \exists w' \in R(w) : [\![\varphi]\!]_{\langle \mathcal{K},w' \rangle} = \mathsf{true}
\end{aligned}
$$

Os dois operadores modais recebem, assim, um significado bastante intuitivo: $\Box\varphi$ exige que φ valha em todos os estados acessíveis a partir de w, ao passo que $\Diamond\varphi$ já é satisfeito quando pelo menos um desses estados satisfaz φ. Esses dois operadores são duais entre si; informalmente, $\Diamond\varphi$ corresponde à afirmação $\neg\Box\neg\varphi$.

Definição 3.7 (Satisfação e modelo). *Seja* $\varphi \in$ LM(Σ). *Então uma estrutura de Kripke marcada* $\langle \mathcal{K}, w \rangle$ *chama-se* modelo *de* φ*, se*

$$[\![\varphi]\!]_{\langle\mathcal{K},w\rangle} = \mathsf{true}$$

vale. Nesse caso, também escrevemos

$$\langle\mathcal{K}, w\rangle \models_{\mathrm{LM}(\Sigma)} \varphi,$$

ou, abreviadamente,

$$\mathcal{K}, w \models_{\mathrm{LM}(\Sigma)} \varphi.$$

Exemplo 3.8. *Sejam* $\Sigma = \{A, B\}$ *e* $\mathcal{K} = \langle W, R, V\rangle$ *com*

$$W = \{s_0, s_1, s_2\},$$

$$R = \{(s_0, s_1), (s_0, s_2), (s_1, s_1), (s_2, s_2)\},$$

$$V(s_0) = \{A\}, \qquad V(s_1) = \{A, B\}, \qquad V(s_2) = \{A\}.$$

Então, na estrutura marcada $\langle\mathcal{K}, s_0\rangle$*, vale:*

$$\langle\mathcal{K}, s_0\rangle \models_{\mathrm{LM}(\Sigma)} \Diamond B,$$

pois, a partir de s_0*, o estado* s_1 *é acessível, e nele* B *é verdadeiro. Em contrapartida, vale*

$$\langle\mathcal{K}, s_0\rangle \not\models_{\mathrm{LM}(\Sigma)} \Box B,$$

porque $s_2 \in R(s_0)$*, mas* $B \notin V(s_2)$*.*

Para fórmulas sem operadores modais, a avaliação modallógica coincide com a avaliação da lógica proposicional. O verdadeiro ganho da semântica de Kripke só se torna visível, portanto, quando aparecem $\Box$ ou $\Diamond$.

Nas seções seguintes, investigamos outras propriedades das fórmulas modallógicas, em particular a equivalência lógica, as imersões na lógica de predicados e os procedimentos para provar satisfatibilidade e consequência lógica.

3.1.2 Conceitos e propriedades

Até aqui, avaliamos as fórmulas modallógicas apenas em um único estado de cada vez. Muitas vezes, porém, é mais natural tomar toda a estrutura de Kripke como objeto de referência. Então podemos perguntar se uma fórmula vale em *todos* os estados, se ela é satisfatível *em algum lugar* e quando duas fórmulas têm o mesmo significado modallógico.

Definição 3.9 (Satisfação global). *Seja* Σ *uma assinatura proposicional e seja* $\varphi \in \mathrm{LM}(\Sigma)$. *Para uma estrutura de Kripke* $\mathcal{K} = \langle W, R, V \rangle$, *definimos:*

$$\mathcal{K} \models_{\mathrm{LM}(\Sigma)} \varphi \Leftrightarrow \forall w \in W : \mathcal{K}, w \models_{\mathrm{LM}(\Sigma)} \varphi$$

Além disso, escrevemos

$$\models_{\mathrm{LM}(\Sigma)} \varphi,$$

quando φ *vale em toda estrutura de Kripke e em todo estado.*

Definição 3.10 (Satisfatibilidade e validade universal). *Seja* Σ *uma assinatura proposicional e* $\varphi \in \mathrm{LM}(\Sigma)$. *Então vale:*

- *φ chama-se Σ-satisfatível se existe pelo menos um modelo de φ,*
- *φ chama-se Σ-contraditória se φ não possui nenhum modelo,*
- *φ chama-se Σ-universalmente válida se vale $\models_{\mathrm{LM}(\Sigma)} \varphi$.*

Uma fórmula universalmente válida também é chamada de tautologia.

Observação 3.11. *Como na lógica proposicional, toda tautologia da forma $A \vee \neg A$ também é universalmente válida na lógica modal. A diferença consiste em que as fórmulas modais dependem adicionalmente da estrutura de acessibilidade.*

Exemplo 3.12. *Seja*

$$\mathcal{K} = \langle W, R, V \rangle \quad com \quad W = \{u, v\}, \qquad R = \{(u, v)\},$$

$$V(u) = \emptyset, \qquad V(v) = \{A\}.$$

Então vale, no modelo marcado $\langle \mathcal{K}, u \rangle$:

$$\langle \mathcal{K}, u \rangle \models_{\mathrm{LM}(\Sigma)} \Diamond A,$$

pois, a partir de u, o estado v é acessível e, nele, A é verdadeiro.

Em contrapartida, vale

$$\langle \mathcal{K}, v \rangle \not\models_{\mathrm{LM}(\Sigma)} \Diamond A,$$

porque v não tem sucessor. Portanto, $\Diamond A$ é satisfatível, mas não universalmente válido.

Além disso, vale em $\langle \mathcal{K}, u \rangle$:

$$\langle \mathcal{K}, u \rangle \models_{\mathrm{LM}(\Sigma)} \Box A \qquad e \qquad \langle \mathcal{K}, u \rangle \not\models_{\mathrm{LM}(\Sigma)} A.$$

Assim, $\Box A \to A$ não é válido em geral.

Observação 3.13. *Um erro frequente de raciocínio é a suposição de que $\Box\varphi$ ou $\Diamond\varphi$ verificam automaticamente também o próprio estado atual. Isso só ocorre quando vale $R(w, w)$. Em geral, ambos os operadores se referem exclusivamente aos estados em $R(w)$.*

Definição 3.14 (Equivalência). *Sejam $\varphi, \psi \in \mathrm{LM}(\Sigma)$. Então φ e ψ são chamadas* equivalentes, *escrito*

$$\varphi \equiv_{\mathrm{LM}(\Sigma)} \psi,$$

se, para toda estrutura de Kripke marcada $\langle \mathcal{K}, w \rangle$, vale:

$$\langle \mathcal{K}, w \rangle \models_{\mathrm{LM}(\Sigma)} \varphi \Leftrightarrow \langle \mathcal{K}, w \rangle \models_{\mathrm{LM}(\Sigma)} \psi$$

Proposição 3.15 (Equivalências modais centrais). *Seja Σ uma assinatura proposicional. Para todas as fórmulas $\varphi, \psi \in \mathrm{LM}(\Sigma)$, valem:*

1. $\neg\Box\varphi \equiv_{\mathrm{LM}(\Sigma)} \Diamond\neg\varphi$,
2. $\neg\Diamond\varphi \equiv_{\mathrm{LM}(\Sigma)} \Box\neg\varphi$,
3. $\Box(\varphi \wedge \psi) \equiv_{\mathrm{LM}(\Sigma)} \Box\varphi \wedge \Box\psi$,

4. $\Diamond(\varphi \lor \psi) \equiv_{\text{LM}(\Sigma)} \Diamond\varphi \lor \Diamond\psi$,

5. $\Diamond(\varphi \to \psi) \equiv_{\text{LM}(\Sigma)} \Box\varphi \to \Diamond\psi$.

Demonstração. Seja $\mathcal{K} = \langle W, R, V\rangle$ uma estrutura de Kripke arbitrária e seja $w \in W$ um estado arbitrário. Então vale:

(1)

$$\begin{aligned} \mathcal{K}, w \models \neg\Box\varphi &\iff \mathcal{K}, w \not\models \Box\varphi \\ &\iff \text{existe } v \in R(w) \text{ tal que } \mathcal{K}, v \not\models \varphi \\ &\iff \text{existe } v \in R(w) \text{ tal que } \mathcal{K}, v \models \neg\varphi \\ &\iff \mathcal{K}, w \models \Diamond\neg\varphi. \end{aligned}$$

(2)

$$\neg\Diamond\varphi \equiv_{\text{LM}(\Sigma)} \neg\neg\Box\neg\varphi \equiv_{\text{LM}(\Sigma)} \Box\neg\varphi.$$

Mais precisamente: de (1) segue imediatamente que

$$\neg\Box\varphi \equiv_{\text{LM}(\Sigma)} \Diamond\neg\varphi.$$

Aplicando essa equivalência a $\neg\varphi$, obtemos

$$\neg\Box\neg\varphi \equiv_{\text{LM}(\Sigma)} \Diamond\neg\neg\varphi,$$

logo, pela eliminação da dupla negação,

$$\neg\Diamond\varphi \equiv_{\text{LM}(\Sigma)} \Box\neg\varphi.$$

(3)

$$\begin{aligned}
\mathcal{K}, w \models \Box(\varphi \wedge \psi) &\iff \forall v \in R(w) : \mathcal{K}, v \models \varphi \wedge \psi \\
&\iff \forall v \in R(w) : (\mathcal{K}, v \models \varphi \\
&\qquad \wedge\, \mathcal{K}, v \models \psi) \\
&\iff (\forall v \in R(w) : \mathcal{K}, v \models \varphi) \\
&\qquad \wedge\, (\forall v \in R(w) : \mathcal{K}, v \models \psi) \\
&\iff \mathcal{K}, w \models \Box\varphi \wedge \mathcal{K}, w \models \Box\psi \\
&\iff \mathcal{K}, w \models \Box\varphi \wedge \Box\psi
\end{aligned}$$

(4)

$$\begin{aligned}
\mathcal{K}, w \models \Diamond(\varphi \vee \psi) &\iff \exists v \in R(w) : \mathcal{K}, v \models \varphi \vee \psi \\
&\iff \exists v \in R(w) : (\mathcal{K}, v \models \varphi \\
&\qquad \vee\, \mathcal{K}, v \models \psi) \\
&\iff (\exists v \in R(w) : \mathcal{K}, v \models \varphi) \\
&\qquad \vee\, (\exists v \in R(w) : \mathcal{K}, v \models \psi) \\
&\iff \mathcal{K}, w \models \Diamond\varphi \vee \mathcal{K}, w \models \Diamond\psi \\
&\iff \mathcal{K}, w \models \Diamond\varphi \vee \Diamond\psi
\end{aligned}$$

(5)

$$\begin{aligned}
\Diamond(\varphi \to \psi) &\equiv_{\mathrm{LM}(\Sigma)} \Diamond(\neg\varphi \vee \psi) \\
&\equiv_{\mathrm{LM}(\Sigma)} \Diamond\neg\varphi \vee \Diamond\psi \\
&\equiv_{\mathrm{LM}(\Sigma)} \neg\Box\varphi \vee \Diamond\psi \\
&\equiv_{\mathrm{LM}(\Sigma)} \Box\varphi \to \Diamond\psi.
\end{aligned}$$

Assim, todas as afirmações estão demonstradas. □

Imersão na lógica de predicados

Fórmulas da lógica modal podem ser traduzidas em fórmulas da lógica de predicados de primeira ordem. Nesse processo, os estados são tratados como objetos, a relação de acessibilidade é interpretada como um predicado binário e as variáveis proposicionais como predicados unários.

Seja $\Sigma = \{A, B, C, \dots\}$ uma assinatura proposicional e

$$\Sigma_{\text{FO}} = \{P_A/1, P_B/1, P_C/1, \dots, R/2\}$$

a assinatura correspondente da lógica de predicados.

Definição 3.16 (Tradução padrão). *A tradução padrão* ST_i *é definida indutivamente por*

$$\text{ST}_i(A) = P_A(x_i),$$

$$\text{ST}_i(\varphi \wedge \psi) = \text{ST}_i(\varphi) \wedge \text{ST}_i(\psi)$$
$$\text{ST}_i(\varphi \vee \psi) = \text{ST}_i(\varphi) \vee \text{ST}_i(\psi)$$

$$\text{ST}_i(\neg\varphi) = \neg\text{ST}_i(\varphi),$$

$$\text{ST}_i(\Box\varphi) = \forall x_{i+1}(R(x_i, x_{i+1}) \to \text{ST}_{i+1}(\varphi)),$$

$$\text{ST}_i(\Diamond\varphi) = \exists x_{i+1}(R(x_i, x_{i+1}) \wedge \text{ST}_{i+1}(\varphi)).$$

Para uma estrutura de Kripke marcada $\langle \mathcal{K}, w \rangle$, com $\mathcal{K} = \langle W, R, V \rangle$, definimos a estrutura de primeira ordem correspondente

$$\mathcal{A}_{\mathcal{K}} = \langle W, P_A^{\mathcal{A}_{\mathcal{K}}}, P_B^{\mathcal{A}_{\mathcal{K}}}, \dots, R^{\mathcal{A}_{\mathcal{K}}} \rangle$$

por

$$\begin{aligned} P_A^{\mathcal{A}_\mathcal{K}} &= \{\, u \in W \mid A \in V(u) \,\} \\ P_B^{\mathcal{A}_\mathcal{K}} &= \{\, u \in W \mid B \in V(u) \,\} \\ R^{\mathcal{A}_\mathcal{K}} &= R \end{aligned}$$

Além disso, seja β_w a valoração tal que $\beta_w(x_0) = w$.

Teorema 3.17 (Compatibilidade entre a semântica modal e a semântica da lógica de predicados)**.** *Para toda fórmula* $\varphi \in \mathrm{LM}(\Sigma)$ *e toda estrutura de Kripke marcada* $\langle \mathcal{K}, w \rangle$*, vale:*

$$\begin{aligned} &\langle \mathcal{K}, w \rangle \models_{\mathrm{LM}(\Sigma)} \varphi \\ &\iff \langle \mathcal{A}_\mathcal{K}, \beta_w \rangle \models_{\mathrm{FO}(\Sigma_{\mathrm{FO}})} \mathrm{ST}_0(\varphi) \end{aligned}$$

Demonstração. Provamos a afirmação por indução estrutural sobre a construção de φ.

Caso base: $\varphi = A$, para uma variável proposicional A. Então

$$\mathrm{ST}_0(A) = P_A(x_0).$$

Vale

$$\begin{aligned} \langle \mathcal{K}, w \rangle \models_{\mathrm{LM}(\Sigma)} A &\iff A \in V(w) \\ &\iff w \in P_A^{\mathcal{A}_\mathcal{K}} \\ &\iff \langle \mathcal{A}_\mathcal{K}, \beta_w \rangle \models_{\mathrm{FO}(\Sigma_{\mathrm{FO}})} P_A(x_0) \end{aligned}$$

Passo indutivo para os conectivos: Para $\varphi = \psi \wedge \chi$, vale

$$\mathrm{ST}_0(\psi \wedge \chi) = \mathrm{ST}_0(\psi) \wedge \mathrm{ST}_0(\chi).$$

Pela hipótese de indução, segue que:

$$\langle \mathcal{K}, w\rangle \models \psi \wedge \chi \iff \langle \mathcal{K}, w\rangle \models \psi \text{ e } \langle \mathcal{K}, w\rangle \models \chi$$
$$\iff \langle \mathcal{A}_{\mathcal{K}}, \beta_w\rangle \models \mathrm{ST}_0(\psi) \text{ e } \langle \mathcal{A}_{\mathcal{K}}, \beta_w\rangle \models \mathrm{ST}_0(\chi)$$
$$\iff \langle \mathcal{A}_{\mathcal{K}}, \beta_w\rangle \models \mathrm{ST}_0(\psi) \wedge \mathrm{ST}_0(\chi).$$

Os casos $\neg$ e $\vee$ são análogos.

Passo indutivo para $\Diamond$*:* Para $\varphi = \Diamond\psi$, temos

$$\mathrm{ST}_0(\Diamond\psi) = \exists x_1 \big(R(x_0, x_1) \wedge \mathrm{ST}_1(\psi)\big).$$

Agora vale:

$$\langle \mathcal{K}, w\rangle \models \Diamond\psi \iff \exists v \in R(w) : \langle \mathcal{K}, v\rangle \models \psi.$$

Pela hipótese de indução, isso é equivalente a

$$\exists v \in W : \langle \mathcal{A}_{\mathcal{K}}, \beta_w[x_1 \mapsto v]\rangle \models \mathrm{ST}_1(\psi) \quad \text{e} \quad R(w, v).$$

Isso é precisamente a satisfação de

$$\exists x_1 \big(R(x_0, x_1) \wedge \mathrm{ST}_1(\psi)\big)$$

sob β_w.

O caso $\Box\psi$ é dual e é tratado por meio da quantificação universal sobre todos os sucessores.

Com isso, a afirmação está demonstrada. □

Definição 3.18 (Forma normal negativa). *Uma fórmula* φ *da lógica modal está em* forma normal negativa *(fnn) se as negações ocorrem apenas diretamente diante de fórmulas atômicas.*

Proposição 3.19. *Para toda fórmula* $\varphi \in \mathrm{LM}(\Sigma)$, *existe uma fórmula equivalente em forma normal negativa.*

Demonstração. Apresentamos uma transformação recursiva. Inicialmente eliminamos, caso existam, as abreviações $\rightarrow$ e $\leftrightarrow$ por meio de

$$\psi \rightarrow \chi \;:=\; \neg\psi \vee \chi, \qquad \psi \leftrightarrow \chi \;:=\; (\psi \rightarrow \chi) \wedge (\chi \rightarrow \psi).$$

Depois disso, basta deslocar a negação para o interior da fórmula.

Para isso, definimos duas transformações fnn_+ e fnn_-, tais que

$$\mathsf{fnn}_+(\theta) \equiv \theta \qquad \text{e} \qquad \mathsf{fnn}_-(\theta) \equiv \neg\theta$$

devem valer. Para fórmulas atômicas e conectivos lógicos, definimos:

$$\mathsf{fnn}_+(A) = A, \qquad \mathsf{fnn}_-(A) = \neg A,$$

$$\begin{aligned}
\mathsf{fnn}_+(\alpha \wedge \beta) &= \mathsf{fnn}_+(\alpha) \wedge \mathsf{fnn}_+(\beta)\\
\mathsf{fnn}_+(\alpha \vee \beta) &= \mathsf{fnn}_+(\alpha) \vee \mathsf{fnn}_+(\beta)\\
\mathsf{fnn}_-(\alpha \wedge \beta) &= \mathsf{fnn}_-(\alpha) \vee \mathsf{fnn}_-(\beta)\\
\mathsf{fnn}_-(\alpha \vee \beta) &= \mathsf{fnn}_-(\alpha) \wedge \mathsf{fnn}_-(\beta)
\end{aligned}$$

$$\mathsf{fnn}_+(\neg\alpha) = \mathsf{fnn}_-(\alpha), \qquad \mathsf{fnn}_-(\neg\alpha) = \mathsf{fnn}_+(\alpha).$$

Para os operadores modais, usamos as dualidades da proposição anterior:

$$\mathsf{fnn}_+(\Box\alpha) = \Box\,\mathsf{fnn}_+(\alpha), \qquad \mathsf{fnn}_+(\Diamond\alpha) = \Diamond\,\mathsf{fnn}_+(\alpha),$$

$$\mathsf{fnn}_-(\Box\alpha) = \Diamond\,\mathsf{fnn}_-(\alpha), \qquad \mathsf{fnn}_-(\Diamond\alpha) = \Box\,\mathsf{fnn}_-(\alpha).$$

A terminação é clara, pois em cada passo recorremos a subfórmulas próprias. Além disso, ao final, as negações ocorrem apenas diante de fórmulas atômicas.

A correção semântica é demonstrada por indução estrutural sobre a construção da fórmula. Os casos de base são imediatos. Nos passos indutivos, usamos as leis de De Morgan, bem como as dualidades modais

$$\neg\Box\varphi \equiv_{\mathrm{LM}(\Sigma)} \Diamond\neg\varphi, \qquad \neg\Diamond\varphi \equiv_{\mathrm{LM}(\Sigma)} \Box\neg\varphi.$$

Assim, toda fórmula pode ser transformada em uma fórmula equivalente em forma normal negativa. □

3.1.3 Consequência lógica e cálculo de tableaux

Nesta seção, trata-se de investigar como fórmulas da lógica modal podem ser analisadas algoritmicamente. Em particular, queremos decidir se uma fórmula é satisfatível, universalmente válida ou derivável a partir de outra fórmula. Para isso, utilizamos um cálculo de tableaux, que gera sistematicamente, a partir de uma fórmula, uma árvore de exigências.

Problemas de decisão

Primeiramente, consideramos os três problemas fundamentais de decisão da lógica modal:

$$\mathrm{Sat(LM)} \qquad \mathrm{Taut(LM)} \qquad \mathrm{Infer(LM)}.$$

Aqui, isso significa:

$$\begin{aligned}
\text{Sat(LM)} &: \text{Entrada } \varphi; \\
&\quad \text{Saída Sim sse } \varphi \text{ é satisfatível} \\
\text{Taut(LM)} &: \text{Entrada } \varphi; \\
&\quad \text{Saída Sim sse } \varphi \text{ é universalmente válida} \\
\text{Infer(LM)} &: \text{Entrada } \varphi, \psi; \\
&\quad \text{Saída Sim sse } \varphi \models_{\text{LM}(\Sigma)} \psi
\end{aligned}$$

Definição 3.20 (Consequência lógica)**.** *Seja* Σ *uma assinatura proposicional e sejam* $\varphi, \psi \in \text{LM}(\Sigma)$*. Escrevemos*

$$\varphi \models_{\text{LM}(\Sigma)} \psi$$

exatamente quando, para toda estrutura de Kripke marcada $\langle \mathcal{K}, w \rangle$ *sobre* Σ*, vale:*

$$\langle \mathcal{K}, w \rangle \models_{\text{LM}(\Sigma)} \varphi \quad \Longrightarrow \quad \langle \mathcal{K}, w \rangle \models_{\text{LM}(\Sigma)} \psi.$$

Proposição 3.21. *Seja* Σ *uma assinatura proposicional e sejam* $\varphi, \psi \in \text{LM}(\Sigma)$*. Então vale:*

1. $\varphi \models_{\text{LM}(\Sigma)} \psi$ *se, e somente se,* $\varphi \wedge \neg\psi$ *é insatisfatível.*

2. $\varphi \models_{\text{LM}(\Sigma)} \psi$ *se, e somente se,* $\varphi \rightarrow \psi$ *é universalmente válida.*

Demonstração. Mostramos inicialmente (1).

$\Rightarrow$: Suponha que $\varphi \models_{\text{LM}(\Sigma)} \psi$. Então não pode haver um modelo que satisfaça φ e, ao mesmo tempo, viole ψ. De fato, se $\langle \mathcal{K}, w \rangle$ fosse um modelo de $\varphi \land \neg\psi$, então seria, em particular, um modelo de φ e, portanto, pela hipótese, também um modelo de ψ. Mas isso contradiz $\neg\psi$. Logo, $\varphi \land \neg\psi$ é insatisfatível.

$\Leftarrow$: Suponha que $\varphi \land \neg\psi$ seja insatisfatível. Seja $\langle \mathcal{K}, w \rangle$ um modelo arbitrário de φ. Se $\langle \mathcal{K}, w \rangle$ não fosse um modelo de ψ, então $\neg\psi$ seria satisfeito nesse ponto e, portanto, $\langle \mathcal{K}, w \rangle$ seria um modelo de $\varphi \land \neg\psi$, em contradição com a insatisfatibilidade. Assim, todo modelo de φ também deve satisfazer ψ; logo, vale $\varphi \models_{\mathrm{LM}(\Sigma)} \psi$.

Para (2), usamos a definição da implicação e a parte (1):

$$\begin{aligned}
\varphi \models_{\mathrm{LM}(\Sigma)} \psi &\iff \varphi \land \neg\psi \text{ é insatisfatível} \\
&\iff \neg(\varphi \land \neg\psi) \text{ é universalmente válida} \\
&\iff \neg\varphi \lor \neg\neg\psi \text{ é universalmente válida} \\
&\iff \neg\varphi \lor \psi \text{ é universalmente válida} \\
&\iff \varphi \to \psi \text{ é universalmente válida.}
\end{aligned}$$

□

Observação 3.22. *A redução da consequência lógica à insatisfatibilidade é especialmente importante na prática: para mostrar que a fórmula ψ segue de φ, basta verificar se a fórmula $\varphi \land \neg\psi$ leva a uma contradição.*

Ideia fundamental do cálculo de tableaux

O cálculo de tableaux decompõe uma fórmula de acordo com sua estrutura sintática. A ideia é gerar, a partir de uma fórmula, passo a passo, uma estrutura arbórea de exigências. Nesse contexto, um nó da forma $\langle i, \chi \rangle$ é lido como a afirmação de que a fórmula χ deve valer no estado i. Um nó da forma (i, j) gera um estado sucessor.

Isso se torna particularmente claro no caso das fórmulas com $\Diamond$: a partir de $\Diamond\chi$, sabemos que deve existir um estado alcançável no qual χ vale. Por isso, o cálculo de tableaux gera um estado novo e registra nele χ. No caso de $\Box\chi$, por outro lado, χ deve valer em todos os sucessores já introduzidos. São exatamente essas duas ideias que sustentam todo o cálculo.

No que segue, trabalhamos com fórmulas em forma normal de negação. Portanto, cada fórmula é primeiro convertida em uma forma fnn equivalente.

Definição 3.23 (Tableau inicial). *Seja φ uma fórmula em forma normal de negação. O tableau inicial de φ é*

$$\text{TableauInicial}(\varphi) = \langle \{\langle 1, \varphi \rangle\}, \emptyset, \langle 1, \varphi \rangle, C \rangle,$$

em que o único nó inicialmente não está marcado, isto é,

$$C(\langle 1, \varphi \rangle) = \times.$$

Definição 3.24 (Tableau). *Um tableau é uma árvore*

$$T = \langle V, E, r, C \rangle,$$

em que

- *V é o conjunto de nós,*

- *E é o conjunto de arestas,*
- *r é a raiz e*
- *$C : V \to \{\checkmark, \times\}$ é uma função de marcação.*

Um nó da forma $\langle i, \chi \rangle$ chama-se nó de fórmula*; um nó da forma (i, j) chama-se* nó de aresta. *Um nó chama-se* marcado *quando está assinalado com ✓.*

Um tableau chama-se saturado *quando todos os seus nós estão marcados.*

Uma folha chama-se fechada *quando, no caminho até a raiz, ocorrem tanto $\langle i, L \rangle$ quanto $\langle i, \neg L \rangle$, para algum literal L. Um tableau chama-se* fechado *quando todas as suas folhas são fechadas. Caso contrário, chama-se* aberto.

Regras de tableaux

As regras são aplicadas a fórmulas em forma normal negativa.

- **Regra do literal:** Escolha um nó não marcado $\langle i, L \rangle$, em que L é um literal, e marque-o.
- **Regra da conjunção:** Escolha um nó não marcado $\langle i, \varphi \wedge \psi \rangle$. Marque-o e insira, sob cada folha que depende desse nó, primeiro $\langle i, \varphi \rangle$ e, abaixo dele, $\langle i, \psi \rangle$.
- **Regra da disjunção:** Escolha um nó não marcado $\langle i, \varphi \vee \psi \rangle$. Marque-o e ramifique cada folha afetada

em dois ramos: em um ramo fica $\langle i, \varphi \rangle$, no outro $\langle i, \psi \rangle$.

- **Regra do diamante:** Escolha um nó não marcado $\langle i, \Diamond\varphi \rangle$. Marque-o e acrescente, a cada folha afetada, um estado novo j, com nó de aresta (i, j) e nó de fórmula $\langle j, \varphi \rangle$. Além disso, todas as fórmulas de caixa já marcadas $\langle i, \Box\psi \rangle$ devem ser transferidas para esse novo estado.

- **Regra da caixa:** Escolha um nó não marcado $\langle i, \Box\varphi \rangle$. Marque-o e transfira φ para todos os sucessores de i já existentes no caminho.

As regras não precisam ser aplicadas em uma ordem fixa. Por isso, a partir da mesma fórmula inicial podem surgir diferentes tableaux.

Exemplo 3.25. *Considere a fórmula*

$$\Diamond A \wedge \Box\neg A.$$

Ela é insatisfatível. Com efeito, um tableau começa com $\langle 1, \Diamond A \wedge \Box\neg A \rangle$. *Após a regra da conjunção, aparecem ali as duas exigências*

$$\langle 1, \Diamond A \rangle \qquad e \qquad \langle 1, \Box\neg A \rangle.$$

A regra do diamante gera um sucessor novo 2 *com* $\langle 2, A \rangle$. *A regra da caixa exige, ao mesmo tempo, que também valha* $\langle 2, \neg A \rangle$. *Assim surge, no mesmo ramo, a contradição*

$$\langle 2, A \rangle \quad e \quad \langle 2, \neg A \rangle,$$

de modo que o ramo se fecha.

Exemplo 3.26. *A fórmula*

$$\Diamond A \wedge \Box A$$

é, por outro lado, satisfatível. Um modelo simples consiste em dois estados w_0, w_1, com $R(w_0) = \{w_1\}$ e $A \in V(w_1)$. Então, em w_0, valem tanto $\Diamond A$ quanto $\Box A$: existe um estado acessível no qual A vale, e todos os estados acessíveis também satisfazem A.

Obter um modelo a partir de um tableau aberto

Um tableau aberto e saturado já contém informações suficientes para que dele se possa extrair um modelo de Kripke.

Definição 3.27 (Estrutura de Kripke induzida). *Seja $T = \langle V, E, r, C\rangle$ um tableau saturado para uma fórmula φ, e seja v uma folha aberta de T. Denotemos por V_v o conjunto de todos os nós no caminho de v até a raiz r. Então definimos a estrutura de Kripke induzida por v*

$$\mathcal{K}_v^T = \langle W, R, V\rangle$$

por

$$W = \{\, i \mid \langle i, \chi\rangle \in V_v \,\}, \qquad R = \{\, (i,j) \mid (i,j) \in V_v \,\},$$

$$V(i) = \{\, A \in \Sigma \mid \langle i, A\rangle \in V_v \,\}.$$

Exemplo 3.28. *Em um tableau aberto para*

$$\Box(A \vee \neg C) \wedge \Diamond(\neg A \vee \Diamond B)$$

pode haver, por exemplo, uma folha aberta da forma $\langle 3, B \rangle$. *Então a estrutura induzida pode ter, por exemplo, a seguinte forma:*

$$W = \{1, 2, 3\}, \qquad R = \{(1, 2), (2, 3)\},$$

$$V(1) = \emptyset, \qquad V(2) = \{A\}, \qquad V(3) = \{B\}.$$

Assim, o ramo aberto já descreve um pequeno modelo no qual a fórmula original é satisfeita.

Teorema 3.29 (Correção do cálculo de tableaux)**.** *Seja* φ *uma fórmula da lógica modal e seja* T *um tableau saturado para* φ. *Então valem:*

1. φ *é satisfatível se, e somente se,* T *é aberto.*

2. φ *é insatisfatível se, e somente se,* T *é fechado.*

3. *Se* v *é uma folha aberta de* T, *então vale*

$$\langle \mathcal{K}_v^T, 1 \rangle \models_{\mathrm{LM}(\Sigma)} \varphi.$$

Demonstração. As regras do tableau são concebidas de modo a reproduzir passo a passo a semântica dos conectivos e dos operadores modais.

Quanto a (1) e (2): Um tableau aberto contém um ramo sem contradição. Da saturação segue que, nesse ramo, todas as exigências estão completamente explicitadas. Um ramo fechado do tableau, ao contrário, contém uma contradição na forma de um literal e de sua negação; portanto, não pode sustentar nenhum modelo.

Mais precisamente: se φ é satisfatível, então existe um modelo $\langle\mathcal{K}, w\rangle$. As regras do tableau são semanticamente corretas; assim, todo ramo satisfeito pode ser estendido de modo que permaneça aberto. Reciprocamente, um ramo aberto saturado fornece exatamente as informações necessárias para definir uma estrutura de Kripke que satisfaça a fórmula.

Quanto a (3): Seja v uma folha aberta. Então a estrutura induzida $\mathcal{K}_v^T$ é construída de modo que toda exigência que ocorre no ramo seja satisfeita no estado correspondente. Isso vale imediatamente para literais, pois um ramo aberto não contém contradição. Para conjunções e disjunções, isso decorre do modo como as regras decompõem a fórmula em exigências parciais. Para fórmulas com $\Diamond$, cria-se um novo sucessor; para fórmulas com $\Box$, os sucessores já existentes são munidos das exigências correspondentes.

Assim, a estrutura induzida por v satisfaz a marcação da raiz $\langle 1, \varphi\rangle$; logo, vale

$$\langle\mathcal{K}_v^T, 1\rangle \models_{\mathrm{LM}(\Sigma)} \varphi.$$

$\square$

Corolário 3.30 (Propriedade do modelo em árvore e propriedade do modelo finito). *Toda fórmula satisfatível* *da lógica modal possui um modelo em forma de árvore. Além disso, toda fórmula modal satisfatível possui um modelo finito.*

Demonstração. Mostramos as duas afirmações separadamente.

Propriedade do modelo em árvore: Seja φ satisfatível. Então, pelo teorema da correção, um tableau saturado para φ é aberto. Um ramo aberto desse tableau induz uma estrutura de Kripke cuja estrutura gráfica subjacente é uma árvore, pois o próprio tableau é construído em forma de árvore. Pelo Teorema 3.29(3), essa estrutura satisfaz a fórmula φ. Portanto, φ possui um modelo em forma de árvore.

Propriedade do modelo finito: Seja φ satisfatível. Então existe, novamente, um tableau saturado aberto para φ. Como apenas subfórmulas de φ podem ocorrer, o conjunto das possíveis rotulações é finito. Em particular, numa construção justa do tableau, algo realmente novo só pode surgir um número finito de vezes antes que uma configuração já conhecida se repita. Nesse caso, pode-se interromper a construção ou identificar situações recorrentes. Desse modo, obtém-se um tableau aberto finito.

A partir de um tableau aberto finito obtém-se, por definição, uma estrutura de Kripke finita. Pelo Teorema 3.29(3), essa estrutura satisfaz φ. Portanto, toda fórmula satisfatível possui um modelo finito. □

Observação 3.31. *Com um pouco mais de esforço,*

mostra-se até que os problemas Sat(LM), Taut(LM) *e* Infer(LM) *são PSPACE-completos. Para a linha conceitual deste capítulo, porém, basta sobretudo o seguinte: o cálculo de tableaux fornece não apenas um procedimento de decisão, mas também, no caso aberto, um modelo concreto.*

3.1.4 Exercícios e soluções

Nos exercícios seguintes, você deverá trabalhar tanto com a semântica da lógica modal quanto com a tradução-padrão para a lógica de predicados. Observe sempre se uma afirmação deve ser entendida localmente em um estado ou globalmente em toda uma estrutura de Kripke.

Exercício 3.32. *Considere a assinatura proposicional*

$$\Sigma = \{B, C, E, F\}.$$

Sejam dadas as seguintes estruturas de Kripke:

$$\begin{aligned}
\mathcal{K}_1 &= \langle W_1, R_1, V_1 \rangle \\
W_1 &= \{w_1, w_2, w_3, w_4, w_5\} \\
R_1 &= \{(w_1, w_3), (w_1, w_5), (w_2, w_4), \\
&\qquad (w_3, w_4), (w_5, w_4), (w_5, w_5)\}
\end{aligned}$$

$V_1(w_1) = \{B, C\}$, $V_1(w_2) = \{B\}$, $V_1(w_3) = \{E, F\}$,
$V_1(w_4) = \{C\}$, $V_1(w_5) = \{E\}$.

Além disso, seja

$$\begin{aligned} \mathcal{K}_2 &= \langle W_2, R_2, V_2 \rangle \\ W_2 &= \{w_1, w_2\} \\ R_2 &= \{(w_1, w_1)\} \\ V_2(w_1) &= \{F\} \\ V_2(w_2) &= \emptyset \end{aligned}$$

e

$$\varphi_2 = \Box E \wedge \neg B \vee \Box F.$$

Consideremos ainda

$$\begin{aligned} \mathcal{K}_3 &= \langle W_3, R_3, V_3 \rangle \\ W_3 &= \{w_1, w_2, w_3\} \\ R_3 &= \{(w_1, w_1), (w_2, w_1), \\ &\qquad (w_3, w_2), (w_3, w_3)\} \\ V_3(w_1) &= \{B, E, F\} \\ V_3(w_2) &= \{B, C, E\} \\ V_3(w_3) &= \{B, C, F\} \end{aligned}$$

bem como

$$\varphi_3 = \Diamond\neg\neg C, \qquad \varphi_4 = \neg\Box\neg\neg(\neg\Box B \wedge B).$$

Decida, para cada uma das seguintes afirmações, se ela é verdadeira ou falsa:

1. *Vale* $R_1(w_4) = w_1$.

2. *Vale* $\mathcal{K}_2 \models_{\mathrm{LM}(\Sigma)} \varphi_2$.

3. *Vale* $[\![\varphi_3]\!]_{\langle \mathcal{K}_3, w_3 \rangle} = \mathsf{true}$.

4. *Vale*

$$\begin{aligned}\mathrm{ST}_i(\varphi_4) = \neg\forall x_2(R(x_1,x_2) \rightarrow \\ \neg\neg(\neg\forall x_3(R(x_2,x_3) \rightarrow \\ P_B(x_3)) \wedge P_B(x_2))).\end{aligned}$$

Solução 3.33. 1. ***Falso.***

Em primeiro lugar, $R_1(w_4)$ *não é um mundo, mas sim o conjunto de todos os mundos alcançáveis a partir de* w_4*. Como em* R_1 *não ocorre nenhum par cujo primeiro componente seja* w_4*, temos*

$$R_1(w_4) = \emptyset.$$

Portanto, a afirmação $R_1(w_4) = w_1$ *já é falsa tanto quanto ao tipo quanto ao conteúdo.*

2. ***Verdadeiro.***

Primeiro lemos a fórmula, de acordo com a precedência usual dos conectivos, como

$$\varphi_2 = (\Box E \wedge \neg B) \vee \Box F.$$

Para mostrar que vale $\mathcal{K}_2 \models_{\mathrm{LM}(\Sigma)} \varphi_2$*, devemos verificar ambos os estados.*

Para w_1*, temos* $R_2(w_1) = \{w_1\}$*. Portanto, vale:*

$$\mathcal{K}_2, w_1 \models \Box F,$$

pois $F \in V_2(w_1)$. *Assim, o disjunto da direita já é verdadeiro, e portanto*

$$\mathcal{K}_2, w_1 \models \varphi_2.$$

Para w_2, *temos* $R_2(w_2) = \emptyset$. *Por isso, tanto* $\Box E$ *quanto* $\Box F$ *são trivialmente verdadeiros; em particular,*

$$\mathcal{K}_2, w_2 \models (\Box E \wedge \neg B) \vee \Box F.$$

Logo, a fórmula vale em todos os estados de $\mathcal{K}_2$, *isto é,*

$$\mathcal{K}_2 \models_{\mathrm{LM}(\Sigma)} \varphi_2.$$

3. **Verdadeiro.**

   Avaliamos a fórmula em $\langle \mathcal{K}_3, w_3 \rangle$:

   $$[\![\Diamond\neg\neg C]\!]_{\langle \mathcal{K}_3, w_3 \rangle} = \mathsf{true}$$

   exatamente quando existe um sucessor $u \in R_3(w_3)$ *no qual vale* $\neg\neg C$.

   Ora,

   $$R_3(w_3) = \{w_2, w_3\}.$$

   Em w_2, *vale* $C \in V_3(w_2)$, *logo*

   $$[\![C]\!]_{\langle \mathcal{K}_3, w_2 \rangle} = \mathsf{true},$$

   e, portanto, também

   $$[\![\neg\neg C]\!]_{\langle \mathcal{K}_3, w_2 \rangle} = \mathsf{true}.$$

Assim, já encontramos um estado alcançável no qual a fórmula interna é verdadeira. Consequentemente,

$$[\![\varphi_3]\!]_{\langle \mathcal{K}_3, w_3 \rangle} = \mathsf{true}.$$

4. ***Verdadeiro.***

Primeiro calculamos a tradução padrão de

$$\varphi_4 = \neg\Box\neg\neg(\neg\Box B \wedge B).$$

Para $i = 1$*, obtemos:*

$$\begin{aligned}
\mathrm{ST}_1(\varphi_4) &= \neg\mathrm{ST}_1(\Box\neg\neg(\neg\Box B \wedge B)) \\
&= \neg\forall x_2\Big(R(x_1, x_2) \to \\
&\quad \mathrm{ST}_2(\neg\neg(\neg\Box B \wedge B))\Big) \\
&= \neg\forall x_2\Big(R(x_1, x_2) \to \\
&\quad \neg\neg(\mathrm{ST}_2(\neg\Box B) \wedge \mathrm{ST}_2(B))\Big) \\
&= \neg\forall x_2\Big(R(x_1, x_2) \to \\
&\quad \neg\neg(\neg\mathrm{ST}_2(\Box B) \wedge P_B(x_2))\Big) \\
&= \neg\forall x_2\Big(R(x_1, x_2) \to \\
&\quad \neg\neg(\neg\forall x_3(R(x_2, x_3) \to \\
&\qquad P_B(x_3)) \wedge P_B(x_2))\Big).
\end{aligned}$$

Esta é exatamente a fórmula indicada. Portanto, a afirmação está correta.

Exercício 3.34. *Considere a assinatura proposicional*

$$\Sigma = \{A, E, H\}.$$

O tableau saturado T é dado pela seguinte descrição relevante de caminho: A raiz contém a fórmula

$$\langle 1,\ (A \vee \Box\neg E) \wedge \Diamond E\rangle.$$

Após a aplicação da regra de $\wedge$, surgem os dois nós

$$\langle 1,\ A \vee \Box\neg E\rangle \qquad e \qquad \langle 1,\ \Diamond E\rangle.$$

Em um ramo, a disjunção é resolvida de modo que o ramo prossiga pelo nó

$$\langle 1,\ \Box\neg E\rangle$$

. Do nó diamante surge um novo sucessor 2, e, no ramo correspondente, aparecem em seguida os nós

$$(1, 2), \qquad \langle 2, \neg E\rangle, \qquad \langle 2, A\rangle$$

. Todos os nós-folha do tableau estão fechados.

Considere, além disso, as seguintes fórmulas e estruturas de Kripke:

$$\varphi_1 = E \wedge \Diamond\Diamond(\neg H \vee \neg H),$$

$$\mathcal{K}_3 = \langle W_3, R_3, V_3\rangle$$
$$\text{com } W_3 = \{w_1, w_2\}$$
$$R_3 = \{(w_1, w_2)\}$$
$$V_3(w_1) = \emptyset, \qquad V_3(w_2) = \emptyset,$$

bem como

$$\varphi_4 = (A \vee \Box\neg E) \wedge \Diamond E.$$

Decida, para cada uma das afirmações seguintes, se ela é verdadeira ou falsa.

1. φ_1 *está em forma normal negativa.*

2. *O tableau T está aberto.*

3. *Vale $\mathcal{K}_v^T = \mathcal{K}_3$ para o nó-folha $v = \langle 2, \neg E\rangle$.*

4. *Vale $\varphi_4 \models_{\mathrm{LM}(\Sigma)} A$.*

Solução 3.35. 1. ***Verdadeiro.***

A fórmula

$$\varphi_1 = E \wedge \Diamond\Diamond(\neg H \vee \neg H)$$

já está em forma normal negativa. As negações ocorrem apenas diretamente diante de fórmulas atômicas, a saber, no literal $\neg H$. Os demais conectivos são permitidos na FNN.

2. ***Falso.***

O tableau T é fechado, *pois, por hipótese, todas as folhas estão fechadas. Um tableau é aberto exatamente quando possui pelo menos uma folha aberta. Esse não é o caso aqui.*

3. ***Falso.***

Do caminho descrito resulta, para o nó $v = \langle 2, \neg E \rangle$*, uma estrutura de Kripke induzida na qual, no estado 2, ocorre adicionalmente o átomo* A*. Em particular, portanto,*

$$V_v^T(2) = \{A\}.$$

Na estrutura dada $\mathcal{K}_3$*, porém, vale*

$$V_3(w_2) = \emptyset.$$

Portanto, $\mathcal{K}_v^T$ *não pode coincidir com* $\mathcal{K}_3$*. As estruturas já diferem na valoração atômica de* w_2*.*

4. ***Verdadeiro.***

Mostramos que $\varphi_4 \wedge \neg A$ *é insatisfatível. Disso segue imediatamente*

$$\varphi_4 \models_{\mathrm{LM}(\Sigma)} A.$$

Suponha que existisse um modelo $\langle \mathcal{K}, w \rangle$ *tal que*

$$\mathcal{K}, w \models \varphi_4 \wedge \neg A.$$

Então, em w*, vale em particular*

$$(A \vee \Box\neg E) \wedge \Diamond E \quad e \quad \neg A.$$

De $A \vee \Box\neg E$ *e* $\neg A$ *segue então*

$$\Box\neg E.$$

Por outro lado, $\Diamond E$ exige que exista um estado acessível no qual E seja verdadeiro. Isso contradiz $\Box\neg E$, pois $\Box\neg E$ afirma que todos os estados acessíveis satisfazem $\neg E$.

Logo, $\varphi_4 \wedge \neg A$ é insatisfatível e, consequentemente, vale

$$\varphi_4 \models_{\mathrm{LM}(\Sigma)} A.$$

Em resumo, portanto:

(1) verdadeiro, (2) falso, (3) falso, (4) verdadeiro

3.2 Lógica temporal linear

A lógica temporal linear (LTL, do inglês *Linear Temporal Logic*) estende a lógica proposicional com a possibilidade de falar não apenas sobre um único estado, mas também sobre o desenvolvimento temporal de um sistema. Enquanto a lógica proposicional descreve o que vale em um dado momento, a LTL permite formular afirmações sobre o que acontece em seguida, sobre o que ocorrerá em algum momento ou sobre aquilo que deve valer sempre ao longo de todo um futuro.

A ideia básica é simples: consideramos o tempo não como um conjunto desordenado de momentos, mas como uma sequência de instantes que ocorrem sucessivamente. Em cada instante, o estado de um sistema pode mudar. É precisamente esse tipo de desenvolvimento que se deseja descrever e verificar em muitas aplicações. Na informática, isso diz respeito, por exemplo, a programas, sistemas operacionais, protocolos de comunicação ou sistemas de controle. Assim, pode-se exigir que, após um estado de erro, algum estado normal de operação seja novamente alcançado em algum momento; que uma ação solicitada seja de fato executada posteriormente; ou que um estado de segurança seja preservado de modo permanente.

Um exemplo típico é um sistema automatizado de backup. Poder-se-ia exigir que, após o início de uma execução de backup, uma mensagem de sucesso apareça em algum momento. Do mesmo modo, poder-se-ia estabelecer que, após um alarme, não vigore simplesmente o funcionamento normal de maneira contínua, mas que antes deva ocorrer uma fase de verificação. Propriedades desse tipo podem ser formuladas com precisão em LTL e, em seguida, investigadas em possíveis execuções do sistema.

A seguir, introduzimos primeiro a sintaxe e o significado das fórmulas de LTL. Depois, consideramos equivalências importantes e formas normais. Em seguida, tratamos da relação com estruturas de Kripke e mostramos, por fim, como a LTL pode ser comparada com a lógica de predicados de primeira ordem.

3.2.1 Sintaxe e semântica

Assim como a lógica proposicional, a LTL também é uma linguagem formal na qual as fórmulas são construídas a partir de variáveis proposicionais, conectivos e outros operadores. A diferença consiste em que a LTL contém, além disso, operadores que se referem ao curso temporal. Esses operadores permitem formular afirmações não apenas para o instante atual, mas também para o futuro.

Definição 3.36 (Sintaxe da LTL). *Seja* Σ *uma assinatura proposicional. As fórmulas da LTL sobre* Σ *são definidas indutivamente da seguinte maneira:*

1. *Toda variável proposicional de* Σ *é uma fórmula da LTL.*
2. $\top$ *e* $\bot$ *são fórmulas da LTL.*
3. *Se* φ *e* ψ *são fórmulas da LTL, então também* $\neg\varphi$, $\varphi \wedge \psi$ *e* $\varphi \vee \psi$ *são fórmulas da LTL.*
4. *Se* φ *é uma fórmula da LTL, então também* $X\varphi$, $G\varphi$ *e* $F\varphi$ *são fórmulas da LTL.*
5. *Se* φ *e* ψ *são fórmulas da LTL, então também* $\varphi U \psi$ *é uma fórmula da LTL.*

Os conectivos lógicos básicos comportam-se aqui exatamente como na lógica proposicional. A novidade são os operadores temporais. Nesse contexto, temos:

- $X\varphi$: *No próximo instante vale* φ.
- $G\varphi$: *A partir de agora,* φ *vale sempre.*
- $F\varphi$: *Em algum momento no futuro vale* φ.
- $\varphi U \psi$: φ *vale até que* ψ *ocorra.*

O operador X corresponde a *next*, G a *globally*, F a *finally* e U a *until*. É especialmente importante notar que esses operadores não expressam apenas uma propriedade momentânea, mas uma propriedade do curso temporal.

Como abreviações úteis, usamos, como na lógica proposicional,

$$\varphi \to \psi := \neg\varphi \vee \psi$$

e

$$\varphi \leftrightarrow \psi := (\varphi \to \psi) \wedge (\psi \to \varphi)$$

Além disso, definimos o operador

$$\varphi W \psi \ := \ \varphi U \psi \vee G\varphi.$$

Ele é chamado de *weak until* e expressa que φ deve valer até a ocorrência de ψ, sem que ψ precise necessariamente ocorrer algum dia.

Para fórmulas de LTL valem as regras usuais de parênteses e prioridades de ligação. Como na lógica proposicional, a negação tem a maior prioridade. Os operadores unários X, G e F também têm prioridade muito alta. O operador U tem prioridade maior que $\wedge$ e $\vee$, mas menor que a negação.

Exemplo 3.37. *Algumas fórmulas típicas de LTL são:*

- $\mathsf{Erro} \wedge \neg\mathsf{Manutenção}$*: No instante atual há um erro, mas não há manutenção.*

- $X\,\mathsf{Liberação}$*: No próximo instante ocorre a liberação.*

- $G\,\neg\mathsf{Falha}$: *Uma falha nunca ocorre.*
- $F\,\mathsf{Sucesso}$: *Em algum momento ocorre sucesso.*
- $\mathsf{Solicitação}\,U\,\mathsf{Resposta}$: *Uma solicitação permanece válida até que uma resposta chegue.*
- $G(\mathsf{Cadastro} \to F\,\mathsf{Confirmação})$: *Todo cadastro leva, em algum momento, a uma confirmação.*

Combinações gerais frequentes são:

- $\varphi \to F\psi$ "Se φ vale, então ψ também valerá em algum momento."
- $F\varphi \to F\psi$ "Se φ vale em algum momento, então ψ também valerá em algum momento."
- $FG\varphi$ "A partir de algum instante no futuro, φ vale permanentemente."
- $GF\varphi$ "Em todo instante, φ volta a valer em algum momento."

A fórmula $GF\varphi$ também é interpretada como: "φ vale infinitas vezes."

Para interpretar LTL com precisão, não consideramos estados isolados, mas trajetórias temporais inteiras. Uma trajetória desse tipo indica, para cada instante, quais variáveis proposicionais valem nele.

Definição 3.38 (Interpretação LTL). *Seja Σ uma assinatura proposicional. Uma interpretação LTL sobre Σ é* *uma sequência infinita*

$$\pi = t_0 t_1 t_2 t_3 \ldots$$

de conjuntos pertencentes a $P(\Sigma)$.

O conjunto t_i descreve exatamente as variáveis proposicionais que valem no instante i. Assim, pode-se entender t_0 como a situação atual, t_1 como a situação no próximo passo, t_2 como a situação no passo seguinte, e assim por diante. O curso do tempo é discreto e linear: em cada instante há exatamente um próximo instante.

Para uma interpretação $\pi = t_0 t_1 t_2 t_3 \ldots$, escrevemos π_i para o "resto do percurso a partir do instante i", isto é, para

$$\pi_i = t_i t_{i+1} t_{i+2} \ldots.$$

Com isso, fórmulas podem ser avaliadas em um instante arbitrário, e não apenas no início de um percurso.

Definição 3.39 (Satisfação de fórmulas LTL). *Seja* Σ *uma assinatura proposicional. A relação de satisfação* $\models_{\mathrm{LTL}}$ *entre interpretações LTL e fórmulas LTL é definida indutivamente por:*

$$\begin{aligned}
\pi \models_{\mathrm{LTL}} A &\quad \textit{se } A \in t_0, \\
\pi \models_{\mathrm{LTL}} \top &\quad \textit{sempre}, \\
\pi \models_{\mathrm{LTL}} \bot &\quad \textit{nunca}, \\
\pi \models_{\mathrm{LTL}} \neg\varphi &\quad \textit{se } \pi \not\models_{\mathrm{LTL}} \varphi, \\
\pi \models_{\mathrm{LTL}} \varphi \wedge \psi &\quad \textit{se } \pi \models_{\mathrm{LTL}} \varphi \textit{ e } \pi \models_{\mathrm{LTL}} \psi, \\
\pi \models_{\mathrm{LTL}} \varphi \vee \psi &\quad \textit{se } \pi \models_{\mathrm{LTL}} \varphi \textit{ ou } \pi \models_{\mathrm{LTL}} \psi,
\end{aligned}$$

$$\begin{aligned}
\pi \models_{\text{LTL}} X\varphi \quad & \textit{se } \pi_1 \models_{\text{LTL}} \varphi, \\
\pi \models_{\text{LTL}} G\varphi \quad & \textit{se } \pi_i \models_{\text{LTL}} \varphi \textit{ para todo } i \in \mathbb{N}_0, \\
\pi \models_{\text{LTL}} F\varphi \quad & \textit{se existe } i \in \mathbb{N}_0 \textit{ tal que } \pi_i \models_{\text{LTL}} \varphi, \\
\pi \models_{\text{LTL}} \varphi U \psi \quad & \textit{se existe } j \in \mathbb{N}_0 \textit{ tal que } \pi_j \models_{\text{LTL}} \psi \\
& \quad \textit{e } \pi_i \models_{\text{LTL}} \varphi \textit{ para todo } 0 \leq i < j.
\end{aligned}$$

Uma interpretação LTL chama-se *modelo* de uma fórmula φ quando satisfaz φ. Denotamos por $\text{Mod}_{\text{LTL}}(\varphi)$ o conjunto de todos os modelos de φ. A representação acima também pode ser entendida como uma escrita em forma de palavra: uma interpretação LTL é uma sequência infinita de conjuntos de átomos proposicionais e, portanto, pode ser vista como uma palavra infinita sobre $P(\Sigma)$.

Esse ponto de vista é sobretudo tecnicamente útil, mas desempenha um papel secundário para a compreensão conceitual. O essencial continua sendo a interpretação como evolução temporal, na qual t_i descreve as variáveis proposicionais válidas no instante i.

3.2.2 Equivalências e formas normais

Nesta seção, consideramos igualdade e transformações de fórmulas LTL. Como na lógica proposicional, muitas vezes não é importante *como* uma propriedade é formulada, mas apenas *quais* evoluções temporais ela descreve. Duas fórmulas são, portanto, consideradas equivalentes quando são satisfeitas exatamente nas mesmas interpretações LTL.

Definição 3.40 (Equivalência de fórmulas LTL). *Seja Σ uma assinatura proposicional. Duas fórmulas LTL φ e ψ sobre Σ chamam-se* equivalentes, *escrito*

$$\varphi \equiv_{\mathrm{LTL}} \psi,$$

se, para toda interpretação LTL π sobre Σ, vale:

$$\pi \models_{\mathrm{LTL}} \varphi \quad \textit{se, e somente se,} \quad \pi \models_{\mathrm{LTL}} \psi.$$

Muitas regras de transformação da lógica proposicional continuam válidas também em LTL. Em particular, o lema da coincidência e o lema da substituição também valem aqui. Para começar, bastam as leis lógicas fundamentais conhecidas.

Proposição 3.41 (Equivalências clássicas). *Para todas as fórmulas LTL φ e ψ, vale:*

$$\neg(\varphi \wedge \psi) \equiv_{\mathrm{LTL}} \neg\varphi \vee \neg\psi, \qquad \neg(\varphi \vee \psi) \equiv_{\mathrm{LTL}} \neg\varphi \wedge \neg\psi,$$

$$\neg\neg\varphi \equiv_{\mathrm{LTL}} \varphi, \qquad \top \equiv_{\mathrm{LTL}} \varphi \vee \neg\varphi, \qquad \bot \equiv_{\mathrm{LTL}} \varphi \wedge \neg\varphi.$$

Demonstração. Todas as afirmações decorrem imediatamente da semântica clássica de $\neg, \wedge, \vee$ e do fato de que toda interpretação LTL ou satisfaz uma fórmula ou não a satisfaz.

Seja π uma interpretação LTL arbitrária.

Para a primeira igualdade, vale:

$$\begin{aligned} \pi \models_{\mathrm{LTL}} \neg(\varphi \wedge \psi) &\iff \pi \not\models_{\mathrm{LTL}} (\varphi \wedge \psi) \\ &\iff \pi \not\models_{\mathrm{LTL}} \varphi \quad \text{ou} \quad \pi \not\models_{\mathrm{LTL}} \psi \end{aligned}$$

e, portanto,

$$\pi \models_{\text{LTL}} \neg(\varphi \wedge \psi) \iff \pi \models_{\text{LTL}} \neg\varphi \vee \neg\psi.$$

A segunda regra de De Morgan segue de modo análogo.

Para a dupla negação, vale:

$$\pi \models_{\text{LTL}} \neg\neg\varphi \iff \pi \not\models_{\text{LTL}} \neg\varphi \iff \pi \models_{\text{LTL}} \varphi.$$

Para $\top$ e $\bot$, a afirmação é igualmente direta: $\varphi \vee \neg\varphi$ é verdadeira em toda interpretação, ao passo que $\varphi \wedge \neg\varphi$ não pode ser verdadeira em nenhuma interpretação. □

No próximo passo, consideramos fórmulas com operadores temporais. Elas podem, em parte, ser transformadas de modo análogo aos conectivos da lógica proposicional. É particularmente importante observar que alguns operadores podem ser descritos por meio de outros, enquanto certas outras combinações justamente não são válidas em geral.

Proposição 3.42 (Transformações importantes para operadores temporais). *Para todas as fórmulas LTL* φ, ψ, χ, *vale:*

$$G(\varphi \wedge \psi) \equiv_{\text{LTL}} G\varphi \wedge G\psi, \qquad F(\varphi \vee \psi) \equiv_{\text{LTL}} F\varphi \vee F\psi,$$

$$X(\varphi \wedge \psi) \equiv_{\text{LTL}} X\varphi \wedge X\psi, \qquad X(\varphi \vee \psi) \equiv_{\text{LTL}} X\varphi \vee X\psi,$$

$$(\varphi \wedge \psi)\, U\, \chi \equiv_{\text{LTL}} (\varphi\, U\, \chi) \wedge (\psi\, U\, \chi)$$
$$\varphi\, U\, (\psi \vee \chi) \equiv_{\text{LTL}} (\varphi\, U\, \psi) \vee (\varphi\, U\, \chi)$$

Demonstração. Mostramos as afirmações uma após a outra.

Para $G(\varphi \wedge \psi)$, temos:

$$\pi \models_{\text{LTL}} G(\varphi \wedge \psi) \iff \text{para todo } i \in \mathbb{N}_0 : \pi_i \models_{\text{LTL}} \varphi \wedge \psi.$$

Isso ocorre exatamente quando, para todo i, valem tanto $\pi_i \models_{\text{LTL}} \varphi$ quanto $\pi_i \models_{\text{LTL}} \psi$. Portanto:

$$\pi \models_{\text{LTL}} G(\varphi \wedge \psi) \iff \pi \models_{\text{LTL}} G\varphi \wedge G\psi.$$

A afirmação para $F(\varphi \vee \psi)$ segue de modo análogo a partir da semântica existencial de F.

Para X, o cálculo é direto:

$$\begin{aligned} \pi \models_{\text{LTL}} X(\varphi \wedge \psi) &\iff \pi_1 \models_{\text{LTL}} \varphi \wedge \psi \\ &\iff \pi_1 \models_{\text{LTL}} \varphi \quad \text{e} \quad \pi_1 \models_{\text{LTL}} \psi \end{aligned}$$

logo

$$\pi \models_{\text{LTL}} X(\varphi \wedge \psi) \iff \pi \models_{\text{LTL}} X\varphi \wedge X\psi.$$

A distributividade sobre $\vee$ segue da mesma forma.

Para a afirmação com o operador until $(\varphi \wedge \psi) U \chi$, seja j uma testemunha de que $\pi \models_{\text{LTL}} (\varphi \wedge \psi) U \chi$ vale. Então vale $\pi_j \models_{\text{LTL}} \chi$ e, para todo $i < j$, vale $\pi_i \models_{\text{LTL}} \varphi \wedge \psi$; em particular, $\pi_i \models_{\text{LTL}} \varphi$ e $\pi_i \models_{\text{LTL}} \psi$. Assim, a mesma testemunha j é adequada tanto para $\varphi U \chi$ quanto para $\psi U \chi$.

Reciprocamente: se $\pi \models_{\text{LTL}} (\varphi U \chi) \wedge (\psi U \chi)$, então existem testemunhas j_1, j_2 para as duas fórmulas com until. Com $j = \min\{j_1, j_2\}$, vale $\pi_j \models_{\mathrm{LTL}} \chi$ e, para todo $i < j$, tanto φ quanto ψ satisfazem a condição exigida. Logo, também vale $(\varphi \wedge \psi)U\chi$.

A distribuição de U sobre $\vee$ no lado direito é demonstrada da mesma maneira. □

Nem todas as transformações aparentemente naturais são corretas. Isso é especialmente importante no caso de F e G.

Exemplo 3.43 (Dois contraexemplos). *As seguintes equivalências, em geral,* não *valem:*

$$F(\varphi \wedge \psi) \equiv_{\mathrm{LTL}} F\varphi \wedge F\psi, \qquad G(\varphi \vee \psi) \equiv_{\mathrm{LTL}} G\varphi \vee G\psi.$$

Um contraexemplo para a primeira fórmula pode ser obtido, por exemplo, com as proposições

ativo *e* liberado.

Considere uma evolução temporal na qual ativo *vale apenas no primeiro instante e* liberado *vale somente mais tarde. Então valem* Fativo *e* Fliberado, *mas nunca simultaneamente* ativo $\wedge$ liberado. *Portanto,* F(ativo $\wedge$ liberado) *é falsa.*

Para a segunda fórmula, basta uma evolução na qual valham alternadamente esperar *e* trabalhar. *Então sempre pelo menos uma das duas proposições é verdadeira; logo, vale* G(esperar $\vee$ trabalhar). *Mas nem* Gesperar *nem* Gtrabalhar *é satisfeita.*

Alguns operadores comportam-se de modo idempotente ou absorvente. Isso significa que a aplicação repetida desses operadores não gera uma nova afirmação.

Proposição 3.44 (Idempotência e absorção). *Para todas as fórmulas LTL* φ *e* ψ*, vale:*

$$GG\varphi \equiv_{\mathrm{LTL}} G\varphi, \qquad FF\varphi \equiv_{\mathrm{LTL}} F\varphi,$$

$$\varphi U(\varphi U\psi) \equiv_{\mathrm{LTL}} \varphi U\psi, \qquad (\varphi U\psi)U\psi \equiv_{\mathrm{LTL}} \varphi U\psi,$$

$$GFG\varphi \equiv_{\mathrm{LTL}} FG\varphi, \qquad FGF\varphi \equiv_{\mathrm{LTL}} GF\varphi.$$

Demonstração. As duas primeiras igualdades são imediatas:

$$\begin{aligned} \pi \models_{\mathrm{LTL}} GG\varphi &\iff \forall i \in \mathbb{N}_0 : \pi_i \models_{\mathrm{LTL}} G\varphi \\ &\iff \forall i, j \in \mathbb{N}_0 : \pi_{i+j} \models_{\mathrm{LTL}} \varphi \end{aligned}$$

isto é, exatamente quando $\pi \models_{\mathrm{LTL}} G\varphi$. Para $FF\varphi$, a argumentação é análoga.

Para $\varphi U(\varphi U\psi)$, basta observar o seguinte: se $\pi \models_{\mathrm{LTL}} \varphi U\psi$, então a fórmula $\varphi U\psi$ já é satisfeita na posição atual. Portanto, também vale automaticamente $\pi \models_{\mathrm{LTL}} \varphi U(\varphi U\psi)$; reciprocamente, uma testemunha para a fórmula Until externa, juntamente com uma testemunha para a fórmula Until interna, fornece imediatamente uma testemunha para $\varphi U\psi$.

Para $(\varphi U\psi)U\psi$, a ideia é semelhante: assim que ψ vale em algum instante, é suficiente, para todos os instantes anteriores, que neles já valha $\varphi U\psi$. Reciprocamente, uma testemunha para $(\varphi U\psi)U\psi$ já impõe uma testemunha para $\varphi U \psi$. Portanto, as duas fórmulas descrevem o mesmo conjunto de trajetórias temporais.

As duas leis de absorção para $GFG\varphi$ e $FGF\varphi$ seguem diretamente dos significados de G e F: em ambos os casos, nenhum conteúdo semântico adicional é acrescentado quando os operadores são aninhados várias vezes. □

Ainda mais úteis do que transformações isoladas são as chamadas leis duais. Elas indicam como a negação se comporta em relação aos operadores temporais.

Proposição 3.45 (Dualidades temporais e expansões). *Para todas as fórmulas LTL φ e ψ, vale:*

$$\begin{aligned} \neg X\varphi &\equiv_{\mathrm{LTL}} X\neg\varphi \\ \neg G\varphi &\equiv_{\mathrm{LTL}} F\neg\varphi \\ \neg F\varphi &\equiv_{\mathrm{LTL}} G\neg\varphi \end{aligned}$$

$$\begin{aligned} G\varphi &\equiv_{\mathrm{LTL}} \varphi \wedge XG\varphi \\ F\varphi &\equiv_{\mathrm{LTL}} \varphi \vee XF\varphi \\ F\varphi &\equiv_{\mathrm{LTL}} \top U\varphi \end{aligned}$$

$$\varphi U\psi \equiv_{\mathrm{LTL}} \psi \vee (\varphi \wedge X(\varphi U\psi)).$$

Além disso, para a negação de Until vale:

$$\neg(\varphi U\psi) \equiv_{\mathrm{LTL}} ((\varphi \wedge \neg\psi)U(\neg\varphi \wedge \neg\psi)) \vee G(\varphi \wedge \neg\psi).$$

Demonstração. Mostramos inicialmente as três primeiras equivalências.

Para X, vale diretamente:

$$\begin{aligned}\pi \models_{\mathrm{LTL}} \neg X\varphi &\iff \pi \not\models_{\mathrm{LTL}} X\varphi \\ &\iff \pi_1 \not\models_{\mathrm{LTL}} \varphi \\ &\iff \pi_1 \models_{\mathrm{LTL}} \neg\varphi \\ &\iff \pi \models_{\mathrm{LTL}} X\neg\varphi\end{aligned}$$

Para G e F, usamos as definições:

$$\begin{aligned}&\pi \models_{\mathrm{LTL}} \neg G\varphi \\ &\iff \text{não é verdade que, para todo } i \in \mathbb{N}_0, \\ &\quad \text{vale } \pi_i \models_{\mathrm{LTL}} \varphi\end{aligned}$$

e isso é equivalente a

$$\begin{aligned}\exists i \in \mathbb{N}_0 : \pi_i \not\models_{\mathrm{LTL}} \varphi &\iff \exists i \in \mathbb{N}_0 : \pi_i \models_{\mathrm{LTL}} \neg\varphi \\ &\iff \pi \models_{\mathrm{LTL}} F\neg\varphi\end{aligned}$$

A terceira equivalência segue de modo análogo.

As duas leis de desdobramento

$$G\varphi \equiv_{\mathrm{LTL}} \varphi \wedge XG\varphi \qquad \text{e} \qquad F\varphi \equiv_{\mathrm{LTL}} \varphi \vee XF\varphi$$

são imediatamente claras quando se observa que $G\varphi$ já exige que φ valha agora e em todos os instantes futuros, enquanto $F\varphi$ exige apenas que φ valha em algum momento. A ocorrência atual de φ ou já está contemplada, ou não influencia a verdade da fórmula.

A equivalência

$$F\varphi \equiv_{\mathrm{LTL}} \top U\varphi$$

segue diretamente da semântica de U: como $\top$ é verdadeiro em todo instante, $\top U \varphi$ afirma exatamente que φ ocorre em algum momento.

Para o desdobramento do operador Until, consideramos um percurso temporal π.

"$\Rightarrow$": Suponhamos que $\pi \models_{\text{LTL}} \varphi U \psi$. Então existe um menor instante j tal que

$$\pi_j \models_{\text{LTL}} \psi$$

e, para todo $i < j$, vale $\pi_i \models_{\text{LTL}} \varphi$. Se $j = 0$, então já vale $\pi \models_{\text{LTL}} \psi$. Se $j > 0$, então vale $\pi \models_{\text{LTL}} \varphi \wedge X(\varphi U \psi)$: no instante atual vale φ, e a partir do instante seguinte o restante do percurso satisfaz novamente $\varphi U \psi$. Portanto, em ambos os casos vale

$$\pi \models_{\text{LTL}} \psi \vee (\varphi \wedge X(\varphi U \psi)).$$

"$\Leftarrow$": Se $\pi \models_{\text{LTL}} \psi$, então $\varphi U \psi$ é satisfeita imediatamente. Se $\pi \models_{\text{LTL}} \varphi \wedge X(\varphi U \psi)$, então φ vale agora e o restante do percurso satisfaz novamente $\varphi U \psi$. Pela repetição desse argumento, chega-se finalmente a um instante em que ψ vale. Logo, também vale $\varphi U \psi$.

Por fim, consideremos a negação de Until. A afirmação

$$\neg(\varphi U \psi)$$

significa que não existe nenhum instante em que ψ ocorra enquanto, até esse instante, φ valha em todos os pontos anteriores. Isso pode acontecer de duas maneiras: ou ψ

nunca vale e φ permanece sempre verdadeira; nesse caso, o percurso satisfaz $G(\varphi \wedge \neg\psi)$. Ou existe um primeiro instante em que φ falha antes que ψ apareça; nesse caso, vale

$$(\varphi \wedge \neg\psi)U(\neg\varphi \wedge \neg\psi).$$

Em conjunto, esses dois casos produzem exatamente o lado direito da equivalência afirmada. □

Com essas transformações, podemos agora introduzir duas formas normais. A primeira coloca negações apenas diretamente diante de variáveis proposicionais; a segunda permite apenas os operadores temporais X e U.

Definição 3.46 (Formas normais). *Seja φ uma fórmula LTL.*

- *Dizemos que φ está em* forma normal negativa *(FNN) se a negação ocorre apenas diretamente diante de variáveis proposicionais.*
- *Dizemos que φ está em* forma normal XU *se em φ ocorrem apenas os operadores temporais X e U.*

Proposição 3.47. *Para toda fórmula LTL existe uma fórmula equivalente em forma normal negativa.*

Demonstração. Definimos uma transformação fnn(·) recursivamente sobre a estrutura de uma fórmula. Nessa transformação, as negações são deslocadas passo a passo para o interior com auxílio das leis clássicas e das dualidades temporais.

Para fórmulas atômicas e constantes, definimos

$$\text{fnn}(A) = A, \qquad \text{fnn}(\top) = \top, \qquad \text{fnn}(\bot) = \bot.$$

Para conectivos booleanos e operadores temporais, definimos recursivamente:

$$\begin{aligned} \text{fnn}(\varphi \wedge \psi) &= \text{fnn}(\varphi) \wedge \text{fnn}(\psi) \\ \text{fnn}(\varphi \vee \psi) &= \text{fnn}(\varphi) \vee \text{fnn}(\psi) \end{aligned}$$

$$\begin{aligned} \text{fnn}(X\varphi) &= X\,\text{fnn}(\varphi) \\ \text{fnn}(G\varphi) &= G\,\text{fnn}(\varphi) \\ \text{fnn}(F\varphi) &= F\,\text{fnn}(\varphi) \\ \text{fnn}(\varphi U \psi) &= \text{fnn}(\varphi) U\,\text{fnn}(\psi). \end{aligned}$$

Para negações, usamos as transformações das proposições anteriores:

$$\text{fnn}(\neg A) = \neg A, \qquad \text{fnn}(\neg\neg\varphi) = \text{fnn}(\varphi),$$

$$\begin{aligned} \text{fnn}(\neg(\varphi \wedge \psi)) &= \text{fnn}(\neg\varphi) \vee \text{fnn}(\neg\psi) \\ \text{fnn}(\neg(\varphi \vee \psi)) &= \text{fnn}(\neg\varphi) \wedge \text{fnn}(\neg\psi) \end{aligned}$$

$$\begin{aligned} \text{fnn}(\neg X\varphi) &= X\,\text{fnn}(\neg\varphi) \\ \text{fnn}(\neg G\varphi) &= F\,\text{fnn}(\neg\varphi) \\ \text{fnn}(\neg F\varphi) &= G\,\text{fnn}(\neg\varphi) \end{aligned}$$

e, para o operador Until, usamos a equivalência da proposição anterior:

$$\begin{aligned} \text{fnn}(\neg(\varphi U \psi)) = \text{fnn}(\,&((\varphi \wedge \neg\psi) U (\neg\varphi \wedge \neg\psi)) \\ &\vee G(\varphi \wedge \neg\psi)) \end{aligned}$$

A correção segue por indução estrutural sobre a fórmula. Em cada passo, utiliza-se uma transformação equivalente; portanto, a semântica é preservada. Ao mesmo tempo, as negações deslocam-se cada vez mais para o interior, até que finalmente ocorram apenas diante de variáveis proposicionais. Portanto, $\mathrm{fnn}(\varphi)$ é uma fórmula equivalente em forma normal negativa. $\square$

Proposição 3.48. *Para toda fórmula de LTL existe uma fórmula equivalente em forma normal* XU*.*

Demonstração. Também aqui definimos uma transformação recursiva. O objetivo é eliminar os operadores F, G e W. A ideia fundamental é simples: F pode ser substituído por U, e G pode ser descrito com auxílio de F e da negação.

Definimos:

$$\tau(A) = A, \qquad \tau(\top) = \top, \qquad \tau(\bot) = \bot,$$

$$\begin{aligned}\tau(\neg\varphi) &= \neg\tau(\varphi)\\ \tau(\varphi \wedge \psi) &= \tau(\varphi) \wedge \tau(\psi)\\ \tau(\varphi \vee \psi) &= \tau(\varphi) \vee \tau(\psi)\end{aligned}$$

$$\tau(X\varphi) = X\tau(\varphi), \qquad \tau(\varphi U \psi) = \tau(\varphi) U \tau(\psi),$$

$$\tau(F\varphi) = \top U \tau(\varphi), \qquad \tau(G\varphi) = \neg(\top U \neg\tau(\varphi)).$$

Segundo essa definição, em $\tau(\varphi)$ ocorrem apenas os operadores temporais X e U. De fato, F e G são completamente substituídos, e todas as demais construções são preservadas. Que $\tau(\varphi)$ é equivalente a φ segue novamente por indução estrutural e pelas equivalências já demonstradas

$$F\varphi \equiv_{\mathrm{LTL}} \top U \varphi \qquad \text{e} \qquad G\varphi \equiv_{\mathrm{LTL}} \neg F \neg \varphi.$$

Assim, para toda fórmula de LTL existe uma fórmula equivalente em forma normal XU. □

As duas formas normais são particularmente úteis quando se deseja uniformizar, simplificar ou preparar fórmulas para demonstrações posteriores. Para a teoria subsequente, portanto, é frequentemente útil converter primeiro as fórmulas de LTL para uma dessas formas.

3.2.3 Relação com estruturas de Kripke

Até aqui, definimos a LTL diretamente sobre trajetórias temporais infinitas. Nas aplicações, porém, uma trajetória desse tipo geralmente não surge de modo isolado, mas como uma possível execução de um sistema. É precisamente para isso que as estruturas de Kripke constituem o modelo adequado: um estado descreve uma situação concreta do sistema, e as arestas indicam quais estados sucessores são alcançáveis a partir dela.

A ideia é a seguinte. Se começamos em um estado s e seguimos então uma aresta de saída para um estado sucessor, obtemos uma possível evolução do sistema. Se repetimos esse passo indefinidamente, surge um caminho pela estrutura de Kripke. Para cada estado ao longo desse caminho, podemos registrar quais variáveis proposicionais valem nele. Desse modo, de um caminho obtém-se uma trajetória de LTL.

Definição 3.49 (Caminhos). *Seja* Σ *uma assinatura proposicional e seja* $K = \langle W, R, V \rangle$ *uma estrutura de Kripke para* Σ*. Para um estado* $s \in W$*, o conjunto dos caminhos em* K *que começam em* s *é dado por*

$$\begin{aligned} &\text{Paths}(K, s) = \{s_0 s_1 s_2 \ldots \mid \\ &s_0 = s \wedge \\ &(s_i, s_{i+1}) \in R \ \forall i\} \end{aligned}$$

O conjunto de todos os caminhos de K *é*

$$\text{Paths}(K) = \bigcup_{s \in W} \text{Paths}(K, s).$$

Um caminho descreve, portanto, inicialmente apenas a sequência dos estados visitados. Para a LTL, contudo, o elemento decisivo não é o estado em si, mas quais variáveis proposicionais valem nesse estado. Por isso, traduzimos um caminho em uma sequência de conjuntos de variáveis proposicionais.

Definição 3.50 (Traço). *Seja* $K = \langle W, R, V \rangle$ *uma estrutura de Kripke e seja*

$$\rho = s_0 s_1 s_2 \ldots$$

uma sequência de estados de K*. Então*

$$\text{Trace}(K, \rho) = V(s_0) V(s_1) V(s_2) \ldots$$

é chamado o traço associado a ρ*.*

Um traço é, portanto, a observação temporal propriamente dita de um caminho: em vez dos estados, registramos apenas quais proposições valem em cada instante.

Definição 3.51 (Traços). *Seja* $K = \langle W, R, V \rangle$ *uma estrutura de Kripke para* Σ *e seja* $s \in W$ *um estado. O conjunto dos traços em* K *que começam em* s *é*

$$\mathrm{Traces}(K, s) = \{\mathrm{Trace}(K, \rho) \mid \rho \in \mathrm{Paths}(K, s)\}.$$

O conjunto de todos os traços de K *é*

$$\mathrm{Traces}(K) = \bigcup_{s \in W} \mathrm{Traces}(K, s).$$

Exemplo 3.52. *Consideremos uma estrutura de Kripke sobre a assinatura* $\Sigma = \{\mathsf{Solicitacao}, \mathsf{Resposta}, \mathsf{Erro}\}$. *O estado* u_1 *representa um processo de login em andamento,* u_2 *uma fase de espera,* u_3 *a conclusão bem-sucedida,* u_4 *um estado de erro e* u_5 *um estado no qual valem tanto* Resposta *quanto* Erro.

Um caminho possível é

$$\rho = u_1 u_2 u_3 u_3 u_3 \ldots$$

com o traço

$$\mathrm{Trace}(K, \rho) = \{\mathsf{Solicitacao}\}\{\mathsf{Solicitacao}\}$$
$$\{\mathsf{Resposta}\}\{\mathsf{Resposta}\}\{\mathsf{Resposta}\}\ldots$$

Esse traço descreve uma execução na qual, inicialmente, uma solicitação permanece em aberto e, em seguida, é respondida com sucesso.

Em contrapartida, uma sequência como

$$u_1u_3u_3u_3\dots$$

certamente pode ser escrita como cadeia de símbolos, mas só é um caminho se de fato existir uma aresta de u_1 *para* u_3. *Sem tal aresta, a sequência não pertence a* $\text{Paths}(K, u_1)$ *e seu traço, por conseguinte, não conta como elemento de* $\text{Traces}(K, u_1)$.

Para a LTL, consideraremos a seguir apenas estruturas de Kripke nas quais cada estado possui pelo menos um sucessor. Nesse caso, todo caminho pode ser prolongado indefinidamente.

Definição 3.53 (Estrutura de Kripke não terminante). *Uma estrutura de Kripke* $K = \langle W, R, V \rangle$ *chama-se* não terminante *se todo estado* $s \in W$ *possui pelo menos uma aresta de saída.*

Em estruturas de Kripke não terminantes, todos os caminhos são infinitos. Assim, também todos os traços são infinitos e podem ser compreendidos diretamente como interpretações de LTL.

Agora podemos dizer quando uma fórmula de LTL vale em um estado de uma estrutura de Kripke. A ideia é particularmente rigorosa: um estado satisfaz uma fórmula exatamente quando *todos* os desenvolvimentos possíveis a partir dele satisfazem essa fórmula. Assim, a LTL descreve propriedades robustas em relação a todos os desenvolvimentos futuros possíveis de um sistema.

Definição 3.54 (Satisfação em uma estrutura de Kripke). *Seja* Σ *uma assinatura proposicional, seja* $K = \langle W, R, V \rangle$ *uma estrutura de Kripke não terminante para* Σ *e seja* $s \in W$ *um estado. Então, para uma fórmula de LTL* φ*, vale:*

$$s \models_K^{\mathrm{LTL}} \varphi \iff$$
$$\forall \pi \in \mathrm{Traces}(K, s) : \pi \models_{\mathrm{LTL}} \varphi$$

Alternativamente, escrevemos também

$$\langle K, s \rangle \models^{\mathrm{LTL}} \varphi.$$

Essa definição torna muito claro o papel da LTL na modelagem de sistemas: uma fórmula não é testada em um único caminho, mas em todos os comportamentos possíveis que partem de um estado.

Exemplo 3.55. *Consideremos uma estrutura de Kripke sobre a assinatura*

$$\Sigma = \{\mathsf{Pronto}, \mathsf{Enviando}, \mathsf{Confirmado}\}.$$

Os estados devem ser entendidos de tal modo que, em um estado inicial, valha Pronto*; depois, possivelmente,* Enviando*; e, mais tarde, eventualmente,* Confirmado.

Consideremos as fórmulas

$$\varphi = FG\,\mathsf{Confirmado},$$
$$\psi = (\mathsf{Pronto} \lor \mathsf{Enviando})\,W\,\mathsf{Confirmado}.$$

Então um estado s *pode perfeitamente satisfazer* ψ*, embora nem todo desenvolvimento possível a partir de* *s chegue algum dia a* Confirmado. *Para* φ*, a situação é mais rigorosa: todo desenvolvimento possível a partir de s deve, em algum momento, entrar em uma fase na qual* Confirmado *vale permanentemente.*

Em contrapartida, um estado t a partir do qual exista um desenvolvimento que mostre para sempre apenas Pronto *e nunca* Confirmado *não satisfaz* FG Confirmado. *Portanto, um único desenvolvimento contrário já basta para falsificar a fórmula no estado.*

Ainda há um ponto especialmente importante, que à primeira vista pode parecer surpreendente: nos estados, a negação em geral não é dual. Para interpretações individuais de LTL, naturalmente vale que ou uma fórmula ou sua negação é satisfeita. Para estados em estruturas de Kripke, a situação é diferente, pois ali se quantifica sobre *todos* os traços possíveis.

Exemplo 3.56. *Pode haver um estado s tal que nem*

$$s \models_K^{\mathrm{LTL}} X\mathsf{Confirmado}$$

nem

$$s \models_K^{\mathrm{LTL}} \neg X\mathsf{Confirmado}$$

valha. Isso acontece exatamente quando, a partir de s, alguns desenvolvimentos mostram Confirmado *no próximo passo, mas outros não. Então* XConfirmado *não é verdadeira em todos os traços, e sua negação também não é verdadeira em todos os traços.*

Com isso, fica estabelecida a conexão entre LTL e estruturas de Kripke: estados descrevem situações do sistema, caminhos descrevem desenvolvimentos possíveis, traços traduzem esses desenvolvimentos em sequências temporais, e fórmulas de LTL descrevem propriedades que devem valer em todos esses desenvolvimentos.

3.2.4 Distinção de estados em estruturas de Kripke

Nas seções anteriores, consideramos as fórmulas de LTL como propriedades de percursos temporais. Agora nos voltamos à questão de como tais fórmulas incidem sobre estados em estruturas de Kripke. A ideia central é a seguinte: dois estados são indistinguíveis do ponto de vista da LTL exatamente quando satisfazem as mesmas propriedades temporais.

Definição 3.57 (Equivalência LTL de estados). *Seja* Σ *uma assinatura proposicional e seja* $K = \langle W, R, V \rangle$ *uma estrutura de Kripke não terminante para* Σ*. Dois estados* $s, w \in W$ *chamam-se* LTL-equivalentes em relação a K, *escrito*

$$s \equiv_K^{\mathrm{LTL}} w,$$

se, para toda fórmula de LTL φ *sobre* Σ*, vale:*

$$\langle K, s \rangle \models^{\mathrm{LTL}} \varphi \quad \textit{se, e somente se,} \quad \langle K, w \rangle \models^{\mathrm{LTL}} \varphi.$$

É importante notar a diferença em relação à equivalência formal de fórmulas já introduzida: naquele caso, comparam-se duas fórmulas entre si. Aqui, ao contrário, trata-se de estados de uma estrutura de Kripke.

Intuitivamente, $s \equiv_K^{\mathrm{LTL}} w$ significa: a partir de s e a partir de w, o futuro aparece para a LTL exatamente da mesma maneira. Portanto, se as mesmas fórmulas valem em ambos os estados, então a LTL não consegue distinguir esses dois estados.

Uma forma de comparação ainda mais forte, mas muito natural, é a equivalência de traços. Dois estados são equivalentes por traços quando, a partir deles, são possíveis exatamente os mesmos percursos observacionais.

Definição 3.58 (Equivalência de traços). *Seja Σ uma assinatura proposicional e seja $K = \langle W, R, V\rangle$ uma estrutura de Kripke para Σ. Dois estados $s, w \in W$ chamam-se* equivalentes por traços em relação a K, *escrito*

$$s \equiv_K^{\mathrm{Trace}} w,$$

se

$$\mathrm{Traces}(K, s) = \mathrm{Traces}(K, w)$$

vale.

A equivalência de traços é uma forma muito direta de indistinguibilidade: se dois estados geram exatamente os mesmos traços, então eles tampouco se distinguem do ponto de vista de qualquer lógica que opere apenas sobre esses traços.

Exemplo 3.59. *Consideremos uma estrutura de Kripke sobre*

$$\Sigma = \{\mathsf{pronto}, \mathsf{espera}, \mathsf{concluido}\}.$$

Suponhamos que haja dois estados distintos s e w que possuem ambos a mesma evolução possível: no início vale, em cada caso, pronto*; depois o sistema pode entrar em um laço de espera; e, mais tarde, ocorre* concluido*. Os dois estados são sintaticamente diferentes, mas seu comportamento futuro observável é o mesmo.*

Nesse caso, vale

$$\text{Traces}(K, s) = \text{Traces}(K, w),$$

portanto s e w são equivalentes por traços. Com isso, eles também são LTL-equivalentes.

A proposição seguinte mostra que a equivalência por traços sempre implica também a equivalência em LTL.

Proposição 3.60. *Seja Σ uma assinatura proposicional e seja $K = \langle W, R, V\rangle$ uma estrutura de Kripke não terminante para Σ. Se dois estados $s, w \in W$ são equivalentes por traços em relação a K, então eles também são LTL-equivalentes em relação a K.*

Demonstração. Sejam $s, w \in W$ tais que $s \equiv_K^{\text{Trace}} w$. Então vale

$$\text{Traces}(K, s) = \text{Traces}(K, w).$$

Tomemos agora uma fórmula LTL arbitrária φ. Se vale $\langle K, s\rangle \models^{\text{LTL}} \varphi$, então todos os traços de $\text{Traces}(K, s)$ satisfazem a fórmula φ. Pela igualdade dos conjuntos de traços, o mesmo vale também para todos os traços de $\text{Traces}(K, w)$; logo, $\langle K, w\rangle \models^{\text{LTL}} \varphi$.

A direção inversa é idêntica. Portanto, vale

$$\langle K, s\rangle \models^{\text{LTL}} \varphi \quad \text{se, e somente se,} \quad \langle K, w\rangle \models^{\text{LTL}} \varphi$$

para todas as fórmulas φ. Assim, s e w são LTL-equivalentes. □

Para analisar de modo mais fino as diferenças entre estados, consideramos agora segmentos iniciais finitos de traços. Para dois traços, interessa-nos inicialmente apenas saber se eles têm a mesma aparência nos primeiros $k+1$ passos.

Definição 3.61 (Coincidência em um segmento inicial). *Sejam*

$$\pi_1 = t_0 t_1 t_2 \ldots \qquad e \qquad \pi_2 = r_0 r_1 r_2 \ldots$$

dois traços LTL e seja $k \in \mathbb{N}_0$. Escrevemos então

$$\pi_1 \equiv_k \pi_2,$$

se

$$t_i = r_i \quad \textit{para todo } i \in \{0, \ldots, k\}.$$

Para um conjunto de átomos $V \subseteq \Sigma$, definimos uma fórmula χ_V que vale exatamente quando, no instante atual, são verdadeiros precisamente os átomos de V:

$$\chi_V := \bigwedge_{A \in V} A \wedge \bigwedge_{A \in \Sigma \setminus V} \neg A.$$

Se $\pi = t_0 t_1 t_2 \ldots$ é um traço, então definimos

$$\chi_\pi^k := \chi_{t_0} \wedge X\chi_{t_1} \wedge XX\chi_{t_2} \wedge \cdots \wedge X^k\chi_{t_k}.$$

Essa fórmula descreve exatamente o primeiro segmento inicial do traço π.

Exemplo 3.62. *Para* $\Sigma = \{\mathsf{req}, \mathsf{ack}, \mathsf{done}\}$ *e o traço*

$$\pi = \{\mathsf{req}\}\{\mathsf{req}, \mathsf{ack}\}\{\mathsf{done}\} \ldots$$

obtemos:

$$\chi_\pi^0 = \mathsf{req} \wedge \neg\mathsf{ack} \wedge \neg\mathsf{done},$$

$$\chi_\pi^1 = (\mathsf{req} \wedge \neg\mathsf{ack} \wedge \neg\mathsf{done}) \wedge X(\mathsf{req} \wedge \mathsf{ack} \wedge \neg\mathsf{done}).$$

A fórmula χ_π^1 *descreve, portanto, exatamente os dois primeiros instantes desse percurso.*

A observação seguinte é central: se dois estados são LTL-equivalentes, então todo caminho que parte de um desses estados pode ser aproximado por segmentos iniciais de caminhos que partem do outro estado.

Proposição 3.63. *Seja* Σ *uma assinatura proposicional e seja* $K = \langle W, R, V\rangle$ *uma estrutura de Kripke não terminante para* Σ*. Se* $s, w \in W$ *são LTL-equivalentes, então vale: para todo caminho* $\rho_s \in \mathrm{Paths}(K, s)$ *e todo* $k \in \mathbb{N}_0$*, existe um caminho* $\rho_w^k \in \mathrm{Paths}(K, w)$ *tal que*

$$\mathrm{Trace}(K, \rho_s) \equiv_k \mathrm{Trace}(K, \rho_w^k).$$

Demonstração. Seja $\rho_s \in \text{Paths}(K, s)$ arbitrário e ponha $\pi := \text{Trace}(K, \rho_s)$. Para cada $k \in \mathbb{N}_0$, consideramos a fórmula χ_π^k.

Como vale $\pi \models_{\text{LTL}} \chi_\pi^k$, segue em particular que nem todos os traços de $\text{Traces}(K, s)$ satisfazem a negação de χ_π^k. Logo,

$$\langle K, s\rangle \not\models^{\text{LTL}} \neg\chi_\pi^k.$$

Pela LTL-equivalência de s e w, disso segue que

$$\langle K, w\rangle \not\models^{\text{LTL}} \neg\chi_\pi^k.$$

Portanto, existe um traço $\pi_k \in \text{Traces}(K, w)$ tal que

$$\pi_k \models_{\text{LTL}} \chi_\pi^k.$$

Pela caracterização de χ_π^k, isso significa exatamente que

$$\pi \equiv_k \pi_k.$$

Escrevendo $\pi_k = \text{Trace}(K, \rho_w^k)$, segue a afirmação. □

Agora vem o resultado principal. Para que da coincidência de todos os segmentos iniciais finitos resulte um traço completo, precisamos da hipótese adicional de que a estrutura de Kripke seja imagem-finita.

Definição 3.64 (Estrutura de Kripke imagem-finita). *Uma estrutura de Kripke é chamada* imagem-finita *(em inglês:* image-finite*) se cada estado possui apenas finitamente muitas arestas de saída.*

Lema 3.65 (Lema de König). *Seja T uma árvore infinita com raiz, na qual cada nó possui apenas finitamente muitos sucessores diretos, isto é, é finitamente ramificada. Então T possui um caminho infinito.*

Demonstração. Construímos um caminho infinito passo a passo.

Chamemos a raiz da árvore de v_0. Como T é infinita, entre os sucessores de v_0 há pelo menos um nó a partir do qual são alcançáveis infinitos nós da árvore. Caso contrário, a árvore inteira seria finita, pois cada sucessor teria apenas finitamente muitos sucessores adicionais.

Escolhemos, portanto, um tal sucessor v_1 de v_0. Agora consideramos a subárvore que começa em v_1. Também essa subárvore é infinita e finitamente ramificada. Assim, existe um sucessor v_2 de v_1 a partir do qual novamente são alcançáveis infinitos nós.

Prosseguindo com esse procedimento, obtemos uma sequência infinita

$$v_0, v_1, v_2, \ldots$$

com (v_i, v_{i+1}) como aresta para todo $i \in \mathbb{N}_0$. Essa sequência é um caminho infinito na árvore. $\square$

Teorema 3.66. *Seja Σ uma assinatura proposicional e seja $K = \langle W, R, V \rangle$ uma estrutura de Kripke imagem-finita e não terminante para Σ. Então, para todos os estados $s, w \in W$, vale:*

$$s \equiv_K^{\mathrm{LTL}} w \quad \textit{se, e somente se,} \quad s \equiv_K^{\mathrm{Trace}} w.$$

Demonstração. A direção

$$s \equiv_K^{\text{Trace}} w \Rightarrow s \equiv_K^{\text{LTL}} w$$

já foi demonstrada. Para a outra direção, suponhamos que s e w sejam LTL-equivalentes.

Seja $\rho_s \in \text{Paths}(K, s)$ arbitrário. Para cada $k \in \mathbb{N}_0$, a proposição anterior fornece um caminho em $\text{Paths}(K, w)$ cujo traço coincide com o de ρ_s nas primeiras $k + 1$ posições. O conjunto de todos esses segmentos iniciais finitos forma uma árvore de profundidade infinita e finitamente ramificada. Pelo Lema de König, essa árvore possui um ramo infinito. Esse ramo é um caminho $\rho_w \in \text{Paths}(K, w)$ tal que

$$\text{Trace}(K, \rho_w) = \text{Trace}(K, \rho_s).$$

Logo, todo traço em $\text{Traces}(K, s)$ possui uma contraparte idêntica em $\text{Traces}(K, w)$. Pela simetria, também vale a inclusão inversa; portanto,

$$\text{Traces}(K, s) = \text{Traces}(K, w).$$

Consequentemente, s e w são trace-equivalentes. □

Corolário 3.67. *Seja Σ uma assinatura proposicional e seja $K = \langle W, R, V \rangle$ uma estrutura de Kripke não terminante e finitamente ramificada para Σ. Se $s, w \in W$ não são equivalentes por traços, então existe uma fórmula LTL φ tal que*

$$\langle K, s \rangle \models^{\text{LTL}} \varphi \quad e \quad \langle K, w \rangle \not\models^{\text{LTL}} \varphi.$$

Demonstração. Se s não é equivalente por traços a w, então, pelo teorema, s também não é LTL-equivalente a w. Pela definição de equivalência LTL, existe então uma fórmula que vale em um dos dois estados e não vale no outro. Se necessário, trocam-se s e w. □

Para as aplicações, o ponto mais importante é o seguinte: estruturas de Kripke finitas são sempre finitamente ramificadas. Portanto, o teorema vale diretamente em todos os modelos finitos. Nesses casos, a LTL consegue distinguir estados exatamente até seus traços possíveis.

3.2.5 Relação com a lógica de predicados

Para concluir esta seção, comparamos a LTL com a lógica de predicados de primeira ordem. A questão orientadora é quais conjuntos de evoluções temporais podem ser descritos por fórmulas de uma ou de outra lógica. Nesse sentido, dizemos que um conjunto de interpretações LTL é *definível* por uma fórmula.

Definição 3.68 (Definibilidade LTL). *Seja Σ uma assinatura proposicional. Um conjunto L de interpretações LTL sobre Σ chama-se* LTL-definível *se existe uma fórmula LTL φ sobre Σ tal que*

$$L = \mathrm{Mod}_{\mathrm{LTL}}(\varphi).$$

Para comparar a LTL com a lógica de predicados, codificamos uma evolução temporal como uma estrutura sobre os números naturais. Os próprios instantes de tempo formam o domínio. Para cada variável proposicional, introduzimos um predicado unário que é verdadeiro exatamente nos instantes em que essa variável vale.

Definição 3.69 (Codificação de interpretações LTL). *Seja* $\Sigma = \{A_1, \ldots, A_k\}$ *uma assinatura proposicional e*

$$\pi = t_0 t_1 t_2 t_3 \ldots$$

uma interpretação LTL sobre Σ. *Então associamos a* π *a estrutura*

$$\mathcal{A}_\pi = \langle \mathbb{N}, <, 0, P_{A_1}, \ldots, P_{A_k} \rangle$$

na qual vale:

$$P_{A_i}^{\mathcal{A}_\pi} = \{\, j \in \mathbb{N} \mid A_i \in t_j \,\} \quad \textit{para todo } i.$$

A constante 0 *designa o ponto inicial da evolução temporal.*

A interpretação é, portanto, simples: um predicado $P_A(x)$ significa que a variável proposicional A vale no instante x. A ordem $<$ permite falar sobre instantes anteriores e posteriores, e a constante 0 garante que avaliemos sempre no início da evolução temporal.

Definição 3.70 (FO-definibilidade sobre evoluções temporais iniciais). *Seja* Σ *uma assinatura proposicional. Um conjunto* L *de interpretações LTL sobre* Σ *chama-se* FO-definível sobre evoluções temporais lineares iniciais *se existe uma fórmula* $\psi(x)$ *da lógica de predicados de primeira ordem com uma variável livre* x *tal que*

$$L = \{\mathcal{A}_\pi \mid \pi \textit{ é uma } \Sigma\textit{-interpretação} \\ \textit{e } \mathcal{A}_\pi \models \psi[x \mapsto 0]\}$$

Para uma interpretação LTL π, escrevemos abreviadamente

$$\pi \models_{\mathrm{FO}}^{\mathrm{init}} \psi$$

caso valha $\mathcal{A}_\pi \models \psi[x \mapsto 0]$.

A variável x representa aqui o instante considerado. Como as fórmulas LTL são sempre avaliadas no início de uma evolução, também consideramos na lógica FO apenas o caso $x = 0$.

A afirmação central desta seção é que a LTL e a lógica de predicados de primeira ordem sobre evoluções temporais lineares possuem o mesmo poder expressivo.

Teorema 3.71. *Seja Σ uma assinatura da lógica proposicional e seja L um conjunto de interpretações LTL sobre Σ. Então as seguintes afirmações são equivalentes:*

1. *L é definível em LTL.*

2. *L é definível em FO sobre cursos temporais lineares iniciais.*

Demonstração. Mostramos as duas direções.

(a) $\Rightarrow$ (b). Seja φ uma fórmula LTL sobre Σ e seja $L = \mathrm{Mod}_{\mathrm{LTL}}(\varphi) = \{\, \pi \mid \pi \models_{\mathrm{LTL}} \varphi \,\}$. Construímos indutivamente uma fórmula $\varphi^{\mathrm{FO}}(x)$ da lógica de predicados de primeira ordem com uma variável livre x, que aceita exatamente aquelas interpretações (codificadas) que satisfazem φ no instante 0.

Notação: Para uma interpretação LTL $\pi = t_0 t_1 t_2 \ldots$, seja $A_\pi = \langle \mathbb{N}, =, <, P_{A_1}, \ldots, P_{A_k}, 0 \rangle$ a estrutura FO correspondente (como no esboço da prova), na qual cada proposição atômica $A \in \Sigma$ é representada por um predicado unário P_A, e 0 é a constante para o instante 0. Além disso, escrevemos $x \leq y$ como abreviação de $x = y \vee x < y$.

Definimos $\cdot^{\mathrm{FO}}$ recursivamente sobre a estrutura das fórmulas LTL:

$$
\begin{array}{lll}
(A)^{\mathrm{FO}}(x) & := & P_A(x) \quad \text{para } A \in \Sigma, \\
(\neg\psi)^{\mathrm{FO}}(x) & := & \neg\psi^{\mathrm{FO}}(x), \\
(\psi_1 \wedge \psi_2)^{\mathrm{FO}}(x) & := & \psi_1^{\mathrm{FO}}(x) \wedge \psi_2^{\mathrm{FO}}(x), \\
(\psi_1 \vee \psi_2)^{\mathrm{FO}}(x) & := & \psi_1^{\mathrm{FO}}(x) \vee \psi_2^{\mathrm{FO}}(x), \\
(X\psi)^{\mathrm{FO}}(x) & := & \exists y\, (x < y \wedge \psi^{\mathrm{FO}}(y) \wedge \\
 & & \neg\exists z\, (x < z \wedge z < y)), \\
(F\psi)^{\mathrm{FO}}(x) & := & \exists y\, (x \leq y \wedge \psi^{\mathrm{FO}}(y)), \\
(G\psi)^{\mathrm{FO}}(x) & := & \forall y\, (x \leq y \to \psi^{\mathrm{FO}}(y)), \\
(\psi_1\, U\, \psi_2)^{\mathrm{FO}}(x) & := & \exists y (x \leq y \wedge \psi_2^{\mathrm{FO}}(y) \wedge \\
 & & \forall z ((x \leq z \wedge z < y) \to \psi_1^{\mathrm{FO}}(z))).
\end{array}
$$

A correção dessa tradução é demonstrada por indução estrutural: para toda fórmula LTL χ e toda interpretação LTL π, vale

$$\pi \models_{\mathrm{LTL}} \chi \quad \Longleftrightarrow \quad A_\pi \models_{\mathrm{FO}} \chi^{\mathrm{FO}}[x \mapsto 0].$$

Os passos de indução são imediatos: os casos das fórmulas atômicas e das conexões booleanas seguem diretamente da semântica; para F, G, X, U, verifica-se formalmente que os quantificadores e as relações de ordem presentes na tradução FO expressam exatamente a condição semântica dos operadores temporais (por exemplo, F afirma que "existe um $y \geq x$ com ...", X procura o y imediatamente seguinte, e U codifica o critério "até" pela existência de um instante final y e por uma afirmação universal sobre todos os instantes intermediários). Assim, $\varphi^{\mathrm{FO}}(x)$ é uma fórmula FO que aceita uma interpretação LTL π exatamente quando (como estrutura com $x = 0$) vale $\pi \models_{\mathrm{LTL}} \varphi$. Portanto, L é definível em FO sobre cursos temporais lineares iniciais. Logo, todo conjunto definível em LTL também é definível em FO sobre cursos temporais lineares iniciais.

(b) $\Rightarrow$ (a). A direção recíproca baseia-se em um resultado clássico de Kamp: toda fórmula FO sobre ordens lineares com predicados unários pode ser expressa por uma fórmula LTL equivalente. Suponha agora que L seja FO-definível sobre cursos temporais lineares iniciais, isto é, que exista uma fórmula FO $\psi(x)$ com uma variável livre tal que, para toda interpretação LTL π, valha

$$\pi \in L \quad \Longleftrightarrow \quad A_\pi \models_{\mathrm{FO}} \psi[x \mapsto 0].$$

A direção inversa, segundo a qual toda fórmula FO $\psi(x)$ desse tipo pode ser expressa por uma fórmula LTL, é a parte clássica, na literatura, da comparação entre LTL e a lógica de predicados sobre instantes de tempo linearmente ordenados: *Teorema de Kamp* (Kamp, 1968) afirma que as fórmulas LTL propriamente ditas capturam exatamente as fórmulas FO com uma variável livre sobre a estrutura $(\mathbb{N}, <)$ com predicados unários (ou, de modo equivalente, sentenças FO[<] sobre posições). Portanto, existe para $\psi(x)$ uma fórmula LTL equivalente ψ_{LTL} com a propriedade

$$\pi \models_{\text{LTL}} \psi_{\text{LTL}} \quad \Longleftrightarrow \quad A_\pi \models_{\text{FO}} \psi[x \mapsto 0],$$

e, assim, L também é LTL-definível.

(Uma ideia esquemática da construção: coloca-se $\psi(x)$ em uma forma normal na lógica FO sobre $<$, eliminam-se quantificadores aninhados por meio de combinações adequadas de condições sobre instantes seguintes ou posteriores e traduzem-se sistematicamente os quantificadores da forma "$\exists y \geq x$ com ..." ou "$\forall y \geq x$ com ..." para os operadores temporais F, G, X, U; a justificativa técnica precisa é justamente o conteúdo do resultado de Kamp e de várias exposições e provas construtivas posteriores.)

Das duas direções segue a afirmação. □

Exemplo 3.72. *A fórmula LTL*

$$G(\mathsf{Cadastro} \to F\,\mathsf{Confirmacao})$$

pode ser traduzida para FO como a afirmação de que todo instante em que há um cadastro é seguido por um instante posterior em que vale a confirmação.

Do mesmo modo,

$$F\,\mathsf{Erro}$$

descreve exatamente o conjunto dos percursos temporais nos quais, em algum momento, ocorre um estado de erro.

Em conjunto, essa comparação mostra que LTL já é bastante expressiva: em percursos temporais lineares, ela captura exatamente as mesmas propriedades que a lógica de predicados de primeira ordem com ordem e ponto inicial. Se, contudo, a lógica de predicados não for restringida apenas ao ponto inicial, mas também for estendida por outras referências temporais, obtém-se uma lógica temporal ainda mais refinada, em particular com afirmações sobre o passado.

3.2.6 Exercícios e soluções

Considere a assinatura proposicional

$$\Sigma = \{A, B, C\}.$$

Consideramos as seguintes expressões:

$$\varphi_2 = GX(F\neg B\ U\ ((C \vee \neg A) \wedge A))$$

$$\pi_3 = \emptyset, \emptyset, \{A\}, \{B, C\}, \{C\}, \{B\}, \{C\}, \{A, C\}, \{A, C\}, \{A, C\}, \ldots$$

bem como

$$\varphi_4 = FB \wedge FFA, \qquad \psi_4 = F(B \wedge FA).$$

Decida, para cada uma das seguintes afirmações, se ela é verdadeira ou falsa.

1. $\neg F \neg (XA \vee FGFB \wedge A)$ é uma fórmula LTL sobre Σ.

2. φ_2 está em forma normal de negação.
3. Vale $\pi_3 \models_{\text{LTL}} G\neg X\neg(\neg B \wedge C)$.
4. Vale $\varphi_4 \equiv_{\text{LTL}} \psi_4$.

Soluções

1. **Verdadeiro.** A cadeia de símbolos dada é uma fórmula LTL bem formada sobre Σ. Todas as variáveis proposicionais pertencem a Σ, e os operadores utilizados, $\neg$, F, G, X, $\wedge$ e $\vee$, são construções admissíveis da LTL. Com as regras usuais de precedência, a fórmula pode ser lida de modo inequívoco.

2. **Verdadeiro.** Em φ_2, as negações ocorrem apenas diretamente diante de variáveis proposicionais, a saber, em $\neg B$ e $\neg A$. Todas as demais conexões são admissíveis; em particular, o operador U pode ocorrer na forma normal de negação. Portanto, φ_2 está em fnn.

3. **Falso.** A fórmula

   $$G\neg X\neg(\neg B \wedge C)$$

   exige que, em *todo* instante, valha a afirmação interna $\neg X\neg(\neg B \wedge C)$. Portanto, basta um contraexemplo em um único instante.

   Consideremos o início de π_3:

   $$\pi_3 = \emptyset,\ \emptyset,\ \{A\},\ \{B, C\}, \ldots$$

No primeiro instante, verifica-se $X\neg(\neg B \wedge C)$. Para isso, olha-se para o instante seguinte, isto é, para o segundo conjunto $\emptyset$. Ali, $\neg B \wedge C$ não vale, pois C não é satisfeito. Logo, $\neg(\neg B \wedge C)$ vale nesse instante e, portanto,

$$X\neg(\neg B \wedge C)$$

é verdadeiro. Consequentemente,

$$\neg X\neg(\neg B \wedge C)$$

é falso no primeiro instante. Como já o primeiro instante viola a exigência global, a fórmula inteira é falsa.

4. **Falso.** Inicialmente, temos

$$\varphi_4 = FB \wedge FFA \equiv_{\text{LTL}} FB \wedge FA,$$

pois vale $FFA \equiv_{\text{LTL}} FA$.

A fórmula $\psi_4 = F(B \wedge FA)$, por outro lado, exige que exista um instante no qual *simultaneamente* valha B e, a partir dali, ainda ocorra posteriormente A. É exatamente aí que está a diferença: o operador F é distributivo sobre $\vee$, mas, em geral, não sobre $\wedge$.

Como contraexemplo, consideremos a trajetória

$$\pi = \{A\}\,\{B\}\,\emptyset\,\emptyset\,\emptyset\ldots$$

Então vale

$$\pi \models_{\text{LTL}} FB \qquad \text{e} \qquad \pi \models_{\text{LTL}} FA,$$

portanto

$$\pi \models_{\text{LTL}} \varphi_4.$$

Para ψ_4, porém, isso não vale: o único instante em que B é verdadeiro é o segundo instante. Nesse ponto, entretanto, FA não vale, pois posteriormente não ocorre mais nenhum A. Assim, $B \wedge FA$ não é satisfeito em nenhum instante e, portanto,

$$\pi \not\models_{\text{LTL}} \psi_4.$$

conclui-se que φ_4 e ψ_4 não são equivalentes em LTL.

3.3 Lógica temporal ramificada

Nesta seção, consideramos a Computation Tree Logic, abreviadamente CTL. Diferentemente da lógica temporal linear LTL, o tempo aqui não é entendido como um único caminho futuro, mas como uma estrutura ramificada de desenvolvimentos possíveis. A partir de um estado, um sistema pode, portanto, possuir vários estados sucessores distintos, dando origem a diferentes evoluções futuras possíveis.

Essa diferença é especialmente importante para as aplicações. Em um sistema em execução, muitas vezes não se deseja saber apenas o que ocorre em *uma* determinada trajetória, mas o que acontece em *todas* as trajetórias possíveis ou ao menos em *uma* delas. Um sistema de controle pode, por exemplo, ser modelado de tal modo que, após uma requisição, seja possível tanto um processamento bem-sucedido quanto um caminho de erro. CTL permite então expressar formalmente propriedades como

- "Existe uma trajetória possível na qual, em algum momento, aparece uma mensagem de erro",
- "Em todas as trajetórias possíveis, uma requisição é eventualmente respondida" ou
- "A partir daqui, é sempre possível alcançar um estado seguro"

formalmente.

A seguir, introduzimos inicialmente a sintaxe e a semântica de CTL. Depois, consideramos equivalências e formas normais importantes. Em seguida, investigamos o poder expressivo de CTL com o auxílio de bissimulações e, por fim, comparamos CTL com LTL.

3.3.1 Sintaxe e semântica

Recordemos que, como em LTL, consideramos estruturas de Kripke

$$K = \langle W, R, V \rangle,$$

em que os estados pertencem a W, a relação de transição R e a valoração V determinam quais variáveis proposicionais são verdadeiras em cada estado. Um *caminho* é uma sequência infinita de estados que segue as arestas da estrutura de Kripke. Um *traço* de um caminho é obtido registrando, em cada instante, não o próprio estado, mas as variáveis proposicionais que nele valem.

Em CTL, porém, a observação central não é um único caminho, mas a totalidade de todos os percursos possíveis a partir de um estado. Por isso, concebemos uma estrutura de Kripke, a partir de um estado, como desdobrada em uma árvore: cada nó representa uma possível situação do sistema, e seus sucessores descrevem todos os próximos passos possíveis.

Definição 3.73 (Desdobramento em árvore). *Seja Σ uma assinatura proposicional, seja $K = \langle W, R, V \rangle$ uma estrutura de Kripke para Σ e seja $s \in W$ um estado. O* desdobramento em árvore *de K em s é a árvore T_s cujos nós são exatamente os caminhos finitos de K que começam em s. A raiz é o caminho (s). Um nó π está ligado a um nó π' por uma aresta quando π' é obtido a partir de π pelo acréscimo de um estado sucessor direto. Como rótulo, associamos a cada nó o último estado de seu caminho.*

O desdobramento em árvore torna visível que, a partir de um estado, podem desenvolver-se diferentes futuros possíveis. Assim, um caminho na árvore corresponde exatamente a um futuro possível do sistema.

Exemplo 3.74. *Consideremos um sistema de pedidos on-line. Em um estado s, um pedido foi recebido. A partir daí, o sistema pode passar, por exemplo, para um* *estado* Processamento, *para um estado* Solicitação de esclarecimento *ou para um estado* Cancelamento. *O desdobramento em árvore de s contém então três ramos distintos, que separam essas possibilidades.*

Com isso, pode-se expressar, por exemplo:

$$EF\,\mathsf{Enviado}$$

"Existe um percurso possível no qual o pedido será enviado em algum momento."

Em contrapartida,

$$AG(\mathsf{Pedido} \rightarrow AF\,\mathsf{Enviado}),$$

significa que, em todo percurso possível, cada pedido conduz finalmente a um estado no qual o envio é alcançável.

CTL combina agora dois tipos de operadores. Primeiro, há os quantificadores de caminho:

- A: em todos os caminhos,
- E: em pelo menos um caminho.

Além disso, há os operadores temporais:

- X: no próximo estado,
- F: em algum momento,
- G: sempre,
- U: até.

A ideia fundamental é, portanto, a seguinte: primeiro se estabelece *quantos caminhos* serão considerados; depois, *qual propriedade temporal* é exigida nesses caminhos.

Definição 3.75 (Sintaxe da CTL). *Seja Σ uma assinatura proposicional. As fórmulas de CTL sobre Σ são definidas indutivamente da seguinte maneira:*

1. *Toda variável proposicional de Σ é uma fórmula de CTL.*
2. *$\top$ e $\bot$ são fórmulas de CTL.*
3. *Se φ e ψ são fórmulas de CTL, então $\neg\varphi$, $\varphi \wedge \psi$ e $\varphi \vee \psi$ também são fórmulas de CTL.*
4. *Se φ é uma fórmula de CTL, então $EX\varphi$, $EF\varphi$ e $EG\varphi$ são fórmulas de CTL.*
5. *Se φ é uma fórmula de CTL, então $AX\varphi$, $AF\varphi$ e $AG\varphi$ são fórmulas de CTL.*
6. *Se φ e ψ são fórmulas de CTL, então $E(\varphi U \psi)$ e $A(\varphi U \psi)$ também são fórmulas de CTL.*

Como de costume, usamos também as abreviações

$$\varphi \to \psi := \neg\varphi \vee \psi$$
$$\varphi \leftrightarrow \psi := (\varphi \to \psi) \wedge (\psi \to \varphi)$$

Exemplo 3.76. *Seja*

$$\Sigma = \{\mathsf{Inicial}, \mathsf{Carregando}, \mathsf{Erro}, \mathsf{Pronto}, \mathsf{Reinicio}\}.$$

Então as seguintes fórmulas de CTL têm uma leitura natural:

- $EF(\mathsf{Erro} \wedge \neg\mathsf{Pronto})$: *Existe uma execução possível na qual, em algum momento, ocorre um erro antes que o sistema volte a estar pronto.*

- $AG(\mathsf{Inicial} \rightarrow AF\,\mathsf{Pronto})$: *Em toda execução possível, cada estado de inicialização conduz, em algum momento, a um estado no qual o sistema volta a estar pronto.*

- $AG(EF\,\mathsf{Reinicio})$: *A partir de todo estado alcançável, uma reinicialização continua sendo possível.*

- $A(\mathsf{Carregando}\,U\,\mathsf{Pronto})$: *Em todas as execuções possíveis, o sistema permanece no estado* Carregando *até que* Pronto *ocorra.*

A semântica de CTL já não é definida diretamente sobre caminhos, mas sobre estados de estruturas de Kripke. Uma fórmula vale em um estado exatamente quando a propriedade exigida por ela é satisfeita nesse estado.

Definição 3.77 (Relação de satisfação de CTL). *Seja Σ uma assinatura proposicional e seja $K = \langle W, R, V\rangle$ uma estrutura de Kripke para Σ. A relação de satisfação $\models_{\mathrm{CTL}}$ é uma relação entre estruturas de Kripke marcadas $\langle K, s\rangle$ e fórmulas de CTL sobre Σ, definida por:*

$$\langle K, s\rangle \models_{\mathrm{CTL}} A \quad \textit{se} \quad A \in V(s)$$

para variáveis proposicionais $A \in \Sigma$, bem como

$$\langle K, s\rangle \models_{\mathrm{CTL}} \top \quad \textit{sempre}, \qquad \langle K, s\rangle \models_{\mathrm{CTL}} \bot \quad \textit{nunca}.$$

Para os conectivos booleanos, vale como de costume:

$$\langle K,s\rangle \models_{\mathrm{CTL}} \neg\varphi \iff \langle K,s\rangle \not\models_{\mathrm{CTL}} \varphi,$$

$$\langle K,s\rangle \models_{\mathrm{CTL}} \varphi\wedge\psi \iff \langle K,s\rangle \models_{\mathrm{CTL}} \varphi \text{ e } \langle K,s\rangle \models_{\mathrm{CTL}} \psi,$$

$$\langle K,s\rangle \models_{\mathrm{CTL}} \varphi\vee\psi \iff \langle K,s\rangle \models_{\mathrm{CTL}} \varphi \text{ ou } \langle K,s\rangle \models_{\mathrm{CTL}} \psi.$$

Os operadores temporais são interpretados por meio dos caminhos que partem de s. Escrevemos então um caminho como

$$\rho = s_0 s_1 s_2 \dots \quad \text{com} \quad s_0 = s.$$

Então vale:

$$\langle K,s\rangle \models_{\mathrm{CTL}} EX\varphi$$

exatamente quando existe um caminho $\rho \in \mathrm{Paths}(K,s)$ *cujo primeiro estado sucessor* $\langle K,s_1\rangle$ *satisfaz a fórmula* φ.

Além disso, vale:

$$\langle K,s\rangle \models_{\mathrm{CTL}} EF\varphi$$

exatamente quando existem um caminho $\rho = s_0 s_1 s_2 \dots \in \mathrm{Paths}(K,s)$ *e um* $i \in \mathbb{N}_0$ *tais que*

$$\langle K,s_i\rangle \models_{\mathrm{CTL}} \varphi.$$

Ou seja: em pelo menos um caminho, φ *ocorre em algum momento.*

Do mesmo modo, vale:

$$\langle K,s\rangle \models_{\mathrm{CTL}} EG\varphi$$

exatamente quando existe um caminho $\rho = s_0 s_1 s_2 \ldots \in \text{Paths}(K, s)$ *no qual*

$$\langle K, s_i \rangle \models_{\text{CTL}} \varphi$$

vale para todo $i \in \mathbb{N}_0$*. Isto é: existe um caminho no qual* φ *vale sempre.*

Para o operador until, *vale:*

$$\langle K, s \rangle \models_{\text{CTL}} E(\varphi U \psi)$$

exatamente quando existem um caminho $\rho = s_0 s_1 s_2 \ldots \in \text{Paths}(K, s)$ *e um* $j \in \mathbb{N}_0$ *tais que*

$$\langle K, s_j \rangle \models_{\text{CTL}} \psi$$

e

$$\langle K, s_i \rangle \models_{\text{CTL}} \varphi \quad \textit{para todo } 0 \leq i < j.$$

Assim, φ *vale ao longo de um caminho até que* ψ *ocorra.*

Os operadores universais são lidos de modo correspondente:

$$\langle K, s \rangle \models_{\text{CTL}} AX\varphi$$

exatamente quando, para todos os caminhos $\rho = s_0 s_1 s_2 \ldots \in \text{Paths}(K, s)$*, o primeiro estado sucessor* $\langle K, s_1 \rangle$ *satisfaz a fórmula* φ*.*

$$\langle K, s \rangle \models_{\text{CTL}} AF\varphi$$

exatamente quando, em todo caminho que parte de s*, em algum momento é alcançado um estado que satisfaz* φ*.*

$$\langle K, s\rangle \models_{\mathrm{CTL}} AG\varphi$$

exatamente quando, em todo caminho que parte de s, φ vale em todos os estados.

Por fim, vale

$$\langle K, s\rangle \models_{\mathrm{CTL}} A(\varphi U \psi),$$

quando, em todo caminho que parte de s, ψ ocorre em algum momento e, até então, φ vale em todos os estados anteriores.

Exemplo 3.78. *Seja K um modelo de sistema para o carregamento de um arquivo. Interpretamos*

Carregamento, Verificação, Concluído, Erro

como proposições sobre estados.

Então, por exemplo,

$$AG(\mathsf{Carregamento} \to AF\,\mathsf{Concluído}),$$

significa que todo carregamento iniciado conduz, em todos *os percursos possíveis, em algum momento, a uma conclusão bem-sucedida.*

Em contrapartida,

$$EF\,\mathsf{Erro},$$

significa que existe pelo menos uma execução possível na qual, em algum momento, é alcançado um estado de erro.

Essas duas fórmulas parecem semelhantes, mas expressam requisitos muito diferentes: a primeira exige uma garantia em todos os caminhos; a segunda, apenas a existência de um caminho crítico.

Como nas seções anteriores, também escrevemos simplesmente que uma fórmula φ é satisfeita em $\langle K, s\rangle$, quando estiver claro pelo contexto que se trata de CTL.

3.3.2 Equivalências e formas normais

Nesta seção, consideramos transformações de fórmulas CTL. Como na lógica proposicional, muitas vezes não é decisiva a notação em que uma propriedade é formulada, mas apenas quais estados ela descreve. Duas fórmulas CTL são, portanto, consideradas equivalentes quando são satisfeitas exatamente nos mesmos estados das mesmas estruturas de Kripke marcadas.

Definição 3.79 (Equivalência de fórmulas CTL). *Seja Σ uma assinatura proposicional. Duas fórmulas CTL φ e ψ sobre Σ chamam-se* equivalentes, *escrito*

$$\varphi \equiv_{\mathrm{CTL}} \psi,$$

se, para toda estrutura de Kripke marcada $\langle K, s\rangle$ sobre Σ, vale:

$$\langle K, s\rangle \models_{\mathrm{CTL}} \varphi \quad \textit{se, e somente se,} \quad \langle K, s\rangle \models_{\mathrm{CTL}} \psi.$$

Exemplo 3.80. *A fórmula $AG(\mathsf{online} \wedge \mathsf{pronto})$ é equivalente a*

$$AG\,\mathsf{online} \;\wedge\; AG\,\mathsf{pronto}.$$

Ambas afirmam que, em todos os percursos possíveis, em cada instante valem tanto online *quanto* pronto.

Proposição 3.81. *Todas as fórmulas CTL φ, ψ, χ satisfazem as seguintes equivalências:*

$$\neg(\varphi \wedge \psi) \equiv_{\mathrm{CTL}} \neg\varphi \vee \neg\psi$$
$$\neg(\varphi \vee \psi) \equiv_{\mathrm{CTL}} \neg\varphi \wedge \neg\psi$$
$$\neg\neg\varphi \equiv_{\mathrm{CTL}} \varphi$$
$$\top \equiv_{\mathrm{CTL}} \varphi \vee \neg\varphi, \qquad \bot \equiv_{\mathrm{CTL}} \varphi \wedge \neg\varphi$$
$$\neg AG\varphi \equiv_{\mathrm{CTL}} EF\neg\varphi$$
$$\neg AF\varphi \equiv_{\mathrm{CTL}} EG\neg\varphi$$
$$\neg AX\varphi \equiv_{\mathrm{CTL}} EX\neg\varphi$$
$$\neg A(\varphi U \psi) \equiv_{\mathrm{CTL}} E(\neg\psi\, U\, (\neg\varphi \wedge \neg\psi)) \vee EG\neg\psi$$
$$AG(\varphi \wedge \psi) \equiv_{\mathrm{CTL}} AG\varphi \wedge AG\psi$$
$$EF(\varphi \vee \psi) \equiv_{\mathrm{CTL}} EF\varphi \vee EF\psi$$
$$AX(\varphi \wedge \psi) \equiv_{\mathrm{CTL}} AX\varphi \wedge AX\psi$$
$$EX(\varphi \vee \psi) \equiv_{\mathrm{CTL}} EX\varphi \vee EX\psi$$
$$AG\varphi \equiv_{\mathrm{CTL}} \varphi \wedge AX\, AG\varphi$$
$$EG\varphi \equiv_{\mathrm{CTL}} \varphi \wedge EX\, EG\varphi$$
$$AF\varphi \equiv_{\mathrm{CTL}} \varphi \vee AX\, AF\varphi$$
$$EF\varphi \equiv_{\mathrm{CTL}} \varphi \vee EX\, EF\varphi$$
$$EF\varphi \equiv_{\mathrm{CTL}} E(\top U \varphi)$$
$$A(\varphi U \psi) \equiv_{\mathrm{CTL}} \psi \vee (\varphi \wedge AX\, A(\varphi U \psi))$$
$$E(\varphi U \psi) \equiv_{\mathrm{CTL}} \psi \vee (\varphi \wedge EX\, E(\varphi U \psi))$$

Demonstração. Mostramos as equivalências diretamente

por meio da semântica de CTL. Para isso, seja $K = \langle W, R, V \rangle$ uma estrutura de Kripke e seja $\langle K, s \rangle$ uma estrutura marcada. Para um caminho $\rho = s_0 s_1 s_2 \ldots \in \mathrm{Paths}(K, s)$, escrevemos $\rho_i = s_i$ para o i-ésimo estado do caminho.

1. Leis booleanas básicas. As equivalências

$$\neg(\varphi \wedge \psi) \equiv_{\mathrm{CTL}} \neg\varphi \vee \neg\psi, \qquad \neg(\varphi \vee \psi) \equiv_{\mathrm{CTL}} \neg\varphi \wedge \neg\psi,$$

$$\neg\neg\varphi \equiv_{\mathrm{CTL}} \varphi, \qquad \top \equiv_{\mathrm{CTL}} \varphi \vee \neg\varphi, \qquad \bot \equiv_{\mathrm{CTL}} \varphi \wedge \neg\varphi$$

decorrem imediatamente da semântica clássica da lógica proposicional. Em toda estrutura de Kripke marcada, essas fórmulas são satisfeitas exatamente nos mesmos estados.

2. Dualidades de caminhos.

(a) $\neg AG\varphi \equiv_{\mathrm{CTL}} EF\neg\varphi$.

Para $\langle K, s \rangle$, vale:

$$\langle K, s \rangle \models_{\mathrm{CTL}} \neg AG\varphi$$

se, e somente se, não é o caso que, em *todos* os caminhos a partir de s, em *todos* os estados, φ seja satisfeita. Portanto, existe um caminho

$$\rho = s_0 s_1 s_2 \ldots \in \mathrm{Paths}(K, s)$$

e um índice $i \in \mathbb{N}_0$ tal que

$$\langle K, s_i \rangle \not\models_{\mathrm{CTL}} \varphi.$$

Isso é equivalente a

$$\langle K, s_i \rangle \models_{\mathrm{CTL}} \neg\varphi,$$

isto é, exatamente à semântica de $EF\neg\varphi$.

(b) $\neg AF\varphi \equiv_{\mathrm{CTL}} EG\neg\varphi$.

Novamente, lemos a semântica da esquerda para a direita:

$$\langle K, s \rangle \models_{\mathrm{CTL}} \neg AF\varphi$$

significa que *não* é o caso que, em todo caminho, φ ocorra em algum momento. Portanto, existe um caminho

$$\rho = s_0 s_1 s_2 \ldots \in \mathrm{Paths}(K, s)$$

no qual, para todo $i \in \mathbb{N}_0$, vale:

$$\langle K, s_i \rangle \not\models_{\mathrm{CTL}} \varphi.$$

Isso equivale a

$$\langle K, s_i \rangle \models_{\mathrm{CTL}} \neg\varphi \quad \text{para todo } i,$$

isto é, a $EG\neg\varphi$.

(c) $\neg AX\varphi \equiv_{\mathrm{CTL}} EX\neg\varphi$.

A fórmula $AX\varphi$ significa: para todo sucessor imediato de s, vale φ. A negação disso diz: existe pelo menos um sucessor imediato s_1 de s para o qual φ não vale. Isso é exatamente a semântica de $EX\neg\varphi$.

(d) $\neg A(\varphi U \psi) \equiv_{\mathrm{CTL}} E(\neg\psi\, U\, (\neg\varphi \wedge \neg\psi)) \vee EG\neg\psi$.

A fórmula $A(\varphi U \psi)$ significa: em *todo* caminho a partir de s, ψ ocorre em algum momento, e até esse momento φ

vale em todos os estados. A negação significa, portanto, que existe um caminho no qual essa exigência falha. Para isso há duas possibilidades:

- *Caso 1:* Nesse caminho, ψ nunca ocorre. Então $\neg\psi$ vale em todo estado desse caminho, isto é, $EG\neg\psi$.
- *Caso 2:* Nesse caminho, ψ ocorre em algum momento, mas antes da primeira ocorrência de ψ a condição φ falha. Então há um primeiro instante em que valem simultaneamente $\neg\varphi$ e $\neg\psi$, enquanto até esse instante vale sempre $\neg\psi$. É exatamente isso que expressa
$$E(\neg\psi\, U\, (\neg\varphi \wedge \neg\psi))$$
.

A recíproca é a mesma distinção de casos na direção oposta. Portanto, segue a equivalência.

3. Leis de distributividade.

(a) $AG(\varphi \wedge \psi) \equiv_{\mathrm{CTL}} AG\varphi \wedge AG\psi$.

$$\langle K, s\rangle \models_{\mathrm{CTL}} AG(\varphi \wedge \psi)$$

significa: em todo caminho e em todo estado vale $\varphi \wedge \psi$. Isso ocorre exatamente quando, em todo caminho e em todo estado, valem tanto φ quanto ψ. Logo, valem exatamente $AG\varphi$ e $AG\psi$.

(b) $EF(\varphi \vee \psi) \equiv_{\mathrm{CTL}} EF\varphi \vee EF\psi$.

Se em algum caminho vale em algum momento $\varphi \vee \psi$, então nesse instante vale φ ou ψ. Logo, o caminho satisfaz $F\varphi$ ou $F\psi$. Reciprocamente, é claro que um dos dois casos já basta para satisfazer $EF(\varphi \vee \psi)$.

(c) $AX(\varphi \wedge \psi) \equiv_{\mathrm{CTL}} AX\varphi \wedge AX\psi$.

Todos os sucessores imediatos satisfazem $\varphi \wedge \psi$ exatamente quando todos os sucessores imediatos satisfazem tanto φ quanto ψ.

(d) $EX(\varphi \vee \psi) \equiv_{\mathrm{CTL}} EX\varphi \vee EX\psi$.

Existe um sucessor imediato que satisfaz $\varphi \vee \psi$ exatamente quando existe um sucessor imediato que satisfaz φ, ou existe um sucessor imediato que satisfaz ψ.

4. Expansões e equações de ponto fixo.

Essas leis são melhor compreendidas como equações recursivas.

(a) $AG\varphi \equiv_{\mathrm{CTL}} \varphi \wedge AX\,AG\varphi$.

"$\Rightarrow$" Suponha que $\langle K, s\rangle \models AG\varphi$. Então φ vale, em particular, no estado atual s. Além disso, para todo sucessor imediato s_1 de s, vale que, também a partir de s_1, φ vale em todos os pontos de todos os caminhos. Portanto, $\langle K, s\rangle \models AX\,AG\varphi$.

"$\Leftarrow$" Suponha que $\langle K, s\rangle \models \varphi \wedge AX\,AG\varphi$. Então φ vale em s, e em todo sucessor imediato vale novamente $AG\varphi$. Portanto, por indução, segue que, em todo caminho a partir de s, φ vale em cada estado. Logo, vale $AG\varphi$.

(b) $EG\varphi \equiv_{\mathrm{CTL}} \varphi \wedge EX\,EG\varphi$.

"$\Rightarrow$" Se $EG\varphi$ vale em s, então existe um caminho a partir de s no qual φ vale em todos os pontos. Em

particular, φ vale em s, e o próximo estado desse caminho satisfaz novamente $EG\varphi$. Portanto, também vale $EX\,EG\varphi$.

"$\Leftarrow$" Suponha que $\varphi \wedge EX\,EG\varphi$ vale em s. Então existe um sucessor imediato s_1 no qual $EG\varphi$ vale. Assim, existe a partir de s_1 um caminho no qual φ vale em todos os pontos. Juntamente com φ em s, obtemos um caminho a partir de s no qual φ vale em todos os pontos. Desse modo, vale $EG\varphi$.

(c) $AF\varphi \equiv_{\mathrm{CTL}} \varphi \vee AX\,AF\varphi$.

"$\Rightarrow$" Se em todos os caminhos φ ocorre em algum momento, então ou φ já vale agora, ou todo sucessor imediato satisfaz novamente $AF\varphi$. Portanto, vale $\varphi \vee AX\,AF\varphi$.

"$\Leftarrow$" Se φ já vale, nada mais há a mostrar. Caso contrário, vale $AX\,AF\varphi$; logo, todo sucessor imediato satisfaz $AF\varphi$. Assim, em todo caminho φ ocorre em algum momento. Portanto, vale $AF\varphi$.

(d) $EF\varphi \equiv_{\mathrm{CTL}} \varphi \vee EX\,EF\varphi$.

"$\Rightarrow$" Se existe um caminho no qual φ ocorre em algum momento, então ou φ já vale agora, ou o primeiro estado seguinte desse caminho é um sucessor que possui novamente a mesma propriedade. Portanto, vale $\varphi \vee EX\,EF\varphi$.

"$\Leftarrow$" Se φ já vale, então $EF\varphi$ é imediatamente satisfeito. Caso contrário, existe um sucessor imediato no qual $EF\varphi$ volta a valer. A partir disso, pode-se construir um caminho no qual φ vale em algum momento.

(e) $EF\varphi \equiv_{\mathrm{CTL}} E(\top U \varphi)$.

A fórmula $\top U \varphi$ significa: em algum momento vale φ, e antes disso nada mais se exige além de $\top$, isto é, algo sempre verdadeiro. Isso é exatamente o significado de $F\varphi$ em um caminho escolhido existencialmente.

(f) $A(\varphi U \psi) \equiv_{\text{CTL}} \psi \vee (\varphi \wedge AX\, A(\varphi U \psi))$.

"$\Rightarrow$" Se $A(\varphi U \psi)$ vale em s, então em todo caminho a partir de s há um instante em que ψ ocorre e, antes disso, φ vale em todos os pontos. Se ψ já vale no estado atual, o lado direito está satisfeito. Caso contrário, φ vale no estado atual, e em todo sucessor imediato deve valer novamente $A(\varphi U \psi)$. Portanto, vale $\psi \vee (\varphi \wedge AX\, A(\varphi U \psi))$.

"$\Leftarrow$" Se ψ já vale no estado atual, então $A(\varphi U \psi)$ é imediatamente satisfeito. Caso contrário, φ vale agora e, em todo sucessor imediato, vale novamente $A(\varphi U \psi)$. Daí segue, ao longo de todo caminho, que inicialmente vale φ, até que finalmente ocorra ψ. Portanto, vale $A(\varphi U \psi)$.

(g) $E(\varphi U \psi) \equiv_{\text{CTL}} \psi \vee (\varphi \wedge EX\, E(\varphi U \psi))$.

O argumento é o mesmo que no caso universal, mas com a existência de um caminho adequado em vez de todos os caminhos. Se ψ já vale agora, a fórmula está satisfeita. Caso contrário, φ deve valer agora, e basta que exista um sucessor a partir do qual volte a valer $E(\varphi U \psi)$.

Com isso, todas as equivalências indicadas estão demonstradas. □

Definição 3.82 (Formas normais). *Seja φ uma fórmula CTL.*

- φ *chama-se* em forma normal de negação *(FNN) se a negação ocorre apenas diretamente diante de variáveis proposicionais.*

- φ *chama-se* em forma normal existencial *se, em* φ, *ocorrem apenas as modalidades* EX, EG *e* $E(\cdot U \cdot)$ *como operadores de caminho.*

Proposição 3.83. *Para toda fórmula CTL* φ, *existe uma fórmula equivalente em forma normal existencial e uma fórmula equivalente em forma normal de negação.*

Demonstração. Mostramos as duas afirmações sucessivamente. Ambas as demonstrações são construtivas: indicamos regras de transformação e justificamos sua correção com base na proposição anterior.

1. Existência de uma fórmula em forma normal de negação.

Definimos uma transformação $\mathrm{fnn}(\cdot)$ recursivamente sobre a construção das fórmulas.

Para fórmulas atômicas e constantes, estabelecemos

$$\mathrm{fnn}(A) = A, \qquad \mathrm{fnn}(\top) = \top, \qquad \mathrm{fnn}(\bot) = \bot.$$

Para as conectivas booleanas, vale:

$$\begin{aligned}\mathrm{fnn}(\varphi \wedge \psi) &= \mathrm{fnn}(\varphi) \wedge \mathrm{fnn}(\psi)\\ \mathrm{fnn}(\varphi \vee \psi) &= \mathrm{fnn}(\varphi) \vee \mathrm{fnn}(\psi)\end{aligned}$$

Para os operadores de caminho sem negação, definimos:

$$\begin{aligned}
\text{fnn}(EX\varphi) &= EX\,\text{fnn}(\varphi)\\
\text{fnn}(AX\varphi) &= AX\,\text{fnn}(\varphi)\\
\text{fnn}(EG\varphi) &= EG\,\text{fnn}(\varphi)\\
\text{fnn}(AG\varphi) &= AG\,\text{fnn}(\varphi)\\
\text{fnn}(EF\varphi) &= EF\,\text{fnn}(\varphi)\\
\text{fnn}(AF\varphi) &= AF\,\text{fnn}(\varphi)
\end{aligned}$$

$$\begin{aligned}
\text{fnn}(E(\varphi U\psi)) &= E(\text{fnn}(\varphi)U\,\text{fnn}(\psi))\\
\text{fnn}(A(\varphi U\psi)) &= A(\text{fnn}(\varphi)U\,\text{fnn}(\psi))
\end{aligned}$$

Para negações, usamos as equivalências da proposição anterior:

$$\text{fnn}(\neg\neg\varphi) = \text{fnn}(\varphi),$$

$$\begin{aligned}
\text{fnn}(\neg(\varphi\wedge\psi)) &= \text{fnn}(\neg\varphi)\vee\text{fnn}(\neg\psi)\\
\text{fnn}(\neg(\varphi\vee\psi)) &= \text{fnn}(\neg\varphi)\wedge\text{fnn}(\neg\psi)
\end{aligned}$$

$$\begin{aligned}
\text{fnn}(\neg AX\varphi) &= EX\,\text{fnn}(\neg\varphi)\\
\text{fnn}(\neg EX\varphi) &= AX\,\text{fnn}(\neg\varphi)\\
\text{fnn}(\neg AG\varphi) &= EF\,\text{fnn}(\neg\varphi)\\
\text{fnn}(\neg EF\varphi) &= AG\,\text{fnn}(\neg\varphi)\\
\text{fnn}(\neg AF\varphi) &= EG\,\text{fnn}(\neg\varphi)\\
\text{fnn}(\neg EG\varphi) &= AF\,\text{fnn}(\neg\varphi)
\end{aligned}$$

$$\text{fnn}(\neg A(\varphi U\psi)) = \text{fnn}(E(\neg\psi\,U\,(\neg\varphi\wedge\neg\psi))\vee EG\neg\psi)$$

Cada uma dessas regras é equivalente à fórmula substituída; portanto, a semântica é preservada em cada passo. Ao mesmo tempo, a negação é deslocada gradualmente para o interior, até aparecer apenas diante de variáveis proposicionais atômicas. Por isso, fnn(φ) é uma fórmula em forma normal de negação equivalente a φ.

2. Existência de uma fórmula em forma normal existencial.

Aqui queremos eliminar todos os operadores universais de caminho. Para isso, basta primeiro formar uma fórmula em FNN e, em seguida, substituir cada ocorrência de AX, AF, AG e $A(\varphi U \psi)$ por fórmulas equivalentes com operadores existenciais de caminho.

Usamos as seguintes transformações:

$$AX\varphi \equiv_{\text{CTL}} \neg EX\neg\varphi$$
$$AF\varphi \equiv_{\text{CTL}} \neg EG\neg\varphi$$
$$AG\varphi \equiv_{\text{CTL}} \neg E(\top U \neg\varphi)$$

e

$$A(\varphi U \psi) \equiv_{\text{CTL}} \neg(E(\neg\psi\, U\, (\neg\varphi \wedge \neg\psi)) \vee EG\neg\psi).$$

Assim obtemos uma tradução recursiva ex($\cdot$), que atua sobre a FNN de uma fórmula e substitui todos os operadores universais de caminho por descrições existenciais equivalentes. Como, nesse processo, apenas EX, EG e $E(\cdot U \cdot)$ ainda ocorrem como operadores de caminho, o resultado é uma fórmula em forma normal existencial.

A correção de cada substituição segue imediatamente da proposição anterior. Como, a cada passo de substituição, desaparece ao menos um operador universal de caminho, o procedimento termina após um número finito de passos. Logo, toda fórmula CTL possui uma fórmula equivalente em forma normal existencial. □

Teorema 3.84 (Verificação de modelos CTL em tempo linear). *Seja Σ uma assinatura proposicional, seja $K = \langle W, R, V\rangle$ uma estrutura de Kripke para Σ e seja φ uma fórmula CTL sobre Σ. Por*

$$[\![\varphi]\!]_K^{\mathrm{CTL}} = \{\, s \in W \mid \langle K, s\rangle \models_{\mathrm{CTL}} \varphi \,\}$$

denotamos o conjunto dos estados de K que satisfazem φ. Então $[\![\varphi]\!]_K^{\mathrm{CTL}}$ pode ser calculado em tempo linear no tamanho de K e de φ.

Demonstração. Consideramos as subfórmulas de φ em ordem crescente de complexidade sintática e calculamos, para cada subfórmula ψ, o conjunto

$$[\![\psi]\!]_K^{\mathrm{CTL}} = \{\, s \in W \mid \langle K, s\rangle \models_{\mathrm{CTL}} \psi \,\}.$$

Esses conjuntos são armazenados dinamicamente e reutilizados para subfórmulas maiores.

Para fórmulas atômicas, bem como para $\top$ e $\bot$, o cálculo é imediato. Para os conectivos booleanos, os conjuntos são obtidos por meio das operações usuais sobre conjuntos. Cada uma dessas etapas é linear no tamanho de K.

Os operadores temporais são interpretados como pontos fixos ou como dependências construídas passo a passo. Para os operadores

$$EX,\ AX,\ EF,\ AF,\ EG,\ AG,\ E(\varphi U \psi),\ A(\varphi U \psi)$$

bastam, em cada caso, percursos lineares pelos estados e pelas arestas da estrutura de Kripke:

- Em EX e AX, consideram-se os sucessores de um estado.
- Em EF e AF, parte-se do conjunto dos estados nos quais φ já vale, e esse conjunto é propagado gradualmente para trás.
- Em EG e AG, determina-se como ponto fixo o maior conjunto de estados nos quais φ permanece preservada permanentemente.
- Em $E(\varphi U \psi)$ e $A(\varphi U \psi)$, parte-se dos estados nos quais ψ vale e, em seguida, acrescentam-se aqueles estados nos quais φ permanece satisfeita até esse ponto.

Como cada aresta e cada estado é processado apenas um número finito de vezes, cada uma dessas etapas requer apenas tempo linear no tamanho de K. Além disso, cada subfórmula de φ é tratada exatamente uma vez. Portanto, o tempo de execução total é linear no tamanho de K e de φ.

Logo, $[\![\varphi]\!]_K^{\mathrm{CTL}}$ pode ser calculado em tempo linear. □

Corolário 3.85. *O problema de decisão CTL-MC pertence a* P*:*

CTL-MC:

Entrada: φ *e uma estrutura de Kripke finita marcada* $\langle K, s\rangle$

Saída: Sim exatamente quando $\langle K, s\rangle \models_{\mathrm{CTL}} \varphi$

Demonstração. Pelo teorema anterior, o conjunto de todos os estados que satisfazem φ pode ser calculado em tempo linear. Em seguida, basta verificar se o estado dado s pertence a esse conjunto. Essa verificação requer, no máximo, tempo polinomial. Portanto, CTL-MC pertence a P. □

3.3.3 Bissimulação

Na seção anterior, mostramos como calcular, para uma dada fórmula de CTL, o conjunto de todos os estados nos quais ela é válida. Agora nos voltamos para a questão fundamental de quão expressiva CTL de fato é: quais estados de uma estrutura de Kripke podem ser distinguidos por CTL?

A ideia orientadora é a mesma que em LTL, com a diferença de que aqui não consideramos trajetórias temporais individuais, mas estruturas de ramificação inteiras. Dois estados devem ser indistinguíveis do ponto de vista de CTL quando exatamente as mesmas fórmulas de CTL são válidas neles. Para descrever estruturalmente essa indistinguibilidade, usamos bissimulações.

Definição 3.86 (Equivalência CTL de estados). *Seja Σ uma assinatura proposicional e seja $K = \langle W, R, V\rangle$ uma estrutura de Kripke não terminante para Σ. Dois estados $s, w \in W$ são chamados* CTL-equivalentes em relação a *K, escrito*

$$s \equiv_K^{\mathrm{CTL}} w,$$

se, para toda fórmula de CTL φ *sobre* Σ*, vale:*

$$\langle K, s\rangle \models_{\mathrm{CTL}} \varphi \quad \textit{se, e somente se,} \quad \langle K, w\rangle \models_{\mathrm{CTL}} \varphi.$$

Intuitivamente, isso significa: a partir dos estados s e w, CTL vê exatamente o mesmo futuro.

Definição 3.87 (Bissimulação). *Seja* Σ *uma assinatura proposicional e seja* $K = \langle W, R, V\rangle$ *uma estrutura de Kripke para* Σ*. Uma* bissimulação *para* K *é uma relação* $B \subseteq W \times W$ *com a seguinte propriedade: para todos* $(s, w) \in B$*, vale que*

1. $V(s) = V(w)$,
2. *para todo* $(s, s') \in R$*, existe um* $(w, w') \in R$ *tal que* $(s', w') \in B$,
3. *para todo* $(w, w') \in R$*, existe um* $(s, s') \in R$ *tal que* $(s', w') \in B$.

Dois estados $s, w \in W$ *são chamados* bissimilares *com respeito a* K*, escrito*

$$s \sim_K w,$$

se existe uma bissimulação B *para* K *tal que* $(s, w) \in B$.

As condições podem ser lidas da seguinte maneira: primeiro, os dois estados devem satisfazer as mesmas variáveis proposicionais. Em seguida, cada passo a partir de s deve poder ser reproduzido por um passo a partir de w, e vice-versa. Precisamente por isso, a bissimulação descreve um comportamento que pode ser continuado da mesma maneira em ambos os lados.

Exemplo 3.88. *Consideremos um pequeno sistema com as variáveis proposicionais*

$$\Sigma = \{\mathsf{Início}, \mathsf{Trabalho}\}.$$

Suponhamos que haja dois estados p e q com a mesma rotulação $\{\mathsf{Início}\}$. A partir de p, duas arestas levam aos estados p_1 e p_2, ambos com rotulação $\{\mathsf{Trabalho}\}$ e cada um com um laço sobre si mesmo. A partir de q, apenas uma aresta leva a um estado q_1, também com rotulação $\{\mathsf{Trabalho}\}$, e q_1 também possui um laço sobre si mesmo.

Então p e q são bissimilares: os dois sucessores p_1 e p_2 podem ambos ser simulados por q_1 e, inversamente, o laço de q_1 é suficiente para espelhar os dois sucessores de p. Portanto, a diferença na ramificação não é visível para CTL, enquanto ela consistir apenas em continuações bissimilares.

Em contrapartida, dois estados com a mesma rotulação inicial podem perfeitamente não ser bissimilares se um deles possuir um sucessor adicional com outra rotulação. Nesse caso, já falha a segunda ou a terceira condição da bissimulação.

Na proposição seguinte, mostramos que aos estados bissimilares podem ser atribuídas as mesmas propriedades de caminhos. Essa é a base formal para o fato de que a bissimulação não consegue distinguir fórmulas de CTL.

Proposição 3.89. *Seja Σ uma assinatura proposicional, seja $K = \langle W, R, V\rangle$ uma estrutura de Kripke não terminante para Σ e sejam $s, w \in W$ dois estados. Se $s \sim_K w$,* *então, para todo caminho*

$$\rho_s = s_0 s_1 s_2 s_3 \ldots \in \text{Paths}(K, s)$$

existe um caminho

$$\rho_w = w_0 w_1 w_2 w_3 \ldots \in \text{Paths}(K, w)$$

tal que $s_i \sim_K w_i$ *para todo* $i \in \mathbb{N}_0$. *Em particular, os dois caminhos têm o mesmo traço.*

Demonstração. Como $s \sim_K w$, existe uma bissimulação $B \subseteq W \times W$ com $(s, w) \in B$. Construímos o caminho procurado ρ_w passo a passo.

Seja $\rho_s = s_0 s_1 s_2 \ldots$ com $s_0 = s$. Definimos inicialmente $w_0 := w$. Então $(s_0, w_0) \in B$.

Suponhamos que já tenhamos construído estados $w_0, \ldots, w_i$ tais que

$$(w_j, w_{j+1}) \in R \quad \text{para todo } j < i$$

e, além disso,

$$(s_j, w_j) \in B \quad \text{para todo } j \leq i$$

valham. Como ρ_s é um caminho, temos $(s_i, s_{i+1}) \in R$. Como $(s_i, w_i) \in B$ e B é uma bissimulação, pela condição (2) existe um estado w_{i+1} tal que

$$(w_i, w_{i+1}) \in R \quad \text{e} \quad (s_{i+1}, w_{i+1}) \in B.$$

Assim, podemos continuar a construção.

Dessa maneira, obtemos uma sequência infinita

$$w_0 w_1 w_2 \ldots \in \mathrm{Paths}(K, w)$$

com $(s_i, w_i) \in B$ para todo $i \in \mathbb{N}_0$. Em particular, pela condição (1) da bissimulação, vale para todo i:

$$V(s_i) = V(w_i).$$

Logo, ρ_s e ρ_w têm o mesmo traço. □

Teorema 3.90. *Seja Σ uma assinatura da lógica proposicional e seja $K = \langle W, R, V \rangle$ uma estrutura de Kripke finita e não terminal para Σ. Para dois estados $s, w \in W$, vale:*

$$s \equiv_K^{\mathrm{CTL}} w \quad \textit{se, e somente se,} \quad s \sim_K w.$$

Demonstração. Mostramos separadamente as duas direções.

1. Da equivalência em CTL segue a bissimilaridade.

Suponhamos que valha $s \equiv_K^{\mathrm{CTL}} w$. Mostramos que a relação

$$B = \{(u, v) \in W \times W \mid u \equiv_K^{\mathrm{CTL}} v\}$$

é uma bissimulação.

Primeiro mostramos a condição (1). Seja

$$\chi_s := \Big(\bigwedge_{A \in V(s)} A \Big) \wedge \Big(\bigwedge_{A \in \Sigma \setminus V(s)} \neg A \Big).$$

Essa fórmula descreve exatamente a rotulação de s. Como vale $s \equiv_K^{\mathrm{CTL}} w$, os estados s e w satisfazem as mesmas fórmulas de CTL, portanto, em particular, também χ_s. Daí segue que $V(s) = V(w)$.

Passemos agora à condição (2). Seja $(s, s_1) \in R$. Como K é finita, para cada estado $u \in W$ com $u \not\equiv_K^{\mathrm{CTL}} s_1$ existe uma fórmula de CTL δ_u tal que

$$\langle K, s_1 \rangle \models_{\mathrm{CTL}} \delta_u \quad \text{e} \quad \langle K, u \rangle \not\models_{\mathrm{CTL}} \delta_u.$$

Como há apenas finitamente muitos estados u desse tipo, podemos formar a fórmula

$$\theta_{s_1} := \bigwedge_{u \not\equiv_K^{\mathrm{CTL}} s_1} \delta_u$$

Essa fórmula vale exatamente nos estados que são CTL-equivalentes a s_1.

Como s_1 é um sucessor de s, vale

$$\langle K, s \rangle \models_{\mathrm{CTL}} EX\, \theta_{s_1}.$$

Devido a $s \equiv_K^{\mathrm{CTL}} w$, vale então também

$$\langle K, w \rangle \models_{\mathrm{CTL}} EX\, \theta_{s_1}.$$

Logo, existe um sucessor w_1 de w tal que

$$\langle K, w_1 \rangle \models_{\mathrm{CTL}} \theta_{s_1}.$$

Assim, temos $s_1 \equiv_K^{\mathrm{CTL}} w_1$, portanto $(s_1, w_1) \in B$.

A terceira condição segue da simetria da relação B: de $u \equiv_K^{\mathrm{CTL}} v$ segue imediatamente também $v \equiv_K^{\mathrm{CTL}} u$.

Portanto, B é simétrica, e a condição (3) decorre de modo análogo à condição (2).

Com isso, B é uma bissimulação; e, como $(s, w) \in B$, segue $s \sim_K w$.

2. Da bissimilaridade segue a equivalência em CTL.

Suponhamos agora que valha $s \sim_K w$. Pela Proposição 3.83.2, basta considerar fórmulas de CTL em forma normal existencial. Mostramos, portanto, por indução estrutural, que para toda fórmula desse tipo φ vale:

$$\langle K, s\rangle \models_{\mathrm{CTL}} \varphi \quad \text{se, e somente se,} \quad \langle K, w\rangle \models_{\mathrm{CTL}} \varphi.$$

Base da indução. Se φ é uma variável proposicional A, então isso vale por causa de $V(s) = V(w)$, conforme a bissimulação. Se $\varphi = \neg A$, a afirmação também segue de $V(s) = V(w)$.

Passo de indução para conectivos booleanos. Para $\varphi = \varphi_1 \wedge \varphi_2$, a afirmação segue diretamente da hipótese de indução para φ_1 e φ_2. O mesmo vale para $\varphi = \varphi_1 \vee \varphi_2$.

Passo de indução para EX. Suponhamos que $\langle K, s\rangle \models_{\mathrm{CTL}} EX\, \psi$. Então existe um caminho

$$\rho_s = s_0 s_1 s_2 \ldots \in \mathrm{Paths}(K, s)$$

com $s_0 = s$ e

$$\langle K, s_1\rangle \models_{\mathrm{CTL}} \psi.$$

Pela Proposição 3.89, existe um caminho

$$\rho_w = w_0 w_1 w_2 \ldots \in \mathrm{Paths}(K, w)$$

com $s_i \sim_K w_i$ para todo i. Em particular, vale $s_1 \sim_K w_1$. Pela hipótese de indução, obtemos

$$\langle K, w_1 \rangle \models_{\mathrm{CTL}} \psi.$$

Logo, vale $\langle K, w \rangle \models_{\mathrm{CTL}} EX\,\psi$.

Passo de indução para EG. Suponhamos que $\langle K, s \rangle \models_{\mathrm{CTL}} EG\,\psi$. Então existe um caminho

$$\rho_s = s_0 s_1 s_2 \ldots \in \mathrm{Paths}(K, s)$$

com $s_0 = s$ e

$$\langle K, s_i \rangle \models_{\mathrm{CTL}} \psi \quad \text{para todo } i \in \mathbb{N}_0.$$

Novamente, a Proposição 3.89 fornece um caminho

$$\rho_w = w_0 w_1 w_2 \ldots \in \mathrm{Paths}(K, w)$$

com $s_i \sim_K w_i$ para todo i. Pela hipótese de indução, segue então, para todo i:

$$\langle K, w_i \rangle \models_{\mathrm{CTL}} \psi.$$

Logo, vale $\langle K, w \rangle \models_{\mathrm{CTL}} EG\,\psi$.

Passo de indução para $E(\varphi_1 U \varphi_2)$. Suponhamos que $\langle K, s \rangle \models_{\mathrm{CTL}} E(\varphi_1 U \varphi_2)$. Então existe um caminho

$$\rho_s = s_0 s_1 s_2 \ldots \in \mathrm{Paths}(K, s)$$

e um $j \in \mathbb{N}_0$ tal que

$$\langle K, s_j \rangle \models_{\mathrm{CTL}} \varphi_2 \quad \text{e} \quad \langle K, s_i \rangle \models_{\mathrm{CTL}} \varphi_1 \text{ para todo } 0 \leq i < j.$$

Pela Proposição 3.89, existe um caminho

$$\rho_w = w_0 w_1 w_2 \ldots \in \text{Paths}(K, w)$$

com $s_i \sim_K w_i$ para todo i. Pela hipótese de indução, obtemos

$$\langle K, w_i \rangle \models_{\text{CTL}} \varphi_1 \quad \text{para todo } 0 \leq i < j,$$

e

$$\langle K, w_j \rangle \models_{\text{CTL}} \varphi_2.$$

Portanto, vale

$$\langle K, w \rangle \models_{\text{CTL}} E(\varphi_1 U \varphi_2).$$

Assim, todos os casos da indução estrutural foram tratados. Logo, s e w satisfazem as mesmas fórmulas de CTL; portanto,

$$s \equiv_K^{\text{CTL}} w.$$

□

Proposição 3.91. *Seja* Σ *uma assinatura proposicional e seja* K *uma estrutura de Kripke para* Σ*. A relação* $\sim_K$ *é uma relação de equivalência.*

Demonstração. Mostramos a reflexividade, a simetria e a transitividade.

Reflexividade. Para todo estado $s \in W$, a relação identidade

$$\text{Id}_W = \{(u, u) \mid u \in W\}$$

é uma bissimulação. De fato:

- Vale obviamente $V(u) = V(u)$ para todo u.
- Se $(u, u') \in R$, escolhemos, do outro lado, o mesmo sucessor u'; então vale $(u', u') \in \mathrm{Id}_W$.
- A recíproca é idêntica.

Logo, todo estado é bissimilar a si mesmo.

Simetria. Seja B uma bissimulação. Então a relação inversa

$$B^{-1} = \{(w, s) \mid (s, w) \in B\}$$

também é uma bissimulação. Com efeito, a condição sobre as rotulações permanece inalterada, e as duas "direções de simulação" da definição simplesmente trocam de papel em B^{-1}. Portanto, de $s \sim_K w$ segue também $w \sim_K s$.

Transitividade. Sejam B_1 e B_2 bissimulações sobre K. Consideramos a composição

$$B_1 \circ B_2 = \{(s, u) \mid \exists t \in W : \ (s, t) \in B_1 \text{ e } (t, u) \in B_2\}.$$

Mostramos que $B_1 \circ B_2$ também é uma bissimulação.

Seja $(s, u) \in B_1 \circ B_2$. Então existe $t \in W$ tal que $(s, t) \in B_1$ e $(t, u) \in B_2$. De B_1 e B_2 segue inicialmente que

$$V(s) = V(t) = V(u).$$

Para a condição dos sucessores, seja $(s, s') \in R$. Como $(s, t) \in B_1$ e B_1 é uma bissimulação, existe um estado t' tal que

$$(t, t') \in R \quad \text{e} \quad (s', t') \in B_1.$$

Além disso, como $(t, u) \in B_2$ e $(t, t') \in R$, a propriedade de bissimulação de B_2 fornece um estado u' tal que

$$(u, u') \in R \quad \text{e} \quad (t', u') \in B_2.$$

Assim, vale $(s', u') \in B_1 \circ B_2$. A direção recíproca é inteiramente análoga.

Logo, $B_1 \circ B_2$ é uma bissimulação. Consequentemente, de $s \sim_K t$ e $t \sim_K u$ segue também $s \sim_K u$.

Com isso, a reflexividade, a simetria e a transitividade estão demonstradas. Portanto, $\sim_K$ é uma relação de equivalência. □

3.3.4 Relação com LTL

CTL e LTL estão intimamente relacionadas, mas consideram o tempo de maneiras diferentes. LTL descreve trajetórias temporais lineares individuais. CTL, por outro lado, permite distinguir, em cada estado, entre diferentes desenvolvimentos futuros possíveis. Com isso, surge inicialmente a impressão de que CTL seria a lógica mais forte. No entanto, a situação não é tão simples: as duas lógicas podem expressar tipos diferentes de propriedades e, nesse sentido, são incomparáveis.

No que segue, tornamos essa relação mais precisa. Primeiro mostramos que, em estruturas de Kripke finitas, a equivalência em CTL sempre implica a equivalência em LTL. Em seguida, indicamos duas propriedades, das quais uma é expressável em LTL e a outra em CTL, mas cada uma delas não é expressável na outra lógica.

Corolário 3.92. *Seja* Σ *uma assinatura proposicional e seja*

$$K = \langle W, R, V \rangle$$

uma estrutura de Kripke não terminal finita *para* Σ*. Para dois estados* $s, w \in W$*, vale:*

$$s \equiv_K^{\mathrm{CTL}} w \quad \Longrightarrow \quad s \equiv_K^{\mathrm{LTL}} w.$$

Demonstração. Mostramos a afirmação como uma cadeia de implicações já demonstradas.

Suponha que $s \equiv_K^{\mathrm{CTL}} w$. Como K é finita e não terminal, podemos aplicar o Teorema 3.90. Ele afirma que:

$$s \equiv_K^{\mathrm{CTL}} w \quad \Longleftrightarrow \quad s \sim_K w.$$

Portanto, s e w são bissimilares.

Da Proposição 3.89 segue agora que, para todo caminho que começa em s, existe um caminho que começa em w e que, em cada posição, é bissimilar aos estados correspondentes do primeiro caminho. Como estados bissimilares satisfazem as mesmas variáveis proposicionais, os dois caminhos têm o mesmo traço. Reciprocamente, vale o mesmo. Consequentemente, os conjuntos de traços coincidem:

$$\mathrm{Traces}(K, s) = \mathrm{Traces}(K, w).$$

Logo, s e w são equivalentes por traços:

$$s \equiv_K^{\mathrm{Trace}} w.$$

Por fim, a Proposição 3.66 fornece:

$$s \equiv_K^{\text{Trace}} w \quad \Longrightarrow \quad s \equiv_K^{\text{LTL}} w.$$

Com isso, a afirmação está demonstrada. □

Esse resultado, porém, ainda não mostra que CTL e LTL tenham o mesmo poder expressivo. Na verdade, a situação é diferente: ambas as lógicas conseguem expressar propriedades que a outra lógica, respectivamente, não consegue captar.

Proposição 3.93. *Valem as seguintes afirmações:*

1. *Não existe uma fórmula de LTL que seja equivalente a* $AG\,EF\,A$.

2. *Não existe uma fórmula de CTL que seja equivalente a* $FG\,A$.

Demonstração. Demonstramos as duas afirmações separadamente.

(a) Não existe uma fórmula de LTL que seja equivalente a $AG\,EF\,A$.

Suponhamos que exista uma fórmula de LTL φ equivalente a $AG\,EF\,A$. Construímos agora duas estruturas de Kripke marcadas que não podem ser distinguidas por LTL, mas que diferem em relação a $AG\,EF\,A$.

Seja K_1 a estrutura com um estado s a partir do qual há duas ramificações:

- uma ramificação para um caminho infinito no qual A nunca vale,

- uma ramificação para um segundo caminho no qual, a partir de certo ponto, A vale sempre.

Além disso, em cada estado da segunda ramificação deve existir novamente, a partir de qualquer ponto, um caminho para um estado em que A vale. Então vale

$$\langle K_1, s \rangle \models_{\text{CTL}} AG\,EF\,A,$$

pois, a partir de todo estado alcançável, algum estado em que A vale é eventualmente alcançável.

Agora seja K_2 uma estrutura com o mesmo comportamento de traços, mas sem a ramificação adicional para um estado a partir do qual A já não é mais alcançável. Concretamente: o conjunto dos traços de s e de w deve ser igual, mas em K_2 todo estado alcançável deve ser construído de tal modo que ainda permaneça sempre aberto um caminho para um estado em que A vale. Então vale

$$\langle K_2, w \rangle \not\models_{\text{CTL}} AG\,EF\,A.$$

As duas estruturas têm os mesmos possíveis desenvolvimentos temporais, mas valores de verdade diferentes para $AG\,EF\,A$.

Se φ fosse equivalente a $AG\,EF\,A$, então, pela semântica de LTL, φ teria de depender apenas dos traços. Portanto, da igualdade dos conjuntos de traços deveria seguir que ambos os estados satisfazem φ da mesma maneira. Mas isso não ocorre, pois $AG\,EF\,A$ separa os dois estados. Contradição. Logo, não existe uma fórmula de LTL equivalente a $AG\,EF\,A$.

(b) Não existe nenhuma fórmula de CTL equivalente a $FG\,A$.

Aqui usamos uma ideia diagonal: construímos, para cada número $n \in \mathbb{N}$, um par de estruturas de Kripke marcadas

$$\langle K_n, s_n \rangle \qquad \text{e} \qquad \langle K_n, w_n \rangle,$$

tais que

$$\langle K_n, s_n \rangle \not\models_{\text{LTL}} FG\,A, \qquad \langle K_n, w_n \rangle \models_{\text{LTL}} FG\,A,$$

mas toda fórmula de CTL que distingue esses dois estados deve ter tamanho sintático pelo menos n.

As estruturas são construídas recursivamente de modo que a distinção entre s_n e w_n só se torne visível sempre um nível mais abaixo. Intuitivamente, isso significa que, em ambos os lados, toda fórmula de CTL com menor complexidade sintática vê inicialmente apenas a mesma estrutura inicial finita. Somente em profundidades cada vez maiores aparece a diferença entre "em algum momento, permanentemente A" e "não em algum momento, permanentemente A".

O enunciado indutivo decisivo é então:

> Para todo $n \in \mathbb{N}$, vale: se uma fórmula de CTL ψ distingue os estados $\langle K_n, s_n \rangle$ e $\langle K_n, w_n \rangle$, então ψ tem tamanho sintático pelo menos n.

A prova desse enunciado procede por indução completa sobre n e pela estrutura das fórmulas. A hipótese de indução é escolhida de modo que cada novo passo de ramificação da estrutura só possa ser reconhecido por fórmulas com um custo sintático adicional.

Suponha agora que existisse uma fórmula de CTL ψ tal que

$$\psi \equiv_{\mathrm{LTL}} FG\,A,$$

então ψ teria de distinguir, para todo n, os estados $\langle K_n, s_n\rangle$ e $\langle K_n, w_n\rangle$. Pela afirmação indutiva, ψ teria então tamanho sintático pelo menos n para todo n. Isso é impossível, pois toda fórmula de CTL tem tamanho finito. Logo, não pode existir nenhuma fórmula de CTL equivalente a $FG\,A$.

Com isso, ambas as afirmações estão demonstradas.

□

Da proposição anterior segue imediatamente:

Observação 3.94. *CTL e LTL são incomparáveis quanto ao poder expressivo. CTL pode formular propriedades genuinamente ramificadas que LTL não consegue expressar; por sua vez, LTL pode expressar propriedades lineares de estabilização, como $FG\,A$, que CTL não consegue capturar da mesma forma.*

Por fim, comparamos ainda a complexidade dos dois problemas de verificação de modelos. Para CTL, vimos que o tempo é linear. Para LTL, o problema é consideravelmente mais difícil:

LTL-MC: entrada

- fórmula de LTL φ

- estrutura de Kripke finita e marcada $\langle K, s\rangle$

Saída: sim exatamente quando $\langle K, s\rangle \models_{\mathrm{LTL}} \varphi$.

Esse problema é PSPACE-completo, portanto, em geral, consideravelmente mais difícil que a verificação de modelos para CTL.

Observação 3.95. *O fato de LTL-MC ser PSPACE-completo decorre de que fórmulas de LTL podem ser verificadas em caminhos com auxílio de busca em profundidade, armazenando-se apenas um prefixo atual do caminho, de modo que o espaço necessário permanece apenas polinomial no tamanho da entrada. Assim, o problema pertence a PSPACE.*

A PSPACE-dificuldade segue do fato de que, com LTL, já se pode simular a aceitação de computações limitadas por espaço polinomial. Em particular, o problema da parada para máquinas de Turing limitadas por espaço polinomial pode ser reduzido a LTL-MC. Portanto, LTL-MC é PSPACE-completo.

Ainda assim, LTL é frequentemente usada na prática, porque é particularmente legível para muitas tarefas de especificação.

3.3.5 Exercícios e soluções

Considere a assinatura proposicional

$$\Sigma = \{A, B, C\}.$$

Além disso, consideramos a seguinte estrutura de Kripke finita e não terminal

$$K = \langle W, R, V \rangle$$

com

$$W = \{s_0, s_1, s_2\},$$

$$R = \{(s_0, s_1), (s_0, s_2), (s_1, s_1), (s_2, s_2)\},$$

e

$$V(s_0) = \emptyset, \qquad V(s_1) = \{B\}, \qquad V(s_2) = \{C\}.$$

Intuitivamente, o estado inicial s_0 possui duas evoluções futuras possíveis: um caminho no qual vale apenas B e um caminho no qual vale apenas C.

Considere as seguintes expressões:

$$\begin{aligned} \varphi_2 &= A((\neg A \lor B)\, U\, (EX\, C \land \neg B)), \\ \varphi_4 &= EF\, B \land EF\, C, \\ \psi_4 &= EF(B \land C). \end{aligned}$$

Decida, para cada uma das seguintes afirmações, se ela é verdadeira ou falsa.

1. $\neg EX(AG\, A \lor AF\, B)$ é uma fórmula CTL sobre Σ.

2. φ_2 está em forma normal de negação.

3. Vale $\langle K, s_0 \rangle \models_{\text{CTL}} AG\, EF\, B$.

4. Vale $\varphi_4 \equiv_{\text{CTL}} \psi_4$.

Soluções

1. **Verdadeiro.** A cadeia de símbolos dada é uma fórmula CTL bem formada sobre Σ. As subfórmulas $AG\,A$ e $AF\,B$ são fórmulas CTL; portanto, também

$$AG\,A \vee AF\,B$$

é uma fórmula CTL. Com o operador permitido EX, também

$$EX(AG\,A \vee AF\,B)$$

é uma fórmula CTL, e ao antepor a negação obtém-se novamente uma fórmula CTL.

2. **Verdadeiro.** Em $\varphi_2 = A((\neg A \vee B)\,U\,(EX\,C \wedge \neg B))$, as negações ocorrem apenas diretamente diante de variáveis proposicionais, a saber, em $\neg A$ e $\neg B$. As fórmulas $EX\,C$ e o operador until são permitidos na forma normal de negação. Portanto, φ_2 está em fnn.

3. **Falso.** A fórmula

$$AG\,EF\,B$$

exige que, em *todo* estado alcançável a partir de s_0, valha o seguinte: a partir desse estado existe *um* caminho no qual B é alcançado em algum momento.

Ora, s_2 é alcançável a partir de s_0. Em s_2, porém, vale apenas C e, devido ao único laço (s_2, s_2), a partir daí permanece-se sempre em s_2. Logo, a partir de s_2 não há nenhum caminho no qual B venha a ocorrer. Assim, vale

$$\langle K, s_2\rangle \not\models_{\text{CTL}} EF\,B.$$

Consequentemente, a exigência já é violada para o estado alcançável s_2 e, portanto,

$$\langle K, s_0\rangle \not\models_{\text{CTL}} AG\,EF\,B.$$

4. **Falso.** Inicialmente, vale

$$\langle K, s_0\rangle \models_{\text{CTL}} EF\,B,$$

pois, pelo caminho $s_0 s_1 s_1 s_1 \ldots$, B já ocorre no estado s_1. Do mesmo modo, vale

$$\langle K, s_0\rangle \models_{\text{CTL}} EF\,C,$$

pois, pelo caminho $s_0 s_2 s_2 s_2 \ldots$, C ocorre no estado s_2. Logo,

$$\langle K, s_0\rangle \models_{\text{CTL}} EF\,B \wedge EF\,C,$$

isto é, $\langle K, s_0\rangle \models_{\text{CTL}} \varphi_4$.

Para $\psi_4 = EF(B \wedge C)$, porém, isso não vale. Na estrutura dada, não existe nenhum estado no qual B e C valham simultaneamente. Portanto, em nenhum caminho pode ocorrer $B \wedge C$ em algum momento. Assim,

$$\langle K, s_0\rangle \not\models_{\text{CTL}} EF(B \wedge C),$$

isto é,

$$\langle K, s_0 \rangle \not\models_{\mathrm{CTL}} \psi_4.$$

Portanto, φ_4 e ψ_4 não são CTL-equivalentes. Intuitivamente, o erro está na suposição falsa de que EF seria distributivo sobre $\wedge$. Correta é apenas a distributividade sobre $\vee$.

5. **(Específico de CTL) Bissimulação.** Considere a estrutura de Kripke

$$K = \langle W, R, V \rangle$$

com

$$W = \{s_0, s_1, s_2, t_0, t_1\},$$

$$R = \{(s_0, s_1), (s_0, s_2), (s_1, s_1), (s_2, s_2), (t_0, t_1), (t_1, t_1)\}$$

e

$$V(s_0) = V(t_0) = \emptyset,$$
$$V(s_1) = V(s_2) = V(t_1) = \{A\}$$

Indique se s_0 e t_0 são bissimilares em relação a K.

6. **(CTL vs. LTL) Poder expressivo.** Decida se a seguinte afirmação é verdadeira ou falsa:

$$AG\,EF\,A$$

é exprimível de forma equivalente por uma fórmula de LTL.

Soluções

5. **Verdadeiro.** Os estados s_0 e t_0 são bissimilares. Uma bissimulação adequada é

$$B = \{(s_0, t_0), (s_1, t_1), (s_2, t_1)\}.$$

Verificamos as condições da definição:

- *Mesma rotulação:* Para todos os pares em B, vale
$$V(s_0) = V(t_0) = \emptyset,$$
$$V(s_1) = V(t_1) = \{A\},$$
$$V(s_2) = V(t_1) = \{A\}.$$

- *Simulação dos sucessores de s_0:* A partir de s_0, há os sucessores s_1 e s_2. Ambos podem ser simulados pelo único sucessor t_1 de t_0, pois
$$(s_1, t_1) \in B, \qquad (s_2, t_1) \in B.$$

- *Simulação dos sucessores de t_0:* O único sucessor de t_0 é t_1. Ele pode ser simulado por s_1 ou por s_2, pois
$$(s_1, t_1) \in B \quad \text{ou} \quad (s_2, t_1) \in B.$$

Também para os laços em s_1, s_2 e t_1 as condições são imediatamente satisfeitas, pois cada um desses estados transita apenas para si mesmo. Portanto, B é uma bissimulação e, assim, vale

$$s_0 \sim_K t_0.$$

6. **Falso.** A fórmula de CTL

$$AG\,EF\,A$$

não pode ser expressa de modo equivalente por uma fórmula de LTL.

A razão é que $AG\,EF\,A$ descreve uma propriedade genuinamente ramificada: a partir de cada estado alcançável, deve haver novamente algum caminho de continuação possível para um estado A. A LTL, porém, só consegue descrever caminhos lineares individuais, e não afirmações simultâneas sobre todos os ramos futuros alternativos.

Em particular, existem estruturas de Kripke com traços idênticos nas quais $AG\,EF\,A$ vale em um estado e não vale em outro. Portanto, nenhuma fórmula de LTL pode captar exatamente essa propriedade.

3.4 Lógica epistêmica

A lógica epistêmica investiga como o conhecimento, o desconhecimento e a possibilidade podem ser descritos formalmente. Com ela, é possível expressar com precisão o que um agente sabe, o que considera possível e quais conclusões pode extrair de seu estado de informação. Tais formalizações desempenham um papel, por exemplo, na informática, na filosofia, na teoria do conhecimento distribuído e em sistemas baseados em conhecimento.

Para isso, retomamos a lógica modal apresentada no início deste capítulo (3.1). A sintaxe básica permanece, inicialmente, inalterada; o que muda é sobretudo a interpretação epistêmica das modalidades. Nas seções seguintes, consideramos primeiro restrições sobre os quadros da lógica modal básica. Essas restrições permitem utilizar certas classes de quadros de Kripke como modelos para o conhecimento. Em seguida, estendemos a lógica para vários agentes. Por fim, examinamos, por meio de anúncios públicos, um mecanismo dinâmico pelo qual o conhecimento pode se modificar ao longo de uma transmissão de informação.

3.4.1 Restrições sobre quadros

Recordemos que, para a lógica modal básica, usamos a mesma sintaxe apresentada no início deste capítulo (3.1):

$$\varphi ::= \Sigma \mid \neg\varphi \mid \varphi \wedge \varphi \mid \varphi \vee \varphi \mid \Diamond\varphi \mid \Box\varphi.$$

A semântica é definida por meio de estruturas de Kripke

$$K = \langle W, R, V \rangle$$

em que W é o conjunto dos estados, $R \subseteq W \times W$ é a relação de acessibilidade e V é a função de valoração, que associa a cada estado as variáveis proposicionais que nele valem. Uma fórmula é sempre avaliada em um estado determinado.

No contexto epistêmico, os estados são entendidos como mundos possíveis. Visto a partir de um mundo w, o conjunto dos mundos acessíveis por meio de R descreve as alternativas que, do ponto de vista da informação do agente, ainda permanecem em questão. Assim, lê-se

$$\Box\varphi$$

como: "O agente sabe que φ vale", e

$$\Diamond\varphi$$

como: "O agente considera φ possível."

Nem toda estrutura de Kripke é adequada para esse fim. Se R deve representar o conjunto das alternativas epistemicamente possíveis, então os quadros admitidos devem satisfazer certas propriedades. Um exemplo simples: um sistema de diagnóstico que avalia apenas um conjunto incompleto de sensores não deveria encontrar-se em uma situação que ele próprio considera fundamentalmente excluída; além disso, alternativas epistemicamente equivalentes devem estar conectadas entre si de modo consistente. Considerações desse tipo conduzem a restrições no nível dos quadros.

Definição 3.96 (Quadros de Kripke e instâncias). *Um* quadro de Kripke *é um par*

$$F = \langle W, R \rangle,$$

em que W é um conjunto de estados e $R \subseteq W \times W$ é uma relação.

Uma estrutura de Kripke $K = \langle W, R, V \rangle$ sobre uma assinatura Σ chama-se instância Σ *do quadro $F = \langle W, R \rangle$*

se possui o mesmo conjunto de estados e a mesma relação de acessibilidade; apenas a valoração V pode variar.

Exemplo 3.97. *Consideremos um sistema de monitoramento com os estados "alarme desligado", "alarme incerto" e "alarme ligado". Se o agente não consegue distinguir exatamente a situação dos sensores, então esses estados devem estar conectados como alternativas epistemicamente possíveis não apenas de modo indireto, mas também diretamente. Um quadro no qual duas dessas possibilidades estão ligadas apenas por meio de um terceiro estado muitas vezes descreve a indistinguibilidade pior do que um quadro no qual essa relação é registrada imediatamente.*

No que se segue, interessam-nos propriedades típicas das relações de acessibilidade.

Definição 3.98 (Propriedades de quadros). *Um quadro $F = \langle W, R \rangle$ é chamado*

- reflexivo, *se para todo $w \in W$ vale: $(w, w) \in R$,*
- transitivo, *se para todos $w, u, v \in W$ vale: de $(w, u) \in R$ e $(u, v) \in R$ segue $(w, v) \in R$,*
- euclidiano, *se para todos $w, u, v \in W$ vale: de $(w, u) \in R$ e $(w, v) \in R$ segue $(u, v) \in R$,*
- simétrico, *se para todos $w, u \in W$ vale: de $(w, u) \in R$ segue $(u, w) \in R$,*

- serial, *se para todo* $w \in W$ *existe um* $u \in W$ *tal que* $(w, u) \in R$.

Denotamos por

$$\mathcal{F}_{\mathrm{Ref}}, \mathcal{F}_{\mathrm{Tran}}, \mathcal{F}_{\mathrm{Euk}}, \mathcal{F}_{\mathrm{Sym}}, \mathcal{F}_{\mathrm{Ser}}$$

as classes de todos os quadros reflexivos, transitivos, euclidianos, simétricos e seriais, respectivamente.

No contexto epistêmico, trabalha-se frequentemente com quadros que satisfazem reflexividade, transitividade e euclidianidade. Intuitivamente, isso reflete uma relação de conhecimento compatível com o próprio estado de informação, estável sob a formação de sucessores e suficientemente fechada a partir da perspectiva do agente. Dependendo da aplicação, porém, também se podem escolher outras classes; assim, em leituras deônticas, por exemplo, a serialidade é muitas vezes a condição mais importante.

Formulamos agora como tais classes de quadros podem ser caracterizadas semanticamente.

Definição 3.99 (Validade em quadros e classes de quadros). *Seja* Σ *uma assinatura proposicional e seja* φ *uma fórmula da lógica modal sobre* Σ.

Para um quadro de Kripke $F = \langle W, R \rangle$ *e um estado* $w \in W$, *escrevemos*

$$\langle F, w \rangle \models_{\mathrm{LM}} \varphi,$$

se $\langle K, w \rangle \models_{\mathrm{LM}} \varphi$ *vale para* toda *instância* Σ K *de* F.

Além disso, escrevemos

$$F \models_{\mathrm{LM}} \varphi,$$

se $\langle F, w\rangle \models_{\mathrm{LM}} \varphi$ *vale para todo estado* $w \in W$.

Por fim, para um conjunto de quadros $\mathcal{F}$, *escrevemos*

$$\mathcal{F} \models_{\mathrm{LM}} \varphi,$$

se $F \models_{\mathrm{LM}} \varphi$ *vale para todo* $F \in \mathcal{F}$.

Exemplo 3.100. *A fórmula* $\Box p \to p$ *é válida em todos os pontos exatamente quando os quadros subjacentes são reflexivos: aquilo que o agente sabe com certeza já deve valer no próprio mundo atual.*

A fórmula $\Diamond p \to \Box\Diamond p$, *por outro lado, expressa uma forma de estabilidade da possibilidade: se uma possibilidade está presente em determinado ponto, então, do ponto de vista do agente, ela permanece presente também em todas as alternativas epistemicamente acessíveis.*

Os esquemas seguintes desempenham aqui um papel central. Eles são chamados *axiomas de quadros*, pois caracterizam precisamente as classes de quadros nas quais são válidos.

- **(K)** $\Box(\varphi \to \psi) \to (\Box\varphi \to \Box\psi)$

  Se o agente sabe que de φ sempre se segue ψ e se ele sabe φ, então ele também sabe ψ.

- **(T)** $\Box\varphi \to \varphi$

  O conhecimento é factivo: aquilo que o agente sabe é, de fato, o caso.

- (4) $\Box\varphi \to \Box\Box\varphi$

  Se o agente sabe algo, então ele também sabe que o sabe.

- (5) $\Diamond\varphi \to \Box\Diamond\varphi$

  Se algo é possível, então essa possibilidade permanece estável do ponto de vista do agente.

- (B) $\varphi \to \Box\Diamond\varphi$

  Se φ vale, então o agente considera φ possível.

- (D) $\Box\varphi \to \Diamond\varphi$

  Aquilo que o agente sabe também deve ser possível para ele.

Um esquema de fórmulas **axiomatiza** uma classe de quadros quando duas condições são satisfeitas: primeiro, cada uma de suas instâncias é válida em todos os quadros da classe. Segundo, reciprocamente, para todo quadro vale que ele pertence à classe exatamente quando todas as instâncias do esquema são válidas nele.

Teorema 3.101 (Axiomas de quadros). *Valem as seguintes afirmações:*

- *O esquema **(T)** axiomatiza a classe $\mathcal{F}_{\text{Ref}}$ dos quadros reflexivos.*

- *O esquema **(4)** axiomatiza a classe $\mathcal{F}_{\text{Tran}}$ dos quadros transitivos.*

- *O esquema* ***(5)*** *axiomatiza a classe* $\mathcal{F}_{\text{Euk}}$ *dos quadros euclidianos.*

- *O esquema* ***(B)*** *axiomatiza a classe* $\mathcal{F}_{\text{Sym}}$ *dos quadros simétricos.*

- *O esquema* ***(D)*** *axiomatiza a classe* $\mathcal{F}_{\text{Ser}}$ *dos quadros seriais.*

Demonstração. Mostramos as afirmações de axiomatização uma após a outra. Em cada caso, provamos primeiro a validade do esquema na respectiva classe de quadros e, em seguida, a recíproca.

(T) axiomatiza exatamente os quadros reflexivos.
Seja $F = \langle W, R\rangle$ reflexivo e seja $\langle K, w\rangle$ uma Σ-instância arbitrária de F. Devemos mostrar que toda instância de

$$\Box\psi \to \psi$$

vale em $\langle K, w\rangle$. Se $\Box\psi$ não vale em w, a implicação é satisfeita trivialmente. Se $\Box\psi$ vale em w, então, pela reflexividade, temos $(w, w) \in R$. É exatamente esse caso que caracteriza o esquema: o estado atual conta ele próprio como uma alternativa alcançável. Portanto, ψ também vale em w. Assim, $\Box\psi \to \psi$ é válida.

Para a recíproca, seja $F = \langle W, R\rangle$ um quadro no qual todas as instâncias de (T) são válidas. Suponhamos que F não seja reflexivo. Então existe um $w \in W$ tal que $(w, w) \notin R$. Escolhemos uma variável proposicional A de modo que A valha em todos os estados sucessores de w, mas não em w próprio. Então, em w, vale a fórmula $\Box A$, mas não A. Logo,

$$\Box A \to A$$

é falsa em w, em contradição com a suposição. Portanto, F é reflexivo.

(4) axiomatiza exatamente os quadros transitivos. Seja $F = \langle W, R\rangle$ transitivo e seja $\langle K, w\rangle$ uma instância arbitrária de F. Mostramos a validade de

$$\Box\psi \to \Box\Box\psi.$$

Suponhamos que $\Box\psi$ valha em w. Seja v um sucessor arbitrário de w, isto é, $(w, v) \in R$. Devemos mostrar que $\Box\psi$ também vale em v. Para isso, seja u um sucessor arbitrário de v. Pela transitividade, de $(w, v) \in R$ e $(v, u) \in R$ segue que também $(w, u) \in R$. Como a fórmula $\Box\psi$ vale em w, segue que ψ vale em u. Portanto, $\Box\psi$ vale em v e, assim, $\Box\Box\psi$ vale em w.

Para a recíproca, seja $F = \langle W, R\rangle$ um quadro no qual todas as instâncias de (4) são válidas. Suponhamos que R não seja transitivo. Então existem estados w, u, v tais que $(w, u) \in R$, $(u, v) \in R$, mas $(w, v) \notin R$. Escolhemos uma variável proposicional A de modo que A valha em todos os sucessores de w, mas não em v. Então, em w, vale a fórmula $\Box A$, mas em u não vale $\Box A$; logo, em w não vale $\Box\Box A$. Assim,

$$\Box A \to \Box\Box A$$

é falsa em w, em contradição com a suposição. Portanto, R é transitivo.

(5) axiomatiza exatamente os quadros euclidianos.
Seja $F = \langle W, R\rangle$ euclidiano e seja $\langle K, w\rangle$ uma instância de F. Devemos mostrar que

$$\Diamond\psi \to \Box\Diamond\psi.$$

Se $\Diamond\psi$ não vale em w, então a implicação é trivial. Caso contrário, existe um estado u tal que $(w, u) \in R$ e ψ vale em u. Seja agora v um sucessor arbitrário de w. Pela euclidianidade, de $(w, u) \in R$ e $(w, v) \in R$ segue que $(v, u) \in R$. Assim, a possibilidade original torna-se novamente visível a partir de todo estado alcançável: portanto, ψ também é alcançável a partir de v. Consequentemente, $\Diamond\psi$ vale em v. Como v era arbitrário, segue que $\Box\Diamond\psi$ vale em w.

Para a recíproca, seja $F = \langle W, R\rangle$ um quadro no qual todas as instâncias de (5) são válidas. Suponhamos que F não seja euclidiano. Então existem estados w, u, v tais que $(w, u) \in R$, $(w, v) \in R$, mas $(u, v) \notin R$. Escolhemos uma variável proposicional A de modo que A valha exatamente em u. Então w satisfaz a fórmula $\Diamond A$, pois u é alcançável. Em v, porém, $\Diamond A$ não vale, pois u não é alcançável a partir de v. Logo, em w não vale $\Box\Diamond A$; portanto,

$$\Diamond A \to \Box\Diamond A$$

é falsa em w. Contradição. Portanto, R é euclidiana.

(B) axiomatiza exatamente os quadros simétricos.
Seja $F = \langle W, R\rangle$ simétrico e seja $\langle K, w\rangle$ uma instância de F. Devemos mostrar que

$$\psi \to \Box\Diamond\psi.$$

Se ψ não vale em w, então a implicação é trivial. Se ψ vale em w, seja v um sucessor arbitrário de w. Pela simetria, também vale $(v, w) \in R$. Assim, ψ é alcançável a partir de v, e portanto $\Diamond\psi$ vale em v. Logo, $\Box\Diamond\psi$ vale em w.

Para a recíproca, seja $F = \langle W, R \rangle$ um quadro no qual todas as instâncias de (B) são válidas. Suponhamos que R não seja simétrica. Então existem estados w, u tais que $(w, u) \in R$, mas $(u, w) \notin R$. Escolhemos uma variável proposicional A de modo que A valha exatamente em w. Então A é verdadeira em w. Em u, porém, $\Diamond A$ não vale, pois w não é alcançável a partir de u. Logo, $\Box\Diamond A$ é falsa em w; portanto,

$$A \to \Box\Diamond A$$

é falsa em w. Contradição. Portanto, R é simétrica.

(D) axiomatiza exatamente os quadros seriais.

Seja $F = \langle W, R \rangle$ serial e seja $\langle K, w \rangle$ uma instância de F. Devemos mostrar que

$$\Box\psi \to \Diamond\psi.$$

Se $\Box\psi$ vale em w, então, pela serialidade, w possui um sucessor u com $(w, u) \in R$. De $\Box\psi$ segue então que ψ vale em u; logo, $\Diamond\psi$ vale em w.

Para a recíproca, seja $F = \langle W, R \rangle$ um quadro no qual todas as instâncias de (D) são válidas. Suponhamos que F não seja serial. Então existe um $w \in W$ sem sucessor. Aqui está o ponto decisivo: sem sucessores, toda fórmula da forma $\Box\psi$ é automaticamente verdadeira em w, ao passo que $\Diamond\psi$ é sempre falsa em w. Portanto, para toda variável proposicional A,

$$\Box A \to \Diamond A$$

é falsa em w. Contradição. Logo, R é serial.

Com isso, todas as partes estão demonstradas. $\Box$

Esses axiomas de quadros são frequentemente agrupados em sistemas axiomáticos conhecidos. Assim, por exemplo, $S5$ descreve particularmente bem a perspectiva epistêmica, enquanto outras lógicas modais, em outros domínios de aplicação, exigem outras condições sobre os quadros. Na leitura deôntica, por exemplo, a serialidade é especialmente natural, pois nela se costuma pressupor que, em cada situação, exista ao menos uma alternativa admissível.

3.4.2 Lógica modal para múltiplos agentes

Nesta seção, estendemos a lógica modal conhecida do Capítulo 3.1 para múltiplos agentes. A ideia fundamental é simples: não se pretende mais modelar apenas um único módulo de conhecimento ou de crença, mas sim introduzir um operador modal próprio para cada agente. Desse modo, torna-se possível expressar o que diferentes participantes sabem, consideram possível ou sabem uns sobre os outros. Chamamos a linguagem assim obtida de *lógica modal multiagente* (MAL).

Começamos pela assinatura subjacente.

Definição 3.102. *Uma assinatura da lógica modal multiagente, abreviadamente uma* assinatura MAL, *é um par* $\langle\Sigma, A\rangle$, *em que* Σ *é uma assinatura proposicional e* A *é um conjunto finito de agentes.*

Para simplificar, supomos que os agentes em A são numerados a partir de 0. Assim, normalmente temos

$$A = \{0, 1, 2, \ldots, m\}.$$

Em vez da designação numérica, naturalmente também podem ser usados nomes descritivos, como *Central de controle*, *Técnico* ou *Paciente*.

Para cada agente $a \in A$, introduzimos agora um operador modal próprio K_a. Lemos a fórmula $K_a\varphi$ como: „o agente a sabe que φ vale". Nesse contexto, o K vem de *knowledge*.

Definição 3.103. *Seja* $\langle\Sigma, A\rangle$ *uma assinatura MAL. O conjunto das fórmulas da lógica modal multiagente sobre* $\langle\Sigma, A\rangle$ *é definido indutivamente da seguinte forma:*

(MAL0) Toda variável proposicional de Σ *é uma fórmula MAL.*

(MAL1) Se φ *e* ψ *são fórmulas MAL, então* $(\varphi \vee \psi)$ *também é uma fórmula MAL.*

(MAL2) Se φ *e* ψ *são fórmulas MAL, então* $(\varphi \wedge \psi)$ *também é uma fórmula MAL.*

(MAL3) Se φ *é uma fórmula MAL, então* $\neg\varphi$ *também é uma fórmula MAL.*

(MAL4) *Se φ é uma fórmula MAL e $a \in A$, então $K_a\varphi$ também é uma fórmula MAL.*

Como de costume, usamos as seguintes abreviações:

$$\varphi \to \psi := \neg\varphi \vee \psi \tag{3.1}$$

e (3.2)

$$\varphi \leftrightarrow \psi := (\varphi \to \psi) \wedge (\psi \to \varphi) \tag{3.3}$$

Como na lógica modal simples, também aqui a leitura dual de $K_a\varphi$ é dada por $\neg K_a\neg\varphi$. Essa fórmula pode ser lida como: „Do ponto de vista do agente a, φ é possível“. No entanto, não introduzimos para isso um símbolo próprio, pois a expressão já é suficientemente compreensível como abreviação.

Com fórmulas da MAL, situações de conhecimento com vários participantes podem ser descritas com precisão. É especialmente importante que também sejam permitidos encaixamentos de operadores modais. Assim, podemos formular, por exemplo: „O agente a sabe que o agente b sabe algo“ou até mesmo „O agente a sabe que o agente b sabe que ... “. Precisamente essas afirmações encaixadas desempenham um papel central na lógica epistêmica.

Exemplo 3.104. *Consideremos um pequeno cenário de coordenação em um laboratório de pesquisa. Seja*

$$\langle\{T, A, S\}, \{L, R\}\rangle$$

uma assinatura MAL com os seguintes significados:

T	*O teste foi concluído com sucesso.*
A	*O alarme está ativado.*
S	*A porta está trancada.*
L	*O agente* direção do laboratório.
R	*O agente* serviço técnico.

Então podemos modelar, por exemplo, as seguintes relações:

$$K_L T \to A$$

Se a direção do laboratório sabe que o teste foi concluído, ela ativa o alarme.

Do mesmo modo:

$$K_R K_L T \to S$$

Se o serviço técnico sabe que a direção do laboratório conhece o sucesso do teste, então ele providencia que a porta seja trancada.

A segunda fórmula já mostra o ganho característico da lógica modal multiagente: ela permite não apenas afirmações sobre o conhecimento de agentes individuais, mas também sobre conhecimento acerca do conhecimento de outros agentes. □

Agora definimos a semântica de MAL com auxílio de estruturas de Kripke. Em comparação com a lógica modal simples, a estrutura é ampliada de tal modo que cada agente possui sua própria relação de acessibilidade.

Definição 3.105. *Seja* $\langle \Sigma, A \rangle$ *uma assinatura de MAL. Uma estrutura de Kripke para MAL sobre* $\langle \Sigma, A \rangle$ *é uma* *tupla*

$$K = \langle W, (R_a)_{a \in A}, V \rangle,$$

em que

- *W é um conjunto finito de estados,*
- *para cada agente $a \in A$ é dada uma relação $R_a \subseteq W \times W$,*
- *$V : W \to \mathcal{P}(\Sigma)$ é uma valoração que associa a cada estado as variáveis proposicionais verdadeiras nesse estado.*

Uma estrutura de Kripke marcada é, como de costume, um par $\langle K, w \rangle$, em que K é uma estrutura de Kripke para MAL e $w \in W$ é um estado distinguido.

A relação de satisfação é agora interpretada separadamente para cada agente. Nesse caso, K_a comporta-se semanticamente exatamente como o operador caixa da lógica modal clássica, mas relativamente à relação R_a.

Definição 3.106. *Seja $\langle \Sigma, A \rangle$ uma assinatura de MAL e seja $\langle K, w \rangle$ uma estrutura de Kripke marcada para $\langle \Sigma, A \rangle$ com $K = \langle W, (R_a)_{a \in A}, V \rangle$. A função de avaliação $[\![\cdot]\!]_{\langle K,w \rangle}$ associa a cada fórmula de MAL um valor de verdade de $\{true, false\}$:*

$$[\![p]\!]_{\langle K,w \rangle} = true \Leftrightarrow p \in V(w)$$
$$[\![\neg\varphi]\!]_{\langle K,w \rangle} = true \Leftrightarrow [\![\varphi]\!]_{\langle K,w \rangle} = false$$
$$[\![(\varphi \wedge \psi)]\!]_{\langle K,w \rangle} = true \Leftrightarrow [\![\varphi]\!]_{\langle K,w \rangle} = true$$

$$\begin{aligned}
&\wedge [\![\psi]\!]_{\langle K,w\rangle} = true \\
[\![(\varphi \vee \psi)]\!]_{\langle K,w\rangle} = true \Leftrightarrow\ & [\![\varphi]\!]_{\langle K,w\rangle} = true \\
&\vee [\![\psi]\!]_{\langle K,w\rangle} = true \\
[\![K_a\varphi]\!]_{\langle K,w\rangle} = true \Leftrightarrow\ & \forall w' \in R_a(w) : \\
&[\![\varphi]\!]_{\langle K,w'\rangle} = true
\end{aligned}$$

Se vale $[\![\varphi]\!]_{\langle K,w\rangle} = true$, dizemos que φ é satisfeita em w por K. Nesse caso, também escrevemos

$$\langle K, w\rangle \models_{MAL} \varphi.$$

A consequência lógica em relação a uma estrutura de Kripke fixa K é definida por:

$$\begin{aligned}
\varphi \models_K^{MAL} \psi \Leftrightarrow\ & \forall w \in W : \\
& (\langle K, w\rangle \models_{MAL} \varphi \Rightarrow \langle K, w\rangle \models_{MAL} \psi)
\end{aligned}$$

Exemplo 3.107. *Continuamos o exemplo do laboratório. Suponhamos que, em uma estrutura de Kripke K para a assinatura do exemplo anterior, o estado w_0 descreva a situação em que a direção do laboratório sabe que o teste foi bem-sucedido, mas o serviço técnico ainda não compreende todas as consequências desse conhecimento.*

Então pode ocorrer, por exemplo, que valha:

$$\langle K, w_0\rangle \models_{MAL} K_L T,$$

ao mesmo tempo que

$$\langle K, w_0\rangle \not\models_{MAL} K_R T$$

também se verifique. Isso significa: a direção do laboratório já sabe que o teste foi concluído, mas o serviço técnico ainda não.

A fórmula

$$K_R K_L T \to S$$

é verdadeira em todos os estados desse modelo se a relação R_R *estiver definida de tal modo que o serviço técnico, em todas as situações possíveis do seu ponto de vista, leve corretamente em conta a informação da direção do laboratório e, em seguida, assegure a porta.*

Em contrapartida, uma fórmula como

$$A \leftrightarrow S$$

em geral não é válida, pois pode haver estados em que o alarme está ativado, mas a porta ainda não foi assegurada. □

Com a MAL, podemos, portanto, modelar não apenas o conhecimento de agentes individuais, mas também as interações entre diferentes estados de conhecimento. É precisamente nisso que reside a vantagem decisiva em relação à lógica modal simples: ela oferece uma linguagem para várias perspectivas sobre a mesma situação.

3.4.3 Anúncios públicos

Até agora, consideramos a lógica epistêmica sobretudo como uma teoria estática: uma estrutura de Kripke descreve um determinado estado de conhecimento, e as fórmulas são avaliadas relativamente a esse estado de conhecimento. Em muitas aplicações, porém, isso não é suficiente. O conhecimento não se modifica apenas pelo fato de os agentes refletirem sobre o mundo, mas também porque novas informações são comunicadas publicamente.

É exatamente esse aspecto dinâmico que é tratado pela *Public Announcement Logic* (PAL). Ela amplia a lógica epistêmica com a possibilidade de modelar informações anunciadas publicamente. Um anúncio público não atua apenas sobre o valor de verdade de uma fórmula, mas modifica a situação epistêmica subjacente: estados que são incompatíveis com o anúncio são excluídos.

Exemplo 3.108. *Consideremos um pequeno cenário de coordenação em uma biblioteca. Duas pessoas,* A *e* B*, devem abrir juntas um cofre. Para isso, é decisivo saber se o código já é conhecido.*

Seja C a proposição „O código é conhecido“ e seja O a proposição „O cofre está aberto“. Enquanto a pessoa B não souber se A conhece o código, B não pode ter certeza de que o cofre pode ser aberto. Mas, se for anunciado publicamente que o código é conhecido, então o conjunto dos estados possíveis se reduz exatamente àqueles em que C vale. Em um modelo assim reduzido, pode-se então descrever com precisão que conhecimento os agentes possuem após o anúncio. □

A sintaxe da PAL é estreitamente inspirada na lógica modal, mas é estendida por fórmulas da forma $[!\psi]\varphi$. A fórmula $[!\psi]\varphi$ significa: „Após o anúncio público de ψ, vale φ". Mantemos aqui a notação K para o operador de conhecimento, a fim de ressaltar o caráter epistêmico da lógica.

Definição 3.109. *Seja Σ uma assinatura proposicional. O conjunto das fórmulas da PAL sobre Σ é formado indutivamente do seguinte modo:*

(PAL0) Toda variável proposicional de Σ é uma fórmula da PAL.

(PAL1) Se φ e ψ são fórmulas da PAL, então $(\varphi \vee \psi)$ também é uma fórmula da PAL.

(PAL2) Se φ e ψ são fórmulas da PAL, então $(\varphi \wedge \psi)$ também é uma fórmula da PAL.

(PAL3) Se φ é uma fórmula da PAL, então $\neg\varphi$ também é uma fórmula da PAL.

(PAL4) Se φ é uma fórmula da PAL, então $K\varphi$ também é uma fórmula da PAL.

(PAL5) Se φ e ψ são fórmulas da PAL, então $[!\psi]\varphi$ também é uma fórmula da PAL.

A semântica da PAL é descrita por meio de estruturas de Kripke. O passo novo e decisivo consiste em compreender um anúncio público não apenas como algo que é avaliado, mas como uma modificação do modelo. Para isso, definimos, para cada fórmula ψ da PAL, uma estrutura de Kripke reduzida, na qual permanecem apenas os estados em que ψ vale.

Definição 3.110. *Seja Σ uma assinatura proposicional, seja $K = \langle W, R, V \rangle$ uma estrutura de Kripke sobre Σ e seja ψ uma fórmula da PAL. Então*

$$K_\psi = \langle W_\psi, R_\psi, V_\psi \rangle$$

é chamada de ψ-redução de K, onde

$$W_\psi = \{\, w \in W \mid \langle K, w \rangle \models_{PAL} \psi \,\},$$

$$R_\psi = \{\, (w, w') \in R \mid w, w' \in W_\psi \,\},$$

e

$$V_\psi(w) = V(w)$$

vale para todo $w \in W_\psi$.

Intuitivamente, K_ψ é precisamente a subestrutura de K que é compatível com a informação anunciada publicamente. Todos os estados excluídos são removidos, enquanto os estados restantes conservam inalterados os seus valores de verdade.

Exemplo 3.111. *Consideremos novamente o cenário da biblioteca. Suponha que a estrutura de Kripke K descreva diferentes situações possíveis acerca de se o código é conhecido e se o cofre pode ser aberto. Se agora for anunciado publicamente que o código é conhecido, isto é, $\psi = C$, então na redução K_C permanecem apenas aqueles estados nos quais C realmente vale.*

Uma fórmula como

$$[!C]\, KC$$

é então satisfeita em muitos casos, pois, após um anúncio público e verdadeiro de C, cada agente sabe que C vale. Em contrapartida, uma fórmula como

$$[!C]\,O$$

só pode valer se da suposição de que o código é conhecido se seguir de fato que o cofre está aberto. □

A relação de satisfação para PAL é definida recursivamente, como de costume. Para os casos da lógica proposicional e da lógica modal, a semântica permanece inalterada; a única novidade é a cláusula para anúncios públicos.

Definição 3.112. *Seja Σ uma assinatura proposicional e seja $\langle K, w\rangle$ uma estrutura de Kripke marcada com $K = \langle W, R, V\rangle$. Então a relação de satisfação $\models_{PAL}$ é dada pelas seguintes condições:*

$$\begin{aligned}
\langle K, w\rangle \models_{PAL} A &\Leftrightarrow A \in V(w)\\
\langle K, w\rangle \models_{PAL} \neg\varphi &\Leftrightarrow \langle K, w\rangle \not\models_{PAL} \varphi\\
\langle K, w\rangle \models_{PAL} (\varphi \wedge \psi) &\Leftrightarrow \langle K, w\rangle \models_{PAL} \varphi\\
&\qquad e\ \langle K, w\rangle \models_{PAL} \psi\\
\langle K, w\rangle \models_{PAL} (\varphi \vee \psi) &\Leftrightarrow \langle K, w\rangle \models_{PAL} \varphi\\
&\qquad ou\ \langle K, w\rangle \models_{PAL} \psi\\
\langle K, w\rangle \models_{PAL} K\varphi &\Leftrightarrow \forall w' \in R(w)\ vale:\\
&\qquad \langle K, w'\rangle \models_{PAL} \varphi\\
\langle K, w\rangle \models_{PAL} [!\psi]\varphi &\Leftrightarrow (\langle K, w\rangle \models_{PAL} \psi)\\
&\qquad \Rightarrow (\langle K_{\psi}, w\rangle \models_{PAL} \varphi)
\end{aligned}$$

Se $\langle K, w\rangle$ satisfaz uma fórmula φ, dizemos novamente que φ é satisfeita em w por K e escrevemos

$$\langle K, w\rangle \models_{PAL} \varphi.$$

A consequência lógica relativa a uma estrutura de Kripke fixa K é definida por:

$$\varphi \models_K^{PAL} \psi \quad \Leftrightarrow \quad \forall w \in W : \langle K, w\rangle \models_{PAL} \varphi \Rightarrow \langle K, w\rangle \models_{PAL} \psi$$

Exemplo 3.113. *Suponhamos que, em um modelo para o cenário da biblioteca, a afirmação C valha em certos estados, mas não em outros. Se agora se anuncia publicamente que C vale, então todos os estados com $\neg C$ desaparecem da consideração. Na estrutura reduzida torna-se visível, desse modo, que não apenas o código é conhecido, mas também que cada agente conhece essa informação.*

Com isso, pode-se investigar, por exemplo, qual anúncio público é necessário para produzir uma determinada situação de conhecimento. Se, por exemplo, deve estar garantido ao final que o cofre esteja aberto, então é preciso encontrar uma fórmula ψ cujo anúncio restrinja o conjunto dos estados possíveis de modo tão forte que O valha em todos os estados remanescentes. □

A PAL mostra, assim, de modo particularmente claro, que a lógica epistêmica não apenas descreve o conhecimento, mas também sua alteração por meio de informação. Anúncios públicos são um meio simples, mas muito eficaz, de captar formalmente processos dinâmicos de conhecimento.

3.4.4 Exercícios e soluções

No que segue, consideramos um pequeno modelo de PAL e verificamos se algumas afirmações são verdadeiras ou falsas. Os exercícios têm por objetivo praticar tanto a redução por anúncio público quanto a modalidade de conhecimento K.

Usamos a assinatura

$$\Sigma = \{C, O\},$$

em que

- C significa: "O código é conhecido",
- O significa: "O cofre está aberto".

Além disso, consideramos a estrutura de Kripke

$$K = \langle W, R, V \rangle$$

com

$$W = \{w_0, w_1, w_2\}, \qquad R = W \times W,$$

e com a valoração

$$V(w_0) = \{C\}, \qquad V(w_1) = \{C, O\}, \qquad V(w_2) = \{O\}.$$

A relação R é, portanto, completa neste caso: cada estado é epistemicamente alcançável a partir de qualquer outro.

Exercício 3.114. *Decida, em cada caso, se a seguinte afirmação é* verdadeira *ou* falsa.

1. $\langle K, w_0 \rangle \models_{PAL} [!C]\, KC$
2. $\langle K, w_0 \rangle \models_{PAL} [!C]\, KO$
3. $\langle K, w_2 \rangle \models_{PAL} [!C]\, KC$
4. $\langle K, w_0 \rangle \models_{PAL} [!C]\, KKC$

Solução 3.115. *Justificamos as quatro afirmações uma a uma.*

1. ***Verdadeira.*** *Em w_0 vale C, portanto a anunciação pública de C é pertinente. Após a redução K_C, permanecem exatamente os estados w_0 e w_1, pois somente neles vale C. Como a relação R é completa, a relação reduzida sobre $\{w_0, w_1\}$ também volta a ser completa. Em ambos os estados remanescentes vale C. Assim, depois da anunciação, o agente sabe que C vale. Portanto,*

$$\langle K, w_0 \rangle \models_{PAL} [!C]KC.$$

2. ***Falsa.*** *Novamente, após a anunciação de C, resta apenas o conjunto $\{w_0, w_1\}$. Em w_0, porém, O não vale. Como o operador de conhecimento K exige que a fórmula valha em todos os estados alcançáveis, KO é falsa em w_0 após a redução. Logo,*

$$\langle K, w_0 \rangle \not\models_{PAL} [!C]KO.$$

3. **Verdadeira.** *Em* w_2 *não vale* C*. Para fórmulas da forma* $[!\psi]\varphi$*, contudo, vale o seguinte: se a anunciação* ψ *é falsa no estado atual, então a fórmula inteira é automaticamente verdadeira. Pois a condição*

$$\langle K, w\rangle \models_{PAL} [!\psi]\varphi$$

só se torna relevante quando ψ *já está satisfeita. Como em* w_2*, portanto,* C *é falsa, segue imediatamente que*

$$\langle K, w_2\rangle \models_{PAL} [!C]KC.$$

4. **Verdadeira.** *Após a anunciação de* C*, permanecem novamente apenas* w_0 *e* w_1*. Em ambos os estados vale* KC*, pois, na estrutura reduzida, cada estado vê somente estados nos quais* C *é verdadeira. Portanto, em* K_C *vale não apenas* KC*, mas até* KKC*: em todos os estados epistemicamente alcançáveis,* KC *está novamente satisfeita. Logo,*

$$\langle K, w_0\rangle \models_{PAL} [!C]KKC.$$

Exercício 3.116. *Seja*

$$F = \langle W, R\rangle \quad com \quad W = \{u, v\}, \qquad R = \{(u, v), (v, v)\}.$$

Decida, em cada caso, se a seguinte afirmação é verdadeira *ou* falsa.

1. $F \models_{\mathrm{LM}} \Box p \to p$

2. $F \models_{\mathrm{LM}} \Box p \to \Box\Box p$

3. $F \models_{\mathrm{LM}} \Diamond p \to \Box\Diamond p$

4. $F \models_{\mathrm{LM}} p \to \Box\Diamond p$

Solução 3.117. *Justificamos as quatro afirmações uma a uma.*

1. ***Falsa.*** *O quadro F não é reflexivo, pois $(u,u) \notin R$. Pelo teorema, o esquema (T) axiomatiza exatamente os quadros reflexivos. Portanto, $\Box p \to p$ não pode ser universalmente válido em F. Isso também pode ser visto diretamente por meio de uma valoração adequada: tome $V(u) = \emptyset$ e $V(v) = \{p\}$. Então, em u, vale a fórmula $\Box p$, mas não vale p.*

2. ***Verdadeira.*** *O quadro F é transitivo. A única composição não trivial é (u,v) e (v,v), da qual se obtém novamente $(u,v) \in R$. Pelo teorema, (4) axiomatiza exatamente os quadros transitivos. Portanto,*
$$\Box p \to \Box\Box p$$
é válida em F.

3. ***Verdadeira.*** *O quadro F é euclidiano. De fato: de $(u,v) \in R$ e $(u,v) \in R$ segue $(v,v) \in R$, e os demais casos também são satisfeitos. Pelo teorema, (5) axiomatiza exatamente os quadros euclidianos. Portanto,*
$$\Diamond p \to \Box\Diamond p$$

é válida em F.

4. **Falsa.** *O quadro F não é simétrico, pois de $(u, v) \in R$ não se segue $(v, u) \in R$. Pelo teorema, (B) axiomatiza exatamente os quadros simétricos. Portanto,*

$$p \to \Box\Diamond p$$

não é universalmente válida em F. Com a valoração $V(u) = \{p\}$ e $V(v) = \emptyset$, embora p valha em u, $\Diamond p$ é falsa em v, pois a partir de v apenas o próprio v é alcançável, e nele p não vale. Logo, $\Box\Diamond p$ é falsa em u.

Capítulo 4

Lógicas não clássicas

Visão geral deste capítulo

A lógica clássica trabalha, em sua essência, com dois valores de verdade: uma proposição é considerada verdadeira ou falsa. Para muitas situações matemáticas e cotidianas, isso é perfeitamente suficiente. Em numerosas aplicações, porém, esse esquema encontra seus limites. Proposições podem estar fundamentadas apenas de modo incompleto, admitir várias leituras, ser verdadeiras apenas aproximadamente ou até mesmo entrar em contradição, sem que por isso toda distinção se perca imediatamente. É precisamente nesse ponto que entram em cena as lógicas não clássicas.

As lógicas não clássicas ampliam o quadro clássico para que tais casos possam ser descritos formalmente. Elas fornecem ferramentas para diferentes tipos de incerteza, vagueza, lacunas de informação e conhecimento contraditório. Algumas dessas lógicas modificam o próprio conceito de verdade; outras alteram a forma de inferência subjacente. O que elas têm em comum é o fato de não substituírem simplesmente a bivalência clássica, mas de a generalizarem de maneira direcionada para determinadas questões.

Um ponto de partida especialmente importante é a lógica intuicionista. Ela não coloca em primeiro plano a mera assertibilidade de uma proposição, mas exige uma prova construtiva. Por isso, princípios clássicos como a lei do terceiro excluído não são adotados em sua forma irrestrita. As lógicas paraconsistentes seguem uma ideia diferente: elas permitem trabalhar com conhecimento contraditório sem que toda a teoria se torne trivial. Nelas, portanto, a contradição não leva automaticamente ao fato de quaisquer proposições se tornarem deriváveis. Abordagens multivaloradas, em particular a lógica paraconsistente em suas diversas formas, tornam visível que um sistema ainda pode ser significativo mesmo quando nem todas as informações se ajustam de maneira perfeitamente coerente.

A lógica fuzzy, por sua vez, segue outra ideia. Ela substitui a separação rígida entre verdadeiro e falso por graus graduais de verdade. Proposições como “a temperatura é alta” ou “a quantidade é grande” podem, assim, ser modeladas de modo muito mais natural do que em uma lógica estritamente bivalente. Nem sempre se trata de verdade ou falsidade completas, mas frequentemente do grau em que uma proposição se aplica.

Outra família importante de sistemas não clássicos é formada pelas lógicas não monotônicas. Nelas, não vale simplesmente que novas informações apenas possibilitem conclusões adicionais. Em certas circunstâncias, inferências anteriores podem ser novamente revogadas à luz de novas informações. Isso corresponde muito melhor a muitas situações cotidianas do que a monotonicidade clássica do raciocínio. A lógica default formaliza precisamente esse tipo de pressuposição típica, mas não isenta de exceções. Ela permite partir daquilo que normalmente vale, enquanto nenhum contraexemplo for conhecido.

Estreitamente ligada a essas ideias está a programação em conjuntos de respostas (Answer Set Programming, ASP). Ela combina o raciocínio lógico com uma forma particularmente concisa de modelagem por meio de descrições de mundo mínimas e consistentes. Desse modo, a ASP é interessante tanto para questões teóricas quanto para aplicações práticas em representação do conhecimento, planejamento e resolução de problemas.

Este capítulo introduz gradualmente as abordagens mencionadas. No subcapítulo 4.1, trata-se inicialmente da lógica intuicionista. O subcapítulo 4.2 dedica-se às lógicas paraconsistentes e multivaloradas. No subcapítulo 4.3, segue-se a lógica fuzzy como acesso formal à verdade graduada. O subcapítulo 4.4 explica a lógica default como modelo do raciocínio não monotônico. Por fim, o subcapítulo 4.5 apresenta a programação em conjuntos de respostas como uma forma moderna de programação lógica não clássica.

As lógicas não clássicas mostram, assim, que o raciocínio lógico não precisa estar vinculado a um único modelo rígido de verdade. Justamente onde as informações são incompletas, vagas ou contraditórias, elas abrem formas de formalização mais diferenciadas e, muitas vezes, também mais próximas da realidade.

4.1 Lógica intuicionista

Neste subcapítulo, consideramos a lógica intuicionista IPC (*intuitionistic propositional calculus*). Ela utiliza, em essência, os mesmos componentes formais da lógica proposicional, mas os interpreta de outro modo. A diferença decisiva não está na forma externa das fórmulas, mas em sua semântica: enquanto a lógica proposicional clássica descreve valores de verdade, a lógica intuicionista pergunta pela *demonstrabilidade construtiva* de uma proposição.

Assim, deixa de estar no centro apenas a questão de saber se uma proposição é verdadeira ou falsa; passa a importar também *como* sua validade é fundamentada. Nesse sentido, uma proposição só é aceita quando há uma demonstração que torne a proposição de fato *construível.* Por essa razão, as lógicas intuicionistas também são chamadas de *lógicas construtivas.*

Exemplo 4.1 (Demonstração direta e indireta). *Imagine que alguém afirme:*

Entre três caixas fechadas, há pelo menos uma que contém um presente.

Uma demonstração indireta poderia mostrar apenas que nem todas as caixas podem estar vazias. Para a lógica clássica, isso é suficiente. Do ponto de vista intuicionista, porém, isso ainda não equivale a uma demonstração concreta. Nesse caso, seria necessário poder indicar qual *caixa de fato contém o presente.*

Essa diferença é característica: a lógica intuicionista exige não apenas que uma proposição siga de algum modo, mas também que a demonstração forneça uma fundamentação concreta.

Exemplo 4.2 (Distinção de casos sem decisão). *Suponha que saibamos apenas que um número x é maior que* 1 *ou não é maior que* 1. *Na lógica clássica, muitas vezes é permitido argumentar com essa divisão sem conhecer o caso efetivo. Pode-se, portanto, conduzir uma demonstração que trate as duas possibilidades.*

Intuicionisticamente, uma mera distinção de casos desse tipo nem sempre é suficiente. Pois uma disjunção $\varphi \vee \psi$ não deve significar apenas que pelo menos um dos dois casos é logicamente possível, mas que um dos dois casos também pode ser efetivamente indicado de maneira construtiva.

A ideia fundamental pode ser resumida na chamada interpretação BHK (*interpretação de Brouwer–Heyting–Kolmogorov*): os conectivos lógicos são entendidos como operações sobre demonstrações. Uma conjunção significa que ambas as proposições são demonstráveis; uma disjunção significa que um dos dois disjuntos é demonstrável, com uma escolha concreta; uma implicação significa que toda demonstração de uma proposição pode ser transformada em uma demonstração da outra; e uma negação significa que de uma demonstração da proposição resultaria uma contradição.

Um princípio particularmente importante da lógica clássica é o princípio do terceiro excluído (*tertium non datur*, em inglês: *law of excluded middle*):

$$\varphi \vee \neg\varphi$$

para toda fórmula φ. Na lógica proposicional clássica, assim como na lógica de predicados clássica, essa fórmula é sempre uma tautologia.

Exemplo 4.3 (O terceiro excluído como distinção de casos). *Suponhamos que esteja em questão a afirmação:*

O número n é primo.

Classicamente, pode-se então dizer: ou n é primo, ou n não é primo. Essa forma de argumentação é logicamente admissível, ainda que no momento não se saiba qual dos dois casos de fato ocorre.

Na lógica intuicionista, porém, esse tipo de inferência não é automaticamente permitido. Pois a fórmula $\varphi \vee \neg\varphi$ *exige não apenas uma alternativa abstrata, mas uma decisão construtiva em favor de um dos dois casos.*

Proposição 4.4. *Para toda fórmula proposicional α e toda fórmula φ da lógica de predicados de primeira ordem, vale:*

$$\alpha \vee \neg\alpha \text{ é uma tautologia e } \varphi \vee \neg\varphi \text{ é uma tautologia.}$$

Demonstração. Mostramos as duas afirmações separadamente.

(1) **Lógica proposicional.** Seja α uma fórmula proposicional arbitrária e seja I uma interpretação arbitrária. Pela semântica clássica, vale ou $I \models \alpha$ ou $I \not\models \alpha$.

Se vale $I \models \alpha$, então segue imediatamente que

$$I \models \alpha \vee \neg\alpha.$$

Se, ao contrário, vale $I \not\models \alpha$, então, pela definição da negação, $I \models \neg\alpha$. Logo, também nesse caso vale

$$I \models \alpha \vee \neg\alpha.$$

Como I era arbitrária, $\alpha \vee \neg\alpha$ é uma tautologia.

(2) **Lógica de predicados de primeira ordem.** Seja φ uma fórmula arbitrária da lógica de predicados de primeira ordem e seja $\mathcal{M}$ uma estrutura arbitrária com valoração de variáveis g. Também aqui, pela semântica clássica, vale ou

$$\mathcal{M}, g \models \varphi \quad \text{ou} \quad \mathcal{M}, g \not\models \varphi.$$

No primeiro caso, obtemos imediatamente

$$\mathcal{M}, g \models \varphi \vee \neg\varphi.$$

No segundo caso, pela definição da negação, vale

$$\mathcal{M}, g \models \neg\varphi,$$

e, portanto, também

$$\mathcal{M}, g \models \varphi \vee \neg\varphi.$$

Como a estrutura e a valoração eram arbitrárias, $\varphi \vee \neg\varphi$ também é uma tautologia.

Assim, o princípio do terceiro excluído vale tanto na lógica proposicional quanto na lógica de predicados de primeira ordem. □

Lógicas nas quais o princípio do terceiro excluído não vale são chamadas de *lógicas intuicionistas.* Neste capítulo, consideramos a lógica intuicionista IPC como uma variante da lógica proposicional na qual essa pressuposição clássica fundamental não é adotada.

As fórmulas da lógica intuicionista IPC assemelham-se às da lógica proposicional. As assinaturas também são as mesmas que na lógica proposicional: uma assinatura é um conjunto Σ de variáveis proposicionais. Como na lógica proposicional, em geral supomos que Σ seja finito.

A seguir, definimos as fórmulas da lógica intuicionista.

Definição 4.5. *Seja Σ uma assinatura proposicional. O conjunto das fórmulas da lógica intuicionista sobre Σ, abreviadamente fórmulas de* IPC(Σ)*, é formado do seguinte modo:*

(IPC0) $\bot$ é uma fórmula da lógica intuicionista sobre Σ.

(*IPC1*) *Toda variável proposicional de* Σ *é uma fórmula da lógica intuicionista sobre* Σ.

(*IPC2*) *Se* φ *e* ψ *são fórmulas da lógica intuicionista sobre* Σ, *então* $(\varphi \wedge \psi)$ *é uma fórmula da lógica intuicionista sobre* Σ.

(*IPC3*) *Se* φ *e* ψ *são fórmulas da lógica intuicionista sobre* Σ, *então* $(\varphi \vee \psi)$ *é uma fórmula da lógica intuicionista sobre* Σ.

(*IPC4*) *Se* φ *e* ψ *são fórmulas da lógica intuicionista sobre* Σ, *então* $(\varphi \rightarrow \psi)$ *é uma fórmula da lógica intuicionista sobre* Σ.

Introduzimos a negação e a bi-implicação como abreviações:

$$\neg\varphi := (\varphi \rightarrow \bot)$$
$$\varphi \leftrightarrow \psi := (\varphi \rightarrow \psi) \wedge (\psi \rightarrow \varphi)$$

Segundo a interpretação BHK, essas fórmulas expressam afirmações sobre provas. A fórmula $\bot$ representa uma afirmação que jamais pode ser provada. Uma conjunção $\varphi \wedge \psi$ significa que tanto φ quanto ψ são demonstráveis. Uma disjunção $\varphi \vee \psi$ significa que um dos dois disjuntos pode ser provado, estando determinado qual deles é o caso. Uma implicação $\varphi \rightarrow \psi$ significa que toda prova de φ pode ser transformada em uma prova de ψ. Por fim, $\neg\varphi$ significa que uma prova de φ levaria a uma contradição.

Embora o conjunto das fórmulas na lógica intuicionista seja definido de modo semelhante ao da lógica proposicional, com as abreviações e regras de parentetização usuais obtêm-se, na prática, praticamente as mesmas fórmulas. A diferença essencial está no papel da implicação e da negação: na lógica intuicionista, a implicação $\rightarrow$ é um símbolo primitivo, enquanto a negação é definida como abreviação. Na lógica proposicional clássica, a situação costuma ser inversa; nela, a implicação é frequentemente introduzida como abreviação. Além disso, $\bot$ é, na lógica intuicionista, um verdadeiro símbolo formulário, ao passo que, na lógica proposicional, em geral serve apenas como abreviação para uma fórmula contraditória.

Na próxima seção, introduziremos uma semântica para IPC baseada em estruturas de Kripke, que capta de modo preciso a ideia construtiva.

4.1.1 Semântica de Kripke

Para a lógica intuicionista, não basta considerar apenas valores de verdade isolados. Em vez disso, queremos expressar que o conhecimento pode se ampliar gradualmente. É exatamente para isso que se presta uma semântica de Kripke: consideram-se vários estados possíveis, ligados entre si por uma relação de acessibilidade. Um estado acessível em um momento posterior contém, nesse caso, pelo menos tanta informação quanto um estado anterior, e muitas vezes ainda mais.

A ideia básica pode ser lida informalmente da seguinte

maneira: um estado descreve um determinado estado de informação, e a partir dele podemos passar a estados nos quais mais detalhes são conhecidos. Aquilo que já está estabelecido em um estado não pode voltar a se perder em estados posteriores. Esse tipo de *crescimento do conhecimento* é exatamente o que a lógica intuicionista modela.

Recordemos inicialmente a noção de estrutura de Kripke.

Definição 4.6. *Uma estrutura de Kripke sobre uma assinatura proposicional* Σ *é um triplo*

$$K = \langle W, R, V \rangle,$$

em que W *é um conjunto de estados,* $R \subseteq W \times W$ *é uma relação entre estados e* $V : W \to \mathcal{P}(\Sigma)$ *é uma função que associa a cada estado as variáveis proposicionais que nele valem.*

Para a lógica intuicionista, exigimos agora duas condições adicionais. Em primeiro lugar, as informações devem apenas se ampliar ao longo da relação de acessibilidade. Em segundo lugar, essa relação deve funcionar como uma ordem, isto é, não deve gerar ciclos desnecessários.

Definição 4.7. *Uma estrutura de Kripke* $K = \langle W, R, V \rangle$ *sobre uma assinatura proposicional* Σ *chama-se* monótona *se, para todos* $w_1, w_2 \in W$*, vale:*

$$(w_1, w_2) \in R \Rightarrow V(w_1) \subseteq V(w_2).$$

Monotonicidade significa, portanto: se uma variável proposicional já vale em um estado, então ela permanece válida também em todos os estados acessíveis. Desse modo, impede-se que uma informação anteriormente obtida volte a desaparecer mais tarde.

Definição 4.8. *Seja W um conjunto. Uma relação* $\leq \subseteq W \times W$ *chama-se* ordem parcial *se, para todos* $w, w_1, w_2, w_3 \in W$, *valem as seguintes propriedades:*

- $w \leq w$ *(reflexividade),*
- *de* $w_1 \leq w_2$ *e* $w_2 \leq w_1$ *segue* $w_1 = w_2$ *(antissimetria),*
- *de* $w_1 \leq w_2$ *e* $w_2 \leq w_3$ *segue* $w_1 \leq w_3$ *(transitividade).*

Estruturas de Kripke que satisfazem ambas as condições são chamadas de *intuicionistas.* Para deixar claro que a relação de acessibilidade é uma ordem parcial, usamos nesse caso o símbolo $\leq$.

Definição 4.9. *Uma estrutura de Kripke* $K = \langle W, \leq, V \rangle$ *sobre uma assinatura proposicional* Σ *é chamada* intuicionista *se* K *é monótona e* $\leq$ *é uma ordem parcial.*

Os estados de uma estrutura desse tipo podem ser entendidos como estados de informação. Um estado descreve, portanto, aquilo que é conhecido em determinado momento. Um estado alcançável representa então um estado de informação mais desenvolvido. O fato de que o conhecimento não se perde é assegurado pela monotonicidade.

Definimos agora quando uma fórmula é satisfeita em um estado. Um par $\langle K, w\rangle$ formado por uma estrutura de Kripke K e por um estado $w \in W$ é chamado, como de costume, uma *estrutura de Kripke marcada.*

Definição 4.10. *Seja Σ uma assinatura proposicional. A relação de satisfação*

$$\models_{\Sigma}^{\mathrm{IPC}}$$

da lógica intuicionista é definida recursivamente pelas seguintes condições: para toda estrutura de Kripke intuicionista marcada $\langle K, w\rangle$ com $K = \langle W, \leq, V\rangle$, vale:

- $\langle K, w\rangle \not\models_{\Sigma}^{\mathrm{IPC}} \bot$
- $\langle K, w\rangle \models_{\Sigma}^{\mathrm{IPC}} A \iff A \in V(w)$
- $\langle K, w\rangle \models_{\Sigma}^{\mathrm{IPC}} \varphi \wedge \psi \iff \langle K, w\rangle \models_{\Sigma}^{\mathrm{IPC}} \varphi \wedge \langle K, w\rangle \models_{\Sigma}^{\mathrm{IPC}} \psi$
- $\langle K, w\rangle \models_{\Sigma}^{\mathrm{IPC}} \varphi \vee \psi \iff \langle K, w\rangle \models_{\Sigma}^{\mathrm{IPC}} \varphi \vee \langle K, w\rangle \models_{\Sigma}^{\mathrm{IPC}} \psi$
- $\langle K, w\rangle \models_{\Sigma}^{\mathrm{IPC}} \varphi \to \psi \iff \forall w' \in W(w \leq w' \implies (\langle K, w'\rangle \models_{\Sigma}^{\mathrm{IPC}} \varphi \implies \langle K, w'\rangle \models_{\Sigma}^{\mathrm{IPC}} \psi))$

Se $\langle K, w\rangle \models_{\Sigma}^{\mathrm{IPC}} \varphi$ vale, dizemos que φ é satisfeita no estado w de K. Nesse caso, também chamamos $\langle K, w\rangle$ de modelo de φ.

A negação recebe, assim, uma leitura especialmente intuitiva. Como ela é definida como abreviação de $\varphi \to \bot$, $\neg\varphi$ não significa simplesmente que φ é falsa, mas sim que em nenhum estado alcançável se pode construir uma prova de φ.

Exemplo 4.11 (Uma pequena estrutura de Kripke intuicionista). *Seja* $\Sigma = \{P, Q, R\}$ *e considere a estrutura*

$$W = \{u_0, u_1, u_2\},$$
$$\leq = \{(u_0, u_0), (u_1, u_1), (u_2, u_2), (u_0, u_1), (u_0, u_2)\}$$

bem como

$$V(u_0) = \{R\}, \qquad V(u_1) = \{P, R\}, \qquad V(u_2) = \{Q, R\}.$$

O mundo u_0 *representa um estado de informação no qual apenas* R *é conhecido. Em* u_1*, acrescenta-se também* P*; em* u_2*, acrescenta-se também* Q*. Assim, o conhecimento cresce monotonicamente ao longo da relação.*

Nessa estrutura vale, por exemplo:

$$\langle K, u_1\rangle \models^{\mathrm{IPC}} P \wedge R,$$
$$\langle K, u_0\rangle \not\models^{\mathrm{IPC}} P \wedge R,$$
$$\langle K, u_2\rangle \not\models^{\mathrm{IPC}} P \wedge R$$

Além disso,

$$\langle K, u_0\rangle \not\models^{\mathrm{IPC}} (P \wedge R) \to Q,$$

pois, no mundo acessível u_1*, vale* $P \wedge R$*, mas não* Q*. Em contrapartida,*

$$\langle K, u_2 \rangle \models^{\mathrm{IPC}} (P \wedge R) \to Q,$$

pois, a partir de u_2*, não há nenhum estado sucessor estritamente mais informativo no qual* $P \wedge R$ *ocorra novamente.*

Além disso,

$$\langle K, u_0 \rangle \not\models^{\mathrm{IPC}} \neg P,$$

pois existe, em u_1*, um estado acessível no qual* P *é satisfeito.*

Uma vantagem central da semântica de Kripke consiste em tornar visível a propagação da verdade: aquilo que já vale em um estado permanece preservado em todos os estados acessíveis. É precisamente isso que formalizamos agora na proposição seguinte.

Proposição 4.12. *Seja* Σ *uma assinatura proposicional e seja* $K = \langle W, \leq, V \rangle$ *uma estrutura de Kripke intuicionista sobre* Σ*. Para todos* $w, w' \in W$ *e para toda fórmula* φ*, vale:*

$$w \leq w' \text{ e } \langle K, w \rangle \models^{\mathrm{IPC}} \varphi \quad \Rightarrow \quad \langle K, w' \rangle \models^{\mathrm{IPC}} \varphi.$$

Demonstração. Mostramos a afirmação por indução estrutural sobre a fórmula φ.

Caso $\varphi = \bot$**.** Este caso é imediato, pois $\bot$ não é satisfeito em nenhum estado. Da hipótese $\langle K, w \rangle \models^{\mathrm{IPC}} \bot$ nada se segue, e a implicação é, portanto, trivial.

Caso $\varphi = A$ com $A \in \Sigma$. De $\langle K, w\rangle \models^{\mathrm{IPC}} A$ segue, pela definição, que $A \in V(w)$. Como K é monótona e vale $w \leq w'$, segue que $V(w) \subseteq V(w')$. Logo, também $A \in V(w')$ e, portanto,

$$\langle K, w'\rangle \models^{\mathrm{IPC}} A.$$

Caso $\varphi = \varphi_1 \wedge \varphi_2$. De $\langle K, w\rangle \models^{\mathrm{IPC}} \varphi_1 \wedge \varphi_2$ segue

$$\langle K, w\rangle \models^{\mathrm{IPC}} \varphi_1 \quad \text{e} \quad \langle K, w\rangle \models^{\mathrm{IPC}} \varphi_2.$$

Pela hipótese de indução, portanto, também vale

$$\langle K, w'\rangle \models^{\mathrm{IPC}} \varphi_1 \quad \text{e} \quad \langle K, w'\rangle \models^{\mathrm{IPC}} \varphi_2.$$

Logo, segue que

$$\langle K, w'\rangle \models^{\mathrm{IPC}} \varphi_1 \wedge \varphi_2.$$

Caso $\varphi = \varphi_1 \vee \varphi_2$. De

$$\langle K, w\rangle \models^{\mathrm{IPC}} \varphi_1 \vee \varphi_2$$

segue que

$$\langle K, w\rangle \models^{\mathrm{IPC}} \varphi_1 \quad \text{ou} \quad \langle K, w\rangle \models^{\mathrm{IPC}} \varphi_2.$$

Suponhamos, sem perda de generalidade, que o primeiro caso ocorra. Então a hipótese de indução fornece

$$\langle K, w'\rangle \models^{\mathrm{IPC}} \varphi_1.$$

Com isso, também vale

$$\langle K, w' \rangle \models^{\text{IPC}} \varphi_1 \vee \varphi_2.$$

O segundo caso é inteiramente análogo.

Caso $\varphi = \varphi_1 \to \varphi_2$. Seja

$$\langle K, w \rangle \models^{\text{IPC}} \varphi_1 \to \varphi_2.$$

Devemos mostrar que também

$$\langle K, w' \rangle \models^{\text{IPC}} \varphi_1 \to \varphi_2$$

vale. Assim, sejam $w' \leq w''$ e

$$\langle K, w'' \rangle \models^{\text{IPC}} \varphi_1.$$

Como $\leq$ é transitiva e vale $w \leq w'$, segue também que $w \leq w''$. Da hipótese $\langle K, w \rangle \models^{\text{IPC}} \varphi_1 \to \varphi_2$ obtemos, portanto,

$$\langle K, w'' \rangle \models^{\text{IPC}} \varphi_2.$$

Assim, a condição para

$$\langle K, w' \rangle \models^{\text{IPC}} \varphi_1 \to \varphi_2$$

está satisfeita.

Com isso, a afirmação foi demonstrada em todos os casos. □

A proposição exprime exatamente a ideia que motiva as estruturas de Kripke intuicionistas: a verdade cresce com o conhecimento. Assim que uma fórmula é demonstrada em um estado, ela permanece válida em todos os estados posteriores, mais ricos em informação.

Na próxima seção, avaliaremos essa semântica mais de perto e consideraremos algumas de suas propriedades particulares.

4.1.2 Propriedades

Nesta seção, consideramos algumas propriedades fundamentais da lógica intuicionista. Em particular, investigamos como noções como tautologia, satisfatibilidade e consequência lógica se comportam nesse quadro.

Definição 4.13. *Seja* Σ *uma assinatura proposicional e seja* φ *uma fórmula da lógica intuicionista sobre* Σ. *Então vale:*

- φ *chama-se* tautologia *se, para toda estrutura de Kripke intuicionista marcada* $\langle K, w\rangle$ *sobre* Σ, *vale:*

$$\langle K, w\rangle \models^{\mathrm{IPC}} \varphi.$$

- φ *chama-se* satisfatível *se existe ao menos uma estrutura de Kripke intuicionista marcada* $\langle K, w\rangle$ *sobre* Σ *tal que*

$$\langle K, w\rangle \models^{\mathrm{IPC}} \varphi.$$

Uma tautologia é, portanto, uma fórmula que vale em todo estado de informação concebível de toda estrutura de Kripke intuicionista. Uma fórmula já é satisfatível quando vale em pelo menos um estado de uma estrutura desse tipo.

Exemplo 4.14 (Uma fórmula que não vale universalmente na lógica intuicionista). *Consideremos a assinatura* $\Sigma = \{A\}$ *e a estrutura de Kripke intuicionista* $K = \langle W, \leq, V\rangle$ *dada por*

$$W = \{w_0, w_1, w_2\}, \qquad w_0 \leq w_1,\ w_1 \leq w_2,$$

e por

$$V(w_0) = \varnothing, \qquad V(w_1) = \varnothing, \qquad V(w_2) = \{A\}.$$

Então vale $\langle K, w_0\rangle \not\models^{\mathrm{IPC}} A$, *pois* $A \notin V(w_0)$. *Além disso, também vale* $\langle K, w_0\rangle \not\models^{\mathrm{IPC}} \neg A$, *pois no estado acessível* w_2 *a fórmula* A *é satisfeita. Consequentemente, vale*

$$\langle K, w_0\rangle \not\models^{\mathrm{IPC}} A \vee \neg A.$$

Assim, $A \vee \neg A$ *não é uma tautologia da lógica intuicionista.*

Proposição 4.15. *Existe uma fórmula* φ *da lógica intuicionista sobre* Σ *para a qual* $\varphi \vee \neg\varphi$ *não é uma tautologia.*

Demonstração. Escolhemos $\varphi := A$ e a estrutura de Kripke do exemplo precedente. Então, na estrutura marcada $\langle K, w_0\rangle$, não vale nem A nem $\neg A$. Logo, ali também não vale $A \vee \neg A$. Com isso está mostrado que o princípio do terceiro excluído não vale em geral na lógica intuicionista. □

Um efeito importante desse fato é que a negação na lógica intuicionista deve ser lida com mais cautela do que na lógica clássica. Do não cumprimento de uma fórmula não se segue aqui automaticamente que sua negação valha. Do mesmo modo, uma fórmula e sua dupla negação nem sempre coincidem na lógica intuicionista.

Exemplo 4.16 (A dupla negação é mais fraca do que a própria afirmação). *Usamos novamente a estrutura do exemplo precedente. Então vale*

$$\langle K, w_0 \rangle \not\models^{\mathrm{IPC}} A,$$

mas, ao mesmo tempo,

$$\langle K, w_0 \rangle \models^{\mathrm{IPC}} \neg\neg A.$$

Pois em todo estado acessível a partir de w_0 *ainda existe um estado ulteriormente acessível no qual* A *vale. Intuicionisticamente, portanto, às vezes se pode provar a dupla negação sem possuir a própria afirmação.*

Proposição 4.17. *Existem uma fórmula* φ *e uma estrutura de Kripke intuicionista marcada* $\langle K, w \rangle$ *tais que*

$$\langle K, w \rangle \not\models^{\mathrm{IPC}} \varphi \qquad e \qquad \langle K, w \rangle \models^{\mathrm{IPC}} \neg\neg\varphi.$$

Demonstração. Escolhemos $\varphi := A$ e a estrutura de Kripke do exemplo acima. Então $\langle K, w_0 \rangle \not\models^{\mathrm{IPC}} A$. Por outro lado, vale $\langle K, w_0 \rangle \models^{\mathrm{IPC}} \neg\neg A$, pois todo estado acessível a partir de w_0 ainda possui um sucessor no qual A vale. □

Uma relação fundamental entre a lógica clássica e a lógica intuitionista é o teorema de Glivenko. Ele afirma que as tautologias clássicas reaparecem na lógica intuitionista depois de duas negações.

Proposição 4.18 (Teorema de Glivenko). *Seja Σ uma assinatura proposicional. Uma fórmula φ é uma tautologia clássica se, e somente se, $\neg\neg\varphi$ é uma tautologia da lógica intuitionista.*

Demonstração. Mostramos separadamente as duas direções.

(i) Tautologia clássica $\Rightarrow$ tautologia intuitionista da dupla negação. Seja φ uma tautologia clássica. Então φ é derivável na lógica clássica. Pelo teorema de Glivenko, ou pela tradução negativa de Kolmogorov, segue que também $\neg\neg\varphi$ é derivável intuitionisticamente.

Uma maneira usual de ver isso é considerar a tradução negativa τ, que transforma cada fórmula clássica em uma fórmula compatível com a lógica intuitionista. Para fórmulas atômicas, vale

$$\tau(p) = \neg\neg p,$$

e os conectivos são traduzidos de modo que provas clássicas possam ser transformadas em provas intuitionistas. Em particular, para toda tautologia clássica φ, também $\tau(\varphi)$ é derivável intuitionisticamente; além disso, vale intuitionisticamente

$$\tau(\varphi) \to \neg\neg\varphi.$$

Daí se obtém, no total,

$$\vdash_{\text{NJ}} \neg\neg\varphi.$$

Logo, $\neg\neg\varphi$ é uma tautologia da lógica intuitionista.

(ii) Tautologia intuitionista da dupla negação ⇒ tautologia clássica. Seja agora $\neg\neg\varphi$ uma tautologia da lógica intuitionista. Então $\neg\neg\varphi$ é, em particular, também classicamente válida, pois toda fórmula intuitionisticamente válida é também classicamente válida.

Na lógica clássica, porém, para toda fórmula φ também é válida a fórmula

$$\neg\neg\varphi \to \varphi$$

Assim, da validade clássica de $\neg\neg\varphi$ segue a validade clássica de φ.

Com isso, fica demonstrado que

$$\begin{aligned} &\varphi \text{ é classicamente válida} \\ &\iff \neg\neg\varphi \text{ é intuitionisticamente válida.} \end{aligned}$$

□

Esse resultado mostra que a lógica intuitionista não está simplesmente desligada da lógica clássica. Ao contrário, as validades clássicas permanecem preservadas em uma forma enfraquecida, isto é, duplamente negada. O ponto especialmente importante é que as provas intuitionistas são mais exigentes: elas requerem não apenas verdade, mas uma justificação construtiva.

Outra característica marcante da lógica intuitionista é a chamada propriedade da disjunção. Ela expressa que uma disjunção demonstrável deve possuir também um ramo disjuntivo demonstrável.

Proposição 4.19 (Propriedade da disjunção). *Seja Σ uma assinatura proposicional e seja $\varphi \vee \psi$ uma fórmula da lógica intuicionista sobre Σ. Se $\varphi \vee \psi$ é uma tautologia, então φ é uma tautologia ou ψ é uma tautologia.*

Demonstração. Demonstramos a afirmação por contraposição. Suponhamos, portanto, que nem φ nem ψ seja uma tautologia. Então existem estruturas de Kripke intuicionistas marcadas $\langle K_\varphi, w_\varphi \rangle$ e $\langle K_\psi, w_\psi \rangle$ tais que

$$\langle K_\varphi, w_\varphi \rangle \not\models^{\mathrm{IPC}} \varphi \qquad \text{e} \qquad \langle K_\psi, w_\psi \rangle \not\models^{\mathrm{IPC}} \psi.$$

A partir dessas duas estruturas, construímos uma nova estrutura de Kripke intuicionista $K = \langle W, \leq, V \rangle$, tomando as duas estruturas de modo disjunto e introduzindo, além disso, um novo estado w_0, que fica abaixo de ambos os estados iniciais, isto é,

$$w_0 \leq w_\varphi \qquad \text{e} \qquad w_0 \leq w_\psi.$$

Para w_0, não escolhemos nenhuma informação adicional, por exemplo $V(w_0) = \varnothing$. As demais valorações e relações de ordem são herdadas de K_φ e K_ψ.

Agora, pela Proposição 4.12, vale o seguinte: se w_0 satisfizesse uma das fórmulas φ ou ψ, então a mesma fórmula também teria de ser satisfeita em todo estado alcançável. Em particular, teríamos então

$$\langle K_\varphi, w_\varphi \rangle \models^{\mathrm{IPC}} \varphi \quad \text{ou} \quad \langle K_\psi, w_\psi \rangle \models^{\mathrm{IPC}} \psi,$$

em contradição com a escolha das duas estruturas iniciais.

Logo, não vale nem

$$\langle K, w_0 \rangle \models^{\mathrm{IPC}} \varphi \quad \text{nem} \quad \langle K, w_0 \rangle \models^{\mathrm{IPC}} \psi.$$

Pela semântica da disjunção, segue daí também que

$$\langle K, w_0 \rangle \not\models^{\mathrm{IPC}} \varphi \vee \psi.$$

Portanto, $\varphi \vee \psi$ não é uma tautologia. A contraposição mostra, assim: se $\varphi \vee \psi$ é uma tautologia, então φ é uma tautologia ou ψ é uma tautologia. □

Essa afirmação se ajusta bem à leitura construtiva da lógica: uma disjunção só está realmente assegurada quando também se assegurou uma de suas duas partes. Esse é precisamente um claro contraste com a lógica clássica, na qual uma disjunção muitas vezes pode ser demonstrada apenas por uma distinção de casos.

Agora definimos a consequência lógica para a lógica intuicionista. Para isso, utilizamos o mesmo símbolo empregado na relação de satisfação.

Definição 4.20. *Seja Σ uma assinatura proposicional. A relação de consequência lógica da lógica intuicionista sobre Σ, denotada por $\models^{\mathrm{IPC}}$, é a relação entre conjuntos de fórmulas da lógica intuicionista sobre Σ e fórmulas da* *lógica intuicionista sobre* Σ*, tal que, para todo conjunto de fórmulas* Γ *e toda fórmula* φ*, vale:*

$$\Gamma \models^{\mathrm{IPC}} \varphi$$

exatamente quando, para todas as estruturas de Kripke intuicionistas marcadas $\langle K, w\rangle$*, vale:*

$$\langle K, w\rangle \models^{\mathrm{IPC}} \Gamma \quad \Rightarrow \quad \langle K, w\rangle \models^{\mathrm{IPC}} \varphi.$$

Também aqui a intuição é a mesma que na lógica clássica: uma fórmula segue de um conjunto de premissas quando ela vale em todo estado no qual também valem todas as premissas. A diferença está novamente na semântica utilizada.

Como na lógica clássica, também aqui há uma estreita relação entre consequência lógica e implicação.

Teorema 4.21 (Teorema da dedução). *Seja* Σ *uma assinatura proposicional. Para todo conjunto de fórmulas da lógica intuicionista* Γ *sobre* Σ *e todas as fórmulas* φ, ψ *da lógica intuicionista sobre* Σ*, vale:*

$$\Gamma \cup \{\varphi\} \models^{\mathrm{IPC}} \psi \quad \textit{exatamente quando} \quad \Gamma \models^{\mathrm{IPC}} \varphi \to \psi.$$

Demonstração. Mostramos separadamente as duas direções.

($\Rightarrow$) Suponhamos que

$$\Gamma \cup \{\varphi\} \models^{\mathrm{IPC}} \psi.$$

Mostramos que então também

$$\Gamma \models^{\mathrm{IPC}} \varphi \to \psi$$

vale. Seja, para isso, $\langle K, w\rangle$ uma estrutura de Kripke intuicionista marcada arbitrária tal que

$$\langle K, w\rangle \models^{\mathrm{IPC}} \Gamma.$$

Devemos mostrar que

$$\langle K, w\rangle \models^{\mathrm{IPC}} \varphi \to \psi.$$

Pela definição de satisfação de uma implicação, devemos mostrar que, para todo $w' \in W$ com $w \leq w'$, vale:

$$\langle K, w'\rangle \models^{\mathrm{IPC}} \varphi \quad \Rightarrow \quad \langle K, w'\rangle \models^{\mathrm{IPC}} \psi.$$

Seja, portanto, $w' \in W$ com $w \leq w'$ e

$$\langle K, w'\rangle \models^{\mathrm{IPC}} \varphi.$$

Como $\langle K, w\rangle \models^{\mathrm{IPC}} \Gamma$ vale e a semântica intuicionista é monótona, segue também da Proposição 4.12 que

$$\langle K, w'\rangle \models^{\mathrm{IPC}} \Gamma.$$

Juntamente com a hipótese $\langle K, w'\rangle \models^{\mathrm{IPC}} \varphi$, obtemos, portanto,

$$\langle K, w'\rangle \models^{\mathrm{IPC}} \Gamma \cup \{\varphi\}.$$

Pela pressuposição $\Gamma \cup \{\varphi\} \models^{\mathrm{IPC}} \psi$, segue daí

$$\langle K, w'\rangle \models^{\mathrm{IPC}} \psi.$$

Assim, fica mostrado que

$$\langle K, w\rangle \models^{\text{IPC}} \varphi \to \psi.$$

Como $\langle K, w\rangle$ era arbitrária, segue que

$$\Gamma \models^{\text{IPC}} \varphi \to \psi.$$

($\Leftarrow$) Suponhamos agora que

$$\Gamma \models^{\text{IPC}} \varphi \to \psi.$$

Mostramos que então também

$$\Gamma \cup \{\varphi\} \models^{\text{IPC}} \psi$$

vale. Seja, para isso, $\langle K, w\rangle$ uma estrutura de Kripke intuicionista marcada arbitrária tal que

$$\langle K, w\rangle \models^{\text{IPC}} \Gamma \cup \{\varphi\}.$$

Então vale, em particular,

$$\langle K, w\rangle \models^{\text{IPC}} \Gamma \quad \text{e} \quad \langle K, w\rangle \models^{\text{IPC}} \varphi.$$

Da pressuposição $\Gamma \models^{\text{IPC}} \varphi \to \psi$, segue então que

$$\langle K, w\rangle \models^{\text{IPC}} \varphi \to \psi.$$

Pela definição de satisfação de uma implicação, vale então, em particular para $w' = w$:

$$\langle K, w\rangle \models^{\text{IPC}} \varphi \quad \Rightarrow \quad \langle K, w\rangle \models^{\text{IPC}} \psi.$$

Como $\langle K, w\rangle \models^{\text{IPC}} \varphi$ já foi mostrado, segue, portanto,

$$\langle K, w\rangle \models^{\text{IPC}} \psi.$$

Com isso, também fica mostrado que

$$\Gamma \cup \{\varphi\} \models^{\text{IPC}} \psi$$

.

Assim, provamos ambas as direções; portanto, vale

$$\Gamma \cup \{\varphi\} \models^{\text{IPC}} \psi \quad \text{exatamente quando} \quad \Gamma \models^{\text{IPC}} \varphi \to \psi.$$

□

O teorema da dedução mostra que a implicação, na lógica intuicionista, desempenha precisamente o papel de uma passagem de pressupostos para conclusões. Desse modo, ele constitui uma das ferramentas centrais para demonstrações posteriores neste capítulo.

Em conjunto, este trecho mostra que a lógica intuicionista, embora próxima da lógica proposicional clássica, é mais cautelosa em pontos decisivos. É justamente essa cautela que a torna particularmente interessante para a matemática construtiva e para a informática.

4.1.3 Semântica baseada em provas

Na última parte deste trecho, voltamo-nos para um cálculo de dedução natural para a lógica intuicionista, o cálculo *NJ* (*natural deduction for intuitionistic logic*).

A ideia é descrever a consequência lógica não apenas semanticamente por meio de estruturas de Kripke, mas também sintaticamente por meio de provas. Mostraremos que essas duas perspectivas coincidem exatamente: uma fórmula é derivável em NJ se, e somente se, ela segue semanticamente na lógica intuicionista.

Diferentemente dos cálculos dos capítulos anteriores, NJ trabalha diretamente com relações de consequência da forma

$$\Gamma \vdash \varphi.$$

Aqui, $\Gamma \vdash \varphi$ significa que a fórmula φ pode ser derivada a partir dos pressupostos em Γ. Se Γ é um conjunto de fórmulas e φ é uma fórmula, então também escrevemos

$$\Gamma, \psi \vdash \varphi$$

como abreviação para $\Gamma \cup \{\psi\} \vdash \varphi$. Além disso, usamos

$$\vdash \varphi$$

como abreviação para $\emptyset \vdash \varphi$.

As regras de NJ são representadas, como de costume, por frações de inferência. A única regra sem premissas é o axioma:

$$\frac{}{\Gamma, \varphi \vdash \varphi}\ (\mathrm{Ax})$$

Para os conectivos $\wedge$, $\vee$ e $\rightarrow$, há regras de introdução e de eliminação:

$$\frac{\Gamma \vdash \varphi \qquad \Gamma \vdash \psi}{\Gamma \vdash \varphi \wedge \psi}\ (\wedge I)$$

$$\frac{\Gamma \vdash \varphi \wedge \psi}{\Gamma \vdash \varphi}\ (\wedge E_1) \qquad \frac{\Gamma \vdash \varphi \wedge \psi}{\Gamma \vdash \psi}\ (\wedge E_2)$$

$$\frac{\Gamma \vdash \varphi}{\Gamma \vdash \varphi \vee \psi}\ (\vee I_1) \qquad \frac{\Gamma \vdash \psi}{\Gamma \vdash \varphi \vee \psi}\ (\vee I_2)$$

$$\frac{\Gamma, \varphi \vdash \vartheta \qquad \Gamma, \psi \vdash \vartheta \qquad \Gamma \vdash \varphi \vee \psi}{\Gamma \vdash \vartheta}\ (\vee E)$$

$$\frac{\Gamma, \varphi \vdash \psi}{\Gamma \vdash \varphi \to \psi}\ (\to I) \qquad \frac{\Gamma \vdash \varphi \to \psi \qquad \Gamma \vdash \varphi}{\Gamma \vdash \psi}\ (\to E)$$

Por fim, há ainda a regra segundo a qual, a partir de uma contradição, segue-se qualquer fórmula:

$$\frac{\Gamma \vdash \bot}{\Gamma \vdash \varphi}\ (\bot E)$$

Uma derivação em NJ é uma árvore de prova finita cuja raiz é a conclusão a ser demonstrada, $\Gamma \vdash \varphi$. As folhas de uma tal árvore são instâncias da regra (Ax). Os marcadores φ, ψ e ϑ são então substituídos por fórmulas concretas.

Exemplo 4.22 (Uma derivação curta). *Mostramos que, para toda variável proposicional P, a fórmula $\vdash P \to P$ é derivável em NJ:*

$$\frac{\overline{P \vdash P}\ (\mathrm{Ax})}{\vdash P \to P}\ (\to I)$$

A derivação é curta, mas já mostra a ideia fundamental da dedução natural: se tomamos P como pressuposto e obtemos novamente P, então se segue $P \to P$.

Exemplo 4.23 (Uma pequena derivação com dois pressupostos). *Seja*

$$\Gamma = \{U \wedge V,\ V \to W\}.$$

Então, em NJ, é possível derivar a conclusão $\Gamma \vdash W$*:*

$$\frac{}{\Gamma \vdash U \wedge V}\,(\mathrm{Ax}) \qquad \frac{}{\Gamma \vdash V \to W}\,(\mathrm{Ax}) \tag{4.1}$$

$$\frac{\Gamma \vdash U \wedge V}{\Gamma \vdash V}\,(\wedge E_2) \tag{4.2}$$

$$\frac{\Gamma \vdash V \to W \qquad \Gamma \vdash V}{\Gamma \vdash W}\,(\to E) \tag{4.3}$$

Aqui se torna visível como NJ funciona: de uma conjunção obtém-se uma parte, e com uma implicação essa parte é em seguida reutilizada.

Exemplo 4.24 (Uma derivação por distinção de casos). *Seja*

$$\Gamma = \{P \to T,\ Q \to T,\ P \vee Q\}.$$

Então também se segue em NJ que $\Gamma \vdash T$*:*

$$\frac{\frac{}{\Gamma, P \vdash T}\,(\to E) \qquad \frac{}{\Gamma, Q \vdash T}\,(\to E) \qquad \frac{}{\Gamma \vdash P \vee Q}\,(\mathrm{Ax})}{\Gamma \vdash T}\,(\vee E)$$

A eliminação da disjunção reúne, portanto, os dois casos e mostra como se obtém uma conclusão comum a partir de uma distinção de casos.

Definição 4.25. *Seja* Σ *uma assinatura da lógica proposicional. A relação de consequência NJ* $\vdash_{\mathrm{NJ}}$ *sobre*

Σ é a relação entre conjuntos de fórmulas da lógica intuicionista sobre Σ e fórmulas da lógica intuicionista sobre Σ, de modo que, para todo conjunto de fórmulas Γ e toda fórmula φ, vale:

$$\Gamma \vdash_{\mathrm{NJ}} \varphi$$

exatamente quando existe uma derivação NJ finita para a conclusão $\Gamma \vdash \varphi$.

Teorema 4.26. *Seja Σ uma assinatura da lógica proposicional. Para todo conjunto Γ de fórmulas da lógica intuicionista e toda fórmula φ da lógica intuicionista, vale:*

$$\Gamma \vdash_{\mathrm{NJ}} \varphi \quad \textit{exatamente quando} \quad \Gamma \models^{\mathrm{IPC}} \varphi.$$

Conduzimos a demonstração em duas etapas. Primeiro mostramos a validade de todas as regras de NJ para a semântica de Kripke. Depois mostramos a completude com o auxílio de uma estrutura de Kripke canônica.

Lema 4.27. *Seja Σ uma assinatura da lógica proposicional. Para todo conjunto Γ de fórmulas da lógica intuicionista e toda fórmula φ da lógica intuicionista, vale: se $\Gamma \vdash_{\mathrm{NJ}} \varphi$, então $\Gamma \models^{\mathrm{IPC}} \varphi$.*

Demonstração. Basta mostrar que cada regra de NJ é semanticamente válida. Verificamos as regras uma a uma.

Regra (Ax). Devemos mostrar que:

$$\Gamma \cup \{\varphi\} \models^{\mathrm{IPC}} \varphi.$$

Para isso, seja $\langle K, w\rangle$ uma estrutura de Kripke intuicionista marcada tal que

$$\langle K, w\rangle \models^{\mathrm{IPC}} \Gamma \cup \{\varphi\}.$$

Então vale, em particular, $\langle K, w\rangle \models^{\mathrm{IPC}} \varphi$, pois $\varphi \in \Gamma \cup \{\varphi\}$. Portanto, a regra é válida.

Regra ($\bot E$). Devemos mostrar que:

$$\Gamma \models^{\mathrm{IPC}} \bot \Rightarrow \Gamma \models^{\mathrm{IPC}} \varphi.$$

Seja, então, $\langle K, w\rangle$ uma estrutura de Kripke intuicionista marcada tal que $\langle K, w\rangle \models^{\mathrm{IPC}} \Gamma$ e, além disso, $\langle K, w\rangle \models^{\mathrm{IPC}} \bot$. Isso é impossível, pois $\bot$ não é satisfeito em nenhuma estrutura de Kripke nem em nenhum estado. Logo, não há contra-modelo; assim, a consequência é trivialmente válida.

Regra ($\wedge I$). Suponhamos que

$$\Gamma \models^{\mathrm{IPC}} \varphi \quad \text{e} \quad \Gamma \models^{\mathrm{IPC}} \psi.$$

Seja $\langle K, w\rangle$ uma estrutura de Kripke marcada tal que

$$\langle K, w\rangle \models^{\mathrm{IPC}} \Gamma.$$

Então, pela hipótese, valem tanto

$$\langle K, w\rangle \models^{\mathrm{IPC}} \varphi \quad \text{como} \quad \langle K, w\rangle \models^{\mathrm{IPC}} \psi.$$

Pela semântica da conjunção, segue, portanto, que

$$\langle K, w\rangle \models^{\mathrm{IPC}} \varphi \wedge \psi.$$

Regra ($\wedge E_1$). Suponhamos que

$$\Gamma \models^{\mathrm{IPC}} \varphi \wedge \psi.$$

Seja $\langle K, w\rangle$ uma estrutura de Kripke marcada tal que $\langle K, w\rangle \models^{\mathrm{IPC}} \Gamma$. Então vale

$$\langle K, w\rangle \models^{\mathrm{IPC}} \varphi \wedge \psi.$$

Pela semântica da conjunção, segue daí imediatamente que

$$\langle K, w\rangle \models^{\mathrm{IPC}} \varphi.$$

Logo, também a regra ($\wedge E_1$) é válida.

Regra ($\wedge E_2$). A demonstração é inteiramente análoga à de ($\wedge E_1$). De

$$\langle K, w\rangle \models^{\mathrm{IPC}} \varphi \wedge \psi$$

segue diretamente que

$$\langle K, w\rangle \models^{\mathrm{IPC}} \psi.$$

Regra ($\vee I_1$). Suponhamos que

$$\Gamma \models^{\mathrm{IPC}} \varphi.$$

Seja $\langle K, w\rangle$ uma estrutura de Kripke marcada tal que $\langle K, w\rangle \models^{\mathrm{IPC}} \Gamma$. Então também vale $\langle K, w\rangle \models^{\mathrm{IPC}} \varphi$. Pela semântica da disjunção, segue imediatamente que

$$\langle K, w\rangle \models^{\mathrm{IPC}} \varphi \vee \psi.$$

Regra ($\vee I_2$). A demonstração é análoga à de ($\vee I_1$).

Regra ($\vee E$). Suponhamos que

$$\Gamma \models^{\mathrm{IPC}} \varphi \vee \psi, \qquad \Gamma, \varphi \models^{\mathrm{IPC}} \vartheta, \qquad \Gamma, \psi \models^{\mathrm{IPC}} \vartheta.$$

Mostramos que

$$\Gamma \models^{\mathrm{IPC}} \vartheta.$$

Para isso, seja $\langle K, w\rangle$ uma estrutura de Kripke marcada tal que

$$\langle K, w\rangle \models^{\mathrm{IPC}} \Gamma.$$

Então também vale

$$\langle K, w\rangle \models^{\mathrm{IPC}} \varphi \vee \psi.$$

Pela semântica da disjunção, vale portanto ou

$$\langle K, w\rangle \models^{\mathrm{IPC}} \varphi \quad \text{ou} \quad \langle K, w\rangle \models^{\mathrm{IPC}} \psi.$$

No primeiro caso, de $\Gamma, \varphi \models^{\mathrm{IPC}} \vartheta$ segue que $\langle K, w\rangle \models^{\mathrm{IPC}} \vartheta$ vale. No segundo caso, isso segue de $\Gamma, \psi \models^{\mathrm{IPC}} \vartheta$. Logo, em todos os casos vale

$$\langle K, w\rangle \models^{\mathrm{IPC}} \vartheta.$$

Com isso, a regra é válida.

Regra ($\to I$). Suponhamos que

$$\Gamma, \varphi \models^{\mathrm{IPC}} \psi.$$

Mostramos que

$$\Gamma \models^{\mathrm{IPC}} \varphi \to \psi.$$

Seja $\langle K, w\rangle$ uma estrutura de Kripke marcada tal que $\langle K, w\rangle \models^{\mathrm{IPC}} \Gamma$. Devemos mostrar que: para todo $w' \in W$ com $w \leq w'$, vale

$$\langle K, w'\rangle \models^{\mathrm{IPC}} \varphi \quad \Rightarrow \quad \langle K, w'\rangle \models^{\mathrm{IPC}} \psi.$$

Seja, portanto, $w' \geq w$ e

$$\langle K, w'\rangle \models^{\mathrm{IPC}} \varphi.$$

Pela monotonicidade da semântica de Kripke, vale então também

$$\langle K, w'\rangle \models^{\mathrm{IPC}} \Gamma.$$

Assim, $\langle K, w'\rangle$ também satisfaz $\Gamma \cup \{\varphi\}$ e, pela hipótese, segue que

$$\langle K, w'\rangle \models^{\mathrm{IPC}} \psi.$$

Com isso, vale

$$\langle K, w\rangle \models^{\mathrm{IPC}} \varphi \to \psi.$$

Regra ($\to E$). Suponhamos que

$$\Gamma \models^{\mathrm{IPC}} \varphi \to \psi \qquad \text{e} \qquad \Gamma \models^{\mathrm{IPC}} \varphi.$$

Seja $\langle K, w\rangle$ uma estrutura de Kripke marcada tal que $\langle K, w\rangle \models^{\mathrm{IPC}} \Gamma$. Então vale

$$\langle K, w\rangle \models^{\mathrm{IPC}} \varphi \to \psi \quad \text{e} \quad \langle K, w\rangle \models^{\mathrm{IPC}} \varphi.$$

Tomando simplesmente $w' = w$ na semântica da implicação, segue que

$$\langle K, w\rangle \models^{\mathrm{IPC}} \psi.$$

Logo, a regra ($\to E$) também é válida.

Com isso, todas as regras de NJ são semanticamente válidas. Consequentemente, vale: se $\Gamma \vdash_{\mathrm{NJ}} \varphi$, então também $\Gamma \models^{\mathrm{IPC}} \varphi$. □

Para a recíproca, precisamos de uma estrutura de Kripke canônica. O componente decisivo é, aqui, um lema de extensão para teorias de NJ.

Definição 4.28 (Teoria de NJ). *Um conjunto D de fórmulas da lógica intuicionista chama-se* teoria de NJ *se*

$$D = \{\varphi \mid D \vdash_{\mathrm{NJ}} \varphi\}$$

vale e, além disso, $\bot \notin D$. Uma teoria de NJ D chama-se disjuntiva *se, de*

$$D \vdash_{\mathrm{NJ}} \varphi \vee \psi$$

já se segue

$$D \vdash_{\mathrm{NJ}} \varphi \quad \textit{ou} \quad D \vdash_{\mathrm{NJ}} \psi$$

.

Teorias de NJ disjuntivas são, portanto, conjuntos consistentes e dedutivamente fechados com a propriedade de que disjunções demonstráveis podem ser resolvidas em um de seus dois disjuntos. Isso corresponde exatamente à leitura construtiva da disjunção.

Proposição 4.29. *Para todo conjunto de fórmulas Γ com $\Gamma \nvdash_{\mathrm{NJ}} \bot$ e toda fórmula φ com $\Gamma \nvdash_{\mathrm{NJ}} \varphi$, existe uma teoria NJ disjuntiva D tal que*

$$\Gamma \subseteq D \qquad e \qquad D \nvdash_{\mathrm{NJ}} \varphi.$$

Demonstração. Esboçamos uma construção do tipo Lindenbaum, na qual repartimos sucessivamente as fórmulas em dois conjuntos: uma teoria D e um conjunto oposto Δ.

Inicialmente, definimos

$$D_0 := \{\psi \mid \Gamma \vdash_{\mathrm{NJ}} \psi\} \qquad \text{e} \qquad \Delta_0 := \{\varphi\}.$$

Então D_0 já é fechado sob derivações em NJ e, como $\Gamma \nvdash_{\mathrm{NJ}} \bot$, também vale $\bot \notin D_0$.

Escolhemos agora uma enumeração de todas as demais fórmulas

$$\chi_0, \chi_1, \chi_2, \ldots$$

e definimos indutivamente conjuntos D_n e Δ_n com a seguinte invariante: para toda escolha finita $\delta_1, \ldots, \delta_k \in \Delta_n$, vale

$$D_n \nvdash_{\mathrm{NJ}} \delta_1 \vee \cdots \vee \delta_k. \qquad (*_n)$$

Suponhamos que D_n e Δ_n já tenham sido construídos e que χ_n seja a próxima fórmula da enumeração. Tentamos primeiro acrescentar χ_n a D_n. Se a invariante for preservada, definimos

$$D_{n+1} := \{\psi \mid D_n \cup \{\chi_n\} \vdash_{\mathrm{NJ}} \psi\}, \qquad \Delta_{n+1} := \Delta_n.$$

Caso contrário, definimos

$$D_{n+1} := D_n, \qquad \Delta_{n+1} := \Delta_n \cup \{\chi_n\}.$$

Resta mostrar que essa decisão é sempre possível. Suponhamos que ambas as possibilidades falhassem.

Então haveria, por um lado, fórmulas

$$\delta_1, \ldots, \delta_k \in \Delta_n$$

tais que

$$D_n \cup \{\chi_n\} \vdash_{\mathrm{NJ}} \delta_1 \vee \cdots \vee \delta_k,$$

e, por outro lado, também fórmulas

$$\varepsilon_1, \ldots, \varepsilon_m \in \Delta_n$$

tais que

$$D_n \vdash_{\mathrm{NJ}} \varepsilon_1 \vee \cdots \vee \varepsilon_m \vee \chi_n.$$

Da primeira derivação segue, pelo teorema da dedução,

$$D_n \vdash_{\mathrm{NJ}} \chi_n \to (\delta_1 \vee \cdots \vee \delta_k).$$

Juntamente com a segunda derivação, obtemos então, pela aplicação de $(\vee E)$, uma derivação de

$$D_n \vdash_{\mathrm{NJ}} \delta_1 \vee \cdots \vee \delta_k$$

ou de

$$D_n \vdash_{\mathrm{NJ}} \varepsilon_1 \vee \cdots \vee \varepsilon_m,$$

conforme se use o disjunto χ_n ou um dos ε_i. Em ambos os casos, isso contradiz a invariante $(*_n)$. Logo, não é possível que ambas as alternativas falhem.

Definamos agora

$$D := \bigcup_{n \in \mathbb{N}} D_n, \qquad \Delta := \bigcup_{n \in \mathbb{N}} \Delta_n.$$

Então D é dedutivamente fechado, contém Γ e, como $\varphi \in \Delta$, vale em particular $D \nvdash_{\text{NJ}} \varphi$.

Resta mostrar a disjuntividade de D. Seja, portanto,

$$D \vdash_{\text{NJ}} \alpha \vee \beta.$$

Se vale $D \vdash_{\text{NJ}} \alpha$ ou $D \vdash_{\text{NJ}} \beta$, terminamos. Caso contrário, α e β pertencem a Δ; pois todas as fórmulas foram, ao longo da construção, atribuídas a uma das duas coleções. Mas então

$$D \vdash_{\text{NJ}} \alpha \vee \beta$$

viola a invariante $(*_n)$ para algum n suficientemente grande, no qual tanto α quanto β já pertencem a Δ_n. Isso é uma contradição. Logo, D é disjuntivo.

Com isso, a proposição está demonstrada. □

Com este lema de extensão, podemos agora demonstrar a completude.

Lema 4.30. *Seja Σ uma assinatura proposicional. Para todo conjunto Γ de fórmulas da lógica intuicionista e toda fórmula φ da lógica intuicionista, vale: se $\Gamma \models^{\text{IPC}} \varphi$, então $\Gamma \vdash_{\text{NJ}} \varphi$.*

Demonstração. Mostramos a contraposição: de $\Gamma \nvdash_{\text{NJ}} \varphi$ segue $\Gamma \not\models^{\text{IPC}} \varphi$.

Suponha, portanto, que $\Gamma \nvdash_{\text{NJ}} \varphi$. Pela Proposição 4.29, existe uma teoria NJ disjuntiva D tal que

$$\Gamma \subseteq D \qquad \text{e} \qquad D \nvdash_{\text{NJ}} \varphi.$$

Construímos a estrutura de Kripke canônica

$$K_\Gamma = \langle W_\Gamma, \leq_\Gamma, V_\Gamma \rangle$$

por meio de

- W_Γ é o conjunto de todas as teorias NJ disjuntivas E tais que $\Gamma \subseteq E$,
- $E_1 \leq_\Gamma E_2$ se, e somente se, $E_1 \subseteq E_2$,
- $A \in V_\Gamma(E)$ se, e somente se, $A \in E$.

Mostramos agora, por indução estrutural sobre a fórmula ψ, que, para toda fórmula ψ, vale:

$$\langle K_\Gamma, D \rangle \models^{\mathrm{IPC}} \psi \iff D \vdash_{\mathrm{NJ}} \psi. \tag{†}$$

Caso $\psi = \bot$. À esquerda, nunca vale $\langle K_\Gamma, D \rangle \models^{\mathrm{IPC}} \bot$; à direita, pela consistência de D, também nunca vale $D \vdash_{\mathrm{NJ}} \bot$. Portanto, (†) é verdadeiro.

Caso $\psi = A$ para uma variável proposicional A. Então vale

$$\langle K_\Gamma, D \rangle \models^{\mathrm{IPC}} A \iff A \in V_\Gamma(D) \iff A \in D.$$

Como D é uma teoria NJ, vale

$$A \in D \iff D \vdash_{\mathrm{NJ}} A.$$

Assim, (†) está demonstrado.

Caso $\psi = \psi_1 \wedge \psi_2$**.** Pela hipótese de indução, vale

$$\langle K_\Gamma, D\rangle \models^{\text{IPC}} \psi_1 \iff D \vdash_{\text{NJ}} \psi_1$$

e

$$\langle K_\Gamma, D\rangle \models^{\text{IPC}} \psi_2 \iff D \vdash_{\text{NJ}} \psi_2$$

Com a semântica da conjunção, segue, portanto,

$$\langle K_\Gamma, D\rangle \models^{\text{IPC}} \psi_1 \wedge \psi_2 \iff D \vdash_{\text{NJ}} \psi_1 \wedge \psi_2.$$

Caso $\psi = \psi_1 \vee \psi_2$**.** Como D é disjuntiva, vale

$$D \vdash_{\text{NJ}} \psi_1 \vee \psi_2 \iff D \vdash_{\text{NJ}} \psi_1 \text{ ou } D \vdash_{\text{NJ}} \psi_2.$$

Pela hipótese de indução, isso é equivalente a

$$\langle K_\Gamma, D\rangle \models^{\text{IPC}} \psi_1 \text{ ou } \langle K_\Gamma, D\rangle \models^{\text{IPC}} \psi_2,$$

e isso é exatamente

$$\langle K_\Gamma, D\rangle \models^{\text{IPC}} \psi_1 \vee \psi_2.$$

Caso $\psi = \psi_1 \to \psi_2$**.** Primeiro supomos que

$$D \vdash_{\text{NJ}} \psi_1 \to \psi_2.$$

Seja $E \in W_\Gamma$ com $D \leq_\Gamma E$, isto é, $D \subseteq E$. Então também vale

$$E \vdash_{\text{NJ}} \psi_1 \to \psi_2,$$

pois E é uma teoria NJ e contém todas as fórmulas deriváveis a partir de D. Se, além disso, vale $E \vdash_{\text{NJ}} \psi_1$, então segue por $(\rightarrow E)$

$$E \vdash_{\text{NJ}} \psi_2.$$

Pela hipótese de indução, isto significa:

$$\langle K_\Gamma, E\rangle \models^{\text{IPC}} \psi_1 \;\Rightarrow\; \langle K_\Gamma, E\rangle \models^{\text{IPC}} \psi_2.$$

Logo, vale

$$\langle K_\Gamma, D\rangle \models^{\text{IPC}} \psi_1 \rightarrow \psi_2.$$

Passemos agora ao caso inverso: suponhamos que

$$D \nvdash_{\text{NJ}} \psi_1 \rightarrow \psi_2.$$

Então também deve valer

$$D \cup \{\psi_1\} \nvdash_{\text{NJ}} \psi_2$$

pois, caso contrário, a partir de ψ_1 por $(\rightarrow I)$ já se obteria $D \vdash_{\text{NJ}} \psi_1 \rightarrow \psi_2$, em contradição com a suposição. Pela Proposição 4.29, existe portanto uma teoria NJ disjuntiva E tal que

$$D \cup \{\psi_1\} \subseteq E \qquad \text{e} \qquad E \nvdash_{\text{NJ}} \psi_2.$$

Então $D \leq_\Gamma E$ e, como $\psi_1 \in E$, vale

$$E \vdash_{\text{NJ}} \psi_1.$$

Pela hipótese de indução, segue então

$$\langle K_\Gamma, E\rangle \models^{\text{IPC}} \psi_1.$$

Por outro lado, como $E \nvdash_{\mathrm{NJ}} \psi_2$, pela hipótese de indução vale

$$\langle K_\Gamma, E\rangle \not\models^{\mathrm{IPC}} \psi_2.$$

Com isso, fica mostrado que

$$\langle K_\Gamma, D\rangle \not\models^{\mathrm{IPC}} \psi_1 \to \psi_2$$

como queríamos demonstrar.

Com isso, a equivalência (†) está demonstrada para todas as fórmulas.

Aplicando agora (†) à nossa fórmula original φ, obtemos:

$$D \nvdash_{\mathrm{NJ}} \varphi \quad \Longrightarrow \quad \langle K_\Gamma, D\rangle \not\models^{\mathrm{IPC}} \varphi.$$

Além disso, como $\Gamma \subseteq D$, $\langle K_\Gamma, D\rangle$ satisfaz todas as fórmulas de Γ. Portanto, $\Gamma \not\models^{\mathrm{IPC}} \varphi$. A contraposição fornece a afirmação:

$$\Gamma \models^{\mathrm{IPC}} \varphi \Rightarrow \Gamma \vdash_{\mathrm{NJ}} \varphi.$$

□

Do Lemma 4.27 e do Lemma 4.27 segue imediatamente o teorema principal.

Demonstração do Teorema 4.26. Uma direção é exatamente o Lemma 4.27; a outra direção é exatamente o Lemma 4.30. □

Por fim, comparamos mais uma vez a lógica intuicionista com a lógica proposicional clássica. Para isso, basta considerar cada valoração clássica como um modelo de Kripke com um único estado.

Proposição 4.31. *Seja Σ uma assinatura proposicional. Para todo conjunto de fórmulas Γ da lógica proposicional sobre Σ e toda fórmula φ da lógica proposicional sobre Σ, vale:*

$$\textit{Se } \Gamma \models_{\text{IPC}} \varphi, \textit{ então também } \Gamma \models_{\text{LP}} \varphi.$$

Demonstração. Seja $\Gamma \models_{\text{IPC}} \varphi$. Mostraremos que então também vale $\Gamma \models_{\text{LP}} \varphi$.

Para isso, seja v uma valoração clássica arbitrária que satisfaz todas as fórmulas de Γ. A partir dela, construímos um modelo de Kripke intuicionista com exatamente um mundo:

$$K_v = \langle \{w\}, \leq, V \rangle,$$

em que $\leq = \{(w, w)\}$ e

$$V(w) = \{A \in \Sigma \mid v(A) = \text{true}\}.$$

Esse modelo é obviamente monótono e, portanto, intuicionista.

Agora mostramos, por indução estrutural sobre a fórmula proposicional ψ, que

$$\langle K_v, w \rangle \models^{\text{IPC}} \psi \quad \Longleftrightarrow \quad v(\psi) = \text{true}.$$

Para fórmulas atômicas, isso é claro pela definição de V. Para $\wedge$ e $\vee$, a afirmação é imediata, pois a semântica intuicionista em um modelo de um único mundo coincide exatamente com a semântica clássica. Para a implicação, a concordância com a semântica clássica também vale, pois não há nenhum outro estado alcançável além de w:

$$\langle K_v, w\rangle \models^{\mathrm{IPC}} \psi_1 \to \psi_2$$

exatamente quando de $v(\psi_1) = \text{true}$ já se segue $v(\psi_2) = \text{true}$, isto é, exatamente quando a implicação clássica é verdadeira. Com isso, a indução está concluída.

Como v satisfaz todas as fórmulas de Γ, $\langle K_v, w\rangle$ satisfaz todas as fórmulas de Γ no sentido intuicionista. Da hipótese

$$\Gamma \models^{\mathrm{IPC}} \varphi$$

segue, portanto, que

$$\langle K_v, w\rangle \models^{\mathrm{IPC}} \varphi.$$

Pela equivalência demonstrada acima, obtemos

$$v(\varphi) = \text{true}.$$

Como v era arbitrária, vale: toda valoração clássica que satisfaz Γ também satisfaz φ. Logo,

$$\Gamma \models_{\mathrm{LP}} \varphi.$$

□

A conclusão, portanto, é clara: a lógica intuicionista é mais cautelosa do que a lógica proposicional clássica. Ela permite apenas aquelas inferências que também podem ser justificadas construtivamente. É justamente nisso que reside sua força, especialmente em aplicações nas quais provas, programas e tipos estão estreitamente ligados entre si.

4.1.4 Exercícios com soluções

A seguir, retomamos alguns conceitos e afirmações centrais da lógica intuicionista na forma de breves exercícios de verdadeiro ou falso. Os exercícios abordam a sintaxe, a semântica de Kripke, as propriedades da lógica e o cálculo NJ.

Exercício 4.32. *Consideramos a assinatura* $\Sigma = \{A, P, Q, T, U, V, W\}$ *e a estrutura de Kripke intuicionista*

$$K = \langle W, \leq, V \rangle$$

com

$$W = \{w_0, w_1\}, \qquad \leq = \{(w_0, w_0), (w_1, w_1), (w_0, w_1)\},$$

bem como

$$V(w_0) = \varnothing, \qquad V(w_1) = \{A\}.$$

Decida, em cada caso, se a seguinte afirmação é verdadeira ou falsa:

(a) Na lógica intuicionista, a negação é definida por

$$\neg\varphi := (\varphi \to \bot)$$

.

(b) *Vale*

$$\langle K, w_0 \rangle \models^{\text{IPC}} \neg A.$$

(c) *A fórmula*

$$A \vee \neg A$$

é uma tautologia da lógica intuicionista.

(d) *No cálculo NJ, vale*

$$\vdash_{\text{NJ}} P \to P.$$

Solução 4.33. *Justificamos as quatro afirmações uma a uma.*

(a) **Verdadeiro.** *Isto é precisamente a definição da negação na lógica intuicionista. A fórmula* $\neg\varphi$ *não é uma fórmula básica independente, mas uma abreviação de* $\varphi \to \bot$.

(b) **Falso.** *Pela semântica da negação, vale*

$$\langle K, w_0 \rangle \models^{\text{IPC}} \neg A$$

exatamente quando, em todo estado alcançável a partir de w_0, *A não é satisfeita. Como, porém,* $w_0 \leq w_1$ *e* $A \in V(w_1)$, *temos*

$$\langle K, w_1 \rangle \models^{\text{IPC}} A.$$

Logo, $\neg A$ *não pode valer em* w_0.

(c) ***Falso.*** *Uma fórmula só é uma tautologia intuicionista quando é satisfeita em todo estado de toda estrutura de Kripke intuicionista. Aqui, porém, não vale nem*

$$\langle K, w_0 \rangle \models^{\text{IPC}} A$$

nem

$$\langle K, w_0 \rangle \models^{\text{IPC}} \neg A.$$

Pois $A \notin V(w_0)$, *e* $\neg A$ *falha por causa do estado alcançável* w_1, *no qual* A *vale. Portanto, também vale*

$$\langle K, w_0 \rangle \not\models^{\text{IPC}} A \vee \neg A.$$

Assim, a lei do terceiro excluído não é válida em geral na lógica intuicionista.

(d) ***Verdadeiro.*** *Uma derivação em NJ de* $\vdash_{\text{NJ}} P \to P$ *é:*

$$\dfrac{\overline{P \vdash P}\ (\text{Ax})}{\vdash P \to P}\ (\to I)$$

Portanto, a fórmula é derivável em NJ.

4.2 Lógica paraconsistente

As lógicas clássicas possuem uma propriedade muito forte: assim que uma teoria é inconsistente, ela perde todo poder de distinção. Assim, se uma fórmula φ é classicamente insatisfatível, então, na lógica proposicional clássica, vale $\varphi \models_{\text{LP}} \psi$ para qualquer fórmula ψ. Esse comportamento é frequentemente chamado de *explosão*. Do ponto de vista teórico, isso não é necessariamente um problema; para aplicações, porém, é. Em bancos de dados, bases de conhecimento ou especificações formais, contradições não surgem apenas de modo teórico, mas também de modo bastante prático. Nesses casos, deseja-se ainda extrair consequências úteis das informações disponíveis, sem que tudo passe imediatamente a ser consequência.

É exatamente aqui que entram as lógicas paraconsistentes. Elas são construídas de tal modo que inconsistências não conduzam automaticamente a conclusões triviais. Em vez de preservar sem alterações a relação clássica de consequência, elas a enfraquecem de maneira controlada. A ideia básica é simples: uma afirmação pode não ser apenas *verdadeira* ou *falsa*, mas, em certas circunstâncias, também receber um status adicional de verdade, capaz de expressar informações contraditórias ou incompletas.

Neste capítulo, começamos com a lógica proposicional trivalorada. Primeiro introduzimos sua base semântica e mostramos como fórmulas são avaliadas nela. Em seguida, investigamos a inferência por meio de modelos minimais e comparamos a relação resultante com a lógica proposicional clássica. Por fim, apresentamos ainda uma breve perspectiva sobre uma variante tetravalorada.

4.2.1 Lógica proposicional trivalorada

A lógica paraconsistente que consideramos nesta subseção possui a mesma sintaxe da lógica proposicional conhecida do Capítulo 1. A novidade está apenas na semântica: proposições não são mais avaliadas somente com os dois valores de verdade `true` e `false`, mas com três valores de verdade.

Definição 4.34. *Seja* Σ *uma assinatura proposicional. Uma* interpretação trivalorada *sobre* Σ *é uma função*

$$v : \Sigma \to \{t, f, b\}.$$

Denotamos por $\Omega_3(\Sigma)$ *o conjunto de todas as interpretações trivaloradas sobre* Σ*.*

Os valores de verdade t e f correspondem, em seu significado, aos valores clássicos `true` e `false`. O novo valor b representa *both*. Intuitivamente, $v(x) = b$ significa que a variável proposicional x é tomada simultaneamente como verdadeira e como falsa. Um tal valor de verdade ocorre, portanto, exatamente quando as informações sobre x são contraditórias.

Exemplo 4.35. *Consideremos a assinatura*

$$\Sigma_{\text{Exemplo}} = \{P, Q, R, S\}.$$

Uma interpretação trivalorada $v \in \Omega_3(\Sigma_{\text{Exemplo}})$ *é dada por*

$$v(P) = t, \qquad v(Q) = t, \qquad v(R) = f, \qquad v(S) = b.$$

Aqui, P *e* Q *são claramente verdadeiras,* R *é claramente falsa e* S *é avaliada de modo contraditório, isto é, ao mesmo tempo como verdadeira e falsa.*

Agora apresentamos a avaliação semântica das fórmulas. A ideia fundamental é bastante natural: enquanto uma fórmula puder ser avaliada claramente como verdadeira ou falsa, os conectivos comportam-se exatamente como na lógica proposicional clássica. Somente quando a informação não é suficiente é que se produz o valor b.

Definição 4.36. *Sejam Σ uma assinatura da lógica proposicional, $v \in \Omega_3(\Sigma)$ uma interpretação trivalorada, $\varphi, \psi \in L(\Sigma)$ fórmulas e $x \in \Sigma$ uma variável proposicional. Então a função de verdade trivalorada*

$$[\![\cdot]\!]_v^3 : L(\Sigma) \to \{t, f, b\}$$

é definida indutivamente por

$$[\![x]\!]_v^3 = v(x),$$

$$[\![\neg\varphi]\!]_v^3 = \begin{cases} t & \textit{se } [\![\varphi]\!]_v^3 = f, \\ f & \textit{se } [\![\varphi]\!]_v^3 = t, \\ b & \textit{se } [\![\varphi]\!]_v^3 = b, \end{cases}$$

$$[\![\varphi \wedge \psi]\!]_v^3 = \begin{cases} t & \textit{se } [\![\varphi]\!]_v^3 = [\![\psi]\!]_v^3 = t, \\ f & \textit{se } [\![\varphi]\!]_v^3 = f \textit{ ou } [\![\psi]\!]_v^3 = f, \\ b & \textit{caso contrário}, \end{cases}$$

$$[\![\varphi \vee \psi]\!]_v^3 = \begin{cases} f & \textit{se } [\![\varphi]\!]_v^3 = [\![\psi]\!]_v^3 = f, \\ t & \textit{se } [\![\varphi]\!]_v^3 = t \textit{ ou } [\![\psi]\!]_v^3 = t, \\ b & \textit{caso contrário}. \end{cases}$$

A negação é, portanto, completamente clássica enquanto o valor de verdade considerado estiver determinado. O valor b permanece inalterado sob a negação. Na conjunção e na disjunção, b aparece exatamente nos casos em que nem a situação clássica de verdade nem a situação clássica de falsidade está fixada. Em outras palavras: b é o valor que resta quando a informação não é suficientemente forte para justificar uma decisão clássica.

Exemplo 4.37. *Continuamos o exemplo anterior e consideramos novamente a interpretação v com*

$$v(P) = t, \qquad v(Q) = t, \qquad v(R) = f, \qquad v(S) = b.$$

Então vale, por exemplo,

$$[\![\neg P]\!]^3_v = f, \qquad [\![\neg S]\!]^3_v = b, \qquad [\![S \vee R]\!]^3_v = b,$$

e

$$[\![P \wedge (\neg R \vee S)]\!]^3_v = t.$$

A fórmula $P \wedge (\neg S \vee R)$, por outro lado, recebe o valor b, porque o valor de verdade de S é contraditório.

Uma maneira intuitiva de compreender essa semântica é ordenar os valores de verdade segundo seu grau de verdade. Nesse sentido, b situa-se entre t e f: ele é, quanto ao conteúdo, mais forte que f, mas mais fraco que t.

Definição 4.38. *A ordem de verdade $\succ_3$ sobre os valores t, f, b é dada por*

$$t \succ_3 b, \qquad t \succ_3 f, \qquad b \succ_3 f.$$

Com essa ordem, a conjunção pode ser entendida como mínimo e a disjunção como máximo.

Proposição 4.39. *Seja* Σ *uma assinatura proposicional, seja* $v \in \Omega_3(\Sigma)$ *uma interpretação trivalorada e sejam* $\varphi, \psi \in L(\Sigma)$ *fórmulas. Então vale:*

$$[\![\varphi \wedge \psi]\!]_v^3 = \min_{\succ_3}\{[\![\varphi]\!]_v^3, [\![\psi]\!]_v^3\}$$

e

$$[\![\varphi \vee \psi]\!]_v^3 = \max_{\succ_3}\{[\![\varphi]\!]_v^3, [\![\psi]\!]_v^3\}.$$

Demonstração. Mostramos apenas a afirmação para $\wedge$; a prova para $\vee$ é inteiramente análoga.

Primeiro, recordemos que a relação $\succ_3$ é dada por

$$t \succ_3 b \succ_3 f$$

Assim, o mínimo em relação a $\succ_3$ é exatamente o valor que, dentre os dois valores considerados, possui o menor grau de verdade.

Consideremos agora os casos possíveis para os valores de $[\![\varphi]\!]_v^3$ e $[\![\psi]\!]_v^3$.

- Se $[\![\varphi]\!]_v^3 = f$ e $[\![\psi]\!]_v^3 = f$, então a definição fornece

  $$[\![\varphi \wedge \psi]\!]_v^3 = f.$$

  Por outro lado, também temos

  $$\min_{\succ_3}\{f, f\} = f.$$

- Se $[\![\varphi]\!]^3_v = f$ e $[\![\psi]\!]^3_v = b$, então, novamente pela definição, vale
$$[\![\varphi \wedge \psi]\!]^3_v = f,$$
e igualmente
$$\min_{\succ_3}\{f, b\} = f.$$

- Se $[\![\varphi]\!]^3_v = f$ e $[\![\psi]\!]^3_v = t$, então segue que
$$[\![\varphi \wedge \psi]\!]^3_v = f \qquad \text{e} \qquad \min_{\succ_3}\{f, t\} = f.$$

- Se $[\![\varphi]\!]^3_v = b$ e $[\![\psi]\!]^3_v = b$, então
$$[\![\varphi \wedge \psi]\!]^3_v = b \qquad \text{e} \qquad \min_{\succ_3}\{b, b\} = b.$$

- Se $[\![\varphi]\!]^3_v = b$ e $[\![\psi]\!]^3_v = t$, então obtemos
$$[\![\varphi \wedge \psi]\!]^3_v = b \qquad \text{e} \qquad \min_{\succ_3}\{b, t\} = b.$$

- Finalmente, se $[\![\varphi]\!]^3_v = t$ e $[\![\psi]\!]^3_v = t$, então vale
$$[\![\varphi \wedge \psi]\!]^3_v = t \qquad \text{e} \qquad \min_{\succ_3}\{t, t\} = t.$$

As demais combinações são obtidas automaticamente pela simetria de $\wedge$ e do mínimo. Portanto, as duas avaliações coincidem em todos os casos. Logo, vale
$$[\![\varphi \wedge \psi]\!]^3_v = \min_{\succ_3}\{[\![\varphi]\!]^3_v, [\![\psi]\!]^3_v\}.$$

A afirmação para $\vee$ segue de modo análogo a partir da definição da disjunção. $\square$

Com base nessa avaliação, definimos agora a relação de satisfação trivalorada.

Definição 4.40. *Seja* Σ *uma assinatura da lógica proposicional. A relação de satisfação trivalorada*

$$\models_3 \subseteq \Omega_3(\Sigma) \times L(\Sigma)$$

é definida por

$$v \models_3 \varphi \quad :\Longleftrightarrow \quad [\![\varphi]\!]^3_v \in \{t, b\}.$$

Diferentemente da relação de satisfação clássica, basta, portanto, que uma fórmula não seja avaliada como falsa. O valor b ainda conta aqui como satisfeito. É precisamente isso que torna a lógica paraconsistente: uma fórmula pode continuar sendo aceitável apesar de envolver uma contradição.

Definição 4.41. *Seja* Σ *uma assinatura da lógica proposicional e seja* $\varphi \in L(\Sigma)$ *uma fórmula. Uma interpretação* $v \in \Omega_3(\Sigma)$ *chama-se* modelo trivalorado *de* φ *se vale* $v \models_3 \varphi$. *Denotamos por*

$$\mathrm{Mod}^3_\Sigma(\varphi)$$

a coleção de todos os modelos trivalorados de φ.

Exemplo 4.42. *Consideremos novamente a assinatura* $\Sigma_{\text{Exemplo}} = \{P, Q, R, S\}$ *e a interpretação trivalorada* v *dada por*

$$v(P) = t, \qquad v(Q) = f, \qquad v(R) = b, \qquad v(S) = f.$$

Para a fórmula

$$\chi := P \wedge (\neg Q \vee R)$$

temos

$$[\![\neg Q]\!]^3_\upsilon = t, \qquad [\![\neg Q \vee R]\!]^3_\upsilon = t, \qquad [\![\chi]\!]^3_\upsilon = t.$$

Logo, $\upsilon \models_3 \chi$.

Em contrapartida, para a fórmula

$$\chi' := R \wedge \neg R$$

o valor é

$$[\![\chi']\!]^3_\upsilon = b,$$

portanto também $\upsilon \models_3 \chi'$. *Assim, a fórmula não é verdadeira no sentido clássico, mas ainda assim é satisfeita na semântica trivalorada.*

Antes de investigarmos a inferência na lógica trivalorada, comparamos a semântica trivalorada com a semântica clássica. Para isso, precisamos de duas traduções entre interpretações bivaloradas e trivaloradas.

Definição 4.43. *Seja* Σ *uma assinatura proposicional e seja* $\omega \in \Omega(\Sigma)$ *uma interpretação clássica. A interpretação trivalorada* $\upsilon_\omega \in \Omega_3(\Sigma)$ *associada a* ω *é definida por*

$$\upsilon_\omega(x) = \begin{cases} t & \text{se } \omega(x) = \texttt{true}, \\ f & \text{se } \omega(x) = \texttt{false}. \end{cases}$$

Para um conjunto $M \subseteq \Omega(\Sigma)$, *definimos*

$$M^3 := \{\upsilon_\omega \mid \omega \in M\}.$$

Definição 4.44. *Seja* Σ *uma assinatura proposicional e seja* $\upsilon \in \Omega_3(\Sigma)$ *uma interpretação trivalorada tal que*

$$\upsilon^{-1}(b) = \emptyset.$$

Então definimos a interpretação clássica $\omega_\upsilon \in \Omega(\Sigma)$ *associada a* υ *por*

$$\omega_\upsilon(x) = \begin{cases} \texttt{true} & \text{se } \upsilon(x) = t, \\ \texttt{false} & \text{se } \upsilon(x) = f. \end{cases}$$

Exemplo 4.45. *Seja novamente* $\Sigma_{\text{Beispiel}} = \{P, Q, R, S\}$ *e*

$$\upsilon(P) = t, \qquad \upsilon(Q) = f, \qquad \upsilon(R) = t, \qquad \upsilon(S) = f.$$

Então vale $\upsilon^{-1}(b) = \emptyset$*; logo,* ω_υ *está bem definida e satisfaz*

$$\omega_\upsilon(P) = \texttt{true} \qquad \omega_\upsilon(Q) = \texttt{false}$$
$$\omega_\upsilon(R) = \texttt{true} \qquad \omega_\upsilon(S) = \texttt{false}$$

A proposição seguinte mostra que interpretações clássicas e interpretações trivaloradas sem o valor b não se distinguem semanticamente.

Proposição 4.46. *Seja* Σ *uma assinatura proposicional, seja* $\upsilon \in \Omega_3(\Sigma)$ *uma interpretação trivalorada com* $\upsilon^{-1}(b) = \emptyset$*, seja* $\omega \in \Omega(\Sigma)$ *uma interpretação clássica e seja* $\varphi \in L(\Sigma)$ *uma fórmula. Então vale:*

1. $\omega_{\upsilon_\omega} = \omega$.

2. $\upsilon_{\omega_\upsilon} = \upsilon$.

3. *De* $[\![\varphi]\!]_\omega = \textit{\texttt{true}}$ *segue* $[\![\varphi]\!]^3_{\upsilon_\omega} = t$*, e de* $[\![\varphi]\!]_\omega = \textit{\texttt{false}}$ *segue* $[\![\varphi]\!]^3_{\upsilon_\omega} = f$.

4. *De* $[\![\varphi]\!]^3_\upsilon = t$ *segue* $[\![\varphi]\!]_{\omega_\upsilon} = \textit{\texttt{true}}$*, e de* $[\![\varphi]\!]^3_\upsilon = f$ *segue* $[\![\varphi]\!]_{\omega_\upsilon} = \textit{\texttt{false}}$*.*

5. *Vale sempre* $[\![\varphi]\!]^3_\upsilon \in \{t, f\}$.

Demonstração. Mostramos as afirmações uma a uma.

1. Para todo $x \in \Sigma$, vale por definição que $\upsilon_\omega(x) = t$ exatamente quando $\omega(x) = \texttt{true}$; de modo análogo, $\upsilon_\omega(x) = f$ exatamente quando $\omega(x) = \texttt{false}$. Portanto, a retradução ω_{υ_ω} fornece novamente precisamente ω.

2. Seja $x \in \Sigma$. Como $\upsilon^{-1}(b) = \emptyset$, temos $\upsilon(x) \in \{t, f\}$. Assim, $\omega_\upsilon(x) = \texttt{true}$ exatamente quando $\upsilon(x) = t$; correspondentemente, $\omega_\upsilon(x) = \texttt{false}$ exatamente quando $\upsilon(x) = f$. Logo, $\upsilon_{\omega_\upsilon} = \upsilon$.

3. Fazemos a prova por indução estrutural sobre φ.

   Caso $\varphi = x$ *com* $x \in \Sigma$. Então a afirmação decorre imediatamente da definição de υ_ω.

   Caso $\varphi = \neg\psi$. Se $[\![\varphi]\!]_\omega = \texttt{true}$, então $[\![\psi]\!]_\omega = \texttt{false}$. Pela hipótese de indução, segue que $[\![\psi]\!]^3_{\upsilon_\omega} = f$, portanto $[\![\neg\psi]\!]^3_{\upsilon_\omega} = t$. O caso $\texttt{false}$ é análogo.

   Caso $\varphi = \psi \wedge \chi$. Se $[\![\varphi]\!]_\omega = \texttt{true}$, então vale $[\![\psi]\!]_\omega = \texttt{true}$ e $[\![\chi]\!]_\omega = \texttt{true}$. Pela hipótese de indução, temos então $[\![\psi]\!]^3_{v_\omega} = t$ e $[\![\chi]\!]^3_{v_\omega} = t$, logo também $[\![\psi \wedge \chi]\!]^3_{v_\omega} = t$. Se, por outro lado, $[\![\varphi]\!]_\omega =$ `false`, então pelo menos uma das duas subfórmulas é classicamente falsa; sem perda de generalidade, suponhamos que seja ψ. Então segue que $[\![\psi]\!]^3_{v_\omega} = f$, logo $[\![\psi \wedge \chi]\!]^3_{v_\omega} = f$.

Caso $\varphi = \psi \vee \chi$. Este caso é inteiramente análogo. Se φ é classicamente verdadeira, então pelo menos uma subfórmula é verdadeira e, portanto, também tem valor trivalorado t. Se φ é classicamente falsa, então ambas as subfórmulas são classicamente falsas e, portanto, têm valor trivalorado f.

4. Também provamos esta afirmação por indução estrutural.

   Caso $\varphi = x$. Como $v^{-1}(b) = \emptyset$, temos $v(x) \in \{t, f\}$; portanto, também $[\![x]\!]^3_v \in \{t, f\}$.

   Caso $\varphi = \neg\psi$. Pela hipótese de indução, $[\![\psi]\!]^3_v$ pertence a $\{t, f\}$. A negação apenas troca t por f e f por t, mas não produz nenhum valor b.

   Caso $\varphi = \psi \wedge \chi$. Pela hipótese de indução, ambos os valores das subfórmulas pertencem a $\{t, f\}$. A definição de $\wedge$ produz, a partir de dois valores de $\{t, f\}$, novamente apenas um valor de $\{t, f\}$.

   Caso $\varphi = \psi \vee \chi$. Análogo ao caso anterior.

   Com isso, está mostrado que, sob a hipótese $v^{-1}(b) = \emptyset$, nenhum valor de fórmula pode assumir o valor b.

□

Corolário 4.47. *Sejam Σ uma assinatura proposicional e $\varphi \in L(\Sigma)$ uma fórmula. Então vale*

$$\left(\mathrm{Mod}_{\Sigma}^{\mathrm{LP}}(\varphi)\right)^{3} \subseteq \mathrm{Mod}_{\Sigma}^{3}(\varphi).$$

Demonstração. Seja $\omega \in \mathrm{Mod}_{\Sigma}^{\mathrm{LP}}(\varphi)$. Então ω é um modelo clássico de φ; portanto, vale

$$[\![\varphi]\!]_{\omega} = \texttt{true}.$$

Pela Proposição 4.46 (3), segue daí que

$$[\![\varphi]\!]_{v_{\omega}}^{3} = t.$$

Em particular, esse valor pertence ao conjunto $\{t, b\}$; logo, vale $v_{\omega} \models_3 \varphi$. Assim,

$$v_{\omega} \in \mathrm{Mod}_{\Sigma}^{3}(\varphi).$$

Como ω era arbitrário, segue a inclusão afirmada. □

Em outras palavras: todo modelo clássico é automaticamente também um modelo trivalente. Portanto, a semântica trivalente de fato estende a semântica clássica, em vez de substituí-la. A recíproca, porém, não vale: há modelos trivalentes que não são modelos clássicos.

Exemplo 4.48. *Consideremos novamente a assinatura*

$$\Sigma_{\text{Exemplo}} = \{P, Q, R, S\}$$

e a fórmula

$$\varphi_1 := P \wedge (\neg Q \vee R).$$

Uma interpretação clássica ω *com*

$$\omega(P) = \omega(R) = \texttt{true}, \qquad \omega(Q) = \omega(S) = \texttt{false}$$

é um modelo de φ_1. *Logo,* υ_ω *também é um modelo trivalente de* φ_1.

Agora consideremos uma interpretação trivalente υ *com*

$$\upsilon(P) = b, \qquad \upsilon(Q) = f, \qquad \upsilon(R) = t, \qquad \upsilon(S) = f.$$

Então

$$[\![\neg Q \vee R]\!]^3_\upsilon = t, \qquad [\![\varphi_1]\!]^3_\upsilon = b.$$

Assim, vale $\upsilon \models_3 \varphi_1$, *embora* υ *não possua uma contraparte clássica.*

Para a fórmula

$$\varphi_2 := P \wedge \neg P \wedge (\neg Q \vee R)$$

por outro lado, não existe nenhuma interpretação clássica que a satisfaça. Na semântica trivalente, contudo, φ_2 *ainda é satisfatível, por exemplo por meio de uma interpretação com* $\upsilon(P) = b$, $\upsilon(Q) = f$ *e* $\upsilon(R) = t$.

4.2.2 Inferência com modelos minimais

A relação de satisfação trivalente $\models_3$ permite encontrar modelos mesmo na presença de informações contraditórias. Mas é precisamente nisso que reside também um problema: como o valor de verdade b é atribuído de modo bastante permissivo, frequentemente há interpretações demais que são modelos de uma fórmula. Para a inferência, isso é fraco demais. Por isso, precisamos selecionar aqueles modelos que contêm o mínimo possível de indeterminação. A ideia fundamental é, portanto, não tratar todos os modelos trivalentes da mesma maneira, mas considerar apenas os modelos *minimais*.

Com a relação de satisfação trivalente $\models_3$, podemos inicialmente definir uma relação de consequência, como no caso clássico.

Definição 4.49. *Seja Σ uma assinatura proposicional e sejam $\varphi, \psi \in L(\Sigma)$ fórmulas proposicionais. A relação de consequência trivalente*

$$\models^3_\Sigma \subseteq L(\Sigma) \times L(\Sigma)$$

é definida por

$$\varphi \models^3_\Sigma \psi \quad :\Longleftrightarrow \quad \mathrm{Mod}^3_\Sigma(\varphi) \subseteq \mathrm{Mod}^3_\Sigma(\psi).$$

Essa definição, porém, é muito fraca. A razão está no fato de que o valor de verdade b satisfaz uma fórmula já quando ela não é inequivocamente falsa. Com isso, muitas vezes também se tornam modelos interpretações que quase não possuem determinação de conteúdo.

Exemplo 4.50. *Consideremos a assinatura*

$$\Sigma_{\text{Exemplo}} = \{P, Q, R\}$$

e a fórmula

$$\chi := P \vee (Q \wedge \neg Q).$$

Definamos agora uma interpretação trivalente $\upsilon \in \Omega_3(\Sigma_{\text{Exemplo}})$ *por*

$$\upsilon(P) = f, \qquad \upsilon(Q) = b, \qquad \upsilon(R) = t.$$

Então vale

$$[\![Q \wedge \neg Q]\!]^3_\upsilon = b \qquad \text{e, portanto,} \qquad [\![\chi]\!]^3_\upsilon = b.$$

Logo, $\upsilon \models_3 \chi$.

No entanto, essa situação é pouco satisfatória para a inferência. Intuitivamente, a fórmula χ *deveria carregar justamente a informação de que* P *vale. A interpretação* υ*, porém, contém adicionalmente um valor contraditório em* Q*, que não é necessário para a afirmação propriamente dita de* χ.

Um problema ainda mais claro aparece no fato de haver uma interpretação na qual *toda* fórmula é satisfeita.

Proposição 4.51. *Seja* Σ *uma assinatura da lógica proposicional e defina-se* $\upsilon_b^\Sigma \in \Omega_3(\Sigma)$ *por*

$$\upsilon_b^\Sigma(x) = b$$

para todo $x \in \Sigma$. *Então, para toda fórmula* $\varphi \in L(\Sigma)$, *vale:*

$$\upsilon_b^\Sigma \models_3 \varphi.$$

Demonstração. Mostramos primeiro que, para toda fórmula φ, vale

$$[\![\varphi]\!]^3_{v_b^\Sigma} = b.$$

Disso segue imediatamente que $v_b^\Sigma \models_3 \varphi$, pois, pela definição da relação de satisfação, o valor b já é suficiente.

A demonstração é feita por indução estrutural sobre φ.

Base da indução. Se $\varphi = x$ para algum $x \in \Sigma$, então vale diretamente

$$[\![x]\!]^3_{v_b^\Sigma} = v_b^\Sigma(x) = b.$$

Passo de indução. Suponhamos que a afirmação já valha para todas as subfórmulas próprias de φ.

- Seja $\varphi = \neg\psi$. Pela hipótese de indução, vale

  $$[\![\psi]\!]^3_{v_b^\Sigma} = b.$$

  Pela definição da negação na lógica trivalorada, segue então que

  $$[\![\neg\psi]\!]^3_{v_b^\Sigma} = b.$$

- Seja $\varphi = \psi \wedge \chi$. Pela hipótese de indução, vale

  $$[\![\psi]\!]^3_{v_b^\Sigma} = b \qquad \text{e} \qquad [\![\chi]\!]^3_{v_b^\Sigma} = b.$$

  Assim, a definição da conjunção fornece imediatamente

  $$[\![\psi \wedge \chi]\!]^3_{v_b^\Sigma} = b.$$

- Seja $\varphi = \psi \vee \chi$. De modo análogo, segue da hipótese de indução e da definição da disjunção que

$$[\![\psi \vee \chi]\!]^3_{v_b^\Sigma} = b.$$

Com isso, fica demonstrado em todos os casos que $[\![\varphi]\!]^3_{v_b^\Sigma} = b$. Portanto, v_b^Σ satisfaz toda fórmula. □

Corolário 4.52. *Seja Σ uma assinatura proposicional e seja $\varphi \in L(\Sigma)$ uma fórmula. Então,*

$$\mathrm{Mod}^3_\Sigma(\varphi) \neq \emptyset.$$

Demonstração. Definimos a interpretação trivalente v_b^Σ como na proposição anterior. Ali mostramos que

$$[\![\varphi]\!]^3_{v_b^\Sigma} = b$$

vale para toda fórmula φ. Em particular, portanto,

$$[\![\varphi]\!]^3_{v_b^\Sigma} \in \{t, b\},$$

e daí segue que

$$v_b^\Sigma \models_3 \varphi.$$

Logo, $v_b^\Sigma \in \mathrm{Mod}^3_\Sigma(\varphi)$, e assim esse conjunto não é vazio. □

Os resultados anteriores mostram que a semântica trivalente, sem restrições adicionais, é muito permissiva. Para a inferência, isso não é adequado, pois justamente não queremos trabalhar com interpretações que contenham valores b desnecessários. Por isso, passamos agora a considerar apenas os modelos que são mínimos nesse sentido.

Definição 4.53. *Sejam Σ uma assinatura da lógica proposicional, $\upsilon \in \Omega_3(\Sigma)$ uma interpretação trivalente e $\varphi \in L(\Sigma)$ uma fórmula proposicional. A interpretação υ chama-se* modelo trivalente minimal *de φ se $\upsilon \in \mathrm{Mod}^3_\Sigma(\varphi)$ e se não existir uma interpretação trivalente $\eta \in \mathrm{Mod}^3_\Sigma(\varphi)$ tal que*

$$\eta^{-1}(b) \subsetneq \upsilon^{-1}(b)$$

valha. Denotamos o conjunto de todos os modelos trivalentes minimais de φ por

$$\mathrm{Mod}^{\min 3}_\Sigma(\varphi).$$

A minimalidade refere-se, portanto, ao conjunto das variáveis proposicionais que recebem o valor b. Um modelo minimal é um modelo no qual o número de variáveis avaliadas de modo contraditório não pode ser reduzido ainda mais.

Exemplo 4.54. *Consideremos novamente a assinatura*

$$\Sigma_{\text{Exemplo}} = \{P, Q, R\}$$

e a fórmula

$$\chi := P \vee (Q \wedge \neg Q).$$

Definimos uma interpretação trivalente $\upsilon \in \Omega_3(\Sigma_{\text{Exemplo}})$ por

$$\upsilon(P) = f, \qquad \upsilon(Q) = b, \qquad \upsilon(R) = t.$$

Então $v \in \mathrm{Mod}^3_{\Sigma_{\mathrm{Exemplo}}}(\chi)$, *pois*

$$[\![\chi]\!]^3_v = b.$$

Essa interpretação, contudo, não é minimal. De fato, a interpretação $\eta \in \Omega_3(\Sigma_{\mathrm{Exemplo}})$ *dada por*

$$\eta(P) = t, \qquad \eta(Q) = f, \qquad \eta(R) = t$$

também é um modelo de χ, *e vale*

$$\eta^{-1}(b) = \emptyset \subsetneq \{Q\} = v^{-1}(b).$$

Logo, v *não é um modelo minimal.*

A proposição seguinte mostra que modelos minimais de fato existem.

Proposição 4.55. *Sejam* Σ *uma assinatura proposicional e* $\varphi \in L(\Sigma)$ *uma fórmula proposicional. Então vale:*

$$\mathrm{Mod}^{\min 3}_{\Sigma}(\varphi) \subseteq \mathrm{Mod}^3_{\Sigma}(\varphi)$$

e

$$\mathrm{Mod}^{\min 3}_{\Sigma}(\varphi) \neq \emptyset.$$

Demonstração. 1. Seja $v \in \mathrm{Mod}^{\min 3}_{\Sigma}(\varphi)$. Pela definição, já temos então $v \in \mathrm{Mod}^3_{\Sigma}(\varphi)$. Portanto, vale

$$\mathrm{Mod}^{\min 3}_{\Sigma}(\varphi) \subseteq \mathrm{Mod}^3_{\Sigma}(\varphi).$$

2. Pelo corolário anterior, temos $\mathrm{Mod}^3_{\Sigma}(\varphi) \neq \emptyset$. Logo, existe pelo menos um modelo trivalorado de φ.

Tomemos agora tal modelo $v_0 \in \mathrm{Mod}^3_\Sigma(\varphi)$ e consideremos todos os modelos de φ que, em comparação com v_0, não contêm mais valores b. Como, como antes, partimos de assinaturas finitas, não é possível reduzir estritamente infinitas vezes o conjunto das possíveis atribuições de b. Portanto, depois de um número finito de passos, esse processo deve terminar em um modelo v para o qual não existe nenhum modelo η com

$$\eta^{-1}(b) \subsetneq v^{-1}(b)$$

Isso significa exatamente que v é um modelo trivalorado minimal de φ.

Logo,

$$\mathrm{Mod}^{\min 3}_\Sigma(\varphi) \neq \emptyset.$$

□

Com base nesses modelos minimais, definimos agora a relação de consequência paraconsistente propriamente dita.

Definição 4.56. *Seja Σ uma assinatura da lógica proposicional e sejam $\varphi, \psi \in L(\Sigma)$ fórmulas proposicionais. A relação de consequência trivalorada minimal*

$$\models^{\min 3}_\Sigma \subseteq L(\Sigma) \times L(\Sigma)$$

é definida por

$$\varphi \models^{\min 3}_\Sigma \psi \quad :\Longleftrightarrow \quad \mathrm{Mod}^{\min 3}_\Sigma(\varphi) \subseteq \mathrm{Mod}^{\min 3}_\Sigma(\psi).$$

Como de costume, escrevemos abreviadamente $\varphi \models^{\min 3} \psi$ quando a assinatura estiver clara pelo contexto.

Essa relação de consequência é paraconsistente no sentido desejado: de fórmulas inconsistentes já não se seguem automaticamente todas as fórmulas, mas continuam a seguir aquelas afirmações que permanecem estáveis em todos os modelos minimais.

Exemplo 4.57. *Consideremos novamente a fórmula*

$$\chi := P \vee (Q \wedge \neg Q).$$

Então vale

$$\chi \models^{\min 3} P.$$

A razão é que, em todo modelo minimal de χ, o valor de verdade de P deve ser t. Com efeito, toda interpretação com $P = f$ e um valor b desnecessário em Q não é minimal, pois esse valor b pode ser eliminado por meio de uma valoração clássica de Q escolhida de modo adequado.

Em contrapartida, não vale

$$\chi \not\models^{\min 3} \neg P.$$

O teorema seguinte mostra que a consequência trivalorada minimal coincide com a consequência clássica exatamente quando não há inconsistência.

Teorema 4.58. *Seja Σ uma assinatura proposicional e sejam $\varphi, \psi \in L(\Sigma)$ fórmulas proposicionais com $\varphi \not\equiv \bot$. Então vale*

$$\varphi \models_{\mathrm{LP}} \psi \quad \Longleftrightarrow \quad \varphi \models^{\min 3} \psi.$$

Demonstração. Mostramos inicialmente que, para toda fórmula não inconsistente φ, vale

$$(\mathrm{Mod}_{\Sigma}^{\mathrm{LP}}(\varphi))^3 = \mathrm{Mod}_{\Sigma}^{\min 3}(\varphi).$$

Para isso, mostramos ambas as inclusões.

„$\subseteq$“: Seja $\omega \in \mathrm{Mod}_{\Sigma}^{\mathrm{LP}}(\varphi)$. Então $\upsilon_{\omega} \in (\mathrm{Mod}_{\Sigma}^{\mathrm{LP}}(\varphi))^3$. Pelo Corolário 4.47, tem-se $\upsilon_{\omega} \in \mathrm{Mod}_{\Sigma}^{3}(\varphi)$. Além disso, vale

$$\upsilon_{\omega}^{-1}(b) = \emptyset.$$

Logo, não pode haver nenhum modelo trivalorado com conjunto de valores b estritamente menor. Portanto, υ_{ω} é minimal, isto é,

$$\upsilon_{\omega} \in \mathrm{Mod}_{\Sigma}^{\min 3}(\varphi).$$

„$\supseteq$“: Seja agora $\upsilon \in \mathrm{Mod}_{\Sigma}^{\min 3}(\varphi)$. Suponhamos inicialmente que $\upsilon^{-1}(b) \neq \emptyset$. Como $\varphi \not\equiv \bot$, a fórmula φ possui um modelo clássico ω. Pelo Corolário 4.47, então também $\upsilon_{\omega} \in \mathrm{Mod}_{\Sigma}^{3}(\varphi)$. Para esse modelo, porém, vale

$$\upsilon_{\omega}^{-1}(b) = \emptyset \subsetneq \upsilon^{-1}(b).$$

Isso contradiz a minimalidade de υ. Logo, deve valer

$$\upsilon^{-1}(b) = \emptyset$$

Com isso, ω_{υ} está bem definido. Pela Proposição 4.46(4) e (5), segue que ω_{υ} é um modelo clássico de φ. Portanto,

$$\upsilon = \upsilon_{\omega_{\upsilon}} \in (\mathrm{Mod}_{\Sigma}^{\mathrm{LP}}(\varphi))^3.$$

Assim, fica demonstrada a igualdade afirmada.

Agora, a equivalência das duas relações de consequência segue imediatamente:

$$\varphi \models_{\mathrm{LP}} \psi \iff \mathrm{Mod}_\Sigma^{\mathrm{LP}}(\varphi) \subseteq \mathrm{Mod}_\Sigma^{\mathrm{LP}}(\psi)$$

$$\iff \left(\mathrm{Mod}_\Sigma^{\mathrm{LP}}(\varphi)\right)^3 \subseteq \left(\mathrm{Mod}_\Sigma^{\mathrm{LP}}(\psi)\right)^3$$

$$\iff \mathrm{Mod}_\Sigma^{\min 3}(\varphi) \subseteq \mathrm{Mod}_\Sigma^{\min 3}(\psi) \iff \varphi \models^{\min 3} \psi.$$

Com isso, o teorema está demonstrado. □

Assim, a consequência mínima trivalorada é, por um lado, mais fraca que a consequência clássica, pois não se torna trivial diante de fórmulas inconsistentes; por outro lado, ela coincide com a lógica clássica em fórmulas consistentes. Exatamente esse comportamento a torna adequada para o raciocínio paraconsistente.

Exemplo 4.59. *Consideremos a fórmula*

$$\theta := P \wedge \neg P \wedge Q.$$

Então vale

$$\theta \models^{\min 3} Q,$$

mas

$$\theta \not\models^{\min 3} \neg Q.$$

A fórmula θ é classicamente contraditória, mas ainda assim contém a informação de que Q é preservada nos modelos mínimos. É precisamente esse o efeito paraconsistente.

4.2.3 Lógica proposicional tetravalorada

O conceito de „lógica paraconsistente“ não abrange apenas uma única teoria formal, mas toda uma família de lógicas relacionadas. Uma diferença essencial entre essas lógicas está em quantos valores de verdade elas admitem e quais situações informais esses valores descrevem. A lógica proposicional trivalorada do subitem anterior é apenas o caso mais simples. Agora consideramos, como outro exemplo, uma lógica tetravalorada, que distingue adicionalmente entre *contradição* e *indeterminação*.

Essa diferença costuma ser importante em aplicações. Uma proposição pode, afinal, não apenas ser simultaneamente verdadeira e falsa, mas também simplesmente permanecer desconhecida. Em uma base de conhecimento pode haver, portanto, por um lado, um conflito e, por outro, apenas falta de informação. A lógica tetravalorada torna visíveis exatamente esses dois casos.

Definição 4.60. *Seja Σ uma assinatura proposicional. Uma* interpretação tetravalorada *sobre Σ é uma função*

$$\xi : \Sigma \to \{t, f, b, n\}.$$

Denotamos por $\Omega_4(\Sigma)$ o conjunto de todas as interpretações tetravaloradas sobre Σ.

Os valores de verdade têm aqui o seguinte significado intuitivo:

$$t = \text{verdadeiro},$$

$$f = \text{falso},$$
$$b = \text{tanto verdadeiro quanto falso},$$
$$n = \text{nem verdadeiro nem falso}.$$

O valor b descreve, portanto, uma contradição genuína, enquanto n representa informação ausente ou indecidida. Precisamente essa distinção constitui o ganho efetivo da semântica tetravalorada em relação à trivalorada.

Definição 4.61. *A ordem de verdade $\succ_4$ sobre os valores t, f, b, n é dada por*

$$t \succ_4 b, \qquad t \succ_4 n, \qquad b \succ_4 f, \qquad n \succ_4 f$$

e, nesse caso, não há comparabilidade entre b e n.

Intuitivamente, t situa-se no topo, f na base, e os dois valores intermediários b e n são distintos, mas nenhum deles é maior ou menor que o outro. Para a avaliação de conjunções e disjunções, portanto, já não basta um simples raciocínio em termos de mínimo e máximo; em vez disso, usamos ínfimo e supremo em relação à ordem $\succ_4$.

Definição 4.62. *Sejam Σ uma assinatura proposicional, $\xi \in \Omega_4(\Sigma)$ uma interpretação tetravalorada, $\varphi, \psi \in L(\Sigma)$ fórmulas e $x \in \Sigma$ uma variável proposicional. Definimos então a função de verdade tetravalorada*

$$[\![\cdot]\!]^4_\xi : L(\Sigma) \to \{t, f, b, n\}$$

indutivamente por

$$[\![x]\!]^4_\xi = \xi(x),$$

$$[\![\neg\varphi]\!]^4_\xi = \begin{cases} t & se\ [\![\varphi]\!]^4_\xi = f, \\ f & se\ [\![\varphi]\!]^4_\xi = t, \\ b & se\ [\![\varphi]\!]^4_\xi = b, \\ n & se\ [\![\varphi]\!]^4_\xi = n, \end{cases}$$

$$[\![\varphi \wedge \psi]\!]^4_\xi = \inf_{\succ_4}\{[\![\varphi]\!]^4_\xi, [\![\psi]\!]^4_\xi\},$$

$$[\![\varphi \vee \psi]\!]^4_\xi = \sup_{\succ_4}\{[\![\varphi]\!]^4_\xi, [\![\psi]\!]^4_\xi\}.$$

Também aqui a negação se comporta de modo muito simples: ela troca t por f e f por t, mas deixa b e n inalterados. Isso é plausível, pois tanto a contradição quanto a indeterminação não são automaticamente eliminadas pela negação. Na conjunção e na disjunção, a ordem $\succ_4$ decide qual valor de verdade possui o conteúdo veritativo mais forte.

Alguns valores típicos esclarecem a lógica dessa semântica:

$$b \wedge n = f, \qquad b \vee n = t, \qquad n \wedge t = n, \qquad b \vee f = b.$$

Com isso, vê-se imediatamente que b e n desempenham papéis semanticamente distintos. O valor b carrega em si um conflito, enquanto n assinala antes uma ausência de informação.

Exemplo 4.63. *Consideremos a assinatura*

$$\Sigma_{\text{Exemplo}} = \{P, Q, R, S\}$$

e uma interpretação quatro-valorada $\xi \in \Omega_4(\Sigma_{\text{Exemplo}})$ *tal que*

$$\xi(P) = t, \qquad \xi(Q) = b, \qquad \xi(R) = n, \qquad \xi(S) = f.$$

Então vale:

$$\begin{aligned} [\![P \wedge Q]\!]^4_\xi &= b, \\ [\![Q \wedge R]\!]^4_\xi &= f, \\ [\![Q \vee R]\!]^4_\xi &= t, \\ [\![\neg R \wedge (P \vee S)]\!]^4_\xi &= n. \end{aligned}$$

Em particular, observa-se aqui que Q *é contraditória, enquanto* R *é apenas indeterminada; esses dois casos se comportam de modo diferente em relação aos conectivos.*

Como no caso três-valorado, queremos agora estabelecer quando uma fórmula é satisfeita em uma interpretação. Aqui, apenas os valores t e b devem contar como satisfatórios. O valor n, por outro lado, não conta como satisfatório, pois expressa precisamente que a afirmação em questão não é nem confirmada nem refutada.

Definição 4.64. *Seja* Σ *uma assinatura proposicional. A relação de satisfação quatro-valorada*

$$\models_4 \subseteq \Omega_4(\Sigma) \times L(\Sigma)$$

é definida por

$$\xi \models_4 \varphi \quad :\Longleftrightarrow \quad [\![\varphi]\!]^4_\xi \in \{t, b\}.$$

Uma interpretação quatro-valorada é chamada de *modelo quatro-valorado* de uma fórmula quando satisfaz essa fórmula. Denotamos por $\mathrm{Mod}^4_\Sigma(\varphi)$ o conjunto de todos os modelos quatro-valorados de φ.

Exemplo 4.65. *Para a fórmula*

$$\chi := P \wedge \neg P$$

temos, em uma interpretação ξ com $\xi(P) = b$:

$$[\![\chi]\!]^4_\xi = b,$$

portanto $\xi \models_4 \chi$. Em contrapartida, para $\xi(P) = n$ temos:

$$[\![\chi]\!]^4_\xi = n,$$

portanto $\xi \not\models_4 \chi$. Assim, a lógica quatro-valorada evidencia de modo muito claro a diferença entre contradição e mera indeterminação.

Agora, como de costume, pode-se definir uma relação de consequência por meio da inclusão de modelos.

Definição 4.66. *Seja Σ uma assinatura proposicional e sejam $\varphi, \psi \in L(\Sigma)$ fórmulas. A relação de consequência quatro-valorada*

$$\models^4_\Sigma \subseteq L(\Sigma) \times L(\Sigma)$$

é definida por

$$\varphi \models^4_\Sigma \psi \quad :\Longleftrightarrow \quad \mathrm{Mod}^4_\Sigma(\varphi) \subseteq \mathrm{Mod}^4_\Sigma(\psi).$$

Essa relação é paraconsistente, pois de uma fórmula contraditória não se segue automaticamente qualquer fórmula arbitrária. Ao mesmo tempo, ela também é paracompleta no sentido de que o valor n não conta como satisfatório e, portanto, nem toda fórmula é automaticamente „salva“ pela indeterminação.

Exemplo 4.67. *Consideremos novamente*

$$\chi := P \wedge \neg P.$$

Então vale

$$\chi \not\models_4 Q$$

para qualquer outra variável proposicional Q*. Pois a interpretação com* $\xi(P) = b$ *e* $\xi(Q) = f$ *satisfaz* χ*, mas não satisfaz* Q*. Logo, a lógica de quatro valores não é trivial.*

Por outro lado, também vale

$$P \vee \neg P \not\models_4 \top$$

no sentido de uma validade geral sem hipóteses adicionais, pois, para $\xi(P) = n$*, obtém-se*

$$[\![P \vee \neg P]\!]^4_\xi = n.$$

A lógica de quatro valores permite, portanto, distinguir claramente entre contradição e indeterminação.

A semântica de quatro valores está, além disso, estreitamente relacionada à semântica clássica e à semântica de três valores. Interpretações clássicas podem novamente ser incorporadas como casos especiais, e a semântica de três valores também surge quando o valor n não ocorre.

Proposição 4.68. *Seja Σ uma assinatura proposicional e seja $\varphi \in L(\Sigma)$ uma fórmula.*

1. *Se vale $\xi(\Sigma) \subseteq \{t, f, b\}$, então a avaliação de quatro valores de φ sob ξ coincide com a avaliação de três valores.*

2. *Se vale $\xi(\Sigma) \subseteq \{t, f\}$, então a avaliação de quatro valores de φ coincide com a avaliação clássica.*

Demonstração. Mostramos ambas as afirmações por indução estrutural sobre φ.

Caso $\varphi = x$. Nesse caso, a afirmação é imediata, pois, conforme a hipótese, os valores de x já pertencem ao conjunto menor de valores.

Caso $\varphi = \neg\psi$. Pela hipótese de indução, as avaliações de ψ nos conjuntos menores de valores coincidem com a avaliação de quatro valores. Como a negação, em todos os casos, apenas troca os valores t e f e mantém b e n fixos, a afirmação é preservada.

Caso $\varphi = \psi \wedge \chi$. Pela hipótese de indução, as avaliações de ψ e χ coincidem com as semânticas menores. A conjunção é determinada, nas três semânticas, pelo maior limitante inferior comum dos dois valores; portanto, também aqui a avaliação coincide.

Caso $\varphi = \psi \vee \chi$. De modo análogo, a afirmação segue para a disjunção, pois ela é determinada, em todas as semânticas, pelo menor limitante superior comum.

Assim, as avaliações coincidem em todos os casos. □

Com isso, a lógica de quatro valores fica situada como uma generalização da semântica de três valores e da semântica clássica. Ela é especialmente útil quando se deseja não misturar informação contraditória com informação meramente ausente. É precisamente essa distinção que a torna um exemplo particularmente claro de raciocínio paraconsistente e, ao mesmo tempo, sensível à informação.

Modelos minimais na lógica de quatro valores

A semântica de quatro valores distingue entre dois tipos diferentes de informação não clássica: o valor b representa uma contradição, isto é, „verdadeiro e falso ao mesmo tempo", enquanto n representa mera indeterminação, isto é, „nem verdadeiro nem falso". Se quisermos definir uma relação de consequência paraconsistente com base em modelos minimais, é, portanto, razoável minimizar não apenas o valor b, mas ambos os valores não clássicos b e n.

Para isso, consideramos, para uma fórmula φ, o conjunto das variáveis proposicionais que ocorrem em φ:

$$\mathrm{Var}(\varphi) = \{x \in \Sigma \mid x \text{ ocorre em } \varphi\}.$$

Para uma interpretação de quatro valores $\xi \in \Omega_4(\Sigma)$, definimos

$$N_\varphi(\xi) := \{x \in \mathrm{Var}(\varphi) \mid \xi(x) \in \{b, n\}\}.$$

Assim, esse conjunto capta exatamente as variáveis relevantes em φ que são avaliadas de modo não clássico.

Definição 4.69. *Para obter um comportamento inferencial compatível com a lógica proposicional clássica, consideramos modelos minimais não apenas relativamente às variáveis que ocorrem em φ, mas minimizamos globalmente o conjunto das variáveis que assumem valores de verdade não clássicos. Seja Σ uma assinatura proposicional, seja $\xi \in \Omega_4(\Sigma)$ uma interpretação de quatro valores e seja $\varphi \in L(\Sigma)$ uma fórmula proposicional. A interpretação ξ chama-se* modelo minimal de quatro valores *de φ se $\xi \models_4 \varphi$ vale e não existe nenhuma interpretação de quatro valores $\eta \in \mathrm{Mod}^4_\Sigma(\varphi)$ tal que*

$$N_\varphi(\eta) \subsetneq N_\varphi(\xi).$$

Denotamos o conjunto de todos os modelos minimais de quatro valores de φ por

$$\mathrm{Mod}^{\min 4}_\Sigma(\varphi).$$

Corolário 4.70. *Seja Σ uma assinatura proposicional e seja $\varphi \in L(\Sigma)$ uma fórmula. Então vale*

$$\mathrm{Mod}^4_\Sigma(\varphi) \neq \emptyset.$$

Demonstração. Definimos a interpretação de quatro valores $\xi^\Sigma_b \in \Omega_4(\Sigma)$ por

$$\xi^\Sigma_b(x) = b \qquad \text{para todo } x \in \Sigma.$$

Mostramos por indução estrutural sobre a fórmula φ que, para essa interpretação, sempre vale

$$[\![\varphi]\!]^4_{\xi_b^\Sigma} = b$$

. Daí segue imediatamente $\xi_b^\Sigma \models_4 \varphi$, pois, pela definição da relação de satisfação de quatro valores, vale $\xi \models_4 \varphi$ exatamente quando $[\![\varphi]\!]^4_\xi \in \{t, b\}$.

Base da indução. Se $\varphi = x$ para algum $x \in \Sigma$, então vale diretamente

$$[\![x]\!]^4_{\xi_b^\Sigma} = \xi_b^\Sigma(x) = b.$$

Passo de indução. Suponhamos que a afirmação valha para todas as subfórmulas próprias de φ.

- Seja $\varphi = \neg\psi$. Pela hipótese de indução, vale

  $$[\![\psi]\!]^4_{\xi_b^\Sigma} = b.$$

  Pela definição da negação na lógica de quatro valores, segue então

  $$[\![\neg\psi]\!]^4_{\xi_b^\Sigma} = b.$$

- Seja $\varphi = \psi \wedge \chi$. Pela hipótese de indução, vale

  $$[\![\psi]\!]^4_{\xi_b^\Sigma} = b \qquad \text{e} \qquad [\![\chi]\!]^4_{\xi_b^\Sigma} = b.$$

  Como b forma, em relação à ordem de verdade $\succ_4$, o ínfimo consigo mesmo, obtemos

  $$[\![\psi \wedge \chi]\!]^4_{\xi_b^\Sigma} = b.$$

- Seja $\varphi = \psi \vee \chi$. Analogamente, segue da hipótese de indução e da definição da disjunção que

$$[\![\psi \vee \chi]\!]^4_{\xi_b^\Sigma} = b.$$

Assim, em todos os casos foi mostrado que

$$[\![\varphi]\!]^4_{\xi_b^\Sigma} = b.$$

Logo, vale $\xi_b^\Sigma \models_4 \varphi$ e, consequentemente,

$$\mathrm{Mod}^4_\Sigma(\varphi) \neq \emptyset.$$

$\square$

Proposição 4.71. *Seja Σ uma assinatura proposicional e seja $\varphi \in L(\Sigma)$ uma fórmula. Então vale:*

$$\mathrm{Mod}^{\min 4}_\Sigma(\varphi) \subseteq \mathrm{Mod}^4_\Sigma(\varphi) \quad e \quad \mathrm{Mod}^{\min 4}_\Sigma(\varphi) \neq \emptyset.$$

Demonstração. A inclusão decorre imediatamente da definição de modelo quatro-valorado minimal.

Para a não vacuidade, basta mostrar que, entre os modelos quatro-valorados de φ, existe um com conjunto $N_\varphi(\xi)$ minimal. Pelo corolário anterior, temos $\mathrm{Mod}^4_\Sigma(\varphi) \neq \emptyset$; portanto, φ possui pelo menos um modelo quatro-valorado.

Como $\mathrm{Var}(\varphi)$ é finito, o conjunto $N_\varphi(\xi)$ só pode assumir finitamente muitos valores distintos, a saber, subconjuntos de $\mathrm{Var}(\varphi)$. Consideremos, portanto, o conjunto

$$\mathcal{N} := \{\, N_\varphi(\xi) \mid \xi \in \mathrm{Mod}^4_\Sigma(\varphi) \,\}.$$

Esse conjunto é não vazio e finito. Logo, $\mathcal{N}$ possui um elemento minimal em relação à inclusão própria $\subsetneq$. Seja $M \in \mathcal{N}$ tal elemento minimal e seja $\xi \in \mathrm{Mod}^4_\Sigma(\varphi)$ uma interpretação com $N_\varphi(\xi) = M$.

Então não existe $\eta \in \mathrm{Mod}^4_\Sigma(\varphi)$ tal que

$$N_\varphi(\eta) \subsetneq N_\varphi(\xi),$$

pois, caso contrário, $N_\varphi(\eta)$ seria um elemento propriamente menor de $\mathcal{N}$, em contradição com a minimalidade de M. Assim, ξ é um modelo quatro-valorado minimal de φ.

Daí segue que

$$\mathrm{Mod}^{\min 4}_\Sigma(\varphi) \neq \emptyset.$$

□

A relação de consequência quatro-valorada minimal é agora definida da seguinte forma.

Definição 4.72. *Seja Σ uma assinatura proposicional e sejam $\varphi, \psi \in L(\Sigma)$ fórmulas proposicionais. A relação de consequência quatro-valorada minimal*

$$\models^{\min 4}_\Sigma \subseteq L(\Sigma) \times L(\Sigma)$$

é definida por

$$\varphi \models^{\min 4}_\Sigma \psi \quad :\Longleftrightarrow \quad \mathrm{Mod}^{\min 4}_\Sigma(\varphi) \subseteq \mathrm{Mod}^{\min 4}_\Sigma(\psi).$$

Como de costume, escrevemos simplesmente $\varphi \models^{\min 4} \psi$ quando a assinatura estiver clara pelo contexto.

Lema 4.73. *Seja Σ uma assinatura proposicional, seja $\omega \in \Omega(\Sigma)$ uma interpretação clássica e seja $\xi_\omega \in \Omega_4(\Sigma)$ a interpretação quatro-valorada correspondente a ω, dada por*

$$\xi_\omega(x) = \begin{cases} t & \text{se } \omega(x) = \texttt{true}, \\ f & \text{se } \omega(x) = \texttt{false}. \end{cases}$$

Então, para toda fórmula $\varphi \in L(\Sigma)$, vale:

$$[\![\varphi]\!]^4_{\xi_\omega} = \begin{cases} t & \text{se } [\![\varphi]\!]_\omega = \texttt{true}, \\ f & \text{se } [\![\varphi]\!]_\omega = \texttt{false}. \end{cases}$$

Demonstração. A prova procede por indução estrutural sobre φ.

Caso $\varphi = x$. Nesse caso, a afirmação segue diretamente da definição de ξ_ω.

Caso $\varphi = \neg\psi$. Pela hipótese de indução, a afirmação vale para ψ. Como, na lógica quatro-valorada, a negação atua sobre os valores t e f exatamente como na lógica clássica, a afirmação segue para $\neg\psi$.

Caso $\varphi = \psi \wedge \chi$. Pela hipótese de indução, os valores de ψ e χ coincidem na semântica quatro-valorada e na semântica clássica. Como $\wedge$ é descrito em ambas as semânticas pelo respectivo ínfimo dos valores de verdade envolvidos, a avaliação de $\psi \wedge \chi$ também coincide.

Caso $\varphi = \psi \vee \chi$. De modo análogo, a afirmação segue para a disjunção.

Assim, fica demonstrado que a avaliação clássica e a avaliação quatro-valorada coincidem em valorações bivalentes. □

Teorema 4.74. *Seja* Σ *uma assinatura da lógica proposicional e sejam* $\varphi, \psi \in L(\Sigma)$ *fórmulas proposicionais com* $\varphi \not\equiv \bot$. *Então vale*

$$\varphi \models_{\mathrm{LP}} \psi \iff \varphi \models^{\min 4} \psi.$$

Demonstração. Mostramos inicialmente que, para toda fórmula não inconsistente φ, vale:

$$\left(\mathrm{Mod}_{\Sigma}^{\mathrm{LP}}(\varphi)\right)^{4} = \mathrm{Mod}_{\Sigma}^{\min 4}(\varphi).$$

"$\subseteq$": Seja $\omega \in \mathrm{Mod}_{\Sigma}^{\mathrm{LP}}(\varphi)$. Então $\xi_\omega \in \left(\mathrm{Mod}_{\Sigma}^{\mathrm{LP}}(\varphi)\right)^{4}$. Pelo lema anterior, vale

$$[\![\varphi]\!]_{\xi_\omega}^{4} = t,$$

logo $\xi_\omega \models_4 \varphi$. Além disso,

$$N(\xi_\omega) = \emptyset.$$

Portanto, não pode haver nenhum $\eta \in \mathrm{Mod}_{\Sigma}^{4}(\varphi)$ tal que $N(\eta) \subsetneq N(\xi_\omega)$. Assim,

$$\xi_\omega \in \mathrm{Mod}_{\Sigma}^{\min 4}(\varphi).$$

"$\supseteq$": Reciprocamente, seja $\xi \in \mathrm{Mod}_{\Sigma}^{\min 4}(\varphi)$. Suponhamos primeiro que $N(\xi) \neq \emptyset$. Como $\varphi \not\equiv \bot$, a fórmula φ possui um modelo clássico ω. Então também $\xi_\omega \in \mathrm{Mod}_{\Sigma}^{4}(\varphi)$ e vale

$$N(\xi_\omega) = \emptyset \subsetneq N(\xi),$$

em contradição com a minimalidade de ξ. Logo, deve-se ter de fato

$$N(\xi) = \emptyset$$

Assim, ξ assume apenas os valores t e f.

Definimos agora a interpretação clássica ω_ξ por

$$\omega_\xi(x) = \begin{cases} \texttt{true} & \text{se } \xi(x) = t, \\ \texttt{false} & \text{se } \xi(x) = f. \end{cases}$$

Então ω_ξ está bem definida e $\xi = \xi_{\omega_\xi}$. Pelo lema anterior, de $\xi \models_4 \varphi$ segue que

$$\omega_\xi \models_{\mathrm{LP}} \varphi$$

vale. Portanto,

$$\xi \in \left(\mathrm{Mod}_\Sigma^{\mathrm{LP}}(\varphi)\right)^4.$$

Com isso, a igualdade afirmada está demonstrada.

Agora segue a equivalência das duas relações de consequência:

$$\varphi \models_{\mathrm{LP}} \psi \iff \mathrm{Mod}_\Sigma^{\mathrm{LP}}(\varphi) \subseteq \mathrm{Mod}_\Sigma^{\mathrm{LP}}(\psi)$$

$$\iff \left(\mathrm{Mod}_\Sigma^{\mathrm{LP}}(\varphi)\right)^4 \subseteq \left(\mathrm{Mod}_\Sigma^{\mathrm{LP}}(\psi)\right)^4$$

$$\iff \mathrm{Mod}_\Sigma^{\min 4}(\varphi) \subseteq \mathrm{Mod}_\Sigma^{\min 4}(\psi) \iff \varphi \models^{\min 4} \psi.$$

Assim, o teorema está demonstrado. □

Exemplo 4.75. *Para a fórmula*

$$\varphi := P \wedge \neg P \wedge Q$$

vale, na lógica de quatro valores:

$$\varphi \models^{\min 4} Q, \qquad \varphi \not\models^{\min 4} \neg Q.$$

A fórmula permanece, portanto, paraconsistente: da contradição em P não se segue tudo, mas sim a informação sobre Q que permanece estável nos modelos minimais.

4.2.4 Exercícios e soluções

A seguir, exercitamos a semântica paraconsistente de três e de quatro valores em exemplos concretos. Decida, em cada caso, se a afirmação indicada é verdadeira ou falsa.

Exercício 4.76. *Considere a assinatura proposicional*

$$\Sigma = \{B, C, E, G, H\}.$$

Além disso, sejam dados:

$$\begin{aligned} &v_1(H) = f, \\ &v_1(B) = v_1(C) = v_1(E) = v_1(G) = b, \end{aligned}$$

$$\begin{aligned} &v_2(C) = v_2(E) = v_2(H) = t, \\ &v_2(B) = v_2(G) = f, \end{aligned}$$

$$\Phi_3 = \{\neg(E \vee C), E \wedge C\},$$

$$\xi_4(E) = \xi_4(H) = t,$$
$$\xi_4(C) = \xi_4(G) = f,$$
$$\xi_4(B) = b.$$

Decida, para cada uma das seguintes afirmações, se ela é verdadeira ou falsa:

1. $[\![G \vee C \wedge E \vee B]\!]^3_{v_1} = t.$

2. $v_2 \in \mathrm{Mod}^{\min 3}_{\Sigma}(C \vee \neg G).$

3. $\Phi_3 \models^{\min 3} G \vee H.$

4. $\xi_4 \models_4 C \wedge C.$

Solução 4.77. *1.* ***Falso.*** *Pela precedência usual dos conectivos, lê-se a expressão como*

$$G \vee (C \wedge E) \vee B.$$

Sob v_1, vale

$$[\![G]\!]^3_{v_1} = b, \qquad [\![C \wedge E]\!]^3_{v_1} = b, \qquad [\![B]\!]^3_{v_1} = b.$$

Portanto, no total, obtém-se

$$[\![G \vee C \wedge E \vee B]\!]^3_{v_1} = b,$$

e não t. A fórmula é satisfeita, mas não é verdadeira no sentido clássico.

2. ***Verdadeiro.*** *Primeiro, temos*

$$[\![C \vee \neg G]\!]^3_{v_2} = t \vee t = t,$$

pois $v_2(C) = t$ *e* $v_2(G) = f$*; portanto,* $[\![\neg G]\!]^3_{v_2} = t$*. Assim,* v_2 *é um modelo trivalorado de* $C \vee \neg G$*.*

Além disso, v_2 *não contém nenhum valor* b*. Logo,*

$$v_2^{-1}(b) = \emptyset.$$

Como não há conjunto estritamente menor que $\emptyset$*,* v_2 *é automaticamente minimal. Portanto, vale*

$$v_2 \in \mathrm{Mod}_\Sigma^{\min 3}(C \vee \neg G).$$

3. ***Falso.*** *Basta apresentar um modelo trivalorado minimal de* Φ_3 *que não satisfaça a fórmula* $G \vee H$*.*

Consideremos a interpretação $v \in \Omega_3(\Sigma)$ *com*

$$v(C) = v(E) = b, \qquad v(B) = v(G) = v(H) = f.$$

Então vale

$$[\![E \wedge C]\!]^3_v = b \qquad e \qquad [\![\neg(E \vee C)]\!]^3_v = b.$$

Assim, v *é um modelo de* Φ_3*.*

Que v *é até mesmo minimal vê-se pelo fato de que tanto* E *quanto* C *precisam receber o valor* b *para satisfazer simultaneamente as duas fórmulas. Uma interpretação com menos valores* b *não pode satisfazer* Φ_3*.*

Para a conclusão, porém, vale

$$[\![G \vee H]\!]_v^3 = f \vee f = f.$$

Logo, v não é um modelo de $G \vee H$. Daí segue que

$$\Phi_3 \not\models^{\min 3} G \vee H.$$

4. ***Falso.*** *Vale*

$$[\![C \wedge C]\!]_{\xi_4}^4 = [\![C]\!]_{\xi_4}^4 \wedge [\![C]\!]_{\xi_4}^4 = f \wedge f = f.$$

Assim, $C \wedge C$ não é satisfeita sob ξ_4, pois, para $\models_4$, apenas os valores t e b são admissíveis. Portanto, vale

$$\xi_4 \not\models_4 C \wedge C.$$

4.3 Lógica fuzzy

Nas lógicas não clássicas estudadas até aqui, já havíamos ampliado o conceito de verdade: na lógica multivalorada havia mais do que apenas *verdadeiro* e *falso*, e na lógica paraconsistente aspectos de verdade e de falsidade podiam até ocorrer simultaneamente. A lógica fuzzy dá agora mais um passo. Ela não modela apenas valores de verdade adicionais, mas permite uma gradação *gradual* da verdade.

A ideia básica é intuitiva: muitos conceitos do cotidiano não possuem fronteiras nítidas. Se uma pessoa é considerada „alta“, uma temperatura „quente“ou uma afirmação „bastante segura“depende frequentemente de transições e avaliações. Em vez de distinguir apenas entre „sim“e „não“, consideramos na lógica fuzzy todos os números reais do intervalo unitário $[0, 1]$ como valores de verdade. Nesse contexto, 0 corresponde ao clássico *falso* e 1 ao clássico *verdadeiro*; os valores intermediários descrevem formas graduais de verdade.

Na sequência, começaremos pelos fundamentos da teoria dos conjuntos fuzzy. Depois investigaremos como os conectivos lógicos podem ser interpretados de modo adequado nesse quadro. Para isso, consideraremos primeiro conjunções e disjunções, depois a negação e, por fim, a semântica completa da lógica fuzzy.

4.3.1 Conjuntos fuzzy

A linguagem da lógica fuzzy baseia-se no conceito de *conjunto fuzzy*. Para compreender essa ideia, convém começar pela comparação com os conjuntos clássicos.

Um conjunto clássico $M \subseteq U$ pode ser descrito por sua função característica. Essa função associa a cada elemento $x \in U$ exatamente um de dois valores:

$$\lambda_M(x) = \begin{cases} 1, & \text{se } x \in M, \\ 0, & \text{se } x \notin M. \end{cases}$$

Assim, um elemento pertence inteiramente ao conjunto ou não pertence a ele de modo algum. É precisamente essa nitidez que é abandonada na lógica fuzzy.

Definição 4.78 (Conjunto fuzzy). *Seja U um conjunto. Um* conjunto fuzzy *F sobre U é uma função*

$$F : U \to [0, 1].$$

O valor $F(x)$ indica em que grau o elemento x pertence ao conjunto fuzzy F.

Com isso, substitui-se a estrutura rígida de sim ou não dos conjuntos clássicos por uma pertinência graduada. Um valor próximo de 1 significa uma pertinência forte; um valor próximo de 0, uma pertinência fraca ou praticamente inexistente. Valores intermediários permitem modelar matematicamente conceitos vagos.

Exemplo 4.79. *Seja $U_{\text{chá}} = \{frio, morno, quente\}$ um pequeno conjunto de termos de temperatura. Para o conceito vago de "chá quente", poderíamos descrever um conjunto fuzzy $F_{\text{quente}} : U_{\text{chá}} \to [0, 1]$, por exemplo, por*

$$\begin{aligned} F_{\text{quente}}(frio) &= 0.0, \\ F_{\text{quente}}(morno) &= 0.4, \\ F_{\text{quente}}(quente) &= 1.0 \end{aligned}$$

Então "frio" não pertence a esse conceito, "morno" pertence apenas parcialmente e "quente" pertence completamente a ele.

Conjuntos fuzzy também podem ser comparados entre si. Nesse caso, a relação clássica de inclusão é generalizada de maneira natural.

Definição 4.80 (Subconjunto fuzzy). *Sejam $F, F' : U \to [0,1]$ conjuntos fuzzy sobre U. Dizemos que F é um* subconjunto fuzzy *de F' e escrevemos*

$$F \subseteq F',$$

se, e somente se, para todo $x \in U$, vale:

$$F(x) \leq F'(x).$$

A ideia por trás disso é direta: se cada elemento pertence a F no máximo com a mesma intensidade com que pertence a F', então F está contido em F' nesse sentido graduado.

Exemplo 4.81. *Consideremos novamente $U_{\text{chá}} = \{frio, morno, quente\}$ e o conceito vago de "chá quente", dado por*

$$F_{\text{quente}}(frio) = 0.0,$$
$$F_{\text{quente}}(morno) = 0.4,$$
$$F_{\text{quente}}(quente) = 1.0.$$

Além disso, consideramos um conceito mais amplo, "ao menos morno", modelado por um conjunto fuzzy F_{morno}:

$$F_{\text{morno}}(frio) = 0.1,$$
$$F_{\text{morno}}(morno) = 0.8,$$
$$F_{\text{morno}}(quente) = 1.0.$$

Então vale

$$F_{\text{quente}} \subseteq F_{\text{morno}},$$

pois, para cada elemento, o grau de pertinência a F_{quente} *é no máximo tão grande quanto o grau de pertinência a* F_{morno}.

Intuitivamente, isso significa: todo chá "quente" também é, em grau ainda mais forte, "morno", enquanto o conceito de "morno" é, no conjunto, menos estrito.

Exemplo 4.82. *Seja*

$$U_{\text{Carro}} = \{\textit{econômico}, \textit{rápido}, \textit{confortável}\}$$

um conjunto de propriedades de um carro. Consideramos duas fuzzyconjuntos:

$$\begin{aligned} F_{\text{esportivo}}(\textit{econômico}) &= 0.2, \\ F_{\text{confortável}}(\textit{econômico}) &= 0.8, \\ F_{\text{esportivo}}(\textit{rápido}) &= 0.9, \\ F_{\text{confortável}}(\textit{rápido}) &= 0.4, \\ F_{\text{esportivo}}(\textit{confortável}) &= 0.3, \\ F_{\text{confortável}}(\textit{confortável}) &= 1.0. \end{aligned}$$

Então não vale nem

$$F_{\text{esportivo}} \subseteq F_{\text{confortável}} \quad \textit{nem} \quad F_{\text{confortável}} \subseteq F_{\text{esportivo}}.$$

Pois, para rápido, tem-se $F_{\text{esportivo}}(\textit{rápido}) = 0.9 > 0.4 = F_{\text{confortável}}(\textit{rápido})$, *enquanto, para econômico, ocorre o inverso:* $F_{\text{confortável}}(econômico) = 0.8 > 0.2 = F_{\text{esportivo}}(econômico)$.

Os dois fuzzyconjuntos descrevem, portanto, propriedades diferentes que não são simplesmente comparáveis entre si por meio de uma relação de subconjunto.

Como no caso dos conjuntos clássicos, a relação de subconjunto fuzzy também é uma ordem parcial.

Proposição 4.83. *Sejam* $F, F', F'' : U \to [0,1]$ *fuzzy-conjuntos sobre* U*. Então vale:*

1. $F \subseteq F$,
2. *de* $F \subseteq F'$ *e* $F' \subseteq F$ *segue* $F = F'$,
3. *de* $F \subseteq F'$ *e* $F' \subseteq F''$ *segue* $F \subseteq F''$.

Demonstração. Todas as três afirmações seguem diretamente da definição da relação $\subseteq$ e da ordem nos números reais.

1. Para todo $x \in U$, vale $F(x) \leq F(x)$.
2. Se $F \subseteq F'$ e $F' \subseteq F$, então, para todo $x \in U$, seguem tanto $F(x) \leq F'(x)$ quanto $F'(x) \leq F(x)$. Logo, $F(x) = F'(x)$ para todo $x \in U$; portanto, $F = F'$.
3. De $F(x) \leq F'(x)$ e $F'(x) \leq F''(x)$ segue, para todo $x \in U$, a desigualdade $F(x) \leq F''(x)$.

□

Também o conjunto vazio e o conjunto universal possuem contrapartes naturais na lógica fuzzy.

Definição 4.84 (Fuzzymenge vazia e universal). *A* fuzzymenge vazia $\hat{\emptyset}$ *sobre* U *é definida por*

$$\hat{\emptyset}(x) = 0 \qquad \textit{para todo } x \in U.$$

A fuzzymenge universal $\hat{U}$ *sobre* U *é definida por*

$$\hat{U}(x) = 1 \qquad \textit{para todo } x \in U.$$

Proposição 4.85. *Seja* $F : U \to [0, 1]$ *uma fuzzymenge sobre* U*. Então vale*

$$\hat{\emptyset} \subseteq F \subseteq \hat{U}.$$

Demonstração. Para todo $x \in U$, tem-se, por definição, que $F(x)$ pertence ao intervalo $[0, 1]$. Portanto, vale

$$0 = \hat{\emptyset}(x) \leq F(x) \leq 1 = \hat{U}(x)$$

para todo $x \in U$. Assim, $\hat{\emptyset} \subseteq F \subseteq \hat{U}$. □

Para a própria lógica, interessa sobretudo o caso em que não consideramos conjuntos arbitrários, mas variáveis proposicionais. Por isso, voltamos a atenção, a seguir, para conjuntos fuzzy sobre assinaturas proposicionais. Se Σ é uma assinatura proposicional, entendemos por um conjunto fuzzy sobre Σ uma função

$$F : \Sigma \to [0, 1].$$

A cada variável proposicional atômica é, portanto, atribuído um grau de verdade.

Exemplo 4.86. *Seja*

$$\Sigma_{\text{Clima}} = \{\textit{Chuva}, \textit{Vento}, \textit{Quente}, \textit{Seco}\}$$

uma assinatura proposicional com os seguintes significados informais:

- *Chuva: „Está chovendo."*
- *Vento: „Está ventando."*
- *Quente: „Está quente."*
- *Seco: „Está seco."*

O conjunto fuzzy $F_{\text{Clima}} : \Sigma_{\text{Clima}} \to [0, 1]$ *com*

$$F_{\text{Clima}}(\textit{Chuva}) = 0.2, \qquad F_{\text{Clima}}(\textit{Vento}) = 0.7,$$
$$F_{\text{Clima}}(\textit{Quente}) = 0.85, \qquad F_{\text{Clima}}(\textit{Seco}) = 0.6.$$

descreve então uma situação em que chove apenas levemente, há vento de modo claro, está relativamente quente e o estado „seco" ocorre apenas parcialmente.

A questão central agora é: como avaliamos fórmulas compostas como

$$\text{Quente} \wedge \text{Seco}, \qquad \text{Vento} \vee \text{Chuva}, \qquad \neg\text{Chuva}$$

sob um conjunto fuzzy desse tipo? É exatamente a essa questão que nos dedicaremos nas próximas subseções.

4.3.2 T-normas

Depois de introduzirmos os conjuntos fuzzy, surge agora a questão central de como interpretar de modo adequado a conjunção lógica nesse contexto multivalorado. Na lógica clássica, vale o seguinte: uma conjunção é verdadeira exatamente quando ambas as subfórmulas são verdadeiras. Na lógica fuzzy, não queremos abandonar essa ideia, mas generalizá-la. O valor de verdade de uma conjunção deve, portanto, ser calculado a partir dos valores de verdade de suas duas subfórmulas, de modo que a avaliação semântica permaneça compatível com a lógica clássica.

Contudo, não há apenas uma única possibilidade para essa generalização. Dependendo do domínio de aplicação, pode-se modelar a conjunção de maneira mais estrita, mais compensatória ou mais abrupta. Por isso, descreve-se inicialmente o comportamento desejado de forma axiomática.

Definição 4.87 (T-norma). *Uma função* $T : [0,1]^2 \to [0,1]$ *chama-se* T-norma *se, para todos* $x, x', y, y', z \in [0,1]$, *valem as seguintes propriedades:*

1. $T(x, 0) = 0$ *(elemento absorvente* 0*)*

2. $T(x, 1) = x$ *(elemento neutro* 1*)*

3. *De* $x \leq x'$ *e* $y \leq y'$ *segue* $T(x, y) \leq T(x', y')$ *(monotonicidade)*

4. $T(x, y) = T(y, x)$ *(comutatividade)*

5. $T(x, T(y, z)) = T(T(x, y), z)$ *(associatividade)*

As condições admitem uma leitura intuitiva bastante clara. A propriedade (1) afirma: assim que uma subfórmula é completamente falsa, toda a conjunção também deve ser completamente falsa. A propriedade (2) expressa que o valor de verdade de uma conjunção não é alterado por uma subfórmula completamente verdadeira. A propriedade (3) exige que uma melhora em uma subfórmula não possa piorar o valor de verdade da conjunção. As propriedades (4) e (5) correspondem às leis algébricas familiares da conjunção clássica.

As T-normas de fato generalizam a conjunção clássica no sentido de que, nos valores 0 e 1, comportam-se como o conectivo clássico.

Proposição 4.88. *Para toda T-norma* $T : [0,1]^2 \to [0,1]$, *vale*

$$T(0,0) = 0$$
$$T(1,0) = 0$$
$$T(0,1) = 0$$
$$T(1,1) = 1$$

Demonstração. Da propriedade (1) da T-norma segue imediatamente que

$$T(0,0) = 0 \quad \text{e} \quad T(1,0) = 0.$$

Pela comutatividade da propriedade (4), obtemos

$$T(0,1) = T(1,0) = 0.$$

Por fim, da propriedade (2) segue que

$$T(1,1) = 1.$$

Assim, as quatro igualdades estão demonstradas. □

A definição de uma T-norma estabelece apenas o quadro geral desejado. Dentro desse quadro, há várias realizações significativas. Três especialmente importantes são a conjunção pelo mínimo, a conjunção pelo produto e a conjunção de Łukasiewicz.

Definição 4.89. *Definimos as funções* $T_{\text{min}}, T_{\text{prod}}, T_{\text{Luka}} : [0,1]^2 \to [0,1]$ *por*

$$\begin{aligned} T_{\text{min}}(x,y) &= \min\{x,y\} \\ T_{\text{prod}}(x,y) &= xy \\ T_{Ł}(x,y) &= \max\{0, x+y-1\} \end{aligned}$$

para todos $x, y \in [0,1]$. *Nesse caso,* T_{min} *também é chamada de* conjunção pelo mínimo, T_{prod} *de* conjunção pelo produto *e* T_{Luka} *de* conjunção de Łukasiewicz.

Proposição 4.90. *As funções* T_{min}, T_{prod} *e* T_{Luka} *são T-normas.*

Demonstração. Mostramos separadamente cada uma das cinco propriedades.

1. A função T_{min}.

1. $T_{\text{min}}(x,0) = \min\{x,0\} = 0.$

2. $T_{\min}(x, 1) = \min\{x, 1\} = x$.

3. De $x \leq x'$ e $y \leq y'$ segue que $\min\{x, y\} \leq \min\{x', y'\}$.

4. Vale $\min\{x, y\} = \min\{y, x\}$.

5. Vale

$$\begin{aligned} T_{\min}(x, T_{\min}(y, z)) &= \min\{x, \min\{y, z\}\} \\ &= \min\{x, y, z\} \\ &= \min\{\min\{x, y\}, z\} \\ &= T_{\min}(T_{\min}(x, y), z) \end{aligned}$$

2. A função T_{prod}.

1. $T_{\text{prod}}(x, 0) = x \cdot 0 = 0$.

2. $T_{\text{prod}}(x, 1) = x \cdot 1 = x$.

3. Sejam $x \leq x'$ e $y \leq y'$, com $x, x', y, y' \in [0, 1]$. Então, pela não negatividade, vale

$$xy \leq x'y \leq x'y',$$

portanto $T_{\text{prod}}(x, y) \leq T_{\text{prod}}(x', y')$.

4. $T_{\text{prod}}(x, y) = xy = yx = T_{\text{prod}}(y, x)$.

5. Vale

$$\begin{aligned} T_{\text{prod}}(x, T_{\text{prod}}(y, z)) &= x(yz) \\ &= (xy)z \\ &= T_{\text{prod}}(T_{\text{prod}}(x, y), z) \end{aligned}$$

3. A função T_{Luka}.

1. $$T_{\text{Luka}}(x,0) = \max\{0, x+0-1\} = 0$$

   pois $x \leq 1$.

2. $$T_{\text{Luka}}(x,1) = \max\{0, x+1-1\} = x$$

   pois $x \geq 0$.

3. De $x \leq x'$ e $y \leq y'$ segue que

   $$x+y-1 \leq x'+y'-1.$$

   Como a função $t \mapsto \max\{0,t\}$ é monotonamente crescente, obtemos

   $$\begin{aligned} T_{Ł}(x,y) &= \max\{0, x+y-1\} \\ &\leq \max\{0, x'+y'-1\} \\ &= T_{Ł}(x',y') \end{aligned}$$

4. Vale imediatamente

   $$\begin{aligned} T_{Ł}(x,y) &= \max\{0, x+y-1\} \\ &= \max\{0, y+x-1\} \\ &= T_{Ł}(y,x) \end{aligned}$$

5. Para a associatividade, calculamos:

   $$T_{\text{Luka}}(x, T_{\text{Luka}}(y,z)) = \max\{0, x+$$

$$\max\{0, y+z-1\}-1\}$$
$$= \max\{0, x+y+z-2\}$$

Agora, vale em geral que

$$x+\max\{0,y+z-1\}-1 = \max\{x-1, x+y+z-2\},$$

portanto

$$\begin{aligned} &T_{\text{Luka}}(x, T_{\text{Luka}}(y,z)) \\ &\quad = \max\{0, x+\max\{0, y+z-1\}-1\} \\ &\quad = \max\{0, x+y+z-2\} \end{aligned}$$

Como $x \leq 1$, segue que $x-1 \leq 0$; logo,

$$T_{\text{Luka}}(x, T_{\text{Luka}}(y,z)) = \max\{0, x+y+z-2\}$$

De modo análogo, obtemos

$$\begin{aligned} T_{\text{Ł}}(T_{\text{Ł}}(x,y), z) &= \max\{0, \max\{0, x+y-1\}+z-1\} \\ &= \max\{0, x+y+z-2\} \end{aligned}$$

Com isso, a associatividade também está demonstrada.

□

As três T-normas expressam intuições diferentes sobre a interação entre duas proposições. O mínimo comporta-se de modo particularmente estrito: a conjunção recebe, no máximo, o menor dos dois valores. A conjunção produto interpreta essa interação de maneira mais suave e, muitas vezes, intuitivamente como um apoio simultâneo de ambas as subfórmulas. A conjunção de Łukasiewicz permite uma gradação ainda mais forte, na medida em que os dois valores de verdade podem, até certo ponto, "compensar-se" mutuamente.

Exemplo 4.91. *Consideramos a assinatura proposicional*

$$\Sigma_{\text{Dispositivo}} = \{\mathit{Rápido}, \mathit{Silencioso}, \mathit{Móvel}\}$$

com os seguintes significados informais:

- *Rápido: "O dispositivo funciona rapidamente."*
- *Silencioso: "O dispositivo é silencioso."*
- *Móvel: "O dispositivo é facilmente transportável."*

Para um conjunto fuzzy $F : \Sigma_{\text{Dispositivo}} \to [0,1]$, *suponhamos que*

$$\begin{aligned} F(\mathit{Rápido}) &= 0.9, \\ F(\mathit{Silencioso}) &= 0.8, \\ F(\mathit{Móvel}) &= 0.6. \end{aligned}$$

O valor de verdade da conjunção $\mathit{Rápido} \wedge \mathit{Silencioso}$ *depende, então, da T-norma escolhida:*

$$\begin{aligned} T_{\text{min}}(0.9, 0.8) &= 0.8 \\ T_{\text{prod}}(0.9, 0.8) &= 0.72 \end{aligned}$$

$$T_Ł(0.9, 0.8) = 0.7$$

Vemos, assim, que diferentes T-normas avaliam a mesma conjunção intuitiva com graus distintos de rigor.

4.3.3 S-normas

Depois da conjunção, voltamo-nos agora para a disjunção. Na lógica clássica vale o seguinte: uma disjunção é verdadeira exatamente quando pelo menos uma de suas subfórmulas é verdadeira. Essa ideia também deve ser preservada na lógica fuzzy. Contudo, aqui já não basta distinguir apenas entre „verdadeiro“ e „falso“. Em vez disso, o grau de verdade de uma disjunção deve ser calculado a partir dos graus de verdade de suas subfórmulas.

Também aqui não existe uma única possibilidade razoável. Conforme a semântica desejada, pode-se modelar a disjunção de modo mais cauteloso, mais generoso ou mais nítido. Por isso, o comportamento da disjunção fuzzy também é fixado axiomaticamente.

Definição 4.92 (S-norma). *Uma função* $S : [0, 1]^2 \to [0, 1]$ *chama-se* S-norma *se, para todos* $x, x', y, y', z \in [0, 1]$, *valem as seguintes propriedades:*

1. $S(x, 1) = 1$ *(elemento absorvente* 1*)*
2. $S(x, 0) = x$ *(elemento neutro* 0*)*
3. *De* $x \leq x'$ *e* $y \leq y'$ *segue* $S(x, y) \leq S(x', y')$ *(monotonicidade)*

4. $S(x,y) = S(y,x)$ *(comutatividade)*

5. $S(x,S(y,z)) = S(S(x,y),z)$ *(associatividade)*

As propriedades são exatamente a contraparte das condições para T-normas. A propriedade (1) significa: se uma subfórmula é completamente verdadeira, então toda a disjunção deve ser completamente verdadeira. A propriedade (2) significa: uma subfórmula completamente falsa não altera o valor de verdade da disjunção. Monotonicidade, comutatividade e associatividade correspondem às expectativas naturais em relação a um „ou“ em uma semântica multivalorada.

Como no caso das T-normas, mostra-se que as S-normas generalizam corretamente a disjunção clássica nos valores 0 e 1.

Proposição 4.93. *Para toda S-norma* $S : [0,1]^2 \to [0,1]$, *vale*

$$S(0,0) = 0, \qquad S(1,0) = S(0,1) = S(1,1) = 1.$$

Demonstração. Da definição de S-norma seguem, em particular:

$$S(x,0) = x \quad \text{para todo } x \in [0,1],$$

$$S(x,1) = 1 \quad \text{para todo } x \in [0,1],$$

bem como

$$S(x,y) = S(y,x) \quad \text{para todos } x,y \in [0,1].$$

Substituindo $x = 0$ na condição de neutralidade, obtemos

$$S(0,0) = 0.$$

Substituindo ali $x = 1$, segue

$$S(1,0) = 1.$$

Pela comutatividade, obtemos daí

$$S(0,1) = S(1,0) = 1.$$

Por fim, da propriedade absorvente com $x = 1$ segue:

$$S(1,1) = 1.$$

Com isso, todas as afirmações estão demonstradas. □

As três S-normas seguintes pertencem aos exemplos-padrão mais importantes. Elas correspondem, respectivamente, a maneiras muito naturais de interpretar uma disjunção no contexto fuzzy.

Definição 4.94. *Definem-se as funções* $S_{\text{max}}, S_{\text{prod}}, S_{\text{Luka}} : [0,1]^2 \to [0,1]$ *por*

$$\begin{aligned} S_{\text{max}}(x,y) &= \max\{x,y\} \\ S_{\text{prod}}(x,y) &= x + y - xy \\ S_{\text{Luka}}(x,y) &= \min\{x+y,1\} \end{aligned}$$

para todos $x, y \in [0,1]$. *A função* S_{max} *chama-se* disjunção pelo máximo, S_{prod} *chama-se* disjunção produto *e* S_{Luka} *chama-se* disjunção de Łukasiewicz.

Proposição 4.95. *As funções $S_{\max}$, S_{prod} e S_{Luka} são S-normas.*

Demonstração. Mostramos as cinco propriedades da Definição 4.92 para cada uma das três funções.

1. A função $S_{\max}$.

1. $S_{\max}(x, 1) = \max\{x, 1\} = 1$.
2. $S_{\max}(x, 0) = \max\{x, 0\} = x$, pois $x \geq 0$.
3. De $x \leq x'$ e $y \leq y'$ segue imediatamente que
$$\max\{x, y\} \leq \max\{x', y'\}.$$
4. Vale $\max\{x, y\} = \max\{y, x\}$.
5. Para a associatividade, vale
$$\begin{aligned} S_{\max}(x, S_{\max}(y, z)) &= \max\{x, \max\{y, z\}\} \\ &= \max\{x, y, z\} \\ &= \max\{\max\{x, y\}, z\} \\ &= S_{\max}(S_{\max}(x, y), z). \end{aligned}$$

2. A função S_{prod}. Temos
$$S_{\text{prod}}(x, y) = x + y - xy = 1 - (1 - x)(1 - y).$$

Essa representação é particularmente útil.

1. $$S_{\text{prod}}(x, 1) = 1 - (1 - x)(1 - 1) = 1.$$

2.

$$S_{\text{prod}}(x,0) = 1-(1-x)(1-0) = 1-(1-x) = x.$$

3. Sejam dados $x \leq x'$ e $y \leq y'$. Então vale

$$1-x \geq 1-x' \quad \text{e} \quad 1-y \geq 1-y'.$$

Como todos os fatores são não negativos, segue que

$$(1-x)(1-y) \geq (1-x')(1-y').$$

Portanto, após subtrair de 1 e reorganizar, obtemos

$$1-(1-x)(1-y) \leq 1-(1-x')(1-y'),$$

isto é,

$$S_{\text{prod}}(x,y) \leq S_{\text{prod}}(x',y').$$

4. A fórmula é simétrica em x e y, portanto

$$S_{\text{prod}}(x,y) = S_{\text{prod}}(y,x).$$

5. Para a associatividade, calculamos:

$$\begin{aligned} S_{\text{prod}}(x, S_{\text{prod}}(y,z)) &= 1-(1-x)(1-S_{\text{prod}}(y,z)) \\ &= 1-(1-x)(1-(y+z-yz)) \\ &= 1-(1-x)(1-y)(1-z). \end{aligned}$$

De modo análogo, obtém-se

$$S_{\text{prod}}(S_{\text{prod}}(x,y),z) = 1-(1-x)(1-y)(1-z).$$

Logo, S_{prod} é associativa.

3. A função S_{Luka}.

1.
$$S_{\text{Luka}}(x, 1) = \min\{x + 1, 1\} = 1.$$

2.
$$S_{\text{Luka}}(x, 0) = \min\{x, 1\} = x.$$

3. De $x \leq x'$ e $y \leq y'$ segue que
$$x + y \leq x' + y'.$$
Como a função $t \mapsto \min\{t, 1\}$ é monótona crescente, obtemos
$$\min\{x + y, 1\} \leq \min\{x' + y', 1\}.$$
Portanto, vale
$$S_{\text{Luka}}(x, y) \leq S_{\text{Luka}}(x', y').$$

4. A comutatividade segue imediatamente da comutatividade da adição:
$$\begin{aligned} S_{\text{Luka}}(x, y) &= \min\{x + y, 1\} \\ &= \min\{y + x, 1\} \\ &= S_{\text{Luka}}(y, x) \end{aligned}$$

5. Para a associatividade, basta mostrar que as duas formas de parentetização fornecem o mesmo valor, a saber, $\min\{x + y + z, 1\}$.

Primeiro consideramos

$$S_{\text{Luka}}(x, S_{\text{Luka}}(y, z)) = \min\{x + \min\{y + z, 1\}, 1\}.$$

Se $y + z \leq 1$, então $S_{\text{Luka}}(y, z) = y + z$ e, portanto,

$$S_{\text{Luka}}(x, S_{\text{Luka}}(y, z)) = \min\{x + y + z, 1\}.$$

Se $y + z \geq 1$, então $S_{\text{Luka}}(y, z) = 1$ e, assim,

$$\begin{aligned} S_{\text{Luka}}(x, S_{\text{Luka}}(y, z)) &= \min\{x + \min\{y + z, 1\}, 1\} \\ &= \min\{x + y + z, 1\} \\ &= 1 \quad (\text{se } x + y + z \geq 1) \end{aligned}$$

pois então também vale $x + y + z \geq 1$.

Portanto, em todos os casos vale

$$S_{\text{Luka}}(x, S_{\text{Luka}}(y, z)) = \min\{x + y + z, 1\}.$$

Analogamente, obtemos

$$S_{\text{Luka}}(S_{\text{Luka}}(x, y), z) = \min\{x + y + z, 1\}.$$

Com isso, a associatividade também está demonstrada.

□

As três S-normas comportam-se com graus distintos de permissividade. A disjunção pelo máximo simplesmente toma o maior valor de verdade. A disjunção probabilística incorpora simultaneamente os dois valores de verdade. A disjunção de Łukasiewicz soma inicialmente os dois valores e limita o resultado superiormente por 1. Assim, dependendo da aplicação, a mesma disjunção linguística pode ser modelada semanticamente de maneiras diferentes.

Exemplo 4.96. *Consideremos a assinatura proposicional*

$$\Sigma_{\text{Servico}} = \{\textit{Rápido}, \textit{Barato}, \textit{Confiável}, \textit{Pessoal}\}$$

com os seguintes significados informais:

- *Rápido: „O serviço é rápido.“*
- *Barato: „O serviço é barato.“*
- *Confiável: „O serviço é confiável.“*
- *Pessoal: „O serviço é pessoal.“*

Para um conjunto fuzzy $F : \Sigma_{\text{Servico}} \to [0,1]$*, suponhamos que*

$$\begin{aligned} F(\textit{Rápido}) &= 0.7 \\ F(\textit{Barato}) &= 0.4 \\ F(\textit{Confiável}) &= 0.9 \\ F(\textit{Pessoal}) &= 0.6 \end{aligned}$$

Então, para a disjunção $\textit{Rápido} \vee \textit{Barato}$*, obtemos:*

$$\begin{aligned} S_{\max}(0.7, 0.4) &= 0.7 \\ S_{\text{prod}}(0.7, 0.4) &= 0.7 + 0.4 - (0.7 \cdot 0.4) = 0.82 \end{aligned}$$

$$S_{\text{Luka}}(0.7, 0.4) = \min\{0.7 + 0.4, 1\} = 1$$

Isso mostra claramente que diferentes S-normas podem interpretar a mesma disjunção linguística de maneiras distintas: de uma interpretação mais cautelosa a uma interpretação bastante permissiva.

4.3.4 Negações

Depois de termos visto, nos dois subitens anteriores, como conjunções e disjunções podem ser avaliadas na lógica fuzzy, coloca-se agora a questão da negação. Também aqui se preserva a ideia fundamental da lógica clássica: a negação deve, por assim dizer, „inverter“ o valor de verdade de uma fórmula. Como, porém, na lógica fuzzy já não lidamos apenas com os valores 0 e 1, mas com todos os números do intervalo $[0, 1]$, essa inversão precisa ser generalizada de modo correspondente.

Intuitivamente, portanto, deve valer o seguinte: quanto mais verdadeira é uma fórmula, menor deve ser o valor de verdade de sua negação. Ao mesmo tempo, a negação deve permanecer compatível com os casos-limite clássicos, isto é, deve enviar 1 para 0 e 0 para 1. Reunimos novamente tais exigências de modo axiomático.

Definição 4.97 (Norma de negação). *Uma função* $N : [0, 1] \to [0, 1]$ *chama-se* norma de negação *se, para todos* $x, y \in [0, 1]$, *valem as seguintes propriedades:*

1. $N(1) = 0$ *e* $N(0) = 1$ *(complementaridade)*

2. *De* $x \leq y$ *segue-se* $N(x) \geq N(y)$ *(comonotonicidade inversa)*

A primeira propriedade assegura que a negação coincide com a lógica clássica nos pontos extremos. A segunda propriedade expressa que valores de verdade maiores devem tornar-se valores de verdade menores sob a negação. Assim, uma negação não deve apenas trocar pontos entre si, mas inverter fundamentalmente a ordem.

Em muitas aplicações, utiliza-se como negação a negação padrão.

Definição 4.98 (Negação padrão). *Definimos* $N_0 : [0,1] \to [0,1]$ *por*

$$N_0(x) = 1 - x$$

para todo $x \in [0,1]$.

Proposição 4.99. *A negação padrão* $N_0 : [0,1] \to [0,1]$ *é uma norma de negação.*

Demonstração. Verificamos as duas propriedades da definição de uma norma de negação.

1. **Complementaridade.** Temos

$$N_0(1) = 1 - 1 = 0 \qquad \text{e} \qquad N_0(0) = 1 - 0 = 1.$$

2. **Comonotonicidade inversa.** Sejam $x, y \in [0,1]$ com $x \leq y$. Então, ao subtrair ambos os lados de 1, obtemos a desigualdade inversa

$$1 - x \geq 1 - y.$$

Logo,

$$N_0(x) = 1 - x \geq 1 - y = N_0(y).$$

Além disso, para todo $x \in [0,1]$, também vale $1 - x \in [0,1]$; portanto, N_0 é de fato uma função de $[0,1]$ em $[0,1]$. Assim, N_0 é uma norma de negação. □

Exemplo 4.100. *Consideremos a assinatura proposicional*

$$\Sigma_{\text{Servico}} = \{\mathit{Rápido}, \mathit{Econômico}, \mathit{Confiável}, \mathit{Cordial}\}$$

com os seguintes significados informais:

- *Rápido: "O serviço é rápido."*
- *Econômico: "O serviço é econômico."*
- *Confiável: "O serviço é confiável."*
- *Cordial: "O serviço é cordial."*

Para um conjunto fuzzy $F : \Sigma_{\text{Servico}} \to [0,1]$, *suponhamos que*

$$\begin{aligned} F(\mathit{Rápido}) &= 0.7 \\ F(\mathit{Econômico}) &= 0.4 \\ F(\mathit{Confiável}) &= 0.9 \\ F(\mathit{Cordial}) &= 0.8 \end{aligned}$$

Então obtemos, para a negação, por exemplo,

$$[\![\neg \mathit{Econômico}]\!] = N_0(0.4) = 0.6$$

$$e \quad [\![\neg \mathit{Confiável}]\!] = N_0(0.9) = 0.1$$

A negação padrão, portanto, não apenas inverte formalmente o grau de verdade, mas o reflete em torno do ponto médio do intervalo $[0, 1]$.

Na lógica proposicional clássica, a conjunção e a disjunção podem ser relacionadas entre si por meio da negação. Na lógica fuzzy, esse princípio é generalizado por uma dualidade entre T-normas e S-normas.

Definição 4.101 (N-dualidade). *Seja* $N : [0,1] \to [0,1]$ *uma norma de negação,* $T : [0,1]^2 \to [0,1]$ *uma T-norma e* $S : [0,1]^2 \to [0,1]$ *uma S-norma. Então* T *e* S *são chamadas* N-duais *se*

$$\begin{aligned} & T(x,y) = N(S(N(x), N(y))) \\ e \quad & S(x,y) = N(T(N(x), N(y))) \end{aligned}$$

vale para todos $x, y \in [0, 1]$.

A ideia subjacente é a mesma das leis de De Morgan: uma das conectivas pode ser reconstruída a partir da outra por meio da negação.

Teorema 4.102. *Valem as seguintes afirmações:*

1. T_{min} *e* S_{max} *são* N_0*-duais.*

2. T_{prod} *e* S_{prod} *são* N_0*-duais.*

3. T_{Luka} *e* S_{Luka} *são* N_0*-duais.*

Demonstração. Mostramos, em cada caso, ambas as equações da dualidade.

1. $T_{\min}$ **e** $S_{\max}$**.** Para todos $x, y \in [0,1]$, vale

$$\begin{aligned} N_0(S_{\max}(N_0(x), N_0(y))) &= 1 - \max\{1-x, 1-y\} \\ &= \min\{x, y\} \\ &= T_{\min}(x, y) \end{aligned}$$

Reciprocamente, obtemos

$$\begin{aligned} N_0(T_{\min}(N_0(x), N_0(y))) &= 1 - \min\{1-x, 1-y\} \\ &= \max\{x, y\} \\ &= S_{\max}(x, y) \end{aligned}$$

2. T_{prod} **e** S_{prod}**.** Inicialmente, vale

$$S_{\text{prod}}(N_0(x), N_0(y)) = (1-x) + (1-y) - (1-x)(1-y).$$

Após desenvolver o produto, obtemos

$$1 - xy.$$

Logo, segue que

$$N_0(S_{\text{prod}}(N_0(x), N_0(y))) = 1-(1-xy) = xy = T_{\text{prod}}(x, y).$$

Para a outra direção, calculamos

$$T_{\text{prod}}(N_0(x), N_0(y)) = (1-x)(1-y) = 1 - x - y + xy.$$

Portanto,

$$\begin{aligned} N_0(T_{\text{prod}}(N_0(x), N_0(y))) &= 1 - (1 - x) \cdot (1 - y) \\ &= 1 - (1 - x - y + xy) \\ &= x + y - xy \\ &= S_{\text{prod}}(x, y) \end{aligned}$$

3. T_{Luka} **e** S_{Luka}**.** Temos

$$\begin{aligned} S_{\text{Luka}}(N_0(x), N_0(y)) &= \min\{(1 - x) + (1 - y), 1\} \\ &= \min\{2 - x - y, 1\} \end{aligned}$$

Logo,

$$N_0(S_{\text{Luka}}(N_0(x), N_0(y))) = 1 - \min\{2 - x - y, 1\}.$$

Se $x + y \leq 1$, então $2 - x - y \geq 1$ e, portanto,

$$1 - \min\{2 - x - y, 1\} = 1 - 1 = 0 = \max\{0, x + y - 1\}.$$

Se $x + y \geq 1$, então $2 - x - y \leq 1$ e, portanto,

$$1 - \min\{2 - x - y, 1\} = 1 - (2 - x - y) = x + y - 1.$$

Assim, em ambos os casos vale

$$N_0(S_{\text{Luka}}(N_0(x), N_0(y))) = \max\{0, x+y-1\} = T_{\text{Luka}}(x, y).$$

Para a outra direção, temos

$$T_{\text{Luka}}(N_0(x), N_0(y)) = \max\{0, (1 - x) + (1 - y) - 1\}$$

$$= \max\{0, 1 - x - y\}$$

Portanto, segue que

$$\begin{aligned} N_0(T_{\text{Luka}}(N_0(x), N_0(y))) &= 1 - \max\{0, 1 - x - y\} \\ &= \min\{1, x + y\} \\ &= S_{\text{Luka}}(x, y) \end{aligned}$$

Com isso, todos os três pares são N_0-duais. □

De modo mais geral, dada uma T-norma e uma norma de negação, pode-se obter a S-norma dual correspondente por meio da negação. De maneira análoga, a partir de uma S-norma pode-se obter a T-norma correspondente.

Teorema 4.103 (Dualidade entre T-normas e S-normas). *Seja $H : [0, 1]^2 \to [0, 1]$ uma função e defina-se*

$$H'(x, y) = N_0(H(N_0(x), N_0(y))) = 1 - H(1 - x, 1 - y).$$

Então valem as seguintes afirmações:

1. *Se H é uma T-norma, então H' é uma S-norma.*

2. *Se H é uma S-norma, então H' é uma T-norma.*

Em ambos os casos, H e H' são N_0-duais.

Demonstração. Mostramos primeiro a afirmação (1) e, em seguida, a afirmação (2).

(1) Se H é uma T-norma, então H' é uma S-norma.

1. *Elemento absorvente* 1.

$$H'(x,1) = 1 - H(1-x,0) = 1 - 0 = 1,$$

pois, como T-norma, H possui a propriedade $H(a,0) = 0$.

2. *Elemento neutro* 0.

$$H'(x,0) = 1 - H(1-x,1) = 1 - (1-x) = x,$$

pois vale $H(a,1) = a$.

3. *Monotonicidade.* Sejam $x \leq x'$ e $y \leq y'$. Então

$$1 - x \geq 1 - x' \quad \text{e} \quad 1 - y \geq 1 - y'.$$

Pela monotonicidade de H, segue que

$$H(1-x, 1-y) \geq H(1-x', 1-y').$$

Aplicando N_0, obtemos

$$\begin{aligned} H'(x,y) &= 1 - H(1-x,1-y) \\ &\leq 1 - H(1-x',1-y') \\ &= H'(x',y') \end{aligned}$$

4. *Comutatividade.*

$$\begin{aligned} H'(x,y) &= 1 - H(1-x,1-y) \\ &= 1 - H(1-y,1-x) \\ &= H'(y,x) \end{aligned}$$

5. *Associatividade.* Tem-se

$$\begin{aligned} H'(x,&H'(y,z)) \\ &= 1 - H(1-x, 1-(1-H(1-y,1-z))) \\ &= 1 - H(1-x, H(1-y,1-z)) \end{aligned}$$

Pela associatividade de H, segue que

$$\begin{aligned} 1 - H(1-x,&H(1-y,1-z)) \\ &= 1 - H(H(1-x,1-y),1-z) \\ &= H'(H'(x,y),z) \end{aligned}$$

Assim, H' é uma S-norma.

(2) Se H é uma S-norma, então H' é uma T-norma. Agora usamos as propriedades de uma S-norma.

1. *Elemento absorvente* 0.

$$H'(x,0) = 1 - H(1-x,1) = 1 - 1 = 0,$$

pois, para S-normas, vale $H(a,1) = 1$.

2. *Elemento neutro* 1.

$$H'(x,1) = 1 - H(1-x,0) = 1 - (1-x) = x,$$

pois, para S-normas, vale $H(a,0) = a$.

3. *Monotonicidade.* Sejam $x \leq x'$ e $y \leq y'$. Então, como antes, vale

$$1 - x \geq 1 - x' \quad \text{e} \quad 1 - y \geq 1 - y'.$$

Pela monotonicidade de H, segue que

$$H(1-x, 1-y) \geq H(1-x', 1-y').$$

Assim, após aplicar N_0, obtemos

$$H'(x, y) \leq H'(x', y').$$

4. *Comutatividade.*

$$\begin{aligned} H'(x, y) &= 1 - H(1-x, 1-y) \\ &= 1 - H(1-y, 1-x) \\ &= H'(y, x) \end{aligned}$$

5. *Associatividade.* Como acima, calculamos:

$$\begin{aligned} &H'(x, H'(y, z)) \\ &\quad = 1 - H(1-x, 1-(1-H(1-y, 1-z))) \\ &\quad = 1 - H(1-x, H(1-y, 1-z)) \\ &\quad = 1 - H(H(1-x, 1-y), 1-z) \\ &\quad = H'(H'(x, y), z) \end{aligned}$$

Portanto, H' é uma T-norma.

Em ambos os casos, a dualidade está contida diretamente na definição de H'. □

4.3.5 Semântica e inferências

Nos subseções anteriores, conhecemos os blocos fundamentais da lógica fuzzy: T-normas para a conjunção, S-normas para a disjunção e normas de negação para a negação. Em conjunto, esses três componentes determinam como fórmulas compostas são avaliadas em uma lógica fuzzy. Assim, uma escolha concreta de T-norma, S-norma e negação determina uma semântica fuzzy concreta.

Definição 4.104 (Estrutura fuzzy). *Sejam T uma T-norma, S uma S-norma e N uma norma de negação. Então*

$$\Lambda = (T, S, N)$$

é chamada uma estrutura fuzzy.

Na prática, escolhem-se T e S geralmente de modo que sejam duais entre si em relação a N. No entanto, isso não é uma condição necessária para o próprio conceito de estrutura fuzzy.

Com base em uma estrutura fuzzy, podemos agora definir como as fórmulas são avaliadas. Para isso, cada variável proposicional é interpretada por um número do intervalo $[0, 1]$, e as fórmulas compostas são avaliadas recursivamente.

Definição 4.105 (Função de verdade fuzzy). *Seja $\Lambda = (T, S, N)$ uma estrutura fuzzy, Σ uma assinatura proposicional e $F : \Sigma \to [0, 1]$ um conjunto fuzzy sobre Σ.*

Então a função de verdade fuzzy

$$[\![\cdot]\!]_F^\Lambda : L(\Sigma) \to [0,1]$$

é definida indutivamente por

$$[\![x]\!]_F^\Lambda = F(x)$$

para toda variável proposicional $x \in \Sigma$, *bem como por*

$$[\![\neg\varphi]\!]_F^\Lambda = N([\![\varphi]\!]_F^\Lambda),$$

$$[\![\varphi \wedge \psi]\!]_F^\Lambda = T([\![\varphi]\!]_F^\Lambda, [\![\psi]\!]_F^\Lambda),$$

$$[\![\varphi \vee \psi]\!]_F^\Lambda = S([\![\varphi]\!]_F^\Lambda, [\![\psi]\!]_F^\Lambda).$$

Essa definição é a contraparte fuzzy da função de verdade clássica. A diferença consiste no fato de que as fórmulas já não assumem apenas os valores 0 e 1, mas graus de verdade arbitrários entre 0 e 1.

Exemplo 4.106. *Consideremos a assinatura proposicional*

$$\Sigma_{\text{Cafe}} = \{\mathit{Rápido}, \mathit{Saboroso}, \mathit{Econômico}, \mathit{Tranquilo}\}$$

com os seguintes significados informais:

- *Rápido: "O atendimento é rápido."*
- *Saboroso: "A comida é saborosa."*
- *Econômico: "A oferta é econômica."*

- *Tranquilo: "O local é tranquilo."*

Seja $F : \Sigma_{\text{Cafe}} \to [0, 1]$ *dada por*

$$\begin{aligned} F(\textit{Rápido}) &= 0.8 \\ F(\textit{Saboroso}) &= 0.9 \\ F(\textit{Econômico}) &= 0.4 \\ F(\textit{Tranquilo}) &= 0.7 \end{aligned}$$

Para a estrutura fuzzy $\Lambda_0 = (T_{\min}, S_{\max}, N_0)$*, obtemos, por exemplo,*

$$[\![\textit{Rápido} \wedge \textit{Saboroso}]\!]_F^{\Lambda_0} = \min\{0.8, 0.9\} = 0.8,$$

$$[\![\textit{Econômico} \vee \textit{Tranquilo}]\!]_F^{\Lambda_0} = \max\{0.4, 0.7\} = 0.7,$$

$$[\![\neg \textit{Econômico}]\!]_F^{\Lambda_0} = 1 - 0.4 = 0.6.$$

Com a mesma fuzzy-set, mas com outra estrutura fuzzy, as mesmas fórmulas podem receber outros valores. Assim, a semântica concreta depende não apenas dos graus de verdade atômicos, mas também da estrutura fuzzy escolhida.

Além da avaliação de fórmulas individuais, queremos também poder dizer quando uma fuzzy-set satisfaz atribuições de valor previamente dadas. Para isso, ampliamos a sintaxe com expressões da forma $\varphi = x$.

Definição 4.107 (Atribuição de valor). *Sejam* Σ *uma assinatura proposicional,* $\varphi \in L(\Sigma)$ *uma fórmula e* $x \in [0, 1]$. *Então*

$$\varphi = x$$

chama-se uma atribuição de valor *sobre* Σ. *Denotamos por* $\mathcal{Z}(\Sigma)$ *o conjunto de todas as atribuições de valor sobre* Σ.

A leitura informal é simples: a fórmula φ deve assumir exatamente o valor de verdade x.

Definição 4.108 (Modelo). *Sejam* Σ *uma assinatura proposicional,* $\Phi \subseteq \mathcal{Z}(\Sigma)$ *um conjunto de atribuições de valor e* $\Lambda = (T, S, N)$ *uma estrutura fuzzy. Uma fuzzy-set* $F : \Sigma \to [0,1]$ *chama-se* Λ-modelo *de* Φ*, escrito*

$$F \models^{\Lambda}_{\Sigma} \Phi,$$

se, e somente se, para todo $(\varphi = x) \in \Phi$ *vale:*

$$[\![\varphi]\!]^{\Lambda}_{F} = x.$$

Denotamos por $\mathrm{FMod}^{\Lambda}_{\Sigma}(\Phi)$ *o conjunto de todos os* Λ-*modelos de* Φ.

Exemplo 4.109. *Continuamos o exemplo anterior e consideramos o conjunto*

$$\begin{aligned}\Phi = \{\,&\mathit{Gostoso} \wedge \mathit{R\acute{a}pido} = 0.8,\\ &\neg \mathit{Econ\hat{o}mico} = 0.6,\\ &\mathit{Tranquilo} = 0.7\}\end{aligned}$$

Então, para $\Lambda_0 = (T_{\min}, S_{\max}, N_0)$*, vale:*

$$\begin{aligned}[\![\mathit{Gostoso} \wedge \mathit{R\acute{a}pido}]\!]^{\Lambda_0}_{F} &= 0.8\\ [\![\neg \mathit{Econ\hat{o}mico}]\!]^{\Lambda_0}_{F} &= 0.6\end{aligned}$$

$$[\![\mathit{Tranquilo}]\!]_F^{\Lambda_0} = 0.7$$

Logo,

$$F \models^{\Lambda_0}_{\Sigma_{\mathrm{Cafe}}} \Phi.$$

Agora podemos definir, a partir disso, uma relação de consequência. A ideia básica é a mesma da lógica clássica: um conjunto de prescrições implica uma prescrição adicional quando toda estrutura que satisfaz as primeiras prescrições também satisfaz a última.

Definição 4.110 (Consequência fuzzy). *Sejam Σ uma assinatura proposicional, $\Phi, \Phi' \subseteq \mathcal{Z}(\Sigma)$ e $\Lambda = (T, S, N)$ uma estrutura fuzzy. Definimos*

$$\Phi \models^{\Lambda}_{\Sigma} \Phi'$$

se, e somente se,

$$\mathrm{FMod}^{\Lambda}_{\Sigma}(\Phi) \subseteq \mathrm{FMod}^{\Lambda}_{\Sigma}(\Phi').$$

Exemplo 4.111. *Consideramos novamente Σ_{Cafe} e tomamos*

$$\Phi = \{\neg \mathit{Barato} = 0.6,\ \mathit{Rápido} = 0.8\}.$$

Sob $\Lambda_0 = (T_{\min}, S_{\max}, N_0)$, segue inicialmente

$$\mathit{Barato} = 0.4,$$

pois, a partir de $\neg \mathit{Barato} = 0.6$, obtemos diretamente, pela negação padrão,

$$1 - [\![\mathit{Barato}]\!]_F^{\Lambda_0} = 0.6 \quad \Rightarrow \quad [\![\mathit{Barato}]\!]_F^{\Lambda_0} = 0.4.$$

Assim, para todo conjunto fuzzy F com $F \models^{\Lambda_0}_{\Sigma_{\text{Cafe}}} \Phi$, também vale

$$[\![\mathit{Rápido} \wedge \mathit{Barato}]\!]^{\Lambda_0}_F = \min\{0.8, 0.4\} = 0.4.$$

Logo, segue que

$$\Phi \models^{\Lambda_0}_{\Sigma_{\text{Cafe}}} \mathit{Rápido} \wedge \mathit{Barato} = 0.4.$$

Por fim, mostra-se que essa consequência fuzzy é compatível com a lógica proposicional clássica. De fato, interpretações clássicas podem ser vistas como conjuntos fuzzy especiais que assumem apenas os valores 0 e 1.

Teorema 4.112. *Sejam Σ uma assinatura proposicional, $\Phi \subseteq L(\Sigma)$ um conjunto de fórmulas proposicionais com $\Phi \not\equiv \bot$, $\psi \in L(\Sigma)$ e $\Lambda = (T, S, N)$ uma estrutura fuzzy. Seja*

$$\Phi' = \{\varphi = 1 \mid \varphi \in \Phi\}.$$

Então, de

$$\Phi' \models^{\Lambda}_{\Sigma} \psi = 1$$

também se segue

$$\Phi \models_{\text{LP}} \psi.$$

Demonstração. Seja $\omega \in \text{Mod}^{\text{LP}}_{\Sigma}(\Phi)$ uma valoração clássica de Φ. Definimos o conjunto fuzzy correspondente $F_\omega : \Sigma \to [0, 1]$ por

$$F_\omega(x) = \begin{cases} 1, & \text{se } \omega(x) = \text{true}, \\ 0, & \text{se } \omega(x) = \text{false}. \end{cases}$$

Mostramos agora, por indução estrutural sobre $\varphi \in L(\Sigma)$, as duas afirmações:

1. se $[\![\varphi]\!]_\omega = \text{true}$, então $[\![\varphi]\!]_{F_\omega}^{\Lambda} = 1$,

2. se $[\![\varphi]\!]_\omega = \text{false}$, então $[\![\varphi]\!]_{F_\omega}^{\Lambda} = 0$.

1. Caso: $\varphi = x$ para algum $x \in \Sigma$. Então a afirmação é imediata, pois

$$[\![x]\!]_\omega = \omega(x) \quad \text{e} \quad [\![x]\!]_{F_\omega}^{\Lambda} = F_\omega(x).$$

Portanto, a valoração clássica e a valoração fuzzy coincidem nos átomos.

2. Caso: $\varphi = \neg\chi$. Se $[\![\neg\chi]\!]_\omega = \text{true}$, então $[\![\chi]\!]_\omega = \text{false}$. Pela hipótese de indução, vale então

$$[\![\chi]\!]_{F_\omega}^{\Lambda} = 0.$$

Daí segue que

$$[\![\neg\chi]\!]_{F_\omega}^{\Lambda} = N(0) = 1,$$

pois toda norma de negação satisfaz a propriedade $N(0) = 1$.

Reciprocamente, se $[\![\neg\chi]\!]_\omega = \text{false}$, então $[\![\chi]\!]_\omega = \text{true}$. Logo, pela hipótese de indução,

$$[\![\chi]\!]_{F_\omega}^{\Lambda} = 1,$$

e, consequentemente,

$$[\![\neg\chi]\!]_{F_\omega}^{\Lambda} = N(1) = 0.$$

3. Caso: $\varphi = \chi \wedge \eta$. Se $\chi \wedge \eta$ é classicamente verdadeira, então χ e η são ambas verdadeiras. Pela hipótese de indução, vale portanto

$$[\![\chi]\!]^{\Lambda}_{F_\omega} = 1 \quad \text{e} \quad [\![\eta]\!]^{\Lambda}_{F_\omega} = 1.$$

Logo,

$$[\![\chi \wedge \eta]\!]^{\Lambda}_{F_\omega} = T(1,1) = 1.$$

Se $\chi \wedge \eta$ é classicamente falsa, então pelo menos uma das duas fórmulas é falsa. Sem perda de generalidade, suponha que χ seja falsa. Então, pela hipótese de indução,

$$[\![\chi]\!]^{\Lambda}_{F_\omega} = 0,$$

e, portanto,

$$[\![\chi \wedge \eta]\!]^{\Lambda}_{F_\omega} = T(0, [\![\eta]\!]^{\Lambda}_{F_\omega}) = 0,$$

pois toda T-norma possui a propriedade $T(0,y) = 0$.

4. Caso: $\varphi = \chi \vee \eta$. Isto se segue de modo análogo ao caso da conjunção, usando as propriedades de uma S-norma:

$$S(1,y) = 1 \qquad \text{e} \qquad S(0,0) = 0.$$

Com isso, foi mostrado que os valores de verdade clássicos são preservados pela imersão F_ω. Em particular, para toda modelagem clássica ω de Φ, vale também

$$F_\omega \models^{\Lambda}_{\Sigma} \Phi'.$$

Suponhamos agora que valha $\Phi' \models^{\Lambda}_{\Sigma} \psi = 1$. Então todo modelo de Φ' é também modelo de $\psi = 1$. Como, em particular, F_ω é um modelo de Φ', segue que

$$[\![\psi]\!]^{\Lambda}_{F_\omega} = 1.$$

Pelo resultado de indução que acabamos de provar, ψ não pode então ser falsa sob ω. Portanto, vale

$$\omega \models_{\mathrm{LP}} \psi.$$

Como ω era arbitrária, segue que

$$\Phi \models_{\mathrm{LP}} \psi.$$

□

A recíproca não vale em geral. Uma consequência fuzzy-lógica pode, portanto, ser mais fraca ou ter uma natureza diferente da consequência clássica. Isso mostra que a lógica fuzzy, embora amplie a lógica clássica, não a substitui simplesmente.

Exemplo 4.113. *A recíproca do teorema não vale em geral. Para isso, consideramos a assinatura*

$$\Sigma = \{A, B, C\}$$

e o conjunto de fórmulas

$$\Phi = \{A \vee B,\ \neg A \vee C,\ \neg B \vee C\}.$$

Classicamente, segue daí

$$\Phi \models_{\mathrm{LP}} C.$$

Pois, de $C = false$*, decorreriam as três fórmulas* $A \vee B$, $\neg A$ *e* $\neg B$*, o que é impossível.*

Agora consideramos o conjunto de valores correspondente

$$\Phi' = \{A \vee B = 1,\ \neg A \vee C = 1,\ \neg B \vee C = 1\}$$

e a estrutura fuzzy

$$\Lambda_{\mathrm{Luka}} = (T_{\mathrm{Luka}}, S_{\mathrm{Luka}}, N_0).$$

Além disso, seja $F : \Sigma \to [0,1]$ *dada por*

$$F(A) = F(B) = F(C) = 0.5.$$

Então vale

$$[\![A \vee B]\!]_F^{\Lambda_{\mathrm{Luka}}} = S_{\mathrm{Luka}}(0.5, 0.5) = \min\{0.5 + 0.5, 1\} = 1,$$

$$[\![\neg A \vee C]\!]_F^{\Lambda_{\mathrm{Luka}}} = S_{\mathrm{Luka}}(1-0.5, 0.5) = \min\{0.5+0.5, 1\} = 1,$$

$$[\![\neg B \vee C]\!]_F^{\Lambda_{\mathrm{Luka}}} = S_{\mathrm{Luka}}(1-0.5, 0.5) = \min\{0.5+0.5, 1\} = 1.$$

Logo,

$$F \in \mathrm{FMod}_{\Sigma}^{\Lambda_{\mathrm{Luka}}}(\Phi').$$

Por outro lado, vale

$$[\![C]\!]_F^{\Lambda_{\mathrm{Luka}}} = F(C) = 0.5 \neq 1.$$

Com isso, segue que

$$\Phi' \not\models_{\Sigma}^{\Lambda_{\mathrm{Luka}}} C = 1,$$

embora, classicamente, já valha $\Phi \models_{\mathrm{LP}} C$.

4.3.6 Exercícios com soluções

No que se segue, trabalhamos com a assinatura proposicional

$$\Sigma = \{A, C, D, G, H\}.$$

Para a avaliação, utilizamos as estruturas fuzzy

$$\begin{aligned}\Lambda_0 &= (T_{\min}, S_{\max}, N_0),\\ \Lambda_{\text{prod}} &= (T_{\text{prod}}, S_{\text{prod}}, N_0),\\ \Lambda_{\text{Luka}} &= (T_{\text{Luka}}, S_{\text{Luka}}, N_0).\end{aligned}$$

Além disso, sejam dados os seguintes conjuntos fuzzy:

$$\begin{array}{lll} F_1(A) = 0.1, & F_1(C) = 0.6, & F_1(D) = 0.2,\\ F_1(G) = 0.2, & F_1(H) = 1, & \end{array}$$

$$\begin{array}{lll} F_1'(A) = 0.4, & F_1'(C) = 0.4, & F_1'(D) = 0.5,\\ F_1'(G) = 0.5, & F_1'(H) = 1, & \end{array}$$

$$\begin{array}{lll} F_2(A) = 0.6, & F_2(C) = 0.3, & F_2(D) = 0.8,\\ F_2(G) = 0.9, & F_2(H) = 0.2, & \end{array}$$

$$\begin{array}{lll} F_3(A) = 0.5, & F_3(C) = 0.8, & F_3(D) = 0.6,\\ F_3(G) = 0.7, & F_3(H) = 0.8, & \end{array}$$

$$\begin{array}{lll} F_4(A) = 0.9, & F_4(C) = 0.2, & F_4(D) = 0.8,\\ F_4(G) = 0.9, & F_4(H) = 0.9. & \end{array}$$

Além disso, seja

$$\Phi_4 = \{\, H \wedge \neg(G \vee A \vee G) = 0,\ C \wedge G = 0.1 \,\}.$$

Decida, para cada uma das afirmações seguintes, se ela é verdadeira ou falsa.

1. Vale $F_1 \subseteq F_1'$.
2. Vale
$$[\![\neg C \vee H \vee A]\!]_{F_2}^{\Lambda_0} = 0.7.$$
3. Vale
$$[\![D \wedge C \wedge G]\!]_{F_3}^{\Lambda_{\text{prod}}} = 0.1.$$
4. Vale
$$F_4 \models_{\Sigma}^{\Lambda_{\text{Luka}}} \Phi_4.$$

Soluções e justificativas

1. **Falso.**

   Para que $F_1 \subseteq F_1'$, deveria valer, para todo $x \in \Sigma$:
$$F_1(x) \leq F_1'(x).$$
   Isso, porém, não ocorre, pois já para C temos
$$F_1(C) = 0.6 > 0.4 = F_1'(C).$$
   Logo, F_1 não é uma subparte fuzzy de F_1'.

2. **Verdadeiro.**

   Avaliamos a fórmula sob a estrutura fuzzy $\Lambda_0 = (T_{\min}, S_{\max}, N_0)$. Inicialmente, vale
$$[\![\neg C]\!]_{F_2}^{\Lambda_0} = 1 - F_2(C) = 1 - 0.3 = 0.7.$$

Daí segue que

$$[\![\neg C \vee H]\!]_{F_2}^{\Lambda_0} = \max\{0.7, 0.2\} = 0.7,$$

e, por fim,

$$[\![\neg C \vee H \vee A]\!]_{F_2}^{\Lambda_0} = \max\{0.7, 0.6\} = 0.7.$$

Portanto, a afirmação é correta.

3. **Falso.**

   Sob a conjunção produto, vale para uma conjunção tripla, pela associatividade:

$$[\![D \wedge C \wedge G]\!]_{F_3}^{\Lambda_{\text{prod}}} = F_3(D) \cdot F_3(C) \cdot F_3(G).$$

   Assim, obtemos

$$[\![D \wedge C \wedge G]\!]_{F_3}^{\Lambda_{\text{prod}}} = 0.6 \cdot 0.8 \cdot 0.7 = 0.336.$$

   O valor indicado 0.1 é, portanto, falso.

4. **Verdadeiro.**

   Verificamos ambas as atribuições de valor de Φ_4.

   Primeiro, a fórmula $H \wedge \neg(G \vee A \vee G) = 0$. Sob $\Lambda_{\text{Luka}} = (T_{\text{Luka}}, S_{\text{Luka}}, N_0)$, vale:

$$[\![G \vee A]\!]_{F_4}^{\Lambda_{\text{Luka}}} = \min\{0.9 + 0.9, 1\} = 1.$$

   Com isso, também temos

$$[\![G \vee A \vee G]\!]_{F_4}^{\Lambda_{\text{Luka}}} = 1,$$

portanto

$$[\![\neg(G \vee A \vee G)]\!]_{F_4}^{\Lambda_{\text{Luka}}} = 1 - 1 = 0.$$

Agora segue que

$$[\![H \wedge \neg(G \vee A \vee G)]\!]_{F_4}^{\Lambda_{\text{Luka}}} = \max\{0, 0.9 + 0 - 1\} = 0.$$

A primeira atribuição de valor está, portanto, satisfeita.

Para a segunda fórmula, obtemos:

$$[\![C \wedge G]\!]_{F_4}^{\Lambda_{\text{Luka}}} = \max\{0, 0.2 + 0.9 - 1\} = 0.1.$$

Também a segunda atribuição de valor está satisfeita.

Assim, no total, vale

$$F_4 \models_{\Sigma}^{\Lambda_{\text{Luka}}} \Phi_4.$$

Em conjunto, estes exercícios mostram quão diferentemente as diversas estruturas fuzzy podem avaliar as mesmas fórmulas e como é importante indicar sempre a semântica escolhida.

4.4 Lógica default

Lógicas clássicas, como a lógica proposicional, a lógica de predicados ou também muitas lógicas modais, são extremamente adequadas quando se deseja descrever um domínio de objetos de modo completo e livre de contradições. Em muitas situações cotidianas, porém, o conhecimento é incompleto, provisório ou marcado por exceções. Nesses casos, as pessoas não trabalham apenas com conclusões estritamente seguras, mas também com suposições plausíveis: aquilo que se pode esperar *normalmente* é inicialmente inferido em conjunto, mas pode ser novamente retirado diante de novas informações.

É precisamente nesse ponto que a lógica default entra em cena. Ela permite tratar formalmente regras da forma "Normalmente vale ...". Tais regras não são implicações estritas. Uma fórmula da forma $\varphi \to \psi$ afirma que de φ sempre se segue ψ; uma regra default, por outro lado, expressa apenas que ψ se segue *tipicamente* de φ, desde que nada fale contra ψ. Assim, a lógica default é uma ferramenta adequada para trabalhar com exceções, ressalvas e conclusões provisórias.

A diferença fundamental em relação às lógicas clássicas consideradas até aqui reside na não monotonicidade: novas informações podem invalidar conclusões plausíveis anteriores. Na primeira subseção, examinamos inicialmente essa propriedade e mostramos por que ela é indispensável para o raciocínio com regras do cotidiano. Em seguida, introduzimos a sintaxe e a semântica da lógica default de Reiter.

4.4.1 Conclusões não monotônicas

Uma característica central da consequência lógica clássica é sua monotonicidade. Para a lógica proposicional vale o seguinte: se de um conjunto de conhecimentos Φ segue uma fórmula ψ, então ψ continua a seguir de qualquer extensão de Φ. Formalmente, essa propriedade é expressa por:

$$\text{De } \Phi \models_{\mathrm{LP}} \psi \text{ e } \Phi \subseteq \Phi' \text{ segue também } \Phi' \models_{\mathrm{LP}} \psi.$$

Isso é intuitivamente muito natural para derivações estritamente lógicas: mais conhecimento pode possibilitar novas conclusões, mas não pode destruir consequências clássicas já asseguradas.

Corolário 4.114. *Sejam Σ uma assinatura proposicional, $\Phi \subseteq L(\Sigma)$ e $\psi, \xi \in L(\Sigma)$. Se vale*

$$\Phi \models_{\mathrm{LP}} \psi,$$

então também vale

$$\Phi \cup \{\xi\} \models_{\mathrm{LP}} \psi.$$

Demonstração. Pela definição de consequência clássica, vale

$$\Phi \models_{\mathrm{LP}} \psi \quad \iff \quad \mathrm{Mod}_\Sigma(\Phi) \subseteq \mathrm{Mod}_\Sigma(\psi).$$

Para o conjunto de conhecimentos ampliado, temos

$$\mathrm{Mod}_\Sigma(\Phi \cup \{\xi\}) = \mathrm{Mod}_\Sigma(\Phi) \cap \mathrm{Mod}_\Sigma(\xi) \subseteq \mathrm{Mod}_\Sigma(\Phi).$$

Logo, também se tem

$$\mathrm{Mod}_\Sigma(\Phi \cup \{\xi\}) \subseteq \mathrm{Mod}_\Sigma(\psi),$$

e, portanto, segue que

$$\Phi \cup \{\xi\} \models_{\text{LP}} \psi.$$

□

Essa monotonicidade, porém, é justamente demasiado rígida para o raciocínio com exceções. Pois muitas regras cotidianas não são absolutas, mas válidas apenas normalmente. Consideremos, por exemplo, a assinatura

$$\Sigma_{\text{Molhada}} = \{R, S, K\}$$

com os significados

- R: "Está chovendo."
- S: "A rua está molhada."
- K: "A rua acabou de ser limpa."

A regra "Se está chovendo, então a rua normalmente está molhada" não pode ser modelada classicamente como uma implicação estrita, pois admite exceções. De fato, a rua poderia permanecer seca apesar da chuva, por exemplo porque é coberta. Uma fórmula clássica $R \to S$, porém, afirmaria que da chuva sempre se segue que há umidade, sem exceção.

O problema torna-se especialmente claro quando introduzimos conhecimento adicional. Suponhamos que, inicialmente, saibamos apenas que está chovendo. Então a conclusão "A rua está molhada" parece plausível. Se, porém, soubermos mais tarde que a rua acabou de ser limpa, então queremos abandonar novamente essa conclusão. Exatamente esse tipo de comportamento exige uma relação de consequência não monotônica.

Formalmente, queremos, portanto, considerar uma relação $\mid\!\sim$ com a propriedade

$$\Phi \cup \{R\} \mid\!\sim S \quad \text{mas} \quad \Phi \cup \{R, K\} \mid\!\not\sim S.$$

Em outras palavras: novas informações podem revisar conclusões plausíveis anteriores.

Exemplo 4.115. *Seja* Φ_{Molhada} *um conjunto de conhecimentos com as proposições*

$$\Phi_{\text{Molhada}} = \{R\},$$

e suponha-se, além disso, a regra cotidiana "Se chove, então a rua normalmente fica molhada". Nesse caso, a conclusão S *é inicialmente plausível. Se, porém, for acrescentada a informação adicional* K*, isto é, que a rua acabou de ser limpa, então a conclusão* S *deixa de ser evidente. Uma relação clássica de consequência não consegue representar essa dinâmica; uma relação não monotônica, por outro lado, consegue fazê-lo.*

A tarefa central da lógica default consiste, portanto, em captar formalmente tais inferências plausíveis, mas revisáveis. No próximo passo, introduziremos para isso regras default como meio sintático e, em seguida, precisaremos como, a partir delas, podem ser construídos conjuntos de conclusões semanticamente consistentes.

4.4.2 Sintaxe e semântica da lógica default de Reiter

A lógica proposicional clássica trabalha com consequências estritas: se algo se segue de um conjunto de conhecimentos, então essa consequência permanece válida mesmo diante de conhecimento adicional. Para muitos modos cotidianos de inferência, isso é rígido demais. Nesses casos, queremos justamente usar regras *provisórias*, que possam ser novamente retiradas quando novas informações surgem. A lógica default formaliza exatamente essas regras do "caso normal".

Definição 4.116 (Regra default). *Seja* Σ *uma assinatura proposicional e sejam*

$$\varphi, \psi_1, \ldots, \psi_n, \chi \in L(\Sigma).$$

Então

$$\delta = \frac{\varphi : \psi_1, \ldots, \psi_n}{\chi}$$

chama-se uma regra default *sobre* $L(\Sigma)$. *Nesse caso,*

$$\mathrm{pre}(\delta) = \varphi, \qquad \mathrm{cons}(\delta) = \chi, \qquad \mathrm{just}(\delta) = \{\psi_1, \ldots, \psi_n\}$$

são chamadas, respectivamente, de pré-requisito, consequência *e* justificativas *da regra. Denotamos por* $\mathrm{Def}(L(\Sigma))$ *o conjunto de todas as regras default sobre* $L(\Sigma)$.

Observação 4.117. *Uma regra default pode ser lida assim: "Se o pré-requisito é conhecido e as justificativas* *permanecem compatíveis com o conhecimento disponível até o momento, então a consequência pode ser assumida provisoriamente." Portanto, a regra default não é uma implicação estrita, mas uma regra para casos típicos.*

Exemplo 4.118 (Viagem). *Consideremos a assinatura*

$$\Sigma_{\text{Viagem}} = \{V, S, G\}$$

com

- *V: "O trem está atrasado."*
- *S: "A chegada será adiada."*
- *G: "Há uma greve."*

A regra

$$\delta_1 = \frac{V : S}{S}$$

expressa que, em caso de atraso, normalmente se deve esperar um adiamento da chegada. A regra

$$\delta_2 = \frac{G : \neg S}{\neg S}$$

modela, por outro lado, a expectativa típica contrária no caso de greve. Tais regras são plausíveis, mas não absolutas; elas podem ser sobrepostas por informações adicionais.

Definição 4.119 (Teoria default). *Uma* teoria default *sobre $L(\Sigma)$ é uma tupla*

$$T = (W, \Delta)$$

com um conjunto de fórmulas clássicas $W \subseteq L(\Sigma)$ *e um conjunto de regras default* $\Delta \subseteq \mathrm{Def}(L(\Sigma))$. *Nesse caso,* W *descreve o conhecimento seguro, enquanto* Δ *contém as regras adicionais plausíveis.*

Exemplo 4.120 (Uma pequena teoria default). *Para a assinatura* $\Sigma_{\text{Viagem}} = \{V, S, G\}$, *consideramos a teoria default*

$$T_{\text{Viagem}} = (W_{\text{Viagem}}, \Delta_{\text{Viagem}})$$

com

$$W_{\text{Viagem}} = \{V\}, \qquad \Delta_{\text{Viagem}} = \left\{ \frac{V : S}{S}, \frac{V : \neg S}{\neg S} \right\}.$$

Aqui, sabe-se com segurança apenas que o trem está atrasado. Agora são plausíveis duas possibilidades concorrentes: ou a chegada será adiada, ou não será. Precisamente essa ambiguidade é típica da lógica default.

Definição 4.121 (Aplicabilidade). *Sejam* Σ *uma assinatura proposicional e* $\Phi, \Phi' \subseteq L(\Sigma)$ *conjuntos de fórmulas. Uma regra default*

$$\delta = \frac{\varphi : \psi_1, \ldots, \psi_n}{\chi}$$

é dita aplicável a Φ com respeito a Φ', *se*

$$\varphi \in \Phi \qquad e \qquad \neg\psi_i \notin \Phi' \text{ para todo } i = 1, \ldots, n.$$

Se $\Phi' = \Phi$, *dizemos simplesmente que* δ *é aplicável a* Φ.

Observação 4.122. *A pré-condição φ determina* quando *a regra pode sequer ser considerada. As justificativas $\psi_1, \ldots, \psi_n$ determinam* se *a regra ainda é plausível no estado atual de conhecimento. É precisamente esse segundo ponto que torna as regras default não monotônicas.*

Exemplo 4.123 (Aplicabilidade). *Para a teoria T_{Viagem}, vale:*

- $\frac{V:S}{S}$ *é aplicável a $\{V\}$, pois V está presente e $\neg S$ não consta no estado de conhecimento.*
- $\frac{V:S}{S}$ *não é aplicável a $\{V, \neg S\}$, porque $\neg S$ refuta a justificativa S.*
- $\frac{V:\neg S}{\neg S}$ *também é aplicável a $\{V\}$.*

Assim, já no nível da aplicabilidade, torna-se visível que defaults concorrentes podem levar a várias conclusões possíveis.

Definição 4.124 (Operador e extensão). *Seja $T = (W, \Delta)$ uma teoria default sobre $L(\Sigma)$. Definimos o operador*

$$\hat{\Lambda}_T : 2^{L(\Sigma)} \to 2^{L(\Sigma)}$$

por

$$\hat{\Lambda}_T(\Phi) = Cn_\Sigma(W \cup \{\text{cons}(\delta) \mid \delta \in \Delta \textit{ é aplicável a } \Phi\})$$

para todo conjunto $\Phi \subseteq L(\Sigma)$.

Além disso, seja $\Lambda_T(\Phi)$ *o menor subconjunto de* Φ *que é um ponto fixo de* $\hat{\Lambda}_T$*, isto é,*

$$\Lambda_T(\Phi) = \Phi' \quad \textit{com} \quad \Phi' \subseteq \Phi,\ \hat{\Lambda}_T(\Phi') = \Phi',$$

e não exista nenhum subconjunto próprio de Φ' *com a mesma propriedade.*

Um conjunto $E \subseteq L(\Sigma)$ *chama-se* extensão *de* T*, se*

$$\Lambda_T(E) = E.$$

Observação 4.125. *Uma extensão é um* estado de conhecimento plausível estável. *Aqui,* estável *significa duas coisas: em primeiro lugar, uma extensão contém integralmente o conhecimento inicial seguro* W*. Em segundo lugar, ela permanece inalterada mesmo quando se acrescentam todas as consequências classicamente dedutíveis dela ou quando se verificam novamente as regras default que já são aplicáveis nela. Assim, uma extensão é alcançada exatamente quando, a partir do conhecimento disponível até então, não se podem obter novas informações nem por inferência clássica nem por novas aplicações de defaults.*

Da definição de uma extensão E *seguem imediatamente as três propriedades características:*

1. *E contém o conhecimento seguro:*

$$W \subseteq E.$$

2. *E é classicamente dedutivamente fechada:*

$$Cn_\Sigma(E) = E.$$

3. *E é fechada sob aplicações de defaults: se uma regra default*

$$\delta \in \Delta$$

é aplicável a E, então sua consequência já pertence a E, isto é,

$$\mathrm{cons}(\delta) \in E.$$

Como, pelo ponto 2, E contém todas as consequências clássicas de si mesma, uma extensão é em geral infinita. Isso, porém, não é uma desvantagem: embora E, como conjunto de todas as consequências, possa ser infinita, ela pode sempre ser descrita por um número finito de fórmulas iniciais, a saber, como o fechamento dedutivo de um conjunto finito. Nesse sentido, as extensões são semanticamente abrangentes, mas ainda assim sintaticamente manejáveis.

Teorema 4.126 (Caracterização de extensões). *Seja Σ uma assinatura proposicional e seja $T = (W, \Delta)$ uma teoria default sobre $L(\Sigma)$. Um conjunto $E \subseteq L(\Sigma)$ é uma extensão de T se, e somente se, existe uma sequência*

$$\delta_1, \ldots, \delta_n \in \Delta$$

tal que

1.

$$E = Cn_\Sigma(W \cup \{\mathrm{cons}(\delta_1), \ldots, \mathrm{cons}(\delta_n)\}),$$

2. *para todo* $i = 1, \ldots, n$, δ_i *é aplicável a*

$$Cn_\Sigma(W \cup \{\text{cons}(\delta_1), \ldots, \text{cons}(\delta_{i-1})\})$$

em relação a E,

3. *nenhuma regra default* $\delta' \in \Delta \setminus \{\delta_1, \ldots, \delta_n\}$ *é aplicável a* E.

Demonstração. Mostramos as duas direções.

(⇒) Seja E uma extensão de T. Então vale $E = \Lambda_T(E)$ e, em particular,

$$\begin{aligned} E &= \hat{\Lambda}_T(E) \\ &= Cn_\Sigma\left(W \cup \{\text{cons}(\delta) \mid \delta \in \Delta \text{ é aplicável a } E\}\right). \end{aligned}$$

Assim, E é gerado classicamente por W juntamente com as consequências de todas as regras default aplicáveis a E.

Como a lógica proposicional é compacta, já basta um subconjunto finito dessas consequências para gerar o mesmo conjunto fechado. Existem, portanto, regras default

$$\delta_1, \ldots, \delta_n \in \Delta,$$

que representam exatamente as regras aplicáveis a E, de modo que

$$E = Cn_\Sigma(W \cup \{\text{cons}(\delta_1), \ldots, \text{cons}(\delta_n)\}).$$

Ordenemos agora essas regras de tal modo que cada regra seguinte já seja aplicável após os passos anteriores. Isso é possível porque cada uma das consequências escolhidas só aparece em E quando sua premissa já é derivável a partir de W e das consequências anteriores. Caso contrário, haveria em E uma regra sem suporte suficiente, em contradição com o fato de que E é um ponto fixo.

Assim, os δ_i podem ser enumerados de modo que, para todo i, valha:

$$\delta_i \text{ é aplicável a } \mathrm{Cn}_\Sigma(W \cup \{\mathrm{cons}(\delta_1), \ldots, \mathrm{cons}(\delta_{i-1})\}) \text{ em relação a } E.$$

Além disso, por construção, nenhuma outra regra fora dessa lista é aplicável a E. Logo, (1)–(3) estão satisfeitas.

(⇐) Suponhamos, inversamente, que (1)–(3) valham. Mostramos que então E é uma extensão, isto é, $\Lambda_T(E) = E$.

De (2) segue que todos os $\delta_1, \ldots, \delta_n$ são aplicáveis passo a passo, na ordem indicada, em relação a E. Por isso, suas consequências são incluídas pela definição do operador. Por (3), além disso, não há outras regras default aplicáveis a E. Portanto, vale

$$\hat{\Lambda}_T(E) = Cn_\Sigma(W \cup \{\mathrm{cons}(\delta_1), \ldots, \mathrm{cons}(\delta_n)\}) = E$$

por (1). Assim, E é um ponto fixo de $\hat{\Lambda}_T$, logo uma extensão. □

Exemplo 4.127 (Duas extensões concorrentes). *Continuamos a teoria T_{Viagem} e supomos, além disso, que o trem está atrasado, mas que não há outras informações disponíveis:*

$$W = \{V\}, \qquad \Delta = \left\{\frac{V : S}{S}, \frac{V : \neg S}{\neg S}\right\}.$$

Então há duas extensões:

$$E_1 = Cn_\Sigma(\{V, S\}), \qquad E_2 = Cn_\Sigma(\{V, \neg S\}).$$

Para E_1, a primeira regra é aplicável, mas a segunda não, pois $\neg S$ bloqueia a justificativa S. Portanto, vale

$$\hat{\Lambda}_T(E_1) = Cn_\Sigma(\{V, S\}) = E_1.$$

Analogamente, em E_2 a segunda regra é aplicável, enquanto a primeira é bloqueada. Portanto, também temos

$$\hat{\Lambda}_T(E_2) = Cn_\Sigma(\{V, \neg S\}) = E_2.$$

Assim, a teoria possui dois estados de conhecimento plausíveis, estáveis, mas distintos.

Observação 4.128. *Nem toda teoria default possui uma extensão. Isso não é uma falha da teoria, mas a expressão do fato de que algumas regras default se bloqueiam mutuamente com tanta força que nenhum estado de conhecimento estável se forma. Investigaremos esse fenômeno mais detalhadamente a seguir.*

Proposição 4.129 (Extensões são incomparáveis). *Seja Σ uma assinatura proposicional, seja $T = (W, \Delta)$ uma teoria default sobre $L(\Sigma)$ e sejam $E, E' \subseteq L(\Sigma)$ extensões de T. Se vale $E \subseteq E'$, então segue que*

$$E = E'.$$

Demonstração. Como E e E' são extensões, vale

$$\Lambda_T(E) = E \qquad \text{e} \qquad \Lambda_T(E') = E'.$$

Em particular, E é, portanto, um ponto fixo de $\hat{\Lambda}_T$.

Suponhamos agora que $E \subseteq E'$. Pela definição de $\Lambda_T(E')$, $\Lambda_T(E')$ é o menor subconjunto de E' que já é um ponto fixo de $\hat{\Lambda}_T$. Como E é tal ponto fixo e, ao mesmo tempo, vale $E \subseteq E'$, segue da minimalidade que

$$\Lambda_T(E') \subseteq E.$$

Como $\Lambda_T(E') = E'$, obtemos, portanto, $E' \subseteq E$. Juntamente com $E \subseteq E'$, isso implica

$$E = E'.$$

Assim, duas extensões distintas nunca podem estar em uma relação própria de inclusão entre subconjuntos. □

Proposição 4.130 (Extensão única sob consistência das suposições default). *Seja Σ uma assinatura da lógica proposicional e $T = (W, \Delta)$ uma teoria default sobre $L(\Sigma)$. Se o conjunto*

$$W \cup \left\{ \psi_1 \wedge \cdots \wedge \psi_n \wedge \chi \;\middle|\; \frac{\varphi : \psi_1, \ldots, \psi_n}{\chi} \in \Delta \right\}$$

é classicamente consistente, então T possui exatamente uma extensão.

Demonstração. Mostramos primeiro a existência de uma extensão e, em seguida, sua unicidade.

Passo 1: construção de uma sequência estável. Defina indutivamente

$$\begin{aligned} E_0 &:= W, \\ E_{i+1} &:= \hat{\Lambda}_T(E_i) \\ &= \mathrm{Cn}_\Sigma\Big(W \cup \{\mathrm{cons}(\delta) \mid \delta \in \Delta \text{ é aplicável a } E_i\}\Big) \end{aligned}$$

para todo $i \in \mathbb{N}$, e ponha

$$E := \bigcup_{i \in \mathbb{N}} E_i.$$

Passo 2: monotonicidade da construção. Mostramos por indução que

$$E_i \subseteq E_{i+1}$$
$$\text{e toda regra default aplicável a } E_i$$
$$\text{também é aplicável a } E_{i+1}.$$

Para $i = 0$, este é exatamente o ponto em que a hipótese de consistência é usada: as possíveis suposições default $\psi_1, \ldots, \psi_n$ não são contraditas pelo conhecimento seguro W nem pelas consequências já geradas. Portanto, regras que já são aplicáveis continuam aplicáveis mesmo após o acréscimo de suas consequências.

Suponha que a afirmação valha para i. Então

$$E_i \subseteq E_{i+1}$$

pela monotonicidade do fecho dedutivo. Além disso, o acréscimo de consequências que são consistentes com todas as suposições default da hipótese não pode bloquear nenhuma regra anteriormente aplicável. Assim, a segunda afirmação também se preserva.

Passo 3: E é um ponto fixo de $\hat{\Lambda}_T$. Mostramos agora que

$$E = \hat{\Lambda}_T(E).$$

(i) $E \subseteq \hat{\Lambda}_T(E)$: Seja $\varphi \in E$. Então existe um i tal que $\varphi \in E_i$. Pela construção, vale

$$E_i = Cn_\Sigma(W \cup \{\text{cons}(\delta) \mid \delta \in \Delta \text{ é aplicável a } E_{i-1}\}).$$

Pela compacidade da lógica proposicional, basta uma subcoleção finita das consequências utilizadas para derivar φ. Cada uma dessas consequências provém de uma regra default aplicável a E_{i-1} e, pelo Passo 2, continua aplicável a E. Logo, φ já é derivável de

$$W \cup \{\text{cons}(\delta) \mid \delta \in \Delta \text{ é aplicável a } E\}$$

e, portanto, segue que $\varphi \in \hat{\Lambda}_T(E)$.

(ii) $\hat{\Lambda}_T(E) \subseteq E$: Reciprocamente, seja $\varphi \in \hat{\Lambda}_T(E)$. Então vale

$$\varphi \in Cn_\Sigma(W \cup \{\text{cons}(\delta) \mid \delta \in \Delta \text{ é aplicável a } E\}).$$

Novamente, a compacidade fornece uma quantidade finita de consequências das quais φ já se segue. Para cada uma dessas consequências, escolhemos uma regra default aplicável a E. Cada regra desse tipo já é aplicável a partir de algum estágio E_j e, pelo Passo 2, permanece aplicável depois disso. Assim, essas consequências pertencem a algum E_k posterior, e, portanto, já se tem $\varphi \in E_k \subseteq E$.

Logo, $E = \hat{\Lambda}_T(E)$. Portanto, E é uma extensão de T.

Passo 4: unicidade. Seja agora F uma extensão arbitrária de T. Mostramos indutivamente que $E_i \subseteq F$ para todo $i \in \mathbb{N}$.

Para $i = 0$, tem-se $E_0 = W \subseteq F$, pois toda extensão contém o conhecimento seguro. Suponha que $E_i \subseteq F$. Então toda regra default aplicável a E_i também é aplicável a F pela hipótese de consistência; com efeito, F contém apenas fórmulas obtidas a partir de W e de consequências default admissíveis, e estas estão em concordância com todas as suposições default das regras de Δ. Como F é uma extensão, F contém também todas as consequências correspondentes. Consequentemente, $E_{i+1} \subseteq F$.

Daí segue que

$$E = \bigcup_{i \in \mathbb{N}} E_i \subseteq F.$$

Como E e F são ambas extensões, a proposição anterior já fornece, a partir de $E \subseteq F$, que $E = F$. Portanto, T possui exatamente uma extensão. □

Proposição 4.131 (A inconsistência de uma extensão se transmite à teoria). *Seja Σ uma assinatura proposicional* *e seja $T = (W, \Delta)$ uma teoria default sobre $L(\Sigma)$. Se existe uma extensão E de T tal que*

$$E \equiv \bot,$$

então vale:

1. $W \equiv \bot$,

2. *toda extensão E' de T também satisfaz $E' \equiv \bot$.*

Demonstração. Seja E uma extensão inconsistente de T, isto é, $E = \Lambda_T(E)$ e $E \equiv \bot$.

Mostramos primeiro que, nesse caso, o conhecimento seguro W já deve ser inconsistente. Como E é dedutivamente fechado e inconsistente, vale para toda fórmula $\psi \in L(\Sigma)$:

$$\psi \in E \quad \text{e} \quad \neg\psi \in E.$$

Em particular, para toda regra default

$$\delta = \frac{\varphi : \psi_1, \ldots, \psi_n}{\chi} \in \Delta$$

pelo menos uma de suas justificações é refutada por E, pois $\neg\psi_i \in E$ vale para todos os ψ_i. Logo, nenhuma regra default é aplicável a E. Com isso, o operador se simplifica para

$$\hat{\Lambda}_T(E) = Cn_\Sigma(W).$$

Como E é uma extensão, vale $\hat{\Lambda}_T(E) = E$. Portanto, segue que

$$E = Cn_\Sigma(W).$$

Como se assumiu $E \equiv \bot$, também se tem $Cn_{\Sigma}(W) \equiv \bot$, portanto já

$$W \equiv \bot.$$

Com isso, a parte (1) está demonstrada.

Para a parte (2), seja agora E' uma extensão qualquer de T. Pela parte (1), W é inconsistente. Como toda extensão contém o conhecimento seguro, vale $W \subseteq E'$. Logo, E' também é inconsistente: um conjunto consistente não pode conter um subconjunto inconsistente. Consequentemente,

$$E' \equiv \bot.$$

Assim, ambas as afirmações estão demonstradas. □

4.4.3 Inferência e semimonotonicidade

Com as extensões de uma teoria de defaults, já identificamos na seção anterior os possíveis "estados plausíveis de conhecimento". A partir dessas extensões, obtemos agora uma relação de inferência, perguntando não apenas o que vale em *uma* extensão, mas o que vale em *todas* elas. Essa perspectiva cautelosa é particularmente natural quando há várias interpretações plausíveis alternativas.

Definição 4.132 (Inferência por defaults). *Seja Σ uma assinatura da lógica proposicional, $T = (W, \Delta)$ uma teoria de defaults sobre $L(\Sigma)$ e $\varphi \in L(\Sigma)$ uma fórmula proposicional. Então escrevemos*

$$T \mid\!\sim_{\mathrm{DL}} \varphi$$

se, e somente se, φ está contida em toda extensão de T.

Observação 4.133. *Essa relação de consequência é cética: uma fórmula só é consequência por defaults quando aparece em todas as realizações admissíveis da teoria. Por isso, ela é adequada para inferências cautelosas sob incerteza.*

Exemplo 4.134 (Um caso de default unívoco). *Consideremos a assinatura*

$$\Sigma_{\text{Cafe}} = \{K, W\}$$

com

- K: *"Há café."*
- W: *"O café está quente."*

e a teoria de defaults

$$T_{\text{Cafe}} = (\{K\}, \{\tfrac{K:W}{W}\}).$$

Aqui há exatamente uma extensão, a saber,

$$E = Cn_{\Sigma}(\{K, W\}).$$

Logo, vale

$$T_{\text{Cafe}} \mid\!\sim_{\text{DL}} W.$$

Se, por outro lado, acrescentarmos a regra de default concorrente $\frac{K:\neg W}{\neg W}$, *surgem duas extensões; nesse caso, nem* W *nem* $\neg W$ *é uma consequência cética por defaults.*

Exemplo 4.135 (Não monotonicidade da inferência). *Consideremos a assinatura*

$$\Sigma_{\text{Semaforo}} = \{R, G, S\}$$

com

- *R: "O semáforo está vermelho."*
- *G: "O semáforo está verde."*
- *S: "Os carros podem seguir."*

Seja

$$T = \left(\{R\}, \left\{\frac{R : S}{S}\right\}\right).$$

Então T possui exatamente uma extensão, a saber, $Cn_\Sigma(\{R, S\})$*; portanto, vale*

$$T \mid\!\sim_{\text{DL}} S.$$

Se agora ampliarmos a teoria com a regra de default adicional

$$\frac{R : \neg S}{\neg S},$$

surgem duas extensões, uma com S e outra com $\neg S$*. Por isso, para a teoria ampliada já não vale*

$$T' \mid\!\sim_{\text{DL}} S.$$

Isso mostra: a inferência por defaults não é monotônica.

Observação 4.136. *Pela adição de informação, podem ocorrer mudanças bastante diferentes em teorias de defaults:*

1. *uma extensão pode desaparecer,*
2. *uma extensão pode mudar quanto ao seu conteúdo,*
3. *ou novas extensões podem surgir.*

Precisamente essa instabilidade é intencional, pois ela reflete o comportamento de regras com exceções.

Definição 4.137 (Extensão semimonotônica). *Sejam Σ uma assinatura proposicional e*

$$T = (W, \Delta), \qquad T' = (W', \Delta')$$

duas teorias de defaults sobre $L(\Sigma)$ com

$$W = W' \qquad e \qquad \Delta \subseteq \Delta'.$$

Se, para toda extensão E de T, existe uma extensão E' de T' tal que

$$E \subseteq E'$$

então T' é chamada uma extensão semimonotônica *de T.*

Observação 4.138. *Assim, a semimonotonicidade é uma exigência enfraquecida de estabilidade: antigos estados plausíveis de conhecimento não precisam permanecer inalterados, mas também não devem se perder completamente. Antes, cada antigo estado de conhecimento deve reaparecer em um novo estado plausível de conhecimento.*

Definição 4.139 (Regra default normal). *Uma regra default*

$$\delta = \frac{\varphi : \psi_1, \ldots, \psi_n}{\chi}$$

chama-se normal *se*

$$\text{just}(\delta) = \{\text{cons}(\delta)\}.$$

Isto significa: a única justificação de uma regra default normal é a sua própria consequência. Uma teoria default chama-se normal *se todas as suas regras default forem normais.*

Exemplo 4.140 (Regras default normais e não normais). *A regra*

$$\frac{B : F}{F}$$

é normal: a consequência F é, ao mesmo tempo, a única justificação.

Em contrapartida, a regra

$$\frac{A : Inocência}{Absolvição}$$

não é normal, pois a justificação "Inocência" é diferente da consequência "Absolvição".

Teorema 4.141 (Teorias default normais são semimonotônicas). *Seja $T = (W, \Delta)$ uma teoria default normal sobre $L(\Sigma)$ e seja*

$$\delta = \frac{\varphi : \chi}{\chi}$$

um default normal. Então

$$T' = (W, \Delta \cup \{\delta\})$$

é uma extensão semimonotônica de T.

Demonstração. Seja E uma extensão arbitrária de T. Mostramos que existe uma extensão E' de T' tal que

$$E \subseteq E'$$

vale.

Consideramos dois casos.

Caso 1: δ não é aplicável a E.

Então δ já está bloqueada por E; portanto, a nova regra não contribui com nada para a construção em E. Para o conjunto dos defaults aplicáveis a E, não há, assim, diferença entre trabalhar com T ou com T'. Logo,

$$\hat{\Lambda}_{T'}(E) = \hat{\Lambda}_T(E) = E.$$

Com isso, o próprio E já é uma extensão de T'. Em particular, existe uma extensão E' de T' com $E \subseteq E'$, a saber, $E' = E$.

Caso 2: δ é aplicável a E.

Então valem $\varphi \in E$ e $\neg\chi \notin E$. Como δ é normal, sua justificação é precisamente o próprio χ. Assim, χ é compatível com E, e a adição de χ não destrói nenhuma informação clássica já assegurada em E.

Usamos agora a caracterização de extensões por sequências finitas de geração. Como E é uma extensão de T, existe uma sequência de regras default

$$\delta_1, \ldots, \delta_n \in \Delta$$

tal que

$$E = Cn_\Sigma(W \cup \{\text{cons}(\delta_1), \ldots, \text{cons}(\delta_n)\}),$$

e cada δ_i é aplicável no respectivo momento.

Como δ é aplicável a E e é normal, podemos anexá-la ao final dessa sequência. Pois a única informação adicional é χ, e ela não contradiz nem E nem as justificações dos defaults normais anteriores. Portanto, também a sequência estendida

$$\delta_1, \ldots, \delta_n, \delta$$

é uma sequência de geração admissível para T'.

Defina

$$E' := Cn_\Sigma(W \cup \{\text{cons}(\delta_1), \ldots, \text{cons}(\delta_n), \chi\}).$$

Então E' é uma extensão de T' e, pela construção, vale

$$E \subseteq E'.$$

Com isso, mostramos em ambos os casos que toda extensão de T está contida em alguma extensão de T'. Logo, T' é semimonotônica sobre T. □

Observação 4.142. *A afirmação do teorema é didaticamente particularmente importante: os defaults normais constituem exatamente a classe bem-comportada de regras default em que a adição de novas regras não destrói abruptamente antigos estados plausíveis de conhecimento, mas, no máximo, os incorpora em estados plausíveis de conhecimento maiores.*

4.4.4 Exercícios e soluções

Exercício 4.143. *Consideremos a assinatura proposicional*

$$\Sigma = \{B, E, F, G\}.$$

Lemos sempre uma regra default na forma

$$\frac{\varphi : \psi_1, \ldots, \psi_n}{\chi},$$

isto é, com pré-requisito φ, justificativas $\psi_1, \ldots, \psi_n$ e consequência χ.

Para os exercícios seguintes, sejam as duas teorias default dadas por

$$T_3 = \left(\{B, \neg E, \neg G\}, \left\{ \begin{aligned} \delta_1 &= \frac{\top : \neg B, \neg E, G}{F}, \\ \delta_2 &= \frac{G : E, G}{F}, \\ \delta_3 &= \frac{\neg G : \neg E, \neg F}{\neg F}, \\ \delta_4 &= \frac{\neg G : \neg E}{\neg F} \end{aligned} \right\} \right)$$

e

$$T_4 = \left(\{E, \neg G\}, \left\{ \begin{array}{l} \delta_1 = \dfrac{\top : \neg F, \neg G}{\neg F}, \\ \delta_2 = \dfrac{\neg F : G}{\neg B}, \\ \delta_3 = \dfrac{\top : \neg B, G}{\neg B}, \\ \delta_4 = \dfrac{\neg E : \neg B}{\neg F} \end{array} \right\} \right).$$

Decida, para cada uma das afirmações seguintes, se ela é verdadeira ou falsa.

1. *Vale*
$$\mathrm{pre}\left(\frac{\neg G : B, \neg F}{\neg F}\right) = \{B, \neg F\}.$$

2. *A regra*
$$\frac{\neg B : \neg E, G}{F}$$
é aplicável a $\{\neg B, \neg E, G\}$.

3. $Cn_\Sigma(\{B, \neg E, \neg F\})$ *é uma extensão de* T_3.

4. *Vale*
$$T_4 \mid\!\sim_{\mathrm{DL}} \neg F.$$

Solução 4.144 (Solução de 1.). ***Falso.*** *Em uma regra default da forma*

$$\frac{\varphi : \psi_1, \ldots, \psi_n}{\chi}$$

φ é a pré-condição, isto é, a expressão antes *dos dois-pontos. Portanto, na regra dada, tem-se*

$$\text{pre}\left(\frac{\neg G : B, \neg F}{\neg F}\right) = \neg G.$$

Em contrapartida, o conjunto $\{B, \neg F\}$ é a justificação da regra, isto é,

$$\text{just}\left(\frac{\neg G : B, \neg F}{\neg F}\right) = \{B, \neg F\}.$$

Solução 4.145 (Solução de 2.). ***Verdadeiro.*** *Defina*

$$\delta = \frac{\neg B : \neg E, G}{F} \quad e \quad \Phi = \{\neg B, \neg E, G\}.$$

Então, inicialmente, vale

$$\text{pre}(\delta) = \neg B \in \Phi.$$

Além disso, para toda justificação $\psi \in \{\neg E, G\}$ deve valer que $\neg\psi \notin \Phi$.

Para $\psi = \neg E$, tem-se $\neg\psi = E$, e $E \notin \Phi$. Para $\psi = G$, tem-se $\neg\psi = \neg G$, e $\neg G \notin \Phi$.

Logo, δ é aplicável a Φ.

Solução 4.146 (Solução de 3.). ***Falso.*** *Toda extensão de uma teoria default deve conter o conhecimento seguro. Portanto, para toda extensão E^* de T_3, vale:*

$$\{B, \neg E, \neg G\} \subseteq E^*.$$

Contudo, o conjunto $Cn_\Sigma(\{B, \neg E, \neg F\})$ *não contém* $\neg G$. *Por esse motivo, ele já não pode ser uma extensão de* T_3.

O ponto importante aqui é o primeiro teste rápido: antes de verificar as regras default, todo conjunto candidato deve conter ao menos o conhecimento seguro W. *Se já falta um fato de* W*, ele é imediatamente excluído.*

Solução 4.147 (Solução do 4.)**.** ***Verdadeiro.*** *Mostramos que* T_4 *possui exatamente uma extensão e que* $\neg F$ *está contido nessa extensão.*

Sobre o conhecimento seguro

$$W = \{E, \neg G\}$$

a regra default

$$\delta_1 = \frac{\top : \neg F, \neg G}{\neg F}$$

é aplicável, pois a pré-condição $\top$ *é sempre satisfeita e as justificativas* $\neg F$ *e* $\neg G$ *não são refutadas por* W.

As demais regras, inicialmente, não são aplicáveis a W:

- $\delta_2 = \frac{\neg F : G}{\neg B}$ *não é aplicável, pois* G *não está contido em* W.
- $\delta_3 = \frac{\top : \neg B, G}{\neg B}$ *também não é aplicável, pois* G *falta.*
- $\delta_4 = \frac{\neg E : \neg B}{\neg F}$ *não é aplicável, pois a pré-condição* $\neg E$ *é refutada por* $E \in W$.

Assim, obtém-se como extensão estável

$$E^* = Cn_\Sigma(\{E, \neg G, \neg F\}).$$

Em E^*, δ_1 permanece aplicável, e nenhuma das demais regras é ativada pela informação acrescentada. Portanto, vale

$$\Lambda_{T_4}(E^*) = E^*,$$

e, com isso, E^* é uma extensão de T_4.

Como toda extensão de T_4 deve conter o conhecimento seguro W e a única regra default não bloqueada já fornece $\neg F$, não há outra extensão. Consequentemente,

$$T_4 \mid\!\sim_{\mathrm{DL}} \neg F.$$

4.5 Programação em conjuntos de respostas

Na seção anterior, conhecemos, com a lógica default, um formalismo muito expressivo, mas também comparativamente abstrato, para o raciocínio não monotônico. Para muitas aplicações da representação do conhecimento, porém, é mais conveniente uma notação mais próxima da programação lógica e, por isso, mais fácil de implementar e de ler. É precisamente nesse ponto que entra a programação em conjuntos de respostas: ela combina regras em uma sintaxe de programa compacta com uma semântica não monotônica, que também permite inferências diante de exceções e de conhecimento ausente.

A ideia básica é simples: um programa descreve quais conclusões podem ser tiradas sob quais condições. Nesse contexto, não desempenha papel apenas a negação clássica $\neg$, mas também a negação default `not`. Enquanto

$\neg B$ expressa que B é falso, `not` B significa que B não é demonstrável. Essa distinção é decisiva para a semântica posterior.

Começamos com a sintaxe de programas lógicos estendidos. Em seguida, na próxima subseção, mostraremos como obter uma primeira semântica para tais programas por meio de modelos mínimos. A partir disso, será desenvolvida a semântica propriamente dita dos conjuntos de respostas.

4.5.1 Programas lógicos estendidos

A sintaxe da programação em conjuntos de respostas baseia-se em regras da forma

$$H \leftarrow A_1, \ldots, A_n, \texttt{not } B_1, \ldots, \texttt{not } B_m, \tag{4.1}$$

em que $H, A_1, \ldots, A_n, B_1, \ldots, B_m \in \mathrm{Lit}(\Sigma)$ são literais sobre uma assinatura proposicional Σ.

Definição 4.148 (Programa lógico estendido)**.** *Seja Σ uma assinatura proposicional. Um* programa lógico estendido *P sobre Σ é um conjunto finito de regras da forma (4.1).*

Para uma regra

$$r: \quad H \leftarrow A_1, \ldots, A_n, \ \textit{not } B_1, \ldots, \textit{not } B_m$$

chama-se

$$\mathrm{head}(r) = \{H\}$$

o cabeça *da regra, e*

$$\text{body}(r) = \{A_1, \ldots, A_n, \textbf{\textit{not}}\ B_1, \ldots, \textbf{\textit{not}}\ B_m\}$$

o seu corpo. *Além disso, definimos*

$$\begin{aligned} &\text{body}^+(r) = \{A_1, \ldots, A_n\} \\ e\quad &\text{body}^-(r) = \{B_1, \ldots, B_m\} \end{aligned}$$

Se $m = 0$, então r é chamada positiva. *Se, além disso, $n = m = 0$, então r é chamada um* fato. *Nesse caso, escrevemos simplesmente H em vez de $H \leftarrow$.*

A leitura de uma regra é intuitiva:

> Se todas as premissas positivas são satisfeitas e nenhuma das premissas negativas é conhecida, então o literal da cabeça pode ser inferido.

Em outras palavras: a cabeça é aceita quando as condições positivas são satisfeitas e não se encontra nenhum contraindício entre as condições negativas.

Exemplo 4.149. *Consideramos a assinatura proposicional*

$$\Sigma_{\text{Sis}} = \{\,Inicio, Alarme, Defeito, Manutencao, Seguro\,\}.$$

O programa

$$P_{\text{Sis}} = \left\{ \begin{array}{l} Alarme \leftarrow Defeito,\ \textbf{\textit{not}}\ Manutencao; \\ Inicio \leftarrow Seguro,\ \textbf{\textit{not}}\ Alarme; \\ Defeito \leftarrow Manutencao; \\ Seguro \end{array} \right\}$$

é um programa lógico estendido sobre Σ_{Sis}.

Aqui, a última regra é o fato Seguro. A regra

$$Inicio \leftarrow Seguro,\ \texttt{not}\ Alarme$$

significa: uma inicialização é permitida quando o sistema é seguro e nenhum alarme é conhecido. A regra

$$Alarme \leftarrow Defeito,\ \texttt{not}\ Manutencao$$

expressa, por outro lado, uma formulação típica de exceção: um defeito dispara um alarme enquanto não houver uma situação de manutenção.

Em aplicações, as regras muitas vezes não são formuladas apenas de modo proposicional, mas também com predicados, variáveis e constantes. Nesse caso, uma regra funciona inicialmente como um esquema, a partir do qual se obtêm todas as *instâncias básicas* pela substituição das variáveis por constantes.

Exemplo 4.150. *Seja*

$$\begin{aligned}\Sigma_{\text{Lab}} = \{&Acesso/1, Funcionario/1,\\ &Bloqueado/1, alice/0, bob/0\}\end{aligned}$$

uma assinatura da lógica de predicados. Considere o padrão de regra

$$Acesso(x) \leftarrow Funcionario(x),\ \texttt{not}\ Bloqueado(x).$$

Juntamente com os fatos

$$Funcionario(alice),$$
$$Funcionario(bob),$$
$$Bloqueado(bob)$$

obtêm-se, após a instanciação básica, entre outras, as regras

$$Acesso(alice) \leftarrow Funcionario(alice), \texttt{not}\ Bloqueado(alice);$$

$$Acesso(bob) \leftarrow Funcionario(bob), \texttt{not}\ Bloqueado(bob).$$

Intuitivamente, isso significa: Alice obtém acesso desde que seja funcionária e não haja bloqueio conhecido; para Bob, isso justamente não ocorre por causa do bloqueio.

A distinção entre a negação clássica $\neg$ e a negação por default `not` é central. A negação clássica é usada quando uma afirmação é modelada explicitamente como falsa. A negação por default, por outro lado, descreve a ausência de conhecimento.

Exemplo 4.151. *Sejam* $Chuva$ *e* $EstradaSeca$ *proposições sobre o tempo e o estado da estrada. Então as duas regras*

$$EstradaSeca \leftarrow \neg Chuva$$

$$e$$

$$EstradaSeca \leftarrow \texttt{not}\ Chuva$$

não devem ser entendidas da mesma maneira.

A primeira regra diz: a estrada está seca se sabemos que não está chovendo. A segunda regra diz: a estrada está seca se nenhuma chuva pôde ser constatada.

Justamente em bases de conhecimento reais, essa distinção é importante: a partir da mera ausência de uma informação, não se pode concluir automaticamente que o contrário seja verdadeiro. A negação por default modela precisamente essa passagem do desconhecimento para uma conclusão cautelosa.

Como abreviação, frequentemente escrevemos regras com corpo vazio simplesmente como fatos. Assim, por exemplo,

$$A$$

é apenas uma abreviação para

$$A \leftarrow .$$

Do mesmo modo, escrevemos um programa, na maioria das vezes, em notação de conjunto, usando ponto e vírgula como separador entre as regras, por exemplo,

$$P = \{\, r_1;\, r_2;\, r_3 \,\}.$$

Isso evita ambiguidades que, de outro modo, surgiriam em uma notação com vírgulas.

Exemplo 4.152. *O programa*

$$P_{\text{Quente}} = \left\{ \begin{array}{l} Aquecimento \leftarrow Frio,\ \mathtt{not}\ Falha; \\ Frio \leftarrow JanelaAberta; \\ Falha \leftarrow Manutencao; \\ JanelaAberta \end{array} \right\}$$

contém um fato, uma regra positiva e duas regras com negação por default. Trata-se, portanto, de um pequeno programa ASP típico: a partir de uma situação observada, só se extraem conclusões quando não há informação contrária disponível.

Programas lógicos estendidos constituem, assim, a base sintática da programação em conjuntos de respostas. Eles permitem formular regras de modo conciso, modelar exceções e levar explicitamente em conta a ausência de conhecimento. A semântica propriamente dita desses programas será precisada no próximo passo por meio de modelos minimais e, posteriormente, por meio de conjuntos de respostas.

4.5.2 Modelos minimais

Antes de introduzirmos a semântica propriamente dita dos conjuntos de respostas, consideramos inicialmente um caso especial mais simples: programas lógicos estendidos *positivos*, isto é, programas sem negação por default. Nesse caso, a semântica pode ser descrita, de modo bastante natural, por meio da *fechadura* e de estados fechados *minimais*. Essa etapa preliminar é importante não apenas do ponto de vista conceitual, mas também do ponto de vista técnico, pois servirá mais tarde como bloco de construção para a semântica dos conjuntos de respostas.

Intuitivamente, um estado descreve quais literais assumimos como verdadeiros. Tal estado deve modelar um programa exatamente quando respeita todas as suas regras: sempre que o corpo de uma regra é satisfeito, sua cabeça também deve estar contida no estado. Entre todos os estados com essa propriedade, interessa-nos então o menor deles, pois ele contém exatamente os literais que são de fato impostos pelo programa.

Definição 4.153 (Estado). *Seja Σ uma assinatura proposicional e seja $S \subseteq \mathrm{Lit}(\Sigma)$. Se S é consistente, isto é, se não existe $A \in \Sigma$ tal que*

$$A \in S \quad e \quad \neg A \in S,$$

então S é chamado de estado *sobre Σ.*

Estados são, portanto, conjuntos consistentes de literais. Assim, eles correspondem às valorações de verdade usuais da lógica proposicional, com a diferença de que aqui não trabalhamos com fórmulas, mas diretamente com literais.

Exemplo 4.154. *Consideramos a assinatura*

$$\Sigma_{\text{Robô}} = \{\, Iniciar, Recarregar, BateriaVazia, Pronto \,\}.$$

Então, por exemplo,

$$\emptyset, \qquad \{Pronto\}, \qquad \{Iniciar, \neg BateriaVazia\}$$

são estados sobre $\Sigma_{\text{Robô}}$.

Por outro lado, não são estados, por exemplo,

$$\{Iniciar, \neg Iniciar\} \qquad ou \qquad \{Pronto, \neg Pronto, Iniciar\},$$

pois ambos os conjuntos são inconsistentes.

Para programas positivos, o conceito semântico central é o de fechamento.

Definição 4.155 (Programa positivo). *Seja* Σ *uma assinatura proposicional. Um programa lógico estendido* P *sobre* Σ *é chamado* positivo *se nenhuma regra de* P *contém negação por default, isto é, se para toda regra* $r \in P$ *vale:*

$$\text{body}^{-}(r) = \emptyset.$$

Equivalentemente: todas as regras têm a forma

$$H \leftarrow A_1, \ldots, A_n.$$

Definição 4.156 (Fechamento). *Sejam* Σ *uma assinatura proposicional e* P *um programa lógico estendido positivo sobre* Σ. *Um estado* $S \subseteq \text{Lit}(\Sigma)$ *é chamado* fechado sob P *se, para toda regra*

$$r:\ H \leftarrow A_1, \ldots, A_n$$

de P, *vale:*

$$\{A_1, \ldots, A_n\} \subseteq S \quad \Longrightarrow \quad H \in S.$$

A ideia é simples: tudo o que pode ser inferido por uma regra aplicável deve de fato estar presente no estado.

Exemplo 4.157. *Seja*

$$P_{\text{Team}} = \left\{ \begin{array}{l} Autorizado \leftarrow Membro,\ Ativo; \\ Ativo \leftarrow Contrato; \\ Membro \end{array} \right\}$$

um programa positivo. Então

$$S_1 = \{Membro\}$$

não é fechado, pois o fato Membro está contido, mas, na ausência de informação sobre Contrato e Ativo, nada mais se segue.

O estado

$$S_2 = \{Membro, Ativo, Autorizado\}$$

é, por outro lado, fechado, pois a única regra aplicável

$$Autorizado \leftarrow Membro, Ativo$$

também tem sua cabeça no estado, e o fato Membro já está satisfeito.

Também

$$S_3 = \{Membro, Ativo, Autorizado, Contrato\}$$

é fechado. Ele contém, porém, mais do que o necessário. É precisamente esse tipo de literal supérfluo que mais tarde queremos excluir por meio da minimalidade.

Primeiro registramos uma observação pequena, mas importante.

Proposição 4.158. *Seja Σ uma assinatura proposicional e seja P um programa lógico estendido positivo. Se S é fechado sob P e se $r \in P$ é um fato, isto é, uma regra da forma $H \leftarrow$, então vale $H \in S$.*

Demonstração. Seja r um fato. Então $\text{body}(r) = \emptyset$. Em particular, vale

$$\text{body}(r) \subseteq S.$$

Como S é fechado sob P, pela definição, para toda regra aplicável, sua cabeça também deve pertencer ao estado. Portanto, vale

$$H \in S.$$

□

Entretanto, a fechabilidade por si só ainda é uma condição fraca demais. Um estado pode respeitar as regras de um programa e, mesmo assim, conter literais desnecessários. Por isso, entre todos os estados fechados, consideramos aqueles que são mínimos com respeito à inclusão.

Definição 4.159 (Modelo minimal). *Seja Σ uma assinatura proposicional e seja P um programa lógico estendido positivo sobre Σ. Um estado $S \subseteq \text{Lit}(\Sigma)$ chama-se* modelo minimal *de P se valem as seguintes condições:*

1. *S é fechado sob P;*

2. para todo estado S' fechado sob P, vale: $S \subseteq S'$.

Um modelo minimal é, portanto, um estado fechado que não possui nenhuma subparte fechada propriamente menor. Ele contém exatamente aquilo que é imposto pelo programa, e nada além disso.

Exemplo 4.160. *Consideremos o programa*

$$P_{\mathrm{M}} = \left\{ \begin{array}{l} Pronto \leftarrow BateriaOk; \\ BateriaOk \leftarrow Carregado; \\ Carregado \end{array} \right\}$$

sobre a assinatura

$$\Sigma_{\mathrm{M}} = \{Pronto, BateriaOk, Carregado, Falha\}.$$

Então

$$M = \{Carregado, BateriaOk, Pronto\}$$

é fechado: do fato $Carregado$ segue $BateriaOk$, e disso segue $Pronto$.

O estado

$$M' = \{Carregado, BateriaOk, Pronto, Falha\}$$

também é fechado, mas não é minimal. O literal adicional $Falha$ não é imposto por nenhum conjunto de regras.

No caso positivo, a existência e a unicidade do modelo minimal são particularmente simples.

Teorema 4.161. *Seja Σ uma assinatura proposicional e seja P um programa lógico estendido positivo consistente sobre Σ. Então P possui exatamente um modelo minimal.*

Demonstração. Consideremos o conjunto $\mathcal{C}$ de todos os estados fechados sob P. Como P é consistente, $\mathcal{C}$ não é vazio.

Mostremos primeiro que a interseção de todos os estados fechados é novamente fechada. Defina-se

$$M := \bigcap_{S \in \mathcal{C}} S.$$

Seja agora dada uma regra

$$r : \ H \leftarrow A_1, \ldots, A_n$$

de P e suponha-se que

$$\{A_1, \ldots, A_n\} \subseteq M.$$

Então cada A_i pertence a todo estado fechado $S \in \mathcal{C}$. Como cada $S \in \mathcal{C}$ é fechado, segue, para todo tal S, também que

$$H \in S.$$

Logo, H pertence a todos os estados fechados e, portanto, à sua interseção M. Assim, M é fechado.

Além disso, para todo estado fechado $S \in \mathcal{C}$, vale:

$$M \subseteq S,$$

pois M, como interseção de todos os estados fechados, é precisamente o menor conjunto com essa propriedade. Portanto, M é um modelo minimal.

A unicidade segue imediatamente: se M_1 e M_2 fossem dois modelos minimais, então, em particular, M_1 seria fechado. Da minimalidade de M_2 seguiria então $M_2 \subseteq M_1$. Reciprocamente, da minimalidade de M_1 obteríamos a inclusão $M_1 \subseteq M_2$. Portanto, $M_1 = M_2$.

Assim, P possui exatamente um modelo minimal. □

Esse modelo minimal também pode ser descrito por meio de um operador de derivação imediata. Para isso, definimos um operador que, a cada estado, associa todos os cabeçalhos das regras cujos corpos já estão satisfeitos.

Definição 4.162 (Operador característico)**.** *Seja Σ uma assinatura proposicional e seja P um programa lógico estendido positivo sobre Σ. O operador característico*

$$\Lambda_P : 2^{\mathrm{Lit}(\Sigma)} \to 2^{\mathrm{Lit}(\Sigma)}$$

é definido por

$$\Lambda_P(S) = \{H \mid (H \leftarrow A_1, \ldots, A_n) \in P \\ e \ \{A_1, \ldots, A_n\} \subseteq S\}$$

Além disso, definimos indutivamente

$$\Lambda_P^0(S) = S, \qquad \Lambda_P^{n+1}(S) = \Lambda_P\big(\Lambda_P^n(S)\big) \quad (n \geq 0).$$

Assim, o operador mapeia um estado para o conjunto de todos os cabeçalhos imediatamente deriváveis.

Exemplo 4.163. *Para o programa*

$$P_{\mathrm{M}} = \left\{ \begin{array}{l} Pronto \leftarrow BateriaOk; \\ BateriaOk \leftarrow Carregado; \\ Carregado \end{array} \right\}$$

temos:

$$\Lambda_{P_{\mathrm{M}}}(\emptyset) = \{Carregado\},$$

$$\Lambda_{P_{\mathrm{M}}}(\{Carregado\}) = \{Carregado, BateriaOk\},$$

$$\Lambda_{P_{\mathrm{M}}}(\{Carregado, BateriaOk\}) = \{Carregado, \\ BateriaOk, Pronto\}$$

Depois disso, nada mais se altera. Exatamente esse conjunto estável é o modelo minimal.

A relação entre o fechamento e o operador Λ_P é particularmente estreita.

Teorema 4.164. *Seja Σ uma assinatura proposicional e seja P um programa lógico estendido positivo sobre Σ. Um estado $S \subseteq \mathrm{Lit}(\Sigma)$ é fechado sob P se, e somente se,*

$$\Lambda_P(S) \subseteq S$$

vale.

Demonstração. Mostramos as duas direções.

"$\Rightarrow$" Seja S fechado sob P e seja $H \in \Lambda_P(S)$ arbitrário. Então existe uma regra

$$r: \; H \leftarrow A_1, \ldots, A_n$$

em P tal que

$$\{A_1, \ldots, A_n\} \subseteq S.$$

Como S é fechado, da aplicabilidade de r segue que também vale $H \in S$. Portanto, todo elemento de $\Lambda_P(S)$ pertence a S; logo,

$$\Lambda_P(S) \subseteq S.$$

"$\Leftarrow$" Suponha agora que $\Lambda_P(S) \subseteq S$. Seja novamente uma regra

$$r: \; H \leftarrow A_1, \ldots, A_n$$

de P tal que

$$\{A_1, \ldots, A_n\} \subseteq S.$$

Então, pela definição de Λ_P, também temos $H \in \Lambda_P(S)$. Como $\Lambda_P(S) \subseteq S$, segue daí que $H \in S$. Portanto, S é fechado sob P. □

A partir do operador Λ_P, obtém-se o modelo minimal por aplicação repetida a partir do estado vazio.

Teorema 4.165. *Seja Σ uma assinatura proposicional e seja P um programa lógico estendido positivo e consistente sobre Σ. Então a sequência*

$$\emptyset \subseteq \Lambda_P(\emptyset) \subseteq \Lambda_P^2(\emptyset) \subseteq \cdots$$

estabiliza após um número finito de passos, e seu valor limite é o modelo minimal de P.

Demonstração. Primeiro mostramos que a sequência é monotonicamente crescente. Pelo teorema anterior, basta mostrar que

$$X \subseteq \Lambda_P(X)$$

vale para todo estado X que já contenha todos os literais derivados até então. Intuitivamente, isso é claro: uma vez que um literal é derivável, ele continua derivável em aplicações posteriores do mesmo conjunto positivo de regras, pois não ocorre nenhuma negação por default e, portanto, nada pode ser "retirado".

Mais formalmente: seja $X_0 = \emptyset$ e $X_{n+1} = \Lambda_P(X_n)$ para $n \geq 0$. Então vale

$$X_0 \subseteq X_1.$$

Suponha que $X_n \subseteq X_{n+1}$. Se um literal H já aparece em X_n como uma cabeça derivada por alguma regra, então ele permanece contido também em X_{n+1}. Portanto, segue que

$$X_{n+1} \subseteq X_{n+2}.$$

Logo, a sequência é monotonicamente crescente.

Como $\mathrm{Lit}(\Sigma)$ é finito, só pode haver um número finito de estados distintos. Uma cadeia estritamente crescente de subconjuntos deve, portanto, terminar após um número finito de passos. Assim, existe um $k \geq 0$ tal que

$$X_k = X_{k+1}.$$

Com $M := X_k$, temos então

$$\Lambda_P(M) = M,$$

ou seja, M é um ponto fixo de Λ_P.

Resta mostrar que M é o modelo minimal. De $\Lambda_P(M) = M$ segue, pelo teorema anterior, que M é fechado. Seja agora S um estado fechado qualquer. Mostramos por indução sobre n que

$$X_n \subseteq S$$

vale.

Base da indução: $X_0 = \emptyset \subseteq S$.

Passo de indução: Suponha que $X_n \subseteq S$. Como S é fechado e $X_{n+1} = \Lambda_P(X_n)$, segue do teorema anterior que

$$X_{n+1} = \Lambda_P(X_n) \subseteq S.$$

Assim, vale em particular $X_n \subseteq S$ para todo n, e portanto também para o ponto de estabilização $M = X_k$:

$$M \subseteq S.$$

Logo, M está contido em todo estado fechado e é, portanto, minimal. Juntamente com a propriedade de fechamento já demonstrada, isso mostra que M é o modelo minimal de P. □

Obtemos, assim, um quadro muito claro: para programas positivos existe exatamente um modelo minimal. Esse modelo pode ser descrito tanto como a interseção de todos os estados fechados quanto como o ponto fixo do operador de derivação Λ_P. É precisamente essa caracterização que formará, mais adiante, a base da semântica de programas gerais com negação por default e, portanto, da programação em conjuntos de respostas em sentido próprio.

4.5.3 Conjuntos de respostas

Retornamos agora aos programas lógicos estendidos gerais, isto é, em particular, a programas que contêm negações por default. Para esses programas, a noção de modelo minimal, por si só, já não é suficiente, pois a validade de uma regra pode depender da interpretação escolhida: se uma regra é aplicável decide-se justamente a partir de quais literais já são conhecidos, e quais não são, na visão de mundo assumida.

A ideia central da programação em conjuntos de respostas consiste em primeiro simplificar um programa *relativamente a um estado candidato.* Sob essa hipótese, o programa é transformado em um programa positivo, cujo modelo minimal é então verificado. Um candidato é um conjunto de respostas exatamente quando coincide com o modelo minimal de seu próprio reduto.

Definição 4.166 (Reduto). *Sejam Σ uma assinatura proposicional, P um programa lógico estendido sobre Σ e $S \subseteq \mathrm{Lit}(\Sigma)$ um estado. O* reduto *de P em relação a S, escrito P^S, é o programa positivo que consiste em todas as regras*

$$H \leftarrow A_1, \ldots, A_n, \ \mathtt{not}\ B_1, \ldots, \mathtt{not}\ B_m$$

de P para as quais

$$\{B_1, \ldots, B_m\} \cap S = \emptyset$$

vale, removendo-se em seguida todas as ocorrências de literais **not** *das regras restantes. Formalmente:*

$$P^S = \left\{ H \leftarrow A_1, \ldots, A_n \;\middle|\; \begin{array}{l} H \leftarrow A_1, \ldots, A_n, \\ \textbf{not } B_1, \ldots, \textbf{not } B_m \in P, \\ \{B_1, \ldots, B_m\} \cap S = \emptyset \end{array} \right\}$$

O significado é intuitivamente muito simples:

- Regras cujas premissas negativas são refutadas por S são removidas.
- Em todas as demais regras, as negações por default são apagadas.

O reduto é, portanto, uma espécie de "visão" do programa sob a hipótese de que S já é a descrição correta do mundo.

Exemplo 4.167. *Consideremos a assinatura*

$$\Sigma_{\text{Decisao}} = \{Cha, Cafe\}$$

e o programa

$$P_{\text{Bebida}} = \left\{ \begin{array}{l} Cha \leftarrow \textbf{not } Cafe; \\ Cafe \leftarrow \textbf{not } Cha \end{array} \right\}.$$

Para o estado

$$S_1 = \{Cha\}$$

o reduto é

$$P^{S_1}_{\text{Bebida}} = \{Cha\}.$$

Para o estado

$$S_2 = \{Cafe\}$$

obtém-se analogamente

$$P^{S_2}_{\text{Bebida}} = \{Cafe\}.$$

Já o estado

$$S_3 = \{Cha, Cafe\}$$

fornece, por sua vez,

$$P^{S_3}_{\text{Bebida}} = \emptyset,$$

pois ambas as regras são eliminadas pela respectiva afirmação contrária contida no estado.

Definição 4.168 (Conjunto-resposta)**.** *Sejam Σ uma assinatura proposicional e P um programa lógico estendido sobre Σ. Um estado $S \subseteq \text{Lit}(\Sigma)$ chama-se* conjunto-resposta *de P se S é o modelo mínimo de P^S.*

Assim, a semântica da ASP pode ser resumida da seguinte forma:

Um estado é aceitável exatamente quando, após a redução do programa, ele é precisamente a menor interpretação fechada de seu próprio reduto.

Exemplo 4.169. *Para o programa P_{Bebida} do exemplo anterior, vale:*

$$P_{\text{Bebida}}^{\{Cha\}} = \{Cha\},$$

e o modelo mínimo desse reduto é, de fato, $\{Cha\}$. Portanto, $\{Cha\}$ é um conjunto-resposta.

De modo análogo,

$$P_{\text{Bebida}}^{\{Cafe\}} = \{Cafe\},$$

e o modelo mínimo é $\{Cafe\}$. Portanto, $\{Cafe\}$ também é um conjunto-resposta.

O estado $\{Cha, Cafe\}$, por outro lado, não é um conjunto-resposta, pois seu reduto $\emptyset$ tem como modelo mínimo $\emptyset$, e não o estado $\{Cha, Cafe\}$.

Um exemplo um pouco mais rico mostra como os conjuntos-resposta se comportam em regras com variáveis e fatos.

Exemplo 4.170. *Seja*

$\Sigma_{\text{Acesso}} =$
$\{Estudante/1, Permissao/1, Bloqueado/1, alice/0, bob/0\}$

e

$$P_{\text{Acesso}} = \left\{ \begin{array}{l} Permissao(x) \leftarrow \\ \quad Estudante(x),\ \mathbf{not}\ Bloqueado(x); \\ Estudante(alice); \\ Estudante(bob); \\ Bloqueado(bob) \end{array} \right\}$$

Após a instanciação, obtêm-se, entre outras, as regras

$$\begin{array}{l} Permissao(alice) \leftarrow \\ \quad Estudante(alice), \mathbf{not}\ Bloqueado(alice) \end{array}$$

e

$$\begin{array}{l} Permissao(bob) \leftarrow \\ \quad Estudante(bob), \mathbf{not}\ Bloqueado(bob). \end{array}$$

O estado

$$\begin{aligned} S = \{&Estudante(alice), Estudante(bob), \\ &Bloqueado(bob), Permissao(alice)\} \end{aligned}$$

é um conjunto-resposta: no reduto P^S_{Acesso}*, a regra para alice permanece, a regra para bob é removida, e o modelo mínimo desse reduto é exatamente* S*.*

Conjuntos-resposta podem, portanto, ocorrer em mais de uma forma ou até mesmo não existir. O primeiro caso é típico de programas com escolhas genuínas; o segundo, de programas inconsistentes.

Exemplo 4.171. *O programa*

$$P_{\text{Choice}} = \left\{ \begin{array}{l} A \leftarrow \textit{\textbf{not}}\ B; \\ B \leftarrow \textit{\textbf{not}}\ A \end{array} \right\}$$

possui exatamente dois conjuntos-resposta, a saber, $\{A\}$ *e* $\{B\}$. *Em contrapartida, o programa*

$$P_{\text{Contradict}} = \{A; \neg A\}$$

não possui conjunto-resposta, pois nenhum estado consistente pode ser o modelo mínimo de seu reduto.

Para conjuntos-resposta valem algumas propriedades fundamentais. Em particular, eles são incompatíveis dois a dois no sentido de que não pode ocorrer inclusão própria entre conjuntos-resposta distintos.

Proposição 4.172. *Seja* Σ *uma assinatura proposicional e seja* P *um programa lógico estendido. Para conjuntos-resposta* S_1 *e* S_2 *de* P, *vale:*

1. *Se* $S_1 \subseteq S_2$, *então* $S_1 = S_2$.

2. *Para toda regra* $r \in P$ *com* $\text{body}(r) = \emptyset$, *vale* $\text{head}(r) \subseteq S_1$.

3. *Vale*

$$S_1 \subseteq \bigcup_{r \in P} \text{head}(r).$$

Demonstração. Mostramos as três afirmações separadamente.

Quanto a 1. Seja $S_1 \subseteq S_2$. Então, pela definição do reduto, vale:

$$P^{S_2} \subseteq P^{S_1}.$$

Com efeito, quanto maior é o candidato S_2, mais regras são eliminadas; portanto, o reduto torna-se menor.

Como S_1 é um conjunto-resposta, S_1 é o modelo mínimo de P^{S_1}. Como $P^{S_2} \subseteq P^{S_1}$, todo modelo de P^{S_1} também é um modelo de P^{S_2}; em particular, S_1 é um modelo de P^{S_2}. Como S_2 é o modelo mínimo de P^{S_2}, segue que

$$S_2 \subseteq S_1.$$

Juntamente com a hipótese $S_1 \subseteq S_2$, obtemos

$$S_1 = S_2.$$

Quanto a 2. Seja $r \in P$ um fato, isto é, uma regra da forma

$$H \leftarrow .$$

Então $r \in P^{S_1}$ para todo estado S_1, pois fatos não contêm negação por default e, portanto, nunca são removidos. Como S_1 é o modelo mínimo de P^{S_1}, S_1 é, em particular, um modelo fechado de P^{S_1}. Logo, a cabeça do fato deve pertencer a S_1:

$$H \in S_1.$$

Quanto a 3. Suponhamos que exista um literal $H \in S_1$ que não ocorra na cabeça de nenhuma regra de P. Consideremos então

$$S_1' := S_1 \setminus \{H\}.$$

Mostramos que S_1' ainda é um modelo de P^{S_1}. Para isso, seja

$$r: \ K \leftarrow A_1, \ldots, A_n$$

uma regra de P^{S_1} tal que

$$\{A_1, \ldots, A_n\} \subseteq S_1'.$$

Então também vale $\{A_1, \ldots, A_n\} \subseteq S_1$. Como S_1 é um modelo de P^{S_1}, segue que $K \in S_1$.

Agora, K não pode ser igual a H, pois, por hipótese, H não ocorre na cabeça de nenhuma regra de P e, portanto, também não ocorre na cabeça de nenhuma regra de P^{S_1}. Assim, $K \neq H$ e, consequentemente,

$$K \in S_1'.$$

Logo, S_1' também é fechado sob P^{S_1}.

Mas isso contradiz a minimalidade de S_1 como modelo mínimo de P^{S_1}, pois $S_1' \subsetneq S_1$. Portanto, tal H não pode existir e, assim, vale

$$S_1 \subseteq \bigcup_{r \in P} \text{head}(r).$$

$\square$

As duas últimas afirmações são úteis porque restringem fortemente a busca por conjuntos de respostas. Em particular, basta considerar apenas candidatos que contenham todos os fatos e que não contenham mais literais do que aqueles que podem ser efetivamente gerados pelas cabeças das regras. Daí resulta uma abordagem de força bruta simples, embora em geral ineficiente.

Exemplo 4.173. *Para o programa*

$$P_{\text{Bebida}} = \left\{ \begin{array}{l} \mathit{Cha} \leftarrow \texttt{\textbf{not}}\ \mathit{Cafe}; \\ \mathit{Cafe} \leftarrow \texttt{\textbf{not}}\ \mathit{Cha} \end{array} \right\}$$

precisamos verificar apenas os candidatos

$$\{\mathit{Cha}\}, \quad \{\mathit{Cafe}\}$$

pois outros conjuntos consistentes ou não correspondem aos possíveis literais de cabeça, ou são excluídos pela proposição anterior. Ambos os candidatos são, de fato, conjuntos de respostas.

Por fim, definimos a relação de consequência da programação em conjuntos de respostas.

Definição 4.174 (Consequência ASP). *Seja* Σ *uma assinatura proposicional e* P *um programa lógico estendido sobre* Σ*. Um literal* $L \in \mathrm{Lit}(\Sigma)$ *chama-se* consequência ASP *de* P*, escrito*

$$P \models_{\mathrm{ASP}} L,$$

se, e somente se, para todo conjunto de respostas S de P, vale:

$$L \in S.$$

A semântica pode, assim, ser lida de modo modelo-teórico bastante simples: aquilo que ocorre em todos os conjuntos de respostas é imposto pelo programa; aquilo que ocorre apenas em alguns conjuntos de respostas permanece em aberto.

Exemplo 4.175. *Para o programa P_{Drink}, não vale nem*

$$P_{\text{Drink}} \models_{\text{ASP}} Cha$$

nem

$$P_{\text{Drink}} \models_{\text{ASP}} Cafe,$$

pois há dois conjuntos de respostas, a saber, $\{Cha\}$ e $\{Cafe\}$.

Em contrapartida, para o programa

$$P_{\text{Access}}$$

do exemplo anterior, vale

$$P_{\text{Access}} \models_{\text{ASP}} Student(alice) \quad e$$
$$P_{\text{Access}} \models_{\text{ASP}} Blocked(bob).$$

pois esses literais ocorrem em todo conjunto de respostas.

Com isso, alcançamos a ideia fundamental da programação em conjuntos de respostas: um programa não é lido simplesmente por meio de um modelo qualquer, mas por meio exatamente daqueles modelos que permanecem estáveis após a redução. Essa estabilidade torna ASP um formalismo particularmente adequado para a representação do conhecimento com exceções, alternativas e raciocínio não monotônico.

4.5.4 Exercícios e soluções

Exercício 4.176. *Considere a assinatura proposicional*

$$\Sigma = \{A, B, C, D\}$$

e o programa lógico estendido

$$P = \{B \leftarrow \neg D; \quad C; \quad A; \quad \neg D \leftarrow \neg B\}.$$

Decida, para cada uma das afirmações seguintes, se ela é verdadeira ou falsa.

1. $\leftarrow \neg B, \texttt{not}\ D$ *é uma regra sobre* Σ.
2. *Vale* $\text{head}(D \leftarrow C) = \{C\}$.
3. $\{A, \neg C, C\}$ *é um estado em* P.
4. $\{A, C\}$ *é um modelo minimal de* P.

Solução 4.177. *Verificamos as afirmações uma a uma.*

1. ***Falsa.*** *Segundo nossa definição, toda regra tem a forma*

$$H \leftarrow A_1, \ldots, A_n, \texttt{not}\ B_1, \ldots, \texttt{not}\ B_m,$$

isto é, com uma cabeça não vazia H. *A expressão*

$$\leftarrow \neg B, \boldsymbol{not}\ D$$

não tem cabeça e, portanto, neste formalismo, não é uma regra válida sobre Σ. *Em algumas formas de ASP fala-se, de fato, em* restrições, *mas regras desse tipo não foram admitidas aqui.*

2. ***Falsa.*** *Na regra*

$$D \leftarrow C$$

a cabeça da regra é o literal D. *Portanto, vale*

$$\text{head}(D \leftarrow C) = \{D\},$$

e não $\{C\}$. *O literal* C *está no corpo, não na cabeça.*

3. ***Falsa.*** *Um estado deve ser consistente, isto é: para nenhum átomo podem estar contidos simultaneamente o próprio átomo e sua negação clássica. O conjunto*

$$\{A, \neg C, C\}$$

não é consistente, pois contém tanto C *quanto* $\neg C$. *Logo, esse conjunto não é um estado.*

4. ***Verdadeira.*** *Mostramos que* $S = \{A, C\}$ *é um modelo minimal de* P.

Primeiramente, S *é fechado sob* P:

- *Os fatos* A e C *estão contidos em* S.

- *A regra* $B \leftarrow \neg D$ *não é aplicável em* S*, pois* $\neg D \notin S$.
- *A regra* $\neg D \leftarrow \neg B$ *também não é aplicável, pois* $\neg B \notin S$.

Assim, nenhuma regra permite derivar algo adicional, e S *é fechado.*

Quanto à minimalidade: Todo estado fechado deve conter pelo menos A *e* C*, devido aos fatos. Portanto, para todo estado fechado* S'*, vale*

$$\{A, C\} \subseteq S'.$$

Com isso, $S = \{A, C\}$ *é o menor estado fechado e, portanto, um modelo minimal de* P.

Exercício 4.178. *Considere a assinatura proposicional*

$$\Sigma = \{A, B, C, D, E\}$$

e o programa lógico estendido

$$P = \left\{ \begin{array}{l} B \leftarrow \neg D; \\ D; \\ \neg C \leftarrow \textit{\textbf{not}}\ \neg B; \\ \neg A \leftarrow \textit{\textbf{not}}\ \neg E, \textit{\textbf{not}}\ B; \\ \neg B \leftarrow D, \textit{\textbf{not}}\ \neg C \end{array} \right\}.$$

Considere também a expressão

$$P_2 = \left\{ \begin{array}{l} \neg C \leftarrow \textit{\textbf{not}}\ \neg B; \\ \neg A; \\ \neg B \leftarrow D \end{array} \right\}.$$

Decida, para cada uma das afirmações seguintes, se ela é verdadeira ou falsa.

1. $C \leftarrow \mathtt{not}\ \neg E, \mathtt{not}\ \neg D$ *é positivo.*
2. *Vale* $P^{S_2} = P_2$ *com* $S_2 = \{\neg A, D\}$.
3. $\{\neg A, \neg C, D\}$ *é um conjunto de respostas de* P.
4. *Vale* $P \models_{\text{ASP}} \neg C$.

Solução 4.179. *Consideramos as afirmações uma a uma.*

1. ***Falso.*** *Um programa é* positivo *se, e somente se, não contém negação por default. A regra*

$$C \leftarrow \mathtt{not}\ \neg E, \mathtt{not}\ \neg D$$

contém, porém, duas ocorrências de $\mathtt{not}$. *Portanto, ela não é positiva. O fato de haver negação clássica nas expressões negadas não altera isso: o decisivo aqui é o símbolo* $\mathtt{not}$ *no corpo da regra.*

2. ***Falso.*** *Calculamos o reduto de* P *em relação a*

$$S_2 = \{\neg A, D\}.$$

Para isso, procedemos regra por regra:

- *A regra* $B \leftarrow \neg D$ *não contém negação por default e, portanto, permanece.*
- *O fato* D *também permanece.*

- *Na regra*

$$\neg C \leftarrow \textbf{\textit{not}}\ \neg B$$

temos $\neg B \notin S_2$*; logo, a regra permanece e, após remover* ***not****, dela resulta o fato*

$$\neg C.$$

- *Na regra*

$$\neg A \leftarrow \textbf{\textit{not}}\ \neg E, \textbf{\textit{not}}\ B$$

nem $\neg E$ *nem* B *pertencem a* S_2*. Assim, esta regra também permanece e, após remover* ***not****, torna-se o fato*

$$\neg A.$$

- *Na regra*

$$\neg B \leftarrow D, \textbf{\textit{not}}\ \neg C$$

vale, de fato, $D \in S_2$*, mas* $\neg C \notin S_2$*. Portanto, a regra permanece e torna-se*

$$\neg B \leftarrow D.$$

Assim,

$$P^{S_2} = \left\{ \begin{array}{l} B \leftarrow \neg D; \\ D; \\ \neg C; \\ \neg A; \\ \neg B \leftarrow D \end{array} \right\}.$$

Portanto, isso não *é igual a* P_2*. Em particular, na formação do reduto, as demais regras de* P

não foram simplesmente omitidas; além disso, na regra $\neg C \leftarrow \texttt{not}\ \neg B$, *a parte negativa deve ser substituída pelo fato* $\neg C$.

3. **Verdadeiro.** *Mostramos que*

$$S = \{\neg A, \neg C, D\}$$

é uma resposta estável de P. *Para isso, determinamos o reduto* P^S.

- *A regra* $B \leftarrow \neg D$ *permanece inalterada.*
- *O fato* D *permanece inalterado.*
- *Em* $\neg C \leftarrow \texttt{not}\ \neg B$, *vale* $\neg B \notin S$; *portanto, obtemos o fato* $\neg C$.
- *Em* $\neg A \leftarrow \texttt{not}\ \neg E, \texttt{not}\ B$, *nem* $\neg E$ *nem* B *pertencem a* S; *portanto, obtemos o fato* $\neg A$.
- *A regra* $\neg B \leftarrow D, \texttt{not}\ \neg C$ *é removida, pois vale* $\neg C \in S$.

Assim,

$$P^S = \left\{ \begin{array}{l} B \leftarrow \neg D; \\ D; \\ \neg C; \\ \neg A \end{array} \right\}.$$

Agora determinamos o modelo mínimo desse programa positivo. Dos fatos seguem imediatamente D, $\neg C$ *e* $\neg A$. *A regra* $B \leftarrow \neg D$ *não é aplicável, pois* $\neg D$ *não pertence ao modelo. Logo, o modelo mínimo é exatamente*

$$\{\neg A, \neg C, D\} = S.$$

Portanto, S *é de fato uma resposta estável de* P*.*

4. ***Falso.*** *A afirmação*

$$P \models_{\text{ASP}} \neg C$$

significa que $\neg C$ *deve ocorrer em* todas *as respostas estáveis de* P*.*

Acabamos, porém, de ver que P *possui ao menos o conjunto de respostas*

$$\{\neg A, \neg C, D\}.$$

Existe, contudo, também o conjunto de respostas

$$\{\neg A, \neg B, D\}.$$

Com efeito, para esse estado, a regra $\neg C \leftarrow$ `not` $\neg B$ *é removida no reduto, enquanto a regra* $\neg B \leftarrow D,$ `not` $\neg C$ *se torna, no reduto,*

$$\neg B \leftarrow D.$$

Juntamente com os fatos D e $\neg A$*, o modelo mínimo é então exatamente* $\{\neg A, \neg B, D\}$*.*

Como esse conjunto de respostas não *contém* $\neg C$*,* $\neg C$ *não está contido em todos os conjuntos de respostas. Portanto, vale*

$$P \not\models_{\text{ASP}} \neg C.$$

Observação adicional. *Os dois conjuntos de respostas de P são, portanto,*

$$\{\neg A, \neg C, D\} \qquad e \qquad \{\neg A, \neg B, D\}.$$

É precisamente por isso que $\neg C$ não é uma consequência ASP, embora ocorra em um dos dois conjuntos de respostas.

Capítulo 5

Considerações finais

5.1 Resumo

Este livro-texto conduziu passo a passo por áreas centrais da lógica e mostrou, ao longo do percurso, quão variadas podem ser a inferência lógica, a linguagem formal e a interpretação semântica. O ponto de partida, no Capítulo 0, foi uma visão geral concisa dos objetivos e métodos fundamentais da lógica. Com base nisso, o Capítulo 1 dedicou-se à lógica proposicional como primeiro grande domínio fundamental. Ali, foram inicialmente precisadas a sintaxe e a semântica, e introduzidos conceitos como fórmula, interpretação, modelo e consequência lógica. Em seguida, o foco passou a ser a inferência estruturada: examinamos equivalências, formas normais e transformações importantes, antes de tratar de cálculos, em especial da resolução, bem como de primeiros procedimentos algorítmicos para a verificação de satisfatibilidade e para a inferência automática.

O Capítulo 2 ampliou essa perspectiva para a lógica de predicados, na qual as afirmações já não são feitas apenas sobre valores de verdade, mas também sobre objetos e suas relações. Após a introdução da sintaxe e da semântica, investigamos resultados metateóricos fundamentais, como o lema da substituição, o lema da coincidência e o teorema de Herbrand. Também aqui, formas normais e procedimentos de resolução ocuparam lugar central, a fim de reconduzir sistematicamente consequências lógicas à insatisfatibilidade. Ao mesmo tempo, tornou-se claro que muitas questões relativas à consequência lógica em lógica de predicados, em geral, não são algoritmicamente decidíveis. Ainda assim, procedimentos como a resolução em lógica de predicados fornecem ferramentas extremamente eficazes em muitas aplicações práticas. Como complemento, conhecemos a lógica descritiva ALC como componente importante para ontologias. Um ponto alto especial do capítulo foram os resultados de incompletude de Gödel, que mostram de modo impressionante que sistemas formais possuem limites de princípio. Por fim, o olhar para a lógica de predicados de segunda ordem evidenciou mais uma vez o quanto a expressividade e a complexidade dos sistemas lógicos se influenciam mutuamente.

O Capítulo 3 tratou das lógicas com modalidades. O objetivo foi considerar as afirmações não apenas como verdadeiras ou falsas, mas investigar seu âmbito de validade, por exemplo em relação a possibilidade, necessidade, tempo ou conhecimento. A lógica modal geral foi caracterizada semanticamente por meio de estruturas de Kripke e complementada por um cálculo de tableaux. Com base nisso, foram apresentadas lógicas temporais como a Lógica Temporal Linear e a Computation Tree Logic, que modelam formalmente diferentes concepções de tempo. Além disso, examinamos extensões epistêmicas e dinâmicas, com as quais se podem expressar o conhecimento de vários agentes, bem como mudanças em estados de conhecimento.

O Capítulo 4 introduziu, por fim, algumas lógicas não clássicas selecionadas. A lógica intuicionista mostrou que se pode renunciar ao princípio do terceiro excluído e, ainda assim, desenvolver uma lógica internamente coerente. A lógica paraconsistente tornou claro que também bases de conhecimento contraditórias podem ser tratadas de modo significativo, sem que todo o processo inferencial se torne trivial. A lógica fuzzy generalizou o esquema clássico verdadeiro/falso para valores de verdade contínuos, abrindo assim caminhos para a formalização de afirmações graduais e imprecisas. Com a lógica default e a programação em conjuntos de respostas, encontramos finalmente formas de inferência não monotônica, nas quais novo conhecimento pode modificar conclusões anteriores. Justamente por isso, essas lógicas são particularmente relevantes para aplicações realistas, pois permitem lidar com exceções, incerteza e conhecimento limitado.

Em conjunto, este livro mostrou que a lógica é

muito mais do que uma coleção de regras formais. A lógica é uma ferramenta precisa para analisar linguagem, conhecimento, inferência e computabilidade. Ela combina rigor matemático com grande proximidade das aplicações e, desse modo, constitui uma base para muitas áreas da informática, da filosofia, da linguística e da inteligência artificial. Quem compreendeu os temas tratados neste livro dispõe de um fundamento sólido para continuar explorando tanto sistemas lógicos clássicos quanto modernos.

5.2 Aprofundamentos e aplicações

Este livro, "Lógica Formal", pôde naturalmente apresentar apenas um recorte selecionado da ampla paisagem da lógica, que permanece viva e em constante desenvolvimento até hoje. Justamente nisso reside também uma de suas forças: os sistemas tratados formam uma base sólida sobre a qual se apoiam numerosas teorias e aplicações mais avançadas na matemática, na informática, na filosofia e na linguística.

A importância prática da lógica de predicados de primeira ordem torna-se particularmente evidente. Na verificação formal, ela serve para formular com precisão propriedades de programas e sistemas de hardware e, em seguida, verificá-las de modo automatizado. Assim, pode-se mostrar, por exemplo, que determinados acessos só são possíveis sob condições previamente estabelecidas, que invariantes de laços são preservados ou que um sistema não alcança estados indesejados. Na representação do conhecimento, a lógica de predicados oferece uma linguagem natural para registrar fatos e relações sobre um domínio; com base nisso, podem-se então extrair conclusões, por exemplo em sistemas especialistas ou em grafos semânticos de conhecimento. Também na teoria dos bancos de dados ela desempenha um papel central, pois muitas consultas podem ser formuladas em forma lógica e compreendidas como operações lógicas sobre relações. Desse modo, a lógica torna-se um elo entre a precisão matemática e o processamento prático de dados.

Também a lógica modal ganhou importância muito além de seu quadro clássico. Na informática, ela permite modelar sistemas com estados variáveis, como protocolos de comunicação, processos concorrentes ou sistemas embarcados. As lógicas temporais são empregadas especialmente na verificação de modelos, a fim de investigar se um sistema é correto não apenas no estado presente, mas também se, em todos os desenvolvimentos futuros possíveis, satisfaz determinadas propriedades de segurança ou de vivacidade. Em sistemas distribuídos, pode-se expressar com elas, por exemplo, que uma mensagem chegará em algum momento, que determinado estado será sempre preservado ou que uma reação a um evento ocorrerá dentro de um tempo adequado. A perspectiva modal é, por isso, tão valiosa porque não apreende apenas afirmações isoladas, mas espaços inteiros de estados e suas transições.

Um campo de pesquisa particularmente ativo é formado pelas lógicas combinadas e estendidas. As lógicas híbridas unem recursos expressivos modais e predicativos e permitem não apenas falar sobre possibilidades e necessidades, mas também nomear explicitamente estados individuais. Desse modo, podem-se formular afirmações muito finamente estruturadas sobre sistemas, por exemplo na modelagem de agentes, estados de conhecimento ou estruturas navegáveis. Tais extensões mostram que os sistemas lógicos não são rígidos, mas podem ser adaptados de maneira direcionada a novas questões, sem perder seu rigor formal.

As lógicas não clássicas abrem outras perspectivas. A lógica intuicionista desempenha um papel central na matemática construtiva, pois nela uma demonstração não deve apenas garantir a verdade de uma afirmação, mas também pode fornecer um procedimento construtivo. Na teoria dos tipos, essa proximidade entre demonstrações e construções é especialmente fecunda; ela constitui a base de sistemas modernos de prova e de amplas partes da informática teórica. As lógicas paraconsistentes, por sua vez, são úteis quando conjuntos de dados contêm contradições, mas essas contradições não devem levar a que qualquer afirmação arbitrária se torne derivável. Isso é relevante, por exemplo, em fontes de conhecimento heterogêneas, dados defeituosos ou bancos de dados fusionados, nos quais inconsistências podem ser mais a regra do que a exceção.

Na inteligência artificial, a lógica default e a programação em conjuntos de respostas são ferramentas importantes para a inferência não monotônica. Elas modelam situações nas quais, inicialmente, se fazem suposições razoáveis, mas estas precisam ser revistas diante de novas informações. Justamente em campos de aplicação reais, esse comportamento é típico: um sistema não pode trabalhar apenas com conhecimento completo, mas deve também ser capaz de lidar com exceções, incertezas e informações incompletas. Por isso, a programação em conjuntos de respostas é particularmente útil em problemas de planejamento, tarefas de diagnóstico e problemas de configuração, pois consegue estruturar espaços de busca complexos de modo lógico e, ao mesmo tempo, eficiente.

A lógica fuzzy amplia o modelo clássico de verdade por meio de gradações e, por isso, é atraente em todos os contextos nos quais as afirmações não são apenas completamente verdadeiras ou falsas, mas admitem diferentes graus de validade. Aplicações típicas encontram-se na técnica de controle, por exemplo em controles automáticos de máquinas de lavar, aparelhos de ar-condicionado ou sistemas de assistência veicular, nos quais conceitos vagos como "quente", "forte" ou "próximo" precisam ser processados formalmente. Também no apoio à decisão, a lógica fuzzy pode ajudar a combinar vários critérios imprecisos e, a partir deles, derivar recomendações de ação robustas. Sua força reside justamente em traduzir conceitos marcados pela linguagem cotidiana para um modelo formalmente controlável.

Outro campo promissor é a automação do raciocínio

lógico. Provadores de teoremas e SMT-solvers são hoje empregados em muitas áreas, por exemplo na verificação de software, na análise de projetos de hardware ou na conferência de provas matemáticas. Um exemplo típico é a busca por erros de memória ou por estados inalcançáveis em um programa: em vez de examinar o código apenas manualmente, traduzem-se determinadas propriedades em fórmulas lógicas e deixa-se que um solver as analise. Tais ferramentas tornam visível que a lógica não é apenas uma disciplina teórica, mas contribui diretamente para a confiabilidade dos sistemas digitais.

Acrescenta-se a isso a crescente articulação entre lógica e aprendizado de máquina na IA neuro-simbólica. Nesse contexto, métodos de aprendizagem orientados por dados são combinados com estruturas simbólicas logicamente interpretáveis. Isso é particularmente interessante porque redes neurais, embora sejam poderosas no reconhecimento de padrões, muitas vezes permanecem difíceis de explicar, ao passo que sistemas lógicos oferecem transparência, rastreabilidade e garantias formais. A combinação dos dois enfoques promete sistemas que, por um lado, aprendem de modo flexível e, por outro, permanecem justificáveis e verificáveis.

Por fim, os próprios limites da lógica tornam visível sua profundidade particular. A indecidibilidade, a incompletude e os limites da demonstrabilidade formal não são meros fenômenos marginais, mas conhecimentos centrais sobre os sistemas formais. O estudo dos teoremas da incompletude de Gödel ou do problema da parada de

Turing mostra que há questões que, em princípio, não podem ser resolvidas por um único procedimento algorítmico. Justamente essa percepção aguça a compreensão daquilo que a lógica pode realizar – e daquilo que não pode.

Em suma, a lógica continua sendo uma disciplina extremamente atual e produtiva. Ela se desenvolve continuamente, tanto na pesquisa teórica de fundamentos quanto em suas múltiplas aplicações. Quem deseja aprofundar-se ainda mais encontra caminhos em áreas como métodos formais, representação do conhecimento, demonstração automática de teoremas, verificação de modelos ou lógica filosófica. Assim, a lógica não é apenas um instrumento do pensamento preciso, mas também uma chave para compreender sistemas complexos na ciência e na técnica.

5.3 Recomendações de leitura

Quem, depois deste livro, quiser continuar estudando lógica encontrará nas obras seguintes complementos úteis e intelectualmente fecundos. Elas não apenas aprofundam aspectos específicos da lógica, mas também mostram como o pensamento lógico está estreitamente ligado à informática, à matemática, à filosofia e à reflexão teórica.

Uma continuação particularmente natural é o livro "Lógica: fundamentos, o problema P versus NP e perspectivas da teoria da informação". Ele se articula diretamente com os temas tratados aqui, mas dá ainda um passo adiante ao relacionar os fundamentos clássicos da lógica com questões da teoria da informação e da complexidade computacional. Especialmente para leitoras e leitores interessados nos limites dos sistemas formais, essa obra constitui um aprofundamento valioso. Ela mostra que a lógica não é apenas um instrumento para a análise de inferências corretas, mas também abre acesso a questões fundamentais sobre aquilo que, em princípio, pode ser reconhecido, demonstrado ou calculado de modo eficiente.

Também é recomendável o livro "Programação orientada a objetos em Java". À primeira vista, trata-se de um livro de programação, mas também aqui se revela uma ligação estreita com a lógica. Programar exige pensamento preciso e estruturado, que em muitos pontos se cruza com o trabalho lógico: condições precisam ser formuladas de modo inequívoco, processos devem ser organizados com clareza e estruturas precisam ser modeladas de forma limpa. Quem aprende a programar exercita, ao mesmo tempo, um pensamento analítico extremamente útil para a compreensão de sistemas formais. Inversamente, uma boa compreensão das estruturas lógicas pode ajudar a projetar programas de maneira mais sistemática e a reconhecer melhor possíveis fontes de erro.

O livro "Informática teórica" constitui uma ponte especialmente importante para a lógica. Ele trata de linguagens formais, autômatos, computabilidade, máquinas de Turing, reduções e indecidibilidade – precisamente aqueles temas que estão intimamente ligados à fundamentação lógica da informática. Muitas das técnicas de demonstração desenvolvidas na lógica reaparecem aqui sob forma modificada. Quem deseja compreender por que certos problemas são, em princípio, solucionáveis e outros não, como funcionam os modelos formais e por que a indecidibilidade não é um fenômeno marginal, mas um traço fundamental dos sistemas formais, encontrará nesse livro um benefício especial.

Com base nisso, o livro "Teoria da complexidade" conduz ainda mais profundamente aos limites e às possibilidades teóricas da computação. Enquanto a lógica pergunta o que pode, em princípio, ser expresso e demonstrado, a teoria da complexidade investiga quão custosos são tais problemas. Torna-se claro, aqui, que não apenas a questão da solucionabilidade, mas também a questão da eficiência prática desempenha um papel central. Conceitos como P, NP, PSPACE ou NP-completude são, por isso, relevantes também para o pensamento lógico, pois mostram que muitas vezes há uma diferença considerável entre possibilidade teórica e executabilidade prática.

O livro "Algoritmos e estruturas de dados" complementa essa perspectiva de maneira particularmente clara. Ele apresenta as ferramentas concretas com as quais os problemas podem ser tratados de modo eficiente. Lógica e algoritmia mantêm aqui uma relação estreita: a lógica fornece a linguagem precisa do pensamento, ao passo que os algoritmos oferecem a implementação controlada desse pensamento em procedimentos. Quem já conhece os fundamentos lógicos poderá compreender especialmente bem, nesse livro, como reflexões abstratas podem ser traduzidas em processos concretos de cálculo e decisão. Ao mesmo tempo, a obra prepara de modo ideal para temas mais avançados, como verificação formal, procedimentos automáticos de prova ou questões de teoria da complexidade.

Também o livro "Álgebra linear" constitui um complemento importante. Embora, à primeira vista, esteja tematicamente mais próximo da matemática do que da lógica, a ligação é mais estreita do que parece. A álgebra linear exercita o trabalho com estruturas abstratas, demonstrações, definições e cadeias precisas de inferência – exatamente aquelas competências que também são essenciais para o pensamento lógico. Além disso, estruturas lineares desempenham um papel central em muitas áreas da informática, por exemplo na teoria da codificação, na criptografia, na análise de dados e nos métodos numéricos. Quem compreende lógica e, ao mesmo tempo, domina álgebra linear obtém, assim, uma base especialmente sólida para temas matemáticos e informáticos mais avançados.

Por fim, recomenda-se também o livro "Filosofia". Ele complementa a lógica formal com uma perspectiva filosófica mais ampla, na qual questões relativas à verdade, à justificação, à racionalidade e à linguagem são refletidas não apenas de modo técnico, mas também conceitual e prático. A lógica é uma área central da filosofia, mas adquire seu sentido pleno sobretudo no diálogo com a teoria do conhecimento, a filosofia da linguagem, a filosofia da ciência e a ética. Esse livro mostra como o pensamento filosófico aguça nossa capacidade de julgamento e como a clareza argumentativa, a precisão conceitual e a ação refletida estão estreitamente relacionadas. Quem deseja compreender a lógica não apenas como um procedimento formal, mas como parte de uma teoria mais abrangente do pensamento, encontrará aqui um complemento especialmente proveitoso.

Em conjunto, essas obras formam uma rede tematicamente articulada: a lógica fornece a base formal; a informática, sua aplicação algorítmica e teórica; a matemática, seu aprofundamento estrutural; e a filosofia, seu horizonte conceitual e metodológico. É precisamente nessa conexão que reside seu valor particular. Pois quem deseja compreender verdadeiramente a lógica se beneficia não apenas do estudo da própria lógica, mas também do olhar para aquelas disciplinas nas quais ela continua atuando, se confirma e suscita novas questões.

Agradecimentos

Agradeço cordialmente seu interesse por este livro e por dedicar-se aos temas aqui tratados. É uma grande satisfação compartilhar este trabalho com leitoras e leitores que se interessam pelo pensamento preciso, pelos métodos formais e pelas possibilidades dos sistemas lógicos.

Caso, durante a leitura, você encontre pontos pouco claros, erros ou sugestões de melhoria, ficarei muito grato por receber uma mensagem. Observações e correções ajudam a aperfeiçoar continuamente a obra e a torná-la ainda mais útil para futuras leitoras e futuros leitores.

Muito obrigado por sua atenção e por seu interesse.

Referências Bibliográficas

[1] Herbert B. Enderton. *A Mathematical Introduction to Logic*, 2nd ed., Academic Press, 2000.

[2] Elliott Mendelson. *Introduction to Mathematical Logic*, 5th ed., Chapman & Hall/CRC, 2009.

[3] George S. Boolos, John P. Burgess, Richard C. Jeffrey. *Computabilidade e lógica*, trad. Alexandre Machado e Rodrigo Pinto, Editora Unesp, 2013.

[4] Wolfgang Rautenberg. *A Concise Introduction to Mathematical Logic*, 4th ed., Springer, 2010.

[5] Kurt Gödel. *Über formal unentscheidbare Sätze der Principia Mathematica und verwandter Systeme I.* Monatshefte für Mathematik und Physik 38(1), 1931, pp. 173–198.

[6] Ernest Nagel, James R. Newman. *A prova de Gödel*, trad. Gita K. Guinsburg, Editora Perspectiva, 2001.

[7] Patrick Blackburn, Maarten de Rijke, Yde Venema. *Modal Logic.* Cambridge University Press, 2001.

[8] E. Allen Emerson. *Temporal and Modal Logic.* In: J. van Leeuwen (Ed.), *Handbook of Theoretical Computer Science*, Vol. B, Elsevier, 1990, pp. 995–1072.

[9] Amir Pnueli. *The Temporal Logic of Programs.* In: *Proceedings of the 18th IEEE Symposium on Foundations of Computer Science (FOCS)*, 1977, pp. 46–57.

[10] Zohar Manna, Amir Pnueli. *The Temporal Logic of Reactive and Concurrent Systems: Specification.* Springer, 1992.

[11] A. S. Troelstra, D. van Dalen. *Constructivism in Mathematics, Vol. 1: Basic Concepts.* North-Holland, 1988.

[12] Arend Heyting. *Intuitionism: An Introduction.* North-Holland, 1966.

[13] Jaakko Hintikka. *Knowledge and Belief.* Cornell University Press, 1962.

[14] R. Fagin, J. Y. Halpern, Y. Moses, M. Vardi. *Reasoning About Knowledge.* MIT Press, 1995.

[15] Graham Priest. *Paraconsistent Logic.* Cambridge University Press, 2008.

[16] Graham Priest, Richard Routley, Jean Norman (Eds.). *Paraconsistent Logic: Essays on the Inconsistent.* Philosophia Verlag, 1989.

[17] Lotfi A. Zadeh. *Fuzzy Sets. Information and Control* 8, 1965, pp. 338–353.

[18] George J. Klir, Bo Yuan. *Fuzzy Sets and Fuzzy Logic: Theory and Applications.* Prentice Hall, 1995.

[19] Raymond Reiter. *A Logic for Default Reasoning. Artificial Intelligence* 13(1-2), 1980, pp. 81–132.

[20] Michael Gelfond, Vladimir Lifschitz. *The Stable Model Semantics for Logic Programming.* In: *Proc. 5th Intl. Conf. on Logic Programming*, 1988, pp. 107–136.

Capítulo 6

Aviso legal

Informação bibliográfica da Biblioteca Nacional Alemã:
A Biblioteca Nacional Alemã registra esta publicação na Bibliografia Nacional Alemã; dados bibliográficos detalhados estão disponíveis na Internet em `dnb.de`.

Verlag:
BoD · Books on Demand GmbH
Überseering 33
22297 Hamburg
bod@bod.de

Druck:
Libri Plureos GmbH
Friedensallee 273
22763 Hamburg

ISBN: 978-3-6963-9247-5

FSC
www.fsc.org
MIX
Papier aus verantwortungsvollen Quellen
Paper from responsible sources
FSC® C105338